中国玉米经典专著系列

辽宁玉米
丰产技术研究与应用

王延波 主编

中国农业出版社
北 京

图书在版编目（CIP）数据

辽宁玉米丰产技术研究与应用 / 王延波主编．—北京：中国农业出版社，2019.3
ISBN 978-7-109-25552-4

Ⅰ．①辽…　Ⅱ．①王…　Ⅲ．①玉米-高产栽培-栽培技术-辽宁　Ⅳ．①S513

中国版本图书馆 CIP 数据核字（2019）第 096983 号

中国农业出版社出版
地址：北京市朝阳区麦子店街 18 号楼
邮编：100125
责任编辑：廖　宁
版式设计：杨　婧　　责任校对：吴丽婷
印刷：中农印务有限公司
版次：2019 年 3 月第 1 版
印次：2019 年 3 月北京第 1 次印刷
发行：新华书店北京发行所
开本：787mm×1092mm　1/16
印张：23
字数：620 千字
定价：128.00 元

主　编　王延波

副主编　王大为　赵海岩

参　编　（以姓氏笔画为序）

王孝杰　王宏伟　尹光华　史　磊

史振声　邢月华　李凤海　肖万欣

张书萍　张旭东　常　程　董怀玉

序
PREFACE

玉米是全球最大谷类作物，居三大粮食作物——玉米、小麦、水稻之首；是种植范围最广的谷类作物，全世界有70多个国家种植。玉米能适应许多种生态条件，在南北纬50°之间，从海平面附近到海拔3 000 m高度，从湿润多雨到半干旱气候，从冷凉到高温气候条件都可以生长。

玉米是古老而又年轻的作物。说它古老，古代印第安人种植玉米已有7 000年的历史，传入我国为16世纪前后，至今也有500多年栽培史。说它年轻，近几十年玉米作物总是充满活力，随着科技的进步，生产能力和水平在不断提高。

玉米是普通而又神奇的作物。玉米是C_4作物，光合效率最高，呼吸消耗的干物质少，因而产量很高；玉米种植范围最广、面积最大，总产最高，单产潜力最大，用途最广（粮、经、果、饲、能）；玉米是高产之王、饲料之王、加工原料之王、畜牧养殖业支柱、雨养旱作主栽作物、生物质能源主导作物，是最具发展潜力和发展前景的作物。正是玉米广泛的用途和重要的价值，世人把人均占有玉米数量的多少作为衡量一个国家畜牧业发展和人民生活水平的重要标志之一。

我国为了确保粮食安全，"十一五"以来，国家启动了"粮食丰产科技工程"项目。辽宁省作为全国粮食主产省承担了"玉米、水稻丰产工程关键技术研究""大面积均衡增产及节水节肥技术集成与示范"任务。项目由辽宁省农业科学院牵头，以王延波为首的专家团队通过近10年的不懈努力，探索出辽宁玉米高产群体结构、基础地力提升、节水节肥栽培、抗逆丰产、主要病虫害防控、机械化栽培等关键技术。针对不同区域特点将关键技术与共性技术进行集成组装，构建了不同区域的玉米持续高产高效集成技术模式，并进行大面积推广，获得了较高的社会经济效益；同时，还开展了超高产创建工作，实现了100亩面积玉米亩产1 254.6 kg的辽宁省高产纪录。

《辽宁玉米丰产技术研究与应用》第一章从玉米种植密度调查、潜力分析、密度与其他因素互作等方面，介绍了辽宁玉米高产群体结构研究；第二章从合理耕层构建、深松、施肥模式、有机无机结合、玉米-花生轮作、秸秆还田十深松对耕层的影响等方面，介绍了辽宁玉米基础地力提升技术研究；第三章从中低产玉米肥水资源高效利用、玉米抗旱节水技术、玉米水肥一体化技术等方面，介绍了辽宁玉米节水节肥栽培技术研究；第四章从玉米品种耐旱性与评价指标鉴选、玉米耐旱机理、氮胁迫反应能力评价与鉴选、防早衰技术等方面，介绍了辽宁玉米抗逆研究与应用；第五章介绍了辽宁玉米病虫害发生及流行趋势、栽培模式和秸秆还田对病害流行动态影响、玉米主要叶部病害、病毒病害、土传病害、主要虫害以及主要病虫害综合防控技术；第六章从玉米生产配套机具选择、机械化种植技术、技术模式研究与技术规程等方面，介绍了辽宁玉米机械化栽培技术研究；第七章介绍了辽东湿润冷凉区、辽南半湿润区、辽西半干旱区、辽北半湿润区玉米持续高产高效集成技术应用，阐述了节水节肥技术集成与示范；第八章从典型案例、发展历程、农艺及产量性状结构特征、超高产关键技术等方面，介绍了辽宁玉米超高产创建。

全书系统地梳理了辽宁玉米生产的共性与关键技术，阐明了辽宁玉米生产的生理生态特征及技术原理，对从事玉米生产的科技人员及广大农民具有科学的指导作用。可为辽宁玉米生产实现规范化、专业化、区域化和标准化提供技术指导；为保障国家对玉米的需求及粮食安全提供科技支撑。

2018年10月

前言
FOREWORD

玉米在中国布局广泛，主要分布在东北、华北和西南地区，形成一个从东北到西南的狭长玉米种植带，这一带状区域集中了中国玉米种植总面积的85%和产量的90%。辽宁位于东北平原南部，玉米是辽宁第一大作物，2012—2016年年均播种面积3 397万亩，年均总产1 410万t，年均亩产415 kg。所以，辽宁玉米生产在保证国家粮食安全方面作出了重要贡献。

为了确保粮食安全，提高科技创新能力，“十一五”以来，国家启动了“粮食丰产科技工程”项目。辽宁省作为全国粮食主产省承担了“玉米、水稻丰产工程关键技术研究”“大面积均衡增产及节水节肥技术集成与示范”任务。项目由辽宁省农业科学院牵头，组织沈阳农业大学、中国科学院沈阳应用生态研究所、丹东农业科学院、辽宁农业机械化研究所等单位，形成科技创新、技术集成与示范团队。项目团队针对辽宁玉米生产中存在的玉米种植密度偏低、土壤耕层浅、水肥利用率低、病虫害频发、良种良法不配套及全程机械化程度不高等问题，开展关键技术研究，形成了技术集成与示范模式，并进行大面积推广，为辽宁玉米高产稳产提供了强有力的科技支撑。

本书共分8章，分别为辽宁玉米高产群体结构研究、辽宁玉米基础地力提升技术研究、辽宁玉米节水节肥栽培技术研究、辽宁玉米抗逆研究与应用、辽宁玉米主要病虫害防控技术研究、辽宁玉米机械化栽培技术研究、辽宁玉米持续高产高效集成技术应用、辽宁玉米超高产创建及关键技术。全书内容涵盖了育种学、栽培学、耕作学、土壤学、植物营养学、植物保护学、农业机械学及生态学等领域，并吸收了国内外同行专家的研究成果与理念，突出理论创新与技术集成实用性。本书的出版以期对辽宁省乃至全国玉米生产发挥促进作用，为保证国家粮食安全提供科技支撑。

本书可作为从事农业科学研究的大专院校和科研院所的教师、科研人员的业务参考书，各级农业管理、教育和培训人员拓展知识领域的农业科技参考书，各高校及科研单位涉农专业的本科生、研究生的学习用书，还可作为从事农业技术推广和服务的科技工作者的实用技术参考书。

由于玉米生产科学技术水平的不断发展，玉米丰产技术将不断得到完善与提高。本书虽经多次修改和反复讨论，但由于作者水平有限，书中疏漏之处在所难免，敬请广大读者批评指正。

编　者

2018年10月于沈阳

目录
CONTENTS

第一章 辽宁玉米高产群体结构研究

我们通常所说的玉米产量是指单位面积上的产量，即群体产量。群体产量由组成群体的个体产量而构成，因此，个体数量越多，个体产量越高，单位面积产量也就越高。既要有最多的个体数量，又要有最高的个体产量，是玉米栽培研究追求的目标。群体容量的大小及个体产量的高低取决于群体的结构是否合理，一个合理的群体结构既能使个体得到良好的生长发育又能获得较大的群体容量，使群体和个体协调发展，个体产量与个体数量达到最大乘积，这就是玉米高产群体研究的核心内容。

构建玉米高产群体结构的本质是最大限度地利用光、气、热、土、肥、水等自然资源和人工资源。玉米的群体结构特性主要取决于组成群体的个体特质即品种的生物学特性及形态特性，包括生育期、株高、穗位、株型、叶片数及叶面积、抗逆性、耐肥性等，因此，不同品种构成的群体结构也就存在差异。除了个体特质以外，高产群体结构的构建还受与个体生长发育有关的环境因子的影响，如光照、水分、温度、肥料及其时空分布等。因此，同一个玉米品种在不同的栽培条件下其群体结构也不一样。群体结构的差异导致不同的田间生态环境，如通气性、透光性、水肥消耗特性，以及对病虫害、干旱、水涝和其他逆境的抵抗力等，最终导致综合生产能力的差异。

玉米的单位面积产量由单位面积穗数、每穗粒数和粒重 3 个因素构成，大量研究和生产实践证明，在这 3 个因素中单位面积穗数是最活跃的因子，而单位面积穗数直接受单位面积株数的影响。在构成群体结构的诸多因素中，除了品种特性以外，单位面积株数的多少是影响群体结构的最关键因子，因此，种植密度成为调整群体结构的最重要手段。

回顾辽宁省玉米生产的历史，其种植密度发生了很大变化。20 世纪 60 年代，由玉米与大豆混种时的每亩*几百株，发展到玉米与豆类、谷子等矮秆作物间作的每亩上千株；到了 20 世纪 70 年代实行清种，其每亩达到数千株，玉米密度经历了由稀到密的逐步增加过程。密度增加的原因，除了推广杂交种以及杂交种水平的不断提高以外，主要原因是栽培条件发生了巨大变化，其中最重要的是土壤肥力和施肥水平的提高。施肥水平的发展经历了由单纯施用农家肥，到单一的施用氮素化肥，发展到在氮肥基础上增施磷肥，直至氮磷钾复合肥甚至中量、微量元素的综合运用的过程。不仅在肥料

* 亩为非法定计量单位，1 亩≈667 m^2。

品种上，在施肥数量上也在迅速增长；从早期的每亩施几千克硫酸铵、碳酸氢铵到每亩几千克尿素。2015 年以后，辽宁省玉米的施肥量已经由 10 年前每亩复合肥 30～35 kg增加到 50 kg 以上。

玉米种植密度的大小由地上和地下两部分因素决定。当地下部分条件较差而不能提供足够的养料和水分时，地下因素成为制约种植密度的主要因子，因此，在辽宁省玉米生产的早期，只有稀植才能保证玉米植株个体发育从而获得较高的单位面积产量。反之，当地下部分的土壤条件能够充分满足植株的个体发育时，地上条件则成为影响群体结构的主要因子。与气候因子相比，土壤条件是相对容易改变的因子，包括土壤耕层的合理构建，肥力的培养，水分条件的改善等。随着投入的不断增加及田间管理水平的提高，群体的容纳能力必将得到更大提升。因此，如何充分认识和利用辽宁省不同地区的光、气、热资源，发挥玉米品种的增产潜力，实现农资投入的效能最大化，使得玉米合理密植，成为玉米栽培和生产面临的重要任务。

第一节　玉米种植密度研究

一、玉米种植密度调查与分析

（一）玉米种植密度的调查

增加密度是调整群体结构和提高单位面积产量的重要手段，但合理密度取决于自然资源、肥水条件、玉米品种及田间管理水平。在辽宁省玉米生产上，首先需要认识的问题是玉米的种植密度是否与不断发展的生产水平相适应，是否充分发挥了生产条件的最大潜能。为此，作者对辽宁省玉米生产的种植密度展开了实地调查。调查在 2008 年收获后进行，在辽宁省北部、中部、西部、南部和东部的主要玉米产区随机取点调查。在大面积连片种植的玉米地块，每块随机取 1 个点，测量垄距（行距）、株距和保苗株数。共调查 15 个县（区）44 个乡（镇）的 54 个地块。

调查结果表明（表 1 - 1～表 1 - 3），除了个别地块超过 3 000 株/亩以外，一般地块均在 3 000 株/亩以下。辽北地区，平均播种密度为 2 687 株/亩，平均收获密度为 2 603 株/亩。其中，收获密度在 2 500 株/亩以下的占 43.5%，2 500～2 800 株/亩的占 39.1%，2 800～3 000 株/亩的占 17.4%，最高的不到 3 000 株/亩。辽中、辽南地区，平均播种密度为 2 677 株/亩，平均收获密度为 2 560 株/亩。收获密度在 2 500 株/亩以下的占 43.7%，2 500～2 800 株/亩的占 25.0%，2 800～3 000 株/亩的占 31.3%，均没有达到3 000株/亩。2 200～2 400 株/亩的高达 31.3%。辽西地区，平均播种密度为 2 492 株/亩，平均收获密度为 2 390 株/亩。收获密度在 2 500 株/亩以下的占 66.6%，2 500～2 800 株/亩的占 26.7%，2 800～3 000 株/亩的占 6.7%，除了 1 个点以外，均达不到 2 700 株/亩。2 000～2 300 株/亩的高达 46.7%。对比不同地区的株行距和保苗率可见，辽西地区行距最小、株距最大，辽北地区行距最大、株距最小，而辽中、辽南地区居中。

表 1-1　辽中、辽南地区玉米种植密度调查结果

调查地点	行距（cm）	株距（cm）	播种密度（株/亩）	收获密度（株/亩）	缺苗率（%）
台安县黄沙镇	58.4	38.5	2 965	2 723	8.2
台安县台安镇	55.0	44.7	2 711	2 575	5.0
台安县高力房镇	55.0	50.6	2 395	2 198	8.2
台安县韭菜台镇	50.0	51.0	2 613	2 397	8.3
海城市牛庄镇	56.0	47.1	2 526	2 422	4.1
鞍山市千山区	56.0	45.7	2 604	2 528	2.3
辽阳县柳壕镇	56.8	52.6	2 231	2 202	1.3
辽阳县柳壕镇蛤蜊村	56.0	49.4	2 409	2 186	9.3
海城市牛庄北	54.0	45.5	2 713	2 543	6.3
海城市耿庄镇	57.0	40.0	2 924	2 894	1.0
海城市东四方台	60.0	37.0	3 002	2 946	1.9
海城市四方台北	55.0	41.2	2 942	2 866	2.6
辽阳市穆家乡	57.4	45.5	2 553	2 379	6.8
辽阳市小北河镇	52.0	51.9	2 470	2 422	2.0
沈阳市沈北新区虎石台镇	59.5	38.6	2 902	2 860	1.5
沈阳市沈北新区清水台镇	57.8	40.0	2 883	2 811	2.5
平均			2 677	2 560	4.4

表 1-2　辽北地区玉米种植密度调查结果

调查地点	行距（cm）	株距（cm）	播种密度（株/亩）	收获密度（株/亩）	缺苗（%）
铁岭市懿路乡	59.0	42.3	2 671	2 658	0.5
开原市中固乡（南）	60.0	38.5	2 886	2 755	4.5
开原市中固乡（中）	58.4	37.7	3 029	2 814	7.1
开原市老城镇	60.0	44.9	2 474	2 403	2.9
开原市金沟子（南）	61.0	40.4	2 732	2 690	1.6
开原市金沟子（北）	60.0	44.0	2 525	2 483	1.7
昌图县马仲乡（南）	58.0	45.7	2 515	2 429	3.4
昌图县马仲乡（北）	60.0	44.0	2 525	2 456	2.8
康平县康平镇	60.0	46.0	2 415	2 268	6.1
法库县孟家乡孤树子村	59.0	39.0	2 897	2 840	2.0
法库县十间房乡赵贝堡村	59.0	38.2	2 957	2 900	1.9
法库县十间房乡尚屯村	59.5	45.2	2 479	2 451	1.1
昌图县通江口乡	60.0	37.0	3 002	2 946	2.0

（续）

调查地点	行距（cm）	株距（cm）	播种密度（株/亩）	收获密度（株/亩）	缺苗（%）
昌图县金家镇土城子村	61.0	40.4	2 732	2 691	1.1
昌图县金家镇八宝村	61.7	40.0	2 701	2 647	2.0
昌图县大兴乡柳条沟村	58.3	44.9	2 546	2 495	2.0
昌图县后窑乡北山村	58.3	42.3	2 703	2 660	1.6
康平县三台子畜牧场	56.3	41.0	2 888	2 755	4.6
康平县东关乡赵增窝堡村	60.0	41.9	2 651	2 457	7.3
康平县陶家屯乡杏树岗子村	62.5	38.6	2 763	2 736	1.0
法库县大孤家子乡小岭村	59.3	49.4	2 275	2 233	1.9
法库县和平乡	58.4	41.7	2 737	2 651	3.1
康平胜利乡	60.0	41.0	2 710	2 463	9.1
平均			2 687	2 603	3.1

表 1-3　辽西地区玉米种植密度调查结果

调查地点	行距（cm）	株距（cm）	播种密度（株/亩）	收获密度（株/亩）	缺苗（%）
沈阳市新民县大喇嘛乡	57.0	46.0	2 542	2 396	5.8
彰武县西六乡	57.0	47.3	2 473	2 297	7.1
彰武县五丰乡高台子村	54.0	47.1	2 622	2 514	4.1
彰武县双庙子乡杜家村	52.0	48.8	2 627	2 595	1.2
彰武县哈尔套镇	49.7	64.5	2 080	1 996	4.0
北镇市万兴乡	50.0	40.0	3 333	3 267	2.0
北镇市高山子镇（北）	56.4	53.7	2 201	2 157	2.0
盘山县高升乡	58.0	49.7	2 313	2 169	6.2
阜蒙县古城子乡	49.0	59.7	2 279	2 209	3.0
阜蒙县上古台子乡务欢池村	48.2	52.6	2 630	2 560	2.7
黑山县白场门乡	45.2	52.6	2 804	2 656	5.3
北镇市正安镇王屯村（北）	53.0	57.2	2 199	2 058	6.4
北镇市正安镇王屯村（南）	50.8	52.3	2 509	2 443	2.6
北镇市高山子镇（南）	56.6	47.1	2 501	2 309	7.7
北镇市高山子镇柳家村	58.2	50.6	2 263	2 219	2.0
平均			2 492	2 390	4.1

（二）对玉米品种推荐密度的调查分析

农民对玉米种植密度的确定主要来源于种子经销商介绍即品种说明书，而商家的依据来源于育种单位的推荐。对 2003—2008 年辽宁省审定的 126 个品种的推荐密度调查表明

（表 1－4）：有 5.1%的品种推荐密度在 2 500 株/亩以下，有 6.9%的品种为 2 500～2 800 株/亩，有 30.1%的品种在 2 800～3 000 株/亩，有 29.3%的品种在为 3 000～3 300 株/亩，有 14.6%的品种在 3 400～3 500 株/亩，有 13.8%的品种在 3 500～4 000 株/亩。总体上看，2 500～3 000 株/亩的占 37%，3 000～3 500 株/亩的占 44%，2 500 株/亩以下和 3 500 株/亩以上的分别占 5%和 14%左右。

表 1－4　品种推荐的种植密度

品种	推荐密度（株/亩）	品种	推荐密度（株/亩）	品种	推荐密度（株/亩）	品种	推荐密度（株/亩）
辽单 526	2 800～3 200	良玉 88	3 500～4 000	良玉 9 号	3 000～3 300	沈玉 25	3 000～3 300
东单 70	3 000～3 200	先玉 335	3 500～4 500	盛禾 18	3 500	明玉 2 号	3 000～3 300
沈玉 17	3 000～3 300	东 7－22	3 300～3 800	先禾 336	3 500	创奇 0203	3 300
丹 2151	3 500～4 000	东 D－335	3 000～3 500	铁南 13	3 500	丹科 2162	2 800～3 000
丹玉 39	2 800～3 000	东 7－14	3 500～3 800	铁南 17	3 500～3 800	丹科 2165	3 200～3 500
东单 60	3 000	东 8－136	3 500～4 000	葫单 3 号	3 800	丹玉 79	3 200～3 300
东单 80	3 000～3 300	沈玉 24	3 300～3 500	丹玉 602	3 000～3 300	郁青 2 号	2 800～3 000
东单 90	2 600～2 800	沈玉 18	3 300～3 500	世宾 28	3 000～3 500	辽单 567	3 000
铁单 18	3 000～3 500	沈玉 20	3 300～3 500	良玉 5 号	3 300～3 800	铁单 20	3 500～4 000
丹玉 69	2 800～3 000	沈玉 21	3 500～4 000	沈玉 30	3 800	丹玉 71	2 800～3 400
东单 213	2 800～3 200	中地 77	3 500～4 000	辽单 452	3 500～3 800	辽单 566	3 300
辽单 565	3 500～4 000	登海 3686	3 500～3 800	丹玉 202	3 500～3 800	辽单 678	3 100
郑单 958	3 500～4 800	丹 2151	3 500～4 000	铁研 309	3 200～4 500	金刚 7 号	3 000
沈玉 21	3 500～4 000	沈玉 17	3 000～3 300	沈玉 29	3 800	诚田 1 号	2 800～3 000
铁研 24	2 800～3 300	辽单 526	2 800～3 200	农华 19	3 800	郁青 9 号	2 800～3 000
丹玉 39	2 800～3 000	金刚 50	2 500	丹玉 103	2 800～3 000	海禾 14	3 300～3 500
丹玉 69	2 800～3 000	丹玉 6111	3 500	盛瑞 2008	2 800～3 000	辽单 569	2 600～2 800
丹玉 88	2 400～2 800	沈玉 24	3 300～3 500	象玉 568	3 000～3 200	丹大 5 号	2 500～3 000
铁研 27	2 800～3 300	沈玉 22	2 800～3 000	丹玉 601	3 000～3 300	吉星 1 号	3 200
中金 368	2 600～2 800	金刚 29	2 800	东单 339	2 800～3 200	海禾 15 号	3 000～3 300
铁研 115	2 800～3 000	海禾 19	3 000～3 200	丹玉 201	3 000～3 200	桥丰 7 号	2 400～2 600
铁研 120	3 000	沈农 T19	2 800	立农 24	3 000～3 200	登海 6 号	2 800～3 000
金刚 50	2 500	盛单 218	3 000	世宾 6 号	2 800～3 200	富有 7 号	2 800～3 000
铁研 28	2 800～3 000	双合 1 号	3 500	桥景 337	2 800～3 000	丹玉 403	2 800～3 200
丹玉 404	3 000～3 800	海禾 18	2 500～2 800	华单 21	2 200～2 500	东单 100	2 800～3 000
天农 9 号	3 300～3 500	新丹 7 号	3 000～3 300	锦单 1021	2 500～2 800	东单 335	3 300～3 500
午阳 4 号	3 000～3 500	农华 9 号	2 800～3 200	强硕 68	2 300～2 500	富友 369	2 500～3 000
丹玉 501	3 000～3 200	象玉 513	2 800～3 200	海禾 99	2 500～2 800	辽单 145	3 000
渤玉 9 号	3 500～3 800	隆迪 401	3 000	盛单 301	2 200～2 500	金刚 35	2 800～3 000
隆迪 402	3 000～3 200	丹玉 98	3 000～3 200	桥峰 1 号	2 700	连禾 16	2 600～2 800
乾雨 8 号	2 800～3 000	丹玉 89	3 000～3 200	丹玉 401	2 800～3 200		
登海 368	3 500～3 800	丹玉 102	2 700	丹玉 402	2 800～3 200		

从生产上的种植密度与品种推荐密度的比较可以看出，生产上实际达到的密度明显低于品种的推荐密度，相差幅度在10%以上。由此可见，辽宁省玉米种植密度存在较大的潜力。

基于上述试验结果，2007年和2008年，沈阳农业大学特种玉米研究所对辽宁省主要玉米生态区的适宜密度进行试验研究。试验在辽宁北部的昌图县（2007）、西部的黑山县和中部的辽阳市（2008）进行。采用丹玉39等当地主栽的11个稀植型品种和郑单958等4个耐密植品种。设2 500～4 550株/亩的不同密度。按当地中上等施肥水平施肥，按当地生产水平进行田间管理。

2007年试验结果表明，11个参试品种的适宜密度，其中有9个品种均在3 150株/亩以上，有4个品种在3 500株/亩以上。与2 800株/亩相比，有3个品种增产5%左右，6个品种增产10%以上。总体上，11个稀植大穗型品种的适宜密度在3 500株/亩左右，而4个耐密植型品种的适宜密度大约在4 500株/亩。这个结果说明，在现有生产条件下多数品种仍有较大的密植增产空间（表1-5）。

表1-5　2007年不同品种的密度试验结果

品种	2 800株/亩产量（CK）	适宜密度下的产量（kg/亩）	比CK增产（%）	适宜的密度范围（株/亩）	比CK增加密度（%）
辽单526	10 395	725.5～737.5	6.4**～4.7*	3 500～3 850	25.0～37.5
东单70	8 810	615.5	4.8*	3 150	12.5
沈玉17	9 524	664.8～665.0	4.7*～4.7*	3 150～3 500	12.5～25.0
丹2151	8 442	619.5～633.1	10.1**～12.5**	3 150～3 500	12.5～25.0
丹玉39	9 608	709.4～703.8	10.8**～9.9**	3 150～3 850	25.0～37.5
东单60	8 841	612.3	3.9*	3 150	12.5
东单80	9 461	630.7	0	2 800	0
东单90	7 445	684.0～607.8	37.8**～22.5**	3 850～4 200	37.5～50.0
铁单18	10 122	740.5～939.7	9.7**～9.5**	3 850～4 200	37.5～50.0
丹玉69	12 779	956.2～938.8	12.2**～10.2**	2 850～3 500	12.5～25.0
东单213	12 831	980.4	14.6**	2 850	12.5

注：*表示在0.05水平下差异显著；**表示在0.01水平下差异显著。

2008年的试验结果表明（表1-6）：辽阳试验点的30个稀植型品种中，有8个品种的适宜密度为3 000株/亩，比2 500株/亩平均增产13.6%；有16个品种适宜密度为3 500株/亩，比2 500株/亩平均增产20.2%；有6个品种适宜密度为4 000株/亩，比2 500株/亩平均增产31.5%；黑山县试验点的30个稀植型品种中，有6个品种的适宜密度为3 000株/亩，比2 500株/亩平均增产18.9%；有23个品种适宜密度为3 500株/亩，比2 500株/亩平均增产20.3%。30个品种的产量与密度的相关系数在0.60（黑山，$P<0.01$）～0.70（辽阳，$P<0.01$）。

表 1-6　2008 年不同品种的密度试验结果

试验点	品　种	2 500 株/亩产量（kg）（CK）	密度（株/亩）	产量（kg/亩）	比 CK 增幅（%）
辽阳	良玉 88	513.0	3 500	615.7	20.0
	郑单 958	556.8	4 000	690.9	24.1
	辽单 565	419.9	4 000	635.4	51.5
	先玉 335	589.3	3 500	669.1	13.5
	丹玉 6111	648.4	3 000	666.5	2.8
	沈玉 24	526.2	3 500	700.1	33.0
	沈玉 18	553.3	3 500	626.8	13.3
	沈玉 20	576.5	3 500	746.4	29.5
	沈玉 21	550.4	3 500	706.3	28.3
	中地 77	534.2	3 500	625.9	17.2
	登海 3686	538.5	4 000	807.1	49.9
	丹科 2151	535.2	4 000	680.0	27.1
	沈玉 17	473.5	3 500	634.2	33.9
	沈玉 22	549.9	3 500	693.7	26.2
	丹玉 88	549.9	4 000	658.7	19.7
	丹玉 69	572.8	4 000	741.2	29.4
	丹玉 39	517.6	3 500	624.0	20.6
	辽单 526	575.5	3 000	730.6	27.0
	铁研 115	537.6	3 500	590.9	9.9
	铁研 120	543.8	3 000	604.4	11.1
	金刚 50	572.9	3 000	577.5	1.0
	金刚 29	588.2	3 500	736.0	25.1
	海禾 19	611.0	3 500	684.0	11.9
	沈农 T19	569.1	3 500	621.7	11.5
	铁研 27	549.6	3 000	633.8	15.3
	辽单 527	549.1	3 000	620.7	13.0
	东 F16-37	575.1	3 000	609.5	19.5
	东 D-100	592.5	3 500	708.1	19.5
	东试 80	565.2	3 500	616.9	9.1
	东 60-6	516.1	3 000	613.2	18.8
黑山	良玉 88	599.1	3 500	779.4	30.0
	郑单 958	649.6	4 000	833.3	28.3
	辽单 565	440.9	3 500	534.9	21.3
	先玉 335	647.1	3 500	764.4	18.1
	东 7-22	577.5	3 000	804.6	39.3
	东 D-335	566.3	3 500	710.4	25.4
	东 7-14	599.8	3 500	726.5	21.1
	东 8-136	658.3	3 500	772.2	17.3
	沈玉 24	633.8	3 000	754.9	19.1
	沈玉 18	555.7	3 500	673.7	21.2
	沈玉 20	684.5	3 500	792.1	15.7
	沈玉 21	638.7	3 500	770.6	20.7
	中地 77	599.8	3 500	729.1	21.6
	登海 3686	731.5	3 500	964.2	31.8
	丹 2151	621.0	3 500	720.5	16.0
	沈玉 17	647.9	3 500	761.0	17.5
	辽单 526	704.4	3 000	817.0	16.0
	丹玉 39	644.4	3 500	687.2	6.6
	丹玉 69	757.8	3 500	891.0	17.6
	丹玉 88	789.0	3 500	903.4	14.5
	铁研 27	656.0	3 500	733.2	11.8
	中金 368	704.1	3 500	826.2	17.3
	铁研 115	647.1	3 500	835.4	29.1
	铁研 120	652.5	3 000	797.2	22.2
	金刚 50	672.2	3 000	715.7	6.5
	金刚 29	723.9	3 500	847.6	17.0
	海禾 19	540.7	3 500	659.9	22.0
	沈农 T19	603.5	3 500	835.6	38.5
	沈玉 22	612.2	3 500	710.7	16.1
	辽单 527	676.8	3 000	744.8	10.0

两个试验点平均：所有品种（次）的适宜密度都在 3 000 株/亩以上，比 2 500 株/亩平均增产 20.0%；有 76.8%的品种（次）适宜密度为 3 500 株/亩以上，比 2 500 株/亩平均增产 21.3%。

归纳上述结果可以得出，品种推荐的种植密度普遍偏低，多数品种的推荐密度较栽培试验获得的适宜密度低 10%以上，个别品种差距更大；生产上的实际密度又比品种推荐的密度普遍低 10%以上。最终，生产的实际密度比栽培试验的适宜密度低 20%甚至更多。

根据上述调研和试验结果，完全有理由通过适当增加密度大幅度提高辽宁省的玉米产量。

二、玉米种植密度现状

2007—2016年，辽宁省粮食生产一直在持续增产，其中贡献最大的作物当属玉米。2014年对全省玉米种植密度调查发现，辽宁省玉米种植密度发生了巨大的变化（表1-7）。可见种植密度的增加也是辽宁省玉米增产的重要技术原因之一。对照2008年密度调查结果，全省各地的玉米种植密度普遍有了大幅度增长。首先是平均播种密度大幅度增加，2008年全省播种密度为2 618.7株/亩，2014年为3 402.9株/亩，2014年比2008年增加784.2株/亩，平均增长29.9%；其次是收获密度大幅度增加，2007年全省平均收获密度2 517.7株/亩，2014年为3 117.8株/亩，增加600.1株/亩，2014年比2007年平均增长23.8%。

表1-7　2014年辽宁省玉米收获密度调查结果

调查地点	调查地块数（块）	平均密度（株/亩）	区域	密度（株/亩）	调查地点	调查地块数（块）	平均密度（株/亩）	区域	密度（株/亩）
沈阳市	5	3 129			瓦房店	6	2 461		
辽中区	6	3 087	辽中	3 086	普兰店	8	2 324		
灯塔市	1	3 042			庄　河	13	2 480	辽东南	2 730
铁岭市	6	3 357			丹　东	15	2 598		
开原市	6	3 076			盘　锦	9	3 789		
昌图县	24	3 211	辽北	3 190	本　溪	1	3 219	辽东	3 219
康平县	22	3 118			彰　武	3	3 132		
台安县	8	3 071			阜　蒙	7	4 075	辽西	3 658
鞍山市	2	3 920	辽南中部	4 147	黑山县	14	3 767		
海城市	3	4 375			大连市	1	2 456	辽南	2 456

不同地区之间比较：密度增加幅度最大的地区是辽西地区，由2008年密度最小的地区一跃成为密度最大的地区；其次是辽北地区，由2008年的2 600株/亩增加到2014年的3 200株/亩，增加近570株/亩，增幅达22%；辽南中部和南部地区，2008年收获密度为2 500株/亩左右，2014年增加到3 000株/亩左右；增加近500株/亩，增幅达20%左右。

收获密度的增加来源于播种密度，但播种密度与收获密度的变化有所不同。2008年辽宁省平均播种密度为2 618.7株/亩，2014年增加到3 402.9株/亩，播种密度增幅高达29.9%。通过2008年和2014年的播种密度结果对比发现，每穴保苗率有所下降。平均每穴保苗率由2008年的96.1%下降到2014年的91.6%。结合辽宁省玉米播种的生产实际可知，下降的原因是实行单粒播种的结果。但是与2008年以前的穴播相比，现在的单粒播种实际保苗率反而有了明显提高。

辽宁省玉米种植密度显著增加的原因，主要在以下几个方面：

一是科研成果的推广，这是种植密度增加的最关键因素。通过国家和地方相关科研项目的实施，合理密植技术的研究与推广，使农民对种植密度的重要性有了新的认知和更科学的认识，特别是长期以来在辽宁省形成的高秆大穗的品种理念已经有了实质性的改变。二是国家对种粮的政策补贴及国家对粮食的刚性需求，极大地调动了农民种粮积极性。种玉米的纯效益从20世纪80年代的100多元/亩提高到600～700多元/亩，甚至2014年达1 000多元/亩。三是农资投入的加大，特别是在化肥、种子、农药、农机投入大幅度提高，为增密、增产奠定了物质基础。四是以黄淮海地区的耐密植品种郑单958在辽宁省的推广，带动了辽宁省玉米的密植技术的普及。五是耐密植、半密植品种的不断推出，加快了辽宁省玉米密植的发展步伐。原来青睐晚熟高秆大穗品种的地区，特别是一些极晚熟品种已经被彻底放弃。六是耐密品种成为密植技术的载体，种子企业在推销耐密植品种的同时也有力地推动了密植技术的推广。

三、玉米种植密度潜力分析

美国等发达国家的研究结果和生产实践证明，玉米是一种密植潜力较大的作物。辽宁省近年的高产栽培试验及超高产栽培试验表明，即使是在目前生产条件和密度前提下辽宁省玉米仍有较大密植潜力。2014年和2015年，以4个半密植品种为试材再次进行密度试验，结果表明（表1-8、表1-9）在辽宁省辽北、辽西、辽南3个玉米生态区，各参试品种的最适密度均在4 000株/亩以上。其中年景较好的2014年，最适密度辽北地区在4 500株/亩左右，辽西地区在5 000株/亩左右，辽南地区也在5 000株/亩。2014年全省玉米生产密度调查结果与这一结果相对比，辽北、辽中两个生态区的收获密度比试验密度低1 000株/亩，辽西地区要低1 500株/亩，即30%和40%。可见即使是在种植密度有了较大提高的今天仍存在有较大的密植空间。分析这个结果，主要与新近推出的玉米新品种具有更强的耐密能力有关。

表1-8 2014年密度栽培试验结果

地点	密度（株/亩）	品种及产量（kg/亩）				平均
		辽单1211	中地168	沈玉29		
昌图	3 500	672.17	778.32	684.06		711.5
	4 000	753.54	796.85	751.41		767.3
	4 500	847.31	834.67	773.13		818.4
	5 000	739.08	798.88	810.61		782.9
	5 500	701.42	771.52	802.55		758.5
地点	密度（株/亩）	品种及产量（kg/亩）				平均
		辽单1211	沈玉29	铁研56	中地168	
阜新	3 500	836.57	819.86	829.14	758.45	811.0
	4 000	829.47	826.52	749.20	708.55	778.4
	4 500	659.07	647.16	731.30	831.31	717.2
	5 000	854.35	736.97	824.48	853.83	817.4
	5 500	759.78	845.77	776.72	840.15	805.6

（续）

地点	密度（株/亩）	品种及产量（kg/亩）			平均
		郑单 958	铁研 56	沈玉 29	
海城	3 500	724.69	700.91	671.56	699.1
	4 000	716.65	760.48	762.08	746.4
	4 500	715.69	678.40	671.60	718.7
	5 000	828.88	746.28	781.72	785.7
	5 500	746.69	775.97	649.97	724.2

表 1-9　2015 年密度栽培试验结果

地点	密度（株/亩）	丹玉 336（kg/亩）	郑单 958（kg/亩）	丹玉 801（kg/亩）	中地 9988（kg/亩）	平均（kg/亩）
昌图	3 500	486.91	469.57	453.78	472.94	470.8
	4 000	423.46	531.98	515.25	508.74	494.9
	4 500	470.31	428.14	550.52	498.78	487.0
	5 000	458.01	623.09	487.28	498.38	516.7
	5 500	486.91	469.57	453.78	472.94	470.8
阜新	3 500	506.92	428.72	461.71	510.77	477.0
	4 000	524.9	375.95	473.54	413.29	446.9
	4 500	419.4	506.36	501.56	520.99	487.1
	5 000	473.86	556.53	483.35	424.39	484.6
	5 500	497.64	427.70	417.23	382.53	431.3

辽宁省地处世界黄金玉米带，气候和土壤条件有利于玉米生产。与黄淮海地区相比，辽宁省玉米生产的农田建设基础条件还相对落后，玉米的生产投入还有很大差距。随着生产力水平的不断提高，耐密新品种的不断更新，栽培技术的不断进步，辽宁省玉米的种植密度还将大幅度增加。

需要强调的是玉米的密植是有条件的。辽宁省玉米生产尚属于雨养条件下的生产，水分条件严重制约着玉米的密植栽培。既不能固守过去的高秆大穗稀植习惯，又不能盲目地过分追求密植。因此，在品种试验、品种推广和密植栽培中应重点考虑生产上的水肥条件，并选择对密度自动调节能力较强的品种类型，否则会适得其反。以严重干旱的 2009 年为例，试验以 2008 年优选的 12 个品种为试材，在 3 500 株/亩和 750 kg/亩 4 200 株/亩和 1 000 kg/亩产量目标的施肥水平下进行试验。结果表明（表 1-10），4 200 株/亩的产量反而明显低于 3 500 株/亩（$P<0.01$）。在参试的 12 个品种中，除了丹玉 69 因严重空秆而减产 75.8%以外，有 9 个品种平均减产 4.6%，而丹玉 39 和郑单 958 却没有减产。在同时、同地块进行的不同年代玉米品种的两个密度试验中，同样证明了干旱对密植的限制作用（表 1-11）。15 个参试品种中，5 000 株/亩比 3 000 株/亩平均减产 12.5%，除了 3 个品种增产外，其余 12 个品种增加密度后均发生减产（$P<0.01$）。可见，在辽宁省雨

养条件、土壤地力和肥力水平下，增加种植密度还有待在提高肥水条件和增加投入上下更大工夫，以达到充分利用光热资源和挖掘玉米品种增产潜力的目的。

表 1－10　严重干旱情况下的增密效果（昌图，2009）

品种名称	3 500 株/亩密度产量（kg/亩）	4 200 株/亩密度产量（kg/亩）	与 3 500 株/亩比较（%）
沈玉 29	511.7	472.7	－7.6
联创 1 号	501.8	462.8	－7.8
先玉 335	486.8	499.5	－2.6
中科 11	465.6	467.8	－0.5
铁研 115	457.5	475.0	－3.9
郑单 958	452.9	492.1	8.7
沈农 T19	437.0	421.3	－3.6
丹玉 69	420.7	101.7	－75.8
丹玉 39	404.9	422.4	4.3
金刚 29	361.5	338.0	－6.5
中金 368	313.3	305.8	－2.4
丹玉 88	154.0	164.7	－6.9

表 1－11　严重干旱条件下不同年代品种的增密效果（昌图，2008）

品种	3 000 株/亩密度产量（kg/亩）	5 000 株/亩密度产量（kg/亩）	与 3 000 株/亩比较（%）	品种	3 000 株/亩密度产量（kg/亩）	5 000 株/亩密度产量（kg/亩）	与 3 000 株/亩比较（%）
登海 9 号	683.9	559.6	－18.2	鲁单 50	470.3	363.3	－22.8
鲁单 981	512.5	358.9	－30.0	农大 108	583.9	531.7	－8.9
沈单 16	622.2	573.4	－7.8	农大 3138	462.2	370.0	－20.0
先玉 335	563.5	596.3	5.8	四单 19	437.8	235.7	－46.2
郑单 958	385.7	450.8	16.9	掖单 13	470.0	396.8	－15.6
本玉 9 号	445.7	434.4	－2.5	掖单 19	446.4	350.0	－21.6
吉单 159	382.0	416.2	9.0	豫单 18	432.6	327.0	－24.4
吉单 180	437.2	431.0	－1.4	平均	489.1	426.3	－12.5

辽宁省玉米种植密度潜力的挖掘，将重点依靠以下几个方面的措施：一是依靠品种增密；密植、半密植型品种仍是辽宁省未来玉米增产的首要措施；选育和推广耐密植，对密度适应范围宽的品种，构建更合理的群体空间结构，以充分发挥辽宁省种植玉米的区域优势；同时，增强品种的抗逆性特别是抗倒性将为密植栽培提供保证。二是持续增加肥料的投入，特别是有机肥、配方肥、生物肥以及秸秆还田等肥力提升措施将为密植增产提供肥力保障。三是随着人们对土壤改良和耕层改造的认识越来越深入，相关技术的研发与应用将使耕层加厚，土壤团粒状结构改善，有机质含量提高，保肥保水能力增强，都将为玉米

密植奠定良好的土壤基础。四是改善土壤水分供应状况；蓄水、保水的耕作措施，特别旱田灌溉投入和灌溉技术的实施，从突破密植栽培的水分限制角度将使辽宁省玉米种植密度有较大的提升，特别是在雨养条件不足而光资源充足的辽西地区。五是增密种植形式的应用，如大垄双行、宽窄行、比空种植等增密种植形式的推广也将有利于玉米种植密度的增加。此外，包括机械化收获在内的玉米全程机械化也将有效促进玉米增密种植。

第二节　玉米增密增产效果研究

一、玉米主栽品种增密幅度研究

长期以来，辽宁省及东北地区玉米生产由于品种类型、生产力水平、气候特点、经济条件及农民种植习惯等原因，一直沿用高秆大穗品种和以较稀的密度种植。同时，过去由种植密植品种产生的一些具体问题，如人工播种、间苗、中耕除草、收获成本增加和田间作业等的不便，造成了农民不愿意接受耐密植型品种。但如今，随着播种、除草、灭虫、施肥等田间管理的机械化，免间苗精量播种技术的普及，农民困惑的问题都不复存在，特别是玉米的高产地区，随着收获机械化的到来，农民自然也就更乐于接受耐密植品种，这将对耐密植品种的推广更加有利。沈阳农业大学特种玉米研究所课题组在执行“粮丰工程”项目期间对辽宁省玉米生产的种植密度展开了实地调查，并于2007—2015年对辽宁省不同生态区玉米主栽品种的增密幅度进行了系统研究。

2007年试验在辽宁北部的昌图县进行，采用丹玉39等当地主栽的11个稀植型品种和郑单958等4个耐密植品种。设2 500～4 550株/亩的不同密度。结果表明，在现有密度2 800～3 000株/亩情况下，所有参试品种增加密度后都可提高产量，但品种间差异较大。达到最高产量时的密度，11个品种中有7个在3 500株/亩、2个为3 850株/亩以上，多数品种密度比对照密度增加12.5%～25.0%，增产幅度为3.9%～37.8%，有5个品种增产幅度在10%以上。

2008年试验分别在辽宁西部的黑山县和中部的辽阳市进行，采用当地主栽的28个稀植型品种，设2 500～4 550株/亩的不同密度。结果表明，辽阳试验点所有参试的28个稀植型品种的最适种植密度均比对照密度2 500株/亩增产，平均增产21.1%，其中辽单565增产幅度最大达51.5%，最适密度为4 000株/亩，比对照密度增加60%；金刚50增产幅度最小为1.0%，最适密度为3 000株/亩，比对照增加密度20%。黑山县试验点的28个稀植型品种的最适种植密度均表现为比对照密度2 500株/亩增产，平均增产20.3%。其中，东7-22增产幅度最大达39.3%，最适密度为3 000株/亩，比对照密度增加20%；金刚50增产幅度最小为6.5%，最适密度为3 000株/亩，比对照密度增加20%。

在2007—2008年试验基础上，2009年筛选出产量高于或相当于先玉335和郑单958的10个品种继续进行优良品种增产潜力试验。试验结果表明（表1-12、表1-13），在2009年严重干旱情况下，确有一部分品种的产量不低于甚至优于先玉335和郑单958，但在严重干旱情况下，这些品种的耐密程度还略差些。在3 500株/亩密度条件下，10个品种中有6个的产量与先玉335和郑单958相当，经方差分析差异不显著；一个品种极显著高于先玉 335 和郑单 958，分别比先玉 335 和郑单 958 增产 5.1%和 13.0%。经方差分析，在 4 200 株/亩密度条件下，10 个品种中有 4 个的产量与先玉 335 和郑单 958 差异不显著，但是有不同程度的减产。该试验表明，虽然增加了种植密度和施肥量，但由于 2009 年的严重干旱严重影响了这些品种生产潜力的正常发挥。同时试验也表明，在严重干旱的胁迫下，先玉 335 和郑单 958 的耐密能力要更为突出些。

表 1-12　辽宁省 10 个优秀品种在 3 500 株/亩下与先玉 335 和郑单 958 的产量比较（2009 年）

品种	产量（kg/亩）	5%显著水平	1%显著水平	比先玉 335 增产（%）	比郑单 958 增产（%）
沈玉 29	511.7	a	A	5.1	13.0
联创 1 号	501.8	a	AB	3.1	10.8
先玉 335	486.8	ab	ABC		
中科 11	465.6	bc	BCD	−4.4	2.8
铁研 115	457.5	bc	CDE	−5.6	1.1
郑单 958	452.9	cd	CDE	−7.0	
沈农 T19	437.0	cde	DEF	−10.3	−3.6
丹玉 69	420.7	de	EF		
丹玉 39	404.9	e	FG		
金刚 29	361.5	f	G		
中金 368	313.3	g	H		
丹玉 88	154.0	h	I		

表 1-13　辽宁省 10 个优秀品种在 4 200 株/亩下与先玉 335 和郑单 958 的产量比较（2009 年）

品种	产量（kg/亩）	5%显著水平	1%显著水平	与先玉 335 比较（%）	与郑单 958 比较（%）
先玉 335	499.5	a	A		
郑单 958	492.1	a	A		
铁研 115	475.0	a	AB	−5.3	−3.5
沈玉 29	472.7	a	ABC	−5.5	−4.0
中科 11	467.8	a	ABC	−6.4	−5.0
联创 1 号	462.8	a	ABC	−7.4	−5.9
丹玉 39	422.4	b	BCD		
沈农 T19	421.3	b	CD		
丹玉 69	101.7	b	D		
金刚 29	338.0	c	E		
中金 368	305.8	c	E		
丹玉 88	164.7	d	F		

2010 年对辽宁省 30 个玉米品种进行增密潜力栽培试验，设 2 600～5 000 株/亩的不

同密度。试验地点分别设在辽宁省海城市、昌图县、阜蒙县和辽阳市。结果表明，辽北地区产量最高的品种为沈玉 21，最适密度为 3 600 株/亩；辽中地区产量最高的品种为中地 77，最适密度为 3 800 株/亩；辽西地区产量最高的品种为宁玉 309，最适密度为 4 000 株/亩；辽南地区产量最高的品种为丹玉 603，最适密度为 2 600 株/亩。分别比对照密度 2 600 株/亩增加 38.5%、46.2%、53.9% 和 0%。以各品种最高产密度进行生态区之间比较，辽西最高，辽北次之，辽中第三，辽南最低。后 3 个生态区分别比辽西低 8.74%、10.73% 和 18.50%。可见，不同生态区的最高产量和最适密度均有明显不同。总体上看，辽北产量最高，辽西和辽中次之，辽南最低，但最适宜密度以辽西为最大，辽北和辽中居中且二者相近，辽南最小（表 1-14）。

表 1-14 不同生态条件下各品种的最高产量及其最适宜密度（2010 年）

品种	辽北		辽中		辽西		辽南	
	最高产量（kg/亩）	最适宜密度（株/亩）	最高产量（kg/亩）	最适宜密度（株/亩）	最高产量（kg/亩）	最适宜密度（株/亩）	最高产量（kg/亩）	最适宜密度（株/亩）
郑单 958	636.3	3 800	534.4	3 200	536.4	3 800	561.3	3 200
先玉 335	620.2	4 200	568.7	3 800	581.5	3 600	547.9	2 800
沈玉 21	679.0	3 600	580.8	3 200	609.2	3 400	617.2	2 600
沈玉 29	647.5	2 800	556.5	3 600	552.1	3 400	588.1	2 800
铁研 38	598.1	3 400	553.3	3 000	547.1	2 800	505.8	2 800
铁研 39	556.4	3 000	500.3	3 200	592.8	4 200	552.9	2 800
良玉 88	660.2	3 800	561.0	3 800	585.0	3 600	537.7	3 400
丹玉 603	656.2	3 600	623.6	3 600	534.3	3 200	621.0	2 600
丹玉 605	637.4	3 400	629.0	3 200	508.3	3 600	562.4	2 600
宁玉 309	628.3	3 400	580.1	3 800	690.9	4 000	608.2	3 400
吉单 88	661.5	3 200	576.1	3 000	568.2	3 800	582.3	3 400
联创 1 号	598.6	3 000	582.2	3 400	514.4	3 600	563.9	3 400
中地 77	678.6	3 800	633.6	3 800	577.4	4 000	614.2	3 400
辽单 565	570.2	4 200	545.0	3 400	501.2	3 600	501.7	3 000
中农大 4 号	664.7	2 800	553.4	3 200	521.1	3 800	572.8	3 600
荣玉 8 号	652.6	2 800	569.8	2 800	573.4	3 600	489.8	2 800
中科 10 号	373.3	2 800	275.9	2 600	525.1	3 000	334.9	2 600
良玉 5 号	539.4	3 400	510.3	3 400	460.0	4 200	519.0	2 600
沈农 46	185.2	2 800	418.3	2 600	460.4	3 000	415.6	2 600
沈农 T19	433.4	2 600	348.8	2 600	477.0	3 200	412.2	2 600
铁研 120	646.6	2 600	565.9	2 800	525.3	3 800	493.5	3 000
铁研 124	580.4	3 000	557.9	3 600	541.9	3 600	451.6	3 000
丹玉 39	473.2	3 000	519.8	3 000	505.4	3 800	498.7	2 800
丹玉 201	606.5	3 200	630.6	3 600	562.5	3 800	513.5	2 800
丹玉 202	678.3	3 600	628.9	3 200	639.6	3 800	584.2	3 000
丹玉 203	489.3	3 600	510.8	2 600	538.0	3 800	401.7	3 000
丹玉 402	418.3	3 800	434.1	2 600	468.9	3 400	417.1	2 600
辽单 527	410.6	2 600	519.2	3 200	497.2	3 200	455.3	2 800

2012年，在昌图县金家镇、海城市耿庄镇、阜蒙县大固本镇以郑单958、中地77、沈玉21、丹玉39为试材，密植型品种为3 000～5 000株/亩，稀植型品种密度为2 500～4 500株/亩。结果表明，在辽北、辽西两个不同生态条件下，参试品种都可通过增加密度而获得增产，其增加幅度因品种类型不同、生态区不同而异。在5个密度下，2个耐密植品种的最高产量，在辽北和辽西地区均出现在4 500株/亩。比目前生产上的该品种类型4 000株/亩的常规密度增加12.5%，在辽北和辽西地区分别比4 000株/亩平均增产7.71%和6.70%。继续增加密度，则增产幅度下降（表1-15）。

表1-15　不同生态条件下各品种在不同密度下的产量比较（2012年）

品种	密度（株/亩）	辽北		辽西	
		平均产量（kg/亩）	比CK增产（%）	平均产量（kg/亩）	比CK增产（%）
郑单958	3 000	620.4		637.6	
	3 500	707.6		661.9	
	4 000（CK）	733.1		780.4	
	4 500	793.9	8.29	809.6	3.74
	5 000	771.4		675	
中地77	3 000	710.5		573.1	
	3 500	749.4		685.4	
	4 000（CK）	791.4		705.5	
	4 500	847.8	7.13	785.4	10.17
	5 000	821.7		713.4	
丹玉39	2 500	643.4		596.7	
	3 000（CK）	766.3		670.5	
	3 500	833.1	8.72	742.5	10.74
	4 000	810.1		731.4	
	4 500	781.1		707.8	
沈玉21	2 500	591		572.3	
	3 000（CK）	708.3		606.8	
	3 500	801.7	13.19	729.1	20.15
	4 000	794.8		705.5	
	4 500	753.8		699.4	

2013年，选用8个不同适应性的玉米品种在辽北（昌图县）、辽西（阜蒙县）、辽南（海城市）进行区域适应性试验，根据2013年结果，分别选出适合各地区种植的4个品种在2014年进行进一步试验。根据品种特点分别设置5个密度。结果表明，辽单1211的最高产量，在辽北和辽西地区最适密度分别为4 500株/亩和5 000株/亩。比目前生产上的该品种类型3 500株/亩的常规密度增加28.6%和42.9%，产量分别比对照密度增产26.1%和2.1%。而辽南地区郑单958的最适密度为5 000株/亩，最高产量为828.88 kg/亩，密度增加42.9%，产量增产14.4%（表1-16）。

表 1-16 不同地区不同玉米品种的产量差异（2014 年）

	密度（株/亩）	辽单 1211（kg/亩）	中地 168（kg/亩）	辽单 527（kg/亩）	沈玉 29（kg/亩）
昌图县	3 500	672.17	778.32	742.34	684.06
	4 000	753.54	796.85	606.17	751.41
	4 500	847.31	834.67	620.18	773.13
	5 000	739.08	798.88	656.58	810.61
	5 500	701.42	771.52	720.58	802.55
	密度（株/亩）	辽单 1211（kg/亩）	沈玉 29（kg/亩）	铁研 56（kg/亩）	中地 168（kg/亩）
阜蒙县	3 500	836.57	819.86	829.14	758.45
	4 000	829.47	826.52	749.20	708.55
	4 500	659.07	647.16	731.30	831.31
	5 000	854.35	736.97	824.48	853.83
	5 500	759.78	845.77	776.72	840.15
	密度（株/亩）	郑单 958（kg/亩）	丹玉 405（kg/亩）	铁研 56（kg/亩）	沈玉 29（kg/亩）
海城市	3 500	724.69	723.00	700.91	671.56
	4 000	716.65	753.33	760.48	762.08
	4 500	715.69	714.06	678.40	671.60
	5 000	828.88	732.94	746.28	781.72
	5 500	746.69	804.24	775.97	649.97

2015 年，根据 2012 年 30 个品种筛选试验结果，筛选出 8 个不同适应性的玉米品种进一步深入研究。试验地点设在昌图县金家镇、阜蒙县大固本镇、海城市耿庄镇。其中，郑单 958、铁研 56、中地 168、辽单 1211、沈玉 29 这 5 个品种密度设 3 500～5 500 株/亩；丹玉 206、丹玉 405、辽单 527 这 3 个品种密度设 2 500～4 500 株/亩。结果表明（表 1-17），耐密植郑单 958 的最高产量，在辽南、辽北和辽西地区最适密度分别为 4 000 株/亩、5 000 株/亩和 5 500 株/亩。比目前生产上的该品种类型 3 500 株/亩的常规密度增加 14.3%、42.9%和 57.1%，产量分别比对照密度增产 17.4%、10.7%和 50.8%。稀植品种丹玉 206，在辽南、辽北和辽西地区最适密度分别为 4 500 株/亩、3 000 株/亩和 3 000 株/亩。比目前生产上的该品种类型 2 500 株/亩的常规密度增加 80.0%、20.0%和 20.0%，产量分别比对照密度增产 18.0%、8.4%和 47.5%。因此，只有根据品种的特点，在不同生态区选择不同的密度种植，才能获得较高的产量。

表 1-17 不同生态区不同品种产量结果（2015 年）

品种	密度（株/亩）	昌图县（kg/亩）	阜蒙县（kg/亩）	海城市（kg/亩）
郑单 958	3 500	666.66	588.01	743.72
	4 000	677.92	625.54	873.05
	4 500	654.57	585.08	730.54
	5 000	737.69	567.29	787.82
	5 500	641.40	734.25	736.12
	平均	675.65	620.03	774.25

（续）

品种	密度（株/亩）	昌图县（kg/亩）	阜蒙县（kg/亩）	海城市（kg/亩）
铁研 56	3 500	569.79	703.10	711.07
	4 000	773.69	658.26	767.70
	4 500	677.45	712.87	773.44
	5 000	588.64	497.14	592.89
	5 500	663.68	613.71	722.11
	平均	654.65	637.02	713.44
中地 168	3 500	774.56	594.01	749.42
	4 000	734.07	740.63	590.52
	4 500	811.55	707.65	558.27
	5 000	724.96	646.55	507.48
	5 500	764.74	820.62	659.18
	平均	761.98	701.89	612.98
辽单 1211	3 500	632.11	696.13	585.86
	4 000	788.23	695.37	896.24
	4 500	744.00	710.08	765.15
	5 000	532.19	725.04	784.81
	5 500	643.88	676.21	731.49
	平均	668.08	700.57	752.71
沈玉 29	3 500	693.39	722.54	724.33
	4 000	687.68	635.32	668.50
	4 500	806.73	741.84	758.04
	5 000	780.82	492.61	402.62
	5 500	672.62	715.98	750.54
	平均	728.25	661.66	660.8
丹玉 206	2 500	667.17	454.91	596.31
	3 000	723.24	670.39	582.20
	3 500	604.97	384.91	379.11
	4 000	439.76	554.72	498.39
	4 500	546.23	631.36	703.86
	平均	596.27	539.26	551.97
丹玉 405	2 500	426.28	437.89	799.58
	3 000	720.74	454.57	495.93
	3 500	495.97	509.84	641.96
	4 000	670.37	423.56	798.16
	4 500	576.67	336.38	812.20
	平均	578.01	432.45	709.57

（续）

品种	密度（株/亩）	昌图县（kg/亩）	阜蒙县（kg/亩）	海城市（kg/亩）
辽单527	2 500	390.70	600.50	813.47
	3 000	545.50	654.12	659.30
	3 500	534.53	451.18	633.68
	4 000	653.85	643.22	773.19
	4 500	567.97	661.69	514.18
	平均	538.51	602.14	678.76

可以得出，无论密植品种还是稀植品种，辽宁省不同生态区的实际生产种植密度偏低，通过适当增加密度，可大面积、大幅度提高辽宁省的玉米单产。考虑到大田生产与栽培研究的小区试验有一定差距，在目前投入水平下，即使是稀植型品种，其密度增加20%左右，也可获得10%以上的增产效果。具体增密幅度和增产潜力会因品种、地块和投入水平的不同而异。

二、不同类型品种和肥力水平的增密增产潜力研究

（一）不同类型品种的增密增产潜力研究

沈阳农业大学特种玉米研究所结合“十二五”期间“粮丰工程”项目成果，提出改高杆稀植型品种为耐密植品种，增密增产效果突出。高杆稀植型品种的平均种植密度为3 000～3 500株/亩，而耐密植品种的平均种植密度为4 000～4 500株/亩。耐密植品种比高杆稀植型品种平均增加密度1 000株/亩，即通过更换耐密植品种可增加密度28.6%～50%。辽东南点耐密植品种亩平均产量621.0 kg，稀植型品种亩平均产量539.0 kg，耐密植品种比稀植型品种增产15.2%（表1-18）。

表1-18　耐密植品种的增密增产效果

年份	品种类型	适宜密度（株/亩）	密植比稀植品种增密（%）	平均产量（kg/亩）	密植比稀植品种增产（%）	备注
2011	密植	4 000～5 000	25～33	755.3	12.6	
	稀植（CK）	3 000～3 500		670.8		
2012	密植	4 500	28.6～50	830.2	3.9	
	稀植（CK）	3 000～3 500		799.1		
2013	密植	3 600	12	621	15.2	辽东南
	稀植（CK）	3 200		539		

不同类型品种的增密增产效果见表1-19。2013年，在辽宁省种植密度最低的辽东南生态区进行增密试验，平均增加密度16.95%，平均增产3.15%。其中，耐密植品种平均增密12.5%，平均增产2.0%；半密植型品种平均增密21.4%，平均增产4.3%（表1-20）。可见，在辽东南地区适当增加密度也可得到增密增产的效果。

表 1-19 不同类型品种的增密增产效果

年份	品种耐密类型	辽北生态区 原密度（株/亩）	辽北生态区 增密（%）	辽北生态区 增产（%）	辽南生态区 原密度（株/亩）	辽南生态区 增密（%）	辽南生态区 增产（%）	辽西生态区 原密度（株/亩）	辽西生态区 增密（%）	辽西生态区 增产（%）
2011	密植	4 000	12.5	13.7	3 500	14	2.1	3 500	20	6.1
	半密植	2 500	20	2.1	2 500	20	1.2	2 500	20	3
2012	密植	4 000	12.5	7.7	4 000	12.5	6.7	4 000	12.5	8
	半密植	3 000	16.7	11	2 500	20.0～40.0	10.7	3 000	16.7	14.5
2013	密植	4 000	12.5	13.1	4 000	25	19			
	半密植	3 500	14.2	13.9	3 500	14.2	9.1	3 500	14.2	17.8
2014	密植				4 000	25	14.4			
	半密植	3 500	28.6	6.4	3 500	28.6	4.6			
2015	密植	4 000	25	17.1	4 000	25	8.9	4 000	25	20.5
	半密植				3 500	14.3	2.1	3 500	14.3	3.6

表 1-20 2013 年辽东南生态区缩小株距的增密增产效果

品种的耐密类型	原密度（株/亩）	增密（%）	增产（%）
密植	3 200	12.5	2.0
半密植	2 800	21.4	4.3

（二）不同肥力水平下玉米的增密增产潜力研究

辽宁省的玉米生产是雨养条件下的生产。品种、肥料、病虫草防治一直是影响该地区玉米产量的主要因子，其中肥料是最重要的影响因子之一。随着我国对粮食需求的不断增长，特别是粮食价格及种植效益的大幅度提高，极大地刺激了农民的种粮积极性，因此，对肥料的投入也大幅度增加。面对国家对粮食的刚性需求不断增长，耕地面积压力的增加，提高单产成为解决粮食问题的首要途径。如何突破单产瓶颈，实现生产上的大幅度、可持续增产是我们所面临的和亟待解决的问题。沈阳农业大学特种玉米研究所在长期研究与生产调查基础上，从施肥量角度，对在当前农业生产水平下增加施肥对玉米的增产作用进行分析。选择近年在辽宁省生产上推广面积较大的主栽品种，包括不同熟期和不同耐密性品种 7 个，于 2008 年、2010 年、2011 年、2012 年、2013 年在辽宁省昌图县（辽北）、阜蒙县（辽西）、海城市（辽南）3 个生态区进行增肥增产试验。以各品种的最适宜密度为中间值进行密度设计。耐密植品种为 3 000～5 000 株/亩，稀植型品种为 2 500～4 500 株/亩。肥料为长效复合肥，选用当地农民使用的有代表性的肥料品种。参考当地生产的施肥水平，设正常量施肥和高量施肥两个水平。正常量施肥按当地中上等施肥水平确定。2008 年、2010 年、2013 年，正常施量为 N 187.5 kg/hm^2、P_2O_5 75.0 kg/hm^2、K_2O 90.0 kg/hm^2，高量施肥是在正常施量基础上增加 30.0%；2011 年、2012 年，正常施量为 N 202.5 kg/hm^2、P_2O_5 75.0 kg/hm^2、K_2O 75.0 kg/hm^2，高量施肥是在正常施量基础上增加 22.2%。

辽北地区5年7个品种的增肥试验结果表明（表1－21），在每个品种的适宜密度下，增加施肥量以后，其增产效果并不明显。除了2个品种超过10%以外，其他的增产幅度在－7.6%～8.6%，平均增产2.7%，经显著性检验均未达到显著水平。增产5%以上的占27.8%，增产5%（含5%）以下的占72.2%。从不同耐密性的品种来看，耐密植品种和稀植品种增产差异不显著。稀植型品种平均增产2.7%，如果去掉2个品种的极端值，则平均增产为－0.6%。密植型品种平均增产2.7%。

表1－21　辽北试验点的增肥增产效果

试验年份	品种	种植密度（株/亩）	正常量施肥产量（kg/亩）	高量施肥产量（kg/亩）	比正常量施肥增产（%）
2008	丹玉39	3 300	716.3	824.5	15.1
	郑单958	4 000	857.6	890.4	3.8
2010	沈玉29	4 000	577.5	591.0	2.3
	郑单958		567.0	559.1	1.4
2011	郑单958	4 000	738.6	737.2	0.2
	良玉88		713.0	774.6	8.6
	中地77	3 000	727.8	773.6	6.3
	丹玉39		693.5	640.5	－7.6
	沈玉21	3 500	683.7	681.2	－0.4
	丹玉405		394.4	446.8	13.3
2012	郑单958	4 000	733.1	784.9	4.1
	中地77		791.4	833.7	5.3
	丹玉39	3 500	833.1	842.9	1.2
	沈玉21		801.7	815.6	1.7
2013	郑单958	4 000	660.1	662.1	0.3
	中地77		660.3	620.9	－6.0
	丹玉39	3 500	637.0	605.7	－4.9
	沈玉21		647.4	668.8	3.3
增肥后平均增产（%）					2.7

2011—2013年，在辽西地区的7个品种增肥试验表明（表1－22），增加施肥量以后其增产效果也并不理想。增产幅度在－0.3%～28.9%，平均增产6.1%，除了2013年中地77出现极端值，且达到极显著水平以外，其他品种增肥后产量均未达到显著水平。其中有2个超过10.0%，增产5%以上的占40%，增产5%（含5%）以下的占60%。耐密植品种增产幅度稍大；而稀植品种较小，稀植型品种平均增产4.5%。密植型品种平均增产8.1%。如果去掉中地77出现的极端值则平均增产2.9%，不同耐密性品种之间的增产

幅度没有大的差异。

表 1-22　辽西试验点的增肥增产效果

试验年份	品种	种植密度（株/亩）	正常量施肥产量（kg/亩）	高量施肥产量（kg/亩）	比正常量施肥增产（%）
2011	郑单 958	4 000	769.7	779.1	1.2
	先玉 335		724.5	745.6	2.9
	良玉 88		820.9	825.7	0.6
	中地 77		674.3	724.8	7.5
	丹玉 39	3 000	636.6	634.7	−0.3
	沈玉 21	3 500	591.8	641.2	8.4
	丹玉 405		560.3	602.1	7.5
2012	郑单 958	4 000	780.4	817.0	4.7
	中地 77		705.5	836.2	18.5
	丹玉 39	3 500	742.5	752.2	1.3
	沈玉 21		729.1	736.2	1.0
2013	郑单 958	4 000	551.4	554.8	0.6
	中地 77		458.5	590.8	28.9
	丹玉 39	3 500	570.5	509.5	10.7
	沈玉 21		536.6	521.6	2.8
	增肥后平均增产（%）				6.1

2011—2013 年，辽南试验点 7 个品种的增肥试验表明（表 1-23），增加 30%施肥量以后其增产效果同样并不理想。增产幅度在−3.8%～13.3%，平均增产仅有 2.2%，经显著性检验均未达到显著水平。其中有两个超过 10%，增产 5%以上的占 26.7%，增产 5%（含 5%）以下的占 73.3%。耐密植品种增产幅度较大，而稀植品种较小：稀植型品种平均增产−0.6%。密植型品种平均增产 4.7%。该结果与辽北、辽西的试验结果相近。

表 1-23　辽南试验点的增肥增产效果

试验年份	品种	种植密度（株/亩）	正常量施肥产量（kg/亩）	高量施肥产量（kg/亩）	比正常量施肥增产（%）
2011	郑单 958	4 000	769.7	779.1	1.2
	先玉 335		724.5	745.6	2.9
	良玉 88		820.9	825.7	0.6
	中地 77		674.3	724.8	7.5
	丹玉 39	3 000	636.6	634.7	−0.3
	沈玉 21	3 500	591.8	641.2	8.4
	丹玉 405		560.3	602.1	7.5

（续）

试验年份	品种	种植密度（株/亩）	正常量施肥产量（kg/亩）	高量施肥产量（kg/亩）	比正常量施肥增产（%）
2012	郑单 958	4 000	780.4	817.0	4.7
	中地 77		705.5	836.2	18.5
	丹玉 39	3 500	742.5	752.2	1.3
	沈玉 21		729.1	736.2	1.0
2013	郑单 958	4 500	813.9	801.5	−1.5
	中地 77	4 000	758.2	859.2	13.3
	丹玉 405	3 000	707.9	714.2	0.9
	丹玉 206		635.4	640.9	0.9
	沈玉 21	3 500	673.6	647.9	−3.8

一般认为，增加施肥量可提高品种的种植密度进而提高产量。5 年 7 个品种、两个试点在不同密度下的增加施肥量试验表明（表 1－24），在全部 35 组数据中，无论稀植型品种还是耐密植品种，增加施肥量以后，其最高产量所处的密度并没有明显改变。说明增加施肥量对增加密度的效果并不明显。

表 1－24　增加施肥量后品种的最适宜密度变化

品种	年份	试验地点	试验密度（株/亩）	正常施肥量下产量最高的密度（株/亩）	增加施肥量后产量最高的密度（株/亩）
丹玉 39	2008	昌图县（辽北）	3 000、3 300、3 600、3 900、4 200	4 200	4 200
郑单 958			3 500、4 000、4 500、5 000、5 500	5 500	5 000
丹玉 39	2010	昌图县（辽北）	3 000、3 300、3 600、3 900、4 200	3 300、3 600	3 300、3 600
沈玉 29			4 000、4 500、5 000、5 500	4 000	4 000
郑单 958				4 500	4 500
郑单 958	2011	昌图县（辽北）	3 000、3 500、4 000、4 500、5 000	4 500	4 500
先玉 335				4 500	4 500
良玉 88				4 500	4 500
中地 77				4 000	4 000
丹玉 39			2 500、3 000、3 500、4 000、4 500	3 000	3 000
沈玉 21				3 500	3 500
丹玉 405				2 500	2 500
郑单 958		阜蒙县（辽西）	3 000、3 500、4 000、4 500、5 000	4 000	4 000
先玉 335				4 000、4 500	4 000、4 500
良玉 88				4 000	4 000
中地 77				4 500	4 500
丹玉 39			2 500、3 000、3 500、4 000、4 500	3 000	3 000
沈玉 21				2 500、3 000	3 000、3 500
丹玉 405				2 500	2 500

（续）

品种	年份	试验地点	试验密度（株/亩）	正常施肥量下产量最高的密度（株/亩）	增加施肥量后产量最高的密度（株/亩）
郑单 958	2012	昌图县（辽北）	3 000、3 500、4 000、4 500、5 000	4 500	4 500
中地 77				4 500	4 500
丹玉 39			2 500、3 000、3 500、4 000、4 500	3 500	3 500
沈玉 21				3 500、4 000	3 500、4 000
郑单 958		阜蒙县（辽西）	3 000、3 500、4 000、4 500、5 000	4 500	4 500
中地 77				4 500	4 500
丹玉 39			2 500、3 000、3 500、4 000、4 500	3 500	3 500
沈玉 21				3 500	3 500
郑单 958	2013	昌图县（辽北）	3 000、3 500、4 000、4 500、5 000	4 000	4 000
中地 77				4 000	4 000
丹玉 39			2 500、3 000、3 500、4 000、4 500	3 500	3 500
沈玉 21				3 500	3 500
郑单 958		阜蒙县（辽西）	3 000、3 500、4 000、4 500、5 000	4 000	4 000
中地 77				4 000	4 000
丹玉 39			2 500、3 000、3 500、4 000、4 500	4 000	4 000
沈玉 21				3 500	3 500

从表 1 - 21～表 1 - 24 结果可以看出，增加施肥量以后，在不同生态区的增产结果相似。辽北点平均增产 2.7%，辽西点平均增产 6.1%，辽南点平均增产 2.2%。增加施肥后，各品种的最佳种植密度和适宜密度范围，在 3 个生态区均没有明显变化。上述增肥增密试验结果表明，在现有生产条件下，通过增加密度提高玉米产量的主要限制因子不在于施肥量增加，而在于其他如耕层厚度、水分含量、施肥技术（配方、施肥方法）、品种等因素。

国内外大量研究及生产实践证明，玉米是一种极具单产潜力的作物。在美国玉米高产竞赛中，单位面积产量已经达到 1 849.5 kg/亩。但本试验结果表明，在辽宁省目前玉米生产条件下，通过增加施肥量来提高单产其效果是十分有限的。根据玉米籽粒形成所需要的养分，每生产 1 000 kg 玉米，需要 N 35 kg 左右、P_2O_5 15 kg 左右、K_2O 45 kg 左右。考虑到肥料利用率因素，要实现吨粮田，就目前的施肥量来说仍有很大差距。换句话说，目前的玉米生产，一方面存在用肥量不足，另一方面又存在施肥效果不明显的问题。显然，有其他因素制约着玉米单产的提高。

沈阳农业大学特种玉米研究所研究认为，耕层土壤质量已经成为玉米进一步增产的首要限制因子。玉米的生长条件主要分地上和地下两部分。地上部分主要是光照、温度、湿度等，而地下部分主要是水分和养分。在辽宁，温、光、湿完全可以满足玉米的生产需要。而地下部分，在雨养条件下，只有养分可以在一定限度内实现人工控制。现在，农民已经有经济条件通过增加施肥来满足玉米对肥料的需要。然而，作物生长所需的条件是相互制约的，每项增产措施的有效发挥都会受到其他条件的制约。

影响肥效的因素有很多，其中水分与肥料的耦合最为重要。换句话说，水分供应成为肥效发挥的直接原因。除降水外，水分供应主要受土壤条件的影响。近30年，辽宁地区的玉米田一直采用旋耕作业和施用化肥，造成耕层过浅、土壤板结、有机质缺乏，土壤环境差、供养能力降低。特别是土壤蓄水、保水、供水能力的下降限制了玉米养分利用。过浅的耕层使根系多集中在表层15 cm范围内，因此，发生干旱、甚至轻度干旱也会对根系发育造成严重伤害。同理，由于耕层浅，降雨时雨水不能下渗而饱和在表层。一方面，对根系造成伤害；另一方面，使雨水流失，不能维持长时间的水分供应，同时也会造成养分的流失。在这种条件下，即使保证肥料的充足供应也难以实现高产。我国的肥料利用率远远低于美国等发达国家，除了施肥技术问题以外，耕层问题也是造成我国肥料利用率低的主要原因。因此，要通过构建理想耕层来提高土壤保水、保墒能力。

单产的突破，需要土壤、肥料、品种等技术的联动。目前，生产上对单产提升所做的努力，大多局限于品种、密度、施肥及植保等单项技术。然而，由于各因子之间的相互制约，特别是当单产水平达到较高程度以后，任何一种单一措施的增产潜力都是十分有限的。要实现大面积、大幅度、可持续增产，必须各项技术联动，尤其要在解决主要限制性因子方面取得突破。

三、不同品种类型、种植形式与密度互作的增产研究

（一）不同品种类型与密度互作的增产研究

合理密植是提高玉米产量的重要手段。辽宁省由于长期以来土壤瘠薄、有机质少、施肥水平不高，玉米生产上一直存在着种植密度偏稀的问题，特别是辽西地区67%的地方玉米种植密度均未达到37 500株/hm²。玉米的合理种植密度与品种密切相关，弄清品种的适宜种植密度并获得高额产量，必须根据当地的自然条件和生产条件因地制宜地制定栽培措施。因此，针对不同品种进行密植潜力研究，对指导辽宁省玉米种植具有重要意义。

1. 辽宁省玉米主推品种推荐密度分析 沈阳农业大学特种玉米研究所对2003年以来辽宁省审定的126个品种进行调查表明，有5%的品种推荐密度在37 500株/hm²以下，有7.0%的品种为37 500～42 000株/hm²，有30.1%的品种在42 000～45 000株/hm²，有29.3%的品种在45 000～49 500株/hm²，有14.6%的品种在51 000～52 500株/hm²，有13.8%的品种在52 500～60 000株/hm²。总体上看，37 500～45 000株/hm²的占37.1%，45 000～52 500株/hm²的占43.9%，37 500株/hm²以下和52 500株/hm²以上的各占5%和14%。但根据2007—2008年在昌图县、黑山县、辽阳市等地对32个品种的栽培试验，研究结果显示，这些品种的适宜密度比品种推荐密度要高出20%以上。所以就目前辽宁省的密度状况分析，辽宁省玉米新品种在推广过程当中大量存在对密度指导不当的问题。

2. 稀植品种与密度互作的增产效果研究

（1）不同密度下的产量表现：11个稀植大穗型品种在不同密度下籽粒产量均存在差异（表1-25）。在现有栽培密度42 000株/hm²（CK）情况下，参试的所有品种通过增加

密度都可以提高籽粒产量，只是不同品种提高密度幅度不同。达到最高籽粒产量时所处的密度，有 8 个品种在 47 250～52 500 株/hm²，有 3 个品种在 57 750 株/hm²，同时，各品种最高产量与对照间的差异均达到了显著水平。参试的 11 个品种可比对照密度增加 12.5%～37.5%，多数品种可比对照增加密度 12.5%～25.0%；增密后各品种的增产幅度为 3.9%～37.8%，其中多数品种增产幅度可达到 10%以上。

表 1-25　不同密度下稀植大穗品种的籽粒产量比较

品 种	42 000 株/hm² (CK)	47 250 株/hm²		52 500 株/hm²		57 750 株/hm²		63 000 株/hm²		68 250 株/hm²	
	产量 (kg/hm²)	产量 (kg/hm²)	比 CK 增减 (%)	产量 (kg/hm²)	比 CK 增减 (%)	产量 (kg/hm²)	比 CK 增减 (%)	产量 (kg/hm²)	比 CK 增减 (%)	产量 (kg/hm²)	比 CK 增减 (%)
辽单 526	10 395.0	10 336.5	−0.6	11 062.5	6.4	10 882.5	4.7	10 518.0	1.2	9 675.0	−6.9
东单 70	8 809.5	9 234.0	4.8	8 775.0	−0.4	8 211.0	−6.8	6 676.5	−24.2	5 886.0	−33.2
沈玉 17	9 523.5	9 972.0	4.7	9 975.0	4.7	9 727.5	2.2	9 669.0	1.5	8 377.5	−12.0
丹科 2151	8 442.0	9 292.5	10.1	9 496.5	12.5	9 024.0	6.9	8 365.5	−0.9	7 704.0	−8.7
丹玉 39	9 607.5	10 453.5	8.8	10 641.0	10.8	10 557.0	9.9	9 502.5	−1.1	9 154.5	−4.7
东单 60	8 841.0	9 184.5	3.9	8 728.5	−1.3	7 950.0	−10.1	7 279.5	−17.7	6 834.0	−22.7
东单 80	9 460.5	9 450.0	−0.1	9 450.0	−0.1	11 667.0	23.3	9 493.5	0.4	8 539.5	−9.7
东单 90	7 444.5	8 692.5	16.8	8 916.0	19.8	10 260.0	37.8	9 117.0	22.5	8 122.5	9.1
铁单 18	10 122.0	10 660.5	5.3	10 069.5	−0.5	11 107.5	9.7	11 086.5	9.5	10 741.5	6.1
丹玉 69	12 778.5	14 343.0	12.2	14 082.0	10.2	12 480.0	−2.3	11 787.0	−7.8	11 176.5	−12.5
东单 213	12 831.0	14 706.0	14.6	12 871.5	0.3	12 064.5	−6.0	11 226.0	−12.5	10 221.0	−20.3

(2) 品种推荐密度与适宜密度产量比较：高秆稀植型玉米品种的推荐密度普遍低于各品种的适宜密度（表 1-26）。在推荐栽培密度的基础上增加密度均可以提高产量。增密幅度不同品种间存在较大差异。东单 213 和丹玉 39 在推荐密度（45 000 株/hm²）基础上增密 12.5%，分别比对照增产 14.6%和 10.8%。说明高秆稀植型玉米品种产量潜力的发挥是密度和品种共同作用的结果，根据不同品种的特性进行合理密植是取得高产的关键。

表 1-26　不同玉米品种推荐密度与适宜密度产量比较

品 种	产量位次	品种的推荐密度 (株/hm²)	最高产量 (kg/hm²)	比 CK 增减 (%)	适宜密度 (株/hm²)	比 CK 增减 (%)
东单 213	1	45 000	14 706.0	14.6	47 250	12.5
丹玉 69	2	42 000～45 000	14 343.0	12.2	47 250	12.5
东单 80	3	42 000～45 000	11 667.0	23.3	57 750	37.5
铁单 18	4	45 000	11 107.5	9.7	57 750	37.5
辽单 526	5	45 000	11 062.5	6.4	52 500	25.0

（续）

品 种	产量位次	品种的推荐密度（株/hm²）	最高产量（kg/hm²）	比 CK 增减（%）	适宜密度（株/hm²）	比 CK 增减（%）
丹玉 39	6	45 000～48 000	10 641.0	10.8	52 500	25.0
东单 90	7	42 000～45 000	10 260.0	37.8	57 750	37.5
沈玉 17	8	45 000～49 500	9 975.0	4.7	52 500	25.0
丹科 2151	9	42 000～45 000	9 496.5	12.5	52 500	25.0
东单 70	10	45 000～48 000	9 234.0	4.8	47 250	12.5
东单 60	11	42 000～45 000	9 184.5	3.9	47 250	12.5

3. 辽宁省部分主栽品种与密度互作的增产效果研究

（1）不同密度下的产量表现：参试品种在 37 500～42 000 株/hm² 基础上，增加密度后产量都有较大幅度增长（表 1-27）。在 28 个稀植品种和 2 个耐密品种中，有 3 个品种适宜密度为 45 000 株/hm²，比 CK（37 500 株/hm²）平均增产 27.7%；有 4 个品种最高产量所处的密度为 52 500 株/hm²，比 CK 平均增产 18.6%；有 23 个品种密度达 60 000 株/hm² 时，比 CK 平均增产 28.4%。

表 1-27 不同密度下各品种的产量比较

品种	37 500 株/hm²（CK）	45 000 株/hm²		52 500 株/hm²		60 000 株/hm²	
	产量（kg/hm²）	产量（kg/hm²）	比 CK 增减（%）	产量（kg/hm²）	比 CK 增减（%）	产量（kg/hm²）	比 CK 增减（%）
先玉 335	9 706.5	11 122.5	14.6	11 466.0	18.1	12 661.5	30.4
郑单 958	9 744.0	10 045.5	3.1	11 896.5	22.1	12 499.5	28.3
良玉 88	8 986.5	10 773.0	19.9	11 691.0	30.1	12 027.0	33.8
东 7-22	8 662.5	12 069.0	39.3	11 911.5	37.5	11 847.0	36.8
东 D-335	8 494.5	9 963.0	17.3	10 656.0	25.4	10 311.0	21.4
东 7-14	8 997.0	10 417.5	15.8	10 897.5	21.1	11 712.0	30.2
东 8-136	9 874.5	11 313.0	14.6	11 583.0	17.3	12 127.5	22.8
辽单 565	6 613.5	7 333.5	10.9	8 023.5	21.3	7 717.5	16.7
沈玉 24	9 507.0	11 323.5	19.1	11 218.5	18.0	11 220.0	18.0
沈玉 18	8 335.5	9 858.0	18.3	10 105.5	21.2	11 506.5	38.0
沈玉 20	10 267.5	11 155.5	8.6	11 881.5	15.7	13 524.0	31.7
沈玉 21	9 580.5	11 346.0	18.4	11 559.0	20.7	11 629.5	21.4
中地 77	8 997.0	10 768.5	19.7	10 936.5	21.6	10 698.0	18.9
登海 3686	10 972.5	11 260.5	2.6	14 463.0	31.8	14 662.5	33.6
丹科 2151	9 315.0	10 144.5	8.9	10 807.5	16.0	12 219.0	31.2
沈玉 17	9 718.5	10 989.0	13.1	11 415.0	17.5	13 632.0	40.3
辽单 526	10 566.0	12 255.0	16.0	12 003.0	13.6	12 025.5	13.8

（续）

品种	37 500 株/hm² (CK)	45 000 株/hm²		52 500 株/hm²		60 000 株/hm²	
	产量 (kg/hm²)	产量 (kg/hm²)	比 CK 增减 (%)	产量 (kg/hm²)	比 CK 增减 (%)	产量 (kg/hm²)	比 CK 增减 (%)
丹玉 39	9 666.0	9 933.0	2.8	10 308.0	6.6	9 846.0	1.9
丹玉 69	11 367.0	13 173.0	15.9	13 365.0	17.6	13 537.5	19.1
丹玉 88	11 835.0	12 604.5	6.5	13 551.0	14.5	14 673.0	24.0
铁研 27	9 840.0	10 662.0	8.4	10 998.0	11.8	12 498.0	27.0
中金 368	10 561.5	11 880.0	12.5	12 393.0	17.3	13 969.5	32.3
铁研 115	9 706.5	10 290.0	6.0	12 531.0	29.1	12 700.5	30.8
铁研 120	9 787.5	11 955.0	22.1	11 731.5	19.9	11 250.0	14.9
金刚 50	10 083.0	10 795.5	7.1	10 807.5	7.2	11 937.0	18.4
金刚 29	10 858.5	11 073.0	2.0	12 714.0	17.1	13 326.0	22.7
海禾 19	8 110.5	8 176.5	0.8	9 898.5	22	10 155.0	25.2
沈农 T19	9 052.5	8 770.5	−3.1	12 534.0	38.5	14 038.5	55.1
沈玉 22	9 183.0	9 549.0	4.0	10 660.5	16.1	10 713.0	16.7
辽单 527	10 152.0	11 073.0	9.1	11 172.0	10.0	12 495.0	23.1
平均	9 618.1	10 735.8	11.8	11 506.0	19.9	12 105.3	26.0

（2）品种推荐密度与适宜密度产量比较：不同品种的产量差异较大（表 1-28）。30 个参试品种在各自适宜密度下产量在 8 023.5～14 673.0 kg/hm²，其中有 18 个品种的适宜密度高于品种的推荐密度，说明在现有栽培密度的基础上增加密度均可以提高产量。丹玉 88 和登海 3686 在最适密度下的产量明显高于其他品种，分别比对照增产 24.0%和 33.6%。说明高秆稀植型玉米品种产量潜力的发挥是密度和品种共同作用的结果，根据不同品种的特性进行合理密植是取得高产的关键。

表 1-28　不同玉米品种推荐密度与适宜密度产量比较

品 种	产量位次	品种的推荐密度 (株/hm²)	最高产量 (kg/hm²)	比 CK 增减 (%)	最高产量密度 (株/hm²)	比 CK 增减 (%)
丹玉 88	1	36 000～42 000	14 673.0	24.0	60 000	60
登海 3686	2	52 500～57 000	14 662.5	33.6	60 000	60
沈农 T19	3	42 000	14 038.5	55.1	60 000	60
中金 368	4	39 000～42 000	13 969.5	32.3	60 000	60
沈玉 17	5	45 000～49 500	13 632.0	40.3	60 000	60
丹玉 69	6	42 000～45 000	13 537.5	19.1	60 000	60
沈玉 20	7	49 500～52 500	13 524.0	31.7	60 000	60
金刚 29	8	42 000	13 326.0	22.7	60 000	60
铁研 115	9	42 000～45 000	12 700.5	30.8	60 000	60

（续）

品 种	产量位次	品种的推荐密度（株/hm^2）	最高产量（kg/hm^2）	比 CK 增减（%）	最高产量密度（株/hm^2）	比 CK 增减（%）
先玉 335	10	52 500～67 500	12 661.5	30.4	60 000	60
郑单 958	11	52 500～72 000	12 499.0	28.3	60 000	60
铁研 27	12	42 000～49 500	12 498.0	27.0	60 000	60
辽单 527	13	42 000～48 000	12 495.0	23.1	60 000	60
辽单 526	14	42 000～48 000	12 255.0	16.0	45 000	20
丹科 2151	15	52 500～60 000	12 219.0	31.2	60 000	60
东 8 - 136	16	52 500～60 000	12 127.5	22.8	60 000	60
东 7 - 22	17	49 500～57 000	12 069.0	39.3	45 000	20
良玉 88	18	52 500～60 000	12 027.0	33.8	60 000	60
金刚 50	19	37 500	11 937.0	18.4	60 000	60
铁研 120	20	45 000	11 731.5	22.1	52 500	40
东 7 - 14	21	52 500～57 000	11 712.0	30.2	60 000	60
沈玉 21	22	52 500～60 000	11 629.5	21.4	60 000	60
沈玉 18	23	49 500～52 500	11 506.5	38.0	60 000	60
沈玉 24	24	49 500～52 500	11 323.5	19.1	45 000	20
中地 77	25	52 500～60 000	10 936.5	21.6	52 500	40
沈玉 22	26	42 000～45 000	10 713.0	16.7	60 000	60
东 D - 335	27	45 000～52 500	10 656.0	25.4	52 500	40
丹玉 39	28	42 000～45 000	10 308.0	6.6	52 500	40
海禾 19	29	45 000～48 000	10 155.0	25.2	60 000	60
辽单 526	30	52 500～60 000	8 023.5	16.0	52 500	40

（二）不同种植形式与密度互作的增产研究

增加密度、扩大群体容量是玉米高产稳产的重要技术措施。合理的密度可使群体和个体发展协调，解决穗数、粒数和粒重三者之间的矛盾，提高产量。当密度达到一定程度之后，随着密度的增加，产量反而下降。说明一味地增加玉米的种植密度并不能达到理想的效果。在高密度情况下，生育中后期由于行间过于郁蔽，通风透光条件差，生长竞争激烈，从而抑制了植株的生长。玉米植株间隙的通风透光条件与玉米生育后期的生长有着非常密切的联系；除了采用耐密植品种和增施肥料以外，通过改变种植方式，调节个体分布状况，也可以有效提高种植密度而获得高产。除了常规种植（又称清种、等行距种植）外，常见的种植方式有大垄双行、偏垄宽窄行、二比空、双株等。

1. 不同种植形式的概念

（1）大垄双行种植形式：辽宁省常用的玉米种植方式为大垄双行栽培，它是将原来55～60 cm 的均匀垄合并成一垄，做成 110～120 cm 的平台大垄，在垄上种两行玉米，垄内行距 40 cm 左右，垄间行距 70～80 cm，植株呈宽窄行方式分布。

（2）二比空种植形式：玉米二比空栽培是指种两行空一行的栽培方式，即在不减少单位面积株数的情况下，种两垄空一垄的栽培方式。该种植方式起源于辽宁中北部的高密、高产地区。

（3）宽窄行种植形式：宽窄行种植也称大小垄。行距一宽一窄，宽行 80～90 cm，窄行 40～50 cm，株距根据密度大小确定。在高密度、高肥水的条件下，宽窄行种植有利于缓解由于密度过大对生长发育不利的现象。通过宽窄行的采用，可以增加群体密度。

（4）偏垄宽窄行种植形式：偏垄宽窄行是在原有垄作条件下，播种时不在垄顶中央而是偏向一侧开沟下种。每两垄为一对，每垄在相邻的内侧垄顶开偏沟，偏离垄顶中心的距离各为 5.0 cm。即相邻两垄的播种沟相互靠近（或拉开）共 10 cm，正常的机械播种，等株距。由于这种种植方式的核心是偏开沟播种，出苗后形成宽窄行，所以将这种方式称为偏垄宽窄行种植。

（5）双株种植形式：玉米双株种植就是在保证单位面积正常株数的情况下，每穴留两株玉米，而且这两株玉米要紧靠一起。

2. 不同种植形式与密度互作的增产效果研究　2011—2012 年，在辽北、辽南、辽西进行了不同种植方式的增产效果研究（表 1-29），将沈玉 21 的密度由推荐种植密度 52 500 株/hm^2 提高到 60 000 株/hm^2，结果表明，不同种植形式产量的差异较大。除了 2011 年辽西地区双株种植的产量低于常规种植外，2011—2012 年二比空、偏垄宽窄行、双株和四比空 4 种种植方式的产量都比常规种植增产。从 3 个地区产量较常规种植（CK）的增幅来看，双株的增幅最低，为 1.18%（2011 年）；其次为四比空，为 5.10%（2012 年）；2011 年偏垄宽窄行的增产效果更明显，而 2012 年二比空的产量更高。计算 2 种方式 2 年产量的平均值，偏垄宽窄行比常规种植增产 7.65%，略高于二比空的 7.27%。

表 1-29　2011—2012 年不同种植方式产量和生物产量

年份	处理	辽北产量（kg/hm^2）	辽西产量（kg/hm^2）	辽南产量（kg/hm^2）	地区平均		2年平均比 CK 增减（%）
					产量（kg/hm^2）	比 CK 增减（%）	
2011	常规（CK）	11 463.0	11 491.5	10 859.4	11 271.3	CK	
	二比空	12 594.0	12 478.5	10 983.5	12 018.6	6.63	
	偏垄宽窄行	12 525.0	12 555.0	11 668.8	12 249.6	8.68	
	双株	12 090.0	10 573.5	11 550.2	11 404.5	1.18	
2012	常规（CK）	8 370.0	9 858.0	11 520.0	9 916.1	CK	
	二比空	9 060.0	10 716.0	12 352.5	10 709.6	8.00	7.27
	偏垄宽窄行	9 234.0	10 686.0	11 754.0	10 558.1	6.47	7.65
	四比空	9 000.0	10 536.0	11 730.0	10 422.0	5.10	

2007—2008 年，范秀玲等在辽宁省昌图县金家镇试验基地进行了不同种植形式的增产效果研究（表 1-30），试验品种为沈玉 21，种植密度 67 500 株/hm^2。大垄双行、二比

空和偏垄宽窄行 3 种种植形式均比常规种植增产（2008 年），分别比常规种植增产 6.21%、7.62%和 10.5%；3 种种植方式相比，大垄双行的产量较常规种植的增产幅度最小。2007 年和 2008 年二比空和偏垄宽窄行种植方式的增产效果存在差异，表现为：2007 年二比空略高于偏垄宽窄行，但两者间差异不显著；2008 年偏垄宽窄行的增产效果更明显；计算 2 种方式 2 年产量的平均值，偏垄宽窄行比常规种植增产 10.49%，略高于二比空的 9.99%。说明沈玉 21 在 67 500 株/hm^2 的种植密度下，偏垄宽窄行的增产效果最明显；其次为二比空和大垄双行。

表 1-30　2007—2008 年不同种植方式产量和生物产量（辽北地区）

年份	处理	产量（kg/hm^2）	比对照增减（%）	2 年平均（kg/hm^2）	比对照增减（%）
2007	常规种植	14 488.5	CK		
	二比空	16 291.5	12.44		
	偏垄宽窄行	16 006.5	10.48		
2008	常规种植	15 073.7	CK	14 781.2	—
	大垄双行	16 010.1	6.21	—	—
	二比空	16 223.0	7.62	16 257.3	9.99
	偏垄宽窄行	16 656.2	10.5	16 331.4	10.49

综合 2007—2008 年和 2011—2012 年的试验结果，沈玉 21 在 60 000 株/hm^2 和 67 500 株/hm^2 的种植密度条件下，偏垄宽窄行和二比空种植比常规种植增产，且两种种植方式的增产效果基本相同。

四、不同生态区适宜行距研究

提高种植密度是增加玉米产量的有效途径之一，良好的群体结构也是决定玉米高产的重要因素之一。群体结构主要取决于种植密度和个体布局，而行距是影响布局的重要因子。但随着密度的增加，植株间相互遮挡，不利于冠层中下部叶片的光合作用，冠层温湿度增大，茎部结构发生变化，群体抗逆性也随之降低。尤其在高密度条件下，适当调节行距可扩大光合面积，充分利用不同层次的光资源，改善通风能力，提高玉米群体的光能利用效率，使光能在玉米群体冠层内的分布更加合理，从而缓解因高密度种植造成的玉米抗性降低等问题。

据调查，美国玉米的行距在 72 cm 左右，最佳行距在 45 cm 左右，而辽宁省玉米行距一般为 45～60 cm。适宜行距的确定对玉米群体的优化十分重要。近几年，对辽宁省不同生态区玉米种植行距进行了广泛调查，结果表明，不同生态区玉米种植行距明显不同。其中，辽中、辽北生态区行距为 55～60 cm，辽东南生态区行距为 60～65 cm，辽西生态区行距为 45～50 cm。种植行距的差异，是不同生态区过去长期形成的种植习惯。随着玉米种植密度的不断增加，群体结构发生了明显变化。因此，在玉米种植密度不断提高的条件下，确定辽宁省不同生态区的适宜行距，在新的玉米栽培形势下建立合理的群体结构，对于发挥玉米新品种增产潜力，适应现代化机械作业要求，提高玉米产量具有重要意义。

(一) 不同生态区不同行距下的玉米产量

研究结果表明，不同生态区各品种获得高产的行距并不一致（表 1-31）。在辽北地区，稀植大穗品种丹玉 39 的最佳行距为 60 cm，半密植品种郑单 958 对行距变化的反应不敏感，55～70 cm 产量都较高，这与目前辽北普遍的种植行距基本相同，说明对于辽北地区种植的稀植和半密植品种而言，目前的种植行距较合适。而在辽西地区，郑单 958 的最佳行距为 70 cm，密植品种辽单 588 的最佳行距为 65 cm。而目前辽西的种植行距多采用 45～50 cm，实际种植行距与最佳种植行距差距较大，过小的行距导致群体郁闭、通风透光不良。对于光、温条件都较好的辽西地区，过小的行距制约了该地区进一步增产的潜力。

表 1-31　不同生态区行距配置对玉米产量的影响

生态区	年份	品种	密度（株/hm^2）	产量（t/hm^2）				
				50 cm	55 cm	60 cm	65 cm	70 cm
辽北	2014	丹玉 39	52 500	11.68	11.72	12.12	11.74	10.83
	2015			11.73	11.06	11.96	10.70	11.56
	2014	郑单 958	60 000	11.03	11.64	11.68	11.86	11.98
	2015			13.48	13.72	13.97	13.79	13.47
辽西	2015	郑单 958	60 000	11.51	12.55	13.41	12.57	13.62
	2015	辽单 588	75 000	11.89	11.54	12.63	13.30	12.92

作物产量的形成是作物群体与外界环境共同作用的结果。群体结构的合理与否，除了由作物自身的遗传特性决定外，受气候条件的影响也较大。辽北地区属于半湿润平原区，光、温、水等气象因子相互协调，是玉米高产区。辽西地区属于半干旱低山丘陵区，光、温条件较好，但干旱是制约该地玉米高产的主要因素，若降雨适合，该地区有获得高产的潜力。此外，种植密度偏稀也是制约辽西地区高产的一个主要因素。不同行距设置，能够改变群体通风透光条件，对不同生态区、不同耐密型玉米品种的产量均有显著影响。因此，充分利用不同生态区气候条件资源，选择适合不同生态区的最佳种植行距，对指导辽宁玉米生产具有重大意义。

(二) 不同生态区不同行距下的玉米叶向值 (LOV)

叶向值表示叶片上冲或者下垂的程度，是影响作物受光状态的重要参数。计算方法：叶向值（LOV）$= \sum\theta(L_f/L)/n$（θ 为叶倾角即叶片与水平线的夹角，L_f 为叶片伸展最高点到叶环的长度，L 为叶片总长度，n 为所测叶片数），其值越大，表明叶片上冲性越强；值越小则表示叶片越趋于平展，下垂程度越大。

从辽北和辽西 2 个生态区不同行距的穗位上和穗位下叶向值（LOV）的平均值来看，穗位下 LOV：辽北＜辽西，穗位上 LOV：辽北＞辽西，说明郑单 958 在辽北地区上部叶片较为上冲，下部叶片较平展，而在辽西地区则完全相反（表 1-32）。分析认为，这是品种对不同生态环境的自我调节能力，在光照相对较好的辽西地区，叶片平展；在光照条件相对较差的辽北地区，上部叶片上冲，下部透射光增加、叶片平展，各层玉米叶片能更好地利用光能。扩大种植行距，辽北和辽西地区的 LOV 都有逐渐降低的趋势，促进了叶片向横向方向生长，限制叶片向垂直行向生长，使玉米叶片获得更大的伸展空间，改善了同一高度冠层内叶片拥挤的情况。

表 1-32　不同行距的玉米叶向值（LOV）（郑单 958）

地点	冠层	行距					平均值
		50 cm	55 cm	60 cm	65 cm	70 cm	
辽北	穗位下	59.23	59.26	57.29	54.75	52.74	56.65
	穗位上	62.48	66.43	53.95	52.64	52.78	57.66
辽西	穗位下	62.50	58.96	50.57	59.32	60.98	58.47
	穗位上	52.08	54.17	45.87	49.26	49.04	50.08

（三）不同生态区不同行距下的群体透光率

辽北地区穗位层透光率要高于辽西地区，而中下部光截获率却低于辽西地区（表 1-33）。郑单 958 在 70 cm 行距处理下穗位层透光率、田间漏光率和冠层中下部光截获率均达到最大水平，冠层中下部光截获率与 60 cm 行距处理差异不显著，但穗位层光截获率和田间漏光率均显著高于 60 cm 处理。辽北地区 55 cm 处理穗位层透光率均与 70 cm 处理无显著差异，但其冠层中下部光截获率显著低于 70 cm 处理。

表 1-33　不同行距的玉米群体透光率（郑单 958）（%）

地点	冠层	行距				
		50 cm	55 cm	60 cm	65 cm	70 cm
辽北	E	23.98	26.69	24.35	27.35	27.16
	G	9.78	14.48	10.31	10.40	13.40
	E-G	14.20	12.21	14.04	16.95	13.76
辽西	E	24.43	26.47	27.39	28.85	30.37
	G	9.50	10.45	10.34	11.52	13.33
	E-G	15.26	16.01	17.05	17.33	17.04

注：E 代表玉米穗位层透光率，G 代表玉米田间漏光率，E-G 代表玉米中下部光截获率。

（四）不同生态区不同行距下的叶面积指数

叶片是玉米重要的光合器官，群体的叶面积大小及其发展动态对产量的形成至关重要。在玉米拔节期，2 个生态区不同行距的叶面积指数差异不显著，这一生育期的植株矮小，个体之间竞争较小。随着植株的迅速生长，群体与个体生长矛盾越发突出，种植行距对玉米叶面积指数影响较大。扩大种植行距，辽北地区郑单 958 叶面积指数在 65 cm 行距下达到最大，其次为 60 cm 行距，两个行距下的叶面积指数差异不显著。扩大种植行距，辽西地区郑单 958 的叶面积指数在 60 cm 行距下达到最大。在辽北和辽南 2 个生态区，维持较高叶面积指数的适宜行距为 60 cm（表 1-34）。

表 1-34　不同生态区行距配置对叶面积指数的影响（郑单 958）

地点	行距（cm）	拔节期	大喇叭口期	抽雄吐丝期	灌浆期	成熟期
辽北	50	2.12±0.12a	4.04±0.24b	5.09±0.24a	4.36±0.25a	2.26±0.20a
	55	2.21±0.03a	4.05±0.05ab	4.54±0.28c	3.71±0.29b	1.67±0.09c
	60	2.23±0.12a	4.19±0.20a	5.06±0.14ab	4.34±0.14a	1.96±0.21b
	65	2.18±0.02a	3.98±0.15b	5.26±0.10a	4.40±0.15a	2.04±0.10b
	70	2.13±0.13a	3.90±0.11b	4.85±0.04b	4.09±0.24ab	1.78±0.10c
辽西	50	1.80±0.14a	3.66±0.07a	4.59±0.32ab	4.34±0.41ab	1.81±0.40ab
	55	1.84±0.16a	2.89±0.58c	4.61±0.33ab	4.28±0.36ab	1.73±0.29b
	60	1.89±0.06a	3.45±0.12b	4.87±0.20a	4.46±0.17a	1.97±0.25a
	65	1.88±0.14a	3.43±0.12b	4.53±0.27b	4.23±0.36ab	1.70±0.29b
	70	1.89±0.06a	3.65±0.10a	4.76±0.56ab	4.17±0.50b	1.75±0.38b

注：不同小写字母代表差异显著。

（五）不同生态区不同行距下的净光合速率

密度一定时，种植行距改变，玉米冠层结构随之改变，这显著影响了玉米的光合速率，表现出随着种植行距的增大，净光合速率呈现增加的趋势。2 个生态区的变化趋势一致，且不同生态区间差异不大（表 1-35）。

表 1-35　不同生态区行距配置对净光合速率的影响［郑单 958，μmol CO_2/(m^2 · s)］

地点	50 cm	55 cm	60 cm	65 cm	70 cm
辽北	23.14	25.57	26.55	26.62	26.57
辽西	24.04	25.67	25.59	26.55	26.07

五、不同生态区高光效群体结构参数研究

（一）耐密型玉米品种高光效群体结构特征

1. 群体密度对其整齐度影响　整齐度是指群体内个体之间的数量差异。整齐度高，说明该品种群体内个体之间的差异较小。反之，则说明该品种群体内个体之间的差异较大。由表 1-36 可见，随着密度的增加，各性状的整齐度均呈现减小的趋势。由此可见，增加种植密度导致群体内性状的稳定性降低，个体间的差异变大。整齐度高低依次为株高>穗行数>轴粗>穗粗>茎粗>穗位高>穗长>百粒重>行粒数。因此，在增加种植密度提高产量的过程中，平衡各性状之间的关系是实现高产的重要前提。

通过对不同性状整齐度的相关性分析（表 1-37）可以看出，除行粒数外，其他性状均与密度呈负相关关系。株高整齐度与轴粗、穗长和穗位高的整齐度呈正相关，说明株高通过对穗长和轴粗的影响，进而影响籽粒产量；茎粗整齐度与穗长和穗位高的整齐度呈正相关；穗行数的整齐度与轴粗、穗长、穗位高和茎粗的整齐度呈正相关，与其他性状整齐

表 1-36 不同密度玉米群体整齐度

密度（万株/hm^2）	株高（cm）	穗行数（行）	轴粗（cm）	穗粗（cm）	茎粗（cm）	穗长（cm）	穗位高（cm）	百粒重（g）	行粒数（粒）
2.25	49.89	42.57	38.35	38.65	39.99	26.72	32.69	23.42	19.00
4.50	52.54	39.38	37.23	28.61	23.10	24.51	29.91	22.97	18.70
6.75	48.29	37.50	29.19	27.87	22.06	22.76	24.57	18.37	21.38
9.00	35.05	36.51	28.99	27.27	18.96	21.34	17.81	17.59	16.78
11.25	34.46	28.35	25.15	25.79	12.39	19.23	16.54	17.90	17.40

度无显著相关关系。由此可知，穗行数是影响穗粒数的主要因素之一，而穗位高和茎粗又可以影响穗行数进而影响籽粒产量；百粒重的整齐度和轴粗、穗长和穗位高的整齐度呈正相关关系。因此，不同密度玉米群体的田间性状的整齐度对籽粒产量的提高有着关键性的作用。

表 1-37 不同密度玉米群体整齐度相关分析

	x_1	x_2	x_3	x_4	x_5	x_6	x_7	x_8	x_9
x_2	−0.89*								
x_3	−0.94**	0.78							
x_4	−0.96**	0.82*	0.88*						
x_5	−0.83*	0.53	0.75	0.77					
x_6	−0.92**	0.66	0.87*	0.84*	0.98**				
x_7	−1.00**	0.85*	0.95**	0.95**	0.86*	0.94**			
x_8	−0.98**	0.94**	0.86*	0.94**	0.78	0.86*	0.97**		
x_9	−0.90*	0.8	0.73	0.96**	0.75	0.78	0.89*	0.93**	
x_{10}	−0.46	0.7	0.4	0.22	0.2	0.33	0.42	0.51	0.2

注：x_1：密度；x_2：株高；x_3：穗行数；x_4：轴粗；x_5：穗粗；x_6：穗长；x_7：穗位高；x_8：百粒重；x_9：行粒数。* 表示差异显著；** 表示差异极显著。

2. 高光效群体冠层光分布 玉米产量的形成取决于植株的光合作用，在大田生产中，光照是影响玉米群体光合作用的关键因素。所以通过密度的调控来构建合理的群体结构，获得较大的有效光合面积，生产出更多的光合产物，最终得到较高的产量。

透光率是不同种植密度下玉米群体光分布的直接反映。灌浆期内冠层不同高度的透光率与密度关系曲线为：$Y=e^{a+b*x+c*\ln x}$，式中 Y 为冠层透光率，x 为密度，a、b、c 均为通过同一高度不同密度与其透光率的模拟方程参数值，然后将理论高产密度代入方程得出高产群体的透光率。由表 1-38 可得到高产群体冠层内各层次透光率。将高产群体的透光率与各密度群体的透光率综合比较如图 1-1 所示。

表 1－38　冠层透光率与冠层高度的关系

冠层高度 (cm)	方程参数			R (n=5)	高产群体透光率 (%)
	a	b	c		
0	9.374 1	−7.260 7	−3.835 1	1.000 0	1.59
30	8.521 7	−5.846 1	−3.214 2	0.993 1	2.96
60	7.629 7	−4.374 7	−2.575 5	0.996 8	5.53
90	6.696 4	−2.843 3	−1.918 9	0.999 4	10.35
120	5.742 7	−1.282 3	−1.254 3	0.999 8	19.39
150	4.896 8	0.092 7	−0.637 8	0.996 5	35.75
180	4.633 3	0.365 0	−0.269 0	0.994 4	61.36
210	4.771 4	−0.119 5	−0.143 8	0.998 2	86.17
240	4.674 7	−0.082 5	−0.043 4	0.995 9	96.91
270	4.588 6	0.024 2	0.004 3	0.853 1	99.46

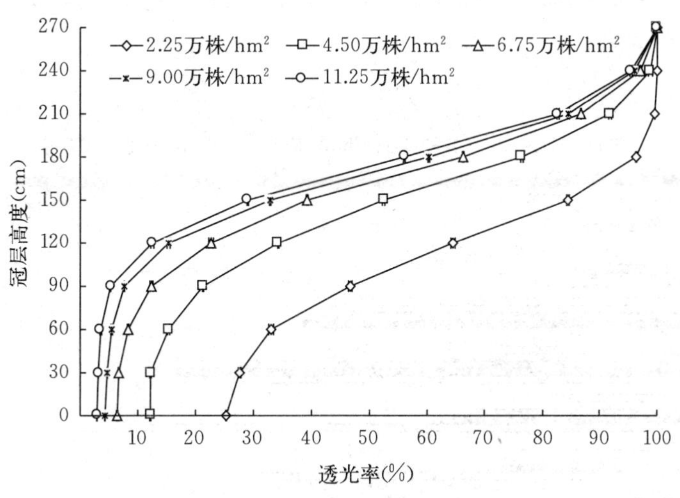

图 1－1　不同密度玉米群体的透光率

由图 1－1 可见，冠层透光率随着密度增加而降低，随冠层高度提高而增加。理论高产群体透光率与密度为 9.00 万株/hm² 的变化趋势基本一致。2.25 万株/hm²、6.75 万株/hm²、9.00 万株/hm² 和 11.25 万株/hm² 群体在近地面透光率分别为 25.31%、6.45%、4.32% 和 2.94%，理论高产群体近地面透光率则为 5.03%。一般认为，当近地面透光率接近 5%时，该层次光强恰好为光补偿点，冠层光分布也较为合理，有利于玉米群体对光资源的充分利用。密度为 9.00 万株/hm² 的近地面透光率是 4.32%，其与理论高产群体最为接近，因此，其产量表现在不同密度处理间也最高，最大限度地发挥了品种的产量潜力。

群体中个体数量较少，整个冠层虽然都可以获得较好的光照，但由于光合器官的减少、漏光损失增加，光能利用率将明显下降；群体中个体中数量过多，虽然光合面积有所增加，但由于个体间相互遮蔽，冠层光照不佳，有效光合面积明显下降，冠层底部经常处于光饱和点以下，最终也无法获得较高的光合产物积累；过大群体光合面积的增加并没有抵消因此而造成的有效光合面积减少的负效应，特别是生长发育中后期，由于个体间相互影响，早衰现象严重，更不利于产量形成。

通过对不同密度玉米群体产量的分析比较可知，11.25 万株/hm^2 玉米群体的产量与 4.50 万株/hm^2 的产量无显著差异，但与 2.25 万株/hm^2 的产量差异显著，高密度群体利用穗数的增加部分地减弱了穗粒重减小所带来的产量降低的效应。而高产玉米群体解决了个体与群体之间的矛盾关系，透光率大于高密度玉米群体，同时穗数也大于低密度群体，即利用穗数的增加来弥补穗位层低透光率引起的穗粒重的减小，最终实现产量的提高。

3. 高光效群体垂直结构

（1）不同密度群体空间干物质重量变化：由图 1-2 可知，随着冠层高度的增加，干物质重量逐渐减小。且各层次间低密度群体干物质量的差异更为明显。在 0～30 cm 层，2.25 万株/hm^2 的干物质重量最大，而 11.25 万株/hm^2 的干物质重量最小。说明增加种植密度后，个体之间对空间的生长竞争加剧，并且由于在高密度群体内下层光照不足，光合作用减弱，进而造成根部生长发育不良，增加了生育后期倒伏的风险，不利于产量的形成。在 240～270 cm 层，6.75 万株/hm^2 的干物质重量最大，将更多的光合产物向穗部运输，利于提高籽粒产量。

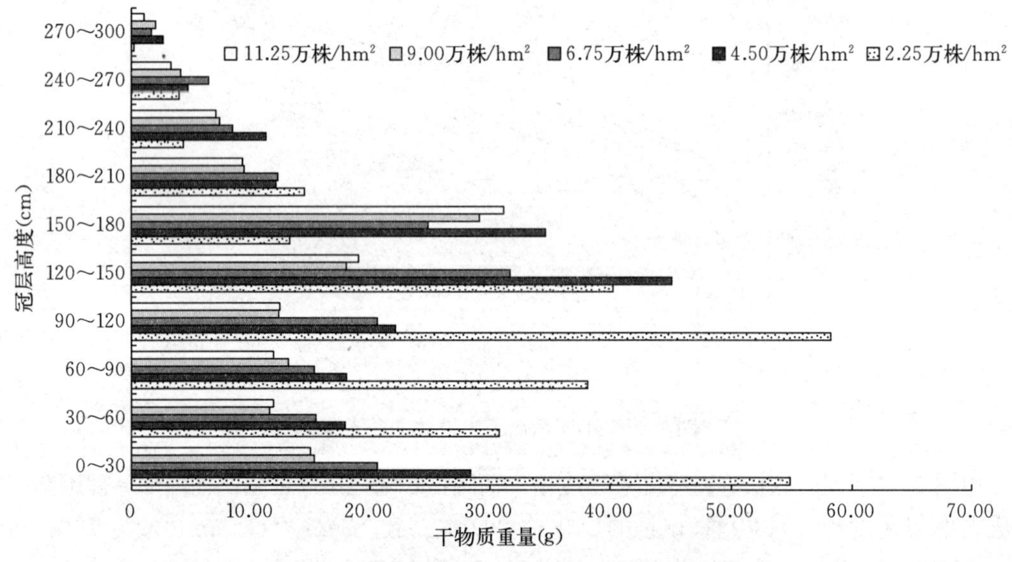

图 1-2　不同密度玉米群体各层干物质重量

图 1-3 是灌浆初期对棒三叶节位及其上下干物质重量的比较。由图 1-3 可知，棒三叶下的干物质重量最大，较多的干物质积累量有利于植株正常的生长发育。但随着密度的增加，各层的干物质积累量均逐渐减少，各层次干物质重量降低幅度大小依次为棒三叶上、棒三叶下、棒三叶。9.00 万株/hm^2 密度单株棒三叶的干物质积累量为 19.10 g，明显高于其他几个产量较低的密度群体。可见造成籽粒产量差异的关键部位在于棒三叶的光合生产能力，合理的种植密度是保证棒三叶高光合能力的关键所在。

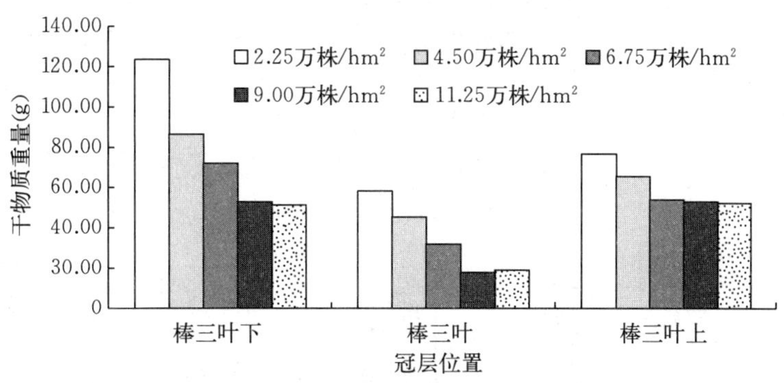

图 1-3　不同密度玉米群体穗位及其上下干物质重量比较

(2) 不同密度群体空间消光系数变化：由表 1-39 可知，消光系数随着密度和冠层高度的增加均降低。穗位层的消光系数分别为低密度 2.25 万株/hm² 玉米群体为 0.21，高密度 11.25 万株/hm² 玉米群体是 0.29，而 9.00 万株/hm² 玉米群体为 0.28。消光系数越小，则通过单位叶面积指数后光强减小越慢。在本试验中当密度增加到 11.25 万株/hm² 时，消光系数反而有所上升，造成群体下部叶片光环境恶化、光合受阻、同化能力下降。说明密度的增加带来籽粒产量增加的效应是有限的。当密度超过一定限度时，群体内有效光合面积减少，叶片相互遮阳致使早衰现象的发生，最终产量下降。低密度玉米群体虽然生长空间充足，植株个体生长发育良好，光线投入群体内层的性能较好，但是群体中个体数量较少，漏射光比例增加、光能利用率下降，这就使得其单穗粒重提高，而群体产量却并不因个体生长良好而提升。因此，本试验中 9.00 万株/hm² 为合理的种植密度，这与理论高产最适密度 8.07 万株/hm² 较为接近，有利于发挥产量最大潜力。

表 1-39　不同密度玉米群体消光系数

冠层高度（cm）	2.25 万株/hm²	4.50 万株/hm²	6.75 万株/hm²	9.00 万株/hm²	11.25 万株/hm²
30	0.512 8	0.537 0	0.485 8	0.397 3	0.418 8
60	0.480 3	0.536 4	0.478 7	0.386 7	0.411 1
90	0.421 2	0.470 7	0.440 3	0.367 1	0.394 7
120	0.317 4	0.412 3	0.395 1	0.340 7	0.365 7
150	0.214 2	0.324 1	0.319 2	0.279 3	0.289 9
180	0.104 7	0.238 8	0.246 5	0.199 1	0.207 7
210	0.031 9	0.132 1	0.144 7	0.118 0	0.127 1
240	0.005 9	0.062 8	0.075 1	0.057 0	0.061 1
270	0.003 6	0.016 5	0.028 9	0.022 5	0.026 7

4. 根系伤流量　根系伤流强度是评价植株根系活力的一个综合指标。一般伤流量越大，根系活力也越强，其主动吸收能力也越强，对植株抗老防衰和产量形成具有重要作用。从图 1-4 可知，根系伤流量随生育进程推进而降低，不同密度均表现为出苗后 120 d 根系伤流量明显小于出苗后 100 d；随着密度增加伤流量降低。因此，高密度群体出苗后

100～120 d，根系活力迅速降低，如遇大风大雨等易发生倒伏，不利于籽粒灌浆。所以，通过增加种植密度提高产量，应协调好根冠关系，增强根系活力，防止倒伏的发生，保证籽粒灌浆高效顺利进行。

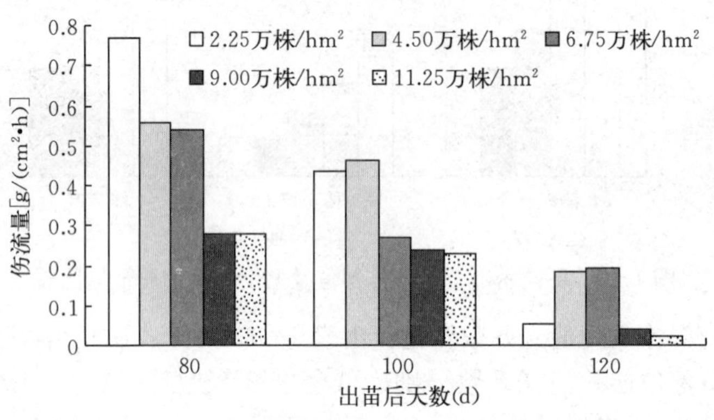

图 1-4 不同密度玉米群体根系伤流量

5. 高光效玉米群体产量及其构成因素特征 合理密植是玉米高产栽培的关键。根据密度、品种和产量的关系，选育耐密品种来改善玉米单株及群体生产能力，达到群体产量的提高，是实现高产的有效途径（张旺峰，2002；王永军，2002；王之杰等，2003；段民孝，2005）。作物产量的形成过程就是数量性状和质量性状综合作用的结果。增加作物群体数量、抑制个体功能的生长冗余以实现群体性能最优化是作物超高产潜力挖掘的重要途径（陈传永，2007）。玉米单位面积上穗数、每穗粒数和千粒重构成了其单位面积产量。同一品种，不同群体结构、不同产量水平下产量构成三因素不同。要获得玉米高产，必须建立相应的合理群体结构，协调好产量构成三因素的关系，使三者的乘积达最大值（赵致，2001）。本试验结果表明，产量与密度呈抛物线形规律变化，拟合的回归方程为：$Y_{产量}=-148.70X^2+2399.87X+2715.06$，$r=0.9862$，$F=2.79^*$，方差分析达到显著水平。当密度达到 8.07 万株/hm² 时，产量最高。9.00 万株/hm² 密度产量显著高于 2.25 万株/hm²、4.50 万株/hm²、6.75 万株/hm² 和 11.25 万株/hm² 密度产量。因此，9.00 万株/hm² 是中单 909 构建合理群体结构的适宜密度。

随着种植密度的增加，单位面积穗数呈增加趋势，穗粒数和千粒重呈下降趋势，而单位面积粒数呈增加并趋于不变趋势（王楷等，2012）。密度对玉米秃尖长的影响最大，对玉米株高的影响也很大，其次是千粒重、行粒数，对穗长的影响不显著（杨世民等，2000）。本试验结果表明，穗数随密度的增大而增加，且密度间差异显著；穗粒数和百粒重随着密度增加而降低，穗粒数表现为 2.25 万株/hm² 和 4.50 万株/hm² 之间的差异不显著，但与其他密度处理存在显著差异；百粒重表现为随密度增大，逐渐减小，2.25 万株/hm²、4.50 万株/hm²、6.75 万株/hm² 与 9.00 万株/hm²、11.25 万株/hm² 处理存在显著差异。这说明增大密度的同时，伴随着穗粒数与百粒重的降低，密度越大下降幅度越大。因此，在增加密度的同时，协调好穗数、穗粒数和粒重之间关系是实现高产的关键。

研究表明，不同玉米群体密度之间，穗部性状存在差异。密度对穗粒重的影响相对较大；随着密度的增加，穗长、穗粗、穗行数、行粒数和穗粒重减少，秃尖长随密度增加。

高密度造成秃尖增长、穗长变短、行粒数减少，最终体现为穗粒重的减小。本试验中，9.00万株/hm^2玉米群体产量最高，穗部性状较好。

充分了解品种的耐密性，掌握适宜密度，控制个体间生产力差异，提高群体整齐度是获得群体高产的关键（王庆成，1998）。侯爱民等（2003）研究发现，玉米10个主要农艺性状的整齐度与产量间都存在着不同程度的负相关，其中株高、穗位以上叶片数、穗粗及穗行数的变异大小与产量相关较密切。本试验研究表明，各性状的整齐度依株高、轴粗、穗粗、茎粗、穗位高、穗长、百粒重、行粒数次序递减。其中百粒重的整齐度与轴粗、穗长和穗位高的整齐度呈正相关关系。

因此，产量潜力的发挥可通过两方面实现。一方面通过有效的栽培措施的管理，提高籽粒灌浆的效率、缩短秃尖长、提高穗粒重；另一方面可适当增加种植密度，通过增加穗数，抵消密度增加造成的穗粒重减小效应。

6. 高光效玉米群体结构特征　冠层通过对光合有效辐射的截获和吸收而影响作物光合特性。增大密度后的群体条件下如何协调个体与群体的关系，构建高光效光合生产体系，成为玉米超高产栽培理论的关键（王志刚，2007）。玉米产量主要由吐丝期—乳熟期群体叶片光合特性，特别是中上部叶片光合能力及较高光合能力所持续的时间所决定。徐克章等（2001）认为，高产群体穗叶层透光率达25%左右，截光率在95%以上。本试验研究结果表明，密度为9.00万株/hm^2，近地面的透光率大约为5%，正好处于光补偿点，群体能够有效利用光照，光合能力增强。

随着种植密度增加，群体内植株个体间光照、水分和养分的竞争加剧，叶片大小、茎叶夹角和叶片在植株上的分布特征发生明显变化（周文伟等，2004；傅兆麟，2007）。通过大田切片对冠层内干物质积累的分布研究发现，密度增大，空间上各层次干物质重降幅表现为：棒三叶上＜棒三叶下＜棒三叶。在一定范围内，消光系数随着密度增加而降低，在9.00万株/hm^2达到最小值0.28，当密度超过9.00万株/hm^2消光系数反而升高。表明密度的增加带来籽粒产量增加的效应是有限的，当密度超过一定限度时，群体内所能容纳的光合器官减少，即个体间的相互遮阳造成早衰现象的发生和籽粒产量的下降。

密度增加，群体中个体之间的生长竞争加剧，不仅表现在地上部分，地下根系的生长同样也受影响。根系伤流量随着密度的增大而减少。高密度群体出苗后100～120 d，根系活力降低迅速，如遇不良天气易发生倒伏，造成产量损失。

（二）耐密型玉米品种高光效群体生长发育特征

1. 叶面积指数消长动态　由图1-5可知，叶面积指数消长呈单峰曲线变化，并且随着种植密度的增加而升高。2.25万株/hm^2和4.50万株/hm^2的变化趋势比较一致，后期叶面积指数下降缓慢；6.75万株/hm^2与9.00万株/hm^2的叶面积指数，在达到各自的最大叶面积指数5.73和6.04之前变化趋势相近，但是在达到最大叶面积指数之后，6.75万株/hm^2的叶面积指数下降比9.00万株/hm^2下降快。由此可见，6.75万株/hm^2后期光合能力低于9.00万株/hm^2，最终体现为籽粒产量的降低。

随着种植密度的增加叶面积指数消长速率升高，在达到最大面积指数之后，6.75万株/hm^2处理的叶面积指数消长速率高于11.25万株/hm^2处理。由图1-6可知，11.25

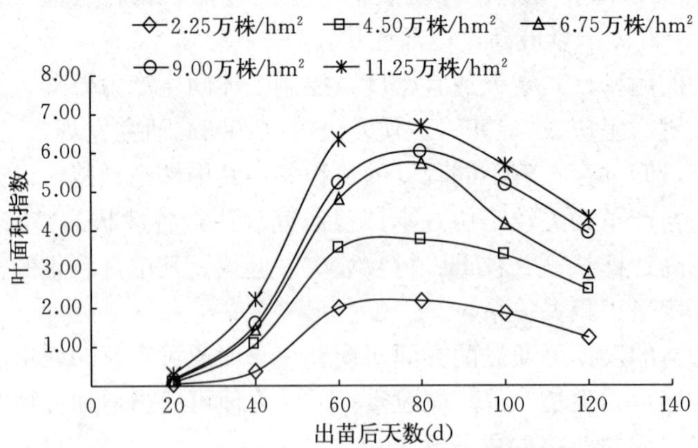

图 1-5　不同密度玉米群体叶面积指数动态变化

万株/hm² 处理的叶面积指数消长速率在达到最大值之后下降迅速，而 2.25 万株/hm² 处理的叶面积指数消长速率则趋于平缓。说明增加种植密度，个体数量增加，导致生长竞争加剧，叶片之间相互遮阳，早衰现象严重，使后期叶面积指数下降迅速。

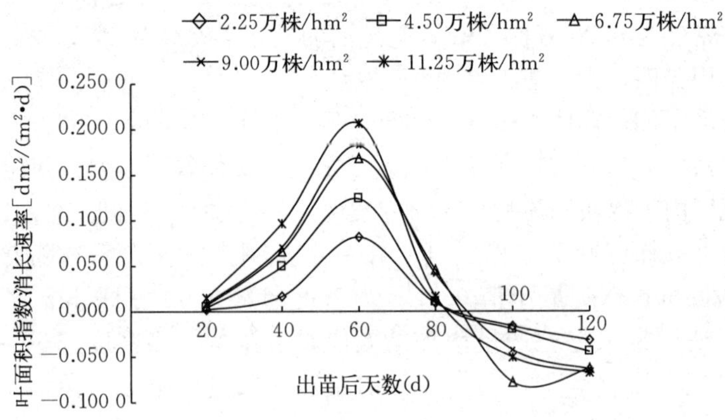

图 1-6　不同密度玉米群体叶面积指数消长速率

本研究中 9.00 万株/hm² 产量与理论高产种植密度 8.07 万株/hm² 相近，9.00 万株/hm² 处理最大叶面积指数为 6.04，且变化趋势较为平缓。因此，增加种植密度，一方面获得了较大的叶面积指数，有利于光合作用的进行；另一方面，增加种植密度加快了后期叶面积指数下降速率，影响籽粒产量的形成。由此可见，通过适宜的密度构建合理群体结构才是实现玉米群体高产的前提。

2. 干物质积累动态　干物质积累量是产量形成的物质基础，是作物光合作用产物的最终形态。由图 1-7 可知，不同密度玉米群体中单株干物质重量随密度的增加而降低，其与时间关系呈 logistic 方程变化规律。由表 1-40、表 1-41 可知，单株最大干物质积累量和最大生长速率随种植密度的增加而降低。而群体干物质积累速率表现则不尽相同。9.00 万株/hm² 的最大干物质积累量和最大生长速率分别为 77.21 kg/(hm²·d) 和 287.47 kg/hm²，明显大于其他处理。最大增长速率出现的时间较早，持续时间较长，有利于干物质的积累与产量的形成。因此，群体产量的提升需要个体数量和质量的有效结合。

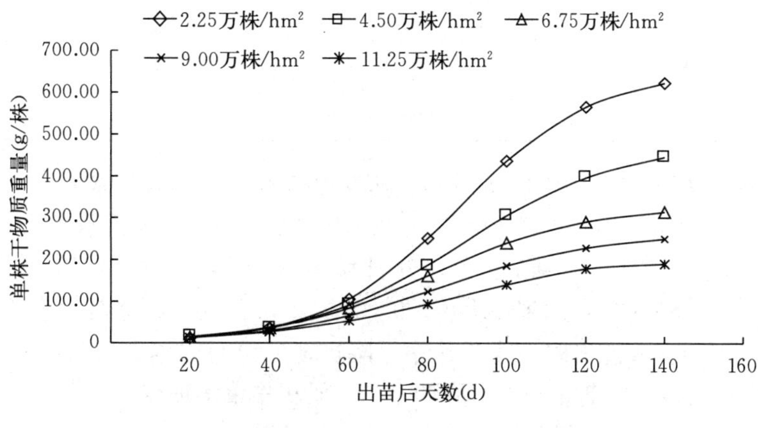

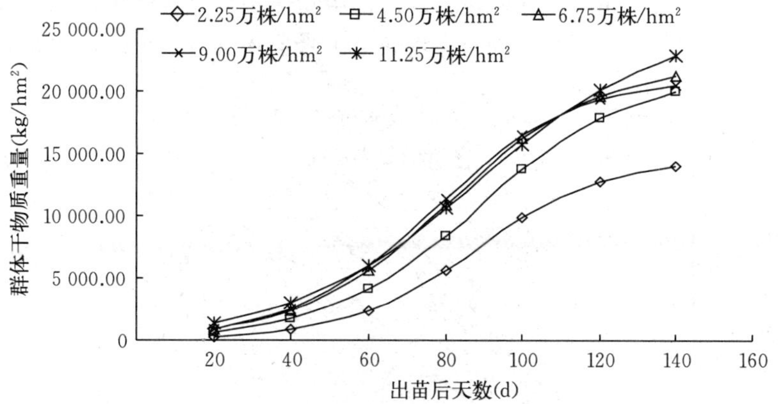

图 1-7　玉米单株与群体干物质积累动态

表 1-40　单株干物质积累的 logistic 模型模拟

密度（万株/hm²）	方程参数				最大增长速率[g/(株·d)]	最大干物质积累量(g/株)
	a	b	c	R^2		
2.25	651.83	174.48	0.06	0.999 2	9.56	651.83
4.50	480.21	86.29	0.05	0.997 8	6.02	480.21
6.75	328.85	63.73	0.05	0.995 1	4.23	328.85
9.00	235.88	65.50	0.05	0.997 9	3.23	235.88
11.25	226.94	38.58	0.04	0.995 5	2.34	226.94

表 1-41　群体干物质积累的 logistic 模型模拟

密度（万株/hm²）	方程参数				最大增长速率[kg/(hm²·d)]	最大干物质积累量(kg/hm²)
	a	b	c	R^2		
2.25	14 666.20	174.48	0.06	0.997 6	87.98	215.12
4.50	21 609.27	86.29	0.05	0.994 5	88.96	270.71

（续）

密度（万株/hm²）	方程参数				最大增长速率[kg/(hm²·d)]	最大干物质积累量（kg/hm²）
	a	*b*	*c*	R^2		
6.75	22 197.54	63.73	0.05	0.993 9	80.73	285.58
9.00	21 228.98	65.50	0.05	0.995 7	77.21	287.47
11.25	25 530.50	38.58	0.04	0.993 3	88.40	263.73

3. 群体生长率变化 由图 1－8 可知，随着种植密度的增加群体生长速率增加，但是不同密度玉米群体的变化趋势却不相同。2.25 万株/hm² 和 4.50 万株/hm² 的玉米群体生长速率分别在出苗后 100 d 达到最大值，分别为 20.85 g/(m²·d) 和 26.5 g/(m²·d)；其余密度群体在苗后 80 d 左右达到最大值。9.00 万株/hm² 玉米群体最大生长率为 27.09 g/(m²·d)，在苗后 100 d 左右时，生长速率下降迅速，说明群体生长前期光合生产能力较强，干物质增长明显，后期光合能力降低，干物质积累量增加缓慢。同时，密度越大，群体最大生长率出现的时间越早，通过较大的群体生长速率，充分利用环境资源以维持正常的生长，有利于后期的籽粒灌浆，同时也反映了玉米群体具有一定的自动调节能力。

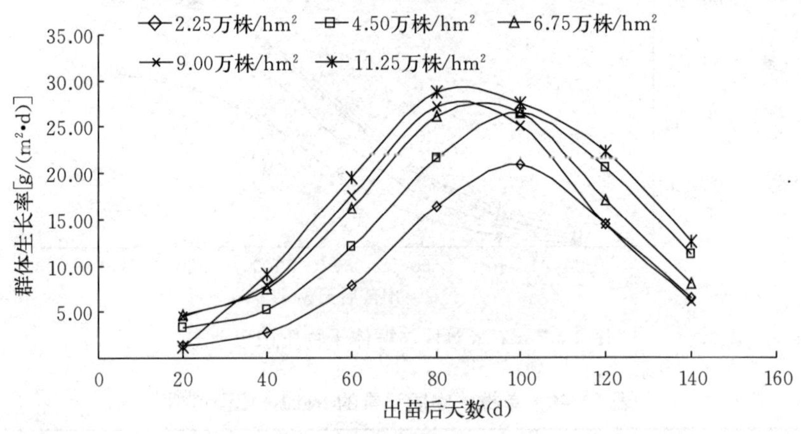

图 1－8 不同密度玉米群体生长速率的变化动态

4. 高光效玉米群体生长发育特征 禾谷类作物经济产量主要来源于吐丝后叶片的光合同化物，吐丝前同化物对籽粒产量的影响小于 10%（Simmons S. R，1985；Hashemi A. M.，2005），产量的 60%～100%来自开花后到成熟期的光合代谢产物。叶片是光合作用的主要器官，叶面积大小、功能期长短、光合效率、光合产物的积累与分配决定作物的群体产量（沈秀瑛等，1993）。曹娜等（2005）发现，实现玉米产量增加必须构建合理的冠层结构，减少前期光能损耗，在吐丝至乳熟期间，保证叶片维持较长的功能期。

本试验研究结果表明，9.00 万株/hm² 的叶面积指数的最大值是 6.04，叶面积指数大于 5 的天数维持在 40 d 左右，其后期叶面积指数消长速率小于 11.25 万株/hm²。说明提高种植密度，群体叶面积指数增加，超过 9.00 万株/hm² 后，个体数量的增加，导致生长竞争加剧，叶片之间相互遮蔽，早衰现象严重，使得后期叶面积指数下降迅速。

作物经济产量由生物产量即干物质积累所决定，提高干物质的生产能力是提高玉米籽粒产量的根本途径（陈国平，1994）。不同密度玉米群体中单株的干物质重量和生长速率均随密度的增加而降低，而群体干物质积累速率表现则不尽相同。本试验结果表明，9.00万株/hm^2 群体的最大干物质积累量和最大生长速率大于其他处理，最大增长速率出现在出苗后 77 d 左右，早于其他处理，并且持续时间较长，有利于干物质的积累与产量的形成。因此，群体产量的提升需要个体数量和质量的有效结合。

（三）耐密型玉米品种高光效群体光合特征

1. 叶片 SLA 及 SPAD

（1）叶片 SLA：比叶面积（SLA）为叶面积与叶干重之比，是叶片相对厚度的一种度量，也可作为叶片光合能力强弱的衡量指标。由图 1－9 可知，SLA 随着密度的增加而增加，随着生育进程呈抛物线型变化趋势。在出苗后 60 d 左右，2.25 万株/hm^2、4.50 万株/hm^2 和 6.75 万株/hm^2 群体的 SLA 达到最大值，分别为 187.99 cm^2/g、196.62 cm^2/g 和 217.01 cm^2/g，而 9.00 和 11.25 万株/hm^2 群体 SLA 的最大值出现在苗后 80 d 左右，分别为 233.00 cm^2/g 和 247.64 cm^2/g。说明中低密度群体中植株叶片在前期的光合能力较强，可以充分利用田间的环境资源，营养生长旺盛；而高密度群体中由于个体间对环境资源的竞争，前期的光合能力较弱，营养生长比中低密度群体差，生育时期的演进比中低密度群体的慢。所以，栽培中应注意前期对高密度群体的养分供应，保证群体中个体的正常生长和较高的整齐度，为高产的实现奠定基础。

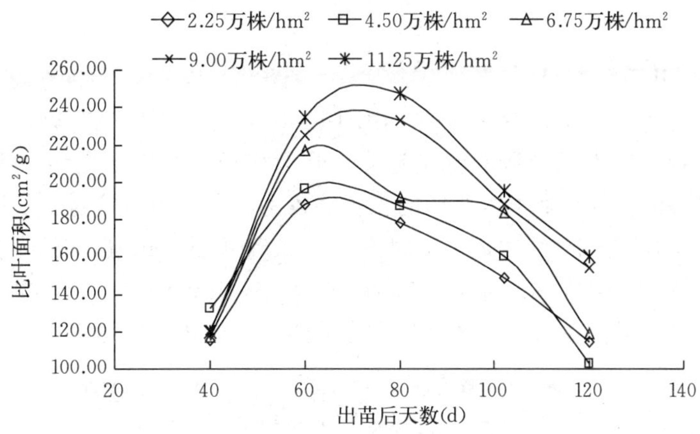

图 1－9　不同密度玉米群体比叶面积（SLA）的变化

在抽雄吐丝期和灌浆期之间，9.00 万株/hm^2 群体的 SLA 迅速下降，对于高密度玉米群体来说，利用增加穗数来解决这一矛盾，削弱叶片相互遮蔽所带来的负面效应，但是在本试验中研究发现种植密度超过 9.00 万株/hm^2 后，产量下降，这是由于过高的种植密度使得田间微环境发生改变，冠层下部光照不足，叶片早衰现象严重，并没有起到增强光合作用的目的，反而造成了该部分光合产物的浪费。合理的种植密度对构建高产群体结构起关键作用。

（2）叶片叶绿素相对含量（SPAD）：光合作用是作物产量形成的生理基础。SPAD 是叶片叶绿素含量的相对值，叶片叶绿素含量变化规律是反映叶片生理活性变化的重要指标之一，它与叶片光合能力的大小和产量形成有着极为密切的关系。

由表1-42可知，SPAD随着密度的增加而降低，且各密度群体均在苗后80 d达到最大值。同时，各密度群体在出苗后60 d和80 d的变化趋势基本相同，2.25万株/hm^2与其他密度玉米群体间差异显著，4.50万株/hm^2、6.75万株/hm^2和9.00万株/hm^2群体间的SPAD差异并不显著，而11.25万株/hm^2与9.00万株/hm^2群体间差异也不显著；在苗后100 d，6.75万株/hm^2与9.00万株/hm^2群体间差异不显著，其余密度群体间差异显著。出苗后100 d的变化差异比其余两个时期大，这是由于该时期各群体叶面积较大，群体中个体数量的增多，但是生长空间有限，叶片相互遮蔽，其生长发育受到一定的抑制，而且密度越高，抑制作用越强，同时，随着生育时期的演进，个体生长加快，这种抑制作用也会加强。而此时正是籽粒产量形成的关键时期，所以，保证生育后期叶片的正常生长，才能提升其光合能力，充分发挥产量潜力。

表1-42　不同密度玉米群体SPAD的变化动态

密度（万株/hm^2）	出苗后60 d	出苗后80 d	出苗后100 d
2.25	58.32a	67.68a	63.99a
4.50	48.53b	59.26b	59.69b
6.75	46.32b	59.44b	57.71bc
9.00	43.70bc	54.18bc	54.93c
11.25	37.70c	50.33c	50.81d

注：不同字母表示差异显著。

2. LAD及NAR变化特征

（1）群体光合势（LAD）变化特征：由图1-10可知，群体光合势随着密度的增加而降低，在整个生育时期内光合势的变化趋势与叶面积指数的变化趋势一致，并且在苗后80 d左右时达到峰值。低密度玉米群体的光合势较小，光合能力较弱，尤其是在籽粒灌浆期，较低的光合势不利于干物质的生产和积累。而9.00万株/hm^2群体的光合势大于100万(m^2·d)/hm^2维持在40 d左右，总光合势为403.11万（m^2·d)/hm^2，吐丝后所占比例达78%左右。在籽粒形成的关键时期能够提供充分的光合产物，最终实现较高的籽粒产量。

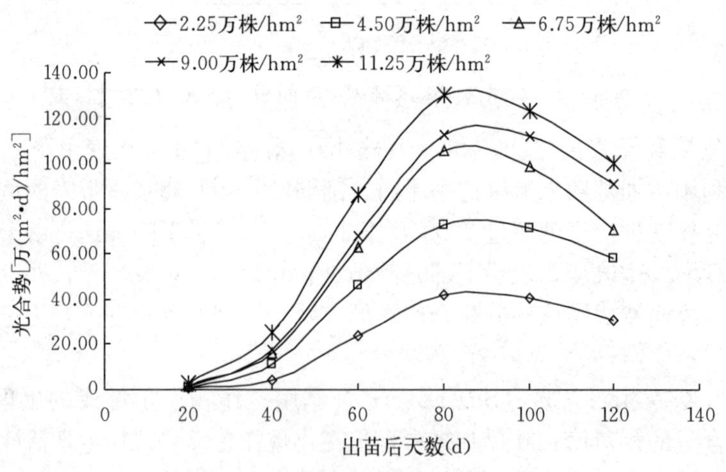

图1-10　不同密度玉米群体光合势

(2) 净同化率 (NAR) 变化特征：净同化率是单位叶面积在单位时间内的干物质积累量。由图 1-11 显示，净同化率随密度的增加而降低，出苗后 40～120 d，净同化率表现为先下降后升高的变化趋势。密度间净同化速率的差异是由于密度增加造成群体拥挤，植株中下部叶片光合速率降低，进而表现为密度越高，净同化率越小。其中，在出苗后 80 d 时，2.25 万株/hm^2、4.50 万株/hm^2 和 11.25 万株/hm^2 的净同化率达到最低值，而 6.75 万株/hm^2 和 9.00 万株/hm^2 在出苗后 100 d 左右时达到最低值。9.00 万株/hm^2 的最大净同化率为 14.07 g/(m^2 · d)。说明在籽粒形成的关键时期，6.75 万株/hm^2 和 9.00 万株/hm^2 群体仍具有较高的净同化率，有助于籽粒灌浆，减少空瘪粒的形成。各密度群体中，苗后 40 d 的净同化率高于其他时期的净同化率，主要是由于在生长初期，群体的叶面积较小，干物质增长速率大。

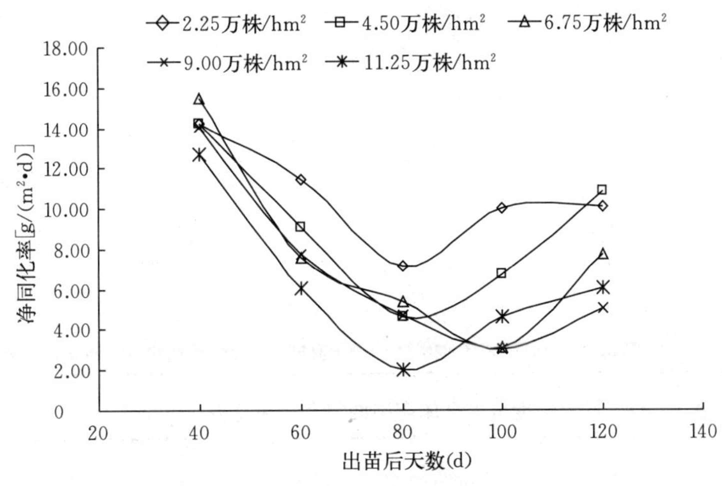

图 1-11　不同密度玉米群体净同化率

3. 叶片光合日变化　植物光合作用受各种生态、生理和生化因素的影响和制约，而这些因素都在不断变化，使光合作用呈现出复杂的季节变化和日变化。光合速率的高低是作物自身与环境综合作用的结果。

玉米群体光合速率的日变化与光照强度的日变化相一致，上午随光增强而逐渐提高，中午达最大值，而下午随光照减弱而逐渐降低。由表 1-43 可知，玉米群体叶片的净光合速率峰值出现的时间在 12:00—14:00；叶位间峰值大小表现为穗位上＞穗位＞穗位下；处理间，净光合速率的峰值随密度增大逐渐越低。同一时间段，相同叶位的净光合速率也表现为随密度增大，净光合速率降低。说明高密度玉米群体由于叶片相互遮蔽，透光率低，同化能力较弱，最终光合性能较差。

自然条件下，气孔导度主要是由光、湿度、水分、温度和 CO_2 浓度等环境条件所决定。密度增加，导致冠层的透光率差，湿度增加，温度降低。由表 1-44 可知，气孔导度的日变化呈上午上升较快，下午缓慢下降，最大值一般出现在 10:00—14:00。同一时间段，各叶层叶片气孔导度随密度增加而降低。其中，9.00 万株/hm^2 群体穗位层气孔导度最大值为 0.05 mol/(m^2 · s)，低于其他密度群体。推断原因可能为：冠层微环境湿度降低，为防止蒸腾使叶片进入危险状态，植物会关闭气孔，导致气孔导度降低。

表 1-43 不同密度玉米群体灌浆期净光合速率日变化 [μmol/(m²·s)]

叶位	密度（万株/hm^2）	8:00	10:00	12:00	14:00	16:00	18:00
穗位上	2.25	13.74	29.93	38.91	36.68	13.15	5.53
	4.50	10.06	33.29	35.58	9.59	1.99	1.77
	6.75	15.19	20.36	22.67	2.47	3.89	3.41
	9.00	1.39	4.61	19.54	8.20	2.29	0.57
	11.25	2.25	1.22	15.86	20.81	1.65	0.40
穗位	2.25	10.18	6.82	41.86	8.18	5.64	0.55
	4.50	17.43	18.54	19.58	4.62	1.34	0.72
	6.75	2.46	5.57	7.19	6.69	2.65	0.43
	9.00	2.36	3.84	6.42	1.01	0.35	0.63
	11.25	0.81	4.25	5.16	3.10	0.09	0.39
穗位下	2.25	14.52	18.09	34.80	31.46	0.55	0.31
	4.50	2.17	18.16	21.46	6.66	0.43	0.07
	6.75	2.59	3.00	5.61	1.26	0.46	0.03
	9.00	1.55	3.01	3.33	0.84	0.55	0.38
	11.25	0.32	1.61	4.52	0.65	0.21	0.05

表 1-44 不同密度玉米群体灌浆期气孔导度日变化 [mol/(m²·s)]

叶位	密度（万株/hm^2）	8:00	10:00	12:00	14:00	16:00	18:00
穗位上	2.25	0.44	0.79	0.49	0.47	0.25	0.08
	4.50	0.09	0.45	0.12	0.09	0.07	0.02
	6.75	0.21	0.34	0.16	0.11	0.05	0.03
	9.00	0.14	0.52	0.41	0.13	0.26	0.02
	11.25	0.11	0.08	0.19	0.44	0.03	0.03
穗位	2.25	0.61	0.32	0.54	0.32	0.05	0.03
	4.50	0.34	0.35	0.08	0.07	0.04	0.03
	6.75	0.13	0.06	0.36	0.15	0.08	0.05
	9.00	0.05	0.07	0.05	0.02	0.02	0.02
	11.25	0.06	0.06	0.16	0.38	0.01	0.02
穗位下	2.25	0.30	0.23	0.34	0.58	0.04	0.02
	4.50	0.08	0.28	0.19	0.13	0.01	0.01
	6.75	0.04	0.17	0.16	0.02	0.02	0.02
	9.00	0.04	0.03	0.04	0.03	0.01	0.01
	11.25	0.07	0.09	0.03	0.02	0.01	0.01

由表 1-45 可知，胞间 CO_2 浓度日变化随时间进程的推进，呈先缓慢降低，后升高

较快的趋势。不同叶位胞间 CO_2 浓度大小为穗位上＞穗位层＞穗位下。不同密度群体胞间 CO_2 的平均浓度均以 12:00—14:00 最低，18:00 胞间 CO_2 浓度回升。同一时间段，随密度的增大，胞间 CO_2 浓度逐渐升高。这说明密度增加，叶片同化 CO_2 的能力降低，使胞间 CO_2 浓度升高。

表 1-45　不同密度玉米群体灌浆期胞间 CO_2 浓度日变化（μmol CO_2/μmol）

叶位	密度（万株/hm²）	8:00	10:00	12:00	14:00	16:00	18:00
穗位上	2.25	231.01	155.25	121.28	144.46	204.59	224.46
	4.50	166.73	160.15	160.92	203.15	243.84	285.77
	6.75	206.26	157.90	154.90	195.50	203.26	239.62
	9.00	345.41	314.86	169.74	214.45	227.40	285.57
	11.25	330.60	309.31	264.48	227.13	235.73	317.10
穗位	2.25	287.38	292.73	134.52	149.31	278.79	370.26
	4.50	180.86	225.49	118.51	134.31	300.83	302.74
	6.75	331.14	170.56	254.56	277.41	283.62	326.79
	9.00	235.54	271.41	113.96	236.21	287.62	394.36
	11.25	343.01	263.66	222.92	318.23	341.61	366.44
穗位下	2.25	318.24	297.10	206.98	195.46	354.48	313.01
	4.50	411.53	230.39	234.78	269.49	285.58	349.27
	6.75	397.86	283.87	228.80	167.90	205.15	336.54
	9.00	293.25	182.96	173.52	270.57	286.20	390.05
	11.25	328.62	331.95	146.00	281.59	302.35	335.59

由表 1-46 可知，蒸腾速率 8:00—18:00 呈抛物线形变化趋势，在正午时间段达到最大值。叶位间，蒸腾速率大小为：穗位上＞穗位＞穗位下，与净光合速率的变化趋势相同。各层次叶片的蒸腾速率随密度的增加而降低。蒸腾速率与气孔导度的变化趋势相同，说明密度增高时，气孔阻力增加，水汽向外扩散受到抑制。高密度玉米群体蒸腾速率变化幅度相对较小。

表 1-46　不同密度玉米群体灌浆期蒸腾速率日变化［mmol/(m² · s)］

叶位	密度（万株/hm²）	8:00	10:00	12:00	14:00	16:00	18:00
穗位上	2.25	3.66	5.84	8.35	9.62	5.86	1.93
	4.50	2.53	6.51	8.82	2.98	1.80	0.42
	6.75	3.36	6.68	6.71	3.61	1.37	0.59
	9.00	2.09	7.77	8.32	6.15	3.92	0.38
	11.25	1.57	2.30	5.36	8.71	0.84	0.61

（续）

叶位	密度（万株/hm^2）	8:00	10:00	12:00	14:00	16:00	18:00
穗位	2.25	7.25	6.00	10.66	7.51	1.48	0.60
	4.50	4.79	2.42	8.03	2.40	1.08	0.60
	6.75	1.91	1.61	6.48	4.33	2.24	1.02
	9.00	0.82	1.88	5.81	4.62	0.53	0.63
	11.25	0.78	1.78	4.22	3.12	0.47	0.55
穗位下	2.25	4.16	5.10	8.66	10.91	1.17	0.43
	4.50	1.33	5.72	8.19	3.88	0.43	0.28
	6.75	0.77	3.96	4.20	0.66	0.46	0.46
	9.00	0.61	0.95	3.29	1.05	0.46	0.48
	11.25	0.57	2.31	1.19	0.77	0.35	0.32

4. 高光效玉米群体光合特征 良好的群体结构是玉米高产的根本，合理的密度是创造优良群体结构的基础。合理的密度可构建足够的、合理的叶面积指数，尤其是可构建吐丝期足够的、合理的叶面积指数，并由此形成足够的群体光合势，从而提高玉米叶片的光合生产能力即净同化率和作物生长率，充分利用光能，生产出较多的光合产物（马国胜，2008）。

试验研究表明，SLA 随密度的增加而增加，随生育时期的推进而呈抛物线形变化；SPAD 随着密度的增加而降低。群体中个体数量的增多使叶片相互遮蔽，其生长发育受到一定的抑制，而且密度越高，抑制作用越强；所以，实际生产中通过有效的栽培管理措施，保证生育后期叶片的正常生长，维持叶片的功能期，有利于籽粒产量的形成。

群体光合势随着密度的增加而降低，在整个生育时期内光合势的变化趋势与叶面积指数的变化趋势一致，9.00 万株/hm^2 群体的光合势大于 100 万（m^2·d）/hm^2 维持在 40 d 左右，总光合势为 403.11 万（m^2·d）/hm^2，吐丝后所占比例达 78%左右。在籽粒形成的关键时期，6.75 万株/hm^2 和 9.00 万株/hm^2 群体仍具有较高的净同化率，有助于籽粒灌浆，减少空瘪粒的形成。

玉米群体光合速率的日变化与光照强度的日变化相一致，上午随光照强度增强而逐渐提高，中午达最大值，而下午随光照减弱而逐渐降低，呈单峰曲线（王庆成等，2001；盛晋华等，1997）。本试验研究结果表明，适当增加个体数量的密植效应可以削弱因此而造成的个体光合能力降低的效应，密度增加后产量主要是通过群体叶面积指数增大，群体生长率提高，增强了群体光合产物的生产与积累能力。同一时间段，各叶层叶片气孔导度随密度的增加而降低。其中，9.00 万株/hm^2 群体穗位层气孔导度最大值为 0.05 mol/(m^2·s)，低于其他密度群体。导致气孔导度降低的原因可能是冠层微环境中湿度降低，为防止蒸腾使叶片进入危险状态，植物会关闭气孔。不同密度群体的胞间 CO_2 平均浓度均以 12:00—14:00 最低，18:00 时胞间 CO_2 浓度回升。同一时间段，随密度的增大，胞间 CO_2 浓度逐渐升高。这说明密度增加，叶片同化 CO_2 的能力降低，使胞间 CO_2 升高。蒸腾速率与气孔导度的变化趋势相同，说明密度增高时，气孔阻力增加，水汽向外扩散受到抑制。

六、亩增千株增产效应研究

（一）玉米新品种增密筛选研究

2011—2013 年，连续在沈阳、铁岭和丹东开展了玉米新品种和新组合增密筛选研究，品种包括主推品种、新审定品种和优良的苗头品种。在品种推荐密度基础上，按每亩增加 1 000 株密度进行筛选，试验设推荐密度和在推荐密度基础上再增加 1 000 株密度两个处理，6 行区，行长 5 m。

2011 年，沈阳选用 30 个品种，耐密和稀植品种各 15 个。其中，耐密品种增加千株密度后，辽单 565、丹玉 201、郑单 958、铁研 120 这 4 个品种较原推荐密度（3 800 株/亩）分别增产 10.5%、9.9%、7.6%、8.3%；稀植型品种辽单 529、丹玉 39、丹玉 202、丹玉 402、丹玉 501 这 5 个品种较原推荐密度（3 300 株/亩）增产 15.2%、7.8%、9.4%、6.7%、5.9%。丹东选用 29 个品种，密植和稀植品种分别为 9 个和 20 个。其中，耐密品种增加千株密度后，只有郑单 958 较原推荐密度（3 500 株/亩）增产 3.43%，其余均减产；稀植品种增密后，丹玉 301 较推荐密度（3 000 株/亩）增产 7.77%，其余均减产。铁岭选用 30 个品种，耐密和稀植品种各 15 个。其中，耐密品种增加千株密度后，辽单 565、郑单 958、铁研 120 这 3 个品种较原推荐密度（3 800 株/亩）增产 12.4%、10.1%、11.8%；稀植品种增加千株密度后，丹玉 39、铁研 29、丹玉 2151 这 3 个品种较原推荐密度（3 300 株/亩）增产 5.7%、6.9%、6.4%。

2012 年，沈阳筛选结果：耐密品种东单 213、东单 335、丹玉 603、郑单 958、辽单 539 增密后增产分别为 9.7%、8.1%、6.4%、5.7%、5.8%；稀植品种铁研 29、沈玉 28、东单 80、辽单 526、东单 90、沈玉 30 增密后增产分别为 8.9%、12.3%、4.7%、15.4%、4.9%、5.1%。铁岭筛选结果：耐密品种增加千株密度后，沈玉 21、良玉 66、铁研 39 这 3 个品种较原推荐密度（3 800 株/亩）增产分别为 6.7%、9.9%、8.6%；稀植品种增密后，铁研 58、沈玉 29、联达 288 这 3 个品种较原推荐密度（3 300 株/亩）分别增产 8.5%、8.9%、7.7%，差异显著。

2013 年，沈阳选用 37 个品种，耐密和稀植品种分别为 23 个和 14 个。其中，耐密品种辽 507、辽单 539、丹玉 603、良玉 66 增密后较原推荐密度（3 800 株/亩）分别增产 4.5%、7.3%、11.4%、4.9%；稀植品种丹玉 39、沈玉 17、丹玉 301 增密后分别增产 5.2%、7.3%、4.5%。丹东选用 30 个品种，增加密度后均减产。铁岭选用 30 个品种，耐密品种增加千株密度后，良玉 99、良玉 66、丹玉 603 这 3 个品种较原推荐密度（3 800 株/亩）分别增产 8.8%、9.1%、6.3%；稀植品种增密后，沈玉 28、沈玉 29、辽单 526、东单 90 这 4 个品种较原推荐密度（3 300 株/亩）分别增产 8.2%、7.5%、10.6%、6.7%。

试验结果表明，市场上现有推广品种推荐的种植密度不完全是品种最佳栽培密度，部分品种的推荐密度明显低于该品种的最佳栽培密度；就三大区域而言，辽北、辽西推广的品种，增密增产可行，而辽东、辽南田间保苗达到推荐密度就可获得高产。

（二）品种增密示范

2011 年，在辽西、辽南和辽北的 15 个示范县各安排 3 个典型乡镇开展了“适合增密品种增密种植”示范。每个乡镇示范面积3.3～6.7hm^2，以临近农户地块作为对照，试验结果如表1-47。辽西、辽北的10个示范县增产幅度平均11.54%，增产效果显著，辽西的增产效果更好，辽南则增产不明显。

表1-47　2011年增密种植示范效果

示范地点	示范耐密品种品种	增密示范平均产量（kg/亩）	邻近对照产量（kg/亩）	增产（%）
辽西	辽单565、郑单958 丹玉201	713.8	625.6	14.10
辽北	辽单565、郑单958 铁研120、铁研29	689.7	632.8	8.99
辽南	丹玉201	599.2	586.4	2.18

2012年，辽西、辽北的10个示范县平均增产13.87%（表1-48），较上一年的效果更好，辽南的增产幅度小；辽西和辽北通过在示范地块开展种粮大户和农民代表的现场观摩，有效带动了整个示范县适合增密种植品种的推广，农民也接受并快速应用耐密品种和增密种植技术。

表1-48　2012年增密种植示范效果

示范地点	示范耐密品种品种	增密示范平均产量（kg/亩）	邻近对照产量（kg/亩）	增产（%）
辽西	辽单565、郑单958、沈玉28、辽单526	796.4	689.5	15.5
辽北	良玉66、沈玉21、铁研39、铁研58、联达288	733.1	653.2	12.23
辽南	丹玉301、丹玉405	572.3	557.4	2.67

2011—2013年，在辽西、辽北10个示范县重点推广适合增密品种，使得两个区域的玉米产量大幅度提高，辽南通过提高播种质量等手段，促进保苗，达到了品种推荐密度，也有效提高了玉米单产。

第三节　增密种植形式研究

一、双株定向种植

玉米双株定向种植技术是在玉米单穴栽培基础上的创新技术，全新构建高效光合作用群体，比现有技术使玉米单产增加17%～44.3%，是一系列玉米高产技术的集成（图1-12）。

（一）玉米双株定向超高产栽培的技术原理

玉米双株定向栽培是库、源比协调增长，提高了玉米单穴生产力。使玉米植株在田间配置更加合理，更有效利用了光能、可适当增加田间种植密度，充分发挥了群体的增产潜力。由于田间配置合理，通风透光良好，昼夜温差加大，玉米生长根系发达盘结紧密，双株茎秆相互支撑，从而增大了玉米群体的抗倒伏能力。同时，双株定向栽培的玉米种子经过精细加工和严格选择，整齐度明显提高，使玉米群体生长一致，果穗整齐一致，充分发

图 1-12　玉米双株定向种植

挥了玉米群体的增产效果。

丹东农业科学院从 1998 年开始进行玉米双株定向超高产栽培试验研究，通过对玉米果穗构造几年的试验研究发现，对生种子玉米果穗构造的单位是退化、坍陷的壳斗。正常情况下壳斗环绕着果穗轴心线生长，壳斗的果合口朝向果穗的尾端与壳斗排列线呈 29°角生长；每一个壳斗在垂直果穗轴线的平面上所占有的角是 $360°/n$ （$n\geqslant 4$）；n 列壳斗在果穗轴向螺旋和同向排列。成对的雌小穗生长在退化的壳斗外，每个雌小穗的上位花发育成种子，下位花一般不育。每个壳斗上生长着并列成对的两粒种子，种胚所在的平面与果穗轴心线垂直，种胚在果穗头部方向的同一面上与壳斗的夹角是 151°。相邻壳斗高度差是 1/2 上位壳斗厚度。玉米并列成对种子又称对生种子，这是从母体的同一器官（小穗原基）上等位发育成的处于同一水平的一对差异最小的种子。

1. 对生种子在播种穴内的空间姿态决定叶片生长方向　对生种子保证了两粒种子在播种穴内的空间位置一致，并处于同一营养水平上（营养中心）。当对生种子的果柄朝下（正位），种子胚轴连线的垂直方向就是双株玉米 1～5 叶的叶片生长方向。当双株玉米长到 4～5 叶时，原本是直立生长，由增粗生长相互推开了一定的角度，且越来越大，双株出现了 V 形，一般可持续到 8 片叶，又恢复直立生长。此期往往发生叶片转向（特别是垄作），但转向的角度比单株个体叶片转向角度小。收获时解剖地面以下的茎，可以明显看到苗期 V 形生长结果。有句玉米农谚："要得结大棒，锄得转个向"，但除草剂的广泛应用，减少了锄头的使用，"锄得转个向"已是不可能了，然而双株玉米叶片定向栽培却又使得"结大棒"可以实现。上述两种方法的作用都是蹲苗促壮，缩短土壤中茎节间长度，使得玉米单株群体中个体的叶片向获得光照的空间伸展，双株玉米叶片被迫在双株茎秆连线的两侧伸展，叶片向光转向生长受到抑制，双株群体的通透性得到了改善。

2. 双株比单株群体抗逆性增强　首先是抗倒伏，相同密度时，双株比单株玉米群体极显著减少了根倒伏，减少茎倒伏不显著。其次是抗纹枯病，刘震等在 2012 年对双株定向栽培模式与常规栽培模式下玉米纹枯病发生流行动态进行初步比较研究，结果表明，双株定向栽培模式冠层内温湿度均低于常规栽培模式，因此，其纹枯病发病也较轻。

（二）玉米双株定向栽培的关键性技术

1. 生产玉米对生种子体要求　将每一对玉米并列成对种子连同包裹它们的玉米壳斗

取下来，作为玉米双株叶片定向栽培的播种材料。同时，生产的同源对生种子在播种穴的位置相同，种子间距离为零。

2. 玉米并列成对种子加工方法（ZL99112899.O）

由于母本果穗穗行和籽粒整齐一致，可较易加工成双粒玉米种子。所以，要求利用对生种子的天生构造，采用玉米内脱粒法，在玉米对生种子脱粒时完成种子的精选配对（图 1 - 13）。

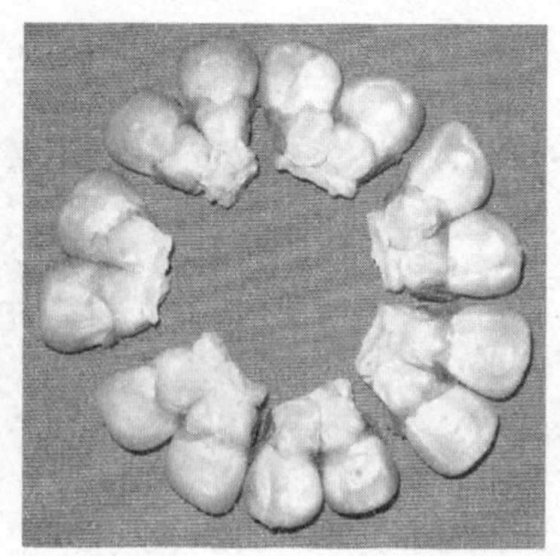

图 1 - 13　玉米对生粒

3. 5TN - 2 型多功能玉米果穗处理机　于 2006 年被确认为省级科学技术研究成果，并取得了 2 项发明专利：玉米果穗劈条及其加工方法和专用工具（02158863.5）与多功能玉米果穗处理机（200610047108.1）。玉米并列成对种子体脱粒机的发明创造，改变了传统的种子脱粒原理和方法，大大提高了玉米种子的各项质量技术指标，提高了玉米种子的整齐度，为构建玉米高效群体奠定了基础。这项玉米脱粒技术原理是脱粒动力作用在玉米穗轴内，因此，高水分鲜玉米果穗亦能够脱单粒、双粒（玉米对生种子）、劈条，并且将高水分鲜玉米果穗进行劈条处理，干燥速度成倍提高。

4. 2BQD - 2 型气吸式玉米对生种子播种施肥机　取得了 1 项发明专利（200510047055.9）。发明创造了玉米并列成对种子体播种机，为大面积推广玉米双株定向高产栽培技术奠定了基础。

（三）玉米双株定向高产栽培技术实施效果

丹东农业科学院从 1998 年开始进行玉米双株定向超高产栽培试验研究，通过几年的试验表明，玉米双株定向栽培可比常规种植方法增产 17.0%～44.3%。不同年份、不同地区和不同品种增产幅度有一定差异（表 1 - 49）。

表 1 - 49　历年双株栽培试验产量结果（1998—2009 年）

名称	试验地点	试验年份	单株（kg/hm²）	双株（kg/hm²）	增减（%）
吉单 204	吉林省集安市阳岔农业站	1998	9 802.5	13 260	35.3
Mo17	吉林省集安市阳岔农业站	1999	3 765	5 625	42.2
丹 1324	吉林省集安市阳岔农业站	2000	4 230.0	61 057.0	44.3
丹玉 90 号	丹东农业科学院	2001	13 240.5	16 887.0	27.5
丹玉 26 号			11 931.0	15 093.0	26.5
丹玉 86 号			13 531.5	15 834.0	17.0
丹 4231	丹东农业科学院	2002	8 334.0	11 218.5	34.6
丹 4230	丹东农业科学院	2003	9 547.5	11 353.5	18.9
丹玉 39	丹东农业科学院	2004	14 776.5	19 048.5	28.9
丹高密 1 号			15 468.0	20 371.5	31.7
丹玉 39	辽宁省朝阳市		11 493.0	15 871.5	38.1
丹玉 39	铁岭市	2005	—	14 370.0	—

（续）

名称	试验地点	试验年份	单株（kg/hm²）	双株（kg/hm²）	增减（%）
丹玉 46			—	15 759.0	—
丹玉 39	海城耿庄	2006	—	15 891.0	—
丹玉 39	海城耿庄	2007	—	13 351.5	—
丹玉 39	大石桥市虎庄镇	2008	—	13 932.0	—
丹玉 39	海城感王镇	2009	—	14 350.5	—

（四）玉米双株定向高产栽培的技术集成

1. 同源对生玉米并列成对种子加工技术　利用 5TN－2 型多功能玉米果穗处理机，使生产玉米对生种子成为可能，改变了传统种子脱粒原理和方法，大大提高了玉米种子的各项质量技术指标，提高了种子的整齐度。

2. 筛选了适合辽宁省特定玉米生态区种植的玉米品种　通过几年试验，筛选出丹玉 39 号、丹玉 46 号、丹玉 401 号、丹玉 502 号等一系列丹玉种子，适合双株定向栽培。

3. 种子精选配对和种子在播种穴内的定位技术　该项技术解决了现有技术中人工精选种子配对，并把两粒种子的空间位置固定下来的问题，解决了在播种穴内手摆种子的繁重的田间作业难题。这项工作在双株定向栽培的播种材料玉米并列成对种子加工时就已完成。

4. 种子播前处理技术　玉米并列成对种子体在播种前必须在 20 ℃左右水中浸泡 20 h 后深播种植。

5. 玉米对生种子播种技术　使用精准播种的玉米并列成对种子体播种机为大面积推广玉米双株定向高产栽培技术奠定基础。

6. 优化田间配置和最佳密度技术　提高光能利用率，使玉米在田间的配置更加合理，从而更加合理利用光能，最大限度地发挥群体增产的效果。

7. 玉米虫害防治技术　整个生育期共防治 4 次。5 月中旬进行人工防治黏虫 1 次，在 6 月末、7 月中旬和 8 月初进行人工喷施药剂防治玉米螟。

8. 地下害虫防治技术　播种前用 50%辛硫磷- D -乳油稀释 1 000～1 500 倍液拌毒谷防治地下害虫。

9. 测土配方施肥技术　根据土壤测定结果，计算用肥量，达到合理施肥。实现化肥利用率提高了 10%。一般亩施农家肥 3 000 kg；化肥亩施 N15～16 kg，P_2O_5 5～6 kg，K_2O 6 kg，硫酸锌 1.5 kg。施肥方法：磷、钾、锌肥料与 20%氮肥深基施或侧深施，与种子隔离 5～10 cm，35%氮肥在玉米拔节期追施，45%氮肥在玉米大喇叭口期追施。

二、偏垄宽窄行种植

（一）偏垄宽窄行种植技术发明背景

1. 生产上已推广栽培方式存在的问题　随着耐密型玉米新品种的普及、农田设施建设和化肥投入的增加，通过增加密度扩大群体容量已成为玉米高产栽培的主要技术措施。但是，当达到一定密度以后，地上部分的光、气、热供应就上升为主要矛盾。为解决这些问题，人们先后发明了大小垄、大垄双行、大垄密植、双株、双单株以及二比空等高产栽培方式。通过个体的不均匀分布来解决密植以后的冠层结构问题从而提高产量。尽管这些种植方式都有显著的增产效果，但都不同程度地存在一些问题。

（1）大小垄、大垄双行、双株密植等起垄、播种、追肥措施机械化作业困难。

（2）双株、双单株栽培中的双苗难以做到大小一致。

（3）大垄密植、二比空栽培时由于株距小而单位面积保苗数量不容易达到。

（4）垄距较小时，小垄距与拖拉机较大的轮距之间不配套，容易产生播种时压苗眼，化学除草和中耕作业时的压苗、压垄帮等问题。

（5）农民不愿改变现有的垄作方式。

2. 偏垄宽窄行种植技术 该种植技术是在不改变常规的等行距垄作、不改变作业方式、不改变农机具、不增加成本的情况下，解决二比空、大小垄等种植方式中的上述问题，并获得相同的增产效果。

在现有垄作条件下，播种时不以常规方式在垄顶中央开播种沟而是偏向一侧开沟下种。以两垄为一对，各垄在两垄相邻的一侧开偏沟，偏离垄中心的距离为 5.0～10.0 cm。使两垄的播种沟之间距离缩小 10.0～20.0 cm（反之相对应的另两垄的播种沟间距则拉开10.0～20.0 cm）。正常的机械或非机械播种，等株距。

虽然仍保持原有相等的垄距，但出苗后却形成宽行、窄行距交替的田间布局。不必改垄，就可产生与二比空、大小垄、大垄双行相似的冠层结构和生理功能，最后取得增产效果。由于这种种植方式的核心是偏开沟播种，出苗后形成事实上的宽窄行，所以将这种方式称为偏垄宽窄行种植（图 1－14）。

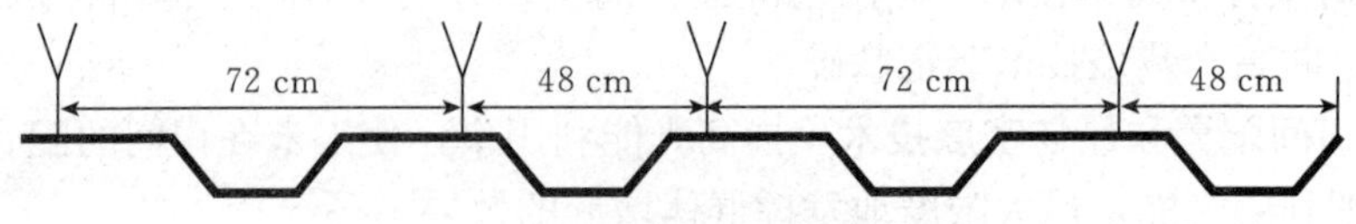

图 1－14　偏垄宽窄行种植示意图

3. 玉米偏垄宽窄行增产种植方式技术特征

（1）在原有常规垄作（等垄距或称等行距）基础上，不改变垄作状态和垄距。

（2）每两垄为一对，播种时，各垄在两垄相邻的一侧垄顶开偏沟，使出苗后形成宽行距与窄行距交替的田间布局。

（3）仍可保持等株距播种。

（4）既可以全程垄作，也可以平作，又可以垄作平管。

（5）其他作业与田间管理不变。

使其在不改变常规的垄作方式情况下，产生与二比空、大小垄等高产栽培方式相似的冠层结构和生理功能，并收到相似的增产效果。技术简单、操作容易、不增加成本、适合机械化作业、容易推广。

4. 偏垄宽窄行技术效果

（1）技术简单、操作容易、不增加成本：该种植方式只是在播种时对开沟位置做一些调整，不改变常规的等行距垄作状态、不改变作业方式、不需新农机具、不增加成本，技术简单、操作容易，适于东北地区现有的各种规格垄距。

（2）运用灵活：该方式既可完全实行全程垄作，在垄台上播种并按垄作方式进行铲蹚；也可垄播平管，垄上播种后实行免耕作业；又可以平作，即完全不起垄，全程实行免耕。

（3）符合生产实际，容易推广：一是由于垄作存在许多优点，也是农民长期形成的种植习惯，垄作在东北地区还难以改变；二是适应当前的生产现状。一家一户的生产体制，改变垄距会与邻户之间产生半个垄或特大垄等一系列问题。等行距做垄也是土地耕翻后农户之间计量面积的最好办法。

（4）适合机械化：除了收获环节，东北垄作地区玉米种植已基本采用机械作业。因此，像大小垄、大垄双行、双株等非常规行距或不等行距，难以实行机械化的种植方式则很难推广。另外，当前生产上出现了垄越种越小的现象，小垄距与拖拉机轮距的不配套，产生了播种时压苗眼，化学除草和中耕等环节压苗、压垄帮等问题。本技术每隔1行1个大行距，可有效地解决这些问题。

（5）不影响田间作业，不伤苗：目前东北地区的行距（垄距）一般为60～70 cm，小部分地区为45～55 cm，垄高一般14～18 cm，播种时垄顶宽度在25 cm以上。以45 cm的垄距为例，垄顶宽为25 cm左右，一般玉米茎直径（成熟时）不超过3.0 cm，中耕时不到2.0 cm，且还未有支持根生成。考虑到在窄边处留出3～5 cm作为机械作业和出苗位置误差，则播种沟可偏移的最大幅度可以达到6.0～8.0 cm。将两行加在一起，出苗后就可实现行距增、减13～16 cm的效果。生产上的垄距大多在60 cm左右，即使将播种沟偏移8 cm，其窄垄帮的一侧也相当于目前西部生产上的小垄栽培，因此，不会出现伤苗问题。

（二）偏垄宽窄行种植技术增产效果

沈阳农业大学从2007年开始进行偏垄宽窄行种植技术试验研究，几年的试验表明，玉米偏垄宽窄行种植技术可比常规种植方法增产2.03%～20.4%。不同年份和不同地区增产幅度有一定差异，除了个别年份和个别地点增产较低外，偏垄宽窄行种植技术比常规种植增产7.5%以上（表1-50）。

表1-50　历年偏垄宽窄行种植技术产量结果（沈玉21）

地点	试验年份	常规种植（kg/hm^2）	偏垄宽窄行（kg/hm^2）	增减（%）
昌图县金家镇	2007	14 488.5	16 006.5	10.5
昌图县金家镇	2008	15 073.7	16 656.2	20.4
昌图县东嘎镇	2009	11 463	12 525	9.3
阜蒙县大固本镇	2009	11 491.5	12 555	10.4
海城市耿庄镇	2009	10 859.4	11 668.8	7.5
昌图县金家镇	2010	8 372	9 234	10.3
阜蒙县大固本镇	2010	9 858	10 686	8.39
海城市耿庄镇	2010	11 520	11 754	2.03
昌图县金家镇	2011	11 463	12 525	9.3
阜蒙县大固本镇	2011	11 491.5	12 555	10.4

（续）

地点	试验年份	常规种植（kg/hm²）	偏垄宽窄行（kg/hm²）	增减（%）
海城市耿庄镇	2011	10 859.4	11 668.8	7.5
昌图县金家镇	2012	8 370	9 234	10.3
阜蒙县大固本镇	2012	9 858	10 686	8.4
海城市耿庄镇	2012	11 520	11 754	2.03

（三）偏垄宽窄行种植技术示范

为了进一步推广偏垄宽窄行种植技术，进一步验证该种植形式的增产作用，在不同年份、不同地点，采用不同类型品种，对该种植形式进行了大面积试种示范。

1. 偏垄宽窄行种植技术示范 2009年，对已经成熟的偏垄宽窄行种植技术进行了较大面积示范。项目在昌图县金家镇二小屯村、昌图县八面城镇大和村、康平县北四家子乡菜园子村实施，宽窄行距分别为40 cm、80 cm。康平县北四家子乡、昌图县八面城镇大和村采用常规播种机播种，昌图县金家镇二小屯村采用改进的播种机播种。试验的玉米品种和肥料品种为农民自选的品种和数量。

各个示范点设专人和农机户组织实施。昌图县金家镇二小屯村为10.7 hm²、昌图县八面城镇大和村10 hm²、康平县北四家子乡菜园子村为13.3 hm²。其中爆裂玉米26.7 hm²，普通玉米6.7 hm²。

经过测产，实行偏垄宽窄行种植的爆裂玉米比常规种植的平均增产11.7%，普通玉米增产12.2%。具体测产结果见表1-51。

表1-51 偏垄宽窄行增产效果比较

玉米种类	种植形式	产量（kg/hm²）	增产（%）	产值（元/hm²）
爆裂玉米	常规种植	3 465		5 890.5
	偏垄宽窄行	3 870	11.7	6 579
普通玉米	常规种植	7 515		5 260.5
	偏垄宽窄行	8 430	12.2	5 901

经过经济效益分析，达到了在不增加成本、不改变农民种植习惯的情况下，增产10%以上、增收10%以上的技术效果。

2. 偏垄宽窄行种植技术示范 2010年度，继续开展了偏垄宽窄行种植技术的较大面积示范。项目在昌图县金家镇二小屯村、昌图县八面城镇大和村、康平县北四家子乡菜园子村实施，宽窄行距分别为40 cm、80 cm。康平县北四家子乡、昌图县八面城镇大和村采用常规播种机播种，昌图县金家镇二小屯村采用改进的播种机播种。试验的玉米品种和肥料品种为农民自选的品种和自定施肥量。昌图县金家镇二小屯村为16 hm²、昌图县八面城镇大和村11.3 hm²、康平县北四家子乡菜园子村为14.7 hm²。其中，爆裂玉米33.3 hm²，普通玉米13.3 hm²。

经过测产，实行偏垄宽窄行种植的比以往密度增加20%以上，比常规种植的平均增产 10.3%；普通玉米则增产 11.8%。具体测产结果如表 1－52。

表 1－52　偏垄宽窄行增产效果比较

玉米种类	种植形式	产量（kg/hm²）	增产（%）	产值（元/hm²）	增加效益（%）
爆裂玉米	常规种植	5 385		9 963	
	偏垄宽窄行	5 940	10.3	10 989	10.3
普通玉米	常规种植	12 075		9 177	
	偏垄宽窄行	13 500	11.8	10 260	11.8

经过经济效益分析，偏垄宽窄行种植的爆裂玉米可比常规种植增加效益 10.3%，普通玉米则增加 11.8%。达到了在不增加成本、不改变农民种植习惯的情况下，增产 10%以上、增收 10%以上的技术效果。

示范结果证明，该项技术技术简单、增产显著、增效突出、符合实际、便于推广，是种植形式上的新突破，具有明显的增产增密效果。该技术在玉米垄作栽培地区将有十分广阔的应用前景。

3. 偏垄宽窄行种植技术示范　为了进一步提高爆裂玉米产量，在不改变农民长期形成的垄作种植习惯情况下，2011 年和 2012 年，在康平、法库和新民分别进行了偏垄宽窄行种植形式的大面积示范。2011 年示范面积 10 hm²，2012 年示范面积 20 hm²。试验示范偏垄宽窄行增产栽培技术，取得了比常规技术增产 10%的技术效果。

4. 大面积示范使偏垄宽窄行种植技术的增产效果得到了验证　偏垄种植是手段，宽窄行是目的，通过形成良好的群体结构最终实现增产增收的目标。在原有研究基础上的示范，实现了不改变农民垄作习惯、不增加成本、不增加机械，收到了不做大小垄和二比空而又达到了与大小垄和二比空相同的增产效果。多年示范结果证明，偏垄宽窄行种植技术简单、增产增效显著、优势突出、符合实际、便于推广，是种植形式上的新突破。该技术在超高产栽培中的延伸，也证明了其明显的增产增密效果。

5. 偏垄宽窄行种植技术集成　多年试验示范进一步验证了偏垄宽窄行种植技术。以偏垄播种为手段，以宽窄行种植为目的，以适应农民种植习惯即利于推广为条件，以增产增收为目标，完成了试验示范过程，示范达到了增密增产的目的。并附带改善了田间管理条件并更有利于机械化田间操作。

通过偏垄播种与品种优化、缩小株距、增施肥料、适期播种以及玉米螟机械化防治技术的组装，完成了偏垄宽窄行技术的集成。

三、大垄双行高光效增密栽培

（一）玉米大垄双行种植技术

玉米大垄双行种植技术就是把原来 2 条 60 cm 宽的小垄合并成 120 cm 宽的大垄，即把原来 60 cm 均匀行距变成窄行行距 40 cm、宽行行距 80 cm 的不均匀行距种植。通俗说就是：两垄并一垄，一垄种双行。玉米大垄双行种植技术是对传统耕作制度的一次变革，是改变传统种植方式的一次革命。“一宽一窄”的种植模式改变了作物的生态环境，提高了土地的利用率，是实现农业增产增收的有效途径。多年的推广实践和大量的调查结果表明，这项技术目前已得到了广大农民的普遍认可和欢迎，必将对粮食增产和农民增收起到巨大的推动作用。

（二）玉米大垄双行种植方法

1. 播种 播种窄行 40 cm、留宽行 80 cm（依原来行距确定）。如使用 2 行播种机，则将 2 个单体调整为 40 cm，地轮轮距调整为 2 倍原来的行（垄）距。

2. 施肥量 根据原土壤养分含量和预定产量确定施肥量标准，行与行之间的施肥量误差不得大于 5%。

3. 施肥位置 关于施肥位置要注意 2 点：一是施肥深度，应保证镇压后深度在 8 cm 以上；二是种肥隔离距离，既能保证被植株充分吸收，又要防止烧苗。一般离种子横向距离应在 8～10 cm，最理想的方式是施在种子的两侧。

4. 播种量 单粒播种。单粒率大于 95%，空粒率小于 5%，每公顷实际播种粒数与品种规定的播种粒数误差要小于 5%。

5. 播种位置 种子在耕层里有 3 个位置，一是深浅位置，镇压后 3～4 cm 深，误差应小于 0.5 cm；二是前后（株距）位置，实际播种距离与预定的距离误差应小于 5%，株与株之间的距离变化误差应小于 20%；三是左右位置，要求苗带应在一条线上，左右偏离应小于 5 cm。

6. 镇压强度 正常土壤墒情条件下，镇压强度要达到 650 g/cm^2，如果使用吉林康达牌免耕播种机，调整手柄放在第二或第三定位槽内。一般是墒情差时加强镇压，墒情好时减轻镇压，保证种子与土壤紧密接触。

7. 药剂除草 要在播后苗前使用拖拉机配喷杆式喷药机适时喷施除草剂。

8. 深松追肥 深松的方式有 2 种：一是间隔深松，适用于宽窄行倒茬平作模式，即每年只对宽行深松，2 年轮 1 次。深松时间一般在 6 月中下旬雨季到来之前，也就是传统的封垄之前，结合追肥进行。二是全面深松，一般在秋收后封冻前进行。深松的主要作用是打破犁底层和疏松犁底层的土壤，作业后耕层土壤不乱、动土量小，且地表平整，无较大土块，耕层土壤容重适中，可以满足春季免耕播种的要求。

9. 机械收获 经过几年的实践，玉米大垄双行种植完全可以采用玉米收获机进行收获。

（三）玉米大垄双行种植的优点

1. 蓄水保墒 深松打大垄可以打破犁底层，从而提高土壤的蓄水保墒能力，形成地下水库为作物生长的不同阶段适时提供适量的水分供给。深松可增加土壤蓄水量 16%～19%，提高水分利用率 12%～16%。

2. 抗旱防涝 大垄可以有效地降低土壤中水分的蒸发，同小垄相比，抗旱能力明显提高。通过近几年在田间的实际考察，发现在 2009 年和 2010 年伏旱时，小垄的土地出现旱裂，而大垄却没有裂；而且在雨大时，大垄可比小垄吸纳更多的雨水，起到防涝的作用（小垄径流明显，大垄根本没有径流发生）。

3. 通风透光 由于在大垄双行上种植了行距为 40 cm 的 2 行，使大垄之间的玉米行距达到 80 cm，因此，每行玉米都是边行，增强了其通风透光的能力，植株的光合作用明显提高，从而根深叶茂。因作物产量的95%来自光合作用，仅5%来自土壤和施肥等，采用大垄双行种植有效地增强了根系吸收土壤深层水分和养分的能力。

4. 节约成本 由于采用大型机械作业，一次可完成多项作业，减少了拖拉机的进地次数，降低了作业成本，每公顷可节约成本500元。

5. 增产增收 推广玉米大垄双行耕作技术能够更加合理地利用水、肥、气、热、光等植物生长所必需的要素，达到了增产的目的。通过近几年测产结果表明，玉米大垄双行种植同传统的种植相比，每1 hm^2 可增产玉米1 000 kg以上，增产幅度在10%以上。

（四）需要注意的几个问题

1. 打成的大垄一侧高、一侧低 这个问题如果解决不好就会给播种带来麻烦，不能确保一次播好种、一次拿全苗。

2. 施肥 施肥绝对不能搞“一炮轰”，底肥一定要深施；口肥一定要侧深施，而且口肥的使用量不能超过100 kg/hm^2，以避免烧苗现象的发生；追肥一定要进行垄沟深追肥（一定要把肥追在宽行中间，不要追在窄行中间）。通过几年的田间对比表明，追在窄行中间易脱肥且作物后期生长缺乏后劲。

3. 播种密度和行距 一定要根据所选的品种特性来确定合理的播种密度，选择合理保苗株数的上限，要防止过密情况发生。

（五）大垄双行种植的增产机理

1. 增加了玉米的有效穗数 玉米大垄双行种植密度比常规种法增加了10%～15%，有效穗数每公顷增加了6 000～7 000穗。

2. 增加了玉米的穗粒数 采用大垄双行种植的玉米通风透光、通风条件好，有利于增强籽粒的成熟度。据测查，玉米秃尖每穗可减少1 cm左右，每穗粒数能增加20粒左右。

（六）大垄双行种植技术示范效果

本研究分别在锦州、阜新、海城3个地点进行。每个地点都以矮秆耐密型辽单565（辽宁省农业科学院选育）、高秆大穗型辽单526（辽宁省农业科学院选育）和中间型丹玉39（丹东农业科学院选育）作为参试品种。采用常规种植、大垄双行种植、宽窄行种植、缩距增密种植和二比空种植5种栽培形式。

在3个地点，密植品种栽培形式不同产量也发生显著或极显著的变化。在锦州点，缩距增密栽培产量最高，其次是大垄双行种植，产量后两位的是常规种植和二比空种植；在阜新点，大垄双行种植产量最高，其次是宽窄行种植，后两位的也是常规种植和二比空种植；在海城点，产量最高的是二比空种植，其次是宽窄行种植，产量后两位的是常规种植和缩距增密种植。在3个地点表现高产的栽培形式是不同的，在辽西以大垄双行种植的形式栽培更好一些，辽南以二比空种植的形式栽培更好一些，但有一点是一致的，不论是辽西还是辽南，常规种植都没有获得最高的产量；稀植品种在锦州点大垄双行种植产量最高，在阜新点宽窄行种植产量最高，在海城点二比空种植产量最高。在6.0万株/hm^2 条件下，锦州点大垄双行种植产量最高，阜新点缩距增密种植产量最高，海城点常规种植产量最高；在6.75万株/hm^2 条件下，锦州和阜新点缩距增密种植产量最高，海城点大垄双行种植产量最高；在7.5万株/hm^2 条件下，锦州和阜新点缩距增密种植产量最高，海城点常规种植产量最高。可见，同一个种植密度在不同地点，栽培形式不同产量也不同，栽培形式是影响产量非常重要的因素之一。对于辽单526在低密度（5.25万～6.0万株/hm^2）条件下，可以采用任何一种栽培形式，而在高密度（6.75万～7.5万株/hm^2）条件下，缩距增密好于其他栽培形式。高产的前提条件必须选择适宜的种植密度和有效的栽培形式。根据不同地区的自然条件选择合适的栽培形式。一般情况下，在辽西采用缩距增密和大垄双行种植形式，辽南采用清种或大垄双行种植形式，种植密度以6.0万～6.75万株/hm^2为宜。

中等耐密品种同一个种植密度在不同地点，栽培形式不同产量也不同，栽培形式是影响产量非常重要的因素之一。在低密度（5.25万～6.0万株/hm^2）条件下，最好采用缩距增密种植或大垄双行种植形式，而在高密度（6.75万～7.5万株/hm^2）条件下，最好采用大垄双行种植或宽窄行种植形式，说明中等密度品种不适宜二比空种植和常规种植。

通过开展本项目研究，选择的5种栽培形式对3个类型品种的产量影响分别达到显著或极显著水平。不同的品种获得高产所需要的栽培形式是不同的。总之，大垄双行种植、缩距增密种植和宽窄行种植3种栽培形式更有利于获得较高的产量水平。而二比空种植和常规种植总体上不如上述3种栽培形式。选择适宜的种植形式是品种发挥增产潜力的关键因素。

四、三比空密疏密种植增密种植

（一）三比空密疏密增密种植模式

玉米三比空种植，即在不改变总体种植密度的情况下，种三垄空一垄的种植方式。玉米三比空密疏密种植模式是以4垄为一个循环，种植三垄空一垄，依此循环。单垄植株数量的分配原则是根据选用玉米品种的种植密度，将4垄栽培株数有计划地分配到其余3垄上。其中，靠空垄的2垄的垄株数为原计划4垄总株数的2/5，中间垄的株数为原计划4垄总株数的1/5。为了探讨三比空种植与三比空密疏密种植的增产作用，作者从理论上进行研究，以期指导玉米生产实践（图1-15）。

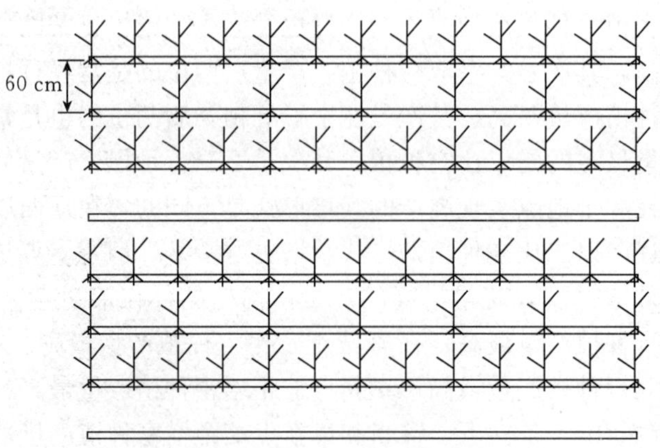

图1-15　三比空密疏密种植模式

（二）三比空密疏密种植增密增产效果研究

1. 试验设计 本研究采用裂区设计排列，3 次重复；密度处理为主处理，种植方式为副处理；每个品种设 4 个密度：3 800 株/亩、4 300 株/亩、4 800 株/亩、5 300 株/亩。种植方式处理包括正常种植、三比空种植和三比空密疏密种植，品种为辽单 565。

2. 不同处理对玉米穗部透光率的影响 为了使太阳光在玉米群体内合理分布，人们一直在探讨合理的群体结构。为了探究不同密度下不同种植方式及群体结构的变化，本试验在玉米抽雄期和灌浆期测定了辽单 565 穗部透光率（表 1－53）。结果表明，随着种植密度的增加，同一种植方式处理下穗部透光率呈下降趋势，说明密度的增加，群体增大，有利于增强玉米截获光的能力。不同种植方式处理穗部透光率呈现的趋势是：正常种植＞三比空种植＞三比空密疏密种植。可见这种密疏密交错的排列方式对于改善玉米群体光分布有一定的作用。

表 1－53 不同处理下对辽单 565 穗部透光率的影响（%）

密度处理（株/亩）	种植方式	7 月 3 日	8 月 4 日	平均值
3 800	正常种植	36.7	12.5	24.6
	三比空种植	28.9	9.0	18.9
	三比空密疏密种植	28.8	9.4	19.1
4 300	正常种植	22.4	12.2	17.3
	三比空种植	20.0	5.0	12.5
	三比空密疏密种植	18.6	9.5	14.0
4 800	正常种植	31.0	6.9	19.0
	三比空种植	29.9	10.2	20.0
	三比空密疏密种植	19.4	8.3	13.8
5 300	正常种植	22.7	9.6	16.2
	三比空种植	27.0	6.3	16.7
	三比空密疏密种植	10.2	5.3	7.8

3. 不同处理对玉米群体叶面积指数的影响 在玉米抽雄期和灌浆期分别测定了辽单 565 群体叶面积指数（表 1－54），结果表明，随着种植密度的增加，群体叶面积指数呈上升趋势。在不同密度条件下，三比空密疏密种植在各个时期的叶面积指数均高于清种和三比空种植，尤其是灌浆期更为明显，增加这段时期的光合面积，是三比空密疏密种植能增产的重要原因之一。

表 1－54 不同处理对辽单 565 群体叶面积指数的影响（%）

密度处理（株/亩）	种植方式	7 月 3 日	8 月 4 日	平均值
3 800	正常种植	1.9	3.8	2.9
	三比空种植	2.1	4.3	3.2
	三比空密疏密种植	2.6	4.4	3.5

（续）

密度处理（株/亩）	种植方式	7月3日	8月4日	平均值
4 300	正常种植	3.4	3.8	3.6
	三比空种植	3.4	4.8	4.1
	三比空密疏密种植	3.5	4.9	4.2
4 800	正常种植	2.7	4.0	3.4
	三比空种植	2.7	4.0	3.4
	三比空密疏密种植	2.8	4.4	3.6
5 300	正常种植	2.9	4.3	3.6
	三比空种植	2.7	4.3	3.5
	三比空密疏密种植	4.4	5.4	4.9

4. 不同种植密度条件下，改变种植方式对玉米产量的影响 从辽单 565 的产量数据上看（表 1－55），在 4 300 株/亩种植密度下，三比空密疏密种植方式产量最高，其次是 5 300 株/亩种植密度下，三比空密疏密种植方式。方差分析表明（表 1－56），密度处理间产量差异显著，种植方式之间产量差异极显著，种植密度处理与种植方式交互作用极显著。3 800 株/亩种植密度处理和 4 800 株/亩种植密度处理产量差异显著（表 1－57）。从表 1－58 不同种植方式之间比较可以看出，三比空密疏密种植方式产量最高，且与其他两种种植方式差异均达极显著水平。

表 1－55 不同种植密度下种植方式对辽单 565 产量的影响（kg/亩）

密度处理（株/亩）	种植方式	处理 1	处理 2	处理 3	平均值
3 800	正常种植	678.6	706.2	667.3	684.0
	三比空种植	692.8	699.5	658.1	683.5
	三比空密疏密种植	684.3	688.6	699.6	690.8
4 300	正常种植	600.7	616.7	628.4	615.3
	三比空种植	690.9	688.6	672.6	684.0
	三比空密疏密种植	733.0	759.5	752.5	748.3
4 800	正常种植	717.4	686.4	696.9	700.3
	三比空种植	625.5	657.6	627.6	636.9
	三比空密疏密种植	653.8	663.5	662.5	659.9
5 300	正常种植	618.3	639.8	632.5	630.2
	三比空种植	677.0	670.1	675.2	674.1
	三比空密疏密种植	715.3	702.2	728.3	715.3

表 1-56 辽单 565 产量方差分析表

变异来源	平方和	自由度	均方	*F* 值	*P* 值
区组	401.448 8	2	200.724 4		
密度处理（A）	2 306.967 0	3	768.989 0	5.167 0	0.042 2
误差	893.001 2	6	148.833 5		
种植方式（B）	13 732.630 5	2	6 866.315 2	32.457 0	0.000 1
A×B	29 961.776 7	6	4 993.629 4	23.605 0	0.000 1
误差	3 384.796 3	16	211.549 8		
总和	50 680.620 4	35			

表 1-57 辽单 565 密度处理间产量多重比较

密度处理（株/亩）	均值（kg/亩）	5%显著水平	1%极显著水平
3 800	686.1	a	A
4 300	682.5	a	A
5 300	673.2	ab	A
4 800	665.7	b	A

注：不同大写、小写字母表示在 0.01、0.05 水平上差异显著。

表 1-58 辽单 565 不同种植方式间产量多重比较

种植方式	均值（kg/亩）	5%显著水平	1%极显著水平
三比空密疏密种植	703.6	a	A
三比空种植	669.6	b	B
正常种植	657.4	b	B

注：不同大写、小写字母表示在 0.01、0.05 水平上差异显著。

5. 不同处理对穗部性状的影响 不同种植密度下，不同种植方式对辽单 565 穗部性状的影响见表 1-59，三比空密疏密种植方式其百粒重、穗长、秃尖长、行粒数都优于其他两种种植方式。

表 1-59 不同种植方式对辽单 565 穗部性状的影响

性状	种植方式		
	正常种植	三比空种植	三比空密疏密种植
百粒重（g）	39.28	40.23	41.02
穗长（cm）	16.60	17.20	17.30
穗粗（cm）	4.95	4.81	4.92
秃尖长（cm）	0.85	0.73	0.52
穗行数（行）	14.60	14.80	14.80
行粒数（粒）	38.29	38.37	40.21

6. 增密增产效果 玉米在3 800～5 300株/亩的密度条件下，采用三比空密疏密种植方式群体内光照分布优于清种和三比空种植方式。三比空密疏密种植在不同时期的叶面积指数均高于清种和三比空种植，尤其是灌浆期更为明显。玉米授粉后籽粒开始增重，延长授粉后叶片寿命对产量的形成大有益处，增加灌浆期的光合面积，是三比空密疏密种植方式能增产的重要原因之一。三比空密疏密种植方式百粒重，果穗长度、果穗封顶性均优于清种和三比空种植方式。三比空密疏密种植方式产量最高，且与其他两种种植方式差异均达极显著水平，具有较高的增产作用。

（三）三比空密疏密种植增产机理

在高密度栽培条件下，改变玉米种植的田间排列方式，将清种改为三比空密疏密种植并以清种和三比空种植为对照进行研究发现，三比空密疏密种植方式由于疏密不等排列，穗部透光率降低，改善了玉米群体光分布；采用三比空密疏密种植方式的玉米，各时期叶面积指数均大于清种和三比空种植方式，尤其是中后期的正常生长，有利于玉米灌浆正常进行；由此可见，三比空密疏密种植方式具有较高的增产作用。

五、玉米机械化平作增产效应研究

（一）玉米平作与垄作增产效果研究

2008—2013年，连续开展了平作条件下对土壤温度、接纳降雨、水土流失及耐密型玉米产量和生长发育的影响等定位试验研究；试验设3个处理，分别为常规垄作、留茬平作和灭茬平作，采用大区对比法。

6年对玉米不同层次土壤水分调查结果分析，呈现如下规律：拔节期以前，土壤水分留茬平作总体上低于常规垄作和灭茬平作；抽雄吐丝期以前，常规垄作土壤水分总体上高于灭茬平作和留茬平作；抽雄吐丝期以后，灭茬平作处理土壤含水量高于常规垄作；产量性状间不同耕作处理间穗粒数和秃尖长的差异均达极显著水平，常规垄作处理下的穗粒数最少，秃尖以灭茬平作最小；产量结果的分析表明，灭茬平作与留茬平作和常规垄作的产量差异极显著，增产幅度大，而留茬平作较常规垄作差异不显著。

6年的试验结果综合分析，从对田间土壤的含水量和品种的株高、穗位、秃尖长和空杆率等农艺性状表现来看，灭茬平作处理均表现出明显优势；产量结果表明，灭茬平作处理比常规垄作处理平均增产12.05%，差异达极显著水平；留茬平作年际间差异较大，平均比常规垄作增产1.88%，增产不显著（表1-60）。

表1-60 参试品种产量的多重比较

处理	2008年			2009年			2010年			2011年			2012年			2013年		
	均值（kg/亩）	显著水平		均值（kg/亩）	显著水平		均值（kg/亩）	显著水平		均值（kg/亩）	显著水平		均值（kg/亩）	显著水平		均值（kg/亩）	显著水平	
		5%	1%		5%	1%		5%	1%		5%	1%		5%	1%		5%	1%
灭茬平作	603.1	a	A	634.2	a	A	628	a	A	759.6	a	A	704.1	a	A	647.5	a	A
留茬平作	566.3	b	B	577.3	b	B	577	b	B	673.2	b	B	613.9	b	B	603.2	b	B
常规垄作	559.4	b	B	566.5	b	B	578	b	B	665.6	b	B	621.5	b	B	556.4	c	C

注：不同大写、小写字母表示在0.01、0.05水平上差异显著。

（二）玉米平作宽窄行栽培增产效应研究

针对2008—2009年平作试验增产效应，2010—2013年增设了宽窄行平作、均匀行平作和常规垄作的增产效果研究。试验设3个处理：常规垄作、均匀行平作、宽窄行平作，采用大区对比法，不设重复，每个处理480 m^2。宽窄行是将原来60 cm的2垄，改成一条大垄，在大垄的中间种植2行玉米，行距为40 cm，形成宽行80 cm、窄行40 cm的田间布局。

试验结果表明，常规垄作处理和均匀行平作从拔节期至抽雄期均比宽窄行处理单株叶面积增长迅速，之后，单株叶面积均呈下降趋势，宽窄行处理单株叶面积下降较缓慢。开花授粉后7 d，常规垄作处理单株平均叶面积为0.58 m^2，均匀行平作单株平均叶面积为0.57 m^2，宽窄行处理单株平均叶面积为0.52 m^2，较均匀行种植的两个处理分别减小了9.62%和11.54%。

在抽雄期、灌浆期和成熟前期测定了不同处理下棒三叶的叶绿素含量，结果表明，随着生育期的推移，穗上叶和穗位叶均呈单峰曲线变化，峰值均出现在灌浆期，穗下叶叶绿素含量则在灌浆末期至成熟前期呈上升趋势。不同叶位间叶绿素含量比较，宽窄行处理下，穗下叶叶绿素SPAD较高，平均值为58.0；常规垄作处理和常规平作，穗位叶叶绿素含量较高，SPAD平均值分别为58.2、59.1。与宽窄行处理相比较，整个生育期常规垄作处理和均匀行平作穗位叶叶绿素含量均较高，以成熟前期差异最为明显。

成熟期测定了不同处理地上部植株干物重，结果表明，宽窄行处理单株干物重明显高于常规垄作处理和均匀行平作，平均高出4.2%和1.9%。

穗部性状为平作宽窄行处理的实收穗数、穗粒数和百粒重均高于常规垄作和均匀行平作处理（表1-61）；实收穗数多14.6%，穗粒数多13.5%，百粒重高6.9%。穗长和穗粗差异不明显。宽窄行处理，较低的空秆率保证了更多的果穗形成，促进了籽粒灌浆和产量最终的形成。

表1-61 不同种植条件下产量相关性状变化

处理	实收穗数（穗/亩）	穗粒数（粒/穗）	百粒重（g）	穗长（cm）	穗粗（cm）	秃尖长度（cm）	空秆率（%）
宽窄行平作	4 076	472	44.8	17.7	5.3	0.6	1.2
均匀行平作	3 945	434	43.7	17.5	5.2	0.8	3.7
常规垄作	3 557	416	41.9	17.3	5.3	0.8	3.5

注：各性状调查4年平均值。

产量结果表明，宽窄行平作比均匀行平作4年平均增产2.47%，两种平作种植方式均比常规垄作增产显著（表1-62）。

表1-62 不同耕作形式下品种产量结果表

时间	宽窄行平作（kg/亩）	增产幅度（%）	均匀行平作（kg/亩）	增产幅度（%）	常规垄作产量（kg/亩）
2010	652.4	13.0	627.8	8.7	577.6
2011	773.6	16.2	759.6	14.1	665.6

（续）

时间	宽窄行平作（kg/亩）	增产幅度（%）	均匀行平作（kg/亩）	增产幅度（%）	常规垄作产量（kg/亩）
2012	715.7	15.2	704.1	13.3	621.5
2013	656.6	18.0	647.5	16.4	556.4
平均	699.6	15.6	684.8	13.1	605.3

总之，在机械化播种的条件下，宽窄行平作、均匀行平作对田间保苗有利，从单位面积实收穗数得到体现，宽窄行平作种植优化了植株的发育，对产量具有明显的促进作用，是适合当前机械化快速发展和提高产量的较好种植技术。

第二章 辽宁玉米基础地力提升技术研究

第一节 玉米合理耕层构建技术研究

一、玉米耕作技术对耕层的影响研究

土壤耕作是农业生产中的一项重要措施。以不同的外部机械力形式作用于土壤并从本质上改变土壤的物理化学性状，调节土壤中水、肥、气、热等因子，从而达到提高作物产量的目的。目前，辽宁省主要耕作方式为使用小型动力农机具进行旋耕，但此种耕法造成耕层浅薄，犁底层上移增厚等问题已经引起社会各界的普遍关注。因此，深松、粉垄以及免耕等耕作措施逐渐被应用。本节主要结合 8 年定位试验介绍旋耕、深松和免耕等不同耕作方式对耕层土壤构造变化及对玉米生长发育和产量的影响。

（一）耕作方式对土壤紧实度的影响

旋耕和免耕处理每年都在 10～15 cm 的土层深度内进行耕作，因此，在 15 cm 左右深度形成犁底层，导致土壤紧实度大幅增加（图 2－1）。深松能够有效打破原有的犁底层，导致 15～20 cm 土层紧实度降低，改善耕层土壤的紧实度，有利于玉米根系向深处伸展，为玉米高产奠定基础。

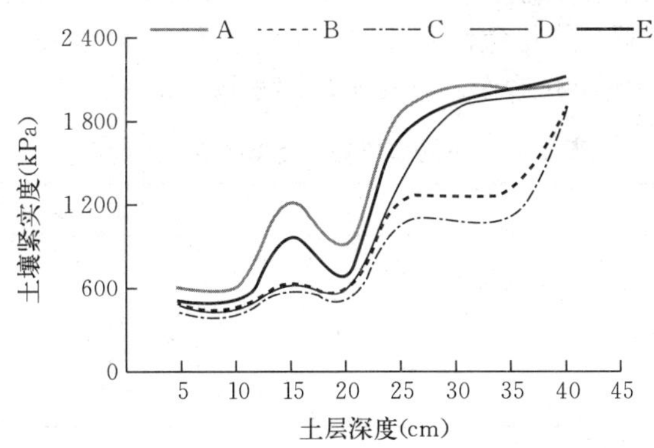

图 2－1　不同耕作处理土壤紧实度的变化

注：A 为免耕处理不耕作；B 为旋耕处理耕作深度 15 cm；C 为隔年深松处理旋耕后垄沟深松 30 cm，深松年份为 2009 年、2011 年、2013 年、2015 年；D 为连年深松 30～35 cm 处理旋耕后垄沟深松 35 cm；E 为连年深松 20～25 cm 处理旋耕后垄沟深松 25 cm。

（二）耕作方式对土壤水分状况的影响

深松能够有效提高玉米苗期、拔节期和灌浆期3个玉米需水关键时期土壤含水量，比旋耕提高4.3%～8.4%。因此，深松处理能够增加0～40 cm土壤蓄水量，提高抗旱能力，为玉米生长发育提供充足的水分，为玉米高产奠定基础。不同耕作措施提高含水量的效果顺序为连年深松30 cm>连年深松20 cm>隔年深松30 cm>免耕>旋耕（图2-2）。

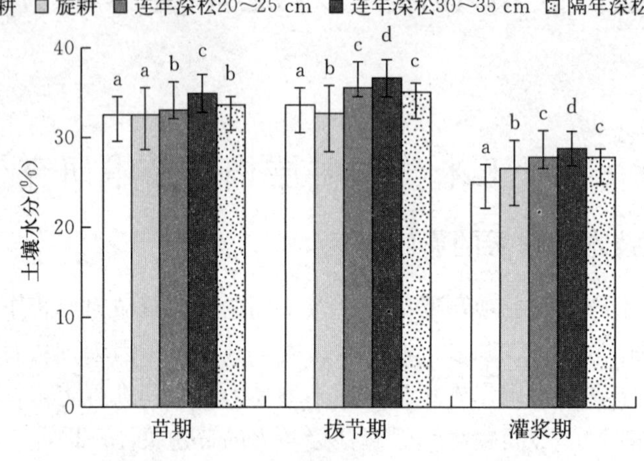

图2-2 不同耕作方式土壤含水量变化

（三）耕作方式对土壤容重的影响

土壤的物埋性状主要是指土壤容重、水分、通气性、热特性等，各因素之间互相影响，相互作用，其中，土壤容重更为重要。在土壤质地相似的条件下，土壤容重大小可反映土壤的松紧度、孔隙度、水分入渗率和持水力。土壤容重过大会妨碍根系生长，过小则漏风跑墒。一般作物根系生长适宜的土壤容重范围在1.1～1.3 g/cm^3。深松能够显著降低垄沟土壤容重，对垄台容重则没有显著影响（表2-1）。说明深松能够改善耕层土壤结构，形成一种垄台紧垄沟松的结构，既提高玉米抗倒伏能力，又易于蓄水抗旱的合理耕层，为玉米高产奠定基础。连年免耕显著增加了耕层土壤容重，说明在区域内，免耕耕作2～3年后，应该进行一次深松耕作，以改善耕层土壤环境。

表2-1 不同耕作处理土壤容重（g/cm^3）

处　理	垄台	垄沟
免耕	1.35a	1.34a
旋耕	1.30b	1.33a
连年深松20～25 cm	1.28b	1.25b
连年深松30～35 cm	1.28b	1.21c
隔年深松30～35 cm	1.29b	1.22c

注：不同小写字母表示差异显著。

（四）耕作方式对玉米根系生长发育的影响

深松增加了玉米根长和根重，连续3年表现出相同的趋势（表2-2）。说明深松处理能够改善土壤环境，促进玉米根系生长，提高玉米吸收水分和养分的能力，增强玉米抗倒伏能力，为玉米高产奠定基础。连年免耕则限制了玉米根系的生长，进一步说明免耕需要配合深松耕作的必要性。

表 2-2　不同耕作处理成熟期根长、根重

处　　理	2011 年		2012 年		2013 年	
	根长（cm）	根重（g）	根长（cm）	根重（g）	根长（cm）	根重（g）
免耕	61	43.66	58	31	55	50.34
旋耕	63	45.14	62	34	65	54.81
连年深松 20～25 cm	63	45.52	65	37	68	60.85
连年深松 30～35 cm	72	50.4	77	47	75	58.92
隔年深松 30～35 cm	73	49.31	70	43	72	61.52

（五）耕作方式对玉米产量的影响

深松耕作方式玉米产量均显著高于免耕和旋耕。总体趋势为连年深松 30～35 cm＞隔年深松 30～35 cm＞连年深松 20～25 cm＞旋耕＞免耕（表 2-3）。3 种深松处理方式玉米产量分别比旋耕高 0.61％、5.25％、3.05％。

表 2-3　不同耕作方式对玉米产量的影响

处　　理	平均值（kg/hm^2）	显著水准		变异来源	自由度	*F* 值	*P* 值
		5％	1％				
免耕	7 821.63	a	A	处理间	4	48.168	0.000
旋耕	9 290.71	b	B	重复间	5	5.344	0.003
连年深松 20～25 cm	9 347.07	c	BC	误 差	20		
连年深松 30～35 cm	9 778.08	d	C	总变异	30		
隔年深松 30～35 cm	9 573.87	cd	C				

注：不同大写、小写字母表示在 0.01、0.05 水平上差异显著。

区域内现行耕作制度为春季浅层旋耕 12～15 cm，取消了中耕并采取药剂封闭除草的田间管理模式，导致 15 cm 左右的耕层形成了犁底层。而通过采取深松耕作方式有效地打破犁底层，改善耕层理化性状，有效地蓄水保墒，有助于玉米根系发育，提高玉米吸水、吸肥能力，从而提高产量。深松增产效果显著好于旋耕和免耕，深松 30～35 cm 效果要明显好于深松 20～25 cm。

二、玉米深松＋施肥对耕层的影响研究

深松是一种适合于旱地作业的保护性耕作方法，深松深度通常为 30～40 cm，能够有效打破“犁底层”而不扰乱土壤层次分布，达到调节土壤三相比、改善耕层土壤结构的目的。深松耕作能够降低耕层土壤容重，改善土壤通透性，增加土壤孔隙度和渗透强度，提高接纳雨水的能力，增加有效耕层土壤量，提高土壤温度，改善玉米根系生长的生态条件，提高 0～40 cm 土层玉米根系质量和根系表面积，促进根系向水平和垂直方向的生长分布，提高玉米生长后期的根系活力和抗逆性，并且有利于土壤养分的转化和利用，有效增加玉米产量，提高水分利用效率。

施用有机肥对保证土壤的可持续利用具有重要意义。有机肥料主要来源于动植物残

体，含有大量的腐殖质类物质，对储存和活化土壤养分、改善土壤结构等方面具有重要的作用。有机肥对提高土壤有机质含量和土壤有机碳库储量有显著作用，同时有助于改善土壤的物理结构，提高大于 0.25 mm 土壤水稳性团聚体数量和质量，降低土壤容重，提高土壤含水量，调节土壤 pH，改善作物生长环境，显著增加土壤全氮和有效氮含量，提高土壤有效磷的含量，增强土壤钾的有效性，提高作物产量。

（一）深松培肥对土壤容重的影响

耕作、培肥及耕作、培肥交互作用均能显著降低耕层土壤容重。不同耕作方式相比，连年深松效果显著好于旋耕和隔年深松，隔年深松能够降低土壤容重但效果不显著，这可能是因为隔年深松周期较长，降雨和土壤自然沉降导致土壤容重增加。不同有机肥施用量相比，高量有机肥（60 000 kg/hm^2）降低土壤容重效果最显著，低量有机肥（15 000 kg/hm^2）无明显作用。与旋耕相比，旋耕、连年深松和隔年深松 3 种耕作方式配施不同用量有机肥，分别能够降低土壤容重 1.56%～2.34%、3.13%～7.81% 和 2.34%～3.91%。在 20～30 cm 土层，无论是否施用有机肥，只有连年深松土壤容重降低，说明施用有机肥只能有效降低 0～20 cm 土层容重。深松受耕作周期、降雨和土壤自然沉降等因素影响，对 20～30 cm 土层容重作用效果有所降低。本章 T1 为旋耕，T2 为连年深松，T3 为隔年深松，M0 为不施鸡粪，M1 为施用鸡粪 15 000 kg/hm^2，M2 为施用鸡粪 30 000 kg/hm^2，M3 为施用鸡粪 45 000 kg/hm^2（表 2-4）。

表 2-4　2015 年土壤容重方差分析结果

处理	容重（g/cm^3）		10～20 cm 容重分析					
	10～20 cm	20～30 cm	变异来源	区间多重比较		自由度	F 值	P 值
T1M0	1.28	1.44		T1	1.258b			
T2M0	1.24	1.42	耕作	T2	1.216a	2	34.95	0.000
T3M0	1.26	1.43		T3	1.251b			
T1M1	1.26	1.44		M0	1.265C			
T2M1	1.24	1.40		M1	1.255C			
T3M1	1.25	1.45	培肥	M2	1.239B	3	33.92	0.000
T1M2	1.25	1.46		M3	1.207A			
T2M2	1.20	1.41	耕作×培肥			6	4.21	0.005
T3M2	1.24	1.45	重复			2	0.115	0.892
T1M3	1.25	1.44	误差			22		
T2M3	1.18	1.41						
T3M3	1.23	1.45						

注：不同大写、小写字母表示在 0.01、0.05 水平上差异显著。

（二）深松培肥对土壤养分积累的影响

旋耕不施有机肥耕层土壤养分含量均无明显变化趋势。深松不施有机肥导致耕层土壤有机质、全氮和全磷含量略有下降，碱解氮和有效磷略有增加，这可能是因为深松改善了土壤环境，促进土壤微生物活动，加速了有机质、全氮和全磷的矿化分解（图 2-3）。

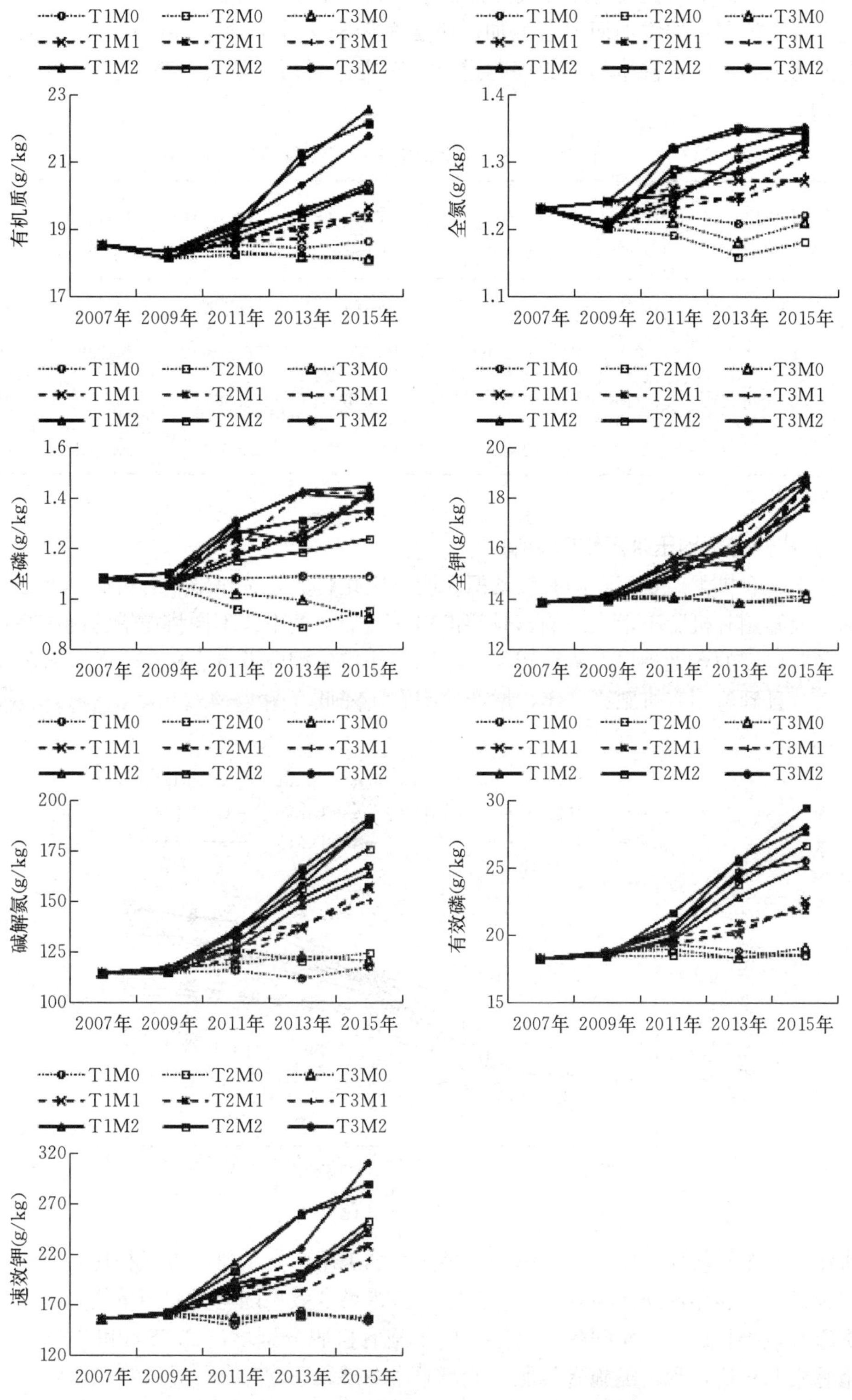

图 2-3　耕层土壤有机质、养分含量年际变化

施用有机肥能显著提高耕层土壤养分含量。其中土壤有机质、全氮、碱解氮和有效磷含量随有机肥施用量的增加而显著增加。耕层全钾和速效钾含量与有机肥用量无明显相关性。前期试验表明，耕作和培肥同时进行，对提高耕层土壤养分含量无显著促进作用（表 2-5）。

表 2-5　副区间方差分析结果

处理	有机质 (g/kg)	全氮 (g/kg)	全磷 (g/kg)	全钾 (g/kg)	碱解氮 (mg/kg)	有效磷 (mg/kg)	速效钾 (mg/kg)
M0	18.11a	1.21a	1.00a	14.07a	120.00a	18.42a	177.33a
M1	19.41b	1.28b	1.39b	18.02b	153.88b	22.73b	229.00b
M2	20.07c	1.31c	1.41c	18.08b	168.66c	25.51c	245.00b
M3	21.97 d	1.35 d	1.42c	18.13b	191.22 d	28.25 d	306.44c

注：不同小写字母表示差异显著。

（三）耕作培肥对玉米产量的影响

旋耕不施有机肥产量年际间有波动但无明显变化趋势，旋耕施用有机肥、深松不施有机肥和深松施用有机肥玉米产量均随时间推移而增加。其中，不同耕作措施配施高量有机肥和中量有机肥的各处理增产幅度较大；不同耕作措施配施低量有机肥 M1 的各处理增产效果次之，且到施用有机肥第三年，增产速率有所降低（图 2-4）。

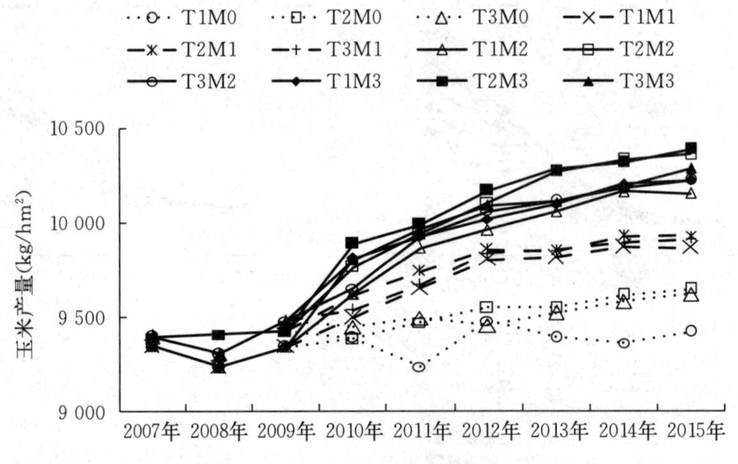

图 2-4　玉米产量年际变化

耕作、培肥及耕作培肥交互作用均能显著增加玉米产量。耕作方式相比，深松增产效果好于旋耕，且连年深松效果好于隔年深松。玉米增产效果随有机肥用量增加而增加。与旋耕不施有机肥相比，连年深松、隔年深松不施有机肥分别增产 2.38%和 2.08%，与深松不施有机肥相比，深松配施有机肥分别增产 2.95%、8.41%和 8.72%。说明施用有机肥的增产效果好于耕作方式，但其增产速率随有机肥用量增加而降低（表 2-6）。

表 2-6 玉米产量方差分析结果

处理	产量（kg/hm^2）	变异来源	区间多重比较		自由度	F 值	P 值
T1M0	9 421		T1	9 918b			
T2M0	9 646	耕作	T2	10 125a	2	771.043	0.000
T3M0	9 617		T3	10 118a			
T1M1	9 865		M0	9 571D			
T2M1	9 931	培肥	M1	9 900C	3	6 372.298	0.000
T3M1	9 911		M2	10 345B			
T1M2	10 151		M3	10 399 A			
T2M2	10 457	耕作×培肥			6	55.622	0.000
T3M2	10 222	重复			2	1.034	0.372
T1M3	10 222	误差			22		
T2M3	10 488						
T3M3	10 286						

注：不同大写、小写字母表示在 0.01、0.05 水平上差异显著。

近年来，深松耕作方式在我国发展很快，众多学者对其作用进行了研究认为，深松打破了犁底层，降低了深层土壤容重，土壤疏松多孔，有利于蓄水、保墒，为作物根系生长创造了良好环境。但边少锋等研究显示，深松对于 0～50 cm 土层容重无显著影响，却使整个土层松紧度趋于一致。也有学者研究认为，深松处理 0～20 cm 土层容重略高于旋耕处理。这可能是因为，目前农业生产中主要有间隔深松、垄沟深松、中耕深松、垄翻深松、全面深松等不同的深松方式，农机具又分为凿式犁、翼铲式犁、鹅掌式犁等。深松虽然能将犁底层破坏，但由于深松方式及深松农机具的不同，可能使容重较大的下层土壤有部分上移，或者深松过程中深松犁对上层土壤有一定的挤压作用，如果旋耕不能充分打碎这部分土壤，则会导致表层土壤容重增大。

有机肥富含多种营养元素，具有巨大的表面积和表面能，不但是有机无机养分的储备库，还可以活化土壤中潜在养分，同时降低土壤容重，增加田间持水量，改善土壤微环境提升土壤肥力，且与深松同时进行，能放大两者的改土培肥效果。但有机肥用量不足则效果不显著，用量过大则降低其培肥增产效率。在区域内施用 30 000 kg/hm^2 腐熟鸡粪具有较好的效果，但未考虑化肥与有机肥的交互作用。在当前化肥过量施用现象普遍，农业面源污染风险增加的情况下，应考虑利用有机肥代替部分化肥，降低化肥用量，提高有机肥用量。在不同的耕作制度下，探讨有机物料与化肥的合理配比，将是今后研究的方向。

在现行耕作制度下，耕层结构变差的现象已受到广泛关注，深松能够有效打破犁底层也被众多学者所认可，但是，由于犁底层上移导致耕层物理结构变坏是长期不合理耕作造成的，通过深松虽可以改善这一情况，却不可能通过单一的深松耕作方式在一年或几年时间使土壤结构恢复到原来的状态。而应该选择旋耕-深松或免耕-深松等相结合的耕作方式，对不同层次的土壤结构进行长期修复，同时利用施用有机肥或秸秆还田等措施增加土壤有机质含量，提高耕作方式的改土效果。在本试验条件下及土壤类型和气候相近区域，在旋耕的基础上采取垄沟深松处理，同时每年施用有机肥 30 000 kg /hm^2 左右，可显著改善土壤的物理性状及养分状况，提高春玉米产量。

三、施肥模式对耕层影响的研究

近年来，国内外土壤肥料工作者应用长期定位试验对肥料的培肥增产作用进行了大量的研究，研究结果对肥料的作用予以了充分的肯定。然而大量的长期施肥定位试验结果也表明，不合理的施肥方式不利于作物稳产增产和土壤理想耕层的构建。为寻求科学施肥方式以确保农业的持续发展，明确耕层障碍对玉米生长发育的影响，提出了构建理想耕层技术。本试验在辽西北中低产田地区进行了长期定位施肥试验，对长期定位施肥对土壤耕层养分和耕层障碍因子的影响进行了探讨，为构建理想耕层技术、创建土壤理想耕层、提高土壤综合生产能力、实现玉米持续稳产高产高效提供了理论依据。

（一）材料与方法

1. 供试地点 试验从 2007 年开始，设在辽宁省昌图县老城镇安家村，供试土壤为棕壤，土壤基本理化性状为：有机质 17.8 g/kg，全氮 1.13 g/kg，碱解氮 135 mg/kg，有效磷（P_2O_5）17.6 mg/kg，速效钾（K_2O）129 mg/kg，pH 6.0。

2. 试验处理 试验共设 9 个不同氮肥处理，3 次重复。处理 1：不施任何肥料；处理 2：当地氮、磷、钾施肥量（N 168 kg/hm^2 一次施入、P_2O_5 60 kg/hm^2 和 K_2O 60 kg/hm^2）；处理 3：N 138 kg/hm^2（30%作基肥，70%在玉米拔节中期追施）；处理 4：N 241.5 kg/hm^2（30%作基肥，70%在玉米拔节中期追施）；处理 5：N345 kg/hm^2（30%作基肥，70%在玉米拔节中期追施）；处理 6：N241.5 kg/hm^2（20%作基肥，60%在拔节中期追施，20%在大喇叭口期追施）；处理 7：N 207 kg/hm^2（金正大控释尿素，播种时一次性深施 15 cm 处）；处理 8：N 241.5 kg/hm^2（深 7 cm 处 30%N 量，深 15 cm 处 70%N 量，一次性施入）；处理 9：N 241.5 kg/hm^2（金正大控释尿素，播种时一次性深施 15 cm 处）。

试验时，磷、钾肥全部作底肥混合一次施入，用量分别为（P_2O_5）225 kg/hm^2 和（K_2O）225 kg/hm^2。氮肥为普通尿素、磷肥为磷酸二铵、钾肥为氯化钾，控释尿素为金正大硫黄加树脂包膜尿素，含氮量 35%。

3. 测定分析方法

（1）蜡熟期每小区随机选取植株样品 3 株测定玉米第 3 节、第 4 节和第 5 节茎秆强度；用 SPAD-502 叶绿素仪测定穗位叶叶绿素 SPAD。

（2）土壤化学性状：隔年秋收后在垄台上采集 0～20 cm 土壤样品，采用常规农化分析方法测定土壤有机质、全氮、全磷、全钾、碱解氮、有效磷、速效钾含量。

（3）每年收获季节产量采取分小区实际收获。

（二）结果与分析

1. 施氮肥对玉米年际间产量的影响 从不同施氮量处理年际间产量差异分析来看，施氮量 241.5 kg/hm^2（中氮）的玉米产量水平最高，7 年的平均产量达到 9 598.1 kg/hm^2，2013 年产量达到最高值，将近 12 000 kg/hm^2。其次是高氮（N 345 kg/hm^2）处理，与中氮处理差异不显著，说明增加氮肥用量产量不但不能持续增加反而会出现降低的趋势，造成肥料的浪费，增加成本，降低利润。不施肥处理 N0 各年际间的产量都是最低的，与施肥处理差异达到显著水平，说明施肥对产量影响很大。低氮（N138 kg/hm^2）处理的产量与常规施肥（N168 kg/hm^2）处理间差异不显著。玉米产量不同年份的变化表现为 2007—2010 年内变幅较大，2011—2013 年内变幅较小，正常的年份各处理之间的产量和变化趋势趋于稳定，说明长期定位模式对年际间的产量水平重演性已经接近稳定（表 2-7）。

表 2-7　不同施氮量处理年际间产量差异分析（kg/hm^2）

处　理	2013 年	2012 年	2011 年	2010 年	2009 年	2008 年	2007 年
N0 对照	7 474.6a	7 253.0a	4 255.0a	6 626.5a	3 208.2a	3 435.5a	7 111.5a
N168 kg/hm^2	9 074.5ab	10 535.5b	7 338.9b	8 301.8ab	5 769.2ab	7 147.0b	9 822.0b
N138 kg/hm^2	10 432.8bc	11 023.3bc	8 018.4bc	6 623.5a	6 263.7b	8 638.5b	8 941.0bc
N241.5 kg/hm^2	11 874.2c	11 632.5c	9 282.3c	9 281.5b	7 213.1bc	8 041.1b	9 862.0c
N345 kg/hm^2	11 203.5bc	11 215.4bc	9 181.6c	8 441.9ab	7 422.2bc	7 374.2b	9 548.0bc

注：不同小写字母表示差异显著。

从表 2-8 中可以看出，在施氮量相同情况下不同施氮时期各处理年际间产量变化不显著。追 1 次肥处理产量最高，其次是一次性深施控释肥处理，双层施肥处理产量最低。但除了 2012 年一次性深施控释尿素的产量与追 2 次肥和双层施肥处理的差异显著外，各年份处理之间差异都不显著，说明在该试验区施氮量相同的情况下施肥方式对产量的影响不大。玉米产量不同年份的变化表现为 2011—2013 年变幅较小，2007—2010 年变幅较大。

表 2-8　施氮量相同情况下不同施氮时期年际间产量差异分析（kg/hm^2）

处　理	2013 年	2012 年	2011 年	2010 年	2009 年	2008 年	2007 年
追 1 次肥	11 874.2a	11 632.5a	9 282.3a	9 281.5a	7 213.1a	8 041.1a	9 862.0a
追 2 次肥	11 486.2a	11 095.3b	8 207.4a	9 316.8a	7 554.9a	8 023.4a	10 418.5a
双层施肥	9 112.0a	10 800.3b	7 666.3a	9 025.6a	7 460.3a	7 628.4a	9 995.5a
一次性深施	10 795.8a	12 175.7a	9 099.2a	9 650.9a	6 859.0a	8 860.9a	9 674.0a

注：不同小写字母表示差异显著。

2. 长期定位施氮肥对玉米产量稳定性的影响　产量的可持续性程度借助产量可持续性指数（SYI）进行研究。产量可持续性指数（SYI）是测定系统是否能持续生产的一个可靠参数，SYI 越大，系统的可持续性越好。SYI＝$(\bar{Y}-\sigma_{n-1})/Y_{Max}$ 其中，$\bar{Y}$ 为平均产量，σ_{n-1} 为标准差，Y_{Max} 为最高产量。年度之间产量标准差和变异系数表示年度之间产量变异程度和稳定状况，在耕作管理、施肥和作物品种相同的情况下，年度产量变异只来自气候因子和土壤肥力变化。

由表 2-9 可见，施肥对玉米产量的稳定性有很大的影响，各施肥处理的可持续性指数均高于不施肥处理，相应的变异系数则小于不施肥处理，说明施肥有利于玉米生产的稳定性，而长期不施肥的玉米可持续性较差。各施氮量之间比较，中氮（N241.5 kg/hm^2）和高氮（N345 kg/hm^2）的可持续性指数相对较高，说明在辽北地区需要通过施用适量的肥料才能维持玉米的稳产、高产。

表 2-9 不同施氮量下产量的标准差、变异系数和产量可持续性指数比较

处理	标准差（kg/hm²）	变异系数	产量可持续性指数	平均产量（kg/hm²）
N0（对照）	1 764.6	31.4	0.516	5 623.5
N168 kg/hm²	1 538.5	18.6	0.640	8 284.1
N138 kg/hm²	1 649.4	19.3	0.627	8 563.0
N241.5 kg/hm²	1 590.2	16.6	0.674	9 598.1
N345 kg/hm²	1 476.8	16.1	0.688	9 198.1

从不同施肥方式下的玉米产量可持续性指数比较可见，施肥对玉米产量的稳定性有很大的影响，施肥处理的可持续性指数均高于不施肥处理，相应的变异系数则小于不施肥处理，说明施肥有利于玉米生产的稳定性，而长期不施肥的玉米可持续性较差。通过各施肥方式之间比较可见，双层施肥的可持续性指数最高，变异系数最低，但双层施肥处理的平均产量较其他施肥处理均低，虽然稳产但没有达到高产的目的（表 2-10）。说明施肥提高作物产量与提高产量的可持续性并不是完全一致的，李红陵等也有相似的结论，研究认为水稻一些施肥模式系统中存在着可持续性很高但产量低的现象。

表 2-10 不同施氮时期下产量的标准差、变异系数和产量可持续性指数比较

处理	标准差（kg/hm²）	变异系数	产量可持续性指数	平均产量（kg/hm²）
N0（对照）	1 764.6	31.4	0.516	5 623.5
追 1 次肥	1 590.2	16.6	0.674	9 598.1
追 2 次肥	1 462.8	15.5	0.695	9 443.2
双层施肥	1 197.0	13.6	0.705	8 812.6
一次性深施	1 529.8	16.0	0.662	9 587.9

3. 不同氮肥结构对作物产量的贡献 计算肥料对作物产量贡献率的公式：某种肥料对作物产量的贡献率＝(某施肥处理产量－不施肥处理产量)/某施肥处理产量×100。试验结果表明，施肥处理的平均产量均高于不施肥对照处理，不施肥处理的平均产量最低。中氮（N241.5 kg/hm²）追一次肥处理的平均产量、平均增产率和肥料对作物产量贡献率都是最高的；其次是 N241.5 kg/hm² 一次性深施控释肥处理，肥料对作物产量的贡献率达到了 41.3％（表 2-11）。

表 2-11 肥料对作物产量的贡献率（2007—2013 年）

处　理	平均产量（kg/hm²）	平均增产率（％）	肥料对作物产量贡献率（％）
N0（对照）	5 623.5		
N168 kg/hm²，追 1 次肥	8 284.1	47.3	32.1
N138 kg/hm²，追 1 次肥	8 563.0	52.3	34.3

（续）

处 理	平均产量（kg/hm²）	平均增产率（%）	肥料对作物产量贡献率（%）
N241.5 kg/hm²，追 1 次肥	9 598.1	70.7	41.3
N345 kg/hm²，追 1 次肥	9 198.1	63.6	38.9
N241.5 kg/hm²，追 2 次肥	9 443.2	67.9	40.4
N207 kg/hm²，一次性深施	8 847.8	57.3	36.4
N241.5 kg/hm²，双层施肥	8 812.6	56.7	36.2
N241.5 kg/hm²，一次性深施	9 587.9	70.5	41.3

4. 施肥对茎秆强度的影响 施肥处理的各节茎秆强度都高于对照处理；随着施氮量的增加茎秆强度不断增加，但是 N241.5 kg/hm² 和 N345 kg/hm² 的处理第 3、第 4 节的茎秆强度相近，并没有无限量增加。这与产量结论相似，因此，可以通过施肥改变茎秆基部为代表的主茎抗折能力，从而有效进一步提高产量构成系统，进而实现高产的目标。处理 7 减氮 15%也显著影响了玉米茎秆强度的增加，与低氮处理 3 的各节位强度相当（图 2-5）。

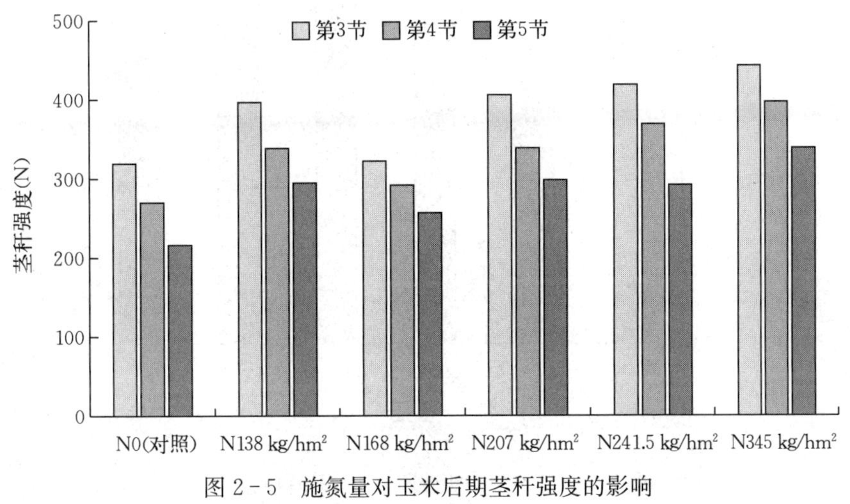

图 2-5 施氮量对玉米后期茎秆强度的影响

在施氮量相同的基础上施肥方法不同各处理第 4、5 节的强度相差不大，而追 2 次肥处理的第 3 节茎秆强度最大，明显高于双层施肥处理（图 2-6）。

5. 施肥对叶绿素含量的影响 叶绿素是光合作用过程中影响光能吸收和转化的关键色素，叶片生育后期叶绿素含量的高低是反映叶绿体异常的重要指标。不同施氮量对穗位叶叶绿素含量的影响，从图 2-7 可以看出，无肥对照穗位叶叶绿素含量最低，较 N241.5 kg/hm²、N345 kg/hm² 和 N168 kg/hm² 3 个处理相比差异显著，表明缺氮加速了玉米生长后期穗叶叶绿素含量的降低，使叶片提前衰老，降低产量。各施肥处理随着施氮量的增加叶绿素值也呈现逐渐增加的趋势，其中高氮 N345 kg/hm² 的处理 SPAD 最高；减氮 15%处理 7 的 SPAD 次之。

在施氮量相同的各处理中，由于施肥时期和施肥方式的不同叶绿素值也出现了差异，

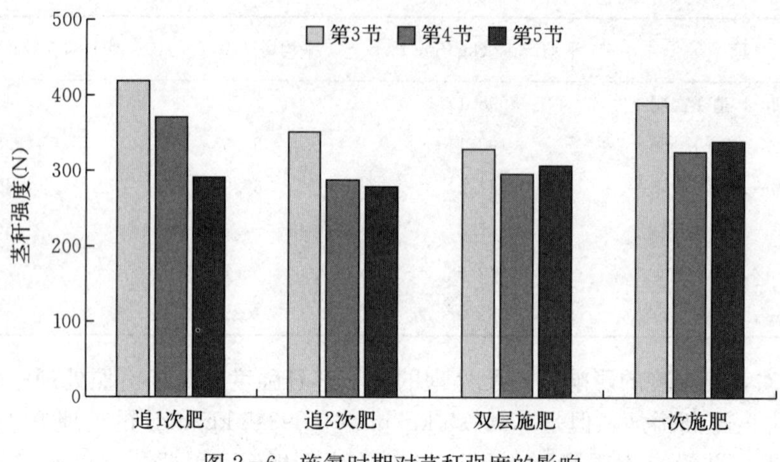

图 2-6 施氮时期对茎秆强度的影响

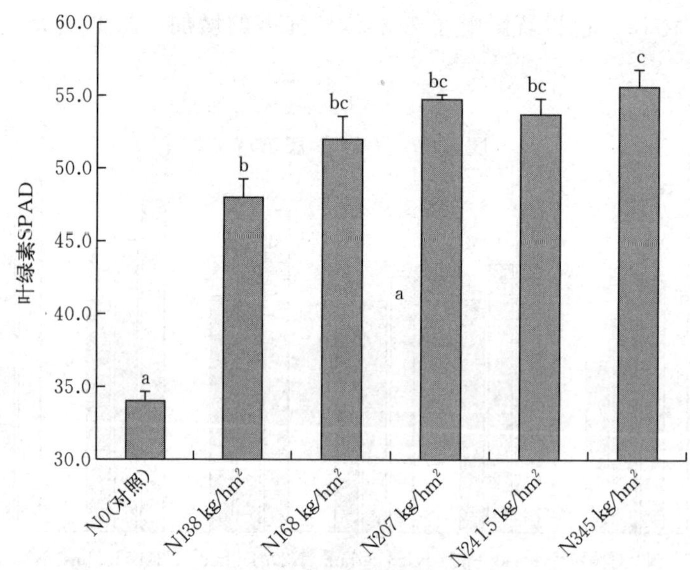

图 2-7 施氮量对玉米穗位叶 SPAD 的影响

但是各处理之间差异不显著。其中，双层施肥的叶绿素含量最低，说明在本试验条件下，中低产田地区双层施肥技术不利于玉米的生长和产量的形成；一次深施的叶绿素含量最高，可能是由于施用的是控释尿素，后期肥效延缓时间长，所以还能维持较高的叶绿素含量（图 2-8）。

6. 施肥模式对土壤化学性质的影响 从表 2-12 中可以看出，不施肥处理的土壤各项指标较 2007 年基础土样都有不同程度的降低，其中有机质、全氮和有效磷在各处理中都是最低的。因为，作物每年生长都需要从土壤中吸收携带部分营养，且又没有投入，所以导致对照处理的土壤各项指标都较基础土样下降幅度较大，土壤耕层养分出现极度亏缺，这与产量分析的结果相一致。各施肥处理的有机质含量和速效钾都较 2007 年的基础土样有所增加或者持平，说明施肥在能保证地上作物生长的同时也能维持土壤原有的营养

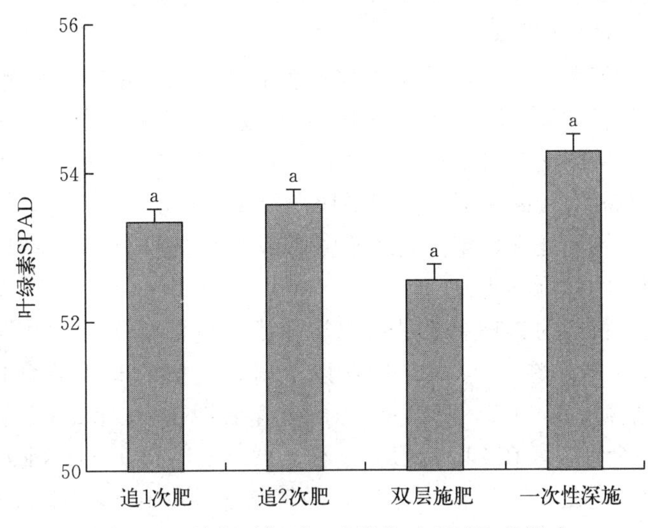

图 2－8　施氮时期对玉米穗位叶 SPAD 的影响

成分；其中，N241.5 kg/hm^2（30%作基肥和口肥，70%在玉米拔节中期追施）的碱解氮、有机质和速效钾在各处理中都是最高的，N241.5 kg/hm^2（金正大控释尿素，播种时一次深施 15 cm 处）的有机质和碱解氮含量相对也较高。

表 2－12　施肥模式对土壤化学性质的影响

处理	碱解氮(mg/kg)	有效磷(mg/kg)	速效钾(mg/kg)	有机质(g/kg)	全氮(g/kg)	全磷(g/kg)	全钾(g/kg)
基础值	135	17.6	129	1.78	1.13	1.22	25.4
N0（对照）	101.4	8.1	131	1.56	1.03	0.41	22.0
N168 kg/hm^2，追 1 次肥	105.7	16.4	178	1.85	1.06	0.51	21.9
N138 kg/hm^2，追 1 次肥	97.9	23.0	184	1.81	1.07	0.52	21.9
N241.5 kg/hm^2，追 1 次肥	112.3	10.8	214	1.90	1.11	0.63	22.6
N345 kg/hm^2，追 1 次肥	99.2	18.1	193	1.79	1.06	0.54	21.9
N241.5 kg/hm^2，追 2 次肥	100.9	18.8	171	1.85	1.03	0.52	21.8
N207 kg/hm^2，一次性深施	96.0	18.5	194	1.77	1.01	0.56	22.3
N241.5 kg/hm^2，双层施肥	107.9	19.5	190	1.86	1.02	0.48	21.6
N241.5 kg/hm^2，一次性深施	109.3	13.7	160	1.87	1.03	0.48	21.2

注：表中化学指标为 2012 年采样测定值。

(三) 结论

综上可知，氮肥对玉米生长性状和产量都有显著影响。研究结果表明，随着施氮量的增加，玉米穗叶叶绿素含量和茎秆强度逐渐增加，但增加的幅度减缓，所以中氮（N241.5 kg/hm^2）和高氮（N345 kg/hm^2）之间差别不明显。中氮处理的平均产量在不同施氮量的各处理中最高，可能是由于不低的叶绿素含量，高光合作用，再加上能够起到储藏和运输作用的茎秆，能够把光合产物都运转到籽粒，从而达到了高产。另外，中氮处理的可持续性指数和肥料对作物产量贡献率相对较高，说明在辽北地区需要通过施用适量的肥料才能维持玉米的稳产、高产。

在施氮量相同的情况下，一次性深施控释肥的叶绿素含量和产量都明显高于双层施肥，与追1次肥的指标差异都不显著。说明一次性深施控释尿素能够满足玉米生育后期养分的需求，使叶片的叶绿素含量维持在较高的水平，并能够获得高产。虽然双层施肥处理的产量可持续性指数相对较高，但是由于平均产量和肥料贡献率很低，所以只能到达稳产但并不高产的效果。不同处理各年份之间差异都不显著，说明在该试验区施氮量相同的情况下施肥时期对产量的影响不明显。

施肥模式对土壤耕层的影响主要是从化学性状方面影响较大，2007—2013年的平均产量结果看出，玉米产量在9 000 kg/hm^2以上时，土壤的有机质含量应该在17.9～18.5 g/kg，碱解氮含量在99.2～107.9 mg/kg，速效钾在190 mg/kg左右，全磷含量在0.48～0.54 g/kg，全钾含量在21.5 g/kg左右。当产量达到9 750.0 kg/hm^2以上时，土壤耕层有机质含量应该在18.5～19.0 g/kg，碱解氮含量在107.9～112.3 mg/kg，速效钾含量在190～214 mg/kg，全磷含量在0.54～0.63 g/g，全钾含量在22.5 g/kg左右。

综上所述，辽北中低产田区，在考虑产量和劳动成本、增加农民收益、创建土壤理想耕层养分的前提下推荐氮肥用量为N241.5 kg/hm^2，施肥时期为拔节中期追施1次。

四、施用有机肥对耕层的影响研究

有机肥料除含有氮、磷、钾和有机碳外，还含有相当数量的中量、微量元素以及氨基酸、核酸、糖、维生素等有机成分，在提供作物养分、培肥地力、促进微生物繁殖、增强土壤保水保肥能力和保护农业生态环境方面有着重要作用。杨彦炜等研究表明，施用有机肥、秸秆覆盖等培肥措施均能明显提高风沙土农田土壤全量养分和速效养分含量，且对土壤团粒结构有较明显影响，其中施有机肥处理影响最大；朱平等近30年的土壤定位培肥研究结果表明，不同数量有机肥及与化肥配合施用的耕层土壤有机质含量平均年增加0.3 g/kg左右，土壤全氮含量的变化趋势与有机质相同；李秀英等指出，氮磷钾肥配施有机肥，可明显增加土壤中细菌、真菌、放线菌的数量。目前，关于有机肥的研究多集中在风沙土和黑土等土壤上，而在棕壤上的研究相对较少。为此，本研究以冷凉区棕壤为研究对象，开展长期施用有机肥对棕壤养分含量、微生物数量及玉米产量影响的研究，旨在为农田地力提升和农业可持续发展提供科学依据。

（一）施用有机肥对土壤物理性状的影响

土壤容重和孔隙度代表土壤的松紧状况，而毛管与非毛管孔隙的比例又决定着土壤通气透水和保水能力。本定位试验表明，在普施化肥基础上，连续4年（2007—2010年）增施有机肥的处理，20～40 cm土层的容重降低，降低幅度0.03～0.08 g/cm^3；土壤孔隙度增加，增加幅度1.1%～3.2%，有利于作物根系生长。在0～40 cm土层上，增施有机肥处理比不施有机肥处理的毛管孔隙度和田间持水量增加，非毛管孔隙度降低。不施有机肥0～20 cm土层非毛管孔隙/毛管孔隙=4/9，通气性强，保水能力弱（表2-13）。增施有机肥后，增强了土壤的保水能力，使0～20 cm土层非毛管孔隙/毛管孔隙更接近1/4的理想值，有利于作物正常生长。本节有机肥为风干鸡粪。

表 2-13　施用有机肥对土壤物理性状的影响

有机肥施用量 (kg/hm²)	土层深度 (cm)	容重 (g/cm²)	土壤总孔隙度 (%)	毛管孔隙度 (%)	田间持水量 (%)	非毛管孔隙度 (%)
0	0～20	1.10	58.6	40.5	37.5	18.1
	20～40	1.47	44.4	38.4	26.1	6
15 000	0～20	1.12	57.7	45.2	40.5	12.5
	20～40	1.44	45.6	40.4	28.1	5.2
37 500	0～20	1.09	58.8	42.9	39	15.9
	20～40	1.44	45.5	40.9	28.1	4.6
60 000	0～20	1.10	58.5	47.6	40.2	10.9
	20～40	1.39	47.6	41.9	29.7	5.7

（二）施用有机肥对耕层土壤养分含量的影响

施用有机肥在提高土壤养分含量等方面有良好的作用。由表 2-14 可以看出，连续 6 年施用有机肥后，在有机肥施用量为低、中、高的地块，其耕层土壤有机质含量分别较对照提高 17.4%、53.2%、77.4%，全氮含量提高 10.9%、30.3%、55.5%，碱解氮含量提高 17.8%、22.9%、36.4%，其中高、中量有机肥处理与对照间差异均达到显著水平；有效磷和速效钾含量对施用有机肥的反应比较明显，分别较对照提高 503.9%～1 371.8%和 29.4%～203.7%，各有机肥处理均与对照差异显著，有机肥处理间差异达到极显著水平。耕层土壤有机质、全氮、碱解氮、有效磷和速效钾含量均表现为高量有机肥处理＞中量有机肥处理＞低量有机肥处理＞对照（表 2-14）。

表 2-14　施用有机肥对耕层土壤养分含量的影响

有机肥施用量 (kg/hm²)	有机质 (g/kg)	全氮 (g/kg)	碱解氮 (mg/kg)	有效磷 (mg/kg)	速效钾 (mg/kg)
0	19.0cB	1.19cC	118cB	10.3dD	136dC
15 000	22.3cB	1.32cC	139bcAB	62.2cC	176cC
37 500	29.1bA	1.55bB	145abAB	112.7bB	280bB
60 000	33.7aA	1.85aA	161aA	151.6aA	413aA

注：不同大写、小写字母表示在 1%、5%水平上差异显著。

（三）施用有机肥对耕层土壤微生物数量的影响

土壤微生物是土壤生态系统中最活跃的部分，主要参与土壤物质循环和能量流动，能促进土壤有机质的矿化分解和土壤养分碳、氮、磷等的循环与转化。从本试验结果来看，连续 6 年施用有机肥后，耕层土壤细菌和放线菌数量较对照极显著增加，细菌数量增加了 7.7～10.7 倍，放线菌数量增加了 10.6～19.9 倍，且耕层土壤细菌和放线菌数量均为高量有机肥处理＞中量有机肥处理＞低量有机肥处理＞对照（图 2-9）。

（四）施用有机肥对叶片叶绿素含量、茎秆强度和根重的影响

玉米蜡熟期叶片 SPAD 测定结果表明，增施有机肥后，玉米叶片 SPAD 提高，说明

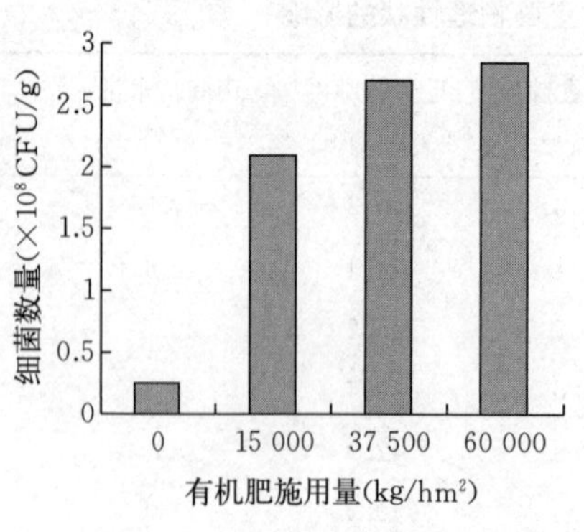

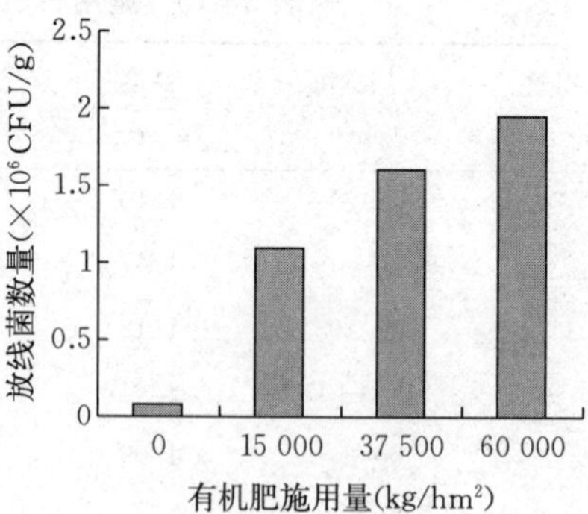

图 2-9　施用有机肥对耕层土壤微生物数量的影响

增施有机肥可增加叶片叶绿素含量，保持玉米生育后期叶片的持绿性，提高玉米叶片光合作用，促进玉米干物质的积累；玉米 3～5 节的茎秆强度分别显著增加 59.8%～127.0%、64.5%～95.9%、30.9%～96.8%；玉米根重显著增加 45.5%～57.9%，以有机肥施用量 37 500 kg/hm² 最高，这说明施用有机肥可明显促进根系的生长发育，进而更好地吸收土壤中的水分和养分（表 2-15）。

表 2-15　施用有机肥对叶片叶绿素含量（SPAD）、茎秆强度和根重的影响

有机肥施用量（kg/hm²）	SPAD	茎秆强度（N）			根重（g/株）
		第 3 节	第 4 节	第 5 节	
0	52.1aA	217.4bB	199.8bB	179.1bB	17.8bA
15 000	54.3aA	347.4aA	328.7aA	234.5aA	25.9aA
37 500	55.3aA	445.9aA	378.5aA	336.6aA	28.1aA
60 000	55.0aA	493.4aA	391.4aA	352.4aA	26.9aA

注：不同大写、小写字母表示在 0.01、0.05 水平上差异显著。

（五）施用有机肥对玉米产量的影响

从 2007—2013 年的玉米产量来看，与对照相比，增施有机肥可显著提高玉米产量，以施有机肥 37 500 kg/hm² 处理产量最高。其中，增施有机肥 15 000 kg/hm² 可增产 8.2%～77.4%，平均增产 25.7%；增施有机肥 37 500 kg/hm² 可增产 16.4%～79.8%，平均增产 33.1%；增施有机肥 60 000 kg/hm² 可增产 11.5%～54.6%，平均增产 23.5%（表 2-16）。

表 2-16　施用有机肥对玉米产量的影响（kg/hm²）

有机肥施用量（kg/hm²）	2007 年	2008 年	2009 年	2010 年	2011 年	2012 年	2013 年
0	9 185dC	7 932bB	5 201cC	7 086bB	9 748bB	10 668cB	11 031bB
15 000	9 942cB	10 410aA	9 228aAB	7 750aAB	12 660aA	11 573bAB	12 741aA
37 500	11 292aA	10 997aA	9 351aA	8 731aA	12 824aA	12 709aA	12 840aA
60 000	10 458bB	10 042aAB	8 043bB	8 543aAB	12 012aA	12 141abA	12 301aA

注：不同大写、小写字母表示在 0.01、0.05 水平上差异显著。

五、有机物、有机无机结合培肥土壤对耕层的影响研究

土壤地力下降是农业生产中普遍存在的问题。辽宁省农业科学院土壤肥料研究所1992—1995年的定点监测结果表明，辽北棕壤区、辽南潮棕壤和辽宁中部草甸土区土壤有机质含量年均下降分别为0.034%、0.032%和0.028%。土壤肥力下降问题是辽宁农业生产面临的一个严重挑战和威胁。

秸秆具有来源广泛、可直接利用、可再生等特点，是很好的有机肥源。在农业生产当中与水土保持、培育土壤肥力、可再生资源循环利用、维护生态环境安全等农业可持续发展问题密切相关。同时，秸秆还田还可以减少秸秆焚烧所带来的环境污染。但是，在连年秸秆还田条件下，土壤生态环境和后茬作物生长将受到何种影响，是生产上面临的一个新问题。本部分以秸秆还田长期定位试验9年的试验结果为依据，重点介绍秸秆还田对耕层土壤构造的影响。

（一）秸秆还田对土壤有机质含量的影响

土壤有机质既是植物矿质营养和有机营养的重要来源，又是土壤微生物的能源物质，是土壤的重要组成部分。同时，它影响土壤的物理、化学及生物性状，是影响土壤结构的重要因素，在土壤肥力和植物营养中具有多方面的重要作用。秸秆还田增加了土壤有机碳的输入，降低了土壤有机碳的矿化速率，在增加土壤有机质方面具有重要作用。有机物料与化肥配合施用是提高土壤有机质含量极为重要的一项措施，提高幅度为7.13%～9.44%，但应注意有机物料的用量，施入有机物料的量与土壤有机质的增量不呈线性正相关，施入过多的秸秆，土壤有机质的增长比率降低。此外，在含碳量相同的条件下，施入玉米秸秆对保持和提高土壤有机质含量效果好于猪粪，因此，适量的玉米秸秆直接还田对提高土壤有机质含量具有重要意义（表2-17）。

表2-17　各处理土壤有机质含量及组分的变化

处理号	有机质含量（g/kg）	胡敏酸（g/kg）	富里酸（g/kg）	胡敏酸/富里酸
基础土样	14.73a	—	—	—
CK	13.58b	1.46	2.06	0.71
NPK	13.81b	1.40	2.13	0.66
NPK+半量秸秆	16.04cd	1.86	1.97	0.95
NPK+全量秸秆	16.12c	1.73	2.19	0.79
NPK+半量猪粪	15.78 d	1.58	1.91	0.83
NPK+全量猪粪	15.89cd	1.47	2.13	0.69

注：全量秸秆用量为玉米收获后地上部分植株，猪粪用量以还田玉米秸秆等碳量折算。不同小写字母表示差异显著。

（二）秸秆还田对土壤氮磷钾积累及供应能力的影响

土壤全效养分反映了土壤养分的储存量，是土壤速效养分的主要来源，是土壤肥力的重要指标。秸秆还田能提高土壤全氮和全磷养分含量，但效果不显著。

土壤速效氮包括无机氮和部分有机质中易分解的有机态氮，是铵态氮、硝态氮、氨基

酸、酰胺和易水解的蛋白质氮的总和，能够被当季作物吸收利用，是土壤肥力的重要评价指标。土壤速效钾含量是反映作物生长季内土壤供钾水平的重要指标之一。秸秆还田显著提高了土壤速效氮和速效钾含量。土壤有效磷虽有所增加但效果不明显。秸秆还田能够提高土壤速效养分的主要原因是因为玉米秸秆富含无机、有机及矿物质元素，还田后为土壤提供了充足的养分来源（表 2－18）。

表 2－18　不同处理的土壤氮、磷、钾含量

处　理	全氮 (g/kg)	碱解氮 (mg/kg)	全磷 (g/kg)	有效磷 (mg/kg)	全钾 (g/kg)	速效钾 (mg/kg)
CK	10.3	73.30a	16.4	37.06a	22.51	103.00a
NPK	11.6	79.23b	17.8	50.50b	23.30	112.26ab
NPK＋半量秸秆	11.9	84.89cd	18.1	56.55b	23.34	127.23bc
NPK＋全量秸秆	12.5	88.60e	18.3	56.89b	23.38	129.78bc
NPK＋半量猪粪	12.0	82.04bc	18.4	56.96b	23.42	129.90bc
NPK＋全量猪粪	12.4	86.02de	18.8	57.09b	23.53	130.30bc

注：全量秸秆用量为玉米收获后地上部分植株，猪粪用量以还田玉米秸秆等碳量折算。不同小写字母表示差异显著。

（三）玉米秸秆还田对土壤容重的影响

秸秆富含纤维素、木质素等含碳物质，长期秸秆还田既能更新和增加土壤有机质，又能为土壤微生物活动提供充足的能源。施用有机物料能够降低 0～20 cm 土壤容重 5.26%～9.02%，同时，施用有机物料的各处理的土壤田间持水量增加了 6.42%～12.20%，土壤总孔隙度增加了 5.30%～9.09%，使土壤水分状况与通气状况都得到了改善。秸秆还田的效果好于施用猪粪（表 2－19）。

表 2－19　不同处理土壤表层物理性状的变化

处　理	土壤容重 (g/cm^3)	田间持水量 (%)	毛管孔隙度 (%)	非毛管孔隙度 (%)	总孔隙度 (%)
CK	1.33a	28.37	37.73	12.08	49.81
NPK	1.31a	28.88	37.83	12.73	50.57
NPK＋半量秸秆	1.25bc	30.85	38.56	14.27	52.83
NPK＋全量秸秆	1.21c	31.83	38.51	15.83	54.34
NPK＋半量猪粪	1.26b	30.19	38.04	14.41	52.45
NPK＋全量猪粪	1.23bc	31.67	38.95	14.63	53.58

注：土壤比重采用中间数值 2.65 计算。不同小写字母表示差异显著。

（四）玉米秸秆还田对作物产量的影响

秸秆还田初期，增加了土壤孔隙度，增强了土壤蒸发量，且秸秆腐解会消耗大量水分，因此，秸秆还田不当可能降低玉米出苗率。秸秆腐解后能够增加土壤有机质和多种营养成分，同时，秸秆还田能够减缓玉米穗位叶叶绿素下降速度，减缓玉米衰老，增强叶片光合作用，为高产奠定基础。秸秆还田改善了土壤的物理化学性状，能够促进玉米叶面积和株高生长发育，提高叶片光合速率，延长玉米灌浆期，促进干物质积累，增产作用显著。秸秆还田的增产效果随着还田年限的延长，表现的比较明显，全量秸秆还田为土壤提供了更多的营养元素，半量秸秆还田在短期内对作物有明显增产作用，但从长远看，全量秸秆还田更能有效提高作物产量。但是过量秸秆还田，容易导致土壤碳氮比（C/N）失调，从而导致减产。因此，如何在秸秆还田时，调节适宜的C/N，将是秸秆还田未来研究的重点（表2-20）。

表2-20 不同处理玉米的产量（kg/hm^2）

处　理	2011年	2012年	2013年	2014年
CK	5 727	6 125	5 405	6 012
NPK	8 259	9 091	9 091	9 022
NPK+半量秸秆	9 923	10 868	10 055	10 117
NPK+全量秸秆	12 172	11 737	12 020	12 080
NPK+半量猪粪	12 191	11 491	12 134	12 185
NPK+全量猪粪	12 209	12 380	12 077	12 481

六、玉米-花生轮作对耕层影响研究

由于受比较优势和经济效益的影响，辽宁省玉米连作现象较为普遍，有些地块甚至连作数十年，导致土壤养分失调，病害猖獗。轮作换茬是耕地用养结合的技术措施之一，是合理耕作制度的体现。试验结果表明，玉米-花生轮作，以及结合深松和玉米秸秆还田等耕作方式，在调养地力、减轻病虫害危害、防除或减轻田间杂草危害、合理利用农业资源等方面均具有一定作用，特别是对耕层影响的效果，表现在构建优良根系、调节土壤肥力、改善土壤化学性状和物理状况较为显著，这对于提高作物产量、改善生态环境和促进农业可持续发展具有重要的意义。

（一）构建优良根系

作物根系和土壤的关系比地上部与土壤的关系更为直接、密切和复杂。作物根系的形态、数量及其分布，极大地影响着土壤中有机物质的补给和土壤的物理化学性状。不同作物根系伸展的深度和发育程度存在较大差异（表2-21），玉米属于深根性，具有较强大的根群，可以从深层土壤中吸收养分和水分。花生属于浅根性，根系主要分布在土壤表层，只能利用浅层土中的营养物质。根据根系伸长程度不同的特性，玉米-花生轮作，玉米可以利用由于淋溶而向下层移动的养分，并且在干旱地区如辽西半干旱地区，还可以利用下层残余的水分。同时，玉米可以把深层土壤的养分转移上来，并将其中的一部分残留在根系密集的耕作层。因此，玉米-花生轮作，加之深松和玉米秸秆还田等耕作方式，对于辽西半干旱地区农田增加耕层厚度、促进优良根系构建有一定的积极作用。

表 2-21 几种作物根群分布情况（cm）（河北农学院，1964 年）

作物	根深		根系密集层深度
	较深	一般	
玉米	77～213	117	40～55
水稻	35～67	44	21～28
小麦	108～124	116	30～50
谷子	48～115	73	20～30
大豆	120～150	70	20～30
花生	100～150	60	15～30

辽西半干旱地区许多连作玉米田块由于长期以来不进行翻耕，只用三角铧犁蹚耕或旋耕机旋耕，耕层变浅，平均有效耕层仅 15～17 cm，其下为坚厚的犁底层，将玉米的根系限制在 15 cm 左右的耕层内，难以下扎。浅薄的耕层限制了玉米根系的生长空间，影响了其吸水吸肥，从而导致了玉米易倒伏和早衰。大田根钻取样试验结果表明，与连作相比，玉米-花生轮作，特别是结合深松和深松＋秸秆还田等处理方式，促进了玉米根系的生长，根系密集层深度加大，总根长、根体积和根干重等相关指标增幅显著，特别是在抽雄开花期至成熟期，比根长结果说明玉米的细根量大，根系生活力和吸收能力强，从而提高了植株对土壤养分和水分的吸收能力，在生育后期根系衰老得以延缓，进而保障了地上部生殖生长和果穗发育，增加了玉米的产量。玉米-花生轮作以及结合深松和深松＋秸秆还田等方式，其玉米产量比连作高出 10.4%～27.3%，以轮作＋深松＋秸秆还田处理的效果最为显著（表 2-22）。

表 2-22 不同处理对抽雄开花期玉米根系和产量的影响（沈阳农业大学玉米-花生轮作试验组，2011—2015 年）

种植处理	根系密集层深度（cm）	比根长（cm/g）	根体积（cm^3）	五年平均产量（kg/亩）
连作	17.5	191.3	131.3	539.4
连作＋深松	25.7	219.4	172.9	604.9
连作＋深松＋秸秆还田	26.8	233.1	176.7	670.6
连作＋秸秆还田	18.1	197.8	136.8	596.8
轮作	20.6	236.5	173.5	590.4
轮作＋深松	36.7	322.7	276.7	671.0
轮作＋深松＋秸秆还田	40.4	418.5	286.3	686.9
轮作＋秸秆还田	27.2	317.8	232.4	610.3

注：轮作为玉米-花生-玉米-花生-玉米；深松为 2011 年、2013 年、2015 年春季深松 25～30 cm；秸秆还田为 2011 年、2013 年、2015 年春季秸秆还田 400 kg/亩；连作为 5 年玉米旋耕连作。供试品种为郑单 958（玉米）和农花 5 号（花生）。

（二）调节土壤肥力，改善土壤化学性状

不同作物的生物学特性不同，从土壤中吸收的养分种类、数量和利用效率也不相同

（表 2-23），因此，将营养生态位不同而又具互补作用的作物进行合理的轮作，可以协调前后茬作物的养分供应，均衡地利用土壤中的各种养分。GeorgeE. Morrow 在美国的长期定位试验（1904—1943 年）证明，在不施肥料的情况下，玉米连作区土壤含氮量减少了 36.6%，玉米-燕麦轮作区减少了 23.7%，而玉米-燕麦-三叶草轮作区只减少了 19.6%（C. E. Millar，1955）。

表 2-23　各类作物氮、磷、钾养分吸收比例表（《耕作学（西北本）》，1986 年）

作　物	氮（N）	磷（P_2O_5）	钾（K_2O）	备　注
禾谷类作物	2.22	1	2.89	玉米、小麦、水稻、谷子、多穗高粱
籽实用豆类作物	4.26（1.42）	1	1.19	花生、大豆
纤维作物	3.22	1	2.77	棉花、大麻
油料作物	1.80	1	0.89	油菜
块根块茎类作物	3.00	1	3.66	甜菜、马铃薯

玉米和花生由于需肥特点和栽培条件不同，通过轮作换茬，可以充分利用土壤的养分，因而有利于其生长。玉米和花生在生长过程中均从土壤带走大量的有机和无机养分，但残茬、根系和落叶也遗留给土壤相当数量的有机物和养分。玉米属耗地作物，消耗土壤或肥料中较多的氮素。种植玉米后，只有 5%～12%的有机物以残茬和根系的形式归还土壤，多数有机物被籽实和秸秆带走离开农田，若不施氮肥，土壤氮平衡是负的。如果能够将玉米的大量秸秆直接或间接（通过牲畜）还田，那么将有利于土壤有机质的增加，使农田逐步变肥沃。花生喜磷、钾，不喜过多氮肥，因具有根瘤菌，花生每年每公顷可固氮 90～120 kg，对土壤中氮的实际消耗量不大，而从土壤中吸收磷、钾较多。因其在物质循环系统中返回田地的物质较多，因而也在某种程度上减少了氮、磷、钾养分的消耗，并增加了土壤碳素。例如，人们从花生中取走的经济产量是油（主要是碳），其他的茎、叶、饼等副产品可以通过各种途径还田，从这个意义讲，就起到了养地的作用。与长期连作玉米相比，在轮作中通过种植花生，可以改善土壤中的氮素状况。表 2-24 反映了玉米、花生从土壤中吸收和返还氮素的情况。花生根系和落叶的残留量约占其有机物生产量的 15.2%，如将茎叶全部还回土壤则可达 50%。其落叶及叶柄中的 C/N 较玉米小，分解快，所含的养分易被下茬作物吸收利用。花生年固定 45～105 kg/hm^2 的氮素，但这些被固定的氮素多数由收获物带走，因此也会降低土壤氮素含量。可是通过残留在土壤中的根及部分落叶仍可归还给土壤少量氮素，一般约为原土壤含氮量的 5%，可缓和土壤氮素消耗。

表 2-24　玉米、花生每生产 100 kg 籽粒吸收与归还的纯氮量（鲁如坤，1982 年）

作物	吸收的纯氮量（kg）			来自固氮	来自土壤	归还的氮	归还率	移走的氮	移走率
	籽实	茎叶	合计	（kg）	（kg）	（kg）	（%）	（kg）	（%）
玉米	1.8～2.0	0.57～0.69	2.53	—	2.53	0.25	10	2.28	90.12
花生	4.4	2.92	7.32	4.88	2.44	0.43	15	2.00	28.56

对土壤中难溶性磷的利用能力而言，玉米吸收利用土壤中难溶性磷的能力弱，而花生

的吸收能力较强。玉米-花生轮作体系中花生留下的残茬和根系中所含有的磷化合物，可以补充土壤中磷素的供应，并可供下茬玉米利用（表 2 - 25）。根据玉米、花生对于养分吸收和利用的不同特点进行轮作，加之深松和秸秆还田等措施，能够促进均衡地利用土壤养分，调节土壤肥力，改善土壤化学性状，不失为一种经济有效的措施。

表 2 - 25　辽西半干旱区不同处理对土壤养分的影响（沈阳农业大学玉米-花生连作试验组，2011—2015 年）

种植处理	有机质（%）	全氮（%）	全磷（%）	全钾（%）	有效磷（mg/kg）	速效钾（mg/kg）
试验前	1.22	0.081	0.046	0.63	16.8	85.4
对照	1.21	0.086	0.043	0.56	23.9	83.7
轮作	1.49	0.087	0.063	0.64	25.7	86.7
轮作＋深松	1.66	0.088	0.065	0.71	26.6	93.6
轮作＋深松＋秸秆还田	1.69	0.095	0.072	0.85	28.3	106.3

注：轮作为玉米-花生-玉米-花生-玉米；深松为 2011 年、2013 年、2015 年春季深松 25～30 cm；秸秆还田为 2011 年、2013 年、2015 年春季秸秆还田 6 000 kg/hm^2。对照为 5 年玉米连作。供试品种为郑单 958（玉米）和农花 5 号（花生）。

（三）调节土壤物理状况

作物生长对土壤物理性状也有很大的影响。不同作物覆盖度不同，根系发育的特点各异，生育期间所采取的管理措施也不一样，因而对土壤结构、耕层构造和土壤侵蚀状况带来不同的影响。一般认为，豆科作物比禾本科作物改善土壤结构的能力强，而玉米为中耕次数较多的作物，对土壤团粒结构有明显的破坏作用。但玉米在良好的栽培管理条件下，也有一定程度的改善土壤结构的作用。

不同作物需要水分的数量、时期和能力也不相同。玉米需水多，花生耐旱能力较强。玉米-花生轮作换茬及其深松和秸秆还田，能够充分而合理地利用自然降水和土壤中储积的水分，在辽西北半干旱区实施此种轮作措施，对于调节利用土壤水分，提高作物产量具有重要意义。

七、玉米秸秆还田＋深松对耕层的影响研究

辽宁是全国 13 个粮食主产省份之一，玉米是辽宁第一大粮食作物。据统计，玉米种植面积占全省粮食播种面积的 40%以上，常年播种面积约为 149 万 hm^2，因此，秸秆来源丰富。秸秆还田具有显著的培肥改土作用和巨大的生态环境效益，在一定的气候条件及土壤肥力水平下，秸秆还田及配套耕作方式对农作物的生长及产量、土壤的肥力状况等都有不同的影响。因此，开展针对东北地区冷凉气候条件下的秸秆还田及其配套技术研究具有重要的实际意义。

一定的耕作深度是保证作物生长的重要条件，长期以来，我国在农田耕种上都采用小型拖拉机带灭茬机或双铧犁耕地以及畜力步犁耕地，这些耕作方式耕深一般较浅，长此以往，使土壤耕层变浅，犁底层加厚变硬，土壤理化性状变劣。这种情况不利于根系伸展发

育及对养分的吸收，限制了粮食产量的提高。深松和深翻均是对土壤进行一定深度的翻耕，均可有效地打破犁底层，降低土壤容重，增加土壤的通透性，改善土壤结构，从而有利于植物生长发育状况的改善和产量的提高。关于深耕技术的研究及相关报道多集中在深松耕作方式上，较少将深翻和深松进行明确区分。由于两种耕作方式对土层的扰动情况不同，所产生的影响亦不同。

耕作方式和秸秆还田是农业生产过程中的一项重要技术措施。大量研究表明，合理的耕作方式和秸秆还田组合不但可以提高环境质量和安全性，获得显著的生态、社会和经济效益，而且可以消化作物残留秸秆，改善土壤的水、肥、气、热状况，增加作物产量，构建合理的耕层。

为了深入研究秸秆还田与耕作方式相结合对耕层的影响，设置了普通旋耕 20 cm、隔年深松和隔年深翻 30 cm 后旋耕 3 种耕作方式以及分别在这 3 种耕作方式基础上进行的无秸秆还田、秸秆隔年还田、秸秆连年还田 3 种秸秆还田方式相结合的春玉米定位 5 年田间小区试验。

（一）玉米秸秆还田＋深耕对耕层及犁底层厚度的影响

本课题组曾对辽南部分玉米田块进行了耕层和犁底层厚度调查，结果显示，年平均产量在 8 250～11 250 kg/hm^2 的耕地上，其耕层厚度仅为 13～15 cm，在耕层以下就是一层比较紧实的犁底层，在制作剖面过程中能感觉到犁底层的土壤较耕层明显紧实黏重。经过 5 年试验后，再次测定耕层和犁底层厚度，发现采用常规的旋耕不配合秸秆还田，耕层厚度为 16～17 cm，比较紧实的犁底层厚度为 5 cm 左右；采用旋耕配合秸秆连年还田和秸秆隔年还田，其耕层厚度为 15～16 cm，犁底层厚度在 5～6 cm。这一现象说明旋耕深度较浅，如在此耕作方式下进行秸秆还田，则会使得耕层厚度变浅，犁底层上移加剧。在深松和深翻无秸秆还田条件下，耕层厚度可达 18～19 cm，在制作剖面时，虽然感觉到耕层以下的土壤较上层紧实，但与旋耕条件下的犁底层相比，土壤较为松软；在深松、深翻配合秸秆还田条件下，耕层厚度为 17～18 cm，同样有一个比旋耕条件下的犁底层松软的土层存在，这一较为松软的犁底层厚度约为 4 cm。这说明深松和深翻可以使得耕层加厚，虽未全部消除犁底层，但已经取得明显效果，进行秸秆还田可能对机械的翻耕效果有所影响。

（二）玉米秸秆还田＋深耕对耕层土壤物理性质的影响

土壤容重、孔隙度和田间持水量可以直观反映耕作方式对土壤的影响，为了检验各种耕作方式对土壤耕层、犁底层和心土层物理性状的影响，分别测定了 10～15 cm（耕层）、20～25 cm（犁底层）和 30～35 cm（心土层）土层的土壤容重、孔隙度和田间持水量（表 2-26）。

表 2-26 不同处理对各土层土壤容重、土壤孔隙度和田间持水量的影响

处理	土壤容重（g/cm^3）			土壤孔隙度（%）			田间持水量（%）		
	10～15 cm	20～25 cm	30～35 cm	10～15 cm	20～25 cm	30～35 cm	10～15 cm	20～25 cm	30～35 cm
P	1.42c	1.50ab	1.46ab	46.5c	43.4d	44.9e	23.41d	26.51c	27.61c
S	1.45b	1.48c	1.39d	45.3d	44.0c	47.5b	25.91c	27.59bc	28.37b

（续）

处理	土壤容重（g/cm³）			土壤孔隙度（%）			田间持水量（%）		
	10～15 cm	20～25 cm	30～35 cm	10～15 cm	20～25 cm	30～35 cm	10～15 cm	20～25 cm	30～35 cm
SM	1.47a	1.46d	1.45b	44.5e	44.9b	45.4d	27.39bc	28.01b	28.35b
PSR1	1.41cd	1.51a	1.47a	46.8bc	43.0d	44.5e	26.48c	26.37c	27.13c
SSR1	1.44bc	1.48c	1.40d	45.7d	44.0c	47.3b	26.82c	27.15bc	27.98bc
SMSR1	1.45b	1.47cd	1.44bc	45.3d	44.4c	45.8cd	28.03bc	27.14bc	29.05ab
PSR2	1.40d	1.50ab	1.43c	47.0bc	43.3d	46.1c	28.94b	26.42c	28.51b
SSR2	1.37f	1.48c	1.39d	48.2a	44.2c	47.7b	28.54b	26.49c	29.90a
SMSR2	1.39e	1.43e	1.36e	47.6b	46.0a	48.7a	30.33a	29.85a	29.85a

注：表中P为普通旋耕；S为深松30 cm；SM为深翻30 cm；PSR1为旋耕＋秸秆隔年还田；SSR1为深松＋秸秆隔年还田；SMSR1为深翻＋秸秆隔年还田；PSR2为旋耕＋秸秆连年还田；SSR2为深松＋秸秆连年还田；SMSR2为深翻＋秸秆连年还田。不同小写字母表示差异显著。

1. 玉米秸秆还田＋深松对耕层土壤容重的影响 土壤容重可以反映耕作栽培方式对土壤紧实程度的影响。各土层容重表现为20～25 cm＞30～35 cm＞10～15 cm，可见，常年旋耕处理会使犁底层变硬，容重增大。在不同秸秆还田方式下，耕层（15～20 cm）土壤容重整体表现为秸秆连年还田＜秸秆隔年还田＜无秸秆还田，说明秸秆还田能够降低土壤容重，且秸秆连年还田表现显著。在无秸秆还田和秸秆隔年还田条件下，深松、深翻处理的土壤容重均比旋耕处理有所增加，而深翻与深松两者之间，总体上深松＜深翻，但进行秸秆还田后两者差异不显著。可能原因是深松处理条件下深松铲在疏松下层土壤的同时对上层土壤有一定的挤压作用，而深翻处理使得上下土层混合，下层相对较大容重土壤上移，导致表层土壤容重增大；而在秸秆连年还田条件下，深松、深翻则相对旋耕有所降低，分别降低了2.24%和1.23%，说明深松、深翻处理结合秸秆连年还田能够显著改善表层土壤容重。

在20～25 cm土层，不同耕作方式下土壤容重差异显著。比较发现，无论有无秸秆还田，土壤容重均表现为深翻＜深松＜旋耕；不同的秸秆还田方式对该土层的容重影响不显著。在30～35 cm土层、不同耕作方式下，深松、深翻处理对下层土壤容重的降低作用显著，其中深松处理表现最优，深翻次之；各秸秆还田方式间差异不显著。说明深松、深翻打破了犁底层，并扰动了心土层，因此，显著降低了下层土壤的土壤容重，且深翻处理对犁底层影响显著；而进行秸秆连年还田可显著降低表层土壤容重，但对深层土壤容重作用不明显。因此，深松、深翻处理配合秸秆还田能够显著改善土壤容重。

2. 玉米秸秆还田＋深耕对土壤孔隙度的影响 孔隙度是土壤物理性状的重要组成部分，它关系到土壤水、气、热的流通和储存状况，并影响着作物的根系生长和养分吸收。在10～15 cm土层，秸秆连年还田处理的土壤孔隙度明显高于秸秆隔年还田和无秸秆还田，但在20～25 cm和30～35 cm土层则表现不显著，这是由于仅在耕层进行了秸秆还田。由此可见，进行秸秆还田有利于提高相应深度土层土壤的孔隙度，而对下层土壤孔隙度的影响相对较小，且秸秆连年还田的作用效果最为显著。在不同耕作方式下，无秸秆和秸秆隔年还田下深松、深翻处理在10～15 cm土层土壤孔隙度低于旋耕处理外，而秸秆连年还田下则比旋耕有所增加，且在20～25 cm和30～35 cm土层均明显高于旋耕处理。由此说明，深松、深翻能够明显提高下层土壤孔隙度，结合秸秆还田后可有效改善表层土壤孔隙度。

3. 玉米秸秆还田＋深耕对土壤田间持水量的影响　田间持水量是土壤所能保持的最高含水量。比较不同层次土壤田间持水量可以发现，无论是否有秸秆还田，在不同耕作方式下，深松、深翻处理均比旋耕处理田间持水量有所增加，且深翻略优于深松；说明深松、深翻因打破犁底层，改变土壤孔隙结构，增强了土壤的蓄水能力。在秸秆还田条件下，10～15 cm土层田间持水量整体表现为秸秆连年还田＞秸秆隔年还田＞无秸秆还田，而在20～25 cm和30～35 cm土层田间持水量差异不显著，说明秸秆还田处理能够提高表层土壤田间持水量，且连年还田优于隔年还田；短期的秸秆还田对下层土壤田间持水量作用不明显。

（三）玉米秸秆还田＋深耕对耕层土壤养分含量的影响

1. 对土壤有机质含量的影响　深松、深翻相对旋耕处理的土壤有机质均显著增加，但这两者之间差异总体不显著，这是由于深松、深翻打破了犁底层，促进了下层根系及地上部分的发育，玉米根系及残落叶片的自然还田使得土壤有机质含量提高。不同秸秆还田方式下有机质含量也有所改变，秸秆隔年还田比无秸秆还田处理降低了3.42%；而秸秆连年还田相对无秸秆还田处理增加了8.42%，秸秆连年还田＋尿素比无秸秆还田增加了9.80%。由此可见，连年还田能够显著提高土壤有机质含量，其中秸秆连年还田＋尿素略优于秸秆连年还田，但秸秆隔年还田在短时间内并未提高土壤有机质含量（表2-27）。

表2-27　不同耕作及秸秆还田方式对土壤养分含量的影响

处理	碱解氮 (mg/kg)	有效磷 (mg/kg)	速效钾 (mg/kg)	全氮 (g/kg)	全磷 (g/kg)	全钾 (g/kg)	有机质 (g/kg)
P	112.80h	32.20e	85.24g	0.80d	0.49f	18.98e	21.08c
S	140.10e	39.44d	117.37de	0.86c	0.58e	20.60d	22.68b
SM	141.91d	47.03b	111.22e	0.90b	0.68c	20.92d	22.22b
PSR1	139.07e	27.56f	87.75fg	0.85c	0.57e	21.75bc	20.02d
SSR1	120.27g	31.77e	122.74d	0.85c	0.57e	22.00b	21.29c
SMSR1	149.63c	43.65c	108.54e	0.89b	0.69c	22.32b	22.40b
PSR2	129.54f	31.77e	107.33e	0.86c	0.58e	22.24b	21.96bc
SSR2	146.54cd	37.50d	182.17a	0.87bc	0.64d	23.43a	24.92a
SMSR2	161.09a	46.46b	182.69a	0.95a	0.85a	22.70ab	24.64a
PSR2+N	137.01e	32.72e	94.51f	0.83d	0.58e	21.73bc	21.79bc
SSR2+N	154.27b	43.08c	133.66c	0.94a	0.67c	23.18a	25.08a
SMSR2+N	143.45d	49.00a	159.65b	0.92ab	0.78b	23.54a	25.58a

注：表中P为普通旋耕；S为深松30 cm；SM为深翻30 cm；PSR1为旋耕＋秸秆隔年还田；SSR1为深松＋秸秆隔年还田；SMSR1为深翻＋秸秆隔年还田；PSR2为旋耕＋秸秆连年还田；SSR2为深松＋秸秆连年还田；SMSR2为深翻＋秸秆连年还田。PSR2＋N为旋耕＋秸秆连年还田＋尿素（6.4 kg/亩，秸秆还田时施用）；SSR2＋N为深松＋秸秆连年还田＋尿素；SMSR2＋N为深翻＋秸秆连年还田＋尿素。不同小写字母表示差异显著。

2. 对土壤碱解氮、有效磷、速效钾含量的影响 在相同的秸秆处理方式下，除隔年秸秆还田深松处理的碱解氮含量显著低于相应的旋耕处理外，总体上深松和深翻处理的碱解氮含量均显著高于相同秸秆还田方式下的旋耕处理，而深松、深翻两者相比，深翻处理的碱解氮含量显著高于深松处理；在不同的秸秆还田处理方式下，以秸秆连年还田及连年还田＋尿素处理的碱解氮含量最高；秸秆隔年还田处理对碱解氮含量的提高作用不明显，可能是由于秸秆一次还田后经 2 年腐解，大部分氮素已释放。

各处理间土壤有效磷含量差异显著，无论有无秸秆还田，有效磷含量均以深翻＞深松＞旋耕，且相差幅度较大。深翻和深松处理整体相对旋耕处理分别增加了 49.83%和 22.18%，由此说明深翻、深松处理能够显著提高土壤有效磷含量，且深翻优于深松。在相同的耕作方式下，除秸秆连年还田＋尿素处理的有效磷含量有增加外，其他秸秆还田方式均使得有效磷含量不同程度降低，这可能是由于秸秆施入土壤后，促进了微生物的繁殖及对秸秆和土壤中磷的吸收，故使得有效磷含量降低。

在不同耕作方式下，土壤速效钾含量有很大差异，表现为深翻＞深松＞旋耕，深翻、深松相对旋耕处理土壤速效钾显著增加，增幅分别为 49.97%和 48.32%；在不同秸秆还田方式下，秸秆连年还田条件下土壤速效钾较无秸秆还田处理显著增加，秸秆隔年还田与无秸秆处理间差异不显著。说明深松、深翻促进了土壤速效钾的释放，秸秆连年还田可使土壤速效钾含量显著提高，秸秆隔年还田对土壤速效钾的提高作用不明显（表 2－27）。

3. 对土壤全氮、全磷、全钾养分含量的影响 在不同的耕作及秸秆还田条件下，土壤全氮、全磷、全钾含量表现出相同的趋势，即深翻和深松条件下其含量高于旋耕处理，且总体上深翻＞深松；秸秆还田条件下其含量高于无秸秆还田的相应处理，且以秸秆连年还田处理含量最高，秸秆连年还田同时施尿素的处理没有表现出明显的优势（表 2－27）。

近年来关于秸秆还田在农业生产中的作用已有较多报道，秸秆还田可培肥地力，改善土壤结构和理化性状，提高土壤保水保肥能力，优化农田生态环境。

由于秸秆还田改善了土壤理化性状，进而影响了作物生长，目前这一观点得到了国内外众多学者的普遍认同。前人关于秸秆还田对作物产量的影响进行了大量的研究，大部分研究认为秸秆还田可以提高作物产量，但是也有增产效果不显著及减产的报道；减产的原因可能是秸秆的单独还田导致土壤 C/N 失衡，或者是耕作方式不当或播种质量差导致出苗质量下降。无秸秆还田、秸秆隔年还田和秸秆连年还田 3 种秸秆还田方式对土壤各理化性状的影响规律有所不同，总体上是以连年还田最有利于改善土壤的物理性状、提高土壤养分和有机质含量，连年还田＋尿素处理在协调土壤养分含量方面没有比连年还田处理表现出优势，而秸秆隔年还田较无秸秆还田处理不但没有增加土壤养分含量，反而使得土壤有机质和有效磷含量显著降低。在我国北方的气候条件下，由于秋收后土壤温度低，此时至第二年春播期间，还田的秸秆基本未腐解，在收获后进行秸秆还田的同时，将部分尿素同时施入，虽然调节了 C/N，但减少基施氮肥量所产生的负面影响大于调节 C/N 所产生的有益影响，故秸秆还田＋尿素处理没有表现出促进作物增产及调节土壤理化性状的明显优势；外源加入有机物质，促进了土壤微生物的繁殖与活动，刺激了土壤原有机质的分解，即发生了正激发效应，在秸秆隔年还田条件下，第二年没有外源有机物质的加入，因而导致土壤有机质含量降低，而在秸秆连年还田条件下，由于后续又有大量秸秆加入，从而掩盖了激发效应所导致的有机质含量的降低。因此，秸秆连年还田更有利于培肥地力及提高作物产量，而秸秆隔年还田在短时期内尚不能表现出其调节土壤养分状况的作用。相关研究也表明，秸秆还田可以增加土壤有机质和缓解土壤氮流失，提高土壤微生物碳、氮的固持和供给效果，增加土壤微生物量 C/N，提高土壤供肥水平；增施秸秆使氮素归还于土壤的同时激发了土壤固有氮微生物的活性，土壤氮素提高；这种情况下，人们不仅观察到碳、氮的激发效应，也观察到磷、硫等营养元素的激发效应。

现行的耕作制度会造成耕层变薄，耕层与犁底层之间形成较明显的界限，犁底层紧实、坚硬，成为耕作层和非耕作层之间水、肥、气、热等交流的障碍，严重影响了土壤功能的充分发挥。土壤耕作是农业生产中的一项重要措施，以不同的外部机械力形式作用于土壤并从本质上改变土壤的物理化学性状，调节土壤的水、肥、气、热等因子，达到提高作物产量的目的。深翻和深松均破除犁底层，增加耕作层厚度，降低土壤容重，增强土壤对降水的蓄纳能力，提高土壤水分含量，增强土壤微生物活动能力，有利于土壤有机质的分解，提高土壤肥力，达到抗旱增产的效果。定位深耕及秸秆还田试验研究结果表明，深松和深翻可软化犁底层，使得犁底层和耕层之间没有明显变化，深翻和深松与普通旋耕相比，可显著降低深层土壤容重和增加孔隙度，提高土壤田间持水量，增加土壤有机质，氮、磷、钾含量，促进春玉米产量提高。因此，可以在适当年限进行深耕处理，相关研究也曾提出相同的建议。

深翻和深松两种耕作方式相比，在无秸秆还田条件下，深翻处理的犁底层和心土层土壤容重显著低于深松处理，土壤孔隙度、全量及有效氮、磷含量均显著高于深松处理，这一结果与相关研究报道相似；进行秸秆还田后，这些理化指标在深翻和深松耕作方式之间的差异扩大，并且在秸秆连年还田条件下达到最大；同时在各秸秆还田条件下，深翻耕作方式下的玉米产量总体显著高于深松处理；在各秸秆还田条件下，深翻与深松处理间的田间持水量、全钾和速效钾以及有机质含量均没有表现出明显的差异。土壤深翻较深松能更加显著地改善土壤理化性状和提高玉米产量，这是由于深翻不仅打破了犁底层，而且还可将耕层较肥沃的土壤带入下层，可促进深层土壤的熟化，加速土壤氮素的转化，且在各秸秆还田条件下，深翻与深松相比更有利于较深土层根系的生长。根系残体及大量的根系分泌物也加剧了微生物的繁殖，改善了土壤微生物环境，促进了有机质分解及所施用秸秆的腐解，增加了土壤养分含量，从而促进玉米产量提高。总之，深翻使得受扰动土层土壤三相比更加协调，更有利于作物的生长发育和产量的提高，并且在连年秸秆还田条件下，这种优势表现得更加明显。

（四）玉米秸秆还田＋深耕对玉米花后根系特征的影响

1. 根长　由表 2－28 可见，不论在开花期还是在乳熟期，玉米根长均随土层加深而减小，即最大根长出现在上层土壤中。与旋耕处理相比，深松和深翻显著增加了各土层的根长，其中 0～30 cm 土层增加幅度最小，其次是 60～105 cm 土层，在 30～60 cm 土层根长增加幅度最大，表明深松和深翻可促进各个土层根系的发育，尤其对较深土层根系的发育促进作用更加明显。秸秆还田后，与未进行秸秆还田的相应耕作处理相比，各土层的根长总体上呈增加趋势，其中旋耕处理 0～30 cm 土层的根长增加最大，深松和深翻处理以 60～115 cm 土层根长增加最为显著，表明在秸秆还田的同时进行深松和深翻可显著促进深层根系的发育；在秸秆还田的各处理中，仍是以深松和深翻处理各土层根长大于旋耕处理，但在0～30 cm土层根长表现出了不同的规律，即在开花期和乳熟期该土层根长大多为深松、深翻处理低于旋耕处理，表明秸秆还田后，深松和深翻对当季玉米表层根系的发育不利，但能够促进深层根系的发育。

乳熟期各处理玉米在不同土层根长显著低于开花期，说明开花后根系已经开始衰退。在乳熟期，深松和深翻处理0～30 cm、30～60 cm土层根长显著高于其他处理，与开花期相比，以30～60 cm土层根长降低幅度最小；而在60～105 cm土层中，以秸秆还田后的深松和深翻处理最大。表明深松和深翻及在此耕作方式基础上进行秸秆还田有利于延缓深层根系的衰退（表2-28）。

表2-28　不同耕作及秸秆还田方式对春玉米根长的影响

时　期	土层(cm)	处理（cm/cm^3）					
		旋耕	深松	深翻	旋耕+秸秆还田	深松+秸秆还田	深翻+秸秆还田
开花期	0～30	0.506	0.519	0.583	0.563	0.526	0.582
	30～60	0.208	0.346	0.336	0.252	0.368	0.358
	60～115	0.084	0.122	0.152	0.128	0.179	0.166
乳熟期	0～30	0.195	0.266	0.254	0.271	0.245	0.252
	30～60	0.089	0.234	0.215	0.122	0.171	0.194
	60～105	0.035	0.086	0.060	0.042	0.091	0.101

2. 根系活力　由表2-29可见，玉米根系活力在开花期达到最大值。与旋耕相比，深松和深翻显著提高了根系活力，且深松处理显著高于深翻处理；秸秆还田后，与未进行秸秆还田的相应耕作处理相比，根系活力均显著降低；在秸秆还田的各处理中，深松和深翻显著高于旋耕，但两者差异不显著。这表明深松和深翻耕作方式有利于玉米根系活力的提高，而秸秆还田对当季玉米根系活力有一定的限制作用。

表2-29　不同耕作及秸秆还田方式对春玉米根系活力的影响［UTTC/(g·h)］

处理	大喇叭口期	开花期	乳熟期
旋耕	52.0c	69.7d	14.5d
深松	66.8a	88.7a	37.9a
深翻	63.6a	82.5b	31.8b
旋耕+秸秆还田	26.7e	64.7e	22.3c
深松+秸秆还田	45.0d	79.4c	35.6a
深翻+秸秆还田	57.3b	75.1c	30.7b

注：不同小写字母表示差异显著。

乳熟期根系活力较开花期显著降低，在不同耕作方式下，仍以深松处理最高，其次为深翻处理，旋耕处理最低，三者之间差异显著；秸秆还田后，深松和深翻耕作方式下的根系活力与未进行秸秆还田的相应处理相比均有所降低，但差异未达到显著水平，而在旋耕基础上进行秸秆还田使得根系活力较未进行秸秆还田的旋耕处理显著提高。秸秆还田的各处理根系活力差异显著，深松＋秸秆还田最高，旋耕＋秸秆还田最低。表明深松和深翻可有效延缓根系后期的衰老速度，保持较高的根系活力；在秸秆还田的同时进行深松和深翻也可以显著的提高玉米生育后期根系活力。

当前农业生产中由于连年采用旋耕耕作方式会造成一系列不良的影响，如耕层变浅、犁底层变硬的现象，继而引起土壤保水保肥能力下降；玉米根系发育不良、生长后期营养不足，不仅造成植株早衰，而且降低了其抗病、抗倒能力，严重影响了农田可持续利用性和经济效益的提高。深松可以有效打破犁底层，降低容重、增加土壤孔隙度，从而利于水分下渗，提高土壤储水量，也有研究表明，深松耕作可明显提高夏玉米的根长、根深及根量，为有效利用土壤水分及养分创造了条件，可增强作物抗旱能力，提高作物产量。本研究表明，在连续进行旋耕的基础上采用深松和深翻的耕作措施，促进了根系的发育，尤其对较深根系的发育促进作用更加明显，使得根系在玉米生育后期保持相对较高的活力，有效延缓了根系的衰老。开花后是玉米籽粒产量形成的关键时期，也是叶片功能进入全面衰退的时期。良好的环境条件和耕作栽培技术可以有效延缓植物后期的衰老。

第二节　农田地力提升技术研究

一、中低产田培肥技术研究

培肥可以改良土壤，提高地力，为作物的高产稳产提供有利条件。多年来，不少专家学者针对不同生态区的生态条件，相应地提出了不同的培肥模式和技术。辽宁省种植玉米存在着土壤耕层障碍严重、水肥利用效率低、技术集成度不高等问题，如果能找出不同生态区中低产田玉米增产障碍因子，研究出相应对策，必然会提高玉米产量。辽西风沙土区风沙大，年降水量少，制约玉米生产。本研究针对辽西风沙土区的具体情况，设计了长期定位试验。通过对不同培肥模式下土壤理化性状的测试和分析，找出构建玉米土壤理想耕层技术体系，将取得的关键技术与常规技术集成创新，在辽西生态区建立适合规模化、机械化和标准化生产的高产稳产栽培技术模式。

（一）材料与方法

1. 材料　试验布置在辽宁省彰武县前福兴地乡试验区。该试验区属温带季风大陆性气候，年平均温度 7.1 ℃，平均相对湿度 61%，年平均降水量 510 mm，平均无霜期 156 d。供试土壤为风沙土，土壤容重 1.35 g/cm^3，土壤总孔隙度 49.04%，毛管孔隙度 38.46%，田间持水量 28.57%，土壤含水量 11.88%，土壤有机质 12.7 g/kg，碱解氮 77 mg/kg，有效磷 4.1 mg/kg，速效钾 78 mg/kg，pH8.2。试验材料及养分含量分析结果见表 2－30。

表 2－30　试验材料养分含量分析结果

名称	全氮 (g/kg)	全磷 (g/kg)	全钾 (g/kg)	碱解氮 (mg/kg)	有效磷 (mg/kg)	速效钾 (mg/kg)	有机质 (g/kg)	pH
腐熟鸡粪	28.95	34.46	23	3 400	22 400	22 300	563	7
草炭土	4.71	1.26	4.9					
秸秆	10.19	13.47	156					

2. 试验设计 试验设7种种植模式：模式1（常规种植模式，当地农民习惯）：秋季留茬15 cm，春季旋耕后播种。模式2（留茬覆盖种植模式）：秋季留茬30 cm，垄间秸秆覆盖，春季旋耕后播种。模式3（留茬垄沟种植模式）：秋季留茬30 cm，春季不打破原垄，垄沟里种植玉米。模式4（玉米与苜蓿或花生轮作模式）：第一年种植苜蓿或花生，秋季将苜蓿翻压；第二年种植玉米，即一草一粮。模式5（有机无机配施模式）：秋季留茬15 cm，春季旋耕后播种；在常规施肥的基础上，每公顷增施鸡粪15 000 kg。模式6（有机无机配施模式）：秋季留茬15 cm，春季旋耕后播种；在常规施肥的基础上，每公顷增施草炭土75 000 kg。本试验始于2007年，2011年处理模式6做了调整，不用草炭土，改为半量秸秆还田，即秋季留茬15 cm，春季旋耕后播种，每亩半量秸秆还田。模式7（测土推荐施肥模式）：秋季留茬15 cm，春季旋耕后播种；在春季播种前，采集土壤样品进行化验分析，根据分析结果进行推荐施肥。

试验采用田间定位方法。3次重复，随机区组排列，小区面积28.8 m^2。除测土推荐施肥模式和玉米与苜蓿或花生轮作模式外，其余模式化肥施入量与常规种植模式相同。化肥用量：N 210 kg/hm^2，P_2O_5 60 kg/hm^2，K_2O 60 kg/hm^2。

（二）结果与分析

1. 不同培肥模式对土壤耕层温度的影响 春玉米苗期土壤耕层温度测定结果表明，留茬覆盖种植模式土壤耕层温度最低，其次为常规种植模式和增施草炭土的有机无机配施模式，其余4种模式的土壤耕层温度较高，高于常规种植模式0.1～0.5 ℃，平均高0.3 ℃（图2-10）。

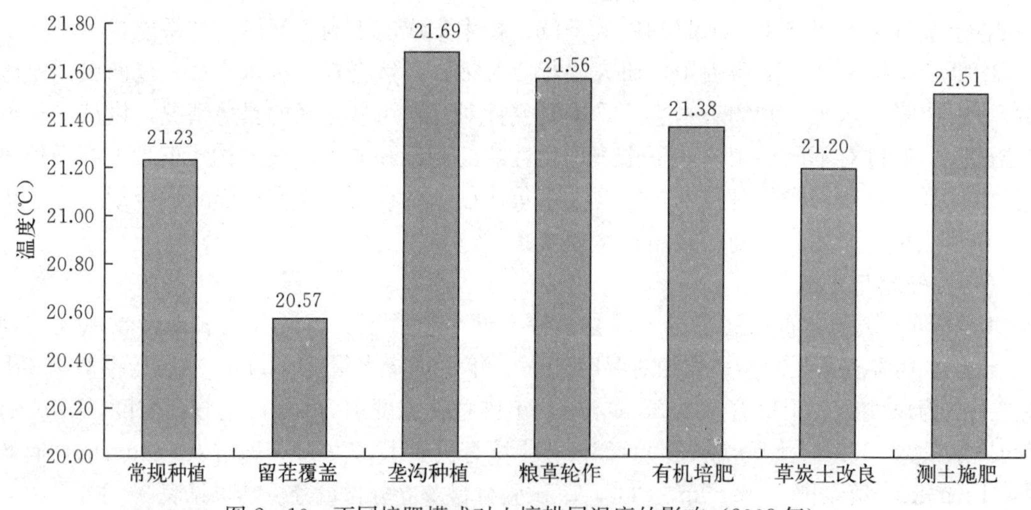

图2-10 不同培肥模式对土壤耕层温度的影响（2008年）

2. 不同培肥模式对土壤耕层含水量的影响 从拔节期开始，留茬垄沟种植模式和有机培肥种植模式的土壤耕层含水量明显高于常规种植模式，比常规种植模式提高了0.4%～6.9%和0.6%～8.6%。留茬覆盖种植模式土壤耕层含水量在玉米大喇叭口期以后也较常规种植模式高0.1%～1.4%。由此说明，留茬覆盖种植模式、留茬垄沟种植模式和有机培肥种植模式能较好地改善风沙土的保水能力（图2-11）。

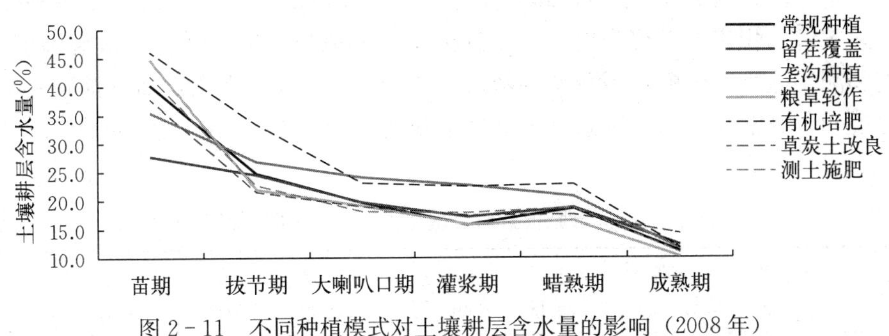

图 2-11 不同种植模式对土壤耕层含水量的影响（2008 年）

3. 不同培肥模式对土壤耕层物理性状的影响 表 2-31 表明，与常规种植模式相比，留茬覆盖、有机培肥、草炭土改良 3 种种植模式的土壤容重减低，田间持水量、总孔隙度和非毛管孔隙度明显提高。由此说明，留茬覆盖、有机培肥、草炭土改良 3 种种植模式对改善土壤耕层物理性状具有较好的效果。

表 2-31 不同培肥模式对土壤耕层物理性状的影响（2008 年）

模 式	土壤容重（g/cm³）	田间持水量（%）	总孔隙度（%）	毛管孔隙度（%）	非毛管孔隙度（%）
常规种植	1.35	32.37	48.89	43.81	5.08
留茬覆盖	1.28	32.73	51.76	41.80	9.95
垄沟种植	1.37	32.24	48.35	44.11	4.23
粮草轮作	1.37	31.86	48.43	43.46	4.97
有机培肥	1.30	33.66	50.78	43.81	6.97
草炭土改良	1.17	43.50	55.94	50.35	5.60
测土施肥	1.36	32.42	48.61	44.06	4.55

4. 不同培肥模式对土壤耕层化学性状的影响 2008 年度土壤耕层化学性状测定结果表明（表 2-32），除测土施肥种植模式外，其余种植模式的土壤有机质、全氮、全磷、全钾等多数都较常规种植模式高，说明留茬覆盖、垄沟种植、粮草轮作、有机培肥和草炭土改良 5 种种植模式都有一定的培肥作用。

表 2-32 不同培肥模式对土壤耕层化学性状的影响（2008 年）

模 式	有机质（g/kg）	pH	全氮（g/kg）	全磷（g/kg）	全钾（g/kg）	碱解氮（mg/kg）	有效磷（mg/kg）	速效钾（mg/kg）
常规种植	12.3	8.30	0.87	0.35	21.12	56	6.9	81
留茬覆盖	13.7	8.30	0.90	0.40	20.82	63	8.9	90
垄沟种植	12.9	8.20	0.93	0.35	21.81	59	7.5	89
粮草轮作	12.6	8.35	0.96	0.35	21.51	52	6.3	83
有机培肥	15.4	7.95	1.19	0.62	21.32	92	139.2	220
草炭土改良	20.2	8.20	1.21	0.40	20.97	86	7.6	80
测土施肥	12.0	8.35	0.84	0.36	21.47	52	13.2	91

经过6年试验，与2007年的基础土样比较可知（表2-33），2012年7种种植模式在有效磷和速效钾的积累上表现为增加，在有机质上表现为持平或增加。常规种植、玉米-花生轮作和测土施肥种植模式碱解氮的降低，可能是产、投不平衡，需要提高氮肥的使用量。同时说明，其他几种培肥模式有很好的培肥地力的效果。其中，效果最佳的是有机培肥模式。

表2-33 不同培肥模式对土壤化学性状的影响（2012年）

模　式	有机质 (g/kg)	增加 (g/kg)	碱解氮 (mg/kg)	增加 (mg/kg)	有效磷 (mg/kg)	增加 (mg/kg)	速效钾 (mg/kg)	增加 (mg/kg)
常规种植	12.7	—	77	—	4.1	—	78	—
留茬覆盖	12.7	0.00	73	−4	6.2	2.1	90	12
垄沟种植	17.6	0.49	90	13	9.3	5.2	154	76
玉米-花生轮作	14.5	0.18	82	5	10.0	5.9	121	43
有机培肥	12.8	0.01	74	−3	19.2	15.1	111	33
草炭土改良	20.5	0.78	100	23	124.0	119.9	250	172
测土施肥	18.4	0.57	97	20	11.8	7.7	114	36

5. 不同培肥模式对土壤微生物的影响　土壤微生物一方面作为进入土壤的天然有机物的转化者，另一方面又是土壤养分特别是N、P、S等的“源”和“库”。因此，土壤微生物量可作为土壤肥力水平的指标之一。在表2-34中，6种培肥模式的微生物总量都比常规种植高，说明6种培肥模式都能促进土壤微生物的生长，有利于作物对土壤养分的吸收。

表2-34 不同培肥模式对土壤微生物的影响（2012年）

处理	细菌 （$\times10^5$ 个/g土）	真菌 （$\times10^2$ 个/g土）	放线菌 （$\times10^3$ 个/g土）	微生物总量 （$\times10^5$ 个/g土）	增加 （$\times10^5$ 个/g土）
常规种植	23.8	18.0	19.7	24.0	—
留茬覆盖	38.8	60.0	47.0	39.4	15.3
垄沟种植	43.2	75.3	43.2	43.7	19.6
玉米-花生轮作	132.5	48.8	106.2	133.6	109.6
有机培肥	270.3	209.2	155.5	272.1	248.0
半量秸秆还田	55.5	50.2	55.3	56.1	32.1
测土施肥	46.0	30.7	47.0	46.5	22.5

6. 不同培肥模式对春玉米根重的影响　植物根系是活跃的吸收器官，根的生长情况直接影响地上部的生长和营养状况及产量水平。从表2-35看出，有机培肥模式的根重与常规种植模式的根重差异显著。有机培肥模式促进了根系的生长发育，为根系更好地吸收土壤中的水分和养分提供了有利条件。

表 2-35 不同培肥模式对玉米根重的影响（g/株）（2013年）

处理	根重	增加
常规种植	27.11a	
留茬覆盖	33.23ab	5.52
垄沟种植	28.33ab	0.62
有机培肥	38.99b	11.28
半量秸秆还田	22.11a	−5.60
测土施肥	25.59a	−2.13

注：不同小写字母表示差异显著。

7. 不同培肥模式对春玉米茎秆强度的影响 从表2-36中可以看出，各培肥模式下玉米茎秆强度随着节位的升高强度逐渐降低，这是因为越往上生长节间越长而壁越薄。在对应的茎秆位置，有机培肥模式的茎秆强度与其他处理差异显著，有机培肥模式能有效地提高作物抗倒伏能力。

表 2-36 不同培肥模式对春玉米茎秆强度的影响（N）（2013年）

处理	第3节	第4节	第5节
常规种植	322.2a	276.9a	251.1a
留茬覆盖	439.3a	343.5a	281.5a
垄沟种植	343.4a	291.5a	233.3a
有机培肥	599.5b	491.2b	377.4b
半量秸秆还田	329.3a	277.8a	217.3a
测土施肥	369.2a	307.5a	247.8a

注：不同小写字母表示差异显著。

8. 不同培肥模式对叶片SPAD的影响 留茬覆盖、有机培肥、半量秸秆还田和测土推荐施肥4种培肥模式在玉米蜡熟期的叶片SPAD都高于常规种植模式。其中，有机培肥模式与常规种植模式的SPAD差异显著。说明有机培肥模式能增加叶片叶绿素含量，增强玉米叶片的光合作用，为增加玉米生育后期的干物质积累奠定了基础（图2-12）。

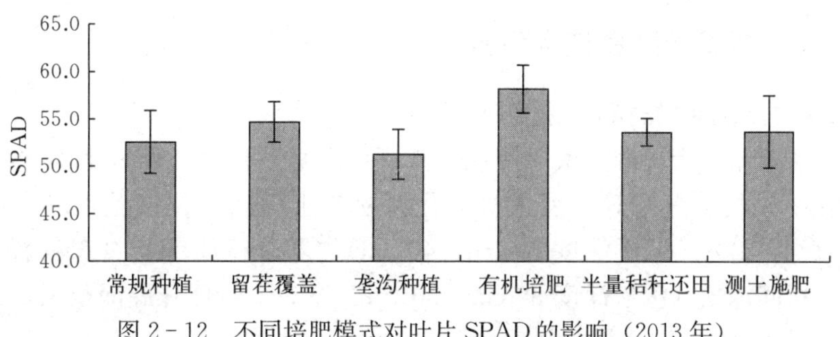

图2-12 不同培肥模式对叶片SPAD的影响（2013年）

9. 不同培肥模式对春玉米产量的影响 从2007—2013年7年的平均产量来看，除玉米-花生轮作种植模式外，其余5种培肥模式均有增产效果，增产6.1%～35.4%，有机培肥的增产效果最显著（表2-37）。

表2-37 不同培肥模式对春玉米产量的影响

处理	产量（kg/hm²）								平均增产（%）
	2007年	2008年	2009年	2010年	2011年	2012年	2013年	平均	
常规种植	7 279.6	7 577.5	5 657.8	7 477.2	6 764.0	7 540.0	8 556.0a	7 264.5	
留茬覆盖	7 586.4	8 120.3	6 034.7	8 530.4	7 748.3	5 792.0	10 155.0bc	7 710.0	6.1
垄沟种植	7 530.8	8 211.8	6 081.2	6 497.0	7 680.0	7 242.7	9 603.0ab	7 549.5	3.9
玉米-花生轮作	—	8 259.0	—	8 298.0	—	8 278.5	—	—	—
有机培肥	9 670.8	9 767.5	7 588.7	8 721.9	9 964.7	11 873.8	11 283.0c	9 838.5	35.4
半量秸秆还田	7 586.4	7 716.5	6 611.6	8 142.9	6 773.9	9 389.2	9 634.5ab	7 980.0	9.8
测土施肥	7 961.1	7 968.9	6 346.4	8 343.5	7 417.9	8 153.0	9 147.0ab	7 905.0	8.8

（三）结论

（1）留茬覆盖种植、留茬垄沟种植和有机培肥种植模式能较好地改善风沙土的保水能力。

（2）留茬覆盖、有机培肥、草炭土改良3种种植模式对改善土壤耕层物理性状具有较好效果。

（3）除常规种植、玉米-花生轮作和测土施肥种植模式外，其他几种培肥模式有很好的培肥地力的效果。其中，有机培肥模式培肥效果最好。

（4）各种培肥模式的微生物总量都比常规种植模式高，说明培肥模式能促进土壤微生物的生长，有利于作物对土壤养分的吸收。

（5）本试验处理中，有机培肥模式最能促进根系的生长发育，为根系更好地吸收土壤中的水分和养分提供有利条件；其茎秆强度最大，能有效地防止作物倒伏，为作物的高产稳产奠定基础；有机培肥模式能增加叶片叶绿素含量，增强玉米叶片的光合作用，为增加玉米生育后期的干物质积累奠定基础。综上所述，有机培肥模式的增产效果最显著。

二、玉米土壤深松改良技术研究

（一）玉米生产田深松时间、深度效果研究

针对辽宁省玉米生产田的土壤耕层浅、犁底层上移的现状，作者于2008—2010年连续3年在沈阳、铁岭、丹东等开展了机械化深松改土田间定位试验，以当地常规耕作（CK）、春季行间深松（深松深度30 cm、40 cm）、夏季行间深松（深松深度30 cm、40 cm）、秋季行间深松（深松深度30 cm、40 cm）等7个处理开展深松增产效果定位研究。试验结果见表2-38。

表 2-38　3 个定位试验区不同深松时间、深度处理对试验品种产量的影响

处理	沈阳		铁岭		丹东	
	3 年平均产量（kg/亩）	增产（%）	3 年平均产量（kg/亩）	增产（%）	3 年平均产量（kg/亩）	增产（%）
常规垄作	594.30	0.00	595.17	0.00	649.04	0.00
春季行间深松 30 cm	648.57	9.13	652.93	9.71	717.65	10.57
春季行间深松 40 cm	652.50	9.79	655.43	10.13	722.70	11.35
夏季行间深松 30 cm	611.20	2.84	628.33	5.57	693.67	6.88
夏季行间深松 40 cm	535.57	−9.88	560.30	−5.86	710.98	9.54
秋季行间深松 30 cm	645.37	8.59	660.90	11.04	689.62	6.25
秋季行间深松 40 cm	652.60	9.81	668.53	12.33	659.68	1.64

沈阳和铁岭地区的试验结果表明，除了夏季行间深松 40 cm 对玉米根系有一定的影响产量产生负效应外，其余的深松时间和深度处理都具有增产作用，增产效果极显著。说明辽宁西部和中部半干旱、辽北半湿润地区推广应用秋季、春季深松都对玉米田有很好的改良效果；丹东地区与沈阳和铁岭地区的增产规律不同，秋季深松的效果显著低于春季和夏季处理，可能与辽南和辽东地区降水量高于中部和北部地区所致，所以该区应主要推广应用春季行间深松耕作方式。

（二）玉米田深松方式研究

2009—2013 年，针对前期深松的增产效应研究，在沈阳定位试验区开展了连续深松和隔年交替深松增产效果研究。仍采用原大区对比试验，对春季深松（当年播种前）30 cm、秋季深松（前一年秋收后）30 cm、隔年春季深松和不深松（对照）4 个处理；并对土壤理化特性、土壤水分变化及玉米生长发育等进行了调查研究。

5 年的试验结果表明，苗期和灌浆期，对照处理土壤容重最高；平均结果极显著高于其他处理土壤容重（P=0.000 1）；拔节期、抽雄吐丝期、灌浆期的春季深松、秋季深松及隔年春季深松处理土壤含水量差异不显著，但以连续春季深松最好，与对照处理（P=0.000 3）达极显著水平；苗期春季行间深松 30 cm 和隔年春季深松处理田间持水量均较高，平均达 40.1%～41.8%；与秋季行间深松 30 cm 和对照处理田间持水量差异均达极显著水平；灌浆期春季行间深松 30 cm 处理与秋季行间深松 30 cm 处理和隔年深松田间持水量差异显著，与对照处理田间持水量差异达极显著水平；拔节期和成熟期测定株高，春季行间深松 30 cm 处理下品种株高均高于其他处理，比对照处理增加 2.8%；拔节期叶面积和叶面积指数，不同处理间差异不大；成熟期 3 个深松处理比对照处理的穗粒数增多（增幅为 5.5%～8.1%），果穗较长，千粒重提高（比对照提高 4.0%～5.5%），生物产量也较高；产量结果表明，不同深松方式都具有显著的增产效应，但不同的深松方式增产效果不同，春季连年深松和隔年深松的增产效应差异不显著，而秋季深松平均增产率降低，主要是 2011—2013 年冬春季雨水偏多，春季深松发挥了散墒效应而提高了增产幅度（表 2-23）。

表 2-39 不同深松方式处理对产量的影响

处理	5年平均产量（kg/亩）	增产（%）
春季深松 30 cm（连续）	699.3	11.25
秋季深松 30 cm（连续）	664.1	5.65
隔年春季深松 30 cm	687.3	9.34
对照	628.6	0.00

综合深松对玉米增产效果分析，推广应用深松技术是土壤改良和提高玉米单产的有效手段，从经济效益和农事简化栽培的角度看，隔年春季深松更具有实用性。

（三）玉米田深松增产机理研究

2011—2013 年，针对深松的增产效应，在沈阳的定位试验区进行了深松增产机理研究。用原大区对比试验，对春季深松 30 cm、秋季深松 30 cm 和不深松（对照）3 个处理进行土壤容重、土壤水分、土壤紧实度、田间持水量、农艺及产量等性状进行调查和分析。

土壤深松 3 年的试验结果表明，深松处理土壤容重（表 2-40）在苗期和灌浆期都有降低，苗期春季深松降低 5.69%、秋季深松降低 4.89%，灌浆期春季深松降低 7.07%、秋季深松降低 8.12%；土壤紧实度（表 2-41）较对照苗期、灌浆期春季深松平均降低 3.38%和 5.93%，秋季深松降低 2.54%和 8.5%；灌浆期土壤含水量和田间持水量都有提高。

表 2-40 不同时期深松处理对土壤容重的影响

测定深度（cm）	春季深松 30 cm				秋季深松 30 cm				不深松（对照）	
	苗期土壤容重（g/cm³）	较对照（%）	灌浆期土壤容重（g/cm³）	较对照（%）	苗期土壤容重（g/cm³）	较对照（%）	灌浆期土壤容重（g/cm³）	较对照（%）	苗期土壤容重（g/cm³）	灌浆期土壤容重（g/cm³）
0～10	1.58	−1.86	1.53	−6.71	1.43	−11.18	1.47	−10.37	1.61	1.64
10～20	1.55	−7.74	1.52	−12.14	1.66	−1.19	1.49	−13.87	1.68	1.73
20～30	1.56	−6.59	1.61	−2.42	1.6	−4.19	1.63	−1.21	1.67	1.65
30～40	1.57	−6.55	1.59	−7.02	1.63	−2.98	1.59	−7.02	1.68	1.71
平均	1.57	−5.69	1.56	−7.07	1.58	−4.89	1.55	−8.12	1.66	1.68

注：测定值为 3 年平均。

表 2-41 不同时期深松处理对土壤紧实度的影响

测定深度（cm）	春季深松 30 cm				秋季深松 30 cm				不深松（对照）	
	苗期土壤紧实度（kg/cm²）	较对照（%）	灌浆期土壤紧实度（kg/cm²）	较对照（%）	苗期土壤紧实度（kg/cm²）	较对照（%）	灌浆期土壤紧实度（kg/cm²）	较对照（%）	苗期土壤紧实度（kg/cm²）	灌浆期土壤紧实度（kg/cm²）
0～10	14.2	−2.07	1.53	−6.71	12.8	−11.72	1.47	−10.37	14.5	1.64
10～20	13.9	−7.95	1.52	−12.14	14.9	−1.32	1.49	−13.87	15.1	1.73

（续）

测定深度（cm）	春季深松 30 cm				秋季深松 30 cm				不深松（对照）	
	苗期土壤紧实度（kg/cm²）	较对照（%）	灌浆期土壤紧实度（kg/cm²）	较对照（%）	苗期土壤紧实度（kg/cm²）	较对照（%）	灌浆期土壤紧实度（kg/cm²）	较对照（%）	苗期土壤紧实度（kg/cm²）	灌浆期土壤紧实度（kg/cm²）
20～30	14	−2.78	1.61	−1.23	14.4	0.00	1.53	−6.13	14.4	1.63
30～40	13.8	−0.72	1.59	−3.64	14.3	2.88	1.59	−3.64	13.9	1.65
0～40 平均	13.98	−3.38	1.56	−5.93	14.10	−2.54	1.52	−8.50	14.48	1.66

注：测定值为 3 年平均。

土壤含水率的测定结果为表 2－42，春季深松和秋季深松与对照比较，整个生育时期各个测定深度的土壤含水率均有提高，尤其 0～20 cm 和 0～40 cm 含水量提高的幅度最大，说明深松可以有效地提高耕层的保水能力。

表 2－42　不同时期深松处理对土壤含水率的影响（%）

处理	测定深度（cm）	日期（月－日）									平均	提高幅度
		5－28	7－8	7－25	8－4	8－14	8－24	9－3	9－13	9－23		
春季深松 30 cm	0～20	23.6	24.4	21.8	32.6	33.7	38.9	24.1	23.6	18.5	26.80	4.78
	20～40	22.4	26.6	46.6	41.8	37.3	19.5	24.8	24.1	20.4	29.28	5.27
	40～60	23.2	26.8	31.2	34.3	32.1	32.8	29.3	27.9	23	28.96	2.00
	60～80	—	27.4	32.2	34.8	31.8	31.2	29.4	29.8	23.7	30.04	1.50
	80～100	—	29.3	32.4	30.3	34.4	28.7	27	29.4	21.1	29.08	−0.85
	100～120	—	33.3	33.4	31.1	33.9	27.9	27.2	28.4	20.5	29.46	2.51
秋季深松 30 cm	0～20	24.5	25.1	22.9	28.9	34.6	27.8	21.4	21.7	19.6	25.17	3.14
	20～40	28.9	22.8	33.2	29.9	36.6	36.3	23.1	22.7	19.4	28.10	4.09
	40～60	16.2	37.2	33.5	29.6	28.5	35.5	25.2	26.9	22.7	28.37	1.41
	60～80	—	37.6	32.3	31.1	34.1	34.1	26	26.7	23.1	30.63	2.09
	80～100	—	36.6	32.9	32.1	36.3	35.5	25.7	23.9	21.5	30.56	0.64
	100～120	—	36.4	36.1	29.3	29.3	35.8	26.1	25.4	20.5	29.86	2.91
对照	0～20	22.5	25.5	23.2	21.4	29.6	15.2	20.1	23.9	16.8	22.02	—
	20～40	19.6	33.4	25.1	24.5	23.3	28.1	21.2	20.8	20.1	24.01	—
	40～60	32	37.3	25.5	25.6	20.4	27.1	26.4	25	23.3	26.96	—
	60～80	—	35	26.2	32.5	21.5	33.9	28.6	28.5	22.1	28.54	—
	80～100	—	35.5	32	35.1	27.2	35.9	25.4	28.4	19.9	29.93	—
	100～120	—	33.8	31.1	28.4	29.4	24.9	23.5	25.6	18.9	26.95	—

田间持水量测定的结果为（表 2－43），苗期春季深松处理田间持水量 3 年均较高，平均值分别是 40.1%和 41.8%；与对照比较达极显著水平（$P=0.0005$）；灌浆期，春季

深松与秋季深松田间持水量差异显著（$P=0.0191$），与对照处理田间持水量差异达极显著水平（$P=0.0004$）。

表 2-43 不同处理土壤田间持水量比较表（%）

处理	测定深度（cm）	苗期 3 年平均	灌浆期 3 年平均
春季深松 30 cm	0～10	48.8	48.6
	10～20	36.5	30.8
	20～30	35.1	49.7
	30～40	—	38.2
秋季深松 30 cm	0～10	26.6	33.9
	10～20	32.0	37.2
	20～30	27.6	42.0
	30～40	—	42.2
对照	0～10	29.4	29.3
	10～20	26.4	32.8
	20～30	34.0	32.1
	30～40	—	36.9

农艺性状调查分析结果为，拔节期和成熟期测定株高，春季深松处理下品种株高均高于其他处理，比对照株高增加 2.8%（图 2-13）；拔节期叶面积平均值为 2.3，不同处理间差异不大（图 2-14）。成熟期产量性状测定如表 2-44，春季深松、秋季深松比对照处理的穗粒数增多（提高 5.5%、2.9%），果穗增长，千粒重提高 4.0%和 2.9%，生物产量也显著提高。

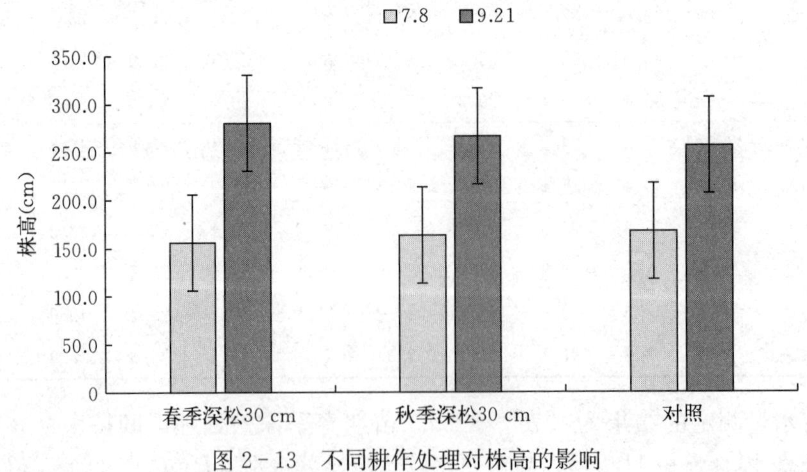

图 2-13 不同耕作处理对株高的影响

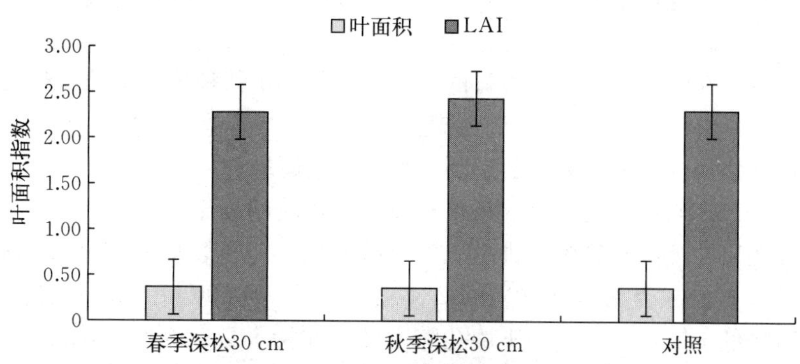

图 2-14　不同耕作处理对叶面积和叶面积指数的影响

表 2-44　不同深松处理对产量性状的影响（3 年平均）

处理	穗粒数（粒）	穗长（cm）	穗粗（cm）	千粒重（g）	秃尖长（cm）	空秆率（%）	生物产量（kg/亩）
春季深松 30 cm	438	17.3	5.3	464.7	1.3	1.9	1 648.1
秋季深松 30 cm	427	16.7	5.3	459.1	0.8	2.5	1 625.8
对照	415	16.3	5.3	446.9	1.6	0.0	1 368.1

产量结果表明，深松具有显著的增产效应，不同深松时间的增产效应不同。试验结果是春季深松增产效果最好，与 2008—2010 年的结果略有差异，主要是与 2011—2013 年冬春季雨水偏多有关系，春季深松发挥了散墒效应（表 2-45）。

表 2-45　不同深松处理对产量的影响

年度	处理	产量（kg/亩）	增产（%）
2011	春季深松 30 cm	652.5	9.13
	秋季深松 30 cm	631.9	5.69
	对照	597.9	0.00
2012	春季深松 30 cm	739.7	21.60
	秋季深松 30 cm	674.3	10.85
	对照	608.3	0.00
2013	春季深松 30 cm	705.7	4.10
	秋季深松 30 cm	685.8	1.17
	对照	677.9	0.00

三、玉米秸秆粉碎还田地力培育技术研究

（一）还田周期

慕平（2012）进行的 3 年、6 年、9 年连续全量秸秆粉碎还田（9 800 kg/hm^2）试验结果表明，耕层 0～30 cm 土层土壤有机质、全氮、全磷含量大幅增加，碱解氮、速效钾

显著增加，而有效磷变化幅度较小；还田年数越多，土壤容重降幅越大，根系活力和根长增幅越大。

张鹏（2012）在辽南半干旱区进行的谷子、玉米3年秸秆还田量的试验结果表明，秸秆还田增加0～40 cm土层>0.25 mm团聚体含量、平均重量直径和几何平均直径，机械稳定性团聚体和水稳性团大聚体的数量随秸秆还田量而增加。

高洪军（2011）通过比较等氮等量秸秆与化肥比较的黑土10年定位试验研究结果认为，玉米秸秆还田处理没有显著促进黑土有机碳积累，但显著提高了土壤氮素供应水平，玉米产量没有差异。战秀梅（2014）的2年秸秆还田（6 000 kg/hm^2）定位试验结果表明，隔年还田降低土壤容重、增加土壤孔隙度和田间持水量、降低土壤碱解氮、有效磷；连续秸秆还田后，土壤容重持续下降、土壤孔隙度和田间持水量持续增加，土壤碱解氮和有效磷增加。

（二）秸秆还田数量

秸秆还田的数量直接影响土壤中秸秆的腐解与转化，存在最适秸秆还田数量。由于考察的目标不同，最佳秸秆还田数量也不相同。此外，由于土壤的氧化还原状态、秸秆来源不同，其最适秸秆还田的数量也不相同。

张静（2010）进行不同秸秆还田数量对下茬小麦影响试验的结果表明，处理后土壤有机质含量随着还田秸秆数量的增加而增加，土壤微生物碳、微生物氮则以中等秸秆数量最高。王丹丹（2013）研究表明，在0～6 000 kg/hm^{2}的秸秆用量范围内，土壤易氧化态碳（即活性有机质）含量随着还田秸秆数量的增加而增加。

张彬（2010）进行的秸秆还田数量与速效养分关系的研究结果表明，在秸秆还田量0～7 500 kg/hm^{2}范围内，速效养分在2 500～5 000 kg/hm^{2}范围内存在极值，但不同养分存在土层差异，其中碱解氮为0～20 cm土层，有效磷为0～10 cm土层，速效钾为0～5 cm土层。董守坤（2011）两年时间的玉米秸秆全量还田能够增加土壤有机质、全磷、全钾、碱解氮含量、速效钾含量。

在沈阳农业大学试验地进行的秸秆还田数量试验结果表明（图2-15～图2-17），随着还田秸秆数量的增加，产量呈现典型的抛物线特征，穗位高度随还田秸秆数量的增加而下降；土壤容重随着还田秸秆数量的增加而下降，但田间最大持水量呈抛物线变化特征；土壤碱解氮和速效钾为典型的抛物线变化特征，有效磷持续下降，有机质逐渐上升。由此可见，适宜的秸秆还田量可以增加玉米产量、土壤田间最大持水量、碱解氮及速效钾含

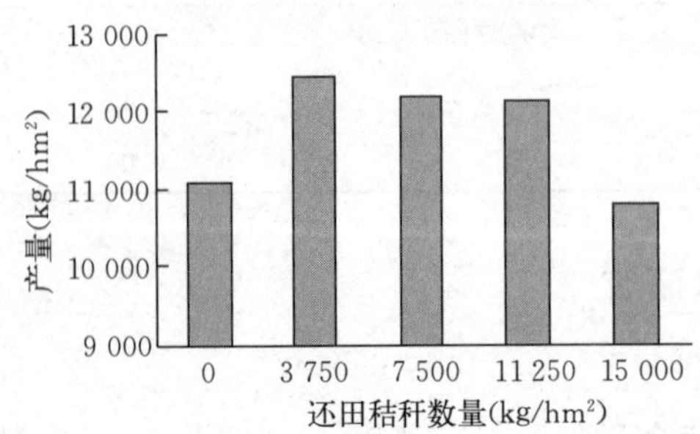

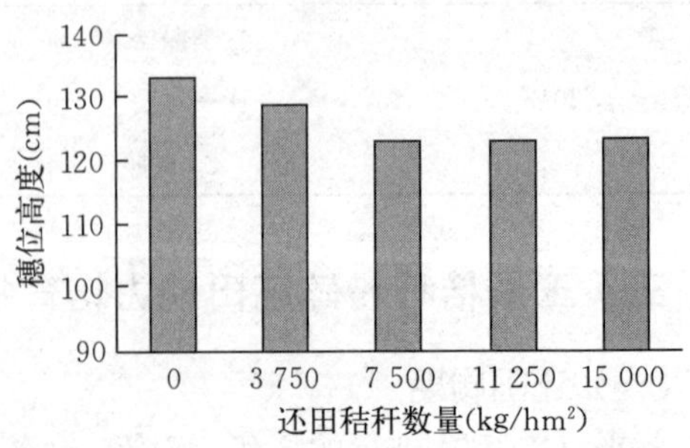

图2-15 不同秸秆还田数量对产量和穗位高度的影响

量，降低穗位高度，但有机质含量在秸秆还田达到一定数量后不再增加；当还田秸秆数量过大时应考虑适量补充磷肥以防止土壤有效磷含量的下降。

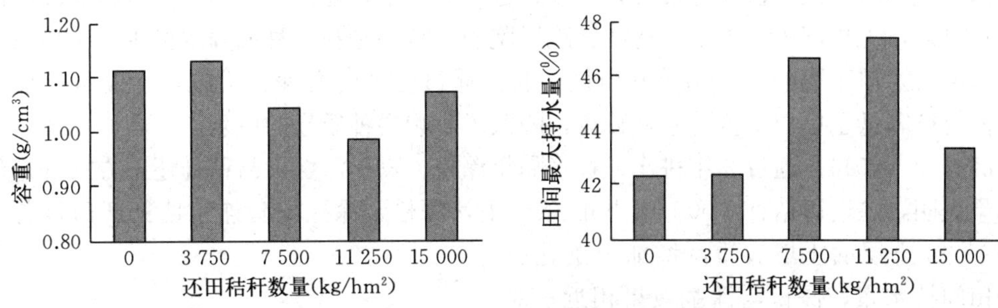

图 2－16　不同秸秆还田数量对土壤容重和田间最大持水量的影响

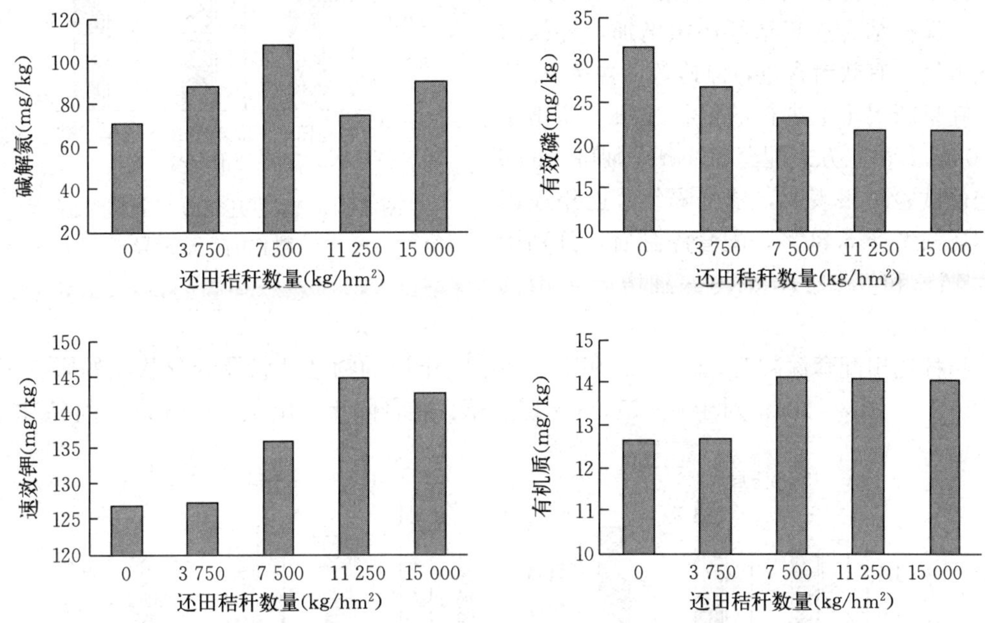

图 2－17　不同秸秆还田数量对土壤养分的影响

(三) 碳氮比

在秸秆还田的同时，要配合施入氮肥，保持土壤合理的碳氮比。秸秆还田后，秸秆腐烂的过程中会发生反硝化作用，微生物会吸收土壤中的氮素。土壤微生物分解有机物较合适的 C/N 为 25，而玉米秸秆 C/N 分别约为 85，刘世平（2006）认为在秸秆还田中应调整碳氮比。

高金虎（2011）在辽西风沙半干旱区进行的秸秆还田配施氮肥试验也证明，秸秆还田数量对玉米生长及水分利用效率的影响存在极值的现象，在配施纯氮 420 kg/hm^2 的条件下，最佳的秸秆还田数量为 6 000～9 000 kg/hm^2。

张电学（2005）通过玉米秸秆还田（4 500 kg/hm^2）进行 2 年田间定位试验研究表明，在当地土壤条件下进行碳氮比调节［（15～35）：1］并未影响秸秆转化、氮磷水平，但加入秸秆腐解菌剂后这种情况明显改变。

（四）配套耕作制度

由于我国耕层浅，仅通过常规旋耕方式进行全量秸秆还田，必然导致单位土体中的秸秆数量过多，大幅度增加土壤通透性、跑风跑墒，特别是在播种期降水稀少、土壤供水不足的情况下，严重影响作物出苗和苗期生长。通过合理配套深耕措施，不仅可以加深耕层，同时还降低了单位土体的秸秆数量，降低了影响播种质量的风险。

战秀梅（2014）通过 2 年耕作方式（隔年深松、隔年深翻）与秸秆还田方式的定位试验结果表明，在还田秸秆 6 000 kg/hm^2 条件下，深松、深翻配套连年秸秆还田显著降低 10～25 cm 土层的土壤容重、增加土壤孔隙度和田间持水量，深松与深翻效果相近；对于土壤碱解氮、有效磷、速效钾含量，深松或深翻增加，深松或深翻结合当年秸秆还田下降，深松结合连年秸秆还田增加，补氮增加碱解氮、有效磷含量，但速效钾含量下降。

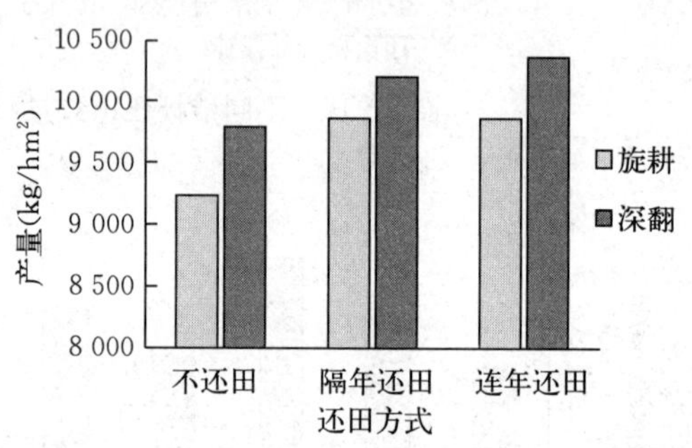

图 2－18　秸秆还田方式配套深翻耕作的产量差异

在阜新褐土上进行的秸秆还田（还田量 6 000 kg/hm^2）方式配套 30 cm 深翻耕作的 6 年定位试验结果表明，秸秆隔年、连年还田比不还田增产 6.85%，配套深翻后，分别增产 4.16% 和 5.84%，平均深翻增产 4.81%（图 2－18）。

秸秆还田配套深翻对 0～15 cm 和 15～30 cm 土层的物理性状及养分状况的影响不同（图 2－19、图 2－20）。对于 0～15 cm 土层土壤：秸秆隔年还田比不还田的田间持水量、

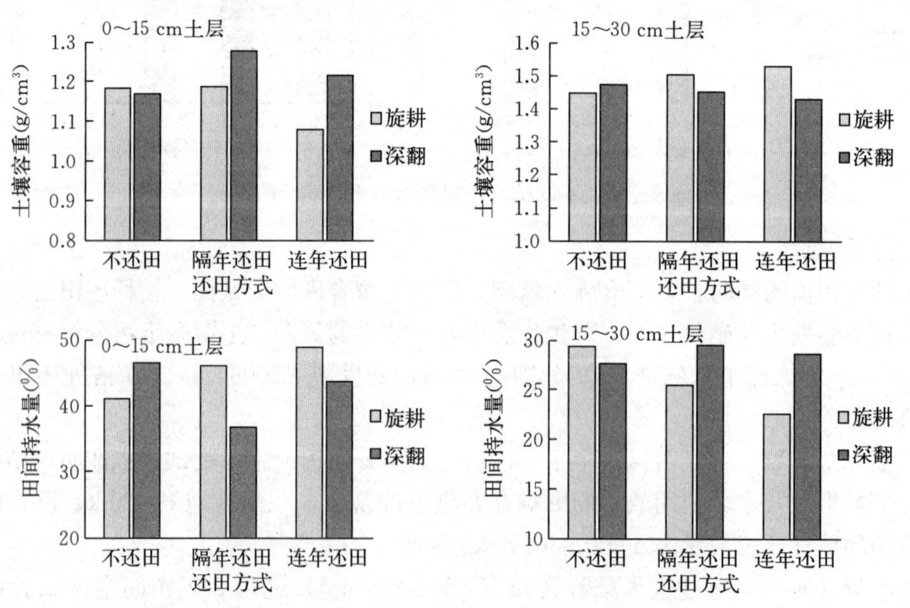

图 2－19　秸秆还田方式配套深翻耕作的土壤物理性状差异

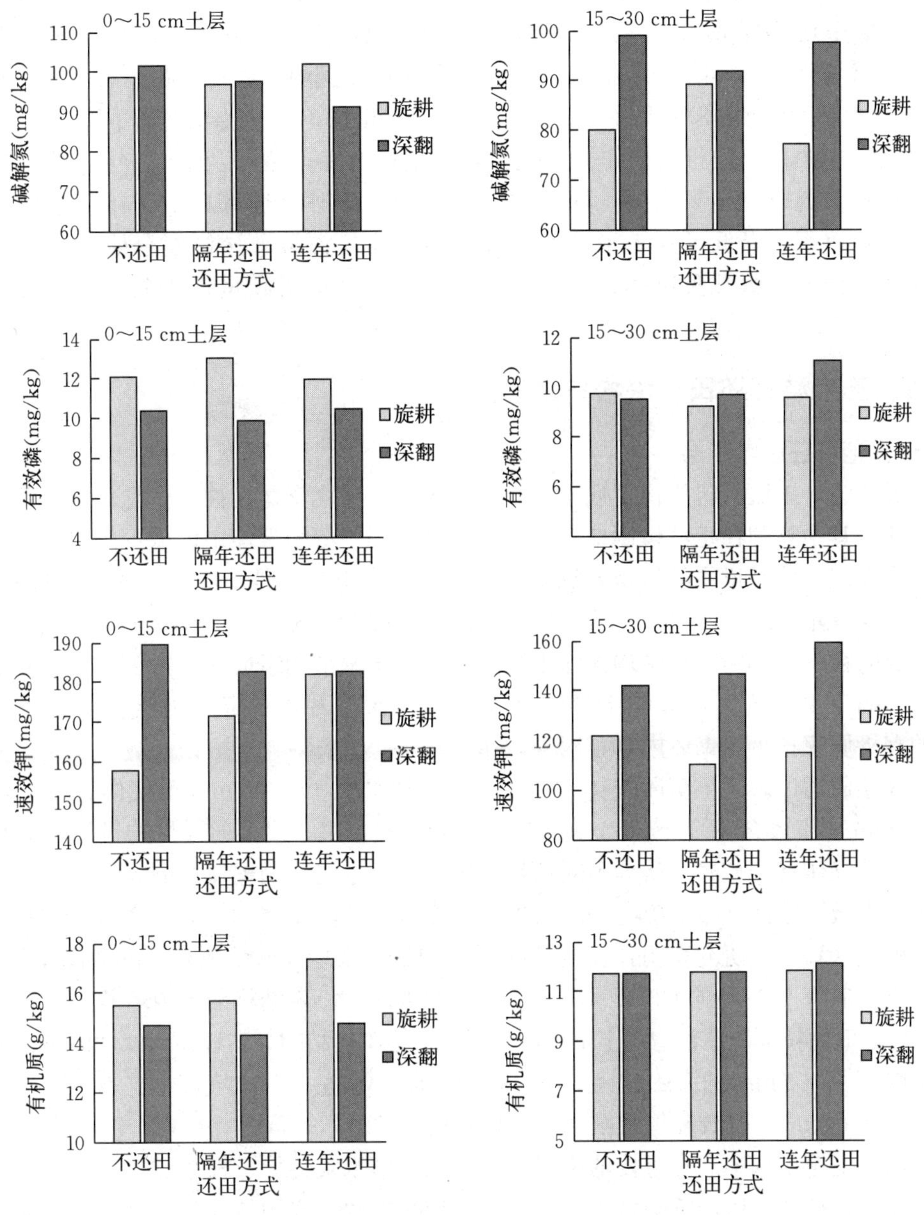

图 2-20　秸秆还田方式配套深翻耕作的土壤养分差异

有效磷、速效钾分别增加 12.25%、7.69%、8.67%，配套深翻比仅深翻的土壤容重增加 9.34%，田间持水量、碱解氮、有效磷和速效钾分别下降 20.02%、3.83%、4.42%和 3.52%；秸秆连年还田比不还田的田间持水量、碱解氮、速效钾和有机质含量分别增加 19.41%、3.50%、15.43%和 11.93%，土壤容重下降 8.82%，配套深翻比仅深翻的容重增加 3.86%，田间持水量、碱解氮、速效钾分别下降 5.88%、10.02%、3.52%。对于 15～30 cm 土层，秸秆隔年还田比不还田的土壤容重、碱解氮分别增加 3.85%、11.46%，田间持水量、有效磷、速效钾分别下降 13.37%、5.31%、9.59%，配套深翻比仅深翻的田间持水量和速效钾含量分别增加 6.66%和 3.29%，碱解氮下降 7.23%；秸秆连年还田比不还田的土壤容重增加 5.84%，田间持水量、碱解氮、有效磷和速效钾分别下降 23.13%、3.88%、2.06%和 5.75%，配套深翻比仅深翻的田间持水量、有效磷、速效钾和有机质含量分别增加 3.41%、16.01%、11.97%和 3.33%，土壤容重下降 3.01%。

赵亚丽（2014）进行的耕作方式配套秸秆还田与冬小麦-夏玉米一年两熟农田土壤呼吸特征关系的研究结果表明，深翻和深松增加土壤呼吸速率；秸秆还田增加冬小麦的土壤呼吸速率、降低了夏玉米季的土壤呼吸速率；深翻、深松配套秸秆还田增加了两季作物生长期土壤呼吸速率；土壤呼吸速率与土壤有机碳呈正相关、与土壤紧实度呈负相关。

四、玉米秸秆还田+深松技术研究

（一）秸秆还田与耕层

一般认为，土壤有机质稳定性主要有 3 种机制，即化学稳定性、生物化学稳定性和物理稳定性，其中物理稳定性机制即有机质通过结合到土壤团聚体中以减少矿化分解、提高稳定性是固定土壤有机质的最重要机制。因此，土壤团聚体是土壤养分的“储藏库”，其数量的多少一定程度上反映了土壤供储养分能力的高低（Six J et al，2000）。由土壤颗粒胶结形成的粒状或小团块状结构体即土壤团聚体是土壤结构组成的基本单位，其质量和数量不仅影响土壤肥力，还影响土壤的抗蚀能力、承载力和固定有机质容量，表土中达 90%的有机质存在于团聚体内（张国等，2011）。

秸秆还田通过影响土壤团聚体大小比例（即增加大于 0.05 mm 团聚体含量，降低小于 0.05 mm 团聚体含量），改变土壤结构，达到疏松土壤、改善通透性的目的。史银光等（2010）、孙汉印（2012）等认为不同秸秆还田方式对各级别团聚体影响有差异，秸秆还田后，大、中微团聚体（＞0.053 mm）的含量增加，微团聚体（＜0.053 mm）的含量下降。许绣云（1996）研究表明，长期配施稻草增加土壤中 1～0.05 mm 的微团聚体含量、降低黏粒分散率。李小刚（2002）向土壤中添加玉米、小麦秸秆的室内培养结果表明，秸秆可显著降低黏粒分散性，增加土壤黏性、稳定土壤团粒结构。秸秆还田处理田块 0～10 cm 表层土壤 1～0.05 mm 的大团粒比不还田处理增加 20%左右，土壤容重比不还田处理降低 0.17～0.25 g/cm^3，有效改善土壤结构（马永良，2003）。

孔隙是土壤结构中非常重要的组成部分，对土壤水气传导、根系穿扎及土壤生物活动有重要影响，秸秆还田能够降低土壤容重、增加孔隙度。施用秸秆改善土壤物理性状，增加土壤通透性，提高土壤蓄水保肥能力，有利于作物根系的生长发育及吸收活动的进行；秸秆粉碎翻压还田效果大于覆盖还田。周凌云（1996）在黄潮土麦田连续 3 年秸秆覆盖还田试验结果表明，0～20 cm 耕层土壤容重下降了 1.5%，总孔隙度增加了 2%。武志杰（2002）研究表明，玉米秸秆还田后土壤容重比对照下降了 4.38%～8.03%，并且土壤通气与水分状况显著改善，最大田间持水量提高 0.74%～6.41%，土壤密度降低，总孔隙度增加 8.64%～18.65%。机械化秸秆全量还田能够降低土壤耕作层容重，这有利于作物根系向下生长。李玮（2014）在土壤质地黏重、结构性差的砂姜黑土区进行连续 4 年的冬小麦-夏玉米秸秆还田的结果表明，对于 0～20 cm 土层，秸秆还田可降低土壤容重

2.5%～9.2%，提高含水量 8.2%～28.5%和表层土壤储水量 4.1%～19.9%；增加土壤总孔隙度 1.1%～8.9%、毛管孔隙度 18.9%～41.0%，非毛管孔隙度降低 6.4%～38.8%，土壤毛管孔隙度占土壤总孔隙度的比例增加。

由于秸秆还田后中、大团聚体数量增加、容重下降、孔隙度增加，使得土壤的保水能力得以改善。无论是秸秆覆盖还是粉碎翻压还田，均能够减少土壤水分散失，增加土壤含水量。乔海龙（2006）通过土表下 20 cm 处铺设 3 cm 厚玉米秸秆隔层的土柱试验表明，在灌溉水分入渗时，秸秆隔层既阻碍了土壤重力水向下层的入渗，同时也隔断了水分通过土壤毛细管向地表的运移和蒸发，从而起到了深层土壤的蓄水保墒作用。曲学勇（2009）研究表明，玉米秸秆还田可提高下茬小麦土壤含水量。

（二）深松与耕层

深松是将深松铲深入土层通过拖拽方式加深耕层的耕作方式，通常为间隔深松。深松可以有效打破犁底层，增加土壤保水保肥能力。在东北地区，按照作业时间，深松可分为苗期深松和秋季深松。苗期行间深松能够快速提高土壤保水能力，但深松作业只能在苗期特定时段进行，操作时间有限；秋季深松是在作物收获后进行，只要土壤墒情和温度适宜均可作业。

深松增加水分入渗深度，增加作物生长阶段的土壤含水量。王仕新（1996）对辽西半干旱地区的深松中耕研究表明，深松打破了犁底层，减小了土壤容重及穿透阻力，增加了表层及亚表层土壤的孔隙度，土壤水分入渗可达 80 cm。苗期行间深松后，土壤水分入渗深度增加了 100%（肖继兵，2011）。

对于灌区，深松达到了旱时保水、涝时通透、提高水分利用率的目标。秦红灵（2008）研究表明，深松增加莜麦生育期内 0～100 cm 土壤的贮水量，干旱少雨时增加深层土壤含水量，降雨集中时增加表层土壤含水量。

连续深松效果大于隔年深松，苗期深松大于秋季深松。深松能提高玉米生长前中期 0～40 cm 土层特别是表层土壤的含水量；秋季深松优于苗期深松，苗期深松各层土壤含水量增幅低于 10%，秋季深松则达到了 10%～23%（李旭，2009）。王福亮（2010）进行的深松时间和深松深度试验结果表明，秋季深松好于春季深松，而春季深松好于夏季深松；深松 40 cm 的好于深松 30 cm；深松后的土壤在玉米拔节前土壤含水量较低，但拔节后土壤含水量升高，有利于玉米后期的生长发育。宫亮（2011）的连年深松和隔年深松结果表明，在玉米拔节期到抽雄期阶段，深松提高土壤含水量，且连续深松大于隔年深松。

深松降低土壤容重和坚实度，有效地疏松了土壤，增加土壤的通透性能。深松后 10～40 cm 土层土壤容重下降了 11.8%，0～40 cm 土层土壤含水量增加 10.4%，15～25 土层田间持水量增加 21.7%（宫秀杰，2009）。齐华（2012）试验认为，深松后 10～30 cm 土壤容重和紧实度显著降低、增强透水性和蓄水能力，行行深松效果大于隔行深松。刘玉涛（2012）研究表明，春季播前深松、苗期深松均疏松了 15～25 cm 土层，其中春季播前深松的土壤坚实度和容重降幅低于 10%，而苗期深松土壤坚实度和容重降幅则分别达到了 51.51%和 25.85%。深松后作物生长期内表层土壤容重和紧实度显著下降，尤以玉米吐丝期更加明显（李霞，2014）。

（三）玉米秸秆还田＋深松与耕层

深松加深耕层、降低土壤容重、增加土壤孔隙度和通透性，促进了土壤好气性微生物的繁殖，从而加快土壤矿化和营养成分释放，同时也不可避免地消耗土壤有机质，因此深松条件下必须采取保持甚至提高土壤有机质含量的有效措施。张久明（2013）采用深松配套秸秆还田（覆盖和粉碎还田）研究结果表明，通过深松和秸秆还田后土壤结构均较未深松对照（CK）明显改善，田间持水量提高了 3.30%～6.78%，孔隙度提高 2.90%～5.63%，秸秆粉碎还田效果优于覆盖秸秆还田。赵伟（2012）以常规栽培方式为对照，进行深松配套无秸秆还田、秸秆直接还田、秸秆腐解还田和秸秆过腹还田的研究结果表明，不同秸秆还田处理土壤容重降低 0.09～0.19 g/cm^3；土壤比重增加 19.82%～29.49%；土壤总孔隙度增加 18.23%～22.26%；深松降低土壤容重，其中秸秆直接还田和秸秆腐解还田降幅最大；深松增加土壤比重，其中深松配套秸秆直接还田增幅最大；深松增加土壤总孔隙度，深松配套秸秆直接还田增幅最大，其次是秸秆腐解还田。李凤博（2009）进行深耕结合秸秆还田的研究结果表明，秸秆还田结合深耕能够降低土壤的容重和坚实度、提高总孔隙度，增加土壤有机质和速效养分含量。张丽（2015）采用野外试验和室内分析相结合的方法研究深松结合秸秆还田耕作技术对晋中北部地区主要类型土壤特性影响的研究结果表明，深松可以打破土壤犁底层，显著降低黏土和壤土 10～30 cm 土层的土壤容重，提高黏土和壤土的总孔隙度和毛管孔隙度，改善土壤固、液、气三相状况，深松结合秸秆还田进一步优化了壤土耕层环境，同时显著降低了玉米拔节期土壤地表结皮的厚度和紧实度。

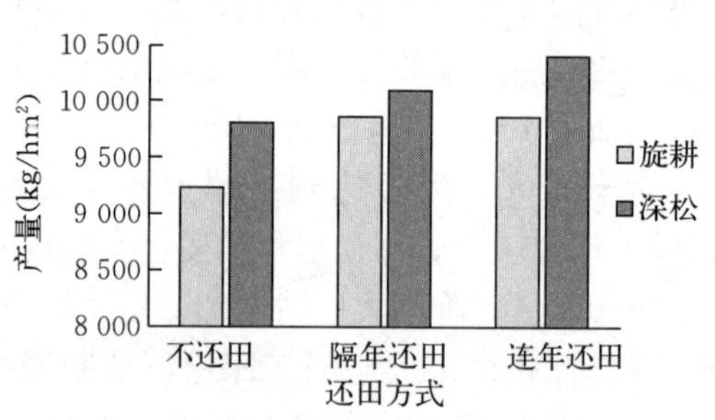

图 2-21 秸秆还田方式配套深松耕作的产量差异

在阜新褐土进行的秸秆还田（还田量 6 000 kg/hm^2）方式配套 30 cm 深松耕作的 6 年定位试验结果表明，秸秆隔年、连年还田比不还田增产 6.85%，配套深松比仅深松分别增产 2.82%和 6.03%（图 2-21）。

秸秆还田配套深松对 0～15 cm 和 15～30 cm 土层的物理性状及养分状况的影响不同（图 2-22、图 2-23）。对于 0～15 cm 土层，与仅深松相比，秸秆隔年还田配套深松的田间持水量和有机质含量分别增加 4.19%和 4.74%，容重、碱解氮和速效钾含量分别下降 3.69%、5.27%和 2.12%；秸秆连年还田配套深松的田间持水量、碱解氮、有效磷、速

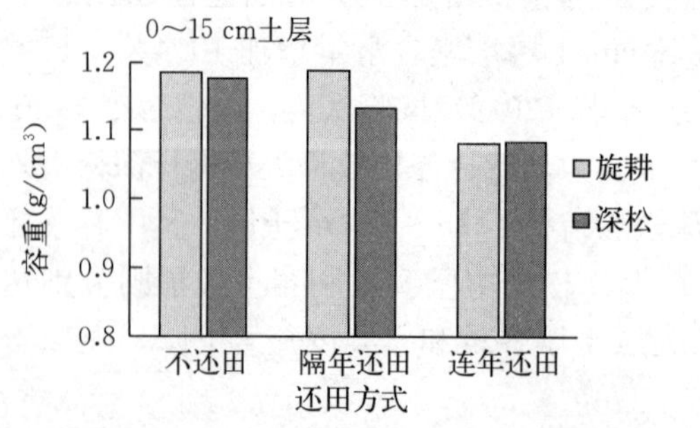

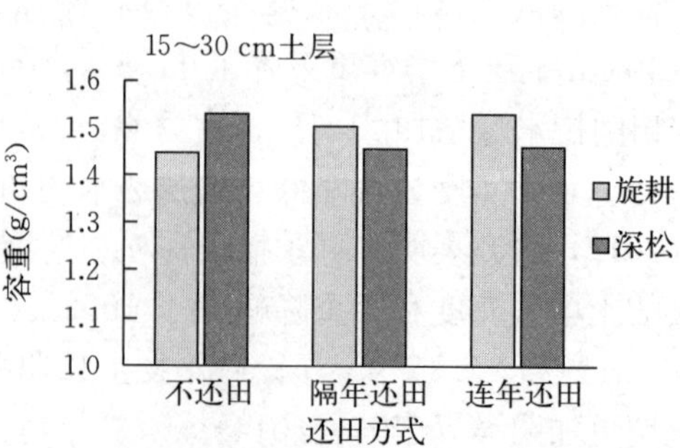

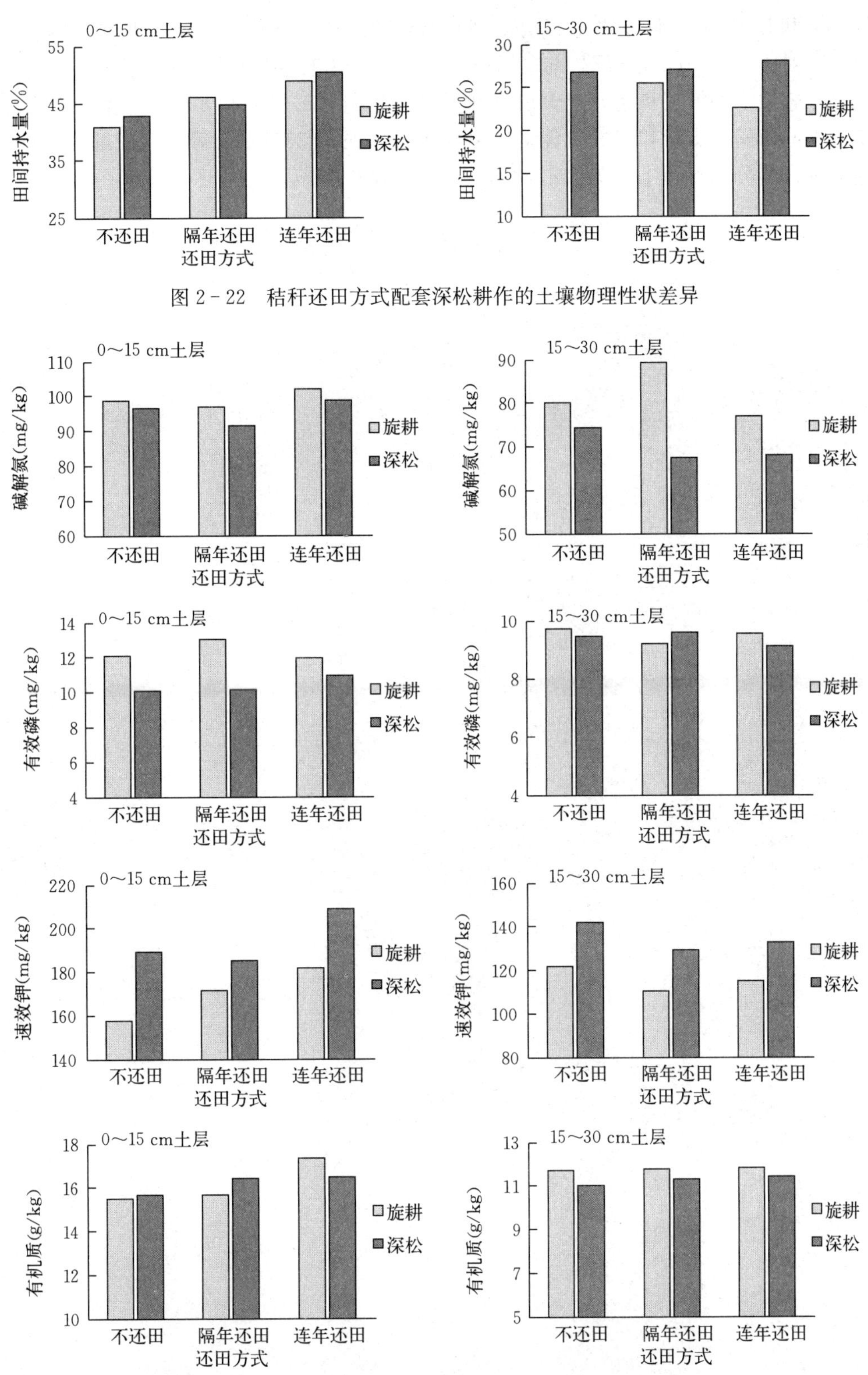

图 2-22　秸秆还田方式配套深松耕作的土壤物理性状差异

图 2-23　秸秆还田方式配套深松耕作的土壤养分差异

效钾和有机质含量分别增加 17.25%、2.17%、8.55%、10.41%和 5.12%，容重下降 7.71%。对于 15～30 cm 土层，与仅深松相比，秸秆隔年还田配套深松的有机质含量增加 2.88%，容重、碱解氮和速效钾含量分别下降 4.88%、9.21%和 8.92%；秸秆连年还田配套深松的田间持水量和有机质含量分别增加 4.80%和 3.45%，容重、碱解氮、有效磷和速效钾含量分别下降 4.64%、8.58%、3.71%和 6.57%。

第三章
辽宁玉米节水节肥栽培技术研究

第一节　中低产玉米肥水资源高效利用研究

一、适宜覆膜播种时期的筛选

玉米的不同播种时期是影响其出苗和苗齐的重要因素。为了揭示适宜播种期与产量的关系，于2014年在辽宁西部的阜新地区开展了田间试验，试图以产量和有效穗数为指标，分析出不同播期对植株生长发育的影响，确定最适宜的播种时期，以应对气候变化，为辽西地区玉米的高产高效生产提供参考。

1. 试验区概况　试验设在阜蒙县。阜蒙县位于辽宁省西部低山丘陵区（北纬41°41′～42°56′，东经121°01′～122°56′，平均海拔213 m），作物生育期平均气温20.2 ℃，10 ℃以上积温2 900～3 400 ℃。无霜期135～165 d，年日照时数2 865.5 h，生育期日照时数1 295.8 h，年均降水量493.1 mm，年均蒸发量为1 847.6 mm。试验区地下水埋深大于8 m，土壤质地为沙壤土，田间持水量23.0%。

2. 试验设计　试验设4月16日、4月21日、4月26日、5月1日4个播种时期，选用品种是先玉698，种植密度为60 000株/hm^2，小区面积30 m^2。播种方式为覆膜播种，成熟期测定产量。

3. 结果分析　产量结果表明（表3-1），与常规播种期5月1日相比，其余三个播种期的产量均有不同程度的提高，以播种期4月16日和4月21日的产量分别提高5.4%和6.7%，播种期为4月26日处理的产量降低7.6%。适宜的播种时期对产量有明显的影响。

表3-1　播期试验不同处理的产量结果

序号	播期	产量（kg/hm^2）	提高比例（%）
1	4月16日	11 391.0±708.0*	5.4
2	4月21日	11 544.0±1 714.5*	6.7
3	4月26日	9 987.0±1 630.5*	−7.6
4	5月1日	10 809.0±1 545.0	—

注：*表示差异显著。

4. 结论　试验区膜下滴灌播种时期以4月16～21日为宜，以更好地发挥覆膜播种的增产优势。

二、经济高效型土壤保水剂研制与应用

（一）农用土壤保水剂的研制及其性能测试

保水剂又称高吸水性树脂，是一种由具有化学亲水基团的有机碳链相互交联形成的三维网状树脂胶体（Wang Zhiyu et al.，2006）。它能够吸收几十到几千倍自重的水分而变成水凝胶，在一定压力下水凝胶中的水分也不容易释放出来（黄占斌，2005）。新型保水剂制备多采用天然材料，如淀粉、纤维和多糖类物质，新型保水剂胶体因为具有高亲水性，低毒和可生物降解性能而备受青睐（郭焱等，2007）。但保水剂应用于农业，要求其具备较好的保水性能，生产成本低廉，且具有良好的生物兼容性，这使得其在农业中应用仍然是一项难题（李杰等，2004）。

目前，玉米秸秆被当作农业废弃物焚烧，不仅污染环境，而且造成了生物资源浪费。但是，玉米秸秆中含有 30%～40%的纤维素、半纤维素和木质素类天然长碳链高分子物质（王迎军等，2005）。其中，纤维和部分半纤维成分经化学改性后可以作为接枝交联的骨架材料加以利用（庄文化等，2007）。原料和配剂用量和反应温度会对保水剂的性质产生影响（党秀丽等，2005）。本研究以玉米秸秆为原料，通过化学方法加以处理，改性并分离玉米秸秆中的天然纤维，与丙烯酸单体交联聚合研制新型农用保水剂，并考察了影响其吸水性能因素，降低保水剂生产成本，提高保水剂吸水性能。

1. 研制机理 根据自由基聚合和接枝共聚机理，以过硫酸铵为引发剂，用羧甲基纤维素接枝丙烯酸钠制得高吸水性树脂，研究原料配比和引发剂用量对接枝共聚物性能的影响。分析反应最佳条件，精简试验环节，降低生产成本。测试吸保水数值，优化其性能。

2. 研制方案 保水剂的研制试验方案采取正交设计，筛选天然高分子材料纤维素，与丙烯酸、丙烯酰胺和马来酸酐等烯单体接枝聚合研制低成本的、环境友好、可降解的、高效的农用保水剂。

3. 研制过程 以丙烯酸（AA）、过硫酸铵（APS）和 N，N′-亚甲基双丙烯酰胺（MBA），达到化学纯度级别，以及玉米秸秆等为原料，以旋转蒸发仪、Nicolet 傅立叶红外光谱仪、DXS-10A 扫描电镜等仪器设备开展保水剂的研制。通过对玉米秸秆粉碎、过筛、浸泡、减压蒸馏，再进行接枝共聚，得到褐色固体颗粒即为保水剂胶体。

4. 产品性能分析

（1）红外光谱测定：取少量秸秆粉末（CS）、改性秸秆粉末和保水剂胶体（SAP）粉碎过筛，用溴化钾压片法进行红外光谱分析。从图 3-1 可以看出，玉米秸秆经过化学处理后，在 1 592/cm 和 1 412/cm（羰基吸收峰），1 068/cm（纤维素 β-1,4 糖苷键）和 2 860/cm（亚甲基吸收峰）处的吸收仍然存在，这些突出了纤维素的特征；而在 1 600/cm 和 1 736/cm 处的吸收峰减弱，表明浓碱蒸煮处理能较好地去除木质素和部分半纤维素成分。比较改性后的秸秆粉末红外光谱图，接枝聚合产物在 2 540/cm（酰胺基的伸缩振动峰），1 719/cm 和 1 575/cm（酰胺基的特征吸收峰）处特征吸收峰明显，表明纤维素链上出现酰胺特征结构，由此可以推测聚合反应已经发生。

（2）吸液能力测定：在室温下称取过筛的干燥样品，将 1 g 样品分别浸入蒸馏水和

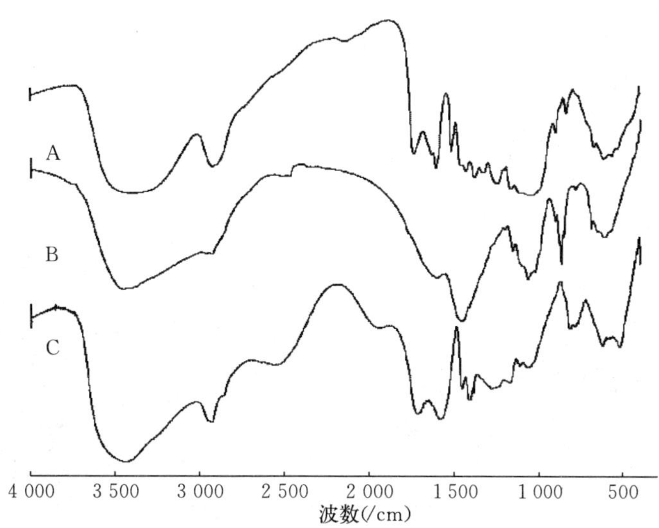

图 3－1　玉米秸秆改性前、后与保水剂胶体红外吸收谱图

注：A. 改性前秸秆粉末；B. 改性后的秸秆粉末；C. 接枝聚合后的保水剂胶体。

0.9%生理盐水溶液中，达到吸胀平衡后，用 120 目的筛网滤除水分称重，计算吸水率，公式如下：

$$Q=\frac{m_2-m_1}{m_1}$$

式中，Q 为保水剂的吸液率（%），m_1 为保水剂吸液前的重量（g），m_2 保水剂吸胀平衡后的重量（g），由此可计算保水剂达吸胀平衡后的吸液倍数。

① 丙烯酸与改性玉米秸秆配料率对吸液倍率的影响。随着单体用量提高，接枝率和支链长度增加，有利于胶体理想网络结构形成，宏观表现为吸液倍率增加；当单体在反应物中比例过大时，网络结构过于紧密，不利于液体吸收，吸液倍率反而下降。由图 3－2 可知，在去离子水和 0.9%生理盐水中的最大吸液量分别为 823 g/g 和 73 g/g。

② 引发剂对吸液倍率的影响。随引发剂用量增加，单体在纤维素链上产生接枝点增多，胶体交联网络结构外部闭合，提高了胶体吸水和持水的能力。但当其用量继续增加时，反应速度过快，导致接枝链长度下降，亲水基团减少，从而使聚合物吸水率下降，难以得到理想保水剂胶体。由图 3－3 可知，固定聚合反应条件，改变引发剂用量所得产物在去离子水和 0.9%生理盐水中吸液率如图所示，引发剂用量在单体用量 0.6%～1.8%范围内变化时，最大吸液量出现在 1.2%处，在去离子水中和 0.9%生理盐水中的分别为 803 g/g 和 83 g/g。

③ 交联剂对保水剂吸水率的影响。交联剂用量低，交联密度小，表现为胶体水溶性大而吸液倍率较低；随交联剂用量增多，聚合物网状结构形成，吸液倍率增加到最大值；此时，继续增加交联剂用量，导致网络结构交联点过多，结构中空隙变小，不利于液体分子吸收，吸液倍率反而降低。由图 3－4 可知，当固定聚合反应反应条件，交联剂用量在 0.02%～0.3%的单体重量范围内变化时，胶体吸液量呈现单峰变化。当交联剂用量为单

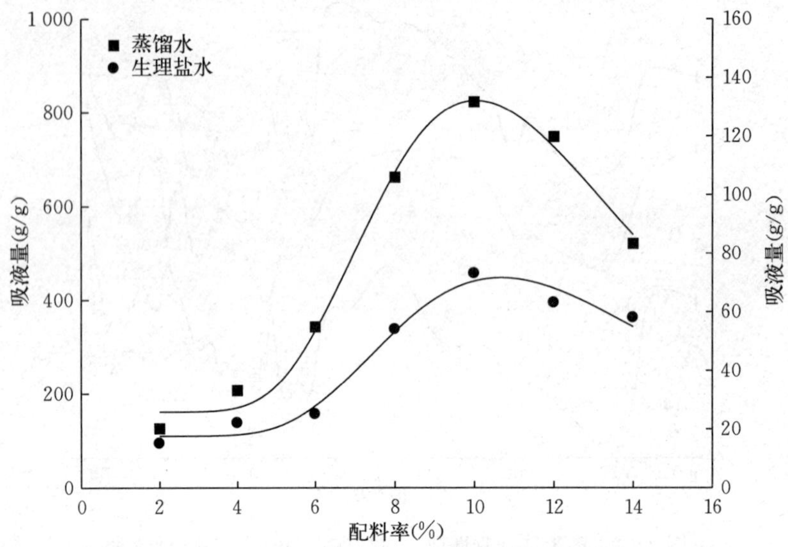

图 3-2 丙烯酸与改性玉米秸秆配料率对保水剂吸液倍率的影响

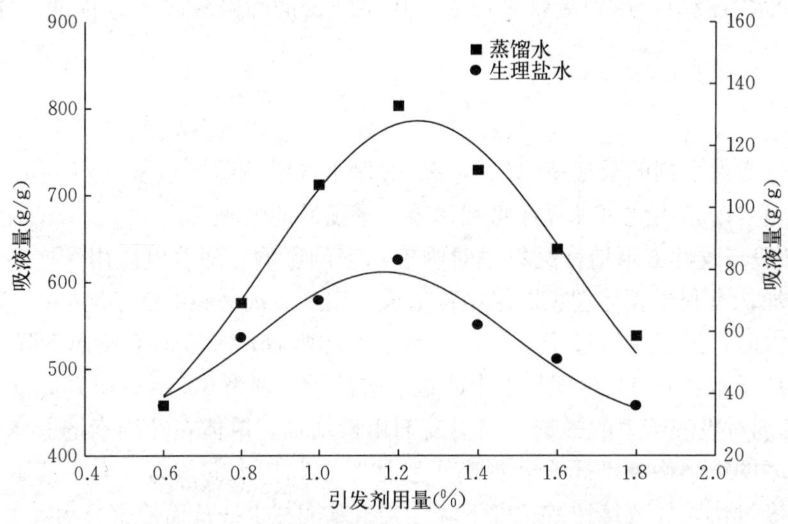

图 3-3 引发剂用量对保水剂吸液倍率的影响

体用量 0.15%时，在去离子水和 0.9%生理盐水中最大吸液率分别为 813 g/g 和 81 g/g。当交联剂用量低于 0.15%时，吸液倍率随交联剂用量增加而升高；而交联剂用量高于 0.15%后，随其用量增多吸水率呈下降趋势。

④ 反应温度对保水剂吸水率的影响。系统反应温度是影响胶体吸液倍率的重要因素之一，温度升高容易使引发剂分解成单体，同时使单体分子运动加速，链反应更快。但如果温度过高，则反应速度太快，会出现暴聚现象，同时大量的聚合热，导致胶体聚合不充分，吸液倍率下降。如果温度太低则共聚树脂的三维网络结构无法形成，胶体吸液倍率同样降低。改变反应温度和反应时间所得产物的吸液倍率如图 3-5 所示，水浴温度低于

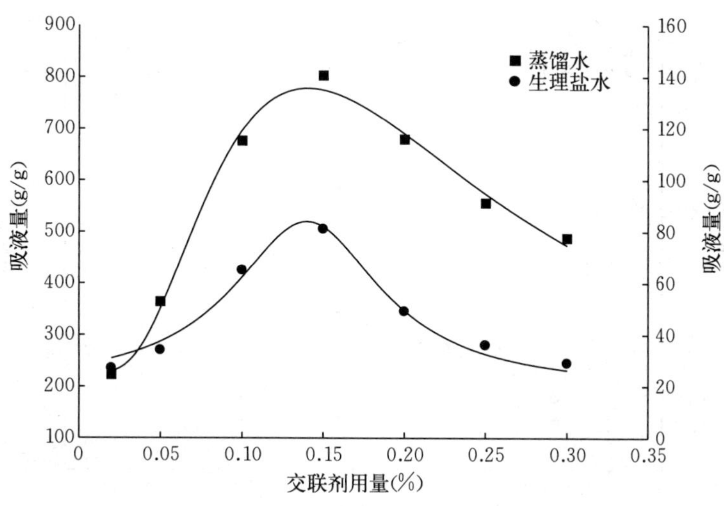

图 3-4　交联剂用量对保水剂吸液量的影响

50 ℃时，反应很难发生，反应物难以接枝聚合，水浴温度为 75 ℃时，反应剧烈，有轻微暴聚；温度高于 80 ℃以后，暴聚严重，反应无法控制。反应温度为 70 ℃时产物的吸水率要高于 60 ℃和 80 ℃，得到的胶体在去离子水中的最大吸液量最高为 748 g/g，在 0.9%生理盐水中的吸液量为 72 g/g。

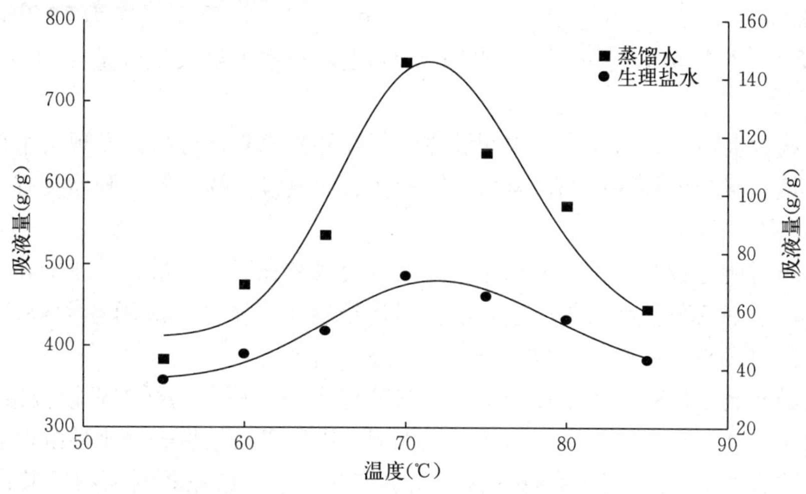

图 3-5　反应温度对保水剂吸液倍率的影响

⑤ 丙烯酸中和度对保水剂吸水率的影响。当固定其他反应条件，随着丙烯酸中和度在 60%～100%逐渐升高时，胶体吸液能力呈上升趋势，而实际上，当中和度为 90%时，出现最大吸液量分别为 806 g/g 和 80 g/g（图 3-6）。这是因为，在低中和度条件下，丙烯酸单体反应活性大，聚合速度快，发生自交联，形成高度交联的聚合物，吸水率反而降低；同时低中和度使聚合胶体网络上的离子浓度较小，产生的渗透压小，同样导致吸水率降低。

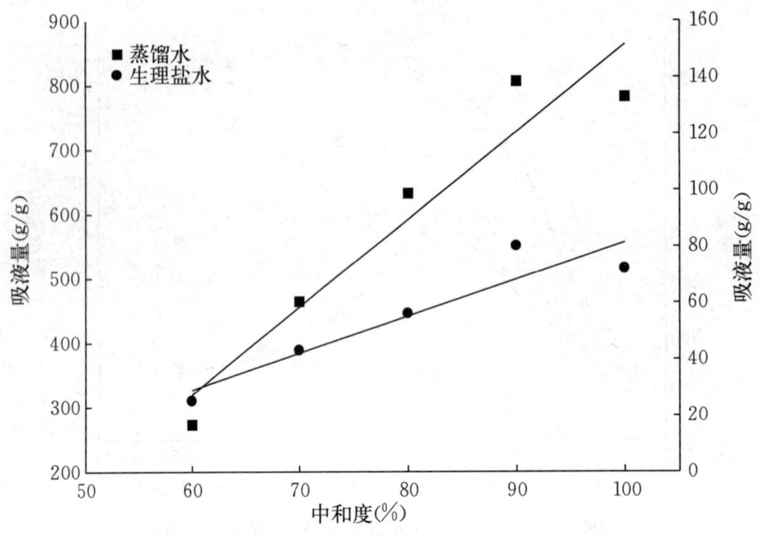

图 3-6　丙烯酸中和度对保水剂吸液倍率的影响

5. 结论

（1）采用水溶液聚合法，以改性玉米秸秆粉末与丙烯酸单体接枝聚合得到新型保水剂，对原料配比、引发剂和交联剂用量、反应温度以及聚合单体中和度进行考察，发现其对保水剂吸水性能产生显著影响。当固定配料率 AA∶MPCS＝10 时，引发剂 APS 和交联剂 MBA 最佳用量为单体的 1.2％和 0.15％，反应温度为 70 ℃，单体 AA 中和度为 90％。得到保水剂在去离子水和 0.9％生理盐水中最大吸液量分别为 823 g/g 和 83 g/g。

（2）对改性前后秸秆粉末与保水剂胶体进行红外光谱对比分析，发现玉米秸秆经化学改性后适合接枝聚合研制保水剂；对保水剂胶体表面电镜扫描可知，胶体具有适合吸保水的表面形态。

（3）通过对所得数据分析，得到原料配比、交联剂和引发剂量、单体中和度、反应温度等都会对保水剂的吸保水效果产生影响。通过控制实验条件，应用各实验条件最佳值，利用最佳工艺对实验材料进行接枝聚合。

（4）已经研制改性秸秆粉末接枝聚合丙烯酸保水剂、羧甲基纤维素接枝聚合丙烯酸/丙烯酰胺保水剂、甲壳素接枝聚合丙烯酸保水剂、甲壳素接枝聚合马来酸酐保水剂和改性腐殖酸接枝聚合丙烯酸/丙烯酰胺保水剂等初级产品。下一阶段将对所得实验产品进行吸保水效果验证，并取一定剂量吸保水效果突出的保水剂产品混合土壤，验证新型农用保水剂对干旱地区农田土壤的持水特性的影响。

（二）土壤保水剂的田间筛选

引进国内外先进的沟施类土壤保水剂 11 种在玉米上应用，通过对比分析，筛选出操作简便、施用效果好，可大面积推广应用的土壤保水剂，以发挥保墒增产作用，提高农田水分利用率。

田间试验于 2005—2006 年在阜蒙县开展。试验设 12 个处理，重复 3 次，36 个小区，随机排列。小区面积 9 m×4 m，走道和保护带宽 1.5 m。基施复合肥 $N-P_2O_5-K_2O$（15-15-15）375 kg/hm²，拔节期追施尿素 300 kg/hm²。品种丹玉 2 109，等行距种植，行距 50 cm，株距 40 cm。播种深度 5～6 cm，每穴 2～3 粒种子，密度 49 500 株/hm²。其他管理同大田。

田间试验的产量结果列于表 3-2。由表 3-2 表明，2015 年施用保水剂后，玉米的产量不同，其中处理 3、处理 7 和处理 9 没有增产或增产效果不明显。而处理 2、处理 4、处理 5、处理 6、处理 8 和处理 11 的增产效果明显，增产幅度达到 8.1%～11.5%。处理 1 和处理 10 也有增产作用，达到 6.1%～7.1%，比较明显。施用保水剂后增产的处理，是因为保水剂具有超强吸水性，能迅速吸收自身重量几百倍甚至上千倍的水分，吸水后膨胀为水凝胶。当灌浆期降水量少时，被保水剂吸收的水分缓慢释放出来，供作物吸收利用，在一定程度上满足了玉米灌浆期生长对水分的要求，从而促进了作物产量的提高。

表 3-2 土壤保水剂试验结果

处理号	保水剂	2015 产量（kg/hm²）	较对照提高（%）	2016 产量（kg/hm²）	较对照提高（%）	2016 水分利用效率［kg/（hm²·mm）］	较对照提高（%）
1	黑金子	10 675.5	6.07	10 675.5	7.38	26.655	6.86
2	金炎晖	10 879.5	8.09	10 879.5*	10.53	27.435	9.97
3	得米	9 964.5	−1.01	9 964.5	1.58	25.890	3.80
4	海礁王	11 062.5	9.90	11 062.5*	12.10	28.710*	15.10
5	绿洲	11 082.0*	10.11	11 082.0	7.90	26.370	5.75
6	高分子	10 899.0	8.29	10 899.0	9.69	27.165	8.93
7	兴农	10 309.5	2.43	10 309.5	5.26	27.255	9.28
8	海格尔	11 224.5*	11.52	11 224.5	9.47	27.960*	12.08
9	科翰 98	9 699.0	−3.63	9 699.0	8.42	27.165	8.88
10	PI-3000	10 777.5	7.08	10 777.5	−0.51	24.315	−2.54
11	KD-1	11 224.5*	11.52	11 224.5*	12.11	27.675*	10.97
12	对照	10 065.0	—	10 065.0	—	24.945	—

注：*表示差异显著。

2006 年施用土壤保水剂后，与对照相比，玉米的产量和水分利用效率同样有不同程度的增加，其中，金炎晖、海礁王、KD-1 的增产效果显著，幅度达到 10.5%～12.1%，海格尔增产幅度也达到 9.5%；海格尔、海礁王、KD-1 水分利用效率显著提高，幅度得到 11.0%～15.1%，金炎晖的提高幅度也得到 10.0%。结合 2005—2006 年度的试验结果，筛选出金炎晖、海礁王、KD-1、海格尔 4 种土壤保水剂，在辽西半干旱区玉米生产中应用，可以达到节水增产的目的。

三、全膜覆盖保墒增产技术

地膜覆膜技术具有显著的保墒、增温、抑制杂草、增产等优点（Li Feng Min，et

al.，2004；Mulumba，L. N，et al.，2008；Shulan Zhang，et al.，2009)，在各类农业覆盖技术中应用面积最大、应用范围最广，并且作物生产中也得到广泛应用。近年来，全膜覆盖技术作为常规覆膜技术的改进技术，在农业生产中的应用面积在逐年增加。但是，该技术在应用过程中，通常仅在作物生育期覆盖，收获期回收残膜，操作费工费时、投入成本高、资源浪费严重。本研究针对上述问题，开展一次覆膜两年应用的田间保墒和增产效应研究，探求一次覆膜多年应用的可行性，以便在半干旱区全膜覆盖技术应用过程中降低投入和劳工提供理论依据。

试验于 2010 年 4 月至 2011 年 10 月在辽宁省阜蒙县开展。2010 年试验处理设：当年全膜覆盖破膜穴播、当年半膜覆盖（常规覆膜）破膜穴播、露地沟播 3 个；2011 年试验处理设：上年全膜覆盖留茬穴播（在垄向两茬中间）、当年全膜覆盖破膜穴播、当年半膜覆盖破膜穴播、露地沟播 4 个。均重复 3 次，随机区组排列，试验小区 10 m×6 m。2010 年，4 月 23 日覆膜，5 月 1～2 日播种；2011 年，4 月 24 日覆膜，4 月 29～30 日播种。生育期不灌水。

由产量结果表明（表 3-3），全膜覆盖处理和常规覆盖处理的籽粒产量分别与裸地种植增产 24.8%和 22.4%，分析表明增产效果均达到极显著水平（P=0.01）。进一步分析全膜覆盖处理和常规覆盖处理的产量，差异不显著。由水分利用效率结果表明，全膜覆盖处理和常规覆盖处理的水分利用效率分别比对照提高 24.2%和 23.3%，分析表明水分利用效率提高效果均达到了极显著水平（P=0.01），而全膜覆盖处理和常规覆盖处理的水分利用效率差异不显著。

表 3-3　全膜覆盖试验不同处理的产量和水分利用效率（2010 年）

处　理	产量（kg/hm²）	增产（%）	水分利用效率 [kg/(hm²·mm)]	水分利用效率提高（%）
全膜覆盖	11 611.5**	24.4	18.930**	23.7
常规覆膜	11 422.5**	22.4	18.945**	23.8
露　地	9 331.5	—	15.300	—

注：** 表示差异极显著。

在 2010 年度试验区玉米生育期降水量大，达到 527 mm，比多年平均 416.8 mm 增加 26.4%，土壤水分已经满足植株生长发育对水分的需求。在播种期地温较低，因而播种期较常年推后 4～5 d。地表覆盖地膜后，对土壤表层（0～10 cm）具有明显的增温作用，因而播种后覆膜处理的出苗期短，出苗率高。在苗期，试验区阴雨天多，光照资源受限制，覆膜处理地温的增加更有利用于植株的生长发育。据田间观察，玉米的抽雄、吐丝、授粉期等生育阶段提前且多处于光照较好的晴天，授粉程度良好，有效穗数显著增加，达 10.3%～11.5%（表 3-4）。成熟期考种结果表明，与对照相比，覆膜处理的行粒数增加 9.0%～9.9%，穗粒数增加 7.4%～14.6%。全生育期地膜覆盖，增加了土壤有效积温，促进了玉米提早成熟，提高了成熟度，降低了成熟期籽粒含水量，最终促进玉米群体籽粒产量的提高（表 3-5）。

表 3-4　全膜覆盖试验不同处理的有效穗数（2010 年）

处　理	计划密度（株/hm²）	有效穗数（穗/hm²）	有效穗增加（%）
全膜覆盖	67 500.0	61 336.5	11.5
常规覆膜	67 500.0	60 669.0	10.3
露　地	67 500.0	55 002.0	—

表 3-5　全膜覆盖试验不同处理的农艺性状（2010 年）

处　理	穗粗（cm）	穗长（cm）	行数（行）	行粒数（粒）	穗粒数（粒）	籽粒含水量（%）
全膜覆盖	4.84	15.47	14.80	34.53	508.5	22.4
常规覆膜	4.91	15.87	15.60	34.80	542.6	22.4
露　地	4.79	14.67	14.93	31.67	473.4	23.4

2011 年的产量结果表明（表 3-6），采用地膜覆盖后产量均有显著提高，但不同处理的提高幅度不同。经过地膜覆盖以后，籽粒产量分别较不覆膜对照增产 27.6%、26.7% 和 13.8%；全膜覆盖 2 年和全膜覆盖 1 年与半膜覆盖 1 年相比较，增产 12.2%和 11.3%，增产效果明显；而全膜覆盖 2 年与全膜覆盖 1 年相比，产量差异不明显。

表 3-6　全膜覆盖试验不同处理的产量和水分利用效率（2011 年）

处　理	计划密度（株/hm²）	有效穗（穗/hm²）	增加穗（%）	产量（kg/hm²）	增产（%）	水分利用效率［kg/(hm²・mm)］	提高（%）
全膜 2 年	67 500	66 336.0**	22.8	13 221.0**	27.6	28.305**	27.8
全膜 1 年	67 500	66 670.5**	23.5	13 122.0**	26.7	28.965**	30.7
半膜 1 年	67 500	67 336.5**	24.7	11 785.5*	13.8	24.840*	12.1
露地对照	67 500	54 003.0	—	10 359.0	—	22.155	—

注：*、** 表示差异显著、极显著。

分析原因，在试验年玉米生育期，虽然自然降水量较多，达到 359.9 mm，如果降水与玉米生长发育的所需水分协调，这些降水量已完全满足玉米生长对水分需求；但是，降水量分布在时间上极为不均，也与玉米生长对水分需求量错位。降水量主要在玉米生长的中期 7 月、8 月两个月，达到 223.1 mm，占总生育期降水 62%。而播种前四个月的降水量极少，不到 30 mm，播种期土壤耕层水分较低，不能够满足玉米的正常出苗。而且由于播种期和出苗期地温较低，使得露地播种玉米出苗率大幅度降低，比计划密度降低 16.9%。进行地膜覆盖后，种子层土壤水分和地温的提高，明显提高了出苗率，全膜覆盖 2 年、全膜覆盖 1 年及半膜覆盖 1 年仅比计划密度分布降低 4.4%、2.2%和 1.1%。其中全膜覆盖 2 年的处理膜面有一定程度的破损，所以播种期保墒和增温效果没有全膜覆盖 1 年及半膜覆盖 1 年的好，因而出苗率略有降低（表 3-7）。与露地播种相比，较高的出苗率为后期产量的提高打下了良好基础。在本年度玉米生长中期阴雨天多，光、热资源受限制，覆膜更有利用于植株的生长发育，在一定程度上提高了成穗率，促进了穗行粒和行粒数的增加，成熟期提前，提高了成熟率、降低了成熟期籽粒水分含量，最终促进玉米群体籽粒产量的提高。可见，全膜覆盖措施在试验区玉米生产中能够有效提高土壤保墒、增加地温的能力，提高出苗率和成穗率，是提高玉米产量的一条有效措施。

表 3-7 全膜覆盖试验不同处理的农艺性状（2011 年）

处 理	穗粗（cm）	穗长（cm）	行数（行）	行粒数（粒）	穗粒数（粒）	百粒重（g）	籽粒含水（%）
全膜覆盖 2 年	4.76	15.45	15.73	34.73	547.1	38.53	16.33
全膜覆盖 1 年	4.77	13.17	16.00	30.53	488.4	36.46	14.10
常规覆膜 1 年	4.79	14.07	14.80	31.47	466.8	37.79	15.07
露地对照	4.79	15.76	14.93	34.07	510.1	38.85	16.70

综上所述，全膜覆盖和常规地膜覆盖播种均可以提高成熟期有效穗数，提高幅度大小顺序为：全膜覆盖 1 年>全膜覆盖 2 年>常规覆膜 1 年>对照，覆膜处理为增产奠定了基础；常规地膜覆盖处理可以显著提高产量，而全膜覆盖处理的增产效果达到极显著水平，而且全膜一年覆盖第 2 年应用与当年覆盖当年应用的增产效果接近，差异不明显；常规地膜覆盖处理可以明显提高了水分利用效率，而全膜覆盖处理的水分利用效率的提高达到极显著水平，全膜一年覆盖第 2 年应用与当年覆盖当年应用的水分利用效率提高效果也接近，差异不明显。

四、微域集水增墒增产技术

针对辽宁西部半干旱区因降水量少影响玉米生长发育导致产量降低的问题，2012—2013 年开展了微域集水增墒增产效应研究，以确定覆膜宽度、膜间距、种植行数、覆膜使用年限等技术参数，进行雨水微域（局部）叠加，增加局部土壤水分含量，促进植株生长和产量提高。

1. 试验设计 试验设 4 个处理，每个处理重复 3 次，小区面积 10 m×6 m。品种为郑单 958，密度 60 000 株/hm^2，生育期无灌溉。

2012 年的处理设计如下：

处理 1：覆膜垄宽 30 cm，无膜种植沟宽 70 cm，种两行玉米，株距 30 cm；

处理 2：覆膜垄宽 50 cm，无膜种植沟宽 50 cm，种两行玉米，株距 30 cm；

处理 3：覆膜垄宽 50 cm，无膜种植沟宽 150 cm，种四行玉米，株距 30 cm；

处理 4：无覆膜，常规种植，行距 50 cm，株距 30 cm。

2013 年的处理设计如下：

处理 1：覆膜垄面 50 cm，种植沟宽 50 cm，种两行，株距 30 cm，密度 66 000 株/hm^2；

处理 2：覆膜垄面 50 cm，种植沟宽 150 cm，种三行，株距 33 cm，密度 48 500 株/hm^2；

处理 3：覆膜垄面 50 cm，种植沟宽 150 cm，种四行，株距 33 cm，密度 66 000 株/hm^2；

处理 4：不覆膜，等行距种植，行距 50 cm，株距 33 cm，密度 66 000 株/hm^2。

2. 结果与分析 2012 年试验的产量结果表明（表 3-8），与对照相比，种两行的两个处理产量与常规种植的对照基本一致，没有多大差异，而种四行的处理产量较常规种植增加明显，增产幅度达 12.4%。所有微域集水处理的水分利用效率较对照均有显著提高。分析原因，可能是种两行的两个处理的种植沟宽仅为 70 cm 和 50 cm，播种后植株距离垄膜边缘 15～20 cm，使得小行距仅为 30 cm，不适合其高产的群体结构。由于垄膜集水，将自然降水叠加于种植沟，种植沟内单位面积则降水量提高了 30%～50%，相当于生育期降水量增加了 160～266 mm，达到 693～800 mm，使得土壤含水量大大增加，超过了玉米植株生长发育对水分的需求，到收获期时土壤水分状况仍然良好。显然，降水量不再是产量提高的影响因素。而种四行的处理相当于四比空种植，在 150 cm 宽的播种沟种植 4 行是可行的，去掉远离垄膜距离 15～20 cm，相当于小行距为 40 cm，然后空 1 行再种植 4 垄，大行距相当于 70～80 cm。而且有 50 cm 宽的垄膜集水面，种植沟单位面积的降水量提高了 25%，相当于生育期降水量增加了 133 mm，达到 666 mm，土壤水分大为改善，可满足玉米生长发育对水分的需求，单位面积产量提高了 12.6%，水分利用效率却提高了 52.1%，十分显著。可见，在试验年降水条件下，微域集水的应用模式以覆膜垄宽 50 cm，种植沟宽 150 cm，种四行玉米的模式为宜。在试验年降水条件下，试验区采用覆膜垄宽 50 cm，种植沟宽 150 cm，种四行的微域集水模式，可以实现增产和水分高效利用的目的。

表 3-8　微域增墒试验不同处理的产量和水分利用效率（2012 年）

处理	处理内容	产量 (kg/hm²)	增产 (%)	水分利用效率 [kg/(hm² · mm)]	提高 (%)
1	覆膜垄宽 30 cm，无膜种植沟宽 70 cm，种两行，株距 30 cm	10 660.5±1 191.0	−2.09	25.170±3.015**	25.13
2	覆膜垄宽 50 cm，无膜种植沟宽 50 cm，种两行，株距 30 cm	10 992.0±568.5	0.95	27.075±1.335**	34.60
3	覆膜垄宽 50 cm，无膜种植沟宽 150 cm，种四行，株距 30 cm	12 243.0±1 056.0*	12.44	30.600±1.410**	52.13
4	无覆膜，常规种植，行距 50 cm，株距 30 cm	10 888.5±1 659.0	—	20.115±2.790	—

注：*、** 表示差异显著、极显著。

由 2013 年试验的产量结果表明（表 3-9），发现以覆膜垄面 50 cm、种植沟宽 50 cm、种两行处理的产量最高，较对照增产 12.6%，增产效果极显著；覆膜垄面 50 cm、种植沟宽 150 cm、种三行处理的增产效果不明显；覆膜垄面 50 cm、种植沟宽 150 cm、种四行处理的增产效果显著。水分利用效率方面，覆膜垄面 50 cm、种植沟宽 50 cm、种两行处理，和覆膜垄面 50 cm、种植沟宽 150 cm、种四行处理的水分利用效率提高极为显著，达到 22.5%和 23.2%。而覆膜垄面 50 cm、种植沟宽 150 cm、种三行处理的水分利用效率提高效果也显著。

表 3-9　微域增墒试验不同处理的产量和水分利用效率（2013 年）

处理	处理内容	产量 (kg/hm²)	增产 (%)	水分利用效率 [kg/(hm² · mm)]	提高 (%)
1	覆膜垄面 50 cm，种植沟宽 50 cm，种两行	12 421.5±705.0**	12.6	27.390±1.500**	22.5
2	覆膜垄面 50 cm，种植沟宽 150 cm，种三行	11 505.0±286.5	4.3	24.465±1.995*	9.4
3	覆膜垄面 50 cm，种植沟宽 150 cm，种四行	11 857.5±490.5*	7.5	27.555±3.000**	23.2
4	不覆膜，等行距 50 cm 种植，株距 33 cm	11 031.0±516.0	—	22.365±1.500	—

注：*、** 表示差异显著、极显著。

分析原因：可能是种两行处理垄膜集水面与种植沟面积相等，相当于试验区生育期降水量 470.3 mm 的 2 倍，即 940.6 mm，而且在种植沟内分布相对均匀。降水量的显著增加，保证了植株生长发育对土壤水分的需求，因而产量显著增加，水分利用效率也显著提高。种植三行处理的自然降水叠加于种植沟，种植沟内通过覆膜集水面的叠加，相当于增加降水量 156.6 mm。但是，种植三行处理在种植沟内水分的叠加极为不均，主要叠加于靠近集水面两行，而中间一行叠加较少，以至于成熟期测产和考种时发现，与中间一行相比较，两边行的有效穗明显增加、产量明显提高。中间一行有效穗为 50 002.5 穗/hm^2，产量 11 074.5 kg/hm^2，而两边行有效穗为 61 003.5 穗/hm^2，产量为 11 719.5 kg/hm^2，分别较中间行提高 22.0%和 5.8%。

种植四行处理的种植沟内叠加降水量相当于也是 156.6 mm。但是，在种植四行处理种植沟内水分的叠加也不均匀，主要叠加于靠近集水面两行，而中间两行叠加较少。成熟期测产和考种发现，中间两行的有效穗为 48 336.0 穗/hm^2，产量 9 913.5 kg/hm^2，而两边行的有效穗为 62 337.0 穗/hm^2，产量 13 800.0 kg/hm^2，边行分别较中间行提高 29.0%和 39.2%，效果显著。考虑增产和水分高效利用两方面，以覆膜垄宽 50 cm，种植沟宽 50 cm，种两行模式为宜。

在试验年降水年型条件下，试验区采用覆膜垄面 50 cm，种植沟宽 50 cm，种两行，密度 66 000 株/hm^2 的微域集水模式，可以实现增产和水分高效利用的目的。

综合两年的试验结果，即使在玉米生育期降水总量较为充足的条件下，采用适宜微域集水种植方式，可以显著提高玉米产量和水分利用效率。适宜采用的模式为：覆膜垄面 50 cm，种植沟宽 50 cm，种两行，密度 66 000 株/hm^2。

五、可降解液态覆盖增产技术

针对辽宁半干旱区春季降水量少、蒸发量大，土壤水分少，影响玉米出苗和前期生长，导致产量降低的问题，专题采用可降解液膜机械喷施技术，开展田间保墒增产试验研究。本研究与朝阳千越生物科技发展有限责任公司合作。

可降解液态地膜产品在原料选择上强调产品的综合性能，要求不仅可真正自然降解无残留物，而且对土壤理化特性及农作物生长发育具有良好的效应。经过反复试验、筛选，确定了以腐殖酸钠、聚乙烯醇为主，配合微量的增韧剂等成分，按不同时间顺序加入反应釜中，在适宜温度、搅拌速度条件下反应成为生物降解膜产品。可降解膜产品再加入适量水分，均匀稀释后经喷头雾化喷在地表，与土壤固化为一层褐色土壤固化膜，可抑制水分蒸发。经过 60 d 以后，可自然降解，降解产物为腐殖酸类有机肥，翻入土壤无污染，有助于提高土壤肥力。

1. 液膜喷施机具的选择和研制 机械喷施是利用专用的配套喷施设备，装置在农用拖拉机上，自行将可降解膜与水搅拌稀释后，在一定压力下的液膜溶液均匀喷施到地表的喷施方式。机械喷施方式和配套设备解决了可降解液膜喷施作业效率低、喷施不均匀等问题，其优点在于：

（1）喷施机具配置两个罐体，即大罐体和小罐体，尽可能增大降解膜溶液装置体积，提高作业效率。

(2) 液态地膜在大罐体内喷施过程中搅拌、喷施，提高了作业效率。

(3) 用中型输出轴、压力泵共同加压喷施，保证液膜的喷洒均匀度。

(4) 喷洒结束立即用清洁水自行洗刷管路和喷头，解决了管路和喷头堵塞问题。

(5) 作业时用 10～12 个喷头喷施，作业效率高。

图 3-7　可降解膜机械喷施作业

2. 液膜喷施效果的田间试验　在阜蒙县开展了田间大区可降解液膜保墒增产试验研究，液膜喷施面积 0.3 hm^2，对照面积 0.3 hm^2。在喷施时操作如下：

(1) 品种选用：密植品种郑单 958。

(2) 精量播种：机械等行距精量播种，播种密度 60 000 株/hm^2。

(3) 深施缓控肥：底肥施用缓控肥，深施 10～12 cm，用量为 600 kg/hm^2，不追肥。

(4) 可降解液膜机械喷施。用专用液膜喷施机具，将液膜原液与水按重量比 1∶(6～8) 混合，加入适量除草剂，搅拌稀释喷洒到地表。可降解膜原液用量为 450 kg/hm^2。

(5) 田间管理：喷膜后 2 周内避免人、畜踩踏。生育期免中耕、不灌水、不除草。

成熟期测产结果表明（表 3-10），液膜覆盖处理的产量较对照提高 7.9%，水分利用效率提高 13.4%。分析其原因是，进行液膜覆盖的处理，虽然百粒重略有下降、籽粒含水量略有提高，但有效穗数增加，增幅达到 8.2%，穗长增长 12.4%、行粒数增多 11.0%（表 3-11），最终促进了籽粒产量和水分利用效率的提高。

表 3-10　液膜覆盖试验不同处理的产量和水分利用效率

品种	计划密度（株/hm^2）	有效穗（穗/hm^2）	产量（kg/hm^2）	增产（%）	水分利用效率[kg/(hm^2·mm)]	水分利用效率提高（%）
液膜覆盖	60 000	48 336.0±5 860.5	10 380.0±1 485.0	7.92	22.980±6.555	13.40
对照	60 000	44 668.5±6 658.5	9 618.0±424.5	—	20.265±2.100	—

表 3-11　液膜覆盖试验不同处理的农艺性状

处 理	穗粗（cm）	穗长（cm）	行数（行）	行粒数（粒）	百粒重（g）	籽粒含水（%）
液膜覆盖	5.23±0.1	17.00±0.7	15.87±0.6	37.60±0.6	39.27±2.2	19.70±0.3
对照	5.30±0.12	15.13±0.5	15.60±0.4	33.87±0.9	39.63±1.5	19.13±0.4

3. 结论 通过试验分析发现，即使在试验年降水相对充沛的年份，液膜覆盖措施仍有明显的增产作用，可提高对农田水分的利用程度。

第二节 玉米抗旱节水技术研究

一、土壤底墒与出苗率的关系

1. 玉米出苗率的土壤底墒下限值 针对辽宁西部玉米晚熟春旱频繁发生，常规播种难以出全苗的问题，开展玉米抗旱保苗坐水量的盆栽试验，以确定适宜经济坐水量范围。试验于 2005 年 7～10 月在防雨棚内进行。试验采用沙土、壤土和黏土三种土壤，取自辽宁省阜蒙县耕层土壤（0～20 cm），其田间持水量分别为 17.7%、27.3%和 34.5%。将所采土壤风干，磨细后过 2 mm 筛装盆。施肥量为磷酸二铵（含 N 18%、P_2O_5 46%）0.6 g/kg 土，尿素（含 N 46%）0.3 g/kg 土，全部作基肥。玉米品种为丹玉 39，每盆播 3 粒种子，三叶期间苗，留大小均匀苗 1 株，每日观测植株的长势及测量土壤含水量，适时补水（侯玉虹等，2006）。

试验条件分别设为播种到出苗期上壤底墒不变和播种到出苗期土壤底墒变化两种。每一种采用对比设计，设 11 个处理，3 次重复。试验处理的底墒上限分别为其田间持水量，下限低于萎蔫系数值。遇雨将防雨篷拉上，晴天将防雨篷拉开。

分别由表 3－12 和表 3－13 可以看出，当播种到出苗期保证土壤底墒不变的条件下，分别得到玉米在不同质地土壤中出苗的底墒临界值是：沙土大于 6%，壤土大于 9%，黏土大于 11%。但是，当播种后到出苗前因为土壤蒸发而引起土壤水分减少条件下，玉米出苗需要的底墒临界值则要提高：沙土大于 9%，壤土大于 13%，黏土大于 18%。此结果为玉米田间播种的坐水量提供了依据。

表 3－12 玉米在不同底墒条件下的出苗率（%）（播种—出苗底墒不变）

处理号	沙土		壤土		黏土	
	底墒	出苗率	底墒	出苗率	底墒	出苗率
1	19	88.9	28	44.4	35	100.0
2	18	100.0	26	44.4	33	100.0
3	17	100.0	24	77.8	31	88.9
4	15	88.9	22	44.4	29	88.9
5	13	88.9	19	88.9	26	88.9
6	11	88.9	16	66.7	22	77.8
7	9	66.7	13	66.7	18	55.6
8	7	55.6	11	55.6	15	33.3
9	6	0	9	0	13	0
10	5	0	7	0	11	0
11	4	0	5	0	9	0

表 3-13　玉米在不同底墒条件下的出苗率（%）（播种后底墒改变）

处理号	沙土		壤土		黏土	
	底墒	出苗率	底墒	出苗率	底墒	出苗率
1	19	44.4	28	22.2	35	55.6
2	18	44.4	26	22.2	33	55.6
3	17	55.6	24	33.3	31	55.6
4	15	55.6	22	44.4	29	55.6
5	13	55.6	19	33.3	26	55.6
6	11	44.4	16	11.1	22	11.1
7	9	0	13	0	18	0
8	7	0	11	0	15	0
9	6	0	9	0	13	0
10	5	0	7	0	11	0
11	4	0	5	0	9	0

2. 不同质地土壤底墒和苗期灌溉量对玉米出苗率的影响　试验采用二次回归正交组合设计，土壤底墒和苗期灌溉量 2 个因子，5 个水平，重复 3 次，研究不同质地土壤底墒和苗期灌溉量对玉米出苗率的和苗期生长发育的影响，并求出不同土壤类型适宜底墒和最佳苗期灌溉量指标。试验设计见表 3-14。

表 3-14　试验设计表

处理	底墒编码值	沙土底墒（%）	壤土底墒（%）	黏土底墒（%）	编码值	灌溉量（mm）
1	−1	5.9	9.2	12.3	−1	8.5
2	−1	5.9	9.2	12.3	1	124
3	1	18.1	25.8	30.7	−1	8.5
4	1	18.1	25.8	30.7	1	124
5	−1.148	5	8	11	0	66.3
6	1.148	19	27	32	0	66.3
7	0	12	17.5	21.5	−1.148	0
8	0	12	17.5	21.5	1.148	132.5
9	0	12	17.5	21.5	0	66.3
10	0	12	17.5	21.5	0	66.3
11	0	12	17.5	21.5	0	66.3

（1）壤土：玉米在壤土不同底墒条件下的出苗率结果见表 3-15。由表 3-15 看出，玉米的出苗率与土壤底墒密切相关。当壤土底墒为−1.148 水平时，出苗率仅为 16.7%；当底墒为−1 水平时，出苗率为 27.8%，两处理低于均 0 水平，出苗率均低于 50%，生长速度缓慢，植株弱小，且叶片衰老速度快；这是因为播种时土壤底墒低，不能满足玉米

出苗的水分要求，所以出苗晚，出苗率低。壤土底墒为0水平时，出苗率迅速增加，达到91.1%，比对照提前3～4 d出苗，且幼苗健壮。当壤土底墒在+1和+1.148两个水平时，出苗率分别为94.4%和100%，出苗时间比对照提前4～5 d，出苗率和出苗速度远远高于对照。可见，玉米出苗率和出苗速度均与土壤底墒水平正相关，即随着土壤底墒的增加，出苗率提高，从播种到出苗所需时间缩短，出苗速度加快。

根据表3-15数据，建立出苗率和壤土底墒水平一元二次方程：

$Y=90.69+25.204X-26.652X^2$（$R^2=0.9847$），其中$Y$为出苗率（%），$X$为壤土底墒水平。

解方程得到$X=0.473$，其对应底墒为21.4%，占田间持水量的76.5%时，此时出苗率最高达到96.6%。

表3-15　壤土不同底墒水平下的玉米出苗率（%）

底墒水平	处理	6月22日	6月23日	6月24日	6月25日	6月26日	6月27日
−1.148	5	0	0	0	0	16.7	16.7
−1	1、2	0	0	0	11.1	27.8	27.8
0	7、8、9、10、11	0	33.3	77.8	77.8	84.4	91.1
1	3、4	5.6	55.6	83.3	94.4	94.4	94.4
1.148	6	33.3	44.4	88.9	100	100	100

（2）黏土：玉米在黏土不同底墒条件下的出苗率结果表明（表3-16），玉米出苗率随着底墒的增加而显著增加。当土壤底墒低于0水平时，出苗率较低，且出苗时间晚，出苗速度慢。底墒为−1.148水平时，从播种到出苗需要12 d左右时间，出苗速度慢，出苗率低，且秧苗弱小；底墒为−1水平出苗率比对照增加11.1%。当底墒大于等于0水平时，出苗率明显提高，分别比对照增加68.1%、78.1%、和83.3%。出苗时间比对照提前3～5 d，且秧苗健壮；并且土壤底墒在+1.148水平时，出苗率达到100%，播种后很快出全苗。

表3-16　黏土不同底墒水平下的玉米出苗率（%）

底墒水平	处理	6月22日	6月23日	6月24日	6月25日	6月26日	6月27日
−1.148	5	0	0	0	0	0	16.7
−1	1、2	0	0	0	0	5.6	27.8
0	7、8、9、10、11	0	0	51.1	75.6	84.4	84.4
1	3、4	33.3	88.9	94.4	94.4	94.4	94.4
1.148	6	33.3	100	100	100	100	100

根据表3-17数据，建立出苗率和沙土底墒水平的一元二次方程：

$Y=89.635+35.009X-25.487X^2$（$R^2=0.994$），其中$Y$为出苗率（%），$X$为底墒水平。

解方程得到$X=+0.687$，其对应底墒为27.8%，占田间持水量的79.5%时，出苗率最高达到 98.6%。

（3）沙土：在沙土不同底墒条件下的出苗率结果见表 3-17。表 3-17 表明，当底墒在 0 水平以下时，出苗率与土壤底墒呈正相关，即随着土壤底墒的增加出苗率逐渐增加，并且随着出苗时间缩短，出苗速度加快；当底墒在 0 水平以上时，出苗率与底墒呈负相关，即出苗率随着土壤底墒的增加而递减，从播种到出苗的时间加长，出苗速度减慢。当土壤底墒为−1.148 水平时，于 6 月 15 日播种，6 月 27 出苗，从播种到出苗需要 12 d 左右时间，与高底墒水平相比，出苗速度慢，且出苗率仅为 44.4%。当底墒为−1 水平时出苗率明显提高，比对照高 22.2 个百分点；当沙土底墒在 0 水平时，玉米全部出苗，出苗率达到 100%，比对照提前 3～4 d 出苗。但是并非底墒越大，出苗率越高，当底墒水平达到+1 时，出苗率降低为 86.7%，底墒为+1.148 水平的出苗率比底墒为+1 水平的出苗率低 8.9 个百分点，在生产实践中应注意这个问题。

表 3-17　沙土不同底墒条件下玉米的出苗率（%）

底墒水平	处理	6 月 22 日	6 月 23 日	6 月 24 日	6 月 25 日	6 月 26 日	6 月 27 日
	5	0	0	0	22.2	22.2	44.4
−1	1、2	0	0	0	5.6	22.2	66.7
0	7、8、9、10、11	15.6	66.7	86.7	100	100	100
1	3、4	66.7	86.7	86.7	86.7	86.7	86.7
1.148	6	66.7	77.8	77.8	77.8	77.8	77.8

建立出苗率和沙土底墒水平的一元二次方程：$Y=101.76+12.569X-28.743X^2$（$R^2=0.9615$），其中 Y 为出苗率（%），X 为沙土底墒水平。解方程得到 $X=0.219$，对应底墒为 13.3%，占田间持水量的 74.1%时，出苗率最高达到 99.1%。

土壤干旱或过湿影响种子萌发出苗，使出苗率下降甚至不出苗，给玉米的播种、全苗、壮苗带来了困难。这是因为：第一，水分过多或过少，均对玉米萌发出苗造成了一个逆环境，使种子活力下降；第二，水分不足或过多还造成种子内部一系列生理生化反应的延迟与破坏，直接影响了种子的萌发，使种子萌发初始时间推迟，萌发率下降，种苗生长缓慢。

二、机械化坐水保苗播种技术

机械化坐水种是在人工坐水种基础上发展而来的，适宜于我北方干旱半干旱区机械化耕作的地块。坐水种可将水一次性注入播种穴或播种沟，以改善土壤小环境中水分状况，使种子或种苗处于湿土团或近似横向湿土柱中，既可满足种子发芽或种苗出土对水分的需求，又促进了种子周围土壤养分的移动，提高了养分有效性，有利于种苗出土和苗期生长。

1. 试验设计　本试验在辽宁省阜蒙县沙壤土上开展。利用由辽宁省农业机械化研究所研发的 2BQMS-2 型坐水免耕气吸播种施肥机，开展田间坐水种试验。播种期土壤重量含水率：0～5 cm 土层为 6.25%，0～10 cm 为 8.06%，0～20 cm 为 8.45%。播种沟深

6 cm，施肥沟深 11 cm。处理 1～处理 5 的坐水量分别为：15 m^3/hm^2、30 m^3/hm^2、45 m^3/hm^2、60 m^3/hm^2、75 m^3/hm^2，处理 6 为对照，播种期沟灌 900 m^3/hm^2（尹光华等，2007）。

2. 结果分析 结果表明，处理 1～处理 5 的出苗率分别为 64.6%、68.7%、76.7%、80.0%、80.7%，分别较处理 6 的 96.0%低 32.7%、28.4%、16.7%和 15.9%，最终籽粒产量分别是对照产量 9 750 kg/hm^2 的 67.2%、75.6%、94.3%、97.5%和 96.9%。多重比较发现，处理 1 与处理 2 的产量差异不显著，与其他处理差异均极显著，处理 2 与其他处理差异极显著，处理 3、处理 4、处理 5 与处理 6 差异不显著（裴泽莲等，2005）。由此确定出播种期壤土 0～20 cm 土层含水率为 8%～9%时的适宜坐水量为 45 m^3/hm^2。

3. 结论 在辽宁西部半干旱区，当沙壤土的土壤水分在 8%～9%，为保证玉米播种正常出苗，适宜的机械化坐水播种坐水量为 45 m^3/hm^2。

三、有限沟补灌制度

降水总量不足，而且降水量年内分布与作物不同生育期的水分需求量不协调，是限制辽西半干旱区粮食产量的提高主要因素。研究表明，有限补灌是解决因干旱造成半干旱区作物减产问题的一条有效措施（尹光华等，2000；李凤民，1995）。但采用不合理的灌溉时期和灌溉量，既不能充分发挥出补灌对产量和灌溉效率的提高作用，又会降低农田水分利用效率。本研究在开展田间有限补灌试验的基础上，优化玉米的有限补灌制度，达到合理高效利用农业有限水资源的目的。

1. 试验设计 试验设补灌量和补灌时期两个因素，8 个处理组合，3 次重复，共 24 个小区，随机区组排列，小区面积 10 m×4 m。作物种类为玉米，品种 2006 年为农大 95，2007 年为丹玉 78。等行距种植，行距 50 cm，种植密度为 45 000 株/hm^2。肥料用量是：基施复合肥 N－P_2O_5－K_2O（15－15－15）375 kg/hm^2，拔节期追施尿素 375 kg/hm^2。其他管理同常规种植（尹光华等，2007）。试验处理设置如下：

处理 1：对照（不补灌）；

处理 2：拔节期补灌 45 mm；

处理 3：开花期补灌 45 mm；

处理 4：灌浆期补灌 45 mm；

处理 5：拔节期补灌 45 mm＋开花期补灌 45 mm；

处理 6：拔节期补灌 45 mm＋灌浆期补灌 45 mm；

处理 7：开花期补灌 45 mm＋灌浆期补灌 45 mm；

处理 8：拔节期补灌 45 mm＋开花期补灌 45 mm＋灌浆期补灌 45 mm。

2. 结果与分析

（1）产量效应：将不同年度试验的籽粒产量结果列于表 3－18。由表 3－18 看出，不同补灌处理与对照相比，产量均有所提高。但产量提高幅度因试验年型和处理设置的不同而不同。总体来看，同一处理 2006 年的增产幅度明显高于 2007 年补灌的增产幅度。这是由于 2006 年生育期降水量只有 225.7 mm，远低于 2007 年的 388.3 mm，使得补灌的增产效果更明显。在同一年内，不同处理产量随灌溉量的提高而增大。补灌 45 mm 的处理产量较对照增加4.3%～9.1%，方差分析表明，开花期补灌和灌浆期补灌产量增加均达到极显著水平。补灌量提高到90 mm时，增产幅度提高到11.7%～13.2%，产量增加均达到极显著水平。灌溉量继续提高，达135 mm时，产量增加14.9%，达极显著水平。不同补灌时期处理间差异也明显。当补灌量为45 mm时，以拔节期增产最小，灌浆期增产最大，两者相差达1倍。补灌量为90 mm时，处理5、处理6、处理7的增产量有差异，但不明显。可见，有限补灌是辽西半干旱区玉米产量提高的一条重要途径，但选择适宜的补灌时期也相当重要。

表3-18　有限补灌试验产量结果表

处理号	2006年		2007年		两年平均	
	产量（kg/hm²）	增产（%）	产量（kg/hm²）	增产（%）	产量（kg/hm²）	增产（%）
1	9 051.0	—	9 732.0	—	9 391.5	—
2	9 457.5	4.49	10 131.0	4.10	9 793.8	4.28
3	9 652.5	6.64	10 434.0*	7.21	10 043.0**	6.94
4	9 786.0*	8.12	10 701.0**	9.96	10 243.5**	9.07
5	10 261.5**	13.38	10 716.0**	10.11	10 488.8**	11.68
6	10 423.5**	15.16	10 836.0**	11.34	10 629.8**	13.18
7	10 723.5**	18.48	10 383.0*	6.69	10 553.5**	12.37
8	10 738.5**	18.64	10 834.5**	11.33	10 786.5**	14.85

注：*、**表示在0.05、0.01水平上差异显著。

（2）补灌效率（WVE）效应：将补灌效率（单位面积补灌量的产量增加量）的统计结果列于表3-19。表3-19表明，同一处理的补灌效率在2006年明显大于2007年。但随着补灌量的提高，补灌效率下降。补灌45 mm的处理，补灌效率为9.9～21.5 kg/(hm²·mm)，补灌效率大小顺序是：灌浆期>开花期>拔节期，而且相互间差异均达到显著水平。补灌量提高到90 mm时，灌溉效率下降到11.1～12.9 kg/(hm²·mm)，略高于处理2（拔节期补灌45 mm）。补灌量提高到135 mm时，补灌效率下降到10.0 kg/(hm²·mm)，几乎与处理2相等。说明补灌量的提高并不利于补灌效率的增大。所以在一定补灌量条件下，提高补灌效率需选择适宜的补灌时期。

表3-19　有限补灌试验灌溉效率表［kg/(hm²·mm)］

处理号	2006年	2007年	两年平均
1	—	—	—
2	9.022	8.856	9.867
3	13.356	15.600	16.962
4	16.334	21.533	21.489
5	13.456	10.928	12.937
6	15.244	12.272	12.875
7	18.589	7.234	11.059
8	13.067	8.163	10.028

（3）水分利用效率（WUE）效应：从有限补灌制度试验水分利用效率结果表可以看出（表3－20），随着灌溉量的增加，不同处理水分利用效率的差异较大。同一处理两年平均的水分利用效率，与对照相比，处理4明显提高，而处理5和处理8则明显降低，处理2、处理3、处理6、处理7的变化差异不明显。因为补灌量的提高虽然增加了籽粒产量，但耗水量增加量幅度一致，所以水分利用效率变化不明显。处理5和处理8产量增加没有耗水量增加的快，所以水分利用效率明显下降。而处理4则不同，其产量明显增加，但耗水量增加不多，所以水分利用效率明显提高。可见，补灌量的提高对水分利用效率的变化而言，受补灌时期的影响大。所以为了提高水分利用效率，选择适宜的补灌时期则更为重要。

表3－20　有限补灌制度试验水分利用效率结果表

处理号	2006年		2007年		两年平均	
	WUE [kg/(hm^2·mm)]	提高（%）	WUE [kg/(hm^2·mm)]	提高（%）	WUE [kg/(hm^2·mm)]	提高（%）
1	29.379	—	23.963	—	26.671	—
2	29.517	0.47	24.507	2.270	27.012	1.30
3	29.074	−1.04	24.192	0.956	26.633	−0.15
4	31.481	7.15	26.239	9.498	28.86	8.33
5	26.127	−11.07	22.062	−7.933	24.095	−9.81
6	29.572	0.66	25.477	6.318	27.525	3.25
7	29.109	−0.92	22.497	−6.118	25.803	−3.30
8	25.112	−14.52	25.840	7.833	25.476	−4.55

3. 结论　由上面的分析可知，通过有限补灌措施，可使辽西半干旱区玉米产量显著提高，而且生育期降水量越少，增产效果越大。但在产量提高的同时，随着补灌量的提高补灌效率下降，而且增加补灌量也降低了水分利用效率。补灌效率和水分利用效率的高低不仅受补灌量的影响，而且受补灌时期的影响。在补灌量一定的条件下，选择适宜补灌时期，既可显著提高产量，又能够明显提高灌溉效率和水分利用效率。籽粒产量、灌溉效率和水分利用效率三个指标，是制订试验区补灌制度的依据。本研究通过分析比较，最终确定出2006—2007年降水年型下辽西半干旱区玉米优化补灌制度：生育期补灌1次，适宜补灌时期为灌浆期，补灌量为45 mm。

四、膜下微喷节水技术

为了实现试验区农田水资源的高效利用和玉米增产，开展膜下微喷节水技术试验，制定适宜的膜下微喷灌溉制度。本研究的田间试验在阜蒙县开展。

1. 技术模式的主要内容

（1）播种前灭茬、旋耕。

（2）选用密植品秋乐2号，播种密度60 000株/hm^2。

（3）采用机械大小垄半精量播种。

（4）施用农家肥30～45 m^3/hm^2，化肥用长效复合肥，用量为675 kg/hm^2。

（5）覆盖材料选用吉林省农业科学院研发的可降解膜。

（6）采用机械开沟、施肥、覆膜、播种、施药、镇压等一体化作业。

（7）出苗期和拔节期进行两次膜下微喷灌，每次灌溉量 150 m^3/hm^2。

2. 结果分析　采用沈阳宏丽滴（微）灌管厂研发的膜下微喷带，在阜蒙县大固本镇实施面积 1 hm^2。保苗率与常规不覆盖沟播对照相比提高 28.5%，成熟期有效穗数增加 30.0%，均达到极显著水平。在成熟期测产，与常规不覆盖沟播对照相比，产量增加 19.0%（表 3-21）。

表 3-21　膜下微喷节水增产技术示范产量结果

处理	处理内容	有效穗数（穗/hm^2）	增加（%）	产量（kg/hm^2）	增产（%）
1	膜下微喷	67 003.5±3 126.0	29.68	8 871.0±550.5	19.03
2	对照	51 669.0±214.5	—	7 452.0±1 807.5	—

3. 结论　在降水偏少的年型，采用膜下微喷灌溉技术，节水增产效果显著，该技术可以在试验区大面积推广应用。

五、地表滴灌节水技术

该技术是在膜下滴灌节水技术基础上，为既省去覆膜和残膜回收人工，又尽可能不降低产量而开展的滴灌施肥技术。于 2013—2015 年在辽宁省阜蒙县开展了田间地表滴灌节水技术，分析其产量效应和水分利用效率效应，制订适宜的地表滴灌施肥制度。

1. 试验设计　本试验设追 N 量和滴灌量两个因素，以追施平肥量纯 N 240.0 kg/hm^2、低肥量 180.0 kg/hm^2 和欠肥量 120.0 kg/hm^2 共 3 个水平，以滴灌量 60.0 mm 为平水量、45.0 mm 为低水量、30.0 mm 为欠水量 3 个水平，组合设计共 9 个处理，重复 3 次。小区面积 20 m×6 m。灌水量处理分播种后、拔节期、灌浆期 3 次滴灌；追肥按总量的 1/2、1/4 及 1/4 分别在拔节期、抽雄期、灌浆期随滴灌追施。处理设计如下：

处理 1（W1F1）：欠水欠肥，灌水量 30 mm，追施 N 120.0 kg/hm^2；

处理 2（W1F2）：欠水低肥，灌水量 30 mm，追施 N 180.0 kg/hm^2；

处理 3（W1F3）：欠水平肥，灌水量 30 mm，追施 N 240.0 kg/hm^2；

处理 4（W2F1）：低水欠肥，灌水量 45 mm，追施 N 120.0 kg/hm^2；

处理 5（W2F2）：低水低肥，灌水量 45 mm，追施 N 180.0 kg/hm^2；

处理 6（W2F3）：低水平肥，灌水量 45 mm，追施 N 240.0 kg/hm^2；

处理 7（W3F1）：平水欠肥，灌水量 60 mm，追施 N 120.0 kg/hm^2；

处理 8（W3F2）：平水低肥，灌水量 60 mm，追施 N 180.0 kg/hm^2；

处理 9（W3F3）：平水平肥，灌水量 60 mm，追施 N 240.0 kg/hm^2。

2. 结果分析　分析地表滴灌追氮试验的产量结果表明，同一处理在不同年度的产量平均后，9 个处理间产量较大的差异，而且部分处理差异显著。不同水肥处理的产量差异程度在年度间变化更大，总的趋势是，无论生育期降水量充沛还是亏缺，都是随着滴灌量的增大产量增加。不过在生育期降水量多的年型处理间产量差异相对小（2013 年），而在生育期降水少的年型处理间产量差异大（如 2014 和 2015 年）。三年平均产量最低的处理 W1F1 为 10 246.5 kg/hm^2，较产量最高处理 W3F2 的 12 495.0 kg/hm^2 减少 17.9%。在降水量高的 2013 年最低处理的产量较最高降低 17.4%，在降水量较低的 2014 和 2015 年最低处理的产量较最高的处理分别降低 23.2%和 24.7%。可见，随着生育期降水量的降低，地表滴灌水肥处理对产量的高低具有显著影响。

由 2013 年的产量结果表明，与平水平肥处理 W3F3 相比，两个平肥处理低水平肥和欠水平肥处理的产量有变化，但不显著。产量低的欠水低肥和低水低肥处理的较平水平肥处理降低 9.0%～12.9%，达到显著水平。欠肥水平的三个处理与平水平肥处理相比，产量降低均相当明显，而且欠水欠肥和平水欠肥两个处理与平水平肥处理间的差异达到显著水平。这些结果不同于覆膜滴灌试验的结果，在同样的滴灌措施条件下，覆膜处理和不覆膜处理对产量结果的影响非常大。采用地表滴灌时，生育期降水量充沛时追氮量的降低会导致产量明显降低。当追氮量降低 25%，滴灌量不变时产量降低不明显，如平水低肥处理；如果滴灌量也降低 25%，即 45 mm 时，产量有明显降低，如低水低肥处理；如果降水量继续降低，达到 50%，即 30 mm 时，产量降低达到显著水平。对于追氮量降低 50%的处理，无论灌溉量是否降低，产量降低都非常明显，甚至达到显著水平。因而采用地表滴灌时，追氮量降低不应太大，应在 25%以内，才可保证产量不会显著或明显降低。分析原因，是由于试验设计的灌水量 30～60 mm，分 3 次灌溉，每次为 10～20 mm，灌溉量还是较少，而且没有覆盖措施来降低蒸发量，10～20 mm 的滴灌量水分容易蒸发，随水追施的氮肥不能够完全进入土壤根层被根系吸收利用，降低了肥料利用率。高施肥量的三个处理中，平水高肥处理的产量与平水平肥处理的产量几乎没有差异，而低水高肥处理的产量有明显降低，欠水高肥处理的产量有显著降低，说明追氮量的增加对产量无益，如果不相应提高灌溉量不仅会导致产量的显著降低，也会造成肥料资源的浪费。该结果表明了水肥配合的重要性，高肥需要高水配合，否则会牺牲产量。同时也表明平肥水平的追氮量即可满足植株生长发育的需要，在试验设计范围内的平水水平灌溉量，不需要再加追氮量。

从不同灌水量水平的处理产量分析可以看出，当灌溉量由 60 mm 降低 25%到 45 mm 时，产量由 13 041.0 kg/hm^2（灌溉量均为 60 mm 的四个处理产量的平均）降低到 12 739.5 kg/hm^2，降低不明显；而当灌溉量继续降低到 50%为 30 mm 时，产量则降低到 12 243.0 kg/hm^2，降低明显，降幅达到 6.2%。进一步说明采用无膜地表滴灌降低降水量对产量影响的重要性。综合分析灌溉量和追肥量对产量的影响，得出本年度的适宜滴灌制度为低水平肥处理对应的内容，即总灌溉量为 45 mm，分出苗期、拔节期和灌浆期 3 次等量灌溉，每次灌溉量 15 mm；总追 N 量为 240.0 kg/hm^2，分别在拔节期和灌浆期 2 次等量随灌水追施，每次追 N 量为 120.0 kg/hm^2。

在 2014 年地表滴灌追肥试验中，与欠水欠肥相比，不同处理产量均有所提高，提高幅度为平水处理>低水处理>欠水处理。在欠水水平下，产量随着追肥量的增加而增大；在低水水平下，欠肥处理产量较低，平肥处理与低肥处理产量差异不大；平水水平下，低肥水平的产量最高，欠肥水平和平肥水平的产量差异不大。将欠水、低水、平水产量进行平均可以看出，与欠水水平相比，低水水平和平水水平的产量分别提高了 12.3%和

18.9%，说明本年度采用平水水平处理的增产效果好。将欠肥、低肥、平肥产量进行平均可以看出，与欠肥水平相比，低肥水平和平肥水平的产量分别提高了 5.3%和 3.9%。

在 2015 年的地表滴灌追氮试验中，与欠水欠肥相比，不同处理产量均有所提高，提高幅度也是平水处理>低水处理>欠水处理。这是因为，2015 年试验区生育期降水量少，只有 287.4 mm，与 2014 年降水量 273.3 mm 持平，仅为 2013 年 470.3 mm 的 61.1%和 58.1%，表现为严重干旱，特别是玉米生长发育的中后期（8～9 月），降水量极少，形成了夏秋连旱的大旱，因而滴灌量增加的增产效果表现得相当明显。将欠水、低水、平水产量进行平均可以看出，与欠水水平相比，低水水平和平水水平的产量显著提高了 13.2%和 22.9%。说明在降水量严重亏缺的降水年型条件下，采用平水水平处理的产量提高幅度大，效果好；将欠肥、低肥、平肥产量进行平均可以看出，与欠肥水平相比，低肥水平和平肥水平的产量分别提高了 3.21%和 6.52%，差异不显著，说明在严重干旱条件下，追氮量的增加不能实现产量的显著提高。根据三年地表滴灌试验的产量结果，从增产的角度上，确定出在生育期降水较充沛的年份，试验区地表滴灌追肥制度应为低水平肥的肥水组合，即滴灌量 45 mm，追施 N 240.0 kg/hm^2，分别在拔节期、授粉期和灌浆期随等量滴灌，并等量追施氮肥，在保证产量的条件下节约滴灌水量 25%；而在生育期降水量严重不足的干旱年份，地表滴灌追肥制度应为平水低肥处理对应的肥水组合，即滴灌量 60 mm，追施氮 280.0 kg/hm^2，分别在拔节期、抽雄期和灌浆期随等量滴灌，并等量追施氮肥，在保证产量的条件下节约追氮量 25%（表 3 - 22）。

表 3 - 22　地表滴灌试验不同处理的产量（kg/hm^2）

处理号	处理内容	处理代号	2013 年（丰水年）	2014 年（干旱年）	2015 年（干旱年）	平均
1	欠水欠肥	W1F1	12 216.0±442.5	9 889.5±1 009.5	8 635.5±1 258.5	10 246.5±1 816.5
2	欠水低肥	W1F2	11 824.5±547.5	10 608.0±1 086.0	9 066.0±1 837.5	10 500.0±1 383.0
3	欠水平肥	W1F3	13 020.0±846.0	10 834.5±340.5	9 828.0±483.0	11 227.5±1 632.0
4	低水欠肥	W2F1	12 516.0±486.0	11 499.0±222.0	10 210.5±1 194.0	11 409.0±1 155.0
5	低水低肥	W2F2	12 352.5±160.5	11 857.5±1 147.5	10 422.0±1 272.0	11 544.0±1 002.0
6	低水平肥	W2F3	13 881.0±663.0	11 838.0±306.0	10 525.5±1 236.0	12 081.0±1 690.5
7	平水欠肥	W3F1	12 034.5±1 225.5	12 171.0±799.5	11 026.5±690.0	11 743.5±625.5
8	平水低肥	W3F2	13 264.5±513.0	12 877.5±447.0	11 343.0±775.5	12 495.0±1 017.0
9	平水平肥	W3F3	13 569.0±1 036.5	12 193.5±1 135.5	11 469.0±462.0	12 409.5±1 066.5

由 2013 年的水分利用效率结果看出，与平水平肥处理相比，无论是低肥处理、欠肥处理、还是高肥处理的水分利用效率都有一定差异但不显著，这些处理间水分利用效率的差异也没有达到显著水平。分析灌溉量对水分利用效率的影响，发现不同处理间的差异均没有达到显著水平，说明在生育期降水量充足时，地表滴灌追氮试验设计范围内的灌溉量和追氮量对水分利用效率的影响不显著。2014 年的水分利用效率结果表明，与欠水欠肥相比，除低水欠肥略有下降外，其余处理的水分利用效率均有不同程度的提高，提高幅度与产量类似，也为平水处理>低水处理>欠水处理。在欠水处理条件下，低肥处理的水分

利用效率最高，其次是平肥水平，最低是欠肥水平，分析低水处理和平水处理的水分利用效率变化趋势也相似，说明施肥的提高具有促进水分利用效率的提高的作用。将欠水、低水、平水的三个处理平均来看，与欠水水平相比，低水水平差异不大，而平水水平的水分利用利用效率提高显著，达到 14.5%；将欠肥、低肥、平肥的三个处理平均来看，与欠肥水平相比，平肥水平与低肥水平的水分利用效率分别提高 4.4%和 10.1%。从水分利用效率的角度来看，平水低肥的水分利用效率较高，适宜于地表滴灌灌溉追肥制度时使用。而且试验也发现，灌水量作用大于追肥量的作用，欠肥和低肥水平对产量的影响不大。在 2015 年，与欠水欠肥相比，不同处理的水分利用效率均有不同程度的提高，提高幅度也为平水处理>低水处理>欠水处理，与 2014 年相似。将欠水、低水、平水的三个处理平均来看，与欠水水平相比，低水水平和平水水平的水分利用效率显著提高了 10.0%和 20.4%，说明本年度采用平水水平的水分利用效率提高幅度大；将欠肥、低肥、平肥的三个处理平均来看，与欠肥水平相比，低肥水平的水分利用效率提高 7.89%，平肥水平的水分利用效率提高了 4.29%，差异不显著。根据三年的水分利用效率结果，从提高水资源利用的角度上，确定出在生育期降水较充沛的年份，地表滴灌追氮制度应为低水平肥的肥水组合，即灌水量 45 mm，追氮量 240.0 kg/hm^2，在保证水分高效利用的前提下节约滴灌量 25%；而在生育期降水量不足，干旱严重年份，膜下滴灌追肥制度应为平水低肥的肥水组合，即灌水量 60 mm，追施 N 180.0 kg/hm^2，在保证水分高效利用的前提下节约追氮量 25%（表 3-23）。

表 3-23　地表滴灌试验不同处理的水分利用效率 [$kg/(hm^2 \cdot mm)$]

处理号	处理内容	处理代号	2013 年（丰水年）	2014 年（干旱年）	2015 年（干旱年）	平　均
1	欠水欠肥	W1F1	25.455±0.735	26.625±7.065	21.075±2.490	24.285±2.820
2	欠水低肥	W1F2	20.010±0.120	27.825±5.190	23.940±3.735	25.020±2.445
3	欠水平肥	W1F3	24.960±0.405	26.895±0.930	23.460±1.875	25.110±1.725
4	低水欠肥	W2F1	25.005±0.180	25.950±0.600	25.125±4.575	25.365±0.510
5	低水低肥	W2F2	24.600±1.050	28.815±3.795	25.485±4.965	26.295±2.220
6	低水平肥	W2F3	28.215±0.930	27.450±1.230	24.675±0.420	26.415±1.515
7	平水欠肥	W3F1	22.860±2.385	28.665±1.680	26.235±2.160	25.920±2.910
8	平水低肥	W3F2	25.845±1.800	33.435±2.415	28.755±3.060	29.340±3.825
9	平水平肥	W3F3	25.845±2.415	31.035±8.040	27.405±1.920	28.095±2.655

3. 结论　以提高产量和水分利用效率为目的，确定出辽宁西部半干旱区玉米地表滴灌追氮制度，即在生育期降水较充沛的年份，滴灌量为 45 mm，追氮量 180.0 kg/hm^2，分别在拔节期、抽雄期和灌浆期随等量滴灌追氮；在生育期降水量不足的严重年份，地表滴灌量为 60 mm，随滴灌追施氮量为 180.0 kg/hm^2，分别在拔节期、抽雄期和灌浆期随等量滴灌追氮。

六、沟灌节水丰产技术集成模式

辽宁半干旱区降水量的稀少和严重的十年九春旱，使得玉米播种和出苗受到严重的影响，轻则大幅度减产，重则大面积绝收。不适宜的灌溉措施和灌溉量，不仅浪费了农业水资源，也达不到高产。针对这些问题，本研究以水分高效利用为核心，以中耕深松蓄水、有限补灌为关键技术，集成玉米沟灌节水丰产栽培技术集成模式。

1. 模式的技术操作规程

（1）播前整地：选择能够实现统一整地、施肥、供种、播种和田间管理的连片种植地块，前茬选择大豆、马铃薯或有施肥基础的玉米茬。结合秋翻整地施入有机肥，并进行耙压，耕深 12～15 cm，做到无漏耕、无大坷垃。

（2）优质节水品种引选：根据辽宁半干旱区的生态环境条件，选用已审定推广的优质、抗旱、抗病、高产的优良玉米品种，如玉米郑单 958、辽单 565 等。种子质量要求达到纯度不低于 95%，净度不低于 98%，发芽率不低于 90%，含水量不高于 16%。

（3）施肥时期和施肥量：基肥以节水丰产为目标时，肥力中等以下的地块，施优质有机肥 30～45 t/hm^2。化肥用量为纯 N：225.0～270.0 kg/hm^2、P_2O_5：45.0～60.0 kg/hm^2、K_2O：15.0～3.0 kg/hm^2。有机肥、磷钾肥全部作基肥，氮肥按基肥与追肥 1∶2 施用。

（4）播种：在 4 月上中旬 5 cm 深地温稳定通过 8 ℃时即可播种。播种时如果土壤墒情较好，0～40 cm 土层质量含水率的下限值：壤土 12%、黏土 14%、沙土 10%时，采用等行距直接种植，行距 50 cm，播种深度 5～7 cm。

（5）中耕：利用凿形铲式深松机，在拔节期结合追肥中耕。中耕行距为 50 cm，深度为 20～25 cm，中耕周期为 1～2 年。另外，可以在作物收后的秋季利用震动式深松机进行秋深松，周期为 2～4 年。

（6）有限补灌：补充灌溉是抗御春旱的有效措施，视水资源状况和春旱发生程度，除了播种期灌水造墒外，还需进行以下补水措施。

苗期灌水：当春旱连夏旱，导致苗期干旱严重时，需要进行苗期灌溉。灌水方式用隔沟灌或喷灌，灌溉量隔沟灌 300.0～450.0 m^3/hm^2。

拔节期灌水：拔节至抽雄期需水量大，是玉米的需水关键期。遇到伏旱时需要灌溉。灌溉方式采用沟灌，灌水量 450.0～600.0 m^3/hm^2。

灌浆期灌水：灌浆期为玉米生育期需水最多的阶段，结合自然降雨和土壤墒情状况进行灌溉。当降水量少出现严重“秋旱”天气时须进行灌溉，灌水方式为沟灌和隔沟灌，每次灌水量沟灌水 450.0～600.0 m^3/hm^2，隔沟灌 300.0～450.0 m^3/hm^2。

补充灌溉技术须紧密结合生育期降水、土壤墒情和作物生长情况，恰当合理地运用，以达到高产高效的目的。

（7）病虫害防治：用粉锈宁拌种，预防丝黑穗病；用 50%井冈霉素 50 000 倍液喷洒茎叶，防治纹枯病和大小斑病。发现丝黑穗病株，立即拔除，带出田外销毁；苗期用 50%甲胺磷乳油 500 倍药液配置毒饵撒在未覆膜前的地面上，防治地下害虫；心叶末期用 5%甲基异硫磷颗粒剂按 1∶6 拌煤渣，每株 2 g，撒入心叶防治玉米螟。

（8）收获：9 月下旬至 10 月上旬苞叶完全枯黄并松开，果穗顶部籽粒手摸光滑，果穗中部籽粒的基部与穗轴连接处出现“黑层”，即可收获。

2. 田间应用效果　节水超高产技术模式在 2007—2009 年在田间进行了应用，三年的试验面积依次为 0.4 hm^2、0.8 hm^2、1.0 hm^2，对照面积均为 0.4 hm^2，平均增产 47.4%，其中 2007 年产量达到 15 360.0 kg/hm^2（籽粒含水率 14%）、2009 年为 17 505.0 kg/hm^2，达到吨粮田的产量标准。水分利用效率较对照三年平均提高 21.4%。

七、玉米聚水栽培技术

在辽宁玉米种植区，雨水资源在 4 851 m^3/hm^2 左右，但其中的 70%～80%以蒸发和径流形式流失，仅有 20%～30%被作物利用。与理想条件下的光、热、水、肥状况相比，由于光温的限制，生产潜力衰减了 25%～33%；由于光温水分的限制，生产潜力衰减了 67%～75%。另外，小于 10 mm 的无效降雨发生频率占到 65%以上，相当于损失了 2 次以上的灌水量和 4 500 kg/hm^2 的增产潜力（谷茂，2001；马耀光等，2004）。因此，在辽宁玉米种植区，如何把集水、用水与当地种植技术进行有机结合，对于提高农田降水利用率和利用效率，有十分重要的科学意义与实践价值。

（一）概念

聚水（water harvesting）是 Geddes 于 1963 年首次提出，并将其定义为“收集和储存径流或溪流用于农业灌溉使用”。在此基础上 Myers（1967）鉴于聚水种植条件下土壤水分的调控效果及作物的生理生态效应，并将其定义修改为“通过人为措施处理集流面增加降雨和融雪径流，进而收集利用的过程”，并提出“储存”是聚水系统的有机组成部分。Reij 等（1988）比较全面地将聚水定义为“收集各种形式的径流用于农业生产、人畜饮水或其他用途。地表径流是集水系统中的关键因素，它包括降雨、融雪径流和季节性溪流，其中降雨径流的收集和利用是聚水的主要形式”。

（二）设计原理

农田聚水种植技术是一种田间集水农业技术，是雨水就地聚集补墒型集雨技术，它适用于缺乏径流源或远离产流区的旱平地或缓坡地，其基本原理是通过在田间修筑沟垄，实现降水由垄面（产流区）向垄沟（用流区）的汇集，以改善作物根际土壤水分状况，提高作物产量（王俊鹏等，1999）。产流区是利用地膜覆盖作物行间，使降水在产流区形成的地表径流最大，用流区种植作物。产流区高，用流区低，产流区与用流区面积设计，按种植作物需水特点与降水规律等因素综合进行设计。

（三）聚水栽培的理论基础

以提高降水资源高效利用为目的的农田聚水种植技术的理论依据是降水-土壤水理论、农田水分平衡原理、降水-径流理论和覆盖抑制理论。

降水-土壤水理论是指在半干旱区，降水是土壤水的唯一来源，土壤水基本不存在深层渗漏问题，这为更好地利用土壤水提供了方向。降雨通过垄面聚集后进入土壤中，然后土壤水分由温度高的地方向温度低的地方运动，通过覆盖地膜来抑制土壤水的无效损耗（华孟等，1993）。

农田水分平衡理论是指农田水分是在土壤-植物-大气连续体中运动的开放式小循环。旱区农田水分循环以垂直方向的水量交换为主，除了少量的雨季降水通过地表径流损失外，绝大部分被拦蓄在疏松的土层内，而且很少产生横向迁移，可以通过人工措施拦蓄或形成土壤与大气隔离层，减少蒸发、保蓄降水径流，为雨水拦蓄入渗或采取措施抑制水分蒸发提供了依据（康绍忠等，1994）。

降水-径流理论即是通过改变地面微地形，降低地表径流水力坡度，截短径流线长度，减缓径流运移速度，从而增加地表径流在一定区域的滞留时间，增加地表入渗能力，达到增加土壤水分的目的（樊廷录，2002）。

覆盖抑蒸理论是指在半干旱区土壤水主要以土面蒸发的形式损失，蒸发量很大；只有将有限水分的补给与覆盖措施结合起来，通过覆盖形成一个隔离层，阻断土壤中气体与大气的交换通道，减少土壤水的蒸发损失，而将水保蓄在土壤中，供作物利用，才能达到高效用水的目的（马耀光等，2004）。

（四）聚水栽培的研究现状

作为集水农业的一种新形式，聚水栽培技术因其良好的农田水分调控效果及显著的增产效应备受关注。近年来，有关聚水种植技术的研究形式日渐丰富，内容渐趋完善。在不同的旱作农业区，围绕“集雨、蓄水、保墒”这一农田水分调控的核心内容，结合当地的自然条件及生产实际，因聚水时间、种植模式、覆盖方式及技术组合方式等不同，而呈现多样化的形式。按聚水时间的不同，可分为休闲期聚水保墒和作物生育期聚水保墒技术；按种植模式的不同，可分为聚水单作和间套作技术；按覆盖方式的不同，可分为一元覆盖聚水种植技术（如“盖垄不盖沟”及“盖垄半盖沟”）和二元覆盖微集水种植技术（如垄膜沟秸秆）；按技术组合形式的不同，可分为聚水种植单一技术和组合技术（全程地膜覆盖技术和覆膜沟穴播集雨增产技术等）。上述技术虽形式各异，但本质相同，均可概括为通过以集雨、蓄水、保墒为核心的农田水分调控实现作物稳产高产的田间聚水农业技术（赵聚宝等，1996；段喜明等，2006；肖继兵等，2009；李爽等，2009）。

（五）玉米聚水栽培模式

采用覆膜或秸秆的方式形成各式聚水栽培模式，主要有宽窄行聚水、比空覆膜聚水、地膜秸秆双覆盖聚水等方式。

1. 宽窄行覆膜聚水种植　旱地种植玉米的聚水技术以宽窄行较多，采用大小垄种植，大垄 0.8 m，小垄 0.4 m，大垄行间覆盖地膜为产流区，地膜两侧种玉米成小行为用流区。产流区与用流区面积比为 2∶1，玉米利用的水分，相当于降水的 3 倍。另外，还有山字形和 M 形聚水模式。山字形垄形（三峰双沟形），中峰弧形，边峰钝尖形，适于垄沟种植；M 形垄形（双峰单沟形），横切面 M 形，适于垄上种植。垄宽、行距、株距，根据作物品种而定，玉米种植以南北向为宜。

2. 比空覆膜聚水种植　玉米种植形式为均匀垄，在不同垄上覆膜集雨，即分为覆膜种植 4 垄玉米、裸地 1 空垄的 4∶1 模式，覆膜种植 3 垄玉米、裸地 1 空垄的 3∶1 模式，覆膜种植 2 垄玉米、裸地 1 空垄的 2∶1 模式等，各地可依据实际条件选择合适覆膜方式。

3. 地膜秸秆双覆盖聚水种植　辽宁西部等易发生干旱、且光温充足的地区，地膜秸秆双覆盖方式是一种不错的选择。采用大小垄方式种植，即沟宽 65 cm，垄宽 35 cm，在垄上覆膜的基础上，沟内覆盖玉米秸秆，沟内种植玉米两行，行距 40 cm，株距 35 cm 的种植形式，也可据农机具的实际条件进行沟垄距离调整。

（六）聚水栽培优点

1. 提高土壤含水量　在我国北方干旱、半干旱地区，干旱季节不仅降水量少，而且降水强度小，降水往往未来得及渗入土壤之前就通过蒸发散失了，造成宝贵的降水资源不能充分利用。农田聚水技术通过起垄覆膜集水保墒种植作物，把农田的蓄水、保水、供水和用水融为一体，是有效利用自然降水的途径之一。聚水栽培对苗期利用小于 5 mm 的无效降水比较明显（图 3-8），有利于提高土壤含水量，提高土壤中的水分利用效率。聚水技术不仅可有效地蓄积田间径流，而且可有效增加农田覆盖度，减少土壤水分蒸发量。

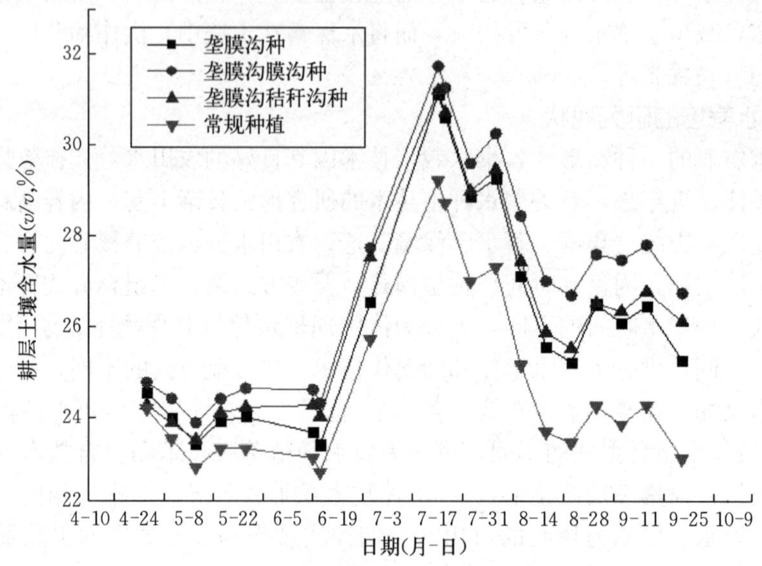

图 3-8 不同处理玉米田土壤水分变化情况

2. 改善土壤温度 地膜覆盖能显著增加地面及耕层土壤温度，并可有效补偿作物生长发育过程中气温的不足，利于作物生长发育，提高作物产量（图 3-9）。据研究，起垄覆膜后地表面积较平作增加 30%，每年可多吸收太阳光辐射热能 6 750 J/hm^2，0～30 cm 地温提高 0.6～2.3 ℃（白秀梅，2005）。在垄膜沟播技术研究中也发现，集水沟覆盖地膜或直接种植均可提高土壤的温度，尤其是覆盖地膜增温效应更为明显，尽管集水沟覆盖秸秆没有增加土壤温度的作用，但是与传统种植模式相比土壤温度较为接近，聚水条件下集水沟内覆盖秸秆可以在一定程度上降低覆盖秸秆对土壤温度的负效应（冯良山，2010）。

3. 提高肥料利用效率 覆膜后土温提高，土壤墒情好再加上垄面免受雨水直接冲刷不易形成板结层，土壤理化性状得到改善。同时，促进了土壤中的有效养分转化，使得土壤有机质含量比常规种植提高 0.08%，速效氮较常规种植高 1.6 mg/kg 左右。研究表明，聚水种植技术能使土壤生态环境朝着更有利于作物生长的方向发展，改善作用明显，能使土壤水、肥、气、热协调运转，为旱田的长期高产、稳产创造了条件。

4. 增加玉米产量，提高水分利用效率 聚水模式下各种栽培模式与传统种植相比都不同程度的提高了玉米产量，尤以垄膜沟膜沟种植和垄膜沟秸秆沟种两种模式下的增产幅度大（表 3-24），同时聚水模式种植耗水量也较传统种植小，致使水分利用效率有所提高。在不同降水年型，聚水种植的水分利用效率提高幅度不同，在丰水年份（2008 年）水分利用效率提高幅度要小些，垄膜沟秸秆沟种植、垄膜沟膜沟种植和垄膜沟种植分别比对照提高 28.53%、22.86%和 14.96%。在干旱年份，水分利用效率提高幅度较大，2007

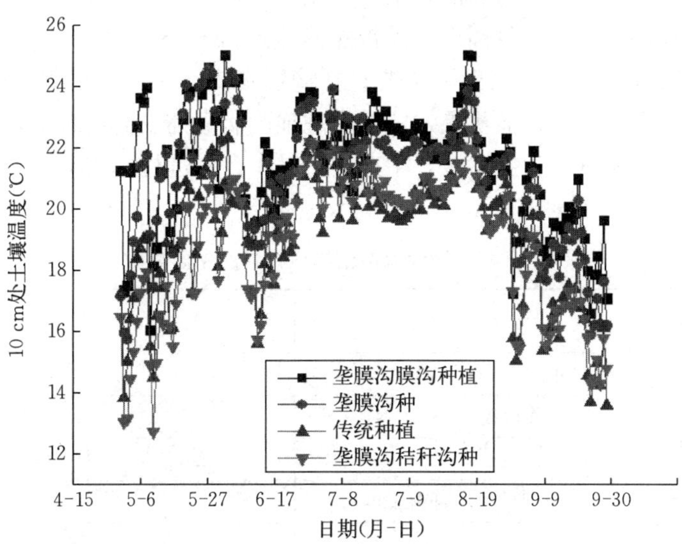

图 3-9　不同处理玉米田土壤温度变化情况（2009 年）

年垄膜沟秸秆沟种植、垄膜沟膜沟种植和垄膜沟种植分别比对照提高 37.84%、30.46%和 25.75%；2009 年垄膜沟膜沟种植、垄膜沟秸秆沟种植和垄膜沟种植分别比对照提高 48.28%、39.27%和 20.83%。

表 3-24　不同处理产量及水分利用效率

项　　目	年份	垄膜沟种	垄膜沟膜沟种植	垄膜沟秸秆沟种	传统种植
产量（kg/hm^2）	2007	12 251	12 453	13 280	10 017
	2008	12 874	13 021	13 879	11 622
	2009	9 261	10 583	10 194	7 817
水分利用效率（kg/m^3）	2007	2.84	2.95	3.11	2.26
	2008	2.56	2.74	2.86	2.23
	2009	2.45	2.83	3.01	2.03

第三节　玉米水肥一体化技术研究

一、地下滴灌机具的研制与应用

为减少年际间连续铺设和回收膜下滴灌与地表滴灌设施的劳力及工作量，开展地下滴灌带一次铺设、多年应用的田间定位试验研究，进行地下滴灌带铺设机具的研制，并通过观测地下滴灌带铺设的均匀、完整程度以及对植株生长发育的影响程度，对机具进行改进，最终实现地下滴灌一次铺设、多年应用的机械化操作，以解决人工铺设效率低、质量差的问题。

采用室内和田间相结合的方式，研制与改进耕层以下鸭舌式防堵滴灌带铺设机具，达到滴灌带铺设深度一致、均匀性高的要求。绘制草图，按照草图进行设备的焊接，然后在地块进行反复铺设调试，使机具铺设滴灌带能够达到25～28 cm的深度。对铺设的均匀度和等高性进行修改和调试，试制出了主要包括滴灌带支撑架、牵引架、开沟梁架、开沟铲、覆土组合装置等的地膜滴灌机具，能够实现地膜滴灌铺设的机具，提高了作业效率和作业质量。确定出了机具的主要参数，生产出机具1台，进行1.4 hm^2 试验示范地块的作业（表3-25）。

表3-25　地埋滴灌带铺设机具的主要参数

序号	项　目		单位	参数值
1	外形尺寸（长×宽×高）		mm	1 400×1 450×1 900
2	工作行数		行	1
3	工作幅宽		mm	1 400
4	开沟器	开沟深度	mm	250～300
		开沟宽度	mm	50
		开沟器形式		箭铲式
5	覆土器形式			刮板式
6	滴灌带铺设形式			鼠道式
7	配套动力		kW	22
8	生产率		km/h	1.7～2

二、地下滴灌水肥一体化管理技术

膜下滴灌是目前最先进的节水灌溉技术，但该技术无论是膜下滴灌还是地表无膜覆盖滴灌，都需要每年铺设和回收，不仅增加设施购置成本，而且大大增加了劳动投入，降低了生产效益。本研究于2012—2015年在阜蒙县开展了地埋滴灌田间定点定位试验，以制订地埋滴灌的灌溉施肥制度。

1. 处理设计　本研究地下滴灌带用机械铺设，埋深20～25 cm，主管道采用Φ40×0.4 MPa硬管，地下滴灌带采用内镶式滴管带，在垄上行距中心铺设地下滴灌带。于5月9～10日进行播种，播种方式采用大垄双行模式。

设追氮量和滴灌量两个因素，以追施纯氮量240.0 kg/hm^2 平肥量、低肥量180.0 kg/hm^2、欠肥量120.0 kg/hm^2 共3个水平，以滴灌量48 mm为平水量、36 mm为低水量、24 mm为欠水量3个水平，组合设计共9个处理，重复3次。小区面积20 m×6 m。灌水量处理分播种后、拔节期、吐丝期、灌浆期4次等量滴灌；追肥量按拔节期1/2、吐丝期1/4、灌浆期1/4随滴灌追施。试验选用品种用郑丹958和秋乐136等密植品种。处理设计如下。

处理1：欠水欠肥，灌水量24 mm，追施氮120.0 kg/hm^2；

处理2：欠水低肥，灌水量24 mm，追施氮180.0 kg/hm^2；

处理3：欠水平肥，灌水量24 mm，追施氮240.0 kg/hm^2；

处理 4：低水欠肥，灌水量 36 mm，追施氮 120.0 kg/hm^2；

处理 5：低水低肥，灌水量 36 mm，追施氮 180.0 kg/hm^2；

处理 6：低水平肥，灌水量 36 mm，追施氮 240.0 kg/hm^2；

处理 7：平水欠肥，灌水量 48 mm，追施氮 120.0 kg/hm^2；

处理 8：平水低肥，灌水量 48 mm，追施氮 180.0 kg/hm^2；

处理 9：平水平肥，灌水量 48 mm，追施氮 240.0 kg/hm^2。

2. 结果分析　不同处理的产量不同（表 3－26），与平水平肥处理 9 相比，不同处理的产量虽然有差异，幅度在－3.28%～3.32%，在统计学上差异均不显著。水分利用效率差异相较于产量则差异要明显，变化幅度在－5.07%～4.17%，但分析其变化与灌溉量和追氮量之间的关系，发现没有较强的规律性（表 3－27）。地埋滴灌水量的增减和追氮量的增减总体上对产量的影响均不大。既说明试验地块土壤中的含氮量、底肥施氮量及欠水平追氮量之和已经够当季玉米植株生长对氮素营养的需求，也说明本年度降水量已满足玉米植株生长对水分的需求。所以，地埋滴灌的灌溉施肥制度以最小灌溉量和追氮量即可，即灌水量 24 mm，追施氮 120.0 kg/hm^2。

表 3－26　地下滴灌试验不同处理的产量（kg/hm^2）

处理号	处理内容	处理代号	2012 年	2013 年	2014 年	2015 年	平　均
1	欠水欠肥	W1F1	10 023.0±1 030.5	11 319.0±288.0	11 580.0±165.0	9 162.0±831.0	10 521.0±1 133.3
2	欠水低肥	W1F2	10 159.5±1 194	11 626.5±1 140.0	12 187.5±396.0	10 548.0±67.5.0	11 130.4±939.0
3	欠水平肥	W1F3	10 023.0±1 030.5	11 203.5±733.5	11 928.0±306.0	11 260.5±1 428.0	11 103.8±792.0
4	低水欠肥	W2F1	10 345.5±543.0	11 100±1 441.5	12 643.5±643.5	10 140.0±415.5	11 057.3±1 135.2
5	低水低肥	W2F2	10 452.0±414.0	11 806.5±654.0	12 963.0±582.0	11 629.5±1 033.5	11 712.8±1 027.7
6	低水平肥	W2F3	10 044.0±651.0	10 909.5±229.5	12 837.0±210.0	12 028.5±1 221.0	11 454.8±1 228.5
7	平水欠肥	W3F1	9 963.0±1 287.0	11 799±217.5.0	12 523.5±301.5	10 873.5±828.0	11 289.8±1 112.8
8	平水低肥	W3F2	9 784.5±532.5	11 860.5±670.5	13 317.0±598.5	9 394.5±463.5	11 089.1±1 837.8
9	平水平肥	W3F3	10 120.5±631.5	12 504.0±607.5	12 150.0±1 575.0	11 637±865.5	11 602.9±1 050.4

表 3－27　地下滴灌试验不同处理的水分利用效率［kg/(hm^2·mm)］

处理号	处理内容	处理代号	2012 年	2013 年	2014 年	2015 年	平　均
1	欠水欠肥	W1F1	17.610±0.975	21.330±0.735	31.350±2.370	22.485±1.950	23.194±5.822
2	欠水低肥	W1F2	18.135±2.550	24.270±3.240	31.860±4.890	28.545±0.495	25.703±5.925
3	欠水平肥	W1F3	17.610±0.975	21.105±1.155	32.955±2.100	31.455±2.370	25.781±7.578
4	低水欠肥	W2F1	17.94±1.860	22.215±3.27	34.695±1.890	34.275±3.315	27.281±8.501
5	低水低肥	W2F2	18.78±0.375	24.405±1.875	30.660±2.910	32.025±2.865	26.468±6.105
6	低水平肥	W2F3	17.400±1.710	21.795±0.840	31.800±1.830	34.725±2.640	26.430±8.179
7	平水欠肥	W3F1	19.095±2.715	21.255±1.470	32.340±5.475	32.775±1.905	26.366±7.205
8	平水低肥	W3F2	19.065±1.020	21.720±1.275	35.940±2.940	26.895±3.135	25.905±7.438
9	平水平肥	W3F3	18.330±1.140	22.485±0.15	29.595±3.750	36.435±1.575	26.711±7.979

2013年不同处理的籽粒产量，发现各处理间产量均不相同。与平水平肥处理相比，欠水平肥、低水平肥、低水低肥三个处理的产量有较小降低，仅为5.1%～5.6%。低水欠肥、欠水欠肥处理的产量较平水平肥处理有明显降低，幅度达到7.0%～9.5%，但没有达到极显著水平。另外3个处理，包括平水低肥、欠水低肥和平水欠肥处理较平水平肥处理的产量相比，显著降低。归类分析，不同水平追N量间比较，欠肥水平（平均11 383.5 kg/hm²）、低肥水平（平均11 371.5 kg/hm²）与平肥水分相比（平均11 382.0 kg/hm²）基本一致，没有明显差异。不同灌溉量水平间比较，欠水水平（平均11 245.5 kg/hm²）低水水平（11 686.5平均kg/hm²）与平水水平（平均11 106.0 kg/hm²）有差异，但不显著。

比较不同处理水分利用效率，发现各处理间均不相同。与平水平肥处理相比，除了低水低肥和低水欠肥处理有提高8.0%外，其余处理均出现1.2%～5.4%的降低。方差分析发现，各处理间水分利用效率差异均不显著。说明采用地膜滴灌技术进行灌溉追肥，本降水年型条件下试验设计范围内的施肥量和灌溉量的变化对水分利用效率的影响不显著，也表明灌溉施肥量还可以再降低，即还有节水节肥潜力。综合产量和水分利用效率两个指标，确定本年度采用地埋滴灌的追肥滴灌制定为低水欠肥，即灌水量36 mm，追施氮量8.0 kg/亩。

2015年产量结果发现，与欠水欠肥相比，不同处理的产量均有不同程度的提高，提高幅度大小为：平水＞低水＞欠水水平，说明在2015年的干旱条件下，产量与灌水量有显著关系。将欠水、低水、平水的处理产量平均来看，与欠水水平相比，低水水平处理和平水水平处理分别提高了4.6%和15.7%，产量随着灌水量的增加而提高，平水水平的产量增加显著，可以选择平水水平作为适宜的滴灌量；将欠肥、低肥、平肥的处理产量平均来看，与欠肥水平相比，低肥水平处理的产量提高了9.1%，而平肥水平处理的产量增加仅为3.0%，产量并不是随着追肥量的增加而提高，低肥水平的处理产量效果大于平肥处理，可以选择低肥水平作为适宜的追肥量。

从水分利用效率上来看，与欠水欠肥相比，不同处理的水分利用效率均有不同程度的提高，且提高幅度显著，总体趋势是平水＞欠水＞低水水平，而欠水和低水的水分利用效率没有显著差异，表明本年度平水水平的水分利用效率较高；从追肥的角度来看，水分利用效率并不是随着追肥量的增加而显著提高，总体趋势表现为低肥＞平肥＞欠肥，表明低肥水平可以促进水分利用效率的提高。

3. 结论 综合考虑产量和水分利用效率两个因素，地下滴灌的滴灌追肥制订为平水低肥，即灌水量24 mm，追氮量180.0 kg/hm²。

三、膜下滴灌水氮耦合模式

膜下滴灌技术作为先进的灌溉技术，在大田生产中能有效提高作物水分利用效率（徐飞鹏等，2003）。现有的研究多是在田间自然降水条件下开展，所得结论虽然能够更好地结合大田生产实践，但在试验过程中由于受降水条件的影响，对水分和养分难以精确控制，影响水肥互馈作用准确揭示。本研究利用移动防雨旱棚中的膜下滴灌设施，通过水肥精量控制试验，研究膜下滴灌对玉米生长发育的影响，揭示水氮条件的变化对产量和水分利用效率的影响，模拟出适宜的水氮管理模式。

1. 试验设计　试验于 2004 年在辽宁省阜蒙县移动式遮雨旱棚中开展。试验设定土壤湿度和施氮量两个因素，土壤湿度因素设定 3 个水平：即土壤含水量分别为田间持水量的 70%～75%（适宜水分含量）、60%～65%（轻度水分亏缺）和 50%～55%（中度水分亏缺）三个水平。二次回归正交设计（袁志发、周静芋，2000），9 个处理（表 3－28），3 次重复。施氮量设 165 kg/hm^2、330 kg/hm^2、495 kg/hm 三个水平，氮肥为尿素，播种期施总氮量的 1/4，施肥方式为沟施。在拔节期和抽雄期分别追施总施氮量的 1/2 和 1/4，追肥方式为随滴灌追施。微区面积为 1.3 m×2 m，微区四周用 80 cm 深高分子树脂相隔，以防止水分和养分侧渗。每个微区种植 4 行共 16 株，玉米品种为郑丹 958。于 5 月 1 日播种，9 月 25 日收获。滴灌方式为重力滴灌（采用新疆天业迷宫式滴灌带，滴水器间距 30 cm），水箱离地面高度 1.5 m。

表 3－28　膜下滴灌水氮耦合试验设计表

处理	处理代号	编码值		物料用量	
		X_1	X_2	土壤湿度（占田间持水量的百分数）（%）	施氮量（kg/hm^2）
1	W1N1	−1	−1	50～55	165.0
2	W2N2	0	0	60～65	330.0
3	W3N3	1	1	70～75	495.0
4	W1N2	−1	0	50～55	330.0
5	W2N3	0	1	60～65	495.0
6	W3N1	1	−1	70～75	165.0
7	W1N3	−1	1	50～55	495.0
8	W2N1	0	−1	60～65	165.0
9	W3N2	1	0	70～75	330.0

2. 观测项目　土壤含水量的测定采用 Diviner2000 便携式土壤水分速测仪和土钻取土烘干法（置于 105 ℃恒温箱中烘约 8 h 至恒重）相结合的方法测定。每 20 cm 一层进行取样，灌溉计划层深度苗期为 40 cm，拔节期以后为 60 cm。用重量含水量法计算土壤含水量。成熟期收获每小区中间两行 8 株玉米样穗晾晒，风干，脱粒，用谷物水分仪（PM 8188）测定籽粒含水量，再折算成公顷籽粒产量。

3. 结果分析

（1）膜下滴灌水肥耦合对产量的影响：如图 3－10 所示，对不同土壤湿度和施氮量条件下的玉米产量进行显著性分析。由分析结果可知，土壤湿度因素对产量影响效果极显著（$P=0.00<0.01$），施氮量因素对产量影响效果显著（$P=0.016<0.05$），土壤湿度和施氮量的耦合作用对产量影响效果同样达到显著水平（$P=0.029<0.05$）。图 3－10 说明，对于土壤湿度因素而言，轻度水分亏缺条件下不同施氮量处理间的产量存在显著差异，且中、高施氮量处理显著高于低施氮量处理。证明水分出现轻度亏缺时，施用氮肥可促进玉米生长发育，有利于玉米最终产量的积累。对于施氮量因素而言，在中、高施氮量条件下，不同土壤湿度处理间的产量均存在显著差异。其中，中施氮量条件下，轻

度水分亏缺和适宜水分条件下的产量显著高于中度水分亏缺处理；高施氮量条件下，中度水分亏缺的产量显著低于适宜水分处理。说明中度水分亏缺处理对玉米的生长发育起到抑制作用。

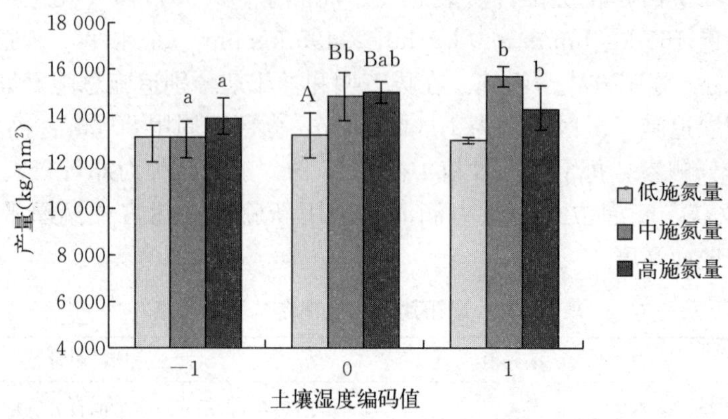

图 3-10　不同处理的玉米产量

注：图中 A、B 是在土壤湿度因素一定时，不同施氮量处理间的显著性分析标记结果；a、b 是施氮量因素一定时，不同土壤湿度处理间的显著性分析标记结果。

再对产量（Y）与土壤湿度（X_1）、施氮量（X_2）两因素间的关系进行回归模拟，得到产量与水氮两因素的回归模型：

$$Y=14\,844.3+687.625X_1+461.025X_2+139.8X_1X_2-781.158X_1^2-471.058\,3X_2^2$$

模型中，相关系数 $R^2=0.784$，表明理论产量与实际产量的拟合程度良好。再对产量模型进行显著性检验：$F=14.762$，且 $P=0.034<0.05$，差异显著，进一步证明回归模型能够很好地模拟水氮与产量的关系。回归模型中一次项系数均为正，说明土壤湿度和施氮量对产量的提高起到促进作用，产量随着二者用量的升高而增加。土壤湿度与施氮量的交互项系数为正，说明土壤湿度与施氮量因素之间为正交互作用，对于提高产量具有正向促进的作用。二次项系数中，土壤湿度和施氮量的系数都是负值，证明在试验范围内，产量随土壤湿度和施氮量的增加，呈开口向下的抛物线趋势变化。将回归模型进行降维分析，可得到土壤湿度与施氮量对产量的主效应模型。

土壤湿度：$Y=14\,844.3+687.625X_1-781.158X_1^2$

施氮量：$Y=14\,844.3+461.025X_2-471.058\,3X_2^2$

根据回归子模型分别作出二因素对产量的主效应图 3-11。

由图 3-11 可知，土壤湿度和施氮量两个因素均会影响产量，两因素呈现开口向下的抛物线趋势变化。当土壤湿度在－1 水平（即为田间持水量的 50%～55%）和接近 0.5 水平（即为田间持水量的 65%～70%）时，产量随着土壤湿度的升高而增大，超过 0.5 水平后产量随土壤湿度的升高而减小。这是因为当土壤湿度在较低水平时，无法满足玉米正常生长发育对水分的需要，随着土壤湿度的升高，植株生长发育对水分的要求逐渐得到满足，产量不断升高。土壤湿度继续升高，多余的水分会限制玉米生长，降低玉米产量。在

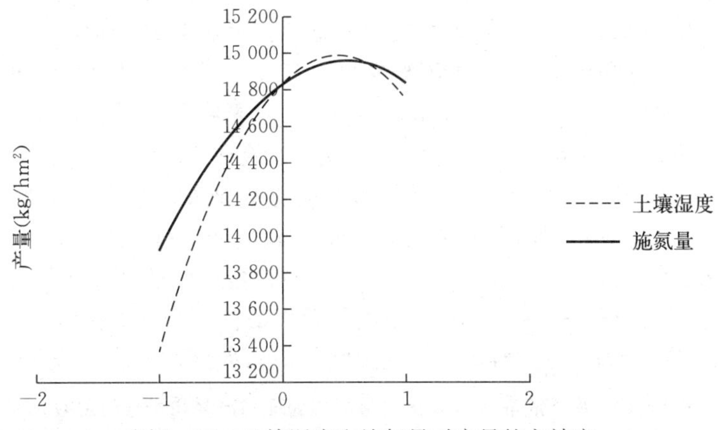

图 3-11　土壤湿度和施氮量对产量的主效应

施氮量方面，施氮量对产量的影响显著低于土壤湿度，说明施氮量因素处于次要地位。在一定范围内，产量随施氮量的增加而增加，但过量施氮会抑制产量的增加。

为进一步探讨水肥耦合效应对产量的影响，利用产量回归模型模拟出水肥耦合效应图 3-12。根据图 3-12，土壤湿度和施氮量对产量具有明显的交互作用。当土壤湿度限制在某一水平时，随着施氮量的增加，产量呈现先升高后降低的趋势；当施氮量限制在一定水平时，随着土壤湿度的增加，产量也呈现先升高后降低的趋势。产量曲面最陡的方向是土壤湿度方向，而施氮量方向则比较平缓，说明土壤湿度的变化对产量影响更加明显。即当施氮量固定时，随着土壤湿度的变化，产量的变化幅度较大。而当土壤湿度固定时，施氮量的变化对产量的影响则相对较小。通过计算，当土壤湿度在 0.5 水平即为田间持水量的 65%～70%，施氮量在 0.56 水平即为 462 kg/hm² 时，产量最高，达到 15 142.5 kg/hm²。

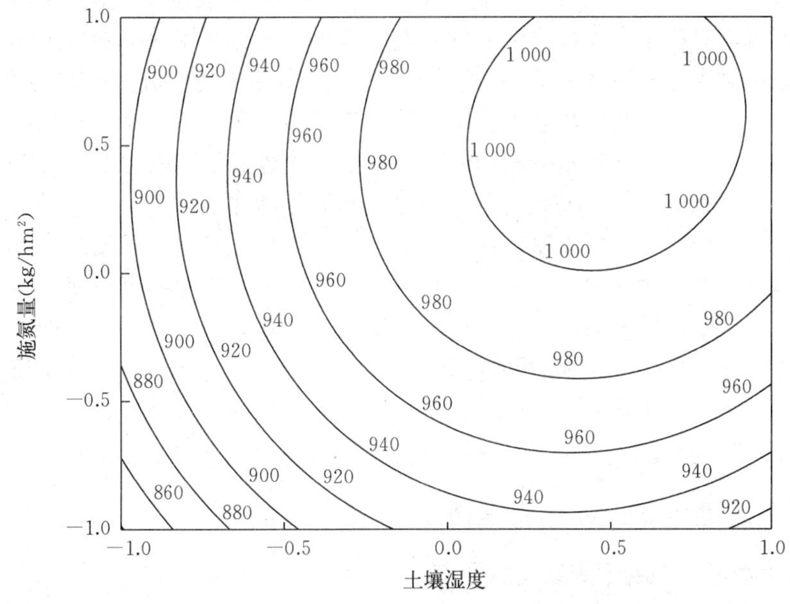

图 3-12　水肥耦合的产量效应

(2) 膜下滴灌水肥耦合对水分利用效率的影响：将不同处理全生育期的耗水量列于表3-29。由表3-29可知，在土壤湿度方面，不论是在低施氮量、中施氮量水平，还是在高施氮量水平下，水分利用效率均随土壤湿度的增大而降低，处理1>处理8>处理6，处理4>处理2>处理9、处理7>处理5>处理3。对于施氮量而言，在中度水分亏缺条件下水分利用效率随施氮量的增大而降低，处理1>处理4>处理7。在轻度水分亏缺和适宜水分条件下，水分利用效率随施氮量的增大呈现先升高后降低的趋势，处理2>处理5>处理8、处理9>处理3>处理6。在中度水分亏缺的低施氮量条件下（处理1）达到水分利用效率的最大值，达到80.025 kg/(hm^2·mm)，接近发达国家水平。而适宜水分含量条件下的低施氮量处理（处理6）的水分利用效率最低，为36.975 kg/(hm^2·mm) 二者相差43.05 kg/(hm^2·mm)。因此，土壤湿度是影响水分利用效率的主要因素。

表3-29　膜下滴灌水氮耦合试验不同处理的产量和水分利用效率

处理	处理代号	产量（kg/hm^2）	耗水量（mm）	水分利用效率［kg/(hm^2·mm)］
1	W1N1	13 090.5	163.6	80.025
2	W2N2	14 808.0	275.1	53.835
3	W3N3	14 356.5	363.2	39.525
4	W1N2	13 188.0	204.5	64.485
5	W2N3	15 676.5	294.1	53.310
6	W3N1	13 978.5	378.0	36.975
7	W1N3	12 907.5	214.9	60.075
8	W2N1	13 105.5	286.5	45.735
9	W3N2	14 974.5	358.0	41.835

4. 结论　在本研究中，玉米全生育期的耗水量和耗水强度随土壤湿度的升高而增大，相比之下，施氮量对耗水量和耗水强度的影响不显著。水分利用效率随着土壤湿度的升高而减小，施氮量对水分利用效率的作用要低于土壤湿度。中度水分亏缺和轻度水分亏缺，可能制约了施氮量对产量的作用效果。采用移动旱棚与二次回归正交设计相结合，导致土壤湿度因素对产量、耗水量及水分利用效率的影响高于施氮量因素。

本试验中水分利用效率最大的处理与产量最高的处理并不一致，产量最高时的耗水量高于水分利用效率最大时的耗水量，这与刘战东等（2011）研究结果相同。可知，水分和氮素作为影响玉米产量的两个重要因素，只有采取最佳组合才能够更好地提高玉米产量并达到节水的目的。本研究表明，玉米产量随土壤湿度和施氮量的升高均呈现先增大后减小的趋势，并在移动旱棚水、肥精量控制方式下模拟出最适宜的水氮组合，即土壤湿度为田间持水量的65%～70%、施氮量为462.0 kg/hm^2 时，可实现产量最大，达15 142.5 kg/hm^2，这说明在辽西半干旱区适宜的水肥管理模式将有助于玉米获得更高产量。

四、膜下滴灌水肥一体化管理技术

（一）膜下滴灌设施的田间安装的要点

1. 滴灌带铺设　滴灌带铺设与玉米播种、铺设地膜同时进行。膜下滴灌带选择直线布设，顺玉米行间布置，模式为一膜一带两行，带间行距 96～100 cm。滴灌带用迷宫式或贴片式滴灌带，滴头间距 30 cm，单孔流量（常用）2～3 L/h。铺设时采用播种、施肥、施药、铺设滴灌带、覆膜多功能一体机具进行作业。保证滴灌带铺设松紧均匀，不宜过紧，滴头（出水孔）朝上。

2. 田间系统的安装　主要包括田间与干管连接的支管和与滴灌带（管）连接的辅管。支管选用 0.3 MPaΦ32～50 mm 的 PE 管，辅管可以选用 Φ16 mm 的硬塑管或 1.0″的塑料软管。支管通过三通或直通与干管和辅管连接，在辅管上用打孔器打眼，用 Φ16～21 mm 的接头与滴灌带（管）连接。

3. 首部枢纽的安装　首部枢纽包括水泵、过滤器、施肥器等。

（1）水泵：根据设计扬程及设计流量选择水泵，其配套功率及效率相应确定。

（2）过滤器：玉米膜下滴灌系统水源一般为井水，有一定的含沙量，过滤器可以选用旋流水沙分离器加筛网组合过滤器、叠片式过滤器或者自动冲洗式过滤器。过滤器的安装应按产品说明书安装，设备出入水口，按设备水流方向标记安装，不得反向。

（3）施肥器：如果灌溉面积较小或者进行田间灌水试验时，可以选择文丘里式或电动施肥器；如果灌溉面积较大，则应选择施肥罐。施肥设备应安装在过滤器上游。如与上下游用软管连接，软管应严禁扭曲打折。

4. 操作过程中需要注意的事项

（1）输配水管道宜沿地势较高位置开始布置，支管应垂直于玉米种植行布置，滴灌带必须顺玉米种植行进行布置。铺设滴灌带时，要将滴灌带铺设在垄台上的两行玉米中间，铺平、铺直，防止扭曲。

（2）管道安装完毕，必须进行试水。试水时先打开控制闸阀，检查接头、管道有无漏水，滴水头滴水是否均匀。试水正常以后，放水冲洗整个管道，排除管中杂物，然后将各级管道尾部用堵头堵好。

（二）膜下滴灌水肥配比模式

以提高玉米灌溉水分利用效率为核心，增产节水节肥为目标，研究田间膜下滴灌节水节肥技术，确定出适宜的膜下滴灌水肥配比模式。

1. 试验设计　试验于 2012—2015 年在阜蒙县开展。化肥施用量为底肥沟施复合肥（N-P-K 为 15-15-15）450 kg/hm^2。本试验设追氮量和滴灌量两个因素，以追施纯氮量 240.0 kg/hm^2（即尿素 522.0 kg/hm^2）平肥量、低肥量 180.0 kg/hm^2、欠肥量 120.0 kg/hm^2 共 3 个水平，以滴灌量 60 mm 为平水量、48 mm 为低水量、36 mm 为欠水量 3 个水平，组合设计共 9 个处理，重复 3 次。小区面积 20 m×5 m。灌水量处理分播种后、拔节期、吐丝期、灌浆期 4 次等量滴灌；追肥量按拔节期 1/2、吐丝期 1/4、灌浆期 1/4 随滴灌追施。试验选用秋乐 136 等密植品种。处理设计如下。

处理 1（W1F1）：欠水欠肥，灌水量 36 mm，追施氮 120.0 kg/hm^2；

处理 2（W1F2）：欠水低肥，灌水量 36 mm，追施氮 180.0 kg/hm^2；

处理 3（W1F3）：欠水平肥，灌水量 36 mm，追施氮 240.0 kg/hm^2；

处理 4（W2F1）：低水欠肥，灌水量 48 mm，追施氮 120.0 kg/hm^2；

处理 5（W2F2）：低水低肥，灌水量 48 mm，追施氮 180.0 kg/hm^2；

处理 6（W2F3）：低水平肥，灌水量 48 mm，追施氮 240.0 kg/hm^2；

处理 7（W3F1）：平水欠肥，灌水量 60 mm，追施氮 120.0 kg/hm^2；

处理 8（W3F2）：平水低肥，灌水量 60 mm，追施氮 180.0 kg/hm^2；

处理 9（W3F3）：平水平肥，灌水量 60 mm，追施氮 240.0 kg/hm^2。

2. 结果分析 由试验区降水图 3-13 看出，在开展田间试验的四年的平均降水量为 389.3 mm，与试验区多年降水量 416.8 mm 仅少 6.6%。但是四年间的生育期降水量（5～9 月）明显不同。与多年平均相比，2012 和 2013 年的生育期降水量较为充足，分别为 533.3 mm 和 470.3 mm，分别增加 28.0%和 12.8%；而 2014 和 2015 年的生育期生育期降水量则严重偏少，分别只有 273.3 mm 和 287.4 mm，分别减少 34.4%和 32.7%。

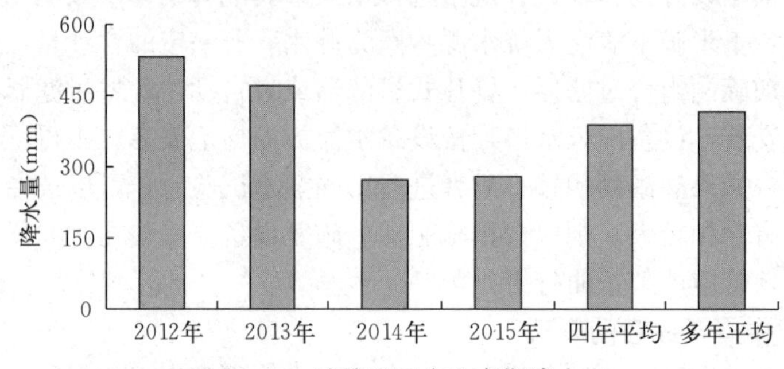

图 3-13 试验区玉米生育期降水量

将不同处理在不同年度的产量结果列于下表。由产量结果表看出，如果将同一处理在不同年度的产量进行平均，发现 9 个处理间产量有一定的差异，但差异不显著。不同水肥处理的产量差异程度在年度间的变化大，总的趋势看是在生育期降水量多的年型处理间产量差异小（如 2012 和 2013 年），而在降水少的年型处理间产量差异大（如 2014 和 2015 年）。产量最低的处理 W1F1 为 10 336.5 kg/hm^2，较产量最高处理 W3F2 的 11 709.0 kg/hm^2 减少 1 372.5 kg/hm^2，降低 11.7%。在降水量高的 2012 和 2013 年最低处理的产量较最高处理降低 10.0%和 6.4%，在降水量较低的 2014 和 2015 年最低处理的产量较最高降低 18.6%和 19.8%。可见，生育期降水量高低对水肥处理产量的高低具有重要的影响（图 3-14）。

灌浆期长势由 2013 年产量结果看出，与平水平肥处理相比（常规施肥量和灌溉量），当采用低肥处理（包括欠水低肥、低水低肥、平水低肥 3 个）的追氮量为 180.0 kg/hm^2，较平肥处理追氮量 240.0 kg/hm^2 减少 25%时，产量降低幅度较小，仅为 1.3%～4.1%，方差分析表明，低肥追氮量处理与平水平肥处理的产量差异没有达到显著水平。说明追氮量节约 25%时，不会导致产生明显的降低；当欠肥处理（包括欠水欠肥、低水欠肥、平水欠肥 3 个）的追氮量为 120.0 kg/hm^2，较平肥处理追氮量 240.0 kg/hm^2 减少 50%时，产量有降低幅度增大，为 2.8%～5.2%，显著性分析表明，欠肥追氮量处理与平水平肥处理的产量差异也没有达到显著水平，这 3 个处理间产量的差异也不显著。说明采用膜下滴灌水肥一体化方式追氮肥，追氮量降低 50%时，产量也不会产生显著降低。可见，就产量角度考虑，在生育期降水量较为充足时（特别是生长发育中后期 8～9 月），采用膜下滴灌灌水追肥，节肥潜力大，节肥效果显著。分析灌溉量与产量的关系，发现产量对

2012年膜下滴灌追肥

2013年膜下滴灌追肥

2014年苗期长势

2014年拔节期长势

2015年苗期长势

2015年拔节期长势

图 3－14　膜下滴灌试验的田间效果图

灌溉量的变化不敏感。说明生育期降水已满足了植株生长发育和产量形成对水分的要求。而且降水量的增加，也会使土壤根区养分的有效性提高，满足植株生长发育的需求（表 3－30）。

表 3－30　膜下滴灌试验不同处理的产量（kg/hm^2）

处理号	处理内容	处理代号	2012 年	2013 年	2014 年	2015 年	平　均
1	欠水欠肥	W1F1	9 385.5±526.5	12 445.5±256.5	10 989.0±363.0	8 524.5±717.0	10 336.5±1 738.5
2	欠水低肥	W1F2	9 888.0±981.0	12 762.0±589.5	11 118.0±597.0	8 727.0±820.5	10 624.5±1 728.0

（续）

处理号	处理内容	处理代号	2012 年	2013 年	2014 年	2015 年	平均
3	欠水平肥	W1F3	10 471.5±627.0	12 945.0±663.0	11 061.0±855.0	8 767.5±775.5	10 812.0±1 723.5
4	低水欠肥	W2F1	9 546.0±864.0	12 258.0±934.5	11 923.5±354.0	9 169.5±1 137.0	10 723.5±1 591.5
5	低水低肥	W2F2	9 952.5±2 119.5	12 393.0±853.5	12 013.5±472.5	10 258.5±855.0	11 154.0±1 227.0
6	低水平肥	W2F3	9 702.0±990.0	13 090.5±352.5	11 785.5±304.5	10 446.0±879.0	11 256.0±1 495.5
7	平水欠肥	W3F1	10 480.5±1 186.5	12 562.5±570.0	13 366.5±286.5	10 521.0±2 526.0	11 733.0±1 459.5
8	平水低肥	W3F2	10 294.5±697.5	12 490.5±1 293.0	13 506.0±456.0	10 543.8±318.0	11 709.0±1 549.5
9	平水平肥	W3F3	10 423.5±1 327.5	12 924.0±883.5	12 667.5±420.0	10 624.5±736.5	11 659.5±1 318.5

由 2014 年的产量结果表明，与欠水欠肥相比，不同处理的产量均有不同程度的提高，提高幅度大小为：平水＞低水＞欠水水平，2015 年的产量结果与此变化趋势一致，说明在生育期降水严重不足的条件下（较常年生育期平均少 30%以上时），产量与灌水量有显著关系，膜下滴灌是产量增加的一种有效灌溉方式。从 3 个灌水量水平来看，2014 年的欠水和低水水平的产量差异不大，平水欠肥和平水低肥的产量高于平水平肥，但二者之间差异不显著。而在 2015 年，与欠水水平相比，平水水平的产量显著提高，欠水水平的产量较低，不能满足玉米生长发育需求。平水与低水水平的产量相比，平水的产量高于低水，但二者之间差异不显著。将欠水、低水、平水的处理产量平均来看，与欠水水平相比，2014 年的低水水平处理和平水水平处理分别使产量提高了 7.7%和 19.2%，2015 年的低水水平处理和平水水平处理分别较欠水水平使产量提高了 14.8%和 21.8%，产量均随着灌水量的增加而显著提高。说明在干旱年型，灌水量为平水水平的效果较好；将欠肥、低肥、平肥的处理产量平均来看，与欠肥水平相比，低肥水平和平肥水平的产量没有差异，2014 年的差异不明显，2015 年分别提高了 4.66%和 5.75%，但不显著。根据 4 年的产量结果，从提高产量的角度上，确定出在生育期降水较充沛的年份，膜下滴灌追肥制度应为欠水低肥的肥水组合，即灌水量 36 mm，追施氮 180.0 kg/hm^2，分别在拔节期、抽雄期和灌浆期随等量滴灌，并等量追施氮肥，在保证膜下滴灌产量的条件下节约灌溉量 40%和追氮量 25%；而在生育期降水量不足、干旱严重年份，膜下滴灌追肥制度应为平水欠肥即灌水量 60 mm，追施氮 120.0 kg/hm^2，分别在拔节期、抽雄期和灌浆期随等量滴灌，并等量追施氮肥，其目的主要是为了补充灌溉和少量养分供给，在保证膜下滴灌产量的条件下节约追氮量 50%。

由不同处理在不同年度的水分利用效率结果表看出，发现 4 年平均后的 9 个处理间水分利用效率有一定的差异，但差异不显著。而不同水肥处理的水分利用效率差异在年度间的变化大，部分处理的差异显著，总的变化趋势看是在生育期降水量多的年型处理间水分利用效率差异小（如 2012 和 2013 年），而在降水少的年型处理间产量差异大（如 2014 和 2015 年），此变化趋势与产量的变化趋势相似。水分利用效率最低的处理 W1F1 为 22.365 kg/(hm^2 · mm)，较最高处理 W3F3 的 26.610 kg/(hm^2 · mm) 降低 15.67%。而在生育期降水量高的 2012 和 2013 年最低处理的水分利用效率较最高处理分别降低 18.6%和 7.1%，在生育期降水量较低的 2014 和 2015 年最低处理的水分利用效率较最高处理分别降低22.0%和27.7%。可见，生育期降水量的高低是不同水肥处理水分利用效率高低重要因素。

由2012和2013年的水分利用效率结果看出，与平水平肥处理相比，无论是低肥处理、欠肥处理、还是高肥处理的水分利用效率都有一定差异，但经过方差分析表明，这些处理的水分利用效率与平肥处理间的差异均没有达到显著水平，这些处理间水分利用效率的差异也没有达到显著水平。分析灌溉量对水分利用效率的影响，发现不同处理间的差异均没有达到显著水平，说明在生育期降水量充足时，试验设计范围内的灌溉量和追氮量对水分利用效率的影响不显著。2014年水分利用效率结果表明，与欠水欠肥相比，不同处理的水分利用效率均有不同程度的提高，且提高幅度显著，总体变化趋势是平水处理>低水处理>欠水处理。在欠水水平条件下，水分利用效率随着追氮量的增加而提高，说明欠水条件下，追氮量的增加有利于水分利用率的提高；在平水水平和低水水平处理条件下，欠肥水平的水分利用效率较高，但三者的差异不显著，说明在生育期自然降水和滴灌量配合条件下，追氮量的增加对水分利用率没有显著提高。分析表中2015年水分利用效率结果表明，与欠水欠肥相比，不同处理的水分利用效率也均有不同程度的提高，且提高幅度显著，总体变化趋势是低水处理>平水处理>欠水处理。欠水条件下，水分利用效率随着追氮量的增加而提高，说明欠水滴灌条件下，追氮量的增加有利于提高水分利用效率；在低水滴灌条件下欠肥水平的水分利用效率较高，而在平水条件下平肥的水分利用效率较高，但三者的差异均不显著，说明在生育期自然降水和滴灌量配合条件下，追氮量的增加对水分利用效率的提高作用较小。根据四年的水分利用效率结果，从提高水资源利用的角度上，确定出在生育期降水较充沛的年份，膜下滴灌追肥制度应为欠水欠肥的肥水组合，即灌水量36 mm，追施氮120.0 kg/hm^2，在保证水分高效利用的前提下节约滴灌量40%和追氮量50%；而在生育期降水量不足，干旱严重年份，膜下滴灌追肥制度应为平水欠肥即灌水量60 mm，追施氮120.0 kg/hm^2，在保证水分高效利用的前提下节约追氮量50%（表3-31）。

表3-31 膜下滴灌试验不同处理的水分利用效率 [kg/(hm^2·mm)]

处理号	处理内容	处理代号	2012年	2013年	2014年	2015年	平 均
1	欠水欠肥	W1F1	15.900±1.635	23.955±1.935	27.405±4.035	22.185±3.015	22.365±4.815
2	欠水低肥	W1F2	17.025±2.745	22.665±1.335	31.905±5.145	23.430±0.690	23.760±6.135
3	欠水平肥	W1F3	16.725±1.215	24.030±1.320	33.975±2.865	24.870±2.445	24.900±7.065
4	低水欠肥	W2F1	17.040±1.185	23.520±2.205	35.115±4.275	28.035±4.785	25.215±6.510
5	低水低肥	W2F2	17.805±2.100	22.470±0.795	32.220±5.505	30.675±1.830	25.800±6.825
6	低水平肥	W2F3	17.805±2.205	22.575±0.765	31.470±1.770	31.020±3.675	25.725±6.675
7	平水欠肥	W3F1	18.510±1.200	24.180±2.955	34.530±2.535	28.875±4.890	26.520±6.825
8	平水低肥	W3F2	19.545±2.970	22.845±2.415	34.095±2.760	29.205±1.110	26.415±6.510
9	平水平肥	W3F3	18.405±1.650	23.775±2.670	33.885±5.040	30.345±3.015	26.610±6.885

3. 结论 以提高产量和水分利用效率为目的，确定出辽宁西部半干旱区玉米膜下滴

灌追氮制度。在生育期降水较为充沛的年份，滴灌量为 36 mm，追氮量为 180.0 kg/hm^2，分别在拔节期、抽雄期和灌浆期随等量滴灌追氮；在生育期降水量不足，干旱严重的年份，滴灌量为 60 mm，随滴灌追施氮量为 120.0 kg/hm^2，分别在拔节期、抽雄期和灌浆期等量随滴灌追氮。

五、膜下滴灌节水增产技术集成模式

膜下滴灌技术是半干旱区玉米生产中节水节肥增产的重要技术。但该技术的应用还需要其他常规有效技术配合、集成，以发挥膜下滴灌技术的增产优势。本研究开展了以膜下滴灌水肥一体化管理技术为关键技术，以"多功能联合播种技术、精细整地"等为配套技术集成了玉米膜下滴灌节水增产技术集成模式。模式于 2011—2015 年在辽宁省阜蒙县开展了田间应用。

1. 模式关键技术与配套技术

（1）关键技术：膜下滴灌水肥一体化管理技术和多功能联合播种技术。

（2）配套技术：精细整地、病虫草害防治技术以及膜下滴灌设施的安装和管理技术。

2. 模式的主要操作内容

（1）精细整地：春季深旋耕 25～35 cm。

（2）选用品种：郑单 958 等密植品种，播种密度 60 000 株/hm^2。

（3）精量播种：机械大垄双行精量播种、施肥、施药、覆膜联合作业。

（4）施肥方法：磷肥、钾肥、氮肥播种期作为基肥施用（磷酸二铵 225 kg/hm^2、复合肥 225 kg/hm^2、钾肥 150 kg/hm^2），尿素 300 kg/hm^2 在拔节、授粉期或灌浆期分 2 次随滴灌追施。

（5）滴灌带放置：滴灌带放置于小垄膜下地表，位于小垄中间。

（6）灌水方式：采用膜下滴灌灌溉，正常年每次灌水量 150～225 m^3/hm^2，总灌溉量 360 m^3/hm^2，灌溉 2 次；干旱年每次灌水量 150～300 m^3/hm^2，总灌溉量 600 m^3/hm^2，灌溉 3 次。

（7）病虫害防治：大喇叭口期药剂、赤眼蜂、杀虫灯等防治玉米螟，灌浆初期药剂（高效氯氰菊酯）防治黏虫。

（8）适期收获：9 月下旬至 10 月上旬，玉米苞叶完全枯黄并松开，果穗顶部籽粒手摸光滑，果穗中部籽粒基部出现"黑层"，标志着籽粒生理成熟，即可收获。

3. 模式田间应用效果 五年膜下滴灌技术模式的总应用面积 1 000 hm^2。模式田间应用的 2011—2013 年，玉米生育期降水量较多，以无灌溉常规种植作为对照。在成熟期测产，测产小区面积 66.7 m^2，随机取五个点进行平均。膜下滴灌技术模式示范较对照增产 10.9%～19.8%，表明即使在降水较多的年份，使用膜下滴灌技术的增产效果显著。在 2014—2015 年，生育期降水量较常年平均减少 30%以上，示范区出现了夏秋大旱，无灌溉常规种植的产量极低，所以选用示范区内农户沟灌种植作为对照，发现 2014 年膜下滴灌较沟灌产量不仅没有降低，还略有提高，但不显著。2015 年较沟灌增产显著。两年的水分利用效率较沟灌均有显著的提高，超过 30%（图 3－15）。表明示范区干旱年应用膜下滴灌技术模式可以实现产量的提高，并较沟灌的水分利用效率显著提高。因而在干旱年

2012年膜下滴灌种植技术模式示范

2013年膜下滴灌种植技术模式示范

2014年膜下滴灌种植技术模式示范

2015年膜下滴灌种植技术模式示范

图 3－15　膜下滴灌技术模式的田间示范效果

示范区玉米生产中适宜应用膜下滴灌技术模式（表 3－32、表 3－33）。

表 3－32　膜下滴灌技术模式示范的产量（2011—2013 年）

年度	2011 年	2012 年	2013 年
膜下滴灌（kg/hm^2）	10 057.5±934.5**	10 857.0±654.0*	8 514.0±844.5*
无灌溉对照（kg/hm^2）	8 397.0±8 397.0	9 786.0±1 384.5	7 452.0±1 807.5
提高（%）	19.8	10.9	14.2

注：* 表示差异显著，** 表示差异极显著。

表 3-33　膜下滴灌技术模式示范的产量

项　目		2014 年	2015 年
产量	膜下滴灌（kg/hm^2）	11 758.5±363.0	12 250.5±1 567.5**
	沟灌对照（kg/hm^2）	11 163.0±648.0	10 459.5±681.0
	提高（%）	5.3	17.1
水分利用效率	膜下滴灌 [$kg/(hm^2 \cdot mm)$]	32.175±3.930**	34.410±4.785**
	沟灌对照 [$kg/(hm^2 \cdot mm)$]	24.510±1.440	26.370±2.415
	提高（%）	31.3	30.5

注：* 表示差异显著，** 表示差异极显著。

第四章 辽宁玉米抗逆研究与应用

第一节　玉米品种耐旱性与评价指标鉴选研究

一、东北春玉米区干旱时空分布特征及对产量影响

随着人类在工业化进程中大量焚烧化石燃料并开垦森林草地，导致全球大气中 CO_2、N_2O 等温室气体浓度持续增加，全球气候明显变暖，造成全球干旱化加剧。我国干旱发生范围和干旱强度都呈现出明显的增加趋势，农业干旱又是制约我国农业发展和粮食安全的主要因素。根据统计，2000—2013 年我国农作物由干旱造成的受灾面积年均达 2 170 万 hm^2，占总受灾面积的 51.9%；成灾 1 212 万 hm^2，占总成灾面积的 54.3%；绝产 279 万 hm^2，占全国由自然灾害造成的总绝产面积的 51.6%。

东北地区享有“北大仓”的美誉，是我国重要的玉米、水稻、豆类等粮食生产基地。农业生产以“雨养”为主，地域和年际间降水差异较大，因而生产过程中极易遭受干旱灾害。干旱主要出现在春季和夏季，其中以春旱居多。春旱影响玉米播种、出苗及幼苗生长，夏旱则影响玉米正常生长发育，导致减产或绝产。1971—2012 年，中国东北地区春玉米因干旱造成的受灾面积年平均 412.4 万 hm^2，占总受灾面积的 61.6%，而 2000—2010 年又是干旱发生频次最多、影响程度最严重的 10 年。预测表明，如果我国对干旱灾害不给予重视和有效的应对，到 2030 年中国东北地区农民的农业收入将会损失一半以上。

辽宁省地处欧亚大陆东岸，属于温带大陆性季风气候区。由于地形、地貌较为复杂，省内各地气候不尽相同。总的气候特点是：四季分明，寒冷期长；雨量集中，东湿西干；平原风大，日照丰富。全省干旱发生的高频率地区在辽宁西部，低频率地区在辽宁东部。春旱发生频率最高，秋旱发生频率最低。辽西北地区作为辽宁省主要的干旱区，隶属于我国五大干旱区的东北干旱区，多发春旱、夏旱，少有秋旱发生。随着全球气候变暖，各类极端天气不断发生，2009 年，辽宁西北部遭遇了 60 年不遇的夏秋连旱，给当地群众的生活带来极大的影响。

（一）东北农业干旱发生风险

杨晓晨等（2015）采用标准化降水蒸散指数研究了东北地区春玉米不同生育阶段干旱的时空分布特征及其对最终产量的影响。通过对东北地区（不包括内蒙古东部）包括 69 个气象站点 1961—2012 年逐日气象资料的统计，利用 ArcGIS 软件制作了东北地区春玉米不同生育阶段干旱发生风险空间分布图。研究结果表明，生育前期高风险区域出现在吉林西部白城、乾安、长岭、通榆，辽西彰武、朝阳、建平等地区。低风险区域在黑龙江牡

丹江地区，吉林东部，辽宁丹东、宽甸。出苗期—吐丝期阶段高风险区域出现在黑龙江伊兰、富裕，吉林白城、乾安、扶余、双辽、四平，辽宁彰武、建平县、熊岳等地区，低风险区域主要在黑龙江中北部铁力、北林等地区。孕穗期—灌浆期阶段高风险区域在黑龙江三江平原、安达，吉林白城，辽宁阜新、建平等地区，低风险区域主要在吉林东部。吐丝期—成熟期阶段高风险区域在黑龙江中部铁力、佳木斯、尚志、明水，吉林西部白城、乾安、双辽，辽宁彰武、黑山、开原、清原等地区。全生育期高风险区域在黑龙江通河、佳木斯、虎林，吉林白城、前郭，辽宁彰武、朝阳、建平县、熊岳、黑山、开原等地区。可见，春旱较严重的地区主要分布在松嫩平原、吉林西部、辽宁西部和辽宁南部。夏旱主要分布在黑龙江三江平原、吉林西部部分地区和辽宁西部部分地区。

袁帅等（2010）、张淑杰等（2011）和杨晓晨等（2015）的研究结果一致表明：在空间分布上，玉米全生育期干旱发生高风险区域在吉林西部、辽宁西部、辽宁南部以及黑龙江的三江平原，而低风险区域主要在吉林东部和辽宁东部。

（二）东北地区干旱变化趋势

利用魏凤英等（2007）提出的MK检验法，计算的1991—2012年东北玉米生长季内5个生育阶段的干旱指数变化趋势空间分布。结果表明：生育前期整个东北地区MK统计量都为正值，表明近52年该阶段呈现增湿趋势，但这一趋势未通过显著性检验。出苗期—吐丝期阶段黑龙江松嫩平原、牡丹江地区有明显的增湿趋势，其中安达和哈尔滨增湿趋势达显著水平（$P<0.05$）。黑龙江中部和辽宁东部的MK的统计量为负值，表明这些地区呈现干旱化趋势，但未到达显著性水平（$P>0.05$）。孕穗期—灌浆期阶段东北大部分地区呈干旱化趋势，其中通榆和长白达到显著性水平（$P<0.05$）。松嫩平原和辽宁南部出现增湿趋势。吐丝期—成熟期阶段东北整体呈现剧烈干旱化趋势，且通榆和长岭干旱化趋势达到显著性水平（$P<0.05$）。玉米全生育期松嫩平原和辽西增湿趋势较明显，黑龙江中部、吉林东部和辽宁东部则呈现干旱化趋势，但均未通过显著性检验。从各生育阶段不同干湿变化趋势可以看出，近几十年玉米苗期干旱强度和范围正在减小，而灌浆成熟阶段干旱强度和范围正在增加，说明东北地区春玉米生长季内的干旱正从苗期向生育后期转变，其中吉林西部、辽宁西部和东北东部最明显。因此，在防范苗期出现的春旱的同时，还应重视生育后期日益严重的夏旱对产量造成的损失。

马建勇（2012）利用模型分析2011—2100年东北地区农作物生育期（5～9月）气温和降水的数据资料，分析其未来5～9月干旱的变化趋势。研究表明，东北地区干旱化在时间与空间上也呈增加趋势，虽然21世纪50年代时段干旱化趋势明显，但是发生干旱严重的时段却为21世纪80年代时段。未来三个时段（21世纪20年代、50年代、80年代）发生干旱频率较高的区域主要集中在东北地区的西部，特别是黑龙江的齐齐哈尔与大庆地区、吉林的白城地区以及辽宁的朝阳地区。干旱频率低值中心在未来3个时段都主要集中在吉林东部及辽宁丹东地区。

未来几十年，东北地区呈现明显的暖干化的趋势，同时可以发现，东北西部不仅气温较高，降水呈减少趋势的同时降水量本身也不高，这就导致了干旱发生频率的加大。针对未来西部地区干旱加剧以及东部干旱化趋势明显等问题，未来东北地区需要合理利用水资源，建立农业节水制度，大力发展节水农业，实现水资源的优化配置和高效利用；同时需要加强农田水利工程建设，建立完善抗旱防灾减灾工程保障体系等。

（三）东北地区干旱对产量的影响趋势

玉米不同生育时期遭受干旱均会导致减产，张琪等（2010）发现在降水充沛的辽南，降水量减少不会引起玉米减产，而在辽西干旱是产量的主要限制因素。杨晓晨等（2015）研究发现在降水较充沛的吉林东部和辽宁南部玉米生产和当地气候条件较匹配，正常情况下就能保证玉米高产和稳产，通过改善水分利用效率可进一步提高玉米产量。而降水相对较少的地区，如辽宁西部、吉林西部和松嫩平原等地，要获得最大可能增产需增加水分才能达到。

在作物模型 CERES - Maize 的基础上，马建勇（2012）修订了陆魁东等（2007）提出的用农业干旱指标来评估东北地区未来干旱对玉米产量的影响。以辽西北干旱区朝阳市为例，就雨养条件而言（图 4 - 1），干旱年相对正常年产量变化率在 20 世纪 80 年代时段最小。灌溉后干旱年和正常年的玉米产量在四个时段均呈增加趋势，尤其是对干旱年产量的促进作用更大。灌溉条件下，干旱年在四个时段的产量依次比雨养条件下干旱年产量提

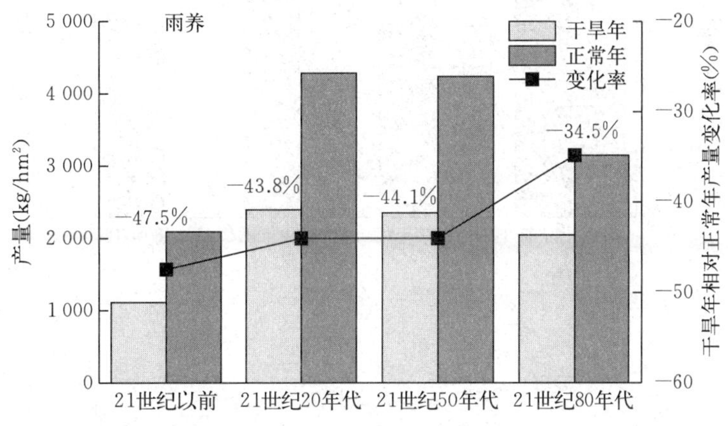

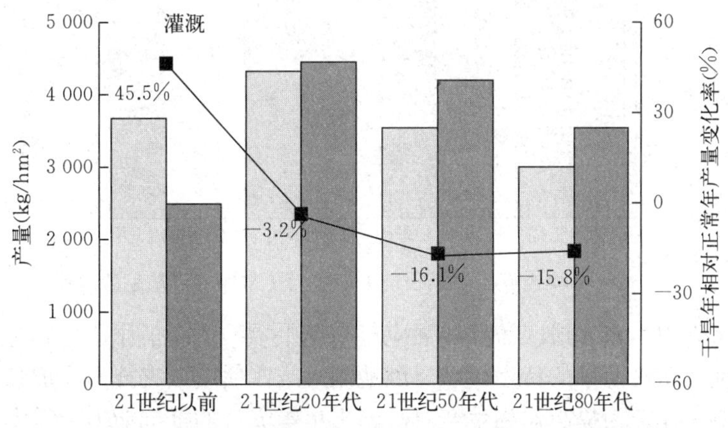

图 4 - 1　朝阳雨养与灌溉条件下旱年与正常年的产量趋势对比

高 236.8％、80.3％、49.0％及 44.5％，平均提高了 102.6 个百分点，该值是灌溉条件正常年产量提高率（9.4％）的 11 倍。说明干旱频率高发的辽西北地区，无论是干旱年和正常年份实施灌溉补水均可提高玉米产量。

以辽宁东部山区本溪市为例，就雨养而言（图 4－2），干旱年相对正常年的产量差距也在 21 世纪 80 年代时段最小。由于本溪处于辽河平原，水热资源供应较好，对正常年而言，灌溉条件下的玉米产量相对雨养条件变化不大，甚至出现减产现象，在四个时段减产率分别为：－3.8％、－5.3％、－4.9％和－4.0％。灌溉条件下干旱年在 4 个时段的产量相对雨养条件平均提高了近 30 个百分点。说明辽宁东部地区在干旱年份实施灌溉措施有利于玉米产量提高。

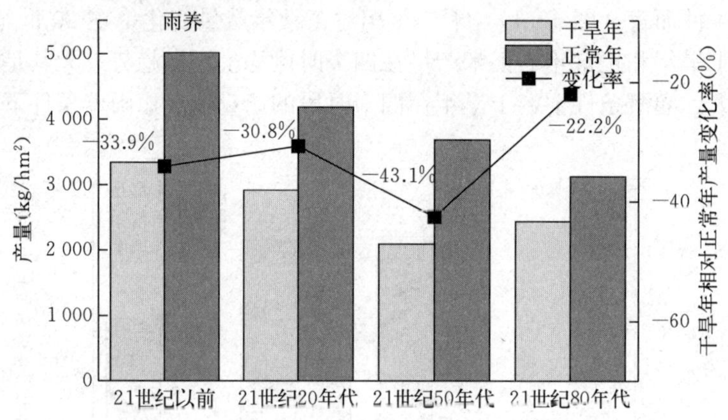

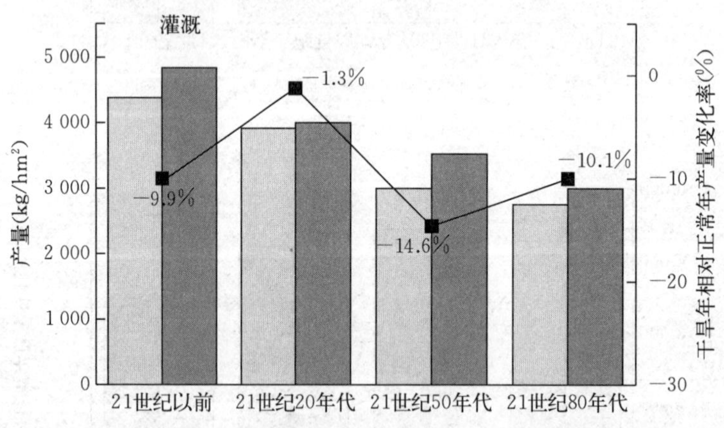

图 4－2　本溪雨养与灌溉条件下旱年与正常年的产量趋势对比

在今后的工作中，东北地区需要加强应对高温干旱的适应工作，尤其是在粮食生产方面，针对东北地区东涝西旱的特点，需要因地制宜推广适应减灾技术，加强气象灾害的监测、预报及防御工作；为提高作物生产对高温干旱等灾害的抵抗能力，需实施跨流域东水西调工程，加强中小河流域水库的兴建与维修，完善渠系与排水系统等（《第二次气候变化国家评估报告》，2011）。

二、提高玉米耐旱性选择效率

（一）理想型抗旱玉米概念

1994年，吴子恺提出理想型抗旱玉米的概念：在干旱土壤条件下能出苗生长，苗期有较高的根苗比，在细胞中能活跃地积累溶质，叶直立、深绿色，并且有蜡质层；在干旱条件下，通常不卷叶，在干旱胁迫下叶片能在低水势下维持基本功能，取消胁迫后，能迅速恢复。开花期果穗生长迅速，因而在干旱压下有短的抽雄吐丝间隔时间。雄穗小，株高较矮。以相对低的强度传递土壤干旱信号，气孔对激素脱落酸不过度敏感，在良好灌溉条件下，具多穗性，在干旱条件下，结单穗而不败育。

（二）不同年代玉米产量的提高与品种耐旱性

国外的育种家早已把品种对干旱等逆境的抗性作为育种目标的一个重要方面。Barker等比较了1953—2001年按时序排列的18个适应艾奥瓦州中部的商业杂交种，种植在降雨量极少的智利，设置充分灌溉、开花期干旱、灌浆期干旱3种灌溉条件，结果表明，在这3种不同的水分处理下，杂交种的籽粒产量均呈直线上升趋势。Duvick等指出，近代培育的美国玉米杂交种耐旱性远远高于早期品种，并指出随着年代的延伸，玉米产量的提高主要与抗逆性有关。1949年以来，我国玉米科学工作者培育和从国外引进了一批优良自交系，这些自交系是我国玉米抗旱育种的宝贵资源。玉米不同自交系对干旱的适应性和抗御能力不同，准确地鉴定与评价玉米自交系抗旱性是培育抗旱玉米杂交种的重要前提。2011年，孙琦等在中国农业科学院作物科学研究所抗旱棚内，选用20世纪50年代以来玉米品种35个，鉴定苗期耐旱性，调查幼苗的生物量（鲜重和干重），计算各品种的耐旱系数。结果表明，干旱处理对供试品种生物量的影响显著。我国玉米品种的苗期耐旱性20世纪50～60年代快速提高，60～70年代以后呈下降趋势。

（三）提高玉米耐旱选择效率的途径

生产实践证明，培育和种植耐旱品种是增强玉米耐旱能力的有效措施。田间直接鉴定法是玉米耐旱性鉴定的主要方法之一。不同玉米自交系对干旱的适应性和抗御能力不同，准确地评价玉米自交系的耐旱性是培育耐旱玉米新品种的重要前提。干旱胁迫下，产量性状的遗传力降低，直接选择效率不高。因此，寻找遗传力高且与产量高度相关的次级性状是提高耐旱选择效率的有效途径。

在不同环境下，对玉米耐旱性的比较研究发现，有些自交系耐旱表现出一致性，说明其耐旱性具有相对的稳定性；而另一些自交系的耐旱类型不一致。影响耐旱性不稳定的原因主要有：

1. 玉米自交系的遗传背景　一般认为，作物耐旱性是由微效多基因控制的数量性状，玉米对不同胁迫水平响应不同，诱导表达基因差异性可能是导致不稳定性的内在因素之一。在进行玉米耐旱性鉴定时，要充分考虑玉米自交系的群体结构，不同的杂种优势群对干旱的响应有一定的差异。

2. 玉米自交系的生育期差异　选用的材料熟期不一致，如选用玉米自交系早熟、中熟和晚熟类型。在胁迫强度与持续时间差异条件下，不同生育期的玉米自交系对水分生理代谢反应可能不同，在总体控制干旱胁迫的时机及胁迫程度上有一定难度。

3. 试验环境的生态条件 主要包括干旱时期、持续时间、胁迫强度、土壤类型、肥力、光照、大气温度与湿度，试验基地间生态条件存在很大区别是产生不稳定性的重要环境因素。

4. 耐旱的评价指标与分级标准 不同学者采用不同耐旱评价指标和分级标准也会影响耐旱性评价的一致性。因此，玉米耐旱性评价的准确性需要不同研究结果的相互佐证。此外，不同自交系在不同环境下的差异较大，说明环境对于耐旱性表型影响很大，因此，多年多点鉴定数据对于耐旱性分析十分重要。

三、玉米耐旱性鉴定方法研究进展

（一）农艺性状和形态学鉴定

在干旱条件下，玉米的株高、叶形态、茎形态、根形态、雄穗分枝数及干物质积累速率等指标均可用于抗旱性鉴定。从 1987 年开始，国内外学者针对玉米农艺性状和形态学耐旱性鉴定指标的筛选进行了大量研究（表 4-1），不同学者筛选出的耐旱性鉴定参数有异。选用试材、水分胁迫强度、胁迫时间和测定指标等因素均会影响试验结果一致性。根据表 4-1 研究结果归纳出：种子活力抗旱指数和萌发抗旱指数可作为玉米萌芽期耐旱性鉴定指标；株高、开花吐丝间隔时间、叶片卷曲度、叶形和叶向可作为玉米地上部耐旱性形态鉴定指标；根干重和根冠比可作为玉米根系耐旱性鉴定指标；穗长、穗粗、穗粒数、百粒重和产量可作为产量指标中耐旱性鉴定参考指标。其中，出苗率与生物学产量耐旱系数的乘积、八叶期标准化植被指数、前四节的节间长与前二节的节间干重作为新的耐旱性鉴定指标被提出。可见，玉米抗旱性形态学和产量相关鉴定指标筛选研究还需要大量的数据支撑。

表 4-1 不同学者对玉米耐旱性农艺性状和形态学鉴定指标筛选情况

序号	年份	地点	作者	选用品种（品系）	可用作耐旱性评价的指标
1	1987	美国	Fischer	—	根与植株干重比率
2	1993	—	黎裕	—	根粗、根干重、根长、根密度、根冠比、胚根数、木质部导管宽度和根内维管束数目；叶片茸毛、蜡质层厚度、角质层厚度、栅栏细胞的排列、叶形、叶色和叶向、叶片卷曲度、叶片灼烧程度；紧凑株型和小叶直立型
3	2001	四川	付凤玲	12 个常用和新近选育的玉米自交系	播种出苗期：出苗率与生物学产量耐旱系数的乘积；成株期：株高、雌雄花期间隔、出叶速度和根重
4	2002—2003	海南、甘肃	路贵和	84 份骨干自交系	穗粒数和百粒重
5	2006	实验室	张健	晋单 42 号、品玉 3 号、晋玉 811 号、农大 108 号、先锋 3 号等 18 个常规玉米品种	萌芽期，种子活力抗旱指数和萌发抗旱指数

（续）

序号	年份	地点	作者	选用品种（品系）	可用作耐旱性评价的指标
6	2006	河北	栗雨勤	5 大骨干系统的 10 个自交系	胚芽长、胚芽干重、种子萌发抗旱指数、反复干旱后的成活率、根体积和根干重
7	2007	海南	张卫星	79－1E、苏 1－1、S7913、411、449 等 10 份玉米自交系	产量、行粒数、穗长、穗粗和穗粒数
8	2007—2008	海南、新疆	苏治军	196 份玉米自交系	株高、开花吐丝间隔时间、单穗粒重和结实株数百分率
9	2008	新疆	李争光	齐 319、长 3 号、吉 465、英 64、888－9、2002F17 等 28 份玉米自交系	开花吐丝间隔时间、株高、穗位高、雄穗长、穗长、穗粗、单穗粒数和单株产量
10	2010	河南	姚启伦	4 个玉米地方品种	株高、可见叶片数和干物质产量
11	2010	湖南	陈志辉	富友 9 号、洛玉 1 号、临奥 1 号、科玉 2 号和农大 108 等 10 个常规玉米品种	产量、开花吐丝间隔时间、根深、株高和千粒重
12	2010	云南	谭静	CML312 等优良系组配的 145 个杂交玉米新组合	株高、小区鲜重、百粒重和八叶期标准化植被指数
13	2010—2011	山西	杜志宏	东陵白综合种的 31 份后代玉米自交系	穗重、出籽率、百粒重，适中的穗位、茎粗、雄穗分枝数、穗粗、株高和穗长
14	2011	新疆	李亮	173 份国内优异骨干玉米自交系	前四节的节间长、前二节的节间干重
15	2011	吉林	张丽华	先玉 335、吉单 198、郑单 958、良玉 8 号等 32 个常规玉米品种	百粒重、穗长、穗粗、穗粒数、出籽率、株高、卷叶度、抽雄期玉米离体叶片的失水速率和雌雄开花间隔天数
16	2011	新疆	唐怀君	先玉 335、农大 108、瑞德 315、L699、郑单 958 等 25 个常规玉米品种	单株粒数和单株粒重
17	2011	新疆	李亮	287 份玉米自交系	单穗干重、穗长、穗行数、行粒数、粒长、粒重、穗粗和百粒重
18	2013	实验室	赫福霞	东农 254、龙禾 1 号、原单 68 号、哲单 37、吉祥 1 号等 10 个常规玉米品种	萌芽期，相对发芽率、相对发芽势、储藏物质运转率、胚芽干重、胚芽长度和种子萌发抗旱指数

（二）生理生化鉴定

玉米抗旱性最终体现在产量上，产量是其生理生化代谢的结果，其中每一个生理生化因素都与抗旱性本质之间存在着一定的联系，采用任何单一指标来对玉米的抗旱性评价，都难以获得准确有效的结果，应从生理生化指标中筛选出有显著影响的几个主要抗旱指标，进行综合分析判断才更有效。近年来，国内外对与作物抗旱性有关的生理生化指标研究较多，得出了可用于玉米抗旱性鉴定的十几种生理生化指标，结果不甚一致。通过对国内外研究结果的收集、整理及分析，得出可靠性较高的五项生理生化指标：相对含水量、丙二醛含量、可溶性糖含量、叶绿素含量和过氧化物酶含量。

（三）间接鉴定

目前，国内外研究者提出了各种抗旱鉴定与评价方法和抗旱性间接鉴定的形态生理生化指标，如抗旱系数、抗旱指数、干旱伤害指数、敏感指数和优势值等。1990 年，兰巨生等提出了抗旱指数的概念，弥补了 Chionoy 提出的抗旱系数和 Fischer 提出的敏感指数的不足，在生物学意义上，使农作物抗旱性鉴定的产量指标有了实质性改进。抗旱指数已有较多应用，在玉米抗旱性评价方面也有报道。2004 年，黎裕等通过对 121 个玉米杂交种的干旱胁迫强度、几何平均生产力、耐旱指数、抗旱系数、干旱伤害指数、抗旱指数、算术平均生产力和干旱敏感指数进行比较，认为抗旱指数是玉米种质资源抗旱性鉴定评价的良好指标。

（四）鉴定地点

抗旱鉴定地点大多在实验室和干旱棚条件下进行，如离体培养、盆栽试验、人工气候箱培养等，也有少量研究在自然条件下，通过控制灌水田间直接鉴定的。非自然条件下，缺乏多因素协同作用的影响，而且，大部分的干旱胁迫研究是在苗期进行的，缺乏玉米整个生育期的抗旱性研究。试验结果的实用性差，相互间可比性差，与大田应用难以接轨；不同自然条件下，对玉米自身抗旱适应性也存在影响。因此，只有通过多年多点、可控条件和自然条件相结合来评价和鉴定玉米抗旱性，才能正确地指导育种家和农学家应用生产实践。

随着植物生理学和分子遗传学的发展，玉米抗旱性研究将更加深入。从分子水平上阐明作物抗旱性的物质基础及其生理机制，对通过基因工程手段进行抗旱基因重组，培育抗旱新品种是十分必要的，也是当前研究的一个热点。近几年来，国外在作物抗旱性方面的遗传研究，尤其分子标记方面已经取得很大的成就，这对指导抗性育种、抗逆栽培和节水农业有很重要的参考意义。

四、辽宁省耐旱、高产玉米品种筛选研究

（一）阜蒙县耐旱、高产品种筛选结果

近年来，国内外对与作物抗旱性有关的生理生化指标研究较多，得出了可用于玉米抗旱性鉴定的十几种生理生化指标，结果不甚一致。通过对国内外研究结果的收集、整理及分析，2007—2008 年，尹光华等在辽宁西部半干旱区阜蒙县开展了抗旱品种筛选试验，在自然干旱条件下，采用抗旱性不同的 15 个玉米品种：农大 95（CB 1）、辽单 565（CB 2）、丹科 2151（CB 3）、铁单 18（CB 4）、东单 90（CB 5）、宁玉 309（CB 6）、仙禾 2008（CB 7）、沈良 27（CB 8）、辽单 127（CB 9）、郑单 958（CB 10）、丹玉 101（CB 11）、郑单 518（CB 12）、豫玉 8703（CB 13）、临奥 1 号（CB 14）、丹玉 39（CB 15）。在借鉴已有试验结果的基础上，对不同玉米品种在干旱和正常水分情况下的生理生化指标进行了测

量，并以此为依据进行了聚类分析，同时在收获期对不同品种玉米进行室内考种，结合形态指标与产量指标，对不同玉米品种整体抗旱性进行了分析评价，以期进一步揭示不同基因型玉米生理生化指标与耐旱性的关系，为玉米耐旱性的鉴定和育种提供科学依据。随机区组排列，3 次重复，小区面积 5 m×5 m。

试验结果表明，各品种经连续干旱后，相对含水量、丙二醛含量、可溶性糖含量、叶绿素含量和过氧化物酶活性均出现不同变化，不同品种变化的幅度不同，反映了品种抗旱性不同。以相对含水量、丙二醛含量、可溶性糖含量、叶绿素含量、过氧化物酶活性相对值为依据，用最短距离法对 15 个参试品种进行聚类分析（图 4-3），当遗传距离阈值取 2.0 时可以把抗旱性分为 4 类，分别为抗旱性强、抗旱性较强、抗旱性一般、抗旱性弱。

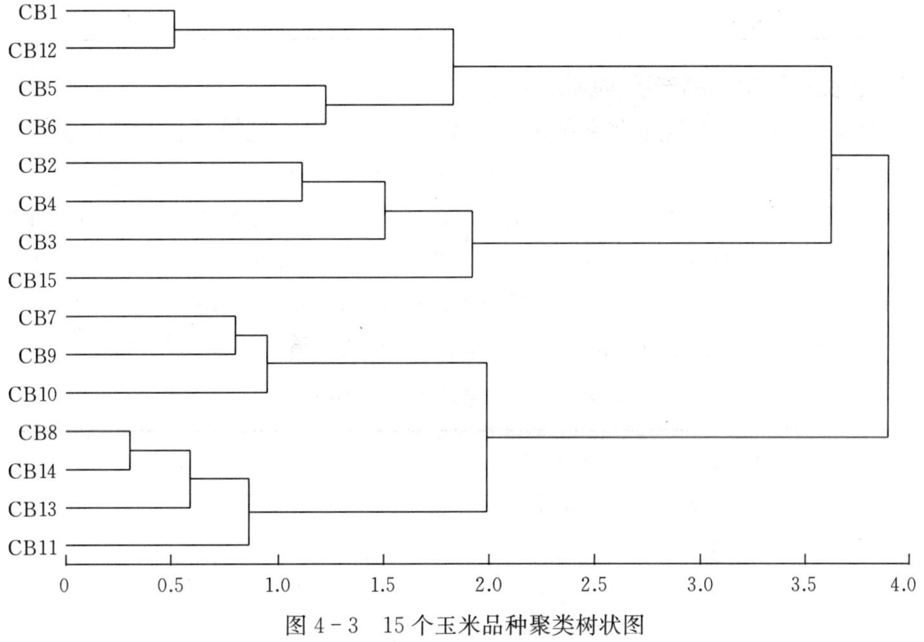

图 4-3　15 个玉米品种聚类树状图

抗旱性按强弱划分依次为：辽单 565、丹科 2151、铁单 18＞农大 95、东单 90、宁玉 309＞仙禾 2008、沈良 27、辽单 127、郑单 958、丹玉 101、豫玉 8703＞郑单 518、临奥 1 号、丹玉 39。

相关性分析表明，相对含水量、丙二醛含量、可溶性糖含量、叶绿素、过氧化物酶相对指标相关性低，说明由这 5 个指标得到的耐旱性强弱结果不一。单独考虑任何一个生理指标对不同品系间玉米抗旱性的评价都是不准确的，也是不可靠的，这与许多研究结果一致（表 4-2）。

表 4-2　玉米叶片生理生化指标的相关分析

项目	相对含水量	丙二醛	可溶性糖	叶绿素	过氧化物酶
相对含水量	1	0.237 82	0.076 36	0.436 27	−0.114 95
P 值		0.393 4	0.786 8	0.104	0.683 3

（续）

项目	相对含水量	丙二醛	可溶性糖	叶绿素	过氧化物酶
丙二醛	0.237 82	1	0.318 08	−0.454 79	−0.475 81
P 值	0.393 4		0.247 9	0.088 5	0.073
可溶性糖	0.076 36	0.318 08	1	−0.111 43	−0.104 76
P 值	0.786 8	0.247 9		0.692 6	0.710 2
叶绿素	0.436 27	−0.454 79	−0.111 43	1	0.048 74
P 值	0.104	0.088 5	0.692 6		0.863 1
过氧化物酶	−0.114 95	−0.475 81	−0.104 76	0.048 74	1
P 值	0.683 3	0.073	0.710 2	0.863 1	

（二）彰武县耐旱、高产品种筛选结果

2013年，赵海岩等在辽宁北部彰武县冯家示范场开展了抗旱品种筛选试验，采用30个玉米新品种（先玉335、丹玉605、辽单502、辽单506、东裕108、良玉188、丹玉406、辽单565、沈玉35、良玉88、良玉208、辽单1211、铁研38、良玉66、铁研58、良玉918、辽单566、铁研358、辽单120、辽单145、丹玉606、甘农963、铁研120、丹玉39、甘农340、良玉618、沈玉21、良玉9、良玉118和铁研55），不设对照，每个品种6行，行长5米。小区行间不留过道，两端留1米观察道，不设重复（表4-3）。

表4-3　不同品种产量性状表现

序号	种植品种	鲜穗重（kg）	出籽率（%）	含水率（%）	产量（kg/亩）
3	先玉335	7.46	83.7	28.8	638.0
10	丹玉605	9.08	75.0	31.2	637.2
4	辽单502	9.7	75.7	36.4	635.3
6	辽单506	7.98	81.6	32.8	628.5
22	东裕108	8.24	75.9	30.6	623.3
13	良玉188	7.38	84.0	30.9	615.0
27	丹玉406	8.00	80.0	35.7	607.7
1	辽单565	7.26	80.4	31.8	605.1
7	沈玉35	7.30	78.6	31.7	595.5
12	良玉88	7.70	75.9	31.5	574.9
15	良玉208	7.50	76.6	30.4	574.0
2	辽单1211	8.28	74.0	33.9	556.7
17	铁研38	6.24	81.8	31.3	549.3
18	良玉66	6.78	82.5	29.2	538.6
16	铁研58	7.04	80.0	37.1	538.5
14	良玉918	6.72	80.9	33.9	515.6

（续）

序号	种植品种	鲜穗重（kg）	出籽率（%）	含水率（%）	产量（kg/亩）
5	辽单 566	6.80	75.6	28.2	515.3
19	铁研 358	6.76	79.2	33.2	513.2
25	辽单 120	7.20	75.0	34.5	507.8
26	辽单 145	7.22	76.8	36.4	506.2
11	丹玉 606	6.72	75.0	35.0	498.0
9	甘农 963	5.64	81.8	30.8	485.4
20	铁研 120	6.90	76.6	38.5	466.6
28	丹玉 39	7.06	72.7	33.2	466.5
8	甘农 340	5.72	81.1	26.3	464.9
23	良玉 618	5.42	79.6	32.2	431.9
24	沈玉 21	5.88	70.6	33.2	398.0
29	良玉 9	5.90	75.0	40.0	381.2
30	良玉 118	5.56	75.0	38.6	367.6
21	铁研 55	3.90	77.8	30.8	293.2

从本年度的耐旱玉米新品种筛选试验结果来看，先玉 335、丹玉 605、辽单 502、良玉 88、东裕 108、良玉 188、丹玉 406、辽单 565、沈玉 35、辽单 506 这 10 个品种的耐旱性较好，在干旱胁迫下，产量性状和综合抗性都优于其他品种。

五、玉米耐旱性光合鉴定指标研究

玉米产量是植物体基因型和生存环境共同作用的结果。玉米总是生长在生物逆境和非生物逆境中，这样不同的环境因子（制约因素、技术途径措施）对产量影响的程度不同就造成了产量差。干旱作为影响玉米生产的最主要非生物逆境因素，对玉米产量的影响很大程度上取决于玉米的生育时期。研究表明，不同时期干旱胁迫处理的减产幅度为开花期＞抽丝期、抽雄期、孕穗期＞灌浆期＞拔节期。

玉米抗旱性的鉴定主要包括鉴定方法、鉴定指标、量化分析 3 方面。许多学者围绕玉米抗旱性研究开展了大量工作，取得一定的研究进展。目前玉米抗旱性的鉴定方法主要有田间直接鉴定法、抗旱池法、盆栽法、实验室模拟法等。近年来，许多研究工作者从玉米群体、个体、器官的角度，从生态学、形态学、生理学的方面就玉米的抗旱性进行了深入研究，提出了玉米抗旱性鉴定的形态、生理生化和产量指标。叶的形态指标中叶片大小、叶片卷曲度和散粉吐丝间隔期可作为玉米抗旱性鉴定指标，生理生化指标中的叶片相对含水量、冠气温差、光合速率、脯氨酸含量等可作为玉米抗旱性鉴定评价指标。在使用产量性状指标时，通常用抗旱系数（抗旱系数＝胁迫下的平均产量/非胁迫下的平均产量）进行评价，抗旱系数越大，抗旱性越强。然而，在应用光合指标如光合速率、气孔导度和蒸腾速率进行抗旱性诊断时，很少有人将光合指标和抗旱指数结合评判。

2013 年，肖万欣等选用辽宁省及全国近几年最新选育的不同耐旱性的 12 个玉米杂交种，即铁研 120（C1）、铁研 58（C2）、沈玉 35（C3）、丹玉 606（C4）、良玉 88（C5）、良玉 66（C6）、良玉 99（C7）、郑单 958（C8）、先玉 335（C9）、沈玉 21（C10）、丹玉 39（C11）和甘农 340（C12）。温室盆栽试验，大垄双行排列，采用裂区设计，品种为主处理，不同时期的土壤水分胁迫处理为副处理，密度为 3 700 株/亩。土壤水分处理：在苗期、抽雄吐丝期和灌浆期进行中度干旱处理，控制盆内土壤含水量保持在田间最大持水量的 55%～60%，每个时期处理 7 d，解除胁迫后恢复正常供水至自然成熟；正常供水为对照（CK），使土壤含水量保持在田间最大持水量的 75%～80%以上，水分胁迫第 7 d 测定光合参数、抗旱指标及产量。试验提出光合抗旱指数这项指标，作为评判不同水分胁迫时期，与不同品种产量抗旱指数的关系，以期为玉米抗旱品种筛选和抗旱品种抗旱能力评价提供理论基础。

抗旱指数＝水分胁迫测定值/对照测定值。

抗旱等级划分方法：

根据不同胁迫时期产量抗旱指数的平均数（X）和标准差（σ）为分级依据，分为：一级抗旱（$X_i>X+\sigma$）、二级抗旱（$X+\sigma>X_i>X+0.5\sigma$）、三级抗旱（$X+0.5\sigma>X_i>X-0.5\sigma$）、四级抗旱（$X-0.5\sigma>X_i>X-\sigma$）和五级抗旱（$X_i<X-\sigma$）。

（一）产量抗旱指数

除去由于水分胁迫导致植株雌雄不调，没有结实的品种，不同时期水分胁迫单株产量抗旱指数见表 4-4，苗期水分胁迫，不同品种抗旱指数顺序为 C5＞C1＞C2＞其他品种。抽雄吐丝期水分胁迫，不同品种抗旱指数顺序为 C1＞C12＞C2＞其他品种。灌浆期水分胁迫，不同品种抗旱指数顺序为 C1＞C2＞C3＝C5＞其他品种。

表 4-4　不同时期水分胁迫，玉米杂交种单株产量抗旱指数

品种代号	苗期	抽雄吐丝期	灌浆期
C1	1.07	1.00	0.89
C2	1.00	0.98	0.83
C3	0.85	0.90	0.80
C4	0.90	0.77	0.75
C5	1.08	0.77	0.80
C6	0.33	0.48	0.56
C7	0.85	0.94	0.70
C8	0.77	0.78	0.75
C9	0.61	0.72	0.73
C10	0.82	0.85	0.66
C11	0.30	0.47	0.53
C12	0.52	0.99	0.71

（二）抽雄—散粉时间和散粉—吐丝时间（ASI）

经过苗期水分胁迫后，调查了不同品种的抽雄—散粉时间和 ASI，调查结果见表 4-5，苗期水分胁迫缩短了12个参试品种中7个品种的抽雄至散粉期时间，其中，和对照相比，C4品种抽雄至散粉时间缩短了5 d。相比之下，苗期水分胁迫延长了12个参试品种中10个品种的供试品种的ASI，其中，和对照相比，C6品种ASI比对照延长了8 d，而C1品种ASI比对照缩短1 d。

表4-5　玉米杂交种抽雄—散粉时间和ASI（d）

品种代号	水分胁迫下抽雄—散粉时间（d）	对照抽雄—散粉时间（d）	比对照抽雄—散粉时间延长天数（d）	水分胁迫下散粉—吐丝时间（ASI）	对照ASI	比对照ASI延长天数（d）
C1	8 Aa	6 Ab	2	0 Aa	1 Aa	−1
C2	2 Bb	5 Aa	−3	2 Aa	1 Ab	1
C3	3 Ab	4 Aa	−1	6 Aa	3 Bb	3
C4	2 Bb	7 Aa	−5	5 Aa	1 Bb	4
C5	2 Bb	5 Aa	−3	10 Aa	5 Bb	5
C6	3 Aa	4 Aa	−1	11 Aa	3 Bb	8
C7	1 Bb	4 Aa	−3	6 Aa	1 Bb	5
C8	4 Aa	2 Bb	2	3 Aa	1 Ab	2
C9	2 Aa	2 Aa	0	5 Aa	3 Ab	2
C10	5 Aa	2 Bb	3	3 Aa	1 Ab	2
C11	4 Aa	3 Aa	1	5 Aa	3 Bb	2
C12	2 Bb	4 Aa	−2	2 Aa	2 Aa	0

注：同一品种间字母符号不同的表示在0.05（小写字母）和0.01（大写字母）水平上差异显著或极显著。

（三）叶绿素含量

1. 不同测定部位比较　苗期，水分胁迫后，测定了不同品种倒数第一片全展叶叶片前部、中部和根部的叶绿素含量变化，测定3次重复，测定结果如表4-6所示，不同品种叶片叶绿素含量均表现叶片前部（均值45.2）＞叶片中部（均值44.2）＞叶片根部（均值37.6）。方差分析表明，叶片不同部位间叶绿素含量差异达到极显著水平（P=0.000 1）（表4-7）。品种间叶片叶绿素含量均值比较得出，C1＞C10＞C7＞其他品种，且C1品种与C2品种叶片叶绿素含量均值差异达到显著水平（P=0.035 4）。

表4-6　玉米杂交种叶片不同部位叶绿素含量和抗旱指数

品种代号	叶片前部	叶片中部	叶片根部	平均值	抗旱指数
C1	47.5 Aa	47.3 Aa	40.0 Bb	44.9 Aa	1.08
C2	41.0 Aa	41.5 Aa	34.4 Bb	39.0 Ab	0.86
C3	45.2 Aa	44.2 Aa	37.6 Bb	42.3 Aab	0.84
C4	44.2 Aa	42.5 Aa	39.7 Aa	42.1 Aab	0.85
C5	47.2 Aa	44.7 Aa	34.9 Bb	42.3 Aab	0.98
C6	45.6 Aa	44.2 Aa	35.9 Bb	41.9 Aab	1.00

（续）

品种代号	叶片前部	叶片中部	叶片根部	平均值	抗旱指数
C7	47.1 Aa	46.5 Aa	38.1 Bb	43.9 Aab	0.89
C8	42.6 Aa	40.7 Aab	36.2 Ab	39.8 Aab	0.87
C9	46.2 Aa	45.5 Aa	37.5 Bb	43.1 Aab	1.00
C10	46.7 Aa	45.6 Aab	41.1 Ab	44.5 Aab	0.97
C11	44.5 Aa	44.5 Aa	39.1 Ab	42.7 Aab	0.95
C12	45.0 Aa	43.1 Aa	36.5 Bb	41.5 Aab	0.98

注：表中字母标记是同一品种与其不同部位叶绿素含量差异性分析；平均值字母标记是不同品种叶绿色含量均值差异性分析。不同数据大写字母不同表示数值差异达到极显著水平（$P<0.01$）；大写字母相同，小写字母不同表示数值差异达到显著水平（$0.01<P<0.05$）。

表 4-7　方差分析表

因　素	变异来源	平方和	均方	F 值	P 值
品种与叶片部位间	品种间（A）	294.510 3	29.451 0	1.254 0	0.318 3
	叶片部位间（B）	1 154.882 2	577.441 1	71.267	0.000 1
	A×B	105.961 8	5.298 1	0.654 0	0.847 3
	误差	356.508 9	8.102 5		
	总和	2 470.452 3			
品种与对照	品种间（A）	342.946 8	34.294 7	4.717 0	0.001 6
	品种与对照（B）	102.364 8	102.364 8	15.486	0.000 7
	A×B	161.607 1	16.160 7	2.445 0	0.038 6
	误差	145.420 1	6.610 0		
	总和	913.803 2			

注：当 $P<0.01$ 时，数据差异达极显著水平。

2. 抗旱指数　苗期，不同品种与其对照的叶绿素含量方差分析表明，不同品种间叶片叶绿素含量差异、品种与对照间叶绿素含量差异均达到极显著水平（$P=0.001\ 6$ 和 $P=0.000\ 7$），两个因素交互作用显著（表 4-8）。和其他品种抗旱指数相比，不同品种叶绿素抗旱指数顺序：C1>C6=C9>C5=C12>其他品种（表 4-9）。

表 4-8　方差分析表

胁迫时期	指标	变异来源	平方和	均方	F 值	P 值
抽雄吐丝期	光合速率	品种间（A）	1 361.902	194.557 4	208.285	0.000 1
		品种与对照（B）	297.111 9	297.111 9	286.642	0.000 1
		A×B	85.521 5	12.217 4	11.787	0.000 1
		误差	16.584 4	1.036 5		
		总和	1 782.897			

（续）

胁迫时期	指标	变异来源	平方和	均方	F 值	P 值
抽雄吐丝期	气孔导度	品种间（A）	0.048 1	0.006 9	91.978 0	0.000 1
		品种与对照（B）	0.010 3	0.010 3	155.918 0	0.000 1
		A×B	0.002 8	0.000 4	6.084 0	0.001 4
		误差	0.001 1	0.000 1		
		总和	0.063 9			
	蒸腾速率	品种间（A）	35.014 8	5.002 1	150.238 0	0.000 1
		品种与对照（B）	7.985 4	7.985 4	239.330 0	0.000 1
		A×B	2.868 5	0.409 8	12.282 0	0.000 1
		误差	0.533 8	0.033 4		
		总和	47.136 1			
灌浆期	光合速率	品种间（A）	578.046 0	82.578 0	1 348 750.005 0	0.000 1
		品种与对照（B）	141.412 0	141.412 0	165 701.792 0	0.000 1
		A×B	52.382 3	7.483 2	8 768.545 0	0.000 1
		误差	0.013 70	0.000 9		
		总和	771.872 9			
	气孔导度	品种间（A）	0.028 6	0.004 1	783 493.261 0	0.000 1
		品种与对照（B）	0.004 4	0.004 4	416 230.611 0	0.000 1
		A×B	0.003 6	0.000 5	47 979.110 0	0.000 1
		误差	0	0		
		总和	0.036 6			
	蒸腾速率	品种间（A）	33.968 7	4.852 7	400 703.100 0	0.000 1
		品种与对照（B）	6.394 1	6.394 1	344 150.600 0	0.000 1
		A×B	4.797 0	0.685 3	36 884.220 0	0.000 1
		误差	0.000 3	0		
		总和	45.160 2			

表 4-9 不同品种光合抗旱指数

品种代号	抽雄吐丝期			灌浆期		
	光合速率	气孔导度	蒸腾速率	光合速率	气孔导度	蒸腾速率
C1	0.89	0.87	0.89	0.06	0.17	0.19
C2	0.83	0.87	0.92	0.26	0.28	0.39
C3	0.28	0.22	0.24	0.14	0.14	0.16
C4	0.20	0.14	0.16	0.18	0.13	0.11
C5	0.34	0.28	0.32	0.23	0.18	0.26
C6	0.39	0.62	0.60	0.15	0.15	0.19

（续）

品种代号	抽雄吐丝期			灌浆期		
	光合速率	气孔导度	蒸腾速率	光合速率	气孔导度	蒸腾速率
C7	0.16	0.15	0.17	0.15	0.13	0.13
C8	0.90	0.89	0.83	0.26	0.29	0.24
C9	0.33	0.30	0.31	0.12	0.13	0.22
C10	0.69	0.66	0.68	0.11	0.09	0.10
C11	0.68	0.61	0.71	0.14	0.12	0.11
C12	0.21	0.16	0.19	0.19	0.15	0.17

（四）光合指标

在抽雄吐丝期和灌浆期水分胁迫第 7 d，分别测定了不同处理品种的光合指标，并折算成光合抗旱指数，如表 4－10 所示，抽雄吐丝期水分胁迫下，不同品种光合速率和气孔导度抗旱指数顺序：C8＞C1＞C2＞其他品种，蒸腾速率抗旱指数高低顺序：C2＞C1＞C8＞其他品种。灌浆期水分胁迫下，不同品种光合速率抗旱指数相比，C8＝C2＞C5＞C12＞其他品种，气孔导度抗旱指数高低顺序：C8＞C2＞C5＞其他品种，蒸腾速率抗旱指数高低顺序：C2＞C5＞C8＞其他品种。抽雄吐丝期和灌浆期方差分析均表明，不同品种间光合指标差异、品种与对照光合指标差异均达到了极显著水平，两因素交互作用均为极显著。

表 4－10　光合抗旱指数与产量抗旱指数相关分析表

胁迫时期	指标	光合速率	气孔导度	蒸腾速率	产量
抽雄吐丝期	光合速率	1.000 0	0.000 1	0.000 1	0.922 8
	气孔导度	0.963 0	1.000 0	0.000 1	0.833 0
	蒸腾速率	0.968 3	0.992 1	1.000 0	0.812 3
	产量	0.031 4	−0.068 3	−0.076 9	1.000 0
灌浆期	光合速率	1.000 0	0.005 7	0.033 3	0.689 0
	气孔导度	0.742 3	1.000 0	0.001 0	0.148 1
	蒸腾速率	0.615 1	0.821 5	1.000 0	0.103 7
	产量	0.129 2	0.444 1	0.492 6	1.000 0

（五）相关分析

将光合抗旱指数与对应水分胁迫时期最终得到的单株产量抗旱指数做了相关分析。结果表明：抽雄吐丝期，光合速率抗旱指数与产量抗旱指数呈正相关关系，但相关性不大（R＝0.031 4）（表 4－10）。灌浆期，光合抗旱指数均与产量抗旱指数呈正相关关系，其中，蒸腾速率抗旱指数与产量抗旱指数相关性较强（R＝0.492 6）。抽雄吐丝期和灌浆期的光合速率抗旱指数、气孔导度抗旱指数和蒸腾速率抗旱指数之间均呈显著或极显著的正相关关系。

（六）不同品种抗旱等级划分

根据不同时期水分胁迫后和对照最终收获的单株产量，计算出产量抗旱指数，根据抗旱指数分级标准，将不同品种产量抗旱指数分级。和其他品种相比，苗期干旱时，C5 品种和 C1 品种属于一级抗旱品种（表 4－11）。抽雄吐丝期和灌浆期干旱时，C1 品种均属于一级抗旱品种。

表 4－11　不同品种抗旱级别表

胁迫时期	等级	分级标准	品种代号
苗期（X=0.76，σ=0.26）	1	X_i>1.02	C5、C1
	2	1.02>X_i>0.89	C2、C4
	3	0.89>X_i>0.63	C3、C7、C10、C8
	4	0.63>X_i>0.49	C9、C12
	5	X_i<0.49	C6、C11
抽雄吐丝期（X=0.80，σ=0.18）	1	X_i>0.99	C1
	2	0.99>X_i>0.89	C12、C2、C7、C3
	3	0.89>X_i>0.71	C10、C8、C4、C5、C9
	4	0.71>X_i>0.62	—
	5	X_i<0.62	C6、C11
灌浆期（X=0.73，σ=0.10）	1	X_i>0.83	C1
	2	0.83>X_i>0.78	C2、C5、C3
	3	0.78>X_i>0.67	C8、C4、C9、C12、C7
	4	0.67>X_i>0.62	C10
	5	X_i<0.62	C6、C11

刘树堂等（2003）研究表明，玉米生育中后期的干旱胁迫会严重影响籽粒产量，导致减产，高西宁等（2011）利用辽宁省 50 个站点 1960—2008 年春季降水资料研究得出辽宁省发生春旱共有 21 年，占评估年份的 42.9%，其中发生的春旱被定为特旱的年份共 9 年，占评估年份的 18.4%。因此，本试验结合辽宁气候具体特点，将苗期水分胁迫处理补充进去，使试验结论能够涵盖辽宁地区玉米的抗旱性筛选。

和其他品种相比，铁研 120 品种在苗期干旱情况下散粉至吐丝期间隔时间（ASI）比对照缩短了 1 d，延长了花丝授粉时间，同时，该品种叶片具有较高的叶绿素含量促进了苗期叶片光合产物的合成，利于最终较高产量的形成，这与孙彩霞等（2001）可以将 ASI 作为玉米抗旱性鉴定指标的研究结论一致。灌浆期，光合抗旱指数均与产量抗旱指数呈正相关关系，其中，蒸腾速率抗旱指数与灌浆期水分胁迫后获得的产量抗旱指数呈较强的正相关关系。

通过苗期水分胁迫处理，筛选出良玉 88 和铁研 120 为一级抗旱品种，铁研 58 和丹玉 606 为二级抗旱品种，沈玉 35、良玉 99、沈玉 21 和郑单 958 为三级抗旱品种，先玉 335 和甘农 340 为四级抗旱品种，良玉 66 和丹玉 39 为五级抗旱品种。通过抽雄吐丝期水分胁迫处理，筛选出铁研120为一级抗旱品种，甘农340、铁研58、良玉99、沈玉35为二级抗旱品种，沈玉21、郑单958、丹玉606、良玉88和先玉335为三级抗旱品种，良玉66和丹玉39为五级抗旱品种。通过灌浆期水分胁迫处理，筛选出铁研120为一级抗旱品种，铁研58、良玉88和沈玉35为二级抗旱品种，郑单958、丹玉606、先玉335、甘农340和良玉99为三级抗旱品种，沈玉21为四级抗旱品种，良玉66和丹玉39为五级抗旱品种。

综合上述结论，铁研120和铁研58综合抗旱性较强，无论是在苗期、抽雄吐丝期和灌浆期受到水分胁迫，在籽粒成熟期均能获得较高产量。良玉66和丹玉39综合抗旱性较弱。

第二节　玉米的耐旱机理研究

一、水分胁迫对玉米萌发特性和干物质生产的影响

玉米是中国重要的粮食作物，每年由于干旱导致玉米产量降低25%～30%，严重年份部分地区绝收，可以说在我国干旱与半干旱地区其已成为玉米生长发育和产量提高的第一限制因素。萌芽期，水分胁迫阻碍了胚根和胚芽生长，降低了种子发芽率、储藏物质利用效率、地上和地下干物重，抗旱性强的玉米杂交种在水分胁迫下仍能保持较高的发芽率、储藏物质利用效率和根冠比。

高的生物产量是获得高产的物质基础，高产和超高产品种的物质生产优势表现在生育中期和后期，小喇叭口期以前干物质主要分配在叶片，之后转为茎秆和叶片，散粉后，各器官干物质开始向籽粒转移，其积累和向籽粒转移多少决定着产量的高低。茎秆是光合同化物储藏的主要营养器官，在逆境条件下，茎秆花前储藏的物质对缓冲源（叶片）光合产物的供应以及库（籽粒）光合产物需求之间的矛盾，维持较高的籽粒灌浆速率具有重要意义。在不同水分胁迫条件下，均以茎秆对产量的贡献最大，冬小麦水分胁迫前期，植株各部分所占比例为茎秆>叶片>穗，水分胁迫中后期为穗>茎秆>叶片，严重水分胁迫时茎秆和叶片都明显减少，且花期严重水分胁迫促使叶片（根）所储藏干物质转移至果穗的百分率比轻度干旱增加，茎秆原储藏干物质转移至果穗的百分率减少。耐旱玉米品种干物质及各器官干物质向籽粒转移率下降幅度低于不耐旱玉米品种。

2011年，肖万欣等采用辽宁省农业科学院玉米所选育的辽单565、辽单120、辽单31、辽单527和辽单539，在实验室应用PEG-6000模拟干旱方法和在连栋温室盆栽条件下，分别在苗期、喇叭口期、开花散粉期和灌浆期控水。设定4个水分梯度处理，以土壤含水量为依据来划分，即重度胁迫（SS：6%～8%）、中度胁迫（MS：11%～13%）、轻度胁迫（LS：16%～18%）和正常浇水处理（CK：21%～23%）4个梯度。对玉米杂交种的萌发特性和各器官干物质生产与分配进行了系统研究，试图为玉米耐旱品种选育和耐旱机理研究提供理论依据。

（一）胚根和胚芽相对生长量

随着水分胁迫强度的增加，玉米胚芽和胚根相对生长量均呈下降趋势（表4-12），在严重水分胁迫处理（−0.8 MPa）下，辽单565胚芽相对生长量较高，辽单539胚根相对生长量较高；在中度水分胁迫处理（−0.6 MPa）下，辽单539和辽单565胚芽和胚根

的相对生长量均较高，在轻度水分胁迫处理（－0.4 MPa）下，辽单 539 和辽单 31 胚芽相对生长量较高，辽单 539 胚根相对生长量较高。

表 4－12　不同水分胁迫处理对玉米杂交种胚根和胚芽相对生长量的影响

指　标	品　种	水分胁迫处理（MPa）		
		－0.4	－0.6	－0.8
胚芽相对生长量	辽单 565	0.31 ab	0.16 ab	0.07 a
	辽单 31	0.39 a	0.12 ab	0.04 b
	辽单 527	0.23 b	0.11 ab	0.02 c
	辽单 120	0.25 b	0.07 b	0.03 bc
	辽单 539	0.39 a	0.17 a	0.02 c
胚根相对生长量	辽单 565	0.45 b	0.33 a	0.18 ab
	辽单 31	0.49 b	0.28 a	0.11 c
	辽单 527	0.60 a	0.32 a	0.14 bc
	辽单 120	0.44 b	0.26 a	0.12 c
	辽单 539	0.64 a	0.35 a	0.20 a

注：同一指标、同一水分胁迫处理下，品种间字母符号不同的表示在 $P=0.05$ 水平上差异显著。

（二）储藏物质转运率和根冠比

随着水分胁迫程度加大，玉米储藏物质转运率均呈下降趋势（图 4－4A），同一水分胁迫处理下，辽单 539 储藏物质转运率较高。从轻度水分胁迫（－0.4 MPa）到重度水分胁迫（－0.8 MPa），辽单 539 储藏物质转运率下降幅度相同，在重度水分胁迫（－0.8 MPa）处理下，和其他品种相比，辽单 527 和辽单 539 储藏物质转运率比正常水分（0 MPa）处理降低幅度相对较小，下降百分率分别为 92.40％和 92.64％。

所有试验品种玉米根冠比随着水分胁迫程度的增加均呈上升趋势（图 4－4B），同一水分胁迫处理下，辽单 120 的根冠比较高。随着干旱胁迫的持续增加，在重度水分胁迫（－0.8 MPa）处理下，和其他品种相比，辽单 539 的根冠比比正常水分（0 MPa）处理提高幅度较大，提高百分率为 261.72％。

（三）不同器官干物质生产

灌浆期，不同器官干物重比较：雌穗＞茎秆＞叶片＞叶鞘＞根系＞雄穗（供试品种同一器官干物重求平均值，图 4－5）。和重度水分胁迫处理（SS）相比，正常供水处理（CK）下，灌浆期玉米茎秆单株干物重下降明显，而雌穗干物重表现相对较高。

（四）营养器官占生殖器官干物质比例

灌浆期，从营养器官（叶片＋叶鞘＋茎秆＋根系）占生殖器官（雄穗＋雌穗）干物重比例来看（表 4－13），辽单 565 营养器官干物重所占比例随着土壤含水量的增加迅速下降，可见其对不同土壤含水量敏感度较高，辽单 527、辽单 539 和辽单 31 营养器官干物重所占比例在不同土壤含水量处理下波动较小。将同一品种不同水分胁迫处理比值平均，营养器官干物重占生殖器官干物重比例由大到小顺序为：辽单 31＞辽单 565＞辽单 527＞辽单 120＞辽单 539。

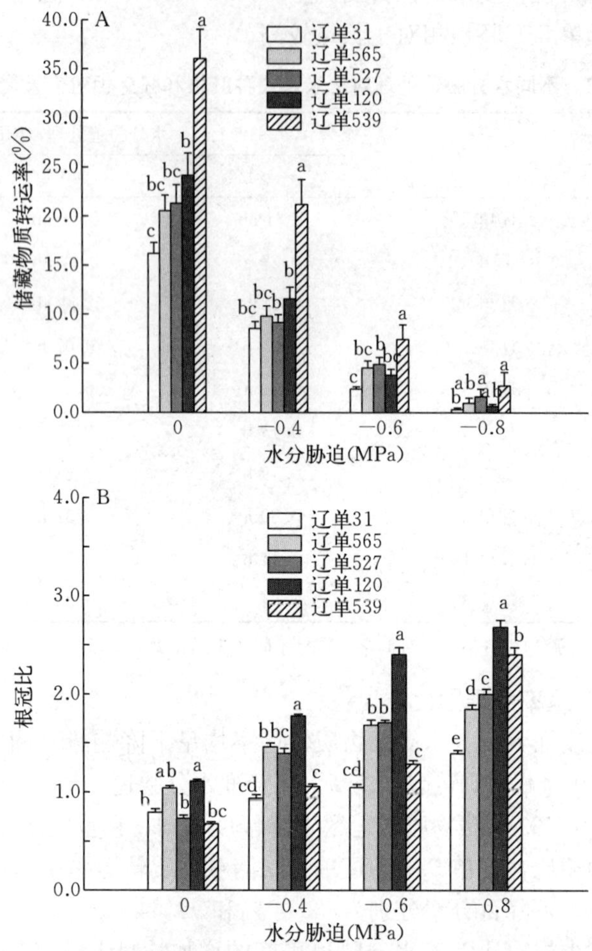

图 4-4　不同水分胁迫处理对玉米杂交种储藏物质转运率和根冠比的影响

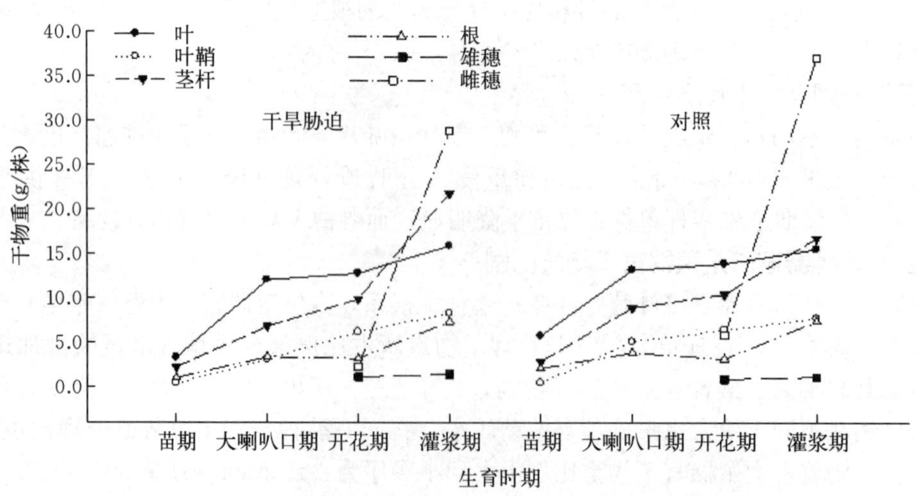

图 4-5　不同水分胁迫处理对玉米杂交种不同器官干物质生产的影响

表 4-13　不同水分胁迫下，玉米杂交种营养器官占生殖器官干物质比例

品种	水分胁迫处理				变异系数
	SS	MS	LS	CK	
辽单 565	2.60	2.28	1.45	1.22	0.35
辽单 31	2.05	1.98	1.76	1.88	0.07
辽单 527	1.52	1.52	1.49	1.40	0.04
辽单 539	1.12	1.10	1.06	0.99	0.05
辽单 120	1.84	1.30	1.26	1.20	0.21

(五) 不同品种各器官干物质分配比例

不同水分胁迫下，玉米杂交种不同器官的干重比（叶片：叶鞘：茎秆：根系：雄穗：雌穗）如表 4-14 所示，随着水分胁迫的增加，不同品种各器官干物质所占比例表现的趋势不同，辽单 565 的叶鞘干物重比例随着土壤含水量的增加而减少，辽单 31、辽单 527 和辽单 120 的叶鞘干物重比例则随着土壤含水量的增加而增加；辽单 565 和辽单 539 的茎秆和根系的干物重比例随着土壤含水量的升高而减少，辽单 31 和辽单 527 的茎秆和根系干物重比例则随着土壤含水量的增加而增加；不同品种雌穗干物重比例均随着土壤含水量的增加而增加，在正常浇水处理（CK）中，雌穗干物重比例较高，在不同水分胁迫处理中，辽单 539 雌穗干物重所占比例均较高，说明辽单 539 较耐旱，且具有丰产性。

表 4-14　不同水分胁迫下玉米杂交种不同器官干物质分配比例

品种	水分胁迫处理			
	SS	MS	LS	CK
辽单 565	11.1：6.4：17.3：6.1：1.0：14.7	10.2：5.9：15.9：5.7：1.0：15.5	10.9：5.7：11.6：5.6：1.0：25.5	10.9：5.2：10.9：5.3：1.0：28.7
辽单 31	10.4：5.4：17.2：3.5：1.0：20.5	9.6：5.9：18.5：3.8：1.0：20.9	12.2：7.2：19.8：4.7：1.0：29.2	20.6：9.3：26.0：6.9：1.0：32.4
辽单 527	12.0：5.3：17.3：6.0：1.0：21.5	12.1：6.4：17.7：5.8：1.0：25.1	12.3：7.0：19.7：8.4：1.0：26.1	17.3：8.1：22.1：8.6：1.0：39.2
辽单 539	29.5：10.2：23.9：10.8：1.0：45.0	18.1：6.6：19.6：7.1：1.0：46.8	15.4：5.4：18.5：5.0：1.0：49.5	21.9：7.5：16.2：4.8：1.0：52.3
辽单 120	11.5：5.1：10.9：4.4：1.0：16.5	11.1：5.5：11.2：4.6：1.0：23.1	10.7：6.0：12.0：4.2：1.0：24.4	11.4：6.9：10.2：3.9：1.0：26.0

(六) 籽粒产量

成熟期，测产数据表明，随着水分胁迫的增加，不同玉米杂交种的产量均呈下降趋势，在严重水分胁迫处理下，产量最低（表 4-15）。和其他品种相比，辽单 539 在不同水分胁迫处理中籽粒产量均较高，辽单 120 和辽单 565 的产量相对较低。可见，辽单 539 在不同水分胁迫条件下，仍能保证正常授粉、结实，并且营养器官形成的干物质向生殖器官转移量较多，生殖器官尤其是雌穗干物质比重相对较高，充足的养分供应保证了后期籽

粒灌浆饱满，最终取得较高的经济产量。

表 4-15 不同水分胁迫下玉米杂交种籽粒产量（kg/hm²）

品种	水分胁迫处理			
	SS	MS	LS	CK
辽单 565	8 318.5±29.7 d	8 818.5±29.1 c	9 118.5±25.3 d	9 218.5±31.7 d
辽单 31	10 057.0±28.7 c	10 255.8±35.3 b	10 346.7±19.6 c	11 255.8±21.8 c
辽单 527	10 144.8±31.1 b	11 257.3±19.6 a	11 266.6±19.1 b	12 150.8±21.3 b
辽单 539	10 738.0±38.7 a	11 355.0±46.1 a	11 937.0±60.4 a	12 755.0±8.3 a
辽单 120	7 344.7±48.9 e	7 849.1±11.6 d	9 201.5±21.7 d	9 344.7±8.9 d

注：同一指标、同一水分胁迫处理下，品种间不同字母表示在 $P=0.05$ 水平上差异显著。

（七）水分胁迫对玉米萌发特性和干物质生产的影响

随着水分胁迫强度的增加，供试品种胚芽、胚根相对生长量和储藏物质转运率均呈下降趋势，和其他品种相比，在不同水分胁迫处理下，辽单 539 的胚根相对生长量均较高，在同一水分胁迫处理下，辽单 539 储藏物质转运率最高。供试品种根冠比随着水分胁迫程度的增加均呈上升趋势，在重度水分胁迫处理下，辽单 539 的根冠比比正常水分处理提高幅度最大。

灌浆期，不同器官干物重：雌穗＞茎秆＞叶片＞叶鞘＞根系＞雄穗。在重度水分胁迫处理下，供试品种的茎秆干物质积累量减少，但根系发育相对稳定，以尽可能地维持叶片正常生长；在充足供水条件下，有利于茎秆向雌穗的营养物质传输。不同品种营养器官干物重占生殖器官干物重（雌穗＋雄穗）比例：辽单 31＞辽单 565＞辽单 527＞辽单 120＞辽单 539，不同品种雌穗的干物重均随着水分胁迫的增加而减少，其中，辽单 539 雌穗干物重所占比例较高，成熟期，其籽粒产量也相对较高，可见，辽单 539 在不同水分胁迫条件下，仍能保证正常授粉、结实，营养器官形成的干物质向生殖器官转移量较多，生殖器官尤其是雌穗干物质比重相对较高，充足的养分供应保证了后期籽粒灌浆饱满，最终取得较高的经济产量。

二、水分胁迫对玉米叶片叶绿素荧光特性的影响

植物叶绿素荧光分析技术是近年发展起来的用于光合作用机理研究和光合生理状况检测的一种新技术。与一些“表现性”的气体交换指标相比，叶绿素荧光参数更具有反映“内在性”的特点，因而被视为研究植物光合作用与环境关系的内在探针。目前，对植物体内叶绿素荧光动力学的研究已形成热点，并在强光、高温、低温、干旱等逆境生理研究中得到广泛应用。植物的光合作用与其生存环境密切相关，干旱是抑制植物光合作用最主要的环境因子之一，同时也是造成玉米植株细胞脱水导致玉米减产的主要因素。一般情况下，干旱将使得玉米减产 25%～30%，严重年份部分地区会造成绝收。增强玉米抗旱性是玉米抗旱育种的主要目标，明确玉米抗旱生理机制则成为抗旱育种重要前提。张仁和等（2011）指出，随着干旱胁迫程度加剧，叶片光系统Ⅱ的实际量子产量、电子传递速率和光化学猝灭系数均下降，而非光化学猝灭上升后下降，中度干旱胁迫下，热耗散仍是植株

重要光保护机制，重度干旱胁迫时，叶片光合电子传递受阻，叶片光系统Ⅱ受到损伤。张振平等（2009）研究显示，沈 137 遇到水分胁迫，其原初光能化效率、光化学猝灭、光合电子传递速率、光合量子效率均有所降低，而非光化学猝灭则相对增加，水分胁迫使光系统结构受到损伤或部分失活，从而抑制了光系统的光化学活性，影响了光合电子传递的正常进行，最终使净光合速率降低。可是，上述研究结论仅分别适用于玉米苗期和抽雄吐丝期遭遇干旱胁迫。值得注意的是，至今没有关于不同生育时期干旱胁迫对不同抗旱型玉米自交系叶绿素荧光特性的整体性研究报道。

2013 年，肖万欣等根据前人研究结果，采用耐旱性较强的玉米自交系郑 58（Zheng 58）和耐旱性较弱的玉米自交系丹 340（Dan 340）作为供试材料。在辽宁省农业科学院农作物展示中心玻璃温室内进行盆栽试验。分正常供水（CK）和中度干旱（Drought）2 个处理，其土壤相对含水量分别为土壤田间最大持水量的 70%～80%和 50%～60%。试验分别在苗期（V6）、抽雄吐丝期（R1）和灌浆期（R3）控水，3 次重复。干旱胁迫持续 7 d 后测定玉米叶片的叶绿素荧光参数，系统探讨叶绿素荧光参数在干旱条件下的变化，旨在进一步明确不同玉米自交系在盆栽条件下的响应特征和阐明干旱胁迫影响玉米生长发育的光合生理机制，并尝试应用叶绿素荧光参数鉴定玉米自交系抗旱性的可能性，最终为抗旱高产玉米品种的选育和节水农业提供理论依据。

（一）初始荧光和最大荧光的变化

初始荧光是光系统Ⅱ反应中心处于完全开放时的荧光产量，是光系统Ⅱ反应中心开放的程度，常用来度量色素吸收的能量中以热和荧光形式散失的部分。从苗期至灌浆期时期，玉米自交系初始荧光呈现先下降后升高趋势。和对照相比，干旱处理下，玉米自交系初始荧光均有不同程度的提高（图 4-6A）。丹 340 玉米自交系在苗期、抽雄吐丝期和灌浆期分别提高 10.2%、11.0%和 16.3%，且与对照处理均存在明显的差异（$P<0.05$）；郑 58 玉米自交系 3 个时期平均提高幅度较小（0.7%），苗期时期，干旱与对照处理之间存在显著差异（$P<0.05$）。

最大荧光是光系统Ⅱ反应中心完全关闭时的荧光产量，可反映通过光系统Ⅱ的电子传递状况，同时强光下最大荧光降低也是光抑制的一个特征。研究发现（图 4-6B）灌浆时期最大荧光较高（平均值为 772.8）。不同时期干旱胁迫下，郑 58 玉米自交系的最大荧光均高于丹 340 玉米自交系，且在抽雄吐丝期和灌浆期时期，最大荧光值存在明显差异（$P<0.05$）。和对照相比，干旱处理下，玉米自交系最大荧光均有不同程度的下降。丹 340 玉米自交系在苗期、抽雄吐丝期和灌浆期分别下降 20.8%、3.5%和 26.1%，且与对照处理均存在明显的差异（$P<0.05$）；郑 58 玉米自交系 3 个时期平均降幅 2.7%，且在抽雄吐丝期和灌浆期干旱处理和对照之间存在显著差异（$P<0.05$），说明郑 58 玉米自交系在干旱胁迫下通过光系统Ⅱ的电子仍然可以稳定传递，发生光抑制程度不高。

（二）光系统Ⅱ原初最大光能利用效率和潜在光化学效率的变化

光系统Ⅱ原初最大光能利用效率表示光系统Ⅱ原初最大光能利用效率，是衡量植物光合性能的重要指标，它是表明光抑制和胁迫程度良好指标的探针。研究发现，玉米自交系的光系统Ⅱ原初最大光能利用效率随着生育进程的推移呈单峰曲线变化，在抽雄吐丝期时期光系统Ⅱ原初最大光能利用效率较高（平均值：0.774）。不同时期干旱胁迫下，郑 58

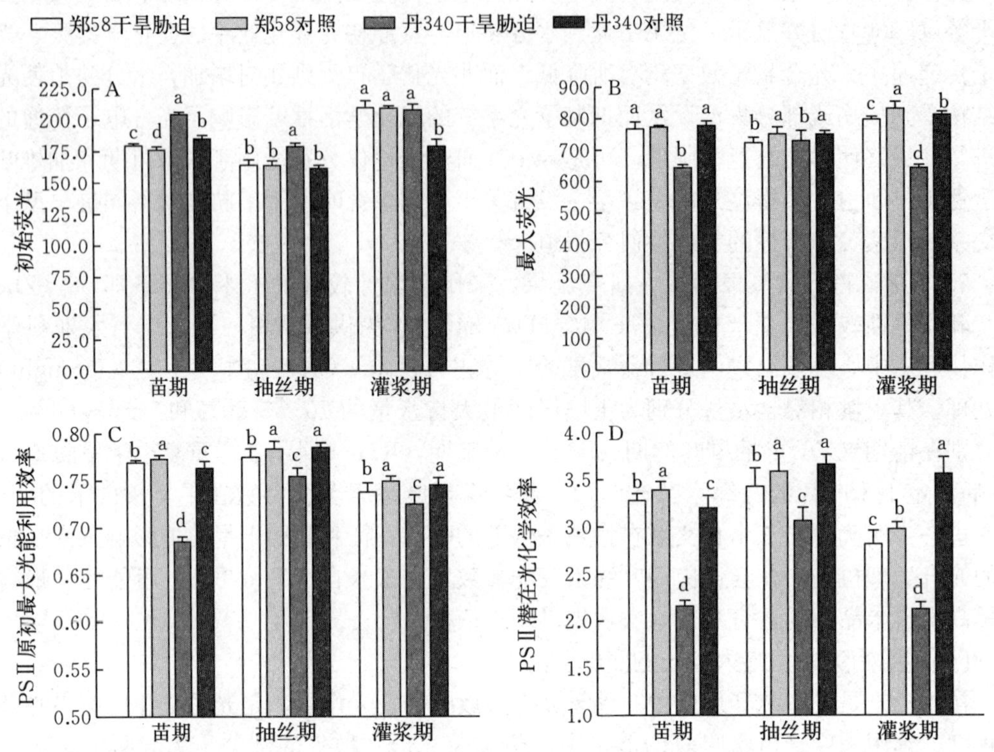

图 4-6　干旱胁迫下 2 个玉米自交系叶绿素荧光参数变化

注：生育时期划分参见 Ritchie et al.，1992 划分标准。不同小写字母表示在 0.05 水平上差异显著。

玉米自交系的光系统Ⅱ原初最大光能利用效率均高于丹 340 玉米自交系，且光系统Ⅱ原初最大光能利用效率值存在明显的差异（$P<0.05$）。和对照相比，干旱处理下，玉米自交系光系统Ⅱ原初最大光能利用效率均有不同程度的下降。丹 340 玉米自交系在苗期、抽雄吐丝期和灌浆期分别下降 11.6%、4.2%和 2.9%，与对照处理均存在明显的差异（$P<0.05$），且苗期差异较大；郑 58 玉米自交系 3 个时期平均降幅 1.0%，且干旱处理和对照之间均存在显著差异（$P<0.05$），说明和丹 340 玉米自交系相比，郑 58 玉米自交系在干旱胁迫下，光系统Ⅱ反应中心破坏程度较小，保持了相对较高的原初光能转换效率。

潜在光化学效率反映了光系统Ⅱ的潜在光化学效率，它和光系统Ⅱ原初最大光能利用效率是表明光化学反应状况的两个重要参数，可作为是否发生长期光抑制的指标。研究发现，玉米自交系的潜在光化学效率值随着生育进程的推移也呈单峰曲线变化，在 R1 时期潜在光化学效率较高（平均值：3.449）。不同时期干旱胁迫下，郑 58 玉米自交系的潜在光化学效率均高于丹 340 玉米自交系，且潜在光化学效率值存在明显的差异（$P<0.05$）。和对照相比，干旱处理下，玉米自交系潜在光化学效率均有不同程度的下降。丹 340 玉米自交系在苗期、抽雄吐丝期和灌浆期分别下降 48.6%、19.7%和 68.7%，与对照处理均存在明显的差异（$P<0.05$），且灌浆期差异较大，说明干旱胁迫抑制丹 340 玉米自交系的光合作用原初反应，光合电子传递受阻，造成光系统Ⅱ活性中心受到损伤；郑 58 玉米自交系 3 个时期平均降幅 4.4%，说明和丹 340 玉米自交系相比，郑 58 玉米自交系在干

旱胁迫下，光系统Ⅱ反应中心发生光抑制程度较低，光合色素可以把所捕获的光能以相对较高的速度和效率转化为化学能。

（三）光系统Ⅱ有效光化学量子产量的变化

荧光动力学有效光化学量子产量是光系统Ⅱ有效光化学量子产量，它反映开放的光系统Ⅱ反应中心原初光能捕获效率。研究发现，抽雄吐丝期，随着脉冲光照射次数的增加，干旱胁迫使郑 58 玉米自交系有效光化学量子产量峰值延后，使丹 340 玉米自交系的有效光化学量子产量峰值提前（图 4－7），随着生育进程的推移，玉米自交系有效原初光能捕

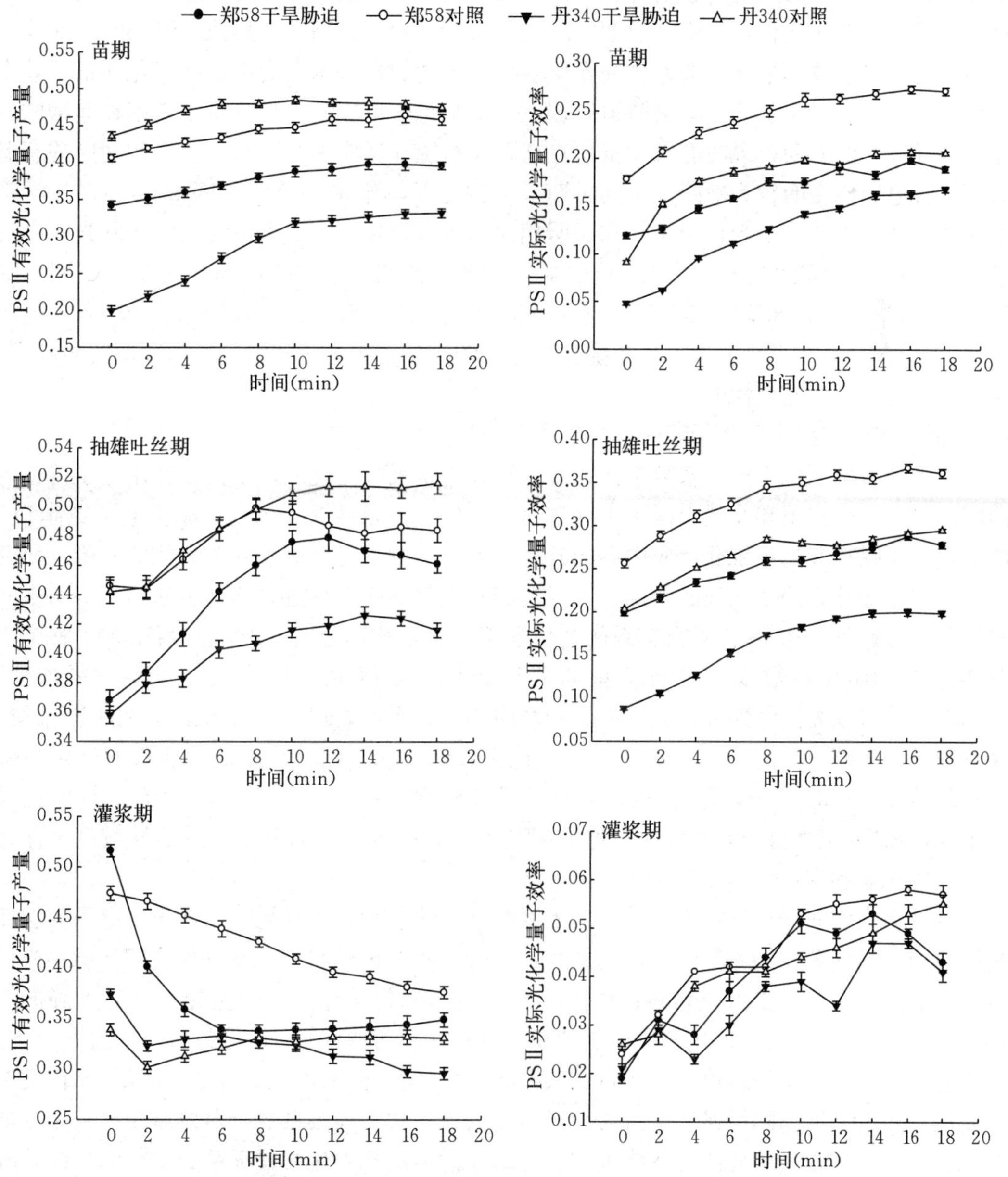

图 4－7　干旱胁迫中玉米自交系叶片光系统Ⅱ有效光化学量子产量和实际光化学量子效率的变化

捉效率在逐渐降低。不同时期干旱胁迫下，郑58玉米自交系的有效光化学量子产量均高于丹340玉米自交系。和对照相比，干旱处理下，玉米自交系的有效光化学量子产量均有不同程度的下降，丹340玉米自交系在苗期、抽雄吐丝期和灌浆期分别下降65.2%、21.7%和1.0%，郑58玉米自交系3个时期平均降幅13.0%，说明郑58玉米自交系在干旱胁迫下光系统Ⅱ有效光化学量子产量表现较高。

（四）光系统Ⅱ实际光化学量子效率的变化

荧光动力学实际光化学量子效率是光系统Ⅱ的实际光化学效率，常用来反映电子在光系统Ⅱ和光系统Ⅰ之间的传递情况。研究发现，整个生育期实际光化学量子效率变化趋势总体上呈单峰曲线变化，抽雄吐丝期实际光化学量子效率较高（平均值：0.253），灌浆期实际光化学量子效率最低。随着脉冲光照射次数的增加，玉米自交系实际光化学量子效率均呈递增趋势，且灌浆期，干旱胁迫处理下的玉米自交系实际光化学量子效率在递增的过程中出现较大的波动，说明灌浆期玉米自交系光系统Ⅱ反应中心随着光合机构功能的衰退对干旱胁迫反应变的较为敏感。不同时期干旱胁迫下，郑58玉米自交系的实际光化学量子效率均高于丹340玉米自交系。和对照相比，干旱处理下，玉米自交系的实际光化学量子效率均有不同程度的下降，丹340玉米自交系在苗期、抽雄吐丝期和灌浆期分别下降47.2%、63.9%和18.6%，郑58玉米自交系分别下降46.7%、31.7%和10.1%，说明郑58玉米自交系在干旱胁迫下光系统Ⅱ与光系统Ⅰ反应中心之间电子传递情况相对稳定，保证了相对较高的光合性能。

（五）光化学猝灭系数和非光化学猝灭系数的变化

荧光动力学光化学猝灭系数指光系统Ⅱ天线色素吸收光能后用于光合作用电子传递的比例，包括光合作用和光呼吸两个生理过程，它反映了光系统Ⅱ稳定性原初电子受体QA的氧化还原状态和光系统Ⅱ反应中心的开放程度，植物的光合效率和对光能的利用。研究发现，随着脉冲光照射次数的增加，玉米自交系光化学猝灭系数总体上呈递增趋势。不同时期干旱胁迫下，郑58玉米自交系的光化学猝灭系数均高于丹340玉米自交系。整个生育期光化学猝灭系数变化趋势呈单峰曲线变化，峰值出现在抽雄吐丝期（平均值：0.557），灌浆期光化学猝灭系数最低。和对照相比，干旱处理下，玉米自交系的光化学猝灭系数均有不同程度的下降，丹340玉米自交系在苗期、抽雄吐丝期和灌浆期分别下降9.9%、47.2%和0.9%，郑58玉米自交系分别下降26.3%、8.2%和2.7%，说明抽雄散粉期，郑58玉米自交系在干旱胁迫下，光系统Ⅱ反应中心的电子传递活性较高，保持了较高的光能利用效率和光合作用潜力。

荧光动力学非光化学猝灭系数反映光系统Ⅱ天线色素吸收光能不用于光合电子传递而是以热的形式耗散掉的光能部分，是植物的一种自我保护机制。研究发现，随着脉冲光照射次数的增加，苗期受到干旱胁迫的玉米自交系非光化学猝灭系数呈先上升后下降的趋势，且郑58自交系的峰值比丹340自交系峰值延后，而对照玉米自交系均呈递减趋势；抽雄吐丝期，受到干旱胁迫的玉米自交系非光化学猝灭系数呈下降趋势，且郑58自交系非光化学猝灭系数下降缓慢，保持着相对较高的非光化学猝灭系数。对照自交系丹340的非光化学猝灭系数呈单峰曲线，峰值在2 min，郑58的非光化学猝灭系数呈双峰曲线，峰值在2 min和14 min，且照射10 min后，郑58自交系的非光化学猝灭系数均高于丹340

玉米自交系；灌浆期，玉米自交系非光化学猝灭系数均呈上升趋势，0～6 min 干旱胁迫下的丹 340 玉米自交系非光化学猝灭系数上升迅速，表现其对逆境胁迫反映较敏感，郑 58 玉米自交系上升幅度较小，且照射 6 min 后，郑 58 玉米自交系非光化学猝灭系数仍稳步上升，而丹 340 玉米自交系非光化学猝灭系数趋于平缓，说明郑 58 玉米自交系潜在热耗散能力较强。苗期以后，干旱胁迫处理下，郑 58 玉米自交系的非光化学猝灭系数均高于丹 340 玉米自交系。和对照相比，干旱处理下，玉米自交系的非光化学猝灭系数均有不同程度的升高，丹 340 玉米自交系在苗期、抽雄吐丝期和灌浆期分别升高 8.4%、8.2% 和 8.0%，郑 58 玉米自交系分别升高 12.1%、19.1%和 1.4%（图 4-8）。

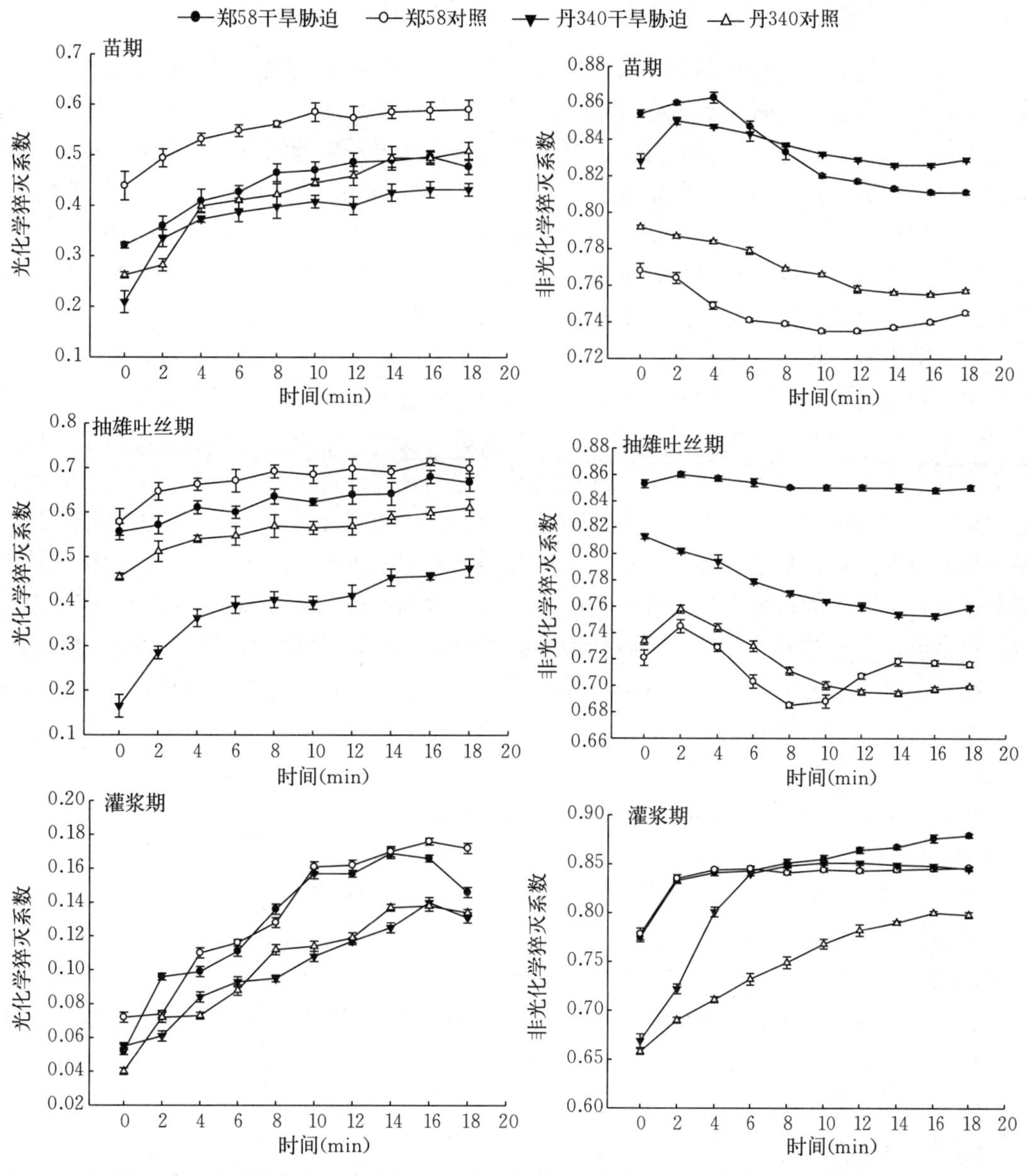

图 4-8　干旱胁迫中玉米自交系叶片光化学猝灭系数和非光化学猝灭系数的变化

(六) 水分胁迫对玉米叶片叶绿素荧光特性的影响

干旱胁迫下玉米自交系最大荧光、原初最大光能利用效率、潜在光化学效率、有效光化学量子产量、实际光化学量子效率和光化学猝灭系数降低，初始荧光和非光化学猝灭系数提高。与抗旱性较弱的丹 340 玉米自交系相比，干旱胁迫下，郑 58 玉米自交系光合系统具有较高的光能转化和利用效率、实际光化学量子效率和有效光化学量子产量，通过调节碳同化能力和激发能利用效率，有效地耗散过剩光能减轻光抑制，保护光合机构，维持较高的光合性能是其适应干旱环境的重要生理基础。根据试验数据得出，光系统Ⅱ中最大荧光、原初最大光能利用效率和潜在光化学效率可以用来鉴定玉米自交系抗旱性。

三、水分胁迫下玉米抗倒性状、根系形态与产量的关系研究

根系是作物的主要吸收器官，植物根系特性与其产量密切相关，玉米根系是水分及营养吸收的主要器官，同时兼有营养合成、固定支持等重要功能，与耐旱关系十分密切。研究表明，水稻、玉米、小麦和大豆等作物不同耐旱品种根系生理活性存在差异。在干旱胁迫下，根系特征可作为耐旱性鉴定的重要性状，表现在根系生物量与产量呈显著正相关，根重与根数和产量呈显著正相关。干旱胁迫抑制玉米根系生长、减弱根系吸收能力是玉米减产的重要原因，因此，干旱胁迫下作物根系特征与作物的抗旱性关系更为密切，研究干旱胁迫下玉米根系特征具有十分重要的意义。

紧凑型玉米良种已在生产上广泛应用，使玉米单产有了突破性进展。对紧凑型玉米地上部生长发育规律、生理特性及合理群体结构的研究已经相当深入，但在水分胁迫下，紧凑型玉米茎秆抗倒性状与地下部根系的关系方面研究较少。紧凑型玉米地下部根系的田间分布类似小麦的窄深型根型。从个体的角度看，这不是高产根型，但紧凑型玉米根系耐密植，高密度下群体根系集体表现为宽深型高产根型。一般意义上讲，紧凑型玉米根系发达并不是绝对的，根系长度、条数、最大干重等同平展型玉米并无多大差异，在稀植条件下甚至还略有不如。紧凑型玉米容易获得高产，主要原因是根系质量高，表现为发展动态合理，耐密植，气生根发达，后期吸收活力高。实际上，根系条数、长度、干重等的数量与其功能并不是一对一的关系，对这类性状的重要性应作具体深入分析。可见，对紧凑型玉米根系的有关性状，尤其是在水分胁迫条件下的耐旱机理及其与产量的关系研究方面，尚缺乏系统的专门研究。

2013 年，肖万欣等采用紧凑型玉米品种郑单 958（C1）、先玉 335（C2）和辽单 565（C3）与平展型品种丹玉 39（C4）、辽单 31（C5）和辽单 120（C6）。温室盆栽试验，设定 3 个水分梯度处理，分正常供水（CK）、中度干旱（MS）和重度干旱（SS）3 个处理，其土壤相对含水量分别为土壤田间最大持水量的 70%～80%、50%～60%和 30%～40%。二因素随机区组设计，水分胁迫为主区，品种为副区，试验共 6 次重复。研究了不同株型玉米倒伏性状、根系形态指标与产量的关系，测定了地上基部茎秆倒伏性状、地下部根长、根表面积、根直径等根系形态指标以及植株收获指数和产量等指标，旨在为紧凑型玉米的耐旱机理、高产栽培技术研究和进一步推广应用提供依据。

(一) 节间长度

不同水分处理下，玉米茎秆节间长度均从下往上逐渐伸长（第一节间平均 5.49 cm 至

第五节间平均 17.15 cm（表 4－16）。与正常水分处理（CK）相比，中度干旱处理（MS）不同品种第一至第五节间长度平均下降依次为 19.0％、10.5％、5.3％、2.3％和 1.0％，平均降幅是 7.6％；重度干旱处理（SS）不同品种第一至第五节间长度平均下降依次为 26.5％、11.4％、5.6％、4.3％和 4.8％，平均降幅是 10.5％。

表 4－16　水分胁迫对玉米茎秆节间长度的影响

水分胁迫	品种	第一节间长度	第二节间长度	第三节间长度	第四节间长度	第五节间长度
CK	C1	7.67±0.58ab	10.33±0.58bc	13.00±0.00b	14.00±1.00b	15.67±3.06b
	C2	6.67±0.58abc	12.67±0.58ab	16.00±1.00a	17.67±0.58a	23.67±3.21a
	C3	4.33±0.76c	9.37±1.48c	12.03±2.00b	15.00±1.00ab	15.97±1.33b
	C4	9.00±1.00a	13.33±1.15a	16.67±0.58a	15.40±0.53ab	17.03±1.67b
	C5	4.53±1.29c	10.00±2.00c	13.00±2.00b	15.50±1.80ab	15.63±1.27b
	C6	5.33±2.08bc	9.67±1.53c	12.33±1.15b	15.50±2.60ab	16.87±0.90b
MS	C1	6.33±2.31a	10.00±0.00ab	11.67±0.58a	14.33±0.58a	15.33±0.58b
	C2	6.67±1.53a	11.67±0.58a	14.33±0.58a	17.33±1.15a	23.00±1.00a
	C3	4.47±1.29a	8.60±1.71b	12.60±1.64a	14.67±1.53a	15.73±0.46b
	C4	5.00±2.00a	9.90±1.15ab	13.37±0.55a	16.30±1.47a	15.50±0.00b
	C5	4.33±1.15a	9.67±1.53ab	13.50±2.18a	14.33±0.58a	16.93±1.68b
	C6	4.73±0.87a	9.33±1.15ab	13.40±0.53a	14.00±1.00a	17.33±4.04b
SS	C1	7.00±2.65a	10.67±2.31a	12.67±1.53ab	13.33±1.53b	16.33±0.58b
	C2	6.00±1.00ab	11.33±1.15a	13.67±0.58ab	18.33±2.89a	19.67±0.58a
	C3	3.33±0.58b	9.00±0.00ab	12.67±0.58ab	14.17±2.35b	15.83±1.26b
	C4	5.00±2.65ab	11.33±2.52a	15.00±1.00a	14.20±0.98b	16.77±0.40ab
	C5	3.33±0.58b	7.33±1.53b	12.33±1.53b	15.00±1.00b	15.07±1.68b
	C6	5.00±2.00ab	9.00±3.00ab	12.33±1.15b	14.23±0.40b	16.33±2.52b

注：同一水分胁迫处理下，不同品种在同一节间长度差异用小写字母标记（$0.01<P<0.05$）。

就不同株型品种而言，与 CK 相比，MS 处理紧凑型玉米（C1、C2 和 C3）第一至第五节间长度平均下降依次为 6.0％、6.9％、6.2％、0.6％和 2.2％，平均降幅是 4.4％；平展型玉米（C4、C5 和 C6）第一至第五节间长度平均下降依次为 32.4％、13.9％、4.3％、4.4％和－0.2％，平均降幅是 11.0％。SS 处理紧凑型玉米第一至第五节间长度平均下降依次为 16.9％、4.2％、4.9％、2.4％和 5.7％，平均降幅是 6.8％；平展型玉米第一至第五节间长度平均下降依次为 40.9％、20.5％、5.5％、6.9％和 2.9％，平均降幅是 15.3％。可见，与紧凑型玉米相比，不同程度水分胁迫可明显降低平展型玉米节间长度，尤其表现在第一节和第二节间位置，同时暗示出，紧凑型玉米在严重干旱情况下节间长度变化幅度较小。

方差分析表明，不同水分处理间第一节间长度差异显著（$P=0.0331$），不同品种间第一节间长度差异极显著（$P=0.0003$）。不同品种间第二、第三、第四和第五节间长度差异均达极显著水平（P=0.000 2、P=0.000 2、P=0.001 4 和 P=0.000 1）。水分胁迫处理与品种交互作用均不显著。

（二）茎粗

与正常水分处理（CK）相比，中度干旱处理（MS）对玉米茎粗影响较小，有的品种茎粗反而比 CK 高了，造成总体平均下降为－1.4%；重度干旱处理（SS）不同品种茎粗平均下降 4.5%，变化幅度总体上也相对较小。就不同株型品种而言，与 CK 相比，MS 处理紧凑型玉米（C1、C2 和 C3）茎粗平均下降 1.4%；平展型玉米（C4、C5 和 C6）茎粗平均升高了 3.4%。SS 处理紧凑型玉米茎粗平均下降 7.7%；平展型玉米茎粗平均下降 1.6%。

方差分析表明，不同水分处理间和品种间茎粗差异均不显著，水分胁迫处理与品种交互作用均不显著。MS 处理中，C6（辽单 120）品种的茎粗显著高于 C2（P=0.048 3）、C4（P=0.036 3）和 C5 品种（图 4－9）（P=0.039 2）。

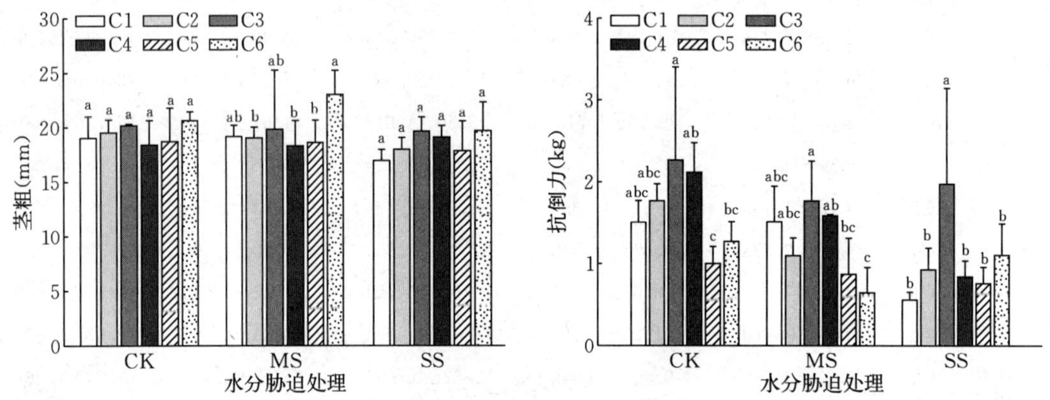

图 4－9　水分胁迫对玉米茎粗和抗倒力的影响

（三）抗倒力

与对照（CK）处理相比，中度干旱（MS）处理使玉米茎秆抗倒力平均减少 32.6%，重度干旱（SS）处理中，抗倒力平均减少 60.6%。不同水分处理中，紧凑型玉米抗倒力均高于平展型玉米，在不同程度的水分胁迫下，抗倒力降幅也相对较小。MS 处理紧凑型玉米（C1、C2 和 C3）抗倒力比 CK 平均下降 26.9%，平展型玉米（C4、C5 和 C6）抗倒力比 CK 平均下降 40.6%；SS 处理紧凑型玉米抗倒力比 CK 平均下降 60.1%，平展型玉米抗倒力比 CK 平均下降 1.04 倍。

方差分析表明，不同水分胁迫处理间抗倒力差异极显著（P=0.001 7），品种间抗倒力差异也达极显著水平（P=0.000 3）。在紧凑型玉米中，C3（辽单 565）品种抗倒力在 3 个处理中均高于其他参试品种，其中，SS 处理下，C3 品种的抗倒力显著或极显著地高于其他 5 个品种，可能与该品种在水分胁迫下茎粗较高和穗位较低有关。

（四）穗位高

不同水分胁迫下，紧凑型玉米穗位高均低于平展型玉米，从 CK 处理至 SS 处理，紧凑型玉米穗位高从 1.09 m 降至 1.01 m（变异系数是 0.043），平展型玉米穗位高从 1.36 m

降至 1.19 m（变异系数是 0.086），其穗位高变异系数是紧凑型玉米的 2 倍，且在 SS 处理中，穗位高依然高于紧凑型玉米。

不同水分胁迫处理间穗位高差异极显著（P=0.005 4），品种间穗位高差异也达极显著水平（P=0.000 1）。SS 处理下，C6（辽单 120）品种的穗位高显著或极显著地高于其他 5 个参试品种（图 4-10）。

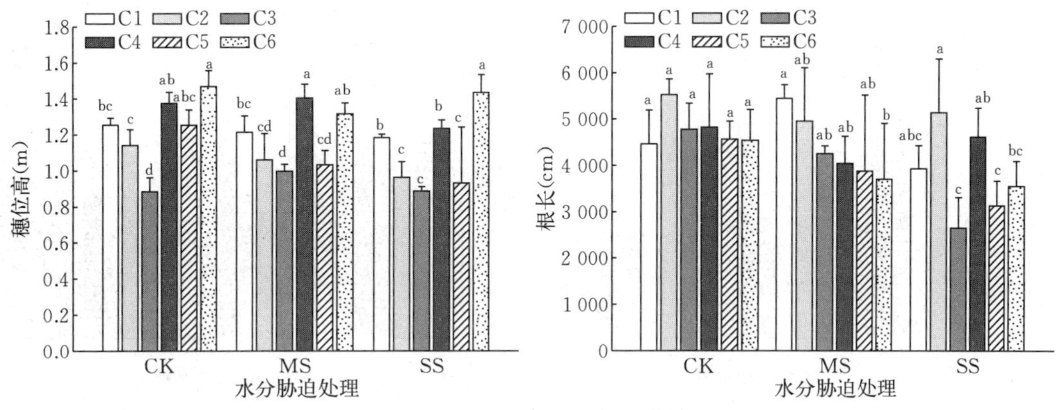

图 4-10　水分胁迫对玉米穗位高和根长的影响

（五）根长

玉米吐丝后 15 d，与对照（CK）处理相比，中度水分胁迫（MS）玉米总根长平均下降 8.9%，重度水分胁迫处理玉米总根长平均下降 24.5%。就不同株型玉米而言，MS 处理紧凑型玉米（C1、C2 和 C3）的总根长比 CK 平均减少了 0.6%，而平展型玉米（C4、C5 和 C6）的总根长比 CK 平均减少了 19.2%；SS 处理两类玉米总根长平均减少幅度相差不多。不同水分处理下，紧凑型玉米总根长平均值均高于平展型玉米，其中，MS 处理比其他处理表现较为明显，即紧凑型玉米平均根长比平展型品种高 26.1%。在紧凑型玉米中，CK 和 SS 处理下，C2（先玉 335）品种平均根长均高于其他参试品种，在 MS 处理中，C1（郑单 958）品种平均根长均高于其他参试品种。

方差分析表明，不同水分处理间总根长差异达极显著水平（P=0.005 3），品种间总根长差异也达到了极显著水平（P=0.008 2）。MS 处理下，C1（郑单 958）品种总根长显著长于 C6（辽单 120）品种（P=0.033 2）；SS 处理下，C2（先玉 335）的总根长极显著地长于 C3（辽单 565）（P=0.001 7）和 C5（辽单 31）品种（P=0.009 7）。

（六）根表面积

与对照（CK）处理相比，中度水分胁迫（MS）玉米根表面积平均下降 7.1%，重度水分胁迫处理玉米根表面积平均下降 32.4%。就不同株型玉米而言，MS 处理紧凑型玉米（C1、C2 和 C3）根表面积比 CK 平均减少了 2.5%，而平展型玉米（C4、C5 和 C6）根表面积比 CK 平均减少了 12.8%；SS 处理两类玉米根表面积平均减少幅度相差不多。不同水分处理下，紧凑型玉米根表面积平均值均高于平展型玉米，其中，MS 处理比其他处理表现较为明显，即紧凑型玉米平均根表面积比平展型玉米大 24.1%。在紧凑型玉米种中，CK 和 SS 处理下，C2（先玉 335）品种平均根表面积均高于其他参试品种，在 MS 处理中，C1（郑单958）品种平均根表面积均高于其他参试品种。

方差分析表明，不同水分处理间根表面积差异达极显著水平（$P=0.000\,5$），品种间根表面积差异也达到了极显著水平（$P=0.000\,1$）。MS和SS处理下，平展型玉米中的C4（丹玉39）品种根表面积均显著或极显著地高于C5（$P=0.009$ 和 $P=0.013\,3$）和C6品种（$P=0.029\,1$ 和 $P=0.033\,4$）（图4-11）。

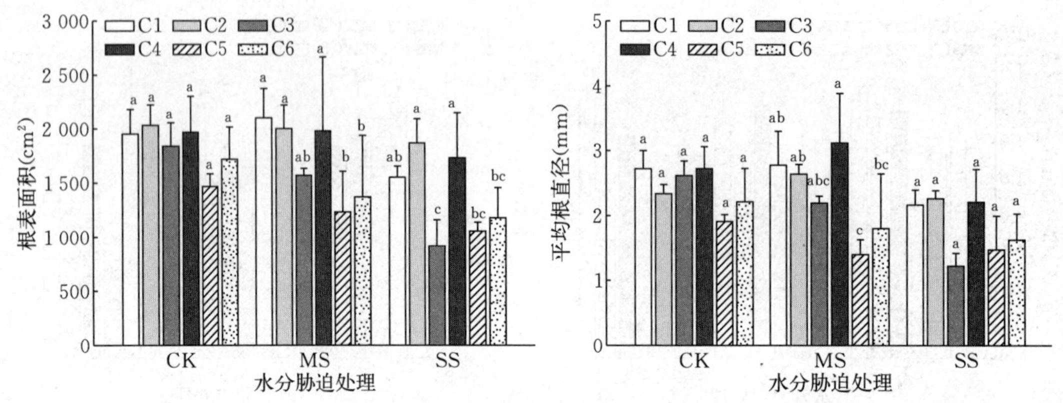

图4-11 水分胁迫对玉米根表面积和平均根直径的影响

（七）平均根直径

与对照（CK）处理相比，中度水分胁迫（MS）玉米平均根直径平均下降3.5%，重度水分胁迫处理玉米平均根直径平均下降32.5%。就不同株型玉米而言，MS处理紧凑型玉米（C1、C2和C3）平均根直径与CK几乎相同（0.1%），而平展型玉米（C4、C5和C6）平均根直径比CK平均减少了7.8%；SS处理紧凑型玉米平均根直径比CK平均下降35.4%，平展型玉米平均根直径比CK平均减少的幅度是29.3%。不同水分处理下，紧凑型玉米平均根直径均高于平展型玉米，其中，MS处理比其他处理表现较为明显，即紧凑型玉米平均根直径比平展型玉米粗20.9%。在紧凑型玉米中，CK和MS处理下，C1（郑单958）品种平均根直径均高于其他参试品种，在SS处理中，C2（先玉335）品种平均根直径均高于其他参试品种。

方差分析表明，不同水分处理间平均根直径差异达显著水平（$P=0.014\,1$），品种间平均根直径差异达极显著水平（$P=0.003\,5$）。MS处理中，C4（丹玉39）品种平均根直径显著或极显著地高于C5（辽单31，$P=0.005\,1$）和C6（辽单120，$P=0.027\,8$）品种。

（八）根体积

与对照（CK）处理相比，中度水分胁迫处理（MS）玉米根体积平均下降10.0%，重度水分胁迫处理（SS）玉米根体积平均下降32.5%。就不同株型玉米而言，MS处理紧凑型玉米（C1、C2和C3）根体积与CK几乎相同（2.9%），而平展型玉米（C4、C5和C6）根体积比CK平均减少了19.7%；SS处理紧凑型玉米根体积比CK平均下降39.5%，平展型玉米根体积比CK平均减少的幅度是25.2%。不同水分处理下，紧凑型玉米根体积均高于平展型玉米，其中，MS处理比其他处理表现较为明显，即紧凑型玉米根体积比平展型玉米高35.6%。CK处理下，C1（郑单958）品种根体积均高于其他参试品种，在MS和SS处理中，C1（郑单958）和C2（先玉335）品种根体积均高于其他参试品种（图4-12）。

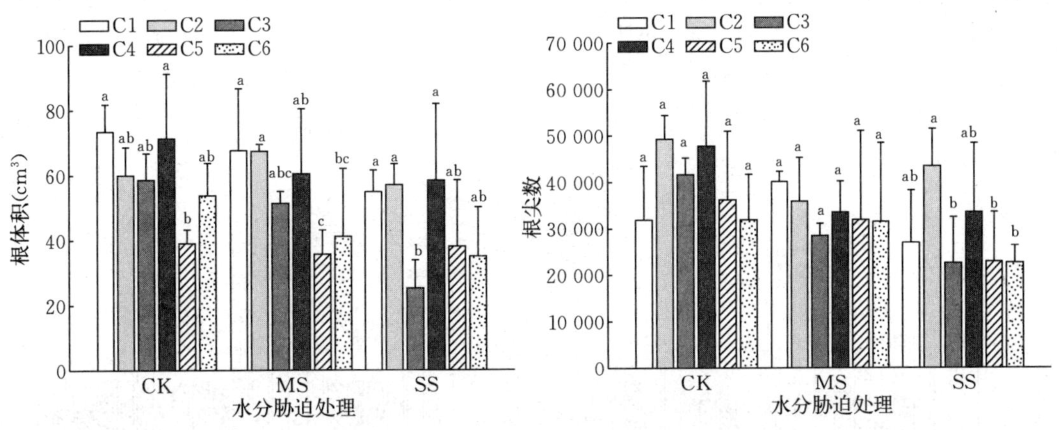

图4-12 水分胁迫对玉米根体积和根尖数的影响

方差分析表明，不同水分处理间根体积差异达显著水平（P=0.011），品种间根体积差异达极显著水平（P=0.000 1）。SS处理中，紧凑型玉米C1（郑单958）（P=0.017 5）和C2（先玉335）（P=0.008 5）品种的根体积显著或极显著地高于C3（辽单565）品种；CK和MS处理中，C4（丹玉39）品种根体积极显著或显著地高于C5（辽单31，P=0.007 0）和C6（辽单120，P=0.039 4）品种。

（九）根尖数

与对照（CK）处理相比，中度水分胁迫（MS）玉米根尖数平均下降18.4%，重度水分胁迫处理（SS）玉米根尖数平均下降39.3%。就不同株型玉米而言，MS处理紧凑型玉米（C1、C2和C3）根尖数比CK平均减少了17.4%，平展型玉米（C4、C5和C6）根尖数比CK平均减少了19.4%；SS处理紧凑型玉米根尖数比CK平均下降32.2%，平展型玉米根尖数比CK平均减少的幅度是47.5%，可见，严重水分胁迫下，平展型玉米根尖数下降明显。不同水分处理下，紧凑型玉米根尖数均高于平展型玉米，其中，SS处理比其他处理表现较为明显，即紧凑型玉米根尖数比平展型玉米高17.6%。CK和SS处理中，C2（先玉335）品种根尖数均高于其他参试品种。在MS处理中，C1（郑单958）品种根尖数均高于其他参试品种。方差分析表明，不同水分处理间根尖数差异达极显著水平（P=0.006 8）。

（十）收获指数

与对照（CK）处理相比，中度水分胁迫（MS）下不同品种收获指数（HI）平均下降4.3%，重度水分胁迫处理（SS）下不同品种HI平均下降8.7%。就不同株型玉米而言，MS处理紧凑型玉米（C1、C2和C3）的HI比CK平均减少了2.3%，平展型玉米（C4、C5和C6）的HI比CK平均减少了6.6%；SS处理紧凑型玉米HI比CK平均下降6.0%，平展型玉米HI比CK平均减少的幅度是11.7%。不同水分处理下，紧凑型玉米的HI均高于平展型玉米，其中，SS处理比其他处理表现较为明显，即紧凑型玉米（HI=0.59）的HI比平展型玉米（HI=0.51）高14.1%。不同处理下，C1（郑单958）

和C2（先玉335）品种的HI均高于其他参试品种。

图4-13方差分析表明，不同水分处理间HI差异达极显著水平（P=0.000 1），品种间HI差异也达到了极显著水平（P=0.000 1）。MS和SS处理紧凑型玉米HI均显著或极显著地高于对应的平展型玉米（MS处理：$P_{C1:C6,C1:C5,C1:C4}$=0.001 7，0.000 8，0.000 0，$P_{C3:C6,C3:C5,C3:C4}$=0.004，0.002，0.000 0，$P_{C2:C6,C2:C5,C2:C4}$=0.004 5，0.002 5，0.000 0；SS处理：$P_{C2:C5,C2:C4,C2:C6}$=0.007 7，0.000 1，0.000 0，$P_{C1:C5,C1:C4,C1:C6}$=0.008，0.001，0.000 0，$P_{C3:C5,C3:C4,C3:C6}$=0.012 9，0.000 2，0.000 0）。

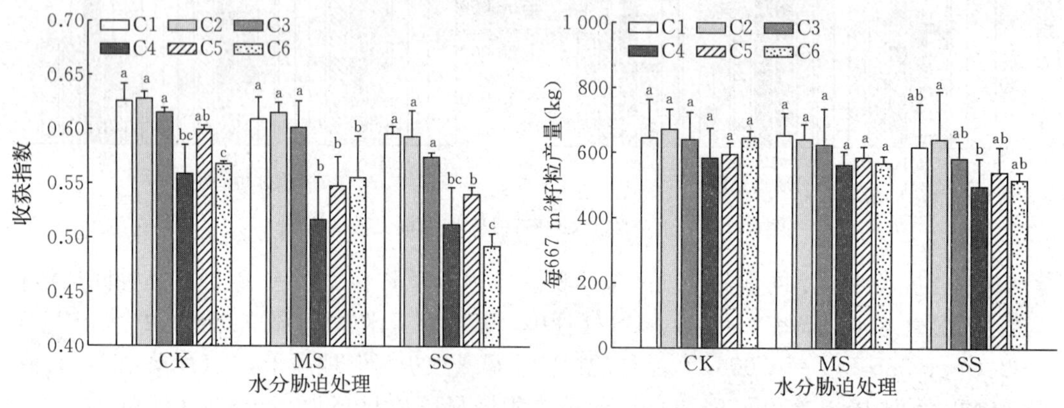

图4-13　水分胁迫对玉米收获指数和籽粒产量的影响

（十一）籽粒产量

与对照（CK）处埋相比，中度水分胁迫（MS）玉米籽粒产量平均下降3.8%，重度水分胁迫处理（SS）玉米籽粒产量平均下降11.5%。就不同株型玉米而言，MS处理紧凑型玉米（C1、C2和C3）的籽粒产量比CK平均减少了1.8%，平展型玉米（C4、C5和C6）的籽粒产量比CK平均减少了6.1%；SS处理紧凑型玉米籽粒产量比CK平均下降6.1%，平展型玉米籽粒产量比CK平均减少的幅度是17.9%，可见，不同程度的水分胁迫，紧凑型玉米籽粒产量比CK降幅均小于平展型玉米，表现出较高的耐旱性。不同水分处理下，紧凑型玉米的籽粒产量均高于平展型玉米，其中，SS处理比其他处理表现较为明显，即紧凑型玉米的籽粒产量比平展型玉米高18.9%，MS处理下，紧凑型玉米籽粒产量比平展型玉米高11.5%。CK和SS处理中，C2（先玉335）品种籽粒产量均高于其他参试品种。在MS处理中，C1（郑单958）品种籽粒产量均高于其他参试品种。

方差分析表明，不同水分处理间籽粒产量差异达显著水平（P=0.020 2），品种间籽粒产量差异也达显著水平（P=0.034 7）。在SS处理下，C2（先玉335）品种平均籽粒产量显著高于C4（丹玉39）品种（P=0.032 9）。

（十二）性状相关分析

相关分析表明，总根长（P=0.010 0）和收获指数（P=0.001 0）与籽粒产量呈极显著的正相关关系，相关系数分别为0.589 8和0.898 7（表4-17）；根表面积（P=0.021 5）和根尖数（P=0.034 0）与籽粒产量呈显著的正相关关系，相关系数分别为0.537 4和0.501 4。同时，从表2-6中还可以看出，第一（P=0.008 6）、第二（P=0.001 9）、

表 4-17　测定指标与产量相关性分析

	X_1	X_2	X_3	X_4	X_5	X_6	X_7	X_8	X_9	X_{10}	X_{11}	X_{12}	X_{13}	X_{14}	Y
X_1	1.000 0														
X_2	0.803 3**	1.000 0													
X_3	0.542 9*	0.836 2**	1.000 0												
X_4	0.196 1	0.468 8*	0.428 2	1.000 0											
X_5	0.356 5	0.632 2**	0.597 5**	0.727 8**	1.000 0										
X_6	−0.236 4	−0.207 9	−0.098 8	−0.155 7	0.057 4	1.000 0									
X_7	0.156 5	0.179 1	0.140 8	0.133 3	−0.020 5	0.120 6	1.000 0								
X_8	0.399 6	0.238 9	0.164 3	−0.134 6	−0.119 4	0.201 4	−0.133 7	1.000 0							
X_9	0.599 2**	0.680 2**	0.377	0.542 7*	0.507 2*	−0.072 3	0.214 7	0.118 9	1.000 0						
X_{10}	0.704 1**	0.674 1**	0.368 9	0.476 6*	0.390 8	−0.095 5	0.320 4	0.247 9	0.890 7**	1.000 0					
X_{11}	0.641 0**	0.518 2*	0.238 9	0.334 7	0.168 6	−0.110 2	0.378	0.310 4	0.706 8**	0.939 5**	1.000 0				
X_{12}	0.797 6**	0.643 1**	0.371 1	0.300 8	0.284 0	−0.166 3	0.289 5	0.231 6	0.772 0**	0.941 7**	0.921 1**	1.000 0			
X_{13}	0.570 2*	0.767 2**	0.594 7**	0.607 8**	0.514 9*	−0.031 2	0.380 1	0.049 6	0.869 3**	0.778 5**	0.607 2**	0.645 0**	1.000 0		
X_{14}	0.348 2	0.266 3	−0.022 4	0.258 5	0.355 6	−0.023 6	0.308 1	−0.394 0	0.535 1*	0.454 3	0.326 3	0.423 1	0.453 1	1.000 0	
Y	0.381 0	0.266 6	−0.070 3	0.392 8	0.401 5	0.019 5	0.329 8	−0.223 7	0.589 8**	0.537 4*	0.403 3	0.454 8	0.501 4*	0.898 7**	1.000 0

注：X_1 为第一节间长度，X_2 为第二节间长度，X_3 为第三节间长度，X_4 为第四节间长度，X_5 为第五节间长度，X_6 为茎粗，X_7 为抗倒力，X_8 为穗位高，X_9 为总根长，X_{10} 为根表面积，X_{11} 为平均根直径，X_{12} 为根体积，X_{13} 为根尖数，X_{14} 为收获指数，Y 为产量。* 代表差异显著（$0.01<P<0.05$），** 代表差异极显著（$P<0.01$）。

第四（P=0.020）和五节间长度（P=0.031 7）与总根长呈显著或极显著的正相关关系，第一（P=0.001 1）、第二（P=0.002 2）和第四（P=0.045 5）节间长度与根表面积呈显著或极显著的正相关关系，第一（$P_{X_{11}}$=0.004 1，$P_{X_{12}}$=0.000 1）和第二节间长度（$P_{X_{11}}$=0.027 6，$P_{X_{12}}$=0.004 0）与平均根直径（X_{11}）和根体积（X_{12}）呈显著或极显著的正相关关系，前五节节间长度与根尖数均呈显著或极显著的正相关关系（P_{X_1}=0.013 5，P_{X_2}=0.000 2，P_{X_3}=0.009 2，P_{X_4}=0.007 5，P_{X_5}=0.028 8）；总根长与收获指数呈显著的正相关关系（P=0.022 1）。

（十三）水分胁迫下玉米抗倒性状、根系形态与产量关系

水分胁迫使玉米节间长度自下而上逐渐依次缩短，且中度水分胁迫不同节间长度平均降幅小于重度水分胁迫处理；植株的抗倒力随着水分胁迫的增加而减弱，在重度水分胁迫处理下，玉米的抗倒力较弱。与紧凑型玉米相比，水分胁迫可明显降低平展型玉米第一至第五节间长度，尤其是第一和第二节间长度；在重度水分胁迫下，紧凑型玉米茎秆自身生长调节能力较强，表现为茎粗变细，在群体生长的环境下，有利于减少因不必要的个体间竞争消耗的能量；不同水分胁迫下，紧凑型玉米抗倒力均高于平展型玉米，穗位过高是导致平展型品种抗倒力较弱的原因之一。

不同水分胁迫下，紧凑型玉米平均根长、平均根表面积、平均根直径、平均根体积均高于平展型玉米。中度水分胁迫下，紧凑型玉米根长和根直径与对照处理相比，几乎没有差异；根表面积和根体积比对照处理略有下降，说明适度的水分胁迫对紧凑型玉米根系形态指标的影响较小，其根系对于中度水分胁迫敏感程度较低。与重度水分胁迫处理相比，中度水分胁迫处理下，紧凑型玉米上述指标与平展型玉米差异均表现较明显，即平展型玉米上述指标均表现为明显降低。推论出在适度水分胁迫下，紧凑型玉米较庞大的根系可以吸收更多的营养物质和水分供给地上部植株生长的需要，同时，也具有较强的抗倒性。

紧凑型玉米根尖数均高于平展型玉米，在严重的水分胁迫下，紧凑型玉米根系分生组织仍能保持较高的活力和养分吸收能力，供给地上部植株生长所需要的营养物质。再加上在不同水分胁迫处理下，紧凑型玉米收获指数比对照下降幅度较小，且均高于平展型玉米，尤其是在严重水分胁迫下，维持了较高的物质转化率，最终导致其籽粒平均产量明显高于平展型玉米。在紧凑型玉米中，以先玉 335 和郑单 958 籽粒平均产量表现较高。

相关分析表明，根长和收获指数与籽粒产量呈极显著的正相关关系，根表面积和根尖数与籽粒产量呈显著的正相关关系；第一、第二、第四和第五节间长度与根长呈显著或极显著的正相关关系，第一、第二和第四节间长度与根表面积呈显著或极显著的正相关关系，第一和第二节间长度与平均根直径和根体积均呈显著或极显著的正相关关系，前五节节间长度与根尖数均呈显著或极显著的正相关关系；根长与收获指数呈显著的正相关关系。根长、根表面积和根尖数可用来鉴定玉米耐旱性。

第三节　玉米氮胁迫反应能力评价与鉴选

一、玉米耐低氮评价指标筛选研究进展

氮是玉米产量最主要的限制因素。在一定范围内玉米产量随施氮量的增加而提高，超

过一定范围将使玉米产量有所下降。由于不同的品种需氮量不同，为了降低缺氮对玉米产量的影响，育种家提出，可以在低氮条件下选育氮高效或者可以有效地将氮运输到籽粒中的优势玉米品种。美国玉米带的相关研究指出，高氮水平下玉米产量的年均增益更大，而新的杂交种产量更高。张海燕等（2013）以我国不同年代的35个玉米品种为材料，在施氮肥和不施氮肥两个水平下对产量等7个农艺性状考查结果表明：1950年以来我国玉米品种的耐低氮能力没有明显提高。因此，在自交系选育中要重视低氮条件，为进一步培育耐低氮高产杂交种奠定基础。

选用耐低氮能力强的品种是提高瘠薄地玉米产量和减少氮肥用量、提高氮素利用效率的重要途径。不同玉米品种对氮素的吸收利用特性差异显著，尤其在低氮胁迫下不同品种间的产量差异更为突出；同一玉米品种在不同生态条件下对氮肥的响应也存在明显的差异。前人在深入研究低氮胁迫对玉米生长发育影响的基础上，开展了氮高效和耐低氮胁迫的遗传研究与良种选育，然而良种的选育需要相应的优良材料。因此，耐低氮胁迫和氮高效材料的筛选鉴定成为品种选育的重要基础，而耐低氮胁迫和氮高效品种（材料）的筛选鉴定需要注重其选择的时期、压力、指标和方法。

（一）鉴选时期

Karlen等研究表明，玉米有两个吸氮高峰期，一是小喇叭口至抽雄期，以小喇叭口为中心；二是抽雄至灌浆期，以吐丝期为中心。此期前为氮素积累时期，此后为氮素转移时期，而不同基因型玉米品种的氮素效率不同，对氮的吸收、转运能力也有所差异。耐低氮品种（材料）筛选和评价的时期包括苗期和全生育期，苗期鉴定具有时间短、容量大、环境影响小、重复性强等优点。杨光梅等认为在玉米四叶期或近四叶期（玉米氮素营养临界期），利用霍格兰营养液水培法可选择出低氮高效基因型玉米。前人研究表明，耐低氮玉米品种可以通过维持灌浆期绿叶面积来提高生育后期植株对氮素的吸收。李文娟等、崔超等、陈范骏等指出耐低氮玉米品种干物质积累量和氮素积累量均显著高于低氮敏感品种，且这种差异主要来自吐丝后。蔡红光等（2011）以四个不同氮效率玉米品种为试材，对其吐丝前后氮积累量和氮转移的基因型差异进行分析。结果表明，吉单209耐低氮能力较强；四密25对增施氮肥反应敏感，增施氮肥后增产幅度较大，表现出明显的喜氮特性。吐丝之后氮积累量较少的基因型，其相应产量也较低。可见，大田耐低氮鉴选最佳时期为吐丝后。

（二）评价指标

1. 光合及叶绿素荧光参数　玉米吐丝后叶片光合同化产物是玉米产量的主要来源，吐丝前同化物对籽粒产量的贡献率小于10%。前人研究表明不同耐低氮性玉米品种干物质和氮素积累差异主要来自吐丝后。吐丝后叶片光合速率决定着玉米最终产量的高低，而花后功能叶中碳氮代谢的协调不仅是库源代谢协调的基础，还对最终产量也有重要的调节作用。黄高宝等（2001）和刘宇等（2011）研究一致表明，叶片叶绿素含量和光合速率可用于玉米耐低氮胁迫种质和品种筛选的评价指标。2014年，李强等研究指出玉米叶面积可作为耐低氮能力的评价指标。2016年，李强等采用大田试验，以玉米耐低氮和低氮敏感品种为试验材料，在6个氮水平下研究花后物质生产及叶片功能特性。结果表明，与低氮敏感品种相比，耐低氮品种花后叶片光合速率更高、叶面积指数更大，而叶片叶绿素含量和全氮含量降幅与碳/氮值增幅更低，延缓了生育后期叶片的衰老，延长了叶片的功能期，增加干物质积累和产量。

叶绿素荧光参数经常用来评价光合器官的功能和环境压力的影响，董祥开等研究表明施氮可以显著提高作物的光合速率和气孔导度等光合特性。不同耐低氮性品种的筛选和评价或不同耐低氮性品种产量形成及氮利用效率差异很大。李强等（2015）以耐低氮能力差异较大的4个玉米杂交种为试材，研究了低氮胁迫对不同耐低氮性玉米品种苗期光合及叶绿素荧光特性的影响。结果表明，耐低氮玉米品种能够减缓低氮胁迫对植株光合系统的影响，进而保证植株较高的氮素积累，提高叶片叶绿素含量，维持较高的光系统Ⅱ有效光量子产量和光化学猝灭系数，为光合作用提供充足的光能；从而保持了较高的净光合速率，保证了耐低氮品种在低氮条件下保持较高的干物质产量。

2. 干物质生产、氮素积累与分配 曹敏建等（2000）、刁锐琦等（2008）和 Machado（1992）的研究结果一致表明，地上部干重、整株干重和产量均可作为鉴定玉米耐低氮胁迫种质和品种筛选的评价指标。Muchow 认为，植株氮积累量、灌浆的持续时间与产量和氮效率有很大相关性，可作为间接选择指标。陆海东等（2010）连续2年在低氮（105 kg/hm^2）和正常施氮（337.5 kg/hm^2）两种施肥水平下，分析了6个不同基因型玉米品种的群体源库关系及籽粒灌浆特性间的差异。结果表明，在低氮胁迫下，耐低氮能力较好品种的籽粒活跃灌浆期较长、最大灌浆速率高、最大叶面积指数持续期较长，群体库源关系比较协调；耐低氮能力较差品种吐丝后的籽粒活跃灌浆时数、最大灌浆速率、灌浆速率最大时的生长量及叶面积指数较低，源的供应能力显著下降；低氮胁迫明显加剧了不同基因型玉米品种间的产量差异。李强等（2015）选用前期筛选出的玉米耐低氮品种和低氮敏感品种为试验材料，采用裂区试验在6个氮水平下研究不同耐低氮性玉米品种的生长发育、干物质及氮素积累与分配差异。结果表明，与低氮敏感品种相比，耐低氮品种提高了各主要生育时期叶片干物质及氮素积累量与分配比例，降低了雌穗干物质及氮素积累量与分配比例。耐低氮品种营养器官较高的干物质及氮素积累与分配比例有利于其保持较高的养分吸收和干物质生产能力，延缓叶片的衰老和延长高光合速率使其产量显著高于低氮敏感品种。

3. 根系形态和生理指标 许多学者的研究一致认为，根冠比、根体积、根干重等根系特性和氮吸收和代谢特性均可以作为玉米耐低氮胁迫种质和品种筛选的评价指标。谢孟林等（2015）采用水培方法，以2个耐低氮品种和2个不耐低氮玉米品种为材料，以正常氮处理为对照，研究2个低氮胁迫水平对不同耐低氮性玉米品种苗期根系形态和伤流量及氮代谢关键酶活性的影响。结果表明，与正常供氮处理相比，在2个低氮胁迫处理下，玉米幼苗根系伤流量和硝酸还原酶、谷氨酰胺合成酶、谷氨酸脱氢酶活性均下降，耐低氮品种上述各指标的降幅均小于不耐低氮品种。随着低氮胁迫程度的增大，耐低氮品种根长增长，根粗减小，对低氮胁迫的响应能力增大，表现为根系伸长变细以增加对氮的吸收面积。与不耐低氮品种相比，低氮胁迫下耐低氮品种根系形态较好，根系生理活性和对低氮胁迫的耐性较强，能维持较稳定的生长；随着低氮胁迫时间的延长，耐低氮品种对低氮胁迫的适应性增强，不耐低氮品种则降低。

4. 相对单穗质量 张兴华等（2010）选用30个生产上推广的玉米品种，以耐低氮胁迫指数为玉米表型性状的相对值，通过分析不同施氮水平下相关性状的变化，探讨玉米品种耐低氮能力鉴定指标，筛选耐低氮玉米品种。结果表明，相对单穗质量（低氮胁迫指数）可以作为鉴定玉米品种耐低氮能力的核心指标，千粒质量、穗长和穗粒数可作为间接筛选指标。

（三）研究方法

春亮等（2005）利用20个自交系在两个地块上、两个施氮水平下，研究了它们的氮效率（产量/施氮量）表现。同时，进行盆栽试验，探讨利用苗期生物量实现氮效率快速筛选的可能性。结果表明，氮效率、氮吸收效率及氮利用效率在玉米自交系间存在显著差异。地块间自交系的氮效率变异较大，CA170、原引1号、早27对土壤氮素的降低反应敏感，减产幅度达到45%以上，是高氮高效品系；478是中产耐低氮品系；武312、北黄4为双低效品系。盆栽苗期试验与田间试验结果一致性较差，说明盆栽苗期鉴定不能达到氮效率快速筛选的目的。多年多点重复性的大田全生育期品种耐低氮鉴选试验，其研究结论才有较强说服力。

二、辽宁耐低氮玉米品种筛选研究

2013—2015年，常程等采用近些年审定及生产上推广的玉米品种（表4-18），在辽宁中部沈阳和辽宁西部建平试验基地逐年开展了耐低氮品种筛选研究。采用二因素裂区设计，氮素为主处理，品种为副处理。试验设2个氮素水平纯氮0 kg/hm^{2}和225 kg/hm^2，种植密度为4 000株/亩。8行区，行长5 m，3次重复，收中间2行计产。4月末人工播种，一次性施入过磷酸钙667 kg/hm^2、氯化钾196 kg/hm^2；施氮小区总氮量为225 kg/hm^2，氮肥梯度的1/4作为底肥，大喇叭口时期按梯度追施余下氮肥，其他同正常田间管理。

表4-18　2013—2015年参试品种

年份	品种名称	数量（个）	地点
2013	铁研38、铁研358、铁研120、铁研58、沈玉35、丹玉605、丹玉406、丹玉606、良玉88、良玉66、甘农936、良玉99、郑单958、先玉335、沈玉21、丹玉39、甘农340、辽单565、辽单1211、辽单120、辽单506、辽单527	22	沈阳
2014	辽单565、先玉335、良玉66、良玉99、迪卡516、辽单1211、郑单958、铁研38、铁研58、沈玉21、辽单120、辽单506、辽单145、良玉88	14	沈阳、建平
2015	辽单565、良玉66、郑单958、铁研58和辽单506	5	沈阳、建平

2013年22个玉米品种不同施氮水平的产量变幅及排序见表4-19。2014年通过对不同品种产量及产量增幅，耐低氮指数的分析，结果表明，辽单1211、铁研58对氮反应敏感，而良玉99对氮反应迟钝，表现出了较好的耐低氮能力。2015年研究结果表明，郑单958为氮反应迟钝品种，铁研58为氮反应敏感品种。

表 4-19 2013 年 22 个玉米品种不同施氮水平的产量变幅及排序

品种	产量变幅（%）	排序	品种	产量变幅（%）	位次排序
甘农 936	63.5	1	铁研 120	18.4	12
铁研 58	53.1	2	丹玉 406	17.5	13
铁研 38	51.4	3	沈玉 21	12.9	14
辽单 120	43.9	4	甘农 340	10.1	15
丹玉 606	38.8	5	郑单 958	9.1	16
丹玉 39	35.0	6	辽单 527	8.9	17
良玉 99	31.4	7	辽单 565	8.1	18
丹玉 605	28.4	8	良玉 66	6.0	19
先玉 335	25.6	9	辽单 506	3.6	20
铁研 358	24.5	10	沈玉 35	3.0	21
良玉 88	23.3	11	辽单 1211	0.7	22

综合上述研究结论，辽单 1211 和郑单 958 为表型稳定的耐低氮品种，铁研 58 为典型的氮敏感品种。

三、辽宁主栽玉米品种耐低氮机理研究

2013—2015 年，常程等采用近些年审定及生产上推广的 5～22 个玉米品种（表 4-20），在沈阳和建平试验基地同时开展了品种耐低氮机理研究。

表 4-20 氮素水平对玉米品种主要性状的影响

项目	施氮水平（kg/hm²）	单穗粒重（g）	百粒重（g）	穗粒数（粒）	穗长（cm）	结实率（%）	株高（cm）	穗位高（cm）
平均值	0	151.4	32.9	460.4	20.4	95.7	280.5	106.7
	225	185.5	33.7	553.0	20.9	94.6	343.6	117.0
变异系数	0	18.3	10.1	16.3	10.3	6.1	11.4	16.1
	225	13.6	9.3	11.6	8.7	4.3	9.7	13.9

从表 4-20 可以看出，22 个玉米品种在单穗粒重、百粒重、穗粒数、穗长、结实率、株高、穗位高的各项指标数值反映出均不同程度受氮素水平的影响，且在平均值上均呈增高趋势。可见，在低氮胁迫水平下，玉米品种主要性状均表现为低值。变异系数除结实率随着氮素水平提高数值增大外，其他指标均表现为降低趋势。说明通过低氮胁迫，可以通过主要性状达到鉴选品种的目的。单就结实率来看，变异系数随着氮素水平提高呈增大趋势，说明该项指标在某些品种上随氮素水平提高表现不稳定，但整体趋势是随着氮素水平提高结实率提高。

耐低氮指数是指低氮或者零氮水平下性状表现数值与高氮水平下性状表现数值的相对比值，反映性状对施氮水平变化的敏感程度。由表 4-21 可以看出，单穗粒重的耐低氮胁

迫指数高于其他各性状的指数，说明单穗粒重的性状指标在鉴定品种间耐低氮胁迫能力上占据重要的位置。各性状耐低氮指数的变异系数大小顺序为单穗粒重>穗粒数>穗位高>株高>百粒重>穗长>结实率。

表 4-21　氮素水平对不同玉米品种主要性状耐低氮指数的影响

项目	单穗粒重（g）	百粒重（g）	穗粒数（粒）	穗长（cm）	结实率（%）	株高（cm）	穗位高（cm）
N_0/N_{225}平均值	82.4	97.9	83.8	97.6	98.8	94.4	91.9
N_0/N_{225}变异系数	20.7	8.6	16.4	6.1	4.2	10.0	14.1
N_0/N_{225} F 值	2.80*	14.91**	2.43**	1.23	1.30	4.56**	6.44**

注：*、** 表示差异显著、差异极显著。

从 F 值看出，单穗粒重、百粒重、穗粒数、株高、穗位高的相对值在不同品种间表现差异水平达显著和极显著。而穗长和结实率的相对值未达到品种间显著水平，且变异系数也较小，可见这两个性状指标对低氮胁迫反应较为迟钝。

为了更直观反映各品种在不同施氮水平下性状的变异程度，将不同品种各性状指标进行变幅处理，即（低氮条件下性状数值－高氮条件下性状数值）/高氮条件下数值×100%，再取绝对值（表 4-22）。再将性状变幅进行主成分分析（表 4-23），第一主成分的特征值为 3.0，贡献百分率为 43.1%；第二主成分的特征值为 1.3，贡献百分率为 18.5%；第三主成分的特征值为 1.2，贡献百分率为 17.4%；第四主成分的特征值为 0.7，贡献百分率为 9.4%；第五主成分的特征值为 0.5，贡献百分率为 7.7%；第六主成分的特征值为 0.2，贡献百分率为 3.1%；第七主成分的特征值为 0.1，贡献百分率为 3.1%。本试验中取贡献率累积为 79.0%的前 3 项性状为主成分，说明本试验中 7 个性状的绝大部分信息均可由这 3 项主成分解释。

表 4-22　不同施氮水平下品种的性状变幅（%）

品种	单穗粒重	百粒重	穗粒数	穗长	结实率	株高	穗位高
铁研 38	41.8	15.7	31.0	7.0	0.3	20.8	35.3
铁研 358	12.8	7.1	6.1	9.0	4.1	1.6	19.4
铁研 120	6.8	6.4	0.4	7.2	5.0	17.6	14.4
铁研 58	51.1	17.6	40.6	11.0	3.8	26.6	28.9
沈玉 35	13.4	2.7	15.7	4.9	0.3	13.5	16.2
丹玉 605	33.6	6.9	28.7	2.7	4.1	2.3	4.7
丹玉 406	17.5	9.1	9.2	11.4	4.0	4.2	7.9
丹玉 606	36.9	3.4	34.7	2.8	2.0	9.8	16.7
良玉 88	18.4	1.8	16.9	1.7	8.9	11.2	15.5
良玉 66	14.4	9.7	5.3	5.0	1.5	2.4	5.7

（续）

品种	单穗粒重	百粒重	穗粒数	穗长	结实率	株高	穗位高
甘农 936	44.3	5.9	40.9	8.4	2.3	4.6	10.1
良玉 99	18.1	8.7	24.7	5.7	1.1	0.3	2.3
郑单 958	3.8	7.4	3.9	1.3	0.8	5.6	2.1
先玉 335	8.3	1.5	9.7	4.3	4.6	3.0	15.6
沈玉 21	11.5	4.6	7.2	10.3	0.3	20.4	21.0
丹玉 39	20.8	4.5	24.2	8.0	8.1	9.2	17.9
甘农 340	14.1	5.8	8.8	0.2	2.2	2.0	2.4
辽单 565	6.7	8.8	14.2	2.5	0.0	2.2	8.4
辽单 1211	6.3	5.3	11.0	5.4	1.1	0.3	12.5
辽单 120	21.7	2.5	23.7	4.0	9.0	8.3	5.3
辽单 506	30.4	18.2	10.3	3.3	3.4	3.7	5.0
辽单 527	14.3	3.8	17.4	2.7	5.3	4.3	5.4

表 4－23　7 个性状相关矩阵的贡献率及累计贡献率

序号	特征值	贡献率（%）	累计贡献率（%）
1	3.0	43.1	43.1
2	1.3	18.5	61.7
3	1.2	17.4	79.0
4	0.7	9.4	88.4
5	0.5	7.7	96.1
6	0.2	3.1	99.1
7	0.1	0.9	100.0

由表 4－24 可见，在第一主成分中，单穗粒重的特征向量值最大，说明单穗粒重变化对第一主成分贡献最大，其次是株高、穗位高。第二主成分中穗粒数特征向量值最大，说明穗粒数变化对第二主成分贡献最大。第三主成分结实率特征向量值最大，说明结实率变化最大程度影响第三主成分。根据特征值取大于 1 的原则，选取前 3 个主成分及特征向量列于表 3－7，特征向量的大小表示试验中品种农艺性状的变幅对主成分贡献的大小。

表 4－24　前 3 个主成分对应的特征向量

性状变幅	第一主成分因子	第二主成分因子	第三主成分因子
单穗粒重	0.470	0.419	−0.243
百粒重	0.312	−0.206	−0.547
穗粒数	0.392	0.555	−0.150

（续）

性状变幅	第一主成分因子	第二主成分因子	第三主成分因子
穗长	0.356	−0.349	0.230
结实率	−0.030	0.491	0.610
株高	0.439	−0.219	0.321
穗位高	0.456	−0.254	0.303

依据上述主成分分析中前 3 项性状指标，进行 22 个试验品种的聚类分析。采用卡方距离法和离差平方和法得出图 4 - 14，可将品种共分为三大类，各类品种具有各自对氮素水平的反应特点。其中良玉 66、辽单 1211、辽单 565、郑单 958、甘农 340 共 5 个为对氮素水平反应不敏感的品种；铁研 38、铁研 58、丹玉 605、良玉 99、辽单 506、丹玉 606、甘农 936 共 7 个品种为对氮素水平反应敏感；其余 10 个品种为中间类型。

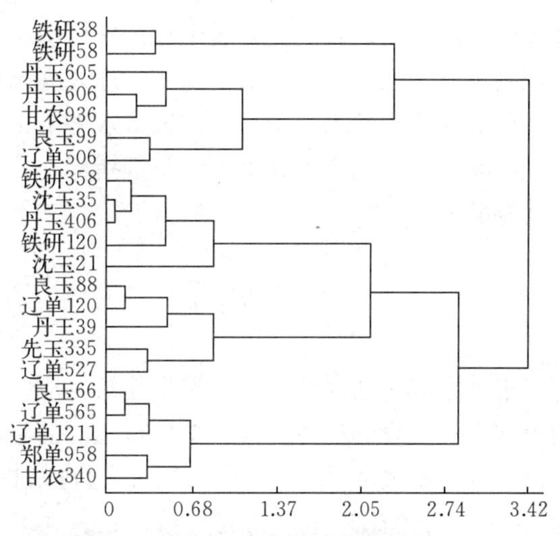

图 4 - 14　22 个玉米品种的聚类分析图

通过对 22 个试验品种在不施氮和施氮处理条件下产量变幅进行数据整理和排序（表 4 - 25）。可见从聚类分析图中，第一类对氮素不敏感品种大多在产量变幅数值上也相对较小；而第三类品种群在产量变幅数值上基本偏大。

表 4 - 25　22 个玉米品种不同施氮水平的产量变幅及排序

品种	产量变幅（%）	排序	品种	产量变幅（%）	排序
甘农 936	63.5	1	铁研 120	18.4	12
铁研 58	53.1	2	丹玉 406	17.5	13
铁研 38	51.4	3	沈玉 21	12.9	14
辽单 120	43.9	4	甘农 340	10.1	15
丹玉 606	38.8	5	郑单 958	9.1	16
丹玉 39	35.0	6	辽单 527	8.9	17
良玉 99	31.4	7	辽单 565	8.1	18
丹玉 605	28.4	8	良玉 66	6.0	19
先玉 335	25.6	9	辽单 506	3.6	20
铁研 358	24.5	10	沈玉 35	3.0	21
良玉 88	23.3	11	辽单 1211	0.7	22

玉米对低氮水平的反应是一个复杂的过程，单一地从某一个性状指标评价某一品种是否耐低氮不尽全面。通过主成分分析筛选出的评价耐低氮性指标操作简单，方便快捷，且与模糊隶属度分析方法的结论相近，只有个别品种（如辽单 506 和辽单 1211）位序有差异，具有一定可靠性。本试验通过性状耐低氮指数、指数的隶属度分析、主成分分析方法筛选出穗粒重、穗粒数和结实率 3 个性状可作为评价玉米品种耐低氮性的指标。但由于此种方法不能深入解释对全部性状的影响，如能辅以生理生化基础研究则能更为有效、科学地反映品种对不同氮水平的反应能力。

有研究表明，不同基因型品种在低氮条件下性状表现不尽相同，有的品种显著表现在穗部产量性状上，有的显著表现在植株形态结构上等，不同基因型品种在不同氮素水平上表现的特点不同，且在氮水平高的处理表现高产而在低氮水平处理下未必高产，不同基因型品种对氮素的利用效率在不同氮素水平上也不尽相同。可见，要评价玉米品种的生产优势，低氮条件只是作为其中一项筛选指标，只有高产、稳产、广适玉米品种才是生产需要的优势品种。

第四节　玉米防早衰技术研究

玉米在其生活周期中经历着从幼年、成熟和衰老的发育变化，这里所说的“衰老”是指植株个体发育的最后阶段，是导致死亡的衰退过程。与正常“衰老”不同，“早衰”是玉米在外界不良环境条件的影响下，通过植株体内的生理变化，导致植株个体提前“衰老”，表现为植株叶片枯黄或整株死亡。2005 年调查发现，辽宁省每年玉米早衰面积占 10%～15%，每亩减产 100～200 kg，每年全省因玉米早衰粮食减产 3.0 亿～9.0 亿 kg。为此，通过开展玉米防早衰关键技术研究与示范，提出了玉米培肥技术、施肥技术、耕作技术、灌水技术等早衰防控高产技术，取得了显著的增产增收效果。

一、玉米防早衰农田培肥技术研究

早衰是造成玉米减产的重要因素之一，而造成玉米早衰的原因很多，其中土壤肥力地下，有机肥施用不合理是造成玉米早衰的主要因素之一。大量试验表明，有机肥料在提供作物养分、培肥地力、促进微生物繁殖、增强土壤保水保肥能力和保护农业生态环境方面有着重要作用。下面从有机肥施用量对玉米生长发育、叶片酶活性、产量等方面的影响进行了深入研究，以揭示有机肥防早衰的作用机理，为玉米防早衰提供技术支撑。

（一）施用有机肥对玉米生长发育的影响

1. 玉米根重　从抽雄期和蜡熟期玉米根重测定结果可以看出，增施有机肥明显增加了玉米根系重量。较不施有机肥处理，增施有机肥可增加根重 18.2～48.0 g/株和 84.8～142.4 g/株，平均增加 37.9 g/株和 116.3 g/株。由此表明，增施有机肥可促进玉米根系的生长，有利于根系对养分的吸收（表 4-26）。

2. 玉米茎秆强度　从表 4-27 可以看出，增施有机肥可明显提高玉米 3～6 节间茎秆强度，连续 4 年增施有机肥后，玉米的茎秆强度可提高 1.29～1.67 倍，对防止玉米倒伏具有一定的作用。

表 4-26　施用有机肥对玉米根重的影响

有机肥施用量（kg/hm²）	根重（g/株）	
	抽雄期	蜡熟期
0	145.9	236.2
15 000	164.1	321.0
37 500	193.8	357.8
60 000	193.5	378.6

表 4-27　施用有机肥对玉米茎秆强度的影响

有机肥施用量（kg/hm²）	第 3 节（N）	第 4 节（N）	第 5 节（N）	第 6 节（N）
0	257.7b	208.4b	191.5b	132.7b
15 000	365ab	297.6a	271.5a	204.6a
37 500	417.6a	336.4a	259.1ab	218.9a
60 000	364.0ab	307.1a	246.8ab	207.8a

注：不同小写字母表示差异显著。

3. 叶片叶绿素含量　叶片叶绿素含量测定结果表明，增施有机肥可明显增加玉米各生育时期叶片叶绿素含量。由此表明，增施有机肥可明显增加叶片叶绿素含量，提高玉米叶片光合作用，为增加玉米干物质积累奠定了基础。从图 4-15 还可以看出，施用不同有机肥量的处理间叶绿素相对含量差异不大，即叶绿素相对含量不随有机肥量的增加而增加。从整个生育期来看，抽雄期和灌浆期玉米叶片叶绿素的含量较高，乳熟期后叶片叶绿素含量呈下降的趋势。

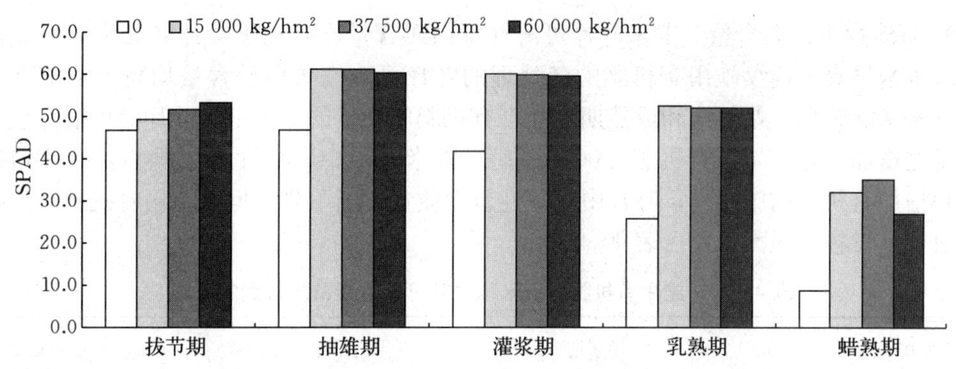

图 4-15　施用有机肥对玉米叶片叶绿素相对含量的影响

4. 叶片形态　玉米蜡熟期叶片黄化面积测定结果表明，增施有机肥明显降低了玉米穗位叶及穗位叶下部叶片的黄化面积。在蜡熟期，不施有机肥处理 0.42% 玉米穗位叶及穗位叶下 1～2 片叶变黄，而增施有机肥 37 500 kg/hm² 和 60 000 kg/hm² 的处理玉米穗位叶及穗位叶下 1～2 片叶均为绿色。由此表明，增施有机肥对保持叶片生育后期绿色，延缓叶片衰老具有重要的作用（表 4-28）。

表 4-28　施用有机肥对玉米叶片衰老的影响

有机肥施用量（kg/hm²）	玉米叶片黄化面积（%）								
	穗位叶	穗位叶下1叶	下2叶	下3叶	下4叶	下5叶	下6叶	下7叶	下8叶
0	0.42	0.42	0.42	0.37	1.31	8.08	49.48	81.23	94.81
15 000	0.17	0.17	0.17	0.33	4.79	17.94	47.56	68.53	85.75
37 500	0.00	0.00	0.00	0.00	0.34	2.07	15.10	56.22	95.38
60 000	0.00	0.00	0.00	0.00	1.13	5.67	22.00	50.75	79.27

（二）施用有机肥对玉米叶片酶活性的影响

1. 丙二醛含量　叶片丙二醛含量的高低是衡量玉米早衰的一个重要指标，叶片丙二醛含量越高玉米加速早衰进程，反之则可以延长玉米叶片的持绿时间，延缓玉米早衰。连续施用有机肥有利于培肥土壤，改善土壤微生态环境，促进玉米的生长发育，也起到了防止玉米早衰的作用。施用有机肥各处理的叶片丙二醛含量均低于不施有机肥的，在玉米灌浆期、蜡熟期和成熟期，随着有机肥施用量的提高玉米叶片的丙二醛含量随之降低，对防止玉米早衰具有较大的影响（表 4-29）。

表 4-29　施用有机肥对玉米穗位叶丙二醛含量的影响

有机肥施用量（kg/hm²）	灌浆期（nmol/g）	蜡熟期（nmol/g）	成熟期（nmol/g）
0	37.09	36.99	40.98
15 000	32.61	36.21	35.66
37 500	25.80	35.92	33.73
60 000	23.87	34.23	33.15

2. 可溶性蛋白质含量　玉米叶片可溶性蛋白质含量高有利于叶片叶绿素的形成，可以延缓玉米早衰。连续施用有机肥的各处理的叶片可溶性蛋白质含量均高于不施有机肥的，在玉米灌浆期、蜡熟期和成熟期，随着有机肥施用量的提高玉米叶片的可溶性蛋白质含量随之增加，每亩施用有机肥 1 000 kg 时，玉米叶片中可溶性蛋白质的含量达到最大值，再增加有机肥的施用量，叶片中可溶性蛋白质量逐渐下降，但是施用有机肥对防止玉米早衰还是发挥了很大作用（表 4-30）。

表 4-30　施用有机肥对玉米穗位叶可溶性蛋白质含量的影响

有机肥施用量（kg/hm²）	灌浆期（μg/g）	蜡熟期（μg/g）	成熟期（μg/g）
0	1 812.58	5 295.05	6 522.51
15 000	7 403.66	9 275.58	8 613.52
37 500	5 853.47	9 131.91	7 398.19
60 000	5 037.93	5 943.11	7 481.73

（三）施用有机肥对玉米产量的影响

在施化肥的基础上，玉米增施有机肥具有显著的增产效果。每公顷增施有机肥 15 000～

60 000 kg，玉米增产幅度为 8.2%～79.8%，以施有机肥 37 500 kg/hm² 处理产量最高。增施有机肥 15 000 kg/hm² 可增产 8.2%～77.4%，平均增产 31.6%；增施有机肥 37 500 kg/hm² 可增产 22.9%～79.8%，平均增产 41.1%；增施有机肥 60 000 kg/hm² 可增产 13.9%～54.6%，平均增产 28.9%（表 4-31）。

表 4-31　施用有机肥对玉米产量的影响（kg/hm²）

有机肥施用量	2007 年	2008 年	2009 年	2010 年
0	9 185dC	7 932bB	5 201cC	7 086bB
15 000	9 942cB	10 410aA	9 228aAB	7 750aAB
37 500	11 292aA	10 997aA	9 351aA	8 731aA
60 000	10 458bB	10 042aAB	8 043bB	8 543aAB

注：不同大写、小写字母分别表示在 0.01、0.05 水平上差异显著。

二、玉米防早衰施肥技术研究

玉米生育后期的基本特征是叶片衰老与籽粒的生长发育同步进行，当作物生长中心由营养生长转向生殖生长时，常因体内营养物质供需矛盾激化，养分供应亏缺而导致营养器官早衰，尤其是开花后绿叶面积减小，光合作用时间缩短，叶片容易出现早衰。近年来，这一问题在春玉米生产上频繁发生，严重影响了玉米生产。大量试验表明，玉米早衰是由于生育后期营养不足、施肥不合理造成的，其中氮素是影响根和叶活力最为重要的营养元素。氮素具有延缓作物衰老的作用，氮素施肥可作为调控玉米衰老的手段。本研究从不同施氮量和施氮方式对玉米叶绿素含量、叶片形态变化、叶绿体超微结构等方面的影响揭示不同施氮量对玉米生育后期叶片衰老的作用机理。

（一）施氮量对玉米产量及产量构成因素的影响

试验采用塑料盆钵栽种，每盆装土 15 kg。供试玉米品种为辽单 565，于 2009 年 5 月 10 日播种，9 月 30 日收获。施氮量共设 4 个不同氮肥水平，N0 即对照，无氮肥；N1 0.9 g/盆；N2 1.65 g/盆；N3 2.25 g/盆，各处理氮肥 1/5 基施，4/5 拔节中期追施，磷钾肥全部做底肥混合一次施入，用量分别为 P_2O_5 1.5 g/盆和 K_2O 1.5 g/盆，15 次重复。

从表 4-32 中可以看出，玉米产量因施氮水平不同而异。总体看来，各施肥处理玉米产量均高于无氮处理 N0，其中以 N3 处理最高，其次是 N2 处理，增产达到 35%以上，与 N1 和 N0 差异都达显著水平。进一步考察产量构成得出，N3 处理的穗粒数和千粒重也最高，分别比 N0 高出 13.3%和 10.6%，比 N1 高出 8.6%和 8.3%。由此可见，不施氮肥或者氮肥施用量不足会使玉米容易发生早衰，影响玉米产量构成因素的发展，进而影响玉米产量的形成。N3 与 N2 处理之间产量差异不显著，说明高氮处理并不能使玉米显著增产，反而会造成肥料浪费。因此，合理的施氮量既可以保证玉米后期营养的持续供应，增加库容量和库强度来提高籽粒产量，又可以防止玉米发生早衰，提高玉米产量。

表 4-32 施氮量对玉米产量及产量构成因素的影响

处理	穗粒数（粒）	千粒重（g）	产量（kg/hm^2）	增产（%）
N0	243.3	332.8	6 255.0a	0.0
N1	276.6	340.1	6 660.0a	6.5
N2	295.1	366.2	8 500.0b	35.9
N3	300.5	368.2	9 000.0b	43.9

注：不同小写字母表示差异显著。

（二）施氮量对玉米生长后期叶片形态变化的影响

叶片枯萎变黄是玉米早衰的最直接表观现象。缺氮引发的玉米早衰是从下部老叶逐渐变黄，然后逐渐发展到穗下叶、穗位叶和穗上叶全部变黄；单株叶片变黄首先由叶尖沿中脉呈楔形伸展，但叶缘仍为绿色，叶片卷合度轻或不卷合，最后全叶干枯变黄呈褐色。从表 4-33 中可以看出，玉米在抽雄期开始从穗下 5 叶开始就已经有枯黄的情况发生，但是只有无氮肥处理黄了 50%。随着施氮量的增加，叶片枯黄情况逐渐好转，其中 N3 处理情况最好，到穗下 7 叶也只有一小部分枯黄发生。

表 4-33 不同施氮量下各叶位叶片枯黄比例情况（抽雄期）（%）

处理	穗下 5 叶	穗下 6 叶	穗下 7 叶	穗下 8 叶
N0	50.00	62.50	82.30	93.00
N1	0.00	34.44	70.83	95.45
N2	0.00	21.67	65.28	93.75
N3	0.00	0.00	35.00	77.08

作物产量的形成是通过绿色植物叶片的光合作用，玉米植株 95%以上的干物质都是由叶片光合作用合成的。绿叶面积的大小直接与光合作用的强弱有关，在很大程度上影响植株的生长。表 4-34～表 4-36 分别是玉米在灌浆期、乳熟期和熟期各处理不同叶位叶片枯黄比例情况，从各表中均能看出随着施氮量的增加叶片枯黄比例逐渐减小，绿叶比例增大；开始黄的叶位逐渐增加。N0 处理在灌浆期时穗下 7 叶和 8 叶基本已经接近全黄，而其他施氮肥处理要比 N0 晚 20 d 左右，基本在乳熟期的时候从穗下 6 叶开始全部变黄，N3 直到熟期的时候才从穗下 7 叶开始变黄。因此，施氮可以延长玉米叶片持绿性，增大光合作用，延缓衰老。

表 4-34 不同施氮量下各叶位叶片枯黄比例情况（灌浆期）（%）

处理	穗下 1 叶	穗下 2 叶	穗下 3 叶	穗下 4 叶	穗下 5 叶	穗下 6 叶	穗下 7 叶	穗下 8 叶
N0	0.00	31.20	43.00	66.67	55.00	70.00	91.00	100.00
N1	0.00	10.00	25.00	47.78	79.17	100.00	84.72	91.82
N2	0.00	10.00	19.00	19.00	19.00	52.14	84.57	98.33
N3	0.00	0.00	11.00	11.00	11.00	40.00	68.94	95.83

表 4-35　不同施氮量下各叶位叶片枯黄比例情况（乳熟期）（%）

处理	穗下 1 叶	穗下 2 叶	穗下 3 叶	穗下 4 叶	穗下 5 叶	穗下 6 叶	穗下 7 叶	穗下 8 叶
N0	20.00	41.67	43.00	75.00	84.17	100.00	100.00	100.00
N1	0.00	20.00	43.33	50.00	60.00	100.00	100.00	100.00
N2	0.00	20.00	35.00	63.33	50.00	100.00	100.00	100.00
N3	0.00	0.00	18.00	25.40	50.00	60.00	100.00	100.00

表 4-36　不同施氮量下各叶位叶片枯黄比例情况（蜡熟期）（%）

处理	穗上 3 叶	穗上 2 叶	穗上 1 叶	穗位叶	穗下 1 叶	穗下 2 叶	穗下 3 叶	穗下 4 叶	穗下 5 叶	穗下 6 叶	穗下 7 叶	穗下 8 叶
N0	35.42	33.33	33.33	33.33	42.67	76.67	57.78	70.83	70.00	100.0	100.0	100.0
N1	10.00	31.11	31.11	41.67	48.33	48.33	41.75	83.33	90.17	100.0	100.0	100.0
N2	0.00	10.00	26.19	10.56	35.83	60.83	55.00	76.11	72.78	100.0	100.0	100.0
N3	0.00	0.00	18.83	10.00	6.03	26.81	54.47	40.81	50.60	80.35	100.0	100.0

还可以看出，所有处理都是在蜡熟期的时候穗位叶以上叶片才开始枯萎，但穗位叶要比穗上叶片黄的比例小，说明穗位叶功能期最长，最后衰老。因此，施用氮肥延长叶片的功能期能有效延缓衰老，预防早衰发生。

（三）施氮量对玉米生长后期叶绿素变化的影响

叶绿素是光合作用过程中影响光能吸收和转化的关键色素，其含量高低是衡量叶片衰老的重要生理指标。本试验主要测定玉米中部叶片叶绿素相对含量，以穗位叶为基准测定穗位上下各 2 片叶和穗位叶，然后将 5 片叶统计平均作为一个处理的叶绿素含量。如图 4-16 所

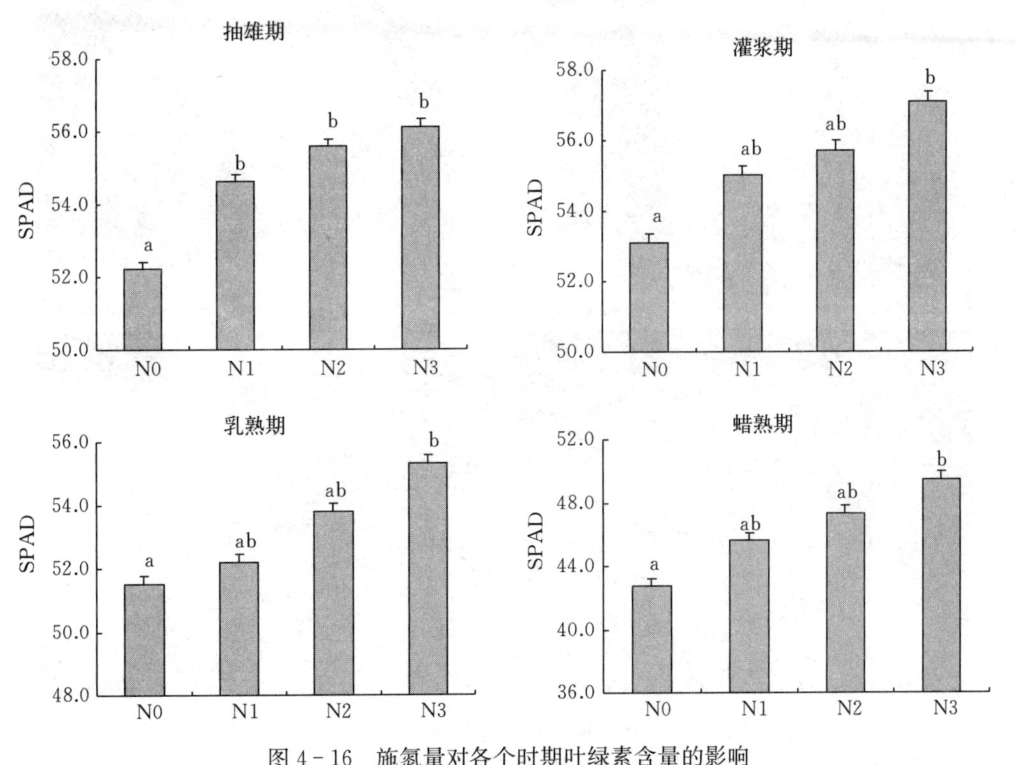

图 4-16　施氮量对各个时期叶绿素含量的影响

示，分别是玉米在各时期施氮量对叶绿素相对含量的影响，可以看出，每个时期 N0 处理的穗位叶叶绿素含量均最低，较其他 3 个处理相比差异都达到显著水平，表明不施氮肥明显加速了玉米生长后期穗叶叶绿素含量的降低，使叶片提前衰老，发生早衰。这与何萍等研究的结果氮肥用量不足或过量均加速了生长后期叶面积系数及穗叶叶绿素含量的下降进程，使叶片提早衰老相一致。各时期 N3 处理的叶绿素值都是最高的，但除与 N0 处理差异显著外，与 N1 和 N2 两个处理之间的差异不显著。说明高氮并没有显著提高叶绿素含量。

（四）氮素对叶绿体及膜结构的影响

叶绿体是植物叶片衰退进程中变化最灵敏和明显的器官。在透射电子显微镜下观察，不同施氮量处理之间的叶绿体和膜结构有明显差异（图 4 - 17）。不施氮肥处理的玉米叶肉细胞内外膜结构模糊，细胞壁膨胀解体，构成纤维素壁的微纤丝降解物扩散；叶绿体膨大趋于圆形，被膜凸凹不平甚至解体破裂，内含物部分已经扩散到细胞中，叶绿体向细胞中心漂移并缩于细胞中心（图 4 - 17A）。与不施氮肥相比，氮肥施用明显改善玉米叶肉细胞的超微结构，有利于玉米的生长发育。随着施氮量的增加，细胞的“花环形”结构逐渐呈现，叶绿体外形逐渐呈圆形或长椭圆形并向细胞边缘漂移，被膜逐渐清晰（图 4 - 17B、C、D）。与其他处理相比 N3 处理的叶绿体呈长椭圆形，结构完整，被膜清晰，环绕在细胞内表面，含有较少淀粉粒，整个叶绿体内部呈现一个完成的膜系统结构（图 4 - 17D）。N3 处理的穗位叶在熟期时仍具有较强的光合效率，玉米延缓衰老。

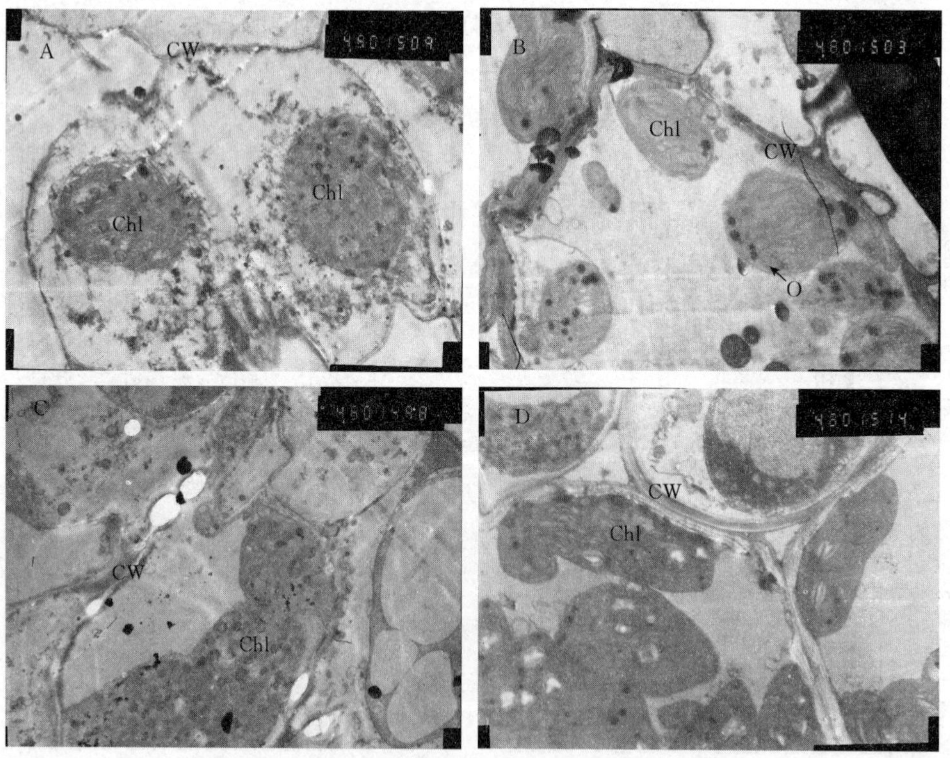

图 4 - 17　不同施氮量对叶绿体及膜结构的影响

注：A 为 N0 处理，B 为 N1 处理，C 为 N2 处理，D 为 N3 处理。图中 Chl 为叶绿体，CW 为细胞壁，O 为嗜锇滴。

（五）施氮量对玉米产量及产量构成因素的影响

综上可知，玉米生长后期衰老与氮素营养之间有着密切的关系。在玉米生长后期，施用氮肥处理叶片叶绿素含量有所提高；叶片枯黄比例有所下降，并且在一定范围内随施氮量的增加，叶片衰老过程中上述参数的下降速度趋缓，玉米产量增加。在其他作物中也有类似的结果：在对水稻上的研究表明，增施氮肥能提高剑叶的叶绿素含量，延长叶绿素含量缓降期，使植株在生育后期能保持较高的绿叶面积，增加籽粒产量。

氮肥虽然对叶片的叶绿素、绿叶面积有促进的作用，但如果施用量过多，也不会有显著提高，反而造成资源浪费。本试验中，高氮处理的叶绿素值和绿叶比例并没有显著高于中氮处理，这可能是因为氮肥用量过高，光合产物的输出率降低，对光合器官造成反馈抑制所致。依据本研究结果施氮量在 247.5 kg/hm^2 时就可以满足玉米各项指标的生长，预防早衰，达到高产。王帅等在对玉米的研究上也得出相似的结论：氮肥过量，虽能提高前期的叶绿素含量，但后期叶片可溶性蛋白含量很低，光和能力降低，产量不高，经济效益降低。

叶绿体是植物叶片进行光合作用的细胞器，因此，叶片光合功能的改变与叶绿体内部结构的变化密切相关。完整的叶绿体膜结构是保证植物光能吸收与转换的前提，因此，玉米生长后期叶片光合能力的降低与其叶片叶绿体膜结构发生降解有关。本试验中不施氮肥处理的玉米生长后期，由于缺氮导致叶绿体结构异常，形状变圆，膜结构逐渐解体，叶绿体在内部结构上已经表现出衰老迹象。随着施氮量的增加，叶绿体内部结构逐渐好转，被膜逐渐清晰完整；细胞壁结构连接紧密，叶绿素含量逐渐增加，叶片的功能期逐渐延长。

（六）不同施氮时期对玉米产量及构成因素的影响

试验采用塑料盆钵栽种，每盆装土 15 kg。供试玉米品种为辽单 565，于 2009 年 5 月 10 日播种，9 月 30 日收获。施氮时期设 5 个处理，N0 即对照，无氮肥；N1 为播种时一次深施 15 cm；N2 为 1/5 基施，4/5 拔节中期追施；N3 为 1/5 基施，3/5 拔节中期追施，1/5 大喇叭口期追施；N4 为播种时控释尿素一次深施 15 cm；N1、N2、N3 与 N4 处理的施 N 量相同，均为 247.5 kg/hm^2。氮肥为普通尿素（含 N 46%）、磷肥为磷酸二铵（含 P_2O_5 46%）、钾肥为氯化钾（含 K_2O 60%），控释尿素为金正大控释肥（含氮 35%）。

从表 4－37 中可以看出，玉米籽粒产量因肥料运筹方式不同而异。总体看来，各施肥处理玉米产量均高于无氮处理 N0，其中以 N3 处理最高，N1 处理最低，差异达显著水

表 4－37 不同施肥时期的玉米产量及产量构成因素

处理	穗粒数（个）	千粒重（g）	籽粒产量（g/株）
N0	243.3	346.7	84.4 d
N1	286.0	333.3	95.3c
N2	285.1	346.7	98.8bc
N3	300.5	352.5	105.9a
N4	286.4	351.7	100.7b

注：不同小写字母表示差异显著。

平。进一步考察产量构成得出，N3 处理的穗粒数和千粒重也最高，分别比 N0 高出 23.5%和 1.7%，比 N1 高出 5.1%和 5.8%。由此可见，在施氮量相同的情况下，合理的增加追肥次数可以保证玉米后期营养的持续供应，进而增加库容量和库强度来提高籽粒产量，说明合理的肥料运筹方式是防止玉米早衰，提高玉米产量的有效途径之一。同时，一次性施用控释尿素处理 N4 比 N1 增产 5.7%，也达显著水平，表明控释尿素由于其肥效长保证了玉米生育后期对养分的需求，从而提高籽粒产量。

（七）施氮时期对玉米生长后期叶片形态变化的影响

从图 4-18 中可以看出，各处理的玉米叶片随时间推移均逐渐枯萎变黄，其中 N0 最为严重，N2 和 N1 次之，N3 最轻。这是因为 N3 处理中的二次追肥能够保证玉米生长后期无论是籽粒还是叶片对氮肥的需求；N2 处理中的一次追肥没有满足玉米生长后期对养分的需求，叶片在蜡熟期时也已大部分枯黄，发生早衰，这与叶绿素含量的表现一致，可能是由于养分对叶片供应不足而导致叶绿素含量下降，叶片高光合持续期缩短。施肥方式对玉米叶片枯黄比例的研究表明，在等量施用氮肥时，分别在播种期、拔节期与大喇叭口期 1：3：1 施用比例效果最佳，这也佐证了玉米施肥要遵循少量多次的原则。

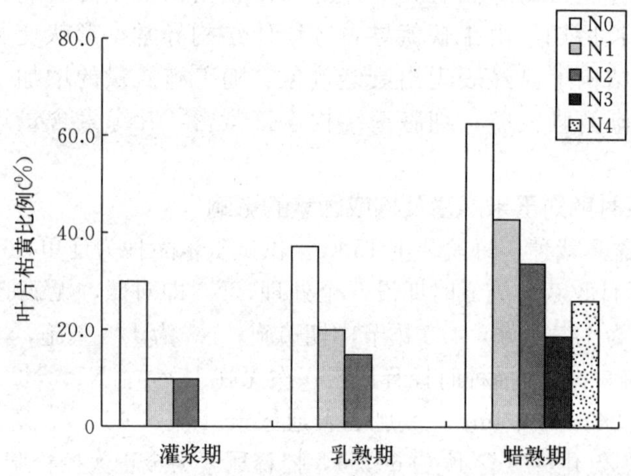

图 4-18 不同施肥时期对玉米生育后期叶片枯黄的影响

（八）施氮时期对玉米生长后期叶绿素变化的影响

从图 4-19 可以看出，玉米生育后期的功能叶叶绿素含量均呈下降趋势。较其他处理相比，N0 穗位叶叶绿素含量始终较低，并且随着时间推移其下降趋势逐渐变大，表明缺氮加速了玉米生长后期穗叶叶绿素含量的降低，使叶片提前衰老。在施氮量相同的情况下，各处理在乳熟期时都出现了急剧下降的趋势，其中以 N2 下降最快降低了 65.6%。在整个生育期内，N3 处理叶绿素含量始终保持最高且变化幅度最小。说明降低基肥中的肥料施用比例，适当增加追肥次数有利于提高玉米生育后期穗叶叶绿素含量，从而维持较高的光合速率，保证充足的“源”，为籽粒灌浆提供重要的物质基础，对提高玉米产量也具有重要作用。反过来说，施用氮肥且适当的增加追肥次数有助于延缓玉米叶片衰老，能够起到后期防早衰的功效。

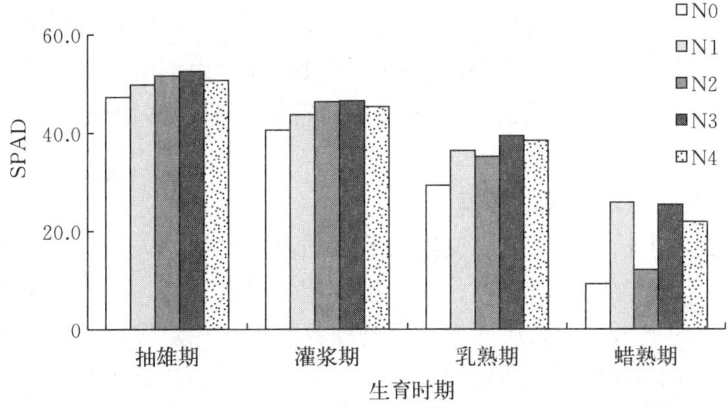

图 4-19　不同施肥时期对玉米生育后期叶绿素含量的影响

（九）施氮时期对叶绿体超微结构的影响

不同施氮方式试验中选取了 N0 和 N3 处理在蜡熟期的穗叶叶肉细胞超微结构（图 4-20）做对比。从图中可以看出，N3 处理叶肉细胞中的叶绿体呈梭形或扁平状，体形完整且排列紧密；细胞壁完整且层次清晰；叶绿体片层结构完整有序且较厚，排列致密，基粒片层和基质片层清晰可见，基粒片层密集且沿叶绿体长轴方向排列。N0 处理叶肉细胞中的叶绿体因膨胀而使被膜解体，细胞壁破裂，出现大量嗜锇滴；基质片层出现断裂，基粒片层

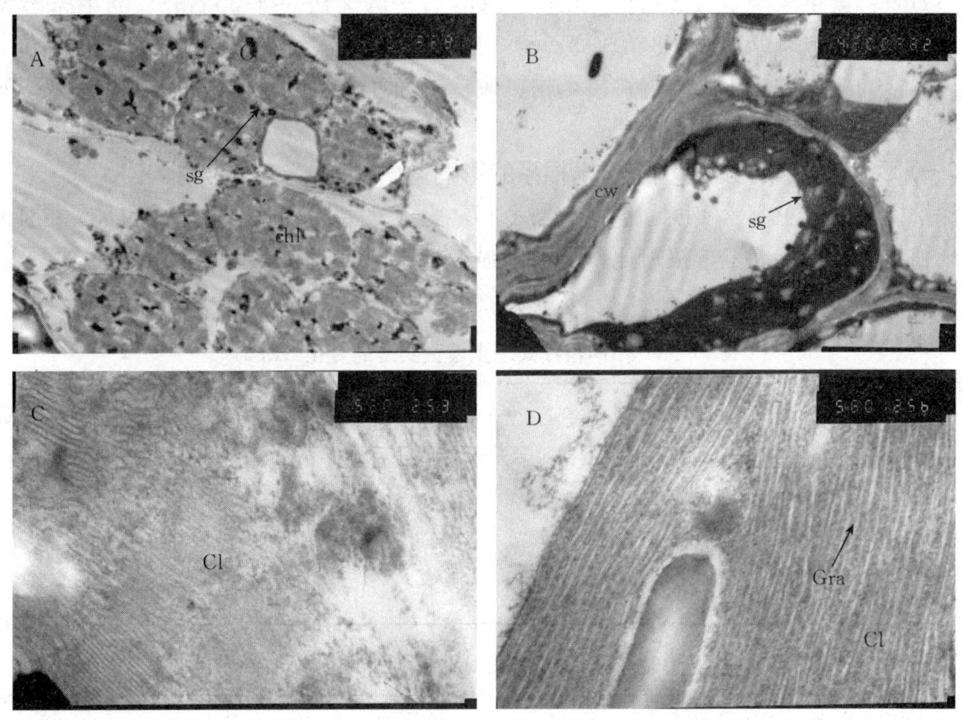

图 4-20　施氮方式对穗叶叶绿体的超微结构

注：A、C 为处理 N0 在蜡熟期的叶绿体超微结构（×4 800）；B、D 为处理 N3 在蜡熟期的叶绿体超微结构（×5 800）。图中 Chl 为叶绿体，CW 为细胞壁，SG 为淀粉粒，O 为嗜锇滴，Gra 为基粒，Cl 为片层。

膨胀，呈肉汁化特征。结果表明，分次施用氮肥可使玉米生育后期的叶绿体结构仍能保持正常；不施氮肥则影响了叶肉细胞的正常结构，加剧了穗叶叶绿素含量的下降，玉米出现早衰现象。这与何萍等研究的氮肥用量不足将导致穗叶叶肉细胞叶绿体结构性差，碳水化合物累积减少，同时，营养体氮素再分配及其向籽粒运输过多而引起叶片早衰的结论相一致。

（十）施氮时期对玉米早衰的影响

综上可知，玉米生长后期衰老与氮素营养之间有着密切的关系。在玉米生长后期，施用氮肥处理叶片叶绿素含量有所提高；叶片枯黄比例有所下降，玉米产量增加。本试验中在大喇叭口期追肥的玉米，生长后期没有受到缺氮胁迫，相对较高的叶绿素含量促进了叶绿体的发育，减轻了叶绿体的结构变异。使玉米生育后期的叶绿体结构仍能保持完整，进行正常的光合作用，预防叶片枯黄出现早衰的现象。

三、玉米防早衰耕作技术研究

由于长期延用以小农机具为主的连年旋耕的耕作方法，导致耕层变浅、犁底层变硬，土壤保水、保肥能力下降，玉米根系发育不良，生长后期营养不足，不仅造成植株早衰，而且降低了抗病、抗倒能力，严重地影响了农田可持续利用和经济效益的提高。本节通过开展对免耕（不耕作）、旋耕（15 cm）、连年深松 20～25 cm（旋耕 15 cm 后垄沟深松 20～25 cm）、连年深松 30～35 cm（旋耕 15 cm 后垄沟深松 30～35 cm）、隔年深松 30～35 cm（旋耕 15 cm 后垄沟深松 30～35 cm，每 2 年深松 1 次）等不同耕作方式的研究，旨在探讨适合的耕作方法，为改善耕层结构、改良土壤理化性质，促进本区农业发展，确保粮食安全提供理论依据。

（一）深松对土壤物理结构及玉米根系的影响

深松能够降低土壤紧实度，扩大土壤水库，为玉米生长发育提供充足的水分；能够促进玉米根系生长，提高玉米根冠比，从而增强玉米抗倒伏、抗旱能力，防止玉米早衰。辽北地区现行耕作模式以连年深松 30～35 cm 效果最好（表 4-38～表 4-40）。

表 4-38　不同耕作处理土壤紧实度的变化（kPa）

处　理	10～15 cm	15～20 cm	20～25 cm	25～30 cm	30～35 cm
免耕	1 351	1 456	1 491	1 526	2 070
旋耕	270	1 005	1 351	1 456	2 421
连年深松 20～25 cm	146	356	351	1 772	1 807
连年深松 30～35 cm	103	354	349	825	1 719
隔年深松 30～35 cm	175	877	912	1 526	1 456

表 4-39　不同耕作方式对土壤水分的影响（%）

处　理	灌浆期	乳熟期	收获期
免耕	30.25	31.25	15.83
旋耕	30.38	30.30	15.61

（续）

处　　理	灌浆期	乳熟期	收获期
连年深松 20～25 cm	33.56	33.29	18.16
连年深松 30～35 cm	35.81	35.98	19.75
隔年深松 30～35 cm	32.01	32.65	17.85

表 4-40　不同耕作方式、不同生育时期玉米干物质积累（g）

处　　理	苗期			拔节期			成熟期		
	地上部	根重	根冠比	地上部	根重	根冠比	地上部	根重	根冠比
免耕	0.156	0.078	0.497	7.568	1.433	0.189	512.344	80.553	0.157
旋耕	0.151	0.085	0.562	8.069	1.871	0.232	542.647	87.801	0.162
连年深松 20～25 cm	0.162	0.083	0.511	8.406	1.945	0.231	565.164	94.264	0.161
连年深松 30～35 cm	0.158	0.081	0.548	7.624	1.984	0.221	553.463	97.768	0.159
隔年深松 30～35 cm	0.154	0.081	0.526	8.234	1.862	0.226	562.417	92.481	0.164

（二）深松对玉米叶片生长发育的影响

不同耕作方式对玉米穗位叶 SPAD 的影响见表 4-41。超氧化物歧化酶（SOD）是生物防御活性氧伤害的重要保护酶之一，防止超氧自由基对生物膜系统的氧化，对细胞的抗氧化、抗衰老具有重要的意义，它的活性高低标志着植物细胞自身抗衰老能力的强弱。过氧化氢酶（CAT）是植物体内清除 H_2O_2 的关键酶之一，其活性是随着玉米的衰老而逐渐降低的。丙二醛（MDA）是细胞膜脂过氧化指标，其含量的变化反映了细胞膜脂过氧化水平，它既是膜脂过氧化物，又可以与细胞内各种成分发生反应，使多种酶和膜系统严重损伤。深松处理能够减缓叶片 SPAD 下降，提高玉米穗位叶 SOD 活性，减缓玉米穗位叶 POD 活性下降，增强植物清除活性氧的能力，减少玉米穗位叶 MDA 的生成，减缓玉米叶片衰老（图 4-21～图 4-23）。

表 4-41　不同耕作方式对玉米穗位叶 SPAD 的影响

处　　理	灌浆期	乳熟期	收获期
免耕	42.8	34.4	31.6
旋耕	43.4	36.3	32.9
连年深松 20～25 cm	51.4	43.3	36.4
连年深松 30～35 cm	55.9	46.6	36.7
隔年深松 30～35 cm	47.3	40.8	35.2

（三）深松对玉米产量的影响

在区域范围内，深松比旋耕增产 6.62%和 5.34%。连年深松 30～35 cm 效果要明显好于连年深松 20～25 cm，这与当地的耕作习惯有关。当地常规耕作方式是春季浅层旋耕 12～15 cm，取消了中耕并采取药剂封闭除草的田间管理模式，导致 15 cm 左右的耕层形成

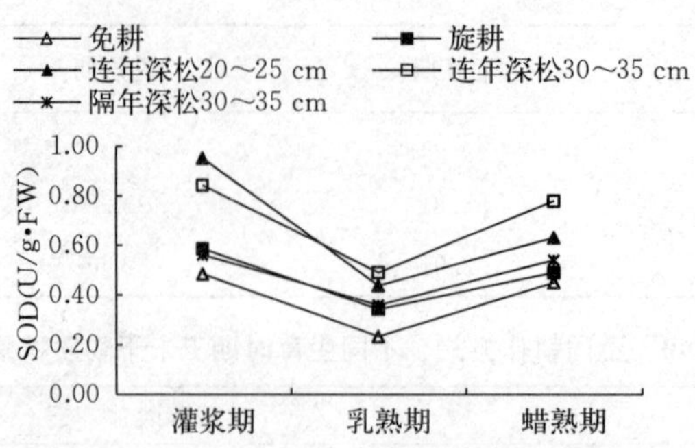

图 4-21　不同耕作处理对穗位叶 SOD 活性的影响

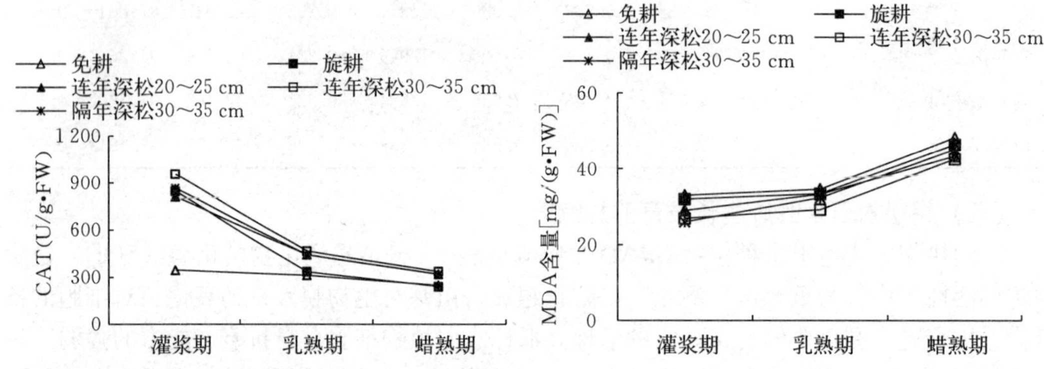

图 4-22　不同耕作处理对穗位叶 CAT 活性的影响　　图 4-23　不同耕作方式对 MDA 含量的影响

了犁底层，而通过采取深松处理能够有效打破犁底层，改善耕层理化性状，有助于根系的发育，增强土壤保水保肥能力，从而有效预防玉米早衰，提高产量（表 4-42）。

表 4-42　不同处理玉米产量的分析结果

多重比较（Duncan 法）				方差分析（X：不显著，*：显著，**：极显著）			
处理	平均值	显著水准 5%	显著水准 1%	变异来源	自由度	F 值	P 值
1	7 935.29	a	A	处理间	4	21.756**	0.000
2	8 011.29	ab	AB	重复间	2	2.595X	0.135
3	8 439.42	c	BC	误差	8		
4	8 541.88	d	C	总变异	15		
5	8 363.39	bc	B				

注：不同大写、小写字母表示在 0.01、0.05 水平上差异显著。

四、玉米防早衰灌水技术研究

玉米抽雄灌浆期是玉米产量形成的关键时期。棒三叶作为玉米产量形成的重要养分供给器官，它的枯黄率直接影响玉米营养生长向生殖生长的转化。不灌或者灌水量不足会导致玉米棒三叶枯黄达到30%，充足的灌水量则会保持棒三叶的枯黄率在10%以内。本节采用田间试验结合盆栽试验的方法，研究了不同灌溉时期和灌溉量等灌溉措施对玉米生理指标及产量的影响，为指导科学灌溉奠定基础。盆栽试验设置4个灌溉水平，具体操作为在土壤含水量降到田间持水量60%以下时进行补充灌溉，每次灌水量分别为300 mL、600 mL、900 mL、1 200 mL。田间试验设置3个灌溉时期和2个灌溉量水平，具体操作为在玉米拔节期、抽雄期和灌浆期分别采用沟灌的方式灌溉3次，每次灌溉量为600 m^3/hm^2；在抽雄期和灌浆期分别采用沟灌的方式灌溉两次，每次灌溉量600 m^3/hm^2；灌浆期采用沟灌的方式灌溉1次，灌溉量为600 m^3/hm^2，灌浆期采用沟灌的方式灌溉1次，灌溉量为300 m^3/hm^2，以不灌溉作为对照。

（一）灌水与玉米早衰的关系

玉米抽雄灌浆期是玉米产量形成的关键时期。棒三叶作为玉米产量形成的重要养分供给器官，它的枯黄率直接影响玉米营养生长向生殖生长的转化。不灌或者灌水量不足会导致玉米棒三叶枯黄达到30%，充足的灌水量则会保持棒三叶的枯黄率在10%以内。

（二）灌水对玉米叶片生长的影响

灌水3次叶绿素含量在玉米各生育时期均最高，全生育期不灌水最低，说明适量的灌水，有利于维持土壤含水量，保障玉米生长发育的需要，延长叶片寿命，减缓玉米衰老（表4-43）。

表4-43　不同灌溉处理对田间试验玉米穗位叶SPAD

处理号	拔节期	抽雄期	灌浆期	成熟期
CK	43.82	40.40	35.90	16.41
灌水3次600 m^3/hm^2	49.77	50.07	48.40	31.02
灌水2次600 m^3/hm^2	44.93	47.87	44.00	28.90
灌水1次300 m^3/hm^2	44.53	46.01	40.98	20.07
灌水1次600 m^3/hm^2	42.59	43.95	38.85	25.81

在灌浆期玉米叶片氧自由基的清除能力强，灌浆期后由于叶片养分的大量转移，加之活性氧大量产生，使叶片的衰老加剧，SOD酶活性降低，到蜡熟期，籽粒干物质积累的高峰已经过去，叶片中的养分转移速率明显下降，叶片对活性氧的清除能力又有所加强。说明高灌水量可提供更适合SOD酶活动的环境，减缓玉米衰老（图4-24）。

CAT活性是随着玉米的衰老而逐渐降低。在玉米的整个生育期中，灌水量可明显影响CAT活性，说明适量的灌水可提高玉米CAT活性，减缓玉米衰老（图4-25）。

MDA是细胞膜脂过氧化指标，其含量的变化反映了细胞膜脂过氧化水平，它既是膜脂过氧化物，又可以与细胞内各种成分发生反应，使多种酶和膜系统严重损伤。在玉米生育后期，随着衰老程度的加剧，叶片中MDA含量也随之增加。灌水可以减缓MDA的生成，延缓玉米衰老（图4-26）。

（三）灌水对玉米根系生长的影响

灌浆期灌水300 m^3/hm^2 根长、根重小于灌浆期灌水600 m^3/hm^2，说明灌水能满足玉米

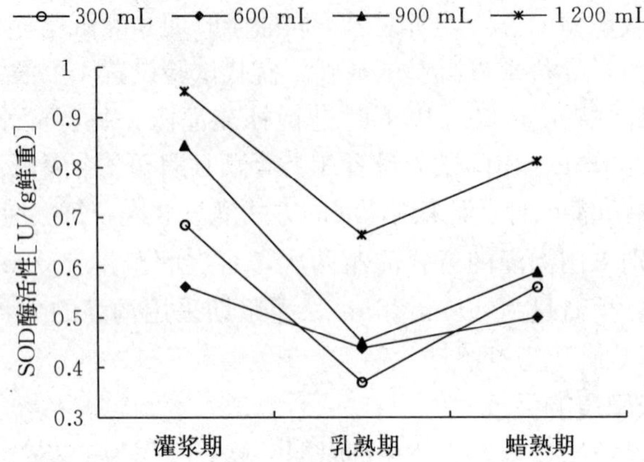

图 4-24 不同灌水处理对盆栽试验玉米 SOD 酶活性的影响

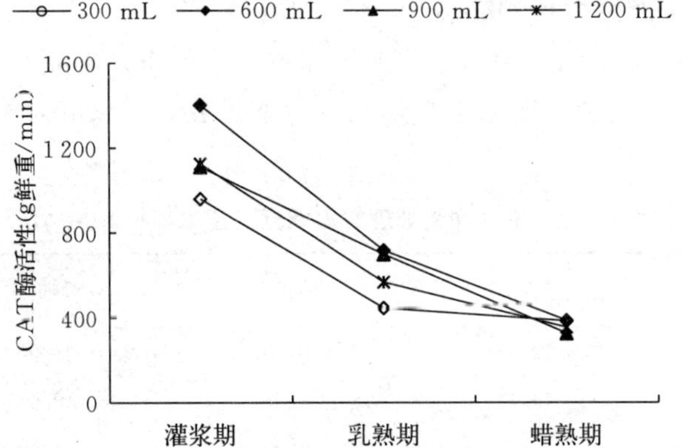

图 4-25 不同灌水处理对盆栽试验玉米 CAT 酶活性的影响

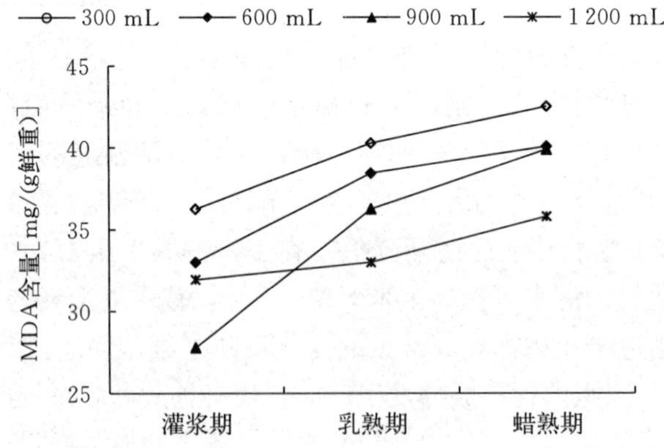

图 4-26 不同灌水处理对盆栽试验玉米 MDA 含量的影响

正常生长需要的灌水量为 600 m^3/hm^2。灌水 2 次根长根重最大，说明玉米前期适当的干旱胁迫有利于玉米根系生长发育。因此，适当灌水处理有利于玉米根系生长发育，增强了玉米抗旱、抗倒伏能力，能有效防止玉米早衰。在抽雄期沟灌、灌浆期沟灌，每次 600 m^3/hm^2 效果最好（表 4－44）。

表 4－44　不同灌水处理对大田玉米根系生长发育的影响

处　理	拔节期		抽雄期		成熟期	
	根长（cm）	根重（g）	根长（cm）	根重（g）	根长（cm）	根重（g）
CK	14	2.15	88	108.6	95	121.4
灌水 3 次 600 m^3/hm^2	15	2.09	99	125.6	107	151.5
灌水 2 次 600 m^3/hm^2	12	2.18	102	131.5	122	164.3
灌水 1 次 300 m^3/hm^2	12	2.12	99	116.3	102	132.6
灌水 1 次 600 m^3/hm^2	14	2.02	94	121.2	116	147.6

灌水可通过影响玉米根系生长发育直接影响玉米地上部生长状况，适当的灌水能够促进玉米根系生长发育，增强玉米秸秆硬度，提高玉米抗旱、抗倒伏能力，防止玉米早衰，增加玉米产量（表 4－45）。

表 4－45　不同灌溉处理对盆栽玉米根系生长状况及秸秆硬度的影响

灌水处理（mL）	根长（cm）	根重（g）	茎秆硬度（N）
300	99	122.4	159
600	108	161.7	254
900	107	137.6	283
1 200	122	275.8	354

（四）灌水对玉米产量性状的影响

全生育期不灌水百粒重最小，灌浆期灌水 600 m^3/hm^2 百粒重明显高于处灌水 300 m^3/hm^2，但与全生育期灌水 3 次、2 次相差不大。全生育期不灌水减产 3.6%，灌水 2 次产量最高，说明玉米前期适当干旱有利于玉米生长。不同灌水量和灌水次数相比较，产量差异不大，说明在玉米需水关键时期补灌 1 次足量的水就能够满足玉米生长发育的需要，防止玉米因干旱而早衰（表 4－46）。

表 4－46　不同灌水处理对田间试验玉米产量的影响

处　理	百粒重（g）	棒长（cm）	棒粗（cm）	秃尖长（cm）	产量（kg/hm^2）
CK	37.2	13.2	4.342	1.8	8 824.65
灌水 3 次 600 m^3/hm^2	39.8	16.4	4.758	1.2	9 005.32
灌水 2 次 600 m^3/hm^2	40.0	16.3	4.755	1.3	9 145.68
灌水 1 次 300 m^3/hm^2	38.4	15.6	4.644	1.5	8 965.28
灌水 1 次 600 m^3/hm^2	40.7	16.3	4.830	1.4	9 068.72

第五章 辽宁玉米主要病虫害防控技术研究

第一节 玉米病虫害发生及流行趋势研究

农作物病虫害监测预警是现代绿色植保的重要内容，是农业防灾减灾的重要组成部分，是确保农业安全和促进农民增收的重要手段。作者对沈阳沈河区、铁岭银州区、锦州凌河区、大连甘井子区和丹东凤城市共 5 个辽宁代表性地区的玉米病害发生流行动态进行系统调查后发现，辽宁玉米主要病害有玉米大斑病［*Exserohilum turcicum*（Pass.）Leonard et Suggs］、玉米灰斑病（*Cercospora zeae-maydis* Tehon Daniels）、玉米弯孢菌叶斑病［*Curvularia lunata*（Walk）Boed］、玉米纹枯病（*Rhizoctonia solani* Kuhn）等，且受当年环境条件影响，各病害流行程度年际间有差异。

2011 年，玉米大斑病在锦州凌河区危害较重，丹东凤城地区以玉米弯孢菌叶斑病为主要病害，玉米灰斑病与玉米纹枯病在大连瓦房店市较为多见。2012 年，玉米大斑病、玉米灰斑病、玉米纹枯病等在锦州市凌河区发生较为严重且发生时间较往年要提早 10 d。2013 年，玉米大斑病较 2012 年相比发病晚、病情轻，玉米灰斑病在锦州凌河区发生较重，玉米纹枯病和玉米弯孢叶斑病成为凤城市地区的玉米主要病害。2014 年，玉米病害病株率与病情指数均低于 2013 年同期，锦州凌河区、沈阳东陵区和铁岭银州区玉米大斑病病情相对较重，病情指数分别为 9.7、12.5、17.4；玉米纹枯病只在丹东凤城地区发现，病情指数 2.9，较 2013 年同期降低 80%；丹东凤城地区玉米灰斑病病情指数 9.0，发病严重度比其他地区高 50%；玉米弯孢菌叶斑病在丹东凤城地区病情指数最高，但与 2013 年同期相比，病情指数降低 39.1%。2015 年，被调查地区的玉米病害病株率与病情指数均低于去年同期，其中丹东凤城地区玉米大斑病、玉米灰斑病和玉米弯孢菌叶斑病病情均比其他地区重，病田率 100%，病株率 50%，由于大连和锦州地区遭遇极端干旱气候，玉米病害发病率均小于 10%。

玉米虫害方面，苗期危害玉米的主要害虫有蒙古灰象甲等，每年 6 月中下旬田间发现玉米螟危害玉米心叶、蛀成排孔，7 月中旬田间发现玉米螟大龄幼虫蛀茎秆和穗柄，造成折秆和掉穗，严重影响玉米产量。各地区玉米螟危害率年均超过 30%。

2014 年和 2015 年夏季辽宁持续高温少雨。以 2015 年为例，7 月 1～21 日，辽宁大部分地区无有效降雨，平均降水量仅为 12.7 毫米，比多年同期少 88%，比去年同期少 60.9%，是 1951 年有资料记录以来的最小值。据气象监测显示，持续高温少雨天气导致辽宁多个地区出现不同范围中度以上气象干旱，其中大连、营口和盘锦地区出现了重度气象干旱。这种极端干旱气候不利于病原微生物生长，致使各地区玉米病害发生和流行程度均低于往年（表 5 - 1）。

表 5 - 1　辽宁各玉米主产区 2011—2015 年玉米主要病害病情指数

调查地区	调查年份	玉米弯孢菌叶斑病	玉米灰斑病	玉米大斑病	玉米纹枯病
沈阳东陵区	2011	25.4	11.7	29.8	22.5
	2012	15.3	16.9	25.8	31.4
	2013	0.8	0.7	0.3	12.2
	2014	4.7	6.9	12.5	0
	2015	0.2	4.5	6.6	0
铁岭银州区	2011	19.5	13.6	14.9	17.6
	2012	17.3	16.7	29.6	18.4
	2013	1.6	0.7	2.8	4.7
	2014	2.1	1.9	17.4	0
	2015	0	1.0	8.9	0
锦州凌河区	2011	4.9	10.1	37.6	13.2
	2012	21.2	18.3	31.2	41.3
	2013	2.6	18.2	0.1	3.2
	2014	0.9	4.7	9.7	0
	2015	0	0.2	0.3	0
大连甘井子区	2011	9.6	26.2	26.0	38.2
	2012	10.3	12.0	15.5	17.4
	2013	1.5	4.9	1.8	1.4
	2014	3.0	5.8	2.3	0
	2015	0	0.1	0.5	0
丹东凤城市	2011	48.7	19.7	15.8	19.1
	2012	37.5	25.9	22.4	32.8
	2013	15.1	6.3	2.7	12.6
	2014	9.2	9.0	3.3	2.9
	2015	7.6	2.5	3.0	2.9

经近年对辽宁玉米病害动态监测发现，玉米大斑病、玉米纹枯病和玉米灰斑病已成为困扰辽宁玉米生产的主要叶部病害，在未来几年将是玉米病害监测及防治的重点。由于 2015 年 7～8 月辽宁地区降水量骤减，各玉米主要病害相比往年发生较轻，但虫害发生严重，特别是玉米螟危害率各地区均超过 30%。玉米生产应该注意田间管理，如管理不善致使田间病残体较多，初始菌源量基数较高，在气候适宜的条件下这些病害将在下一年偏重发生。

第二节　玉米主要病害流行动态与预警研究

近年来新型高产栽培模式和保护性耕作技术的推广加大了玉米群体增产潜力的同时也对玉米病害流行动态产生了较大影响，因此，开展东北地区玉米病虫害监测预警及综合控制技术研究具有重要理论意义和潜在应用价值。根据近年来科研基础，现将辽宁玉米病害流行预警研究进展总结如下：

一、玉米病害流行动态预警研究

植物病害流行动态预警是保护农田生态环境和农产品质量安全的重要途径。制作预警体系可以为全面分析病害流行问题和研究病害流行预警模型提供依据。

（一）玉米大斑病流行动态预警研究

1. 玉米大斑病病情发展及病斑扩展时间动态模型　调查 2004 年沈阳地区玉米大斑病自然发病情况，并通过不同模型进行对比研究。结果表明，逻辑斯蒂模型能反映沈单 14 和沈农 1 号玉米大斑病随时间增长的情况：玉米大斑病指数增长期从玉米出苗开始到 7 月末，逻辑斯蒂增长期从 7 月末至 9 月初，衰退期从 9 月初至玉米生育后期。

在指数增长期，两品种玉米大斑病病情指数增长速度均为 0.06/d，逻辑斯蒂期增长分别为 1.58/d 和 1.70/d；沈单 14 的最高增长速度为 1.93/d，沈农 1 号为 2.78/d。指数增长期沈单 14 单个病斑面积增长速度为 5.6 mm^2/d，沈农 1 号为 4.6 mm^2/d，在逻辑斯蒂增长期沈单 14 为 79.5 mm^2/d，沈农 1 号为 68.0 mm^2/d；沈单 14 最高增长速度为 170 mm^2/d，沈农 1 号为 143 mm^2/d。

该病最佳防治时间为玉米出苗至 6 月中旬，此时病斑长约 21.7 mm、宽 3.0 mm。

2. 玉米大斑病病斑扩展逻辑斯蒂模型对比研究　玉米大斑病自然发病情况调查显示，沈单 12、沈单 14、辽单 120、铁单 17、新铁单 10、沈农 1 号、丹玉 90 这 7 个品种严重感染玉米大斑病，而辽单 37、铁单 16、掖单 2 号等品种几乎未感染玉米大斑病，感病情况有明显差异。

病斑扩展模拟结果表明在感病品种上，逻辑斯蒂模型能够反映大斑病随时间增长的动态情况，模型随品种不同而差异；病斑扩展速率在 0.119 6～0.164 0，扩展情况没有明显差异。

玉米大斑病指数增长期从玉米出苗开始至 7 月末，逻辑斯蒂增长期从 7 月末至 9 月初，衰退期从 9 月初至玉米生育后期。

3. 辽宁玉米大斑病流行监测及原因分析　以玉米大斑病为调查对象，对辽宁省 5 个玉米主栽地区进行了系统监测。结果表明，2009 年辽宁玉米大斑病发生流行严重。针对玉米大斑病发生流行特点，结合病害调查情况，分析了严重流行的原因，并初步提出了未来几年的玉米大斑病发生流行的可能性。

对辽宁省玉米病害动态的监测发现，玉米大斑病已成为困扰辽宁省玉米生产的主要叶部病害，在未来几年将依然是玉米病害防治的重点。其理由如下：目前辽宁玉米主栽品种没有改变，仍将大面积种植，导致玉米大斑病流行的寄主条件没有改变，是今后大斑病严重流行的根本原因；2007—2009 年大斑病流行逐年加重，为 2010 年及以后几年大面积流行提供了大量的菌源基础；随着全球气象改变，如玉米生长期处于气温较低、连续降雨的阴雨天气，将导致玉米大斑病严重流行。综上所述，近几年辽宁局部地区乃至大范围内玉米大斑病的流行可能性很高。

（二）玉米灰斑病流行动态预警研究

1. 玉米灰斑病菌菌丝生长的最适温度和 pH　应用 SAS 软件对玉米灰斑病菌菌落直径数据进行模拟。结果表明，模型 $y=x_2^a$ $(c-x_2)^b$EXP〔dEXP（$-ex_1$）〕能反映该病菌菌丝随时间和温度的变化情况，最佳模型为 $y=x_2^{1.2926}$ $(28.15-x_2)^{0.1743}$EXP［-2.4947EXP（$-0.0507x_1$）］；模型 $y=$EXP［$-(ax_3^2+bx_3+c)$］(dx_1+e) 能反映该病菌菌丝。随时间和 pH 的变化情况，最优模型为 $y=$EXP（$-0.0123x_3^2+0.1433x_3$）（$0.0582x_1+1.4648$）。

该病菌菌丝生长最适温度为 24.81 ℃，最适 pH 为 5.82。pH 对菌丝生长的影响几乎是正态分布形式，而温度对菌丝生长的影响是偏态形式。

2. 玉米灰斑病对玉米产量及产量特性的影响　对海禾、铁单、屯玉系列品种进行研究，界定玉米灰斑病对沈阳地区主栽玉米品种的产量损失。

结果表明，供试品种灰斑病害级别为 1 级、3 级和 5 级；导致玉米减产 10%～50%，屯玉 13 和屯玉 38 损失达 40%～50%；玉米灰斑病对玉米百粒重、穗长和行粒数等产量特征有明显影响，对玉米穗行数没有明显影响。

3. 玉米灰斑病空间流行动态模型组建及传播距离研究　以玉米品种郑单 958 为试材接种灰斑病菌，在田间形成不同发病梯度分析病害传播的空间流行动态，利用 SAS 9.13 统计软件分别构建病害传播梯度的一维、二维和三维模型。结果表明：

（1）指数模型和 GOM PERTZ 模型是沈阳地区玉米灰斑病单向传播梯度的最佳模拟模型；

（2）高斯模型是模拟病害平行于垄向和垂直于垄向方向传播的最佳模型；

（3）含有（x^2+y^2）形式的圆形模型和含有 a（x^2+y^2）$+bx+cy+d$ 形式的椭圆形模型是模拟病害在二维平面上传播过程的最佳模型。通过模型推导得到病害的传播距离为 20～50 m。

（三）玉米纹枯病流行动态预警研究

1. 辽宁省玉米纹枯病发生规律及防治技术　通过小区人工接种和大田普查，观测了玉米纹枯病病害流行的时间动态，绘制了病害季节流行曲线。

结果表明，井冈霉素对玉米纹枯病有很好的防效，不同生育期施药防治效果有显著性差异，拔节期是玉米纹枯病的最佳防治适期。在玉米拔节期施药防效高达 78.5%，与其他时期防治效果差异显著，是玉米纹枯病的最佳防治适期。

发病初期摘除病鞘、病叶能有效降低玉米纹枯病的危害，在施药的同时结合摘除病鞘能显著提高防治效果。病期摘除病鞘并结合喷施井冈霉素（有效成分 75 g/hm^2）防治效果最好，达 80.9%；只摘除病鞘防效达 63%。始病期摘除病叶鞘可作为防治玉米纹枯病的有效措施之一。

2. 玉米纹枯病周期性脉冲逻辑斯蒂模型研究　以郑单 958、辽单 565 和丹玉 39 为试材接种玉米纹枯病菌，对玉米纹枯病的流行动态进行系统调查，应用 SPSS 11.5 软件将 3

年数据进行分析拟合。处理后得到郑单 958、辽单 565 和丹玉 39 玉米品种上玉米纹枯病的脉冲逻辑斯蒂模型。

结果表明，与逻辑斯蒂模型相比，脉冲逻辑斯蒂模型可更直观、明确地反映年度间玉米纹枯病的周期性流行动态情况，且符合该病发展的生物学意义。

通过脉冲逻辑斯蒂模型发现，年度间同一品种玉米纹枯病的最大病情指数（K_N）和初始病情指数（d_N）存在较大差异，表观侵染速率（r_N）的差异较小。

经逻辑斯蒂模型推导，明确沈阳地区玉米纹枯病指数增长期为玉米出苗至 7 月上旬，逻辑斯蒂增长期为 7 月上旬至 8 月末或 9 月初，衰退期为 8 月末或 9 月初至玉米生育后期。

（四）玉米弯孢菌叶斑病流行动态预警研究

1. 玉米弯孢菌叶斑病产量损失估计模型 采用不同菌源梯度人工接种的方法，在田间造成玉米弯孢菌叶斑病流行动态不同的 18 个发病小区，分析各期病情指数与产量构成因子之间的相关性。

结果表明，玉米弯孢菌叶斑病对玉米百粒重、单穗重和产量都有显著影响，产量损失率与病情指数呈正相关，产量损失率最高可达 38.24%，而病情指数对穗数没有直接影响。

利用 SPSS 11.5 统计分析软件构建了两个玉米弯孢菌叶斑病产量损失估计模型：

（1）关键期病情模型（CPM）：$L=2.8219+0.7402x_1$

（$R=0.8799$，$SD=5.2149$）

（2）多期病情模型（MPM）：$L=1.073+0.426x_1+0.170x_2$

（$R=0.892$，$SD=5.2898$）

式中，L 为玉米产量损失率；x_1 为授粉期病情指数；x_2 为灌浆后期病情指数。

2. 玉米弯孢菌叶斑病侵染概率测定 试验采用人工接种方法，初步测定了室内和田间条件下玉米不同生育期的病害侵染概率。

结果表明，玉米弯孢菌侵染概率界于 0.010 1～0.262 8，其中玉米拔节期室内离体叶保湿接种侵染概率平均值为 0.162 7，而玉米拔节期田间雨天接种侵染概率平均值为 0.154 3；玉米开花期室内离体叶保湿接种侵染概率平均值为 0.262 8。玉米开花期田间干旱条件下接种，侵染概率平均值仅为 0.010 1。

玉米在开花期比拔节期抗病性差，同时湿度是影响侵染概率高低的主要因素。试验为玉米弯孢菌叶斑病流行模型的组建提供了理论依据。

3. 玉米弯孢菌叶斑病传播梯度模型研究 根据植物病害流行学原理，采用人工接种方法在田间造成玉米弯孢菌叶斑病不同的发病梯度，分析连续 2 年玉米弯孢菌叶斑病传播动态。

利用 SPSS 11.5 统计软件构建了此病害接种 2 个月的传播梯度模型。结果表明，指数模型是沈阳地区玉米弯孢菌叶斑病传播梯度的最佳模型。

掖单 13 品种病害传播梯度最佳模型：

$$x=9.606\times \mathrm{EXP}(-0.2829\times d)$$

海试 16 品种病害传播梯度最佳模型：

$$x=7.154\times EXP(-0.2351\times d)$$

式中，x 为病情指数，d 为距菌源中心的距离。

玉米弯孢菌叶斑病在 2 个月最远传播距离为 28 m，传播速度为 0.4～0.5 m/d。

4. 玉米弯孢菌叶斑病传播的时空模型研究　采用人工接种造成玉米弯孢菌叶斑病时空动态，对其动态数据利用 SAS 软件构建该病害传播动态的逻辑斯蒂-高斯模型。此模型推导表明，该病在接种发病后 1 个月、2 个月、整个生长季最远传播距离分别为 20 m、35 m、50 m。在条件适宜时，玉米弯孢菌叶斑病的传播速度为 0.5 m/d；菌源中心有 100 个左右病斑时，预测玉米弯孢菌叶斑病的最佳防治时间是 8 m 处小于 12 d，14 m 处小于 30 d，20 m 处小于 42 d。

5. 幂指数模型模拟玉米弯孢菌叶斑病传播梯度　采用人工接种方法，在田间造成玉米弯孢菌叶斑病不同发病梯度，利用 SAS 统计软件构建了该病害传播梯度的幂指数模型。

结果表明，幂指数模型可以模拟该病害传播动态，同时推导该病害在一个月最远传播距离为 16 m，两个月最远传播距离为 28 m。

模型：$y=ax^{-b}$

式中，y 为病斑数；a、b 为系数；x 为距菌源中心的距离。

6. 玉米弯孢菌叶斑病流行时间动态及损失测定　通过人工接种方法，研究了玉米弯孢菌叶斑病流行的时间动态。结果表明，在玉米弯孢菌叶斑病的发病流行中，病情指数随时间的变化动态用 Weibull 模型拟合较好，该病害产量损失研究表明，该病对玉米的穗粒数和百粒重均有影响，百粒重损失率明显高于穗粒数损失率，为穗粒数损失率的 2～3 倍。

7. 玉米弯孢菌叶斑病发病率与严重度关系　选用生产上的主栽品种屯玉 1 号和海禾 14 于 2005 年和 2006 年进行田间接种试验。2005 年和 2006 年对每个品种各调查 10 次，获得病害发病率与严重度相互对应的数据。在发病率较低时，严重度增加较为缓慢，当发病率达到 80%以上时，随着发病率的增加，相对应的严重度增加速度明显加快。

利用 SAS 软件对变量（发病率及严重度）的不同转换形式拟合后得到描述玉米弯孢菌叶斑病 I－S 关系的最佳模型为 CLL 模型（Comp Lementary Log－log Model，互补双对数模型）：

$$y=a+bx$$

式中，y 表示 ln［$-\ln(1-P)$］；x 表示 ln（S）；P、S 分别代表发病率和严重度。

（五）玉米叶斑病流行动态及管理综合模拟模型研究

用不同的生长模型拟合玉米的生长发育数据。结果表明，Gompertz 模型能较好地描述玉米总叶片数随有效积温变化的动态；逻辑斯蒂模型能较好地描述玉米总叶面积和玉米株高的发展变化动态。

（六）玉米三种叶斑病混发时的流行过程及产量损失研究

通过 2 年的田间小区人工接种试验，观察比较了玉米大斑病、弯孢叶斑病和灰斑病单独及混合发生时的流行过程及对玉米产量损失的影响。

结果表明，在病害混发初期，病害间无明显的负相关性，随着病情的发展，病害间的负相关性逐渐增大并达到显著水平，说明病害间有明显的抑制作用。病害混发时造成产量损失并不完全等于各病害单独造成损失之和，其中玉米大斑病和玉米弯孢菌叶斑病、玉米弯菌孢叶斑病和玉米灰斑病混合发生所造成的损失为各病害单独造成损失之和的76%～88%，玉米大斑病和玉米灰斑病混合发生所造成的损失可近似看作两种病害各自引起产量损失之和，3 种病害同时发生时最终损失率为各自造成损失之和的 67%～72%。

二、玉米栽培模式对病害流行动态的影响

玉米新型栽培模式是通过改变栽培密度、提高植株光能利用率等方法达到增产目的。目前，有关新型栽培模式和保护性耕作的增产机理及推广应用，国内外学者已做了大量研究，但随着栽培密度的增加，玉米植株群体分布的改变，田间环境和病原菌源基数也相应发生改变，导致新型栽培模式和保护性耕作对玉米病虫害的发生特点和流行规律也随之改变。因此，比较不同栽培模式和保护性耕作对玉米病虫害的发生时间和程度影响，明确造成差异的原因，可对保障玉米高产稳产提供有效的植保技术支持。

（一）不同栽培模式对玉米大斑病发生流行的影响

2009 年，对四平地区不同栽培模式下玉米大斑病自然发病情况进行调查。分析表明，逻辑斯蒂模型能够反映大斑病流行时间动态情况。玉米大斑病流行过程中的病情严重程度依次为免耕>平播>常规>宽窄行（图 5-1）。

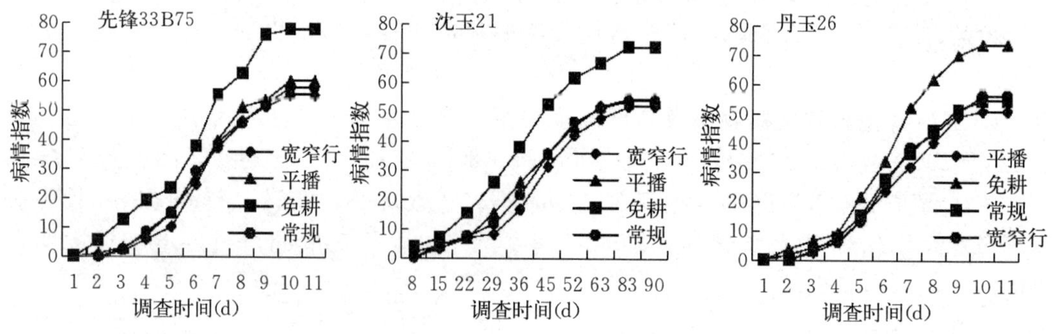

图 5-1　不同栽培模式下玉米大斑病田间流行趋势

免耕模式有利于玉米大斑病的发生，而在宽窄行模式下该病发生较轻。供试玉米品种在不同栽培模式下玉米大斑病的指数增长期各不相同。在免耕模式下的玉米大斑病指数增长期早于其他模式，结合田间调查确定，免耕模式下玉米大斑病指数增长期是从玉米出苗至 6 月 24 日，逻辑斯蒂增长期为 6 月 24 日至 8 月 18 日，衰退期为 8 月 18 日至玉米生育后期；平播模式下玉米大斑病指数增长期是从玉米出苗至 6 月 26 日左右，逻辑斯蒂增长期为 6 月 26 日至 8 月 24 日，衰退期为 8 月 24 日至玉米生育后期；常规模式下玉米大斑病指数增长期是从玉米出苗至 6 月 27 日左右，逻辑斯蒂增长期为 6 月 27 日至 8 月 22 日，衰退期为 8 月 22 日至玉米生育后期；宽窄行模式下玉米大斑病指数增长期是从玉米出苗至 6 月 29 日左右，逻辑斯蒂增长期为 6 月 29 日至 8 月 22 日，衰退期为 8 月 22 日至玉米生育后期，该病的指数增长期也是最佳药剂防治时间。6 月 23 日至 8 月 17 日，供试玉米品种在免耕模式下的病情指数最高，其次为常规模式，再次为平播模式，宽窄行模式下大

斑病的病情指数最低。

（二）双株栽培模式对玉米大斑病流行时间的动态影响

双株栽培模式是辽宁省玉米生产的新型栽培模式，包括双株定向栽培模式和双株紧靠栽培模式。

通过田间试验设计及人工接种技术，对双株定向栽培模式、双株紧靠栽培模式和常规栽培模式下玉米大斑病发生流行动态进行比较研究。调查研究发现，双株定向栽培模式和双株紧靠栽培模式的病情指数分别比常规栽培模式低 18.5%和 16.7%。从接种开始到流行末期双株紧靠栽培模式小区冠层比常规栽培模式小区冠层内日平均温度低 0.5 ℃，日平均湿度低 4.6%；双株定向栽培模式小区冠层比常规栽培模式小区冠层内日平均温度低 0.4 ℃，日平均湿度低 4.7%。由于双株栽培模式创造良好的通风透光条件，降低了田间小区冠层内的温湿度，这样减缓了玉米大斑病扩展的速度，从而降低了发病程度（图 5－2～图 5－4）。

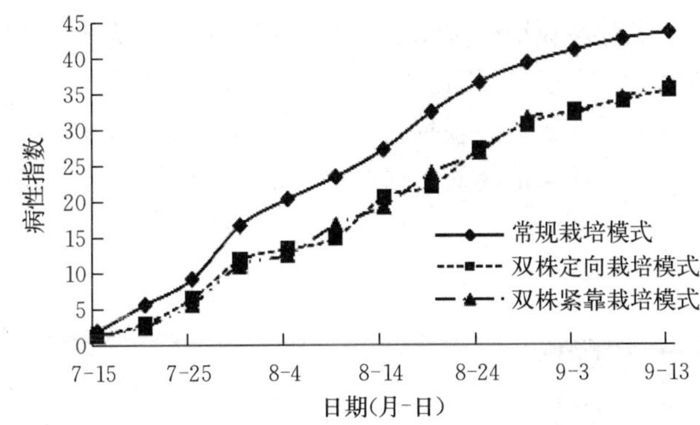

图 5－2　不同栽培模式对玉米大斑病病情指数的影响

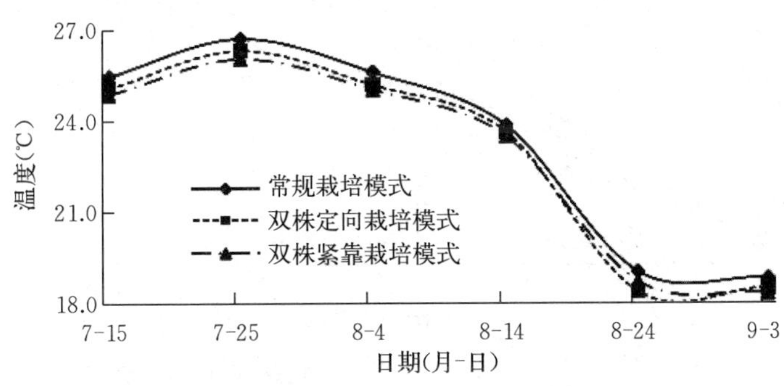

图 5－3　不同栽培模式下小区日平均温度比较

（三）新型栽培模式对玉米纹枯病流行的动态影响

不同栽培模式对玉米纹枯病发病严重程度的影响：常规清种＞大垄双行＞双株定向＞二比空。大垄双行、二比空和双株定向 3 种新型高产栽培模式对玉米纹枯病发生流行具有不同程度的影响，各处理病情指数较对照分别降低 17.6%、40.8%、27.6%。利用逻辑斯蒂模型对各栽培模式病害流行时间动态进行拟合，得到模型公式：常规清种栽培模式

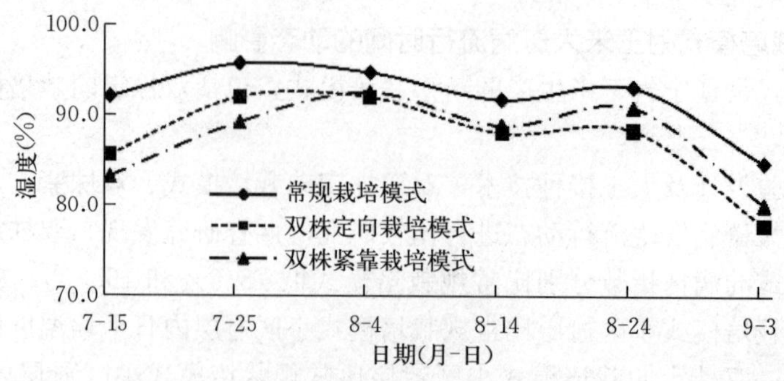

图 5-4　不同栽培模式下小区日平均湿度比较

$Y=1/[0.0179+0.2315\exp(-0.0753t)]$，大垄双行栽培模式 $Y=1/[0.0224+0.2790\exp(-0.0799t)]$，二比空栽培模式 $Y=1/[0.0317+0.4036\exp(-0.0840t)]$，双株定向栽培模式 $Y=1/[0.0251+0.2629\exp(-0.0709t)]$，式中 Y 为病情指数，t 为调查时间。试验过程中利用温湿度记录仪对各栽培模式试验区温湿度进行全程监测，发现大垄双行、二比空、双株定向分别与常规清种对照相比，温度低 2.5%、9.9%、8.6%，湿度低 2.3%、7.1%、6.6%，由此推测，玉米新型栽培模式改变了田间植株空间分布，直接影响了玉米农田生态系统的温度、湿度等与植物病害流行密切相关的环境因素，最终导致病害发生及流行呈现出新的特点（图 5-5）。

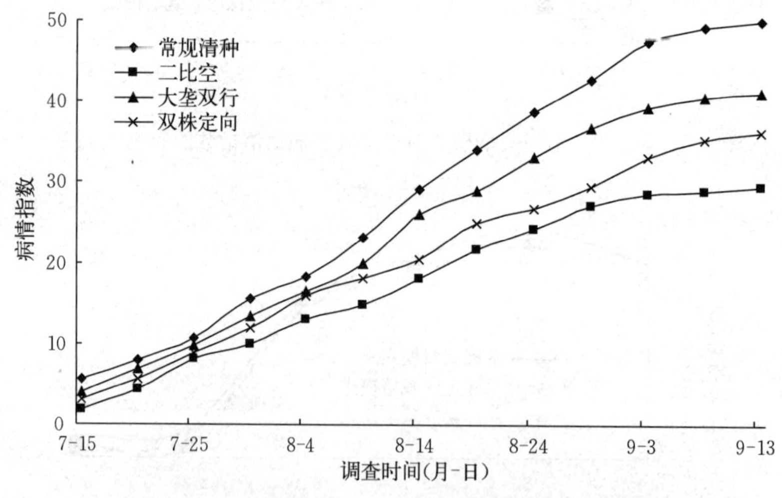

图 5-5　不同栽培模式对玉米纹枯病病情指数的影响

（四）二比空栽培模式对玉米弯孢菌叶斑病流行的影响

根据植物病害流行学原理，通过田间试验设计及人工接种技术，对二比空栽培模式与常规栽培模式下玉米弯孢菌叶斑病发生流行动态进行比较研究。

结果表明，二比空栽培模式的发病程度轻于常规栽培模式，病害初始病情与传播速率均低于常规模式。

病害流行时间动态模型拟合发现，Weibull 模型较好，其中两种栽培模式下病害指数增长期（始发期）相同，二比空栽培模式下病害 Weibull 增长期（盛发期）短于常规模式，且衰退期出现较早。

三、玉米秸秆还田对流行动态的影响

秸秆还田指前茬作物收获后，把作物秸秆直接用作后茬作物的基肥或覆盖肥。玉米秸秆含有大量的有机碳和各种的营养物质，因此，作物秸秆直接还田后，不仅可直接为作物提供养分，增加土壤中钾、硅、硫和微量元素等的含量，而且有利于提高土壤有机质含量，促进微生物活动，改善土壤物理、化学和生物学性状，改良土壤结构、提高土壤有机氮含量和促进土壤中难溶性养料的溶解。秸秆直接还田还可节省大量运输和堆制分解的费用。近年来，由于现代生态农业的发展要求，玉米秸秆还田在处理废弃秸秆、解决耕层变薄、保障农业可持续发展等方面发挥着重大作用。玉米秸秆还田后会将病残体带入田间，加大越冬初始菌源量，而且秸秆为病菌的生长、繁殖营造了适宜的环境条件，使其数量不断累积，进而影响翌年病害发生和流行程度；但也有部分学者认为秸秆还田可以改善土壤微生态环境，增加土壤中拮抗菌的数量，抑制病原菌的生长繁殖，增强植物的抗病性，从而抑制土传病害的流行。

（一）玉米秸秆腐解液对玉米大斑病和纹枯病病菌生长的影响

秸秆是农业生态系统中一种重要的可再生资源。中国是秸秆产量大国，每年产生农作物秸秆约 7 亿 t。近年来，玉米稻秆还田面积不断增加，已逐渐成为农业生产中一种常规方式。有研究表明，秸秆还田可以提高土壤有机质含量，改善土壤肥力。秸秆还田后在土壤微生物作用下进行腐解，释放出氮、磷、钾等作物所需养分，供作物吸收，促进作物生长，达到增产的目的。另有研究，秸秆在土壤中会腐解出多种化感物质（主要是酚酸类物质），这些物质会直接影响土壤中的病原菌数量，进而影响病害的发生流行。

玉米秸秆 0.5 g/mL 的腐解液对玉米大斑病和纹枯病病菌菌丝生长具有较强的抑制作用，抑菌率为 100%。不同时期提取的腐解液对病原菌菌丝生长的抑制作用不同，其中腐解 60 d 的提取液对玉米大斑病病原菌菌丝生长的抑制效果较强，浓度 0.5 g/mL、0.25 g/mL、0.125 g/mL、0.062 5 g/mL、0.031 25 g/mL 的腐解液的抑菌率分别为 100%、71.84%、52.83%、52.12%和 42.07%。同一腐解时期不同浓度的秸秆腐解液对玉米大斑病病菌菌丝生长产生抑制作用，且随腐解液浓度增加抑制作用增强。但同一时期腐解液对玉米纹枯病病菌菌丝生长抑制效果不同，其中，0.5 g/mL、0.25 g/mL、0.125 g/mL 的腐解液能够抑制病原菌菌丝的生长，抑菌率在 20.18%以上，0.062 5 g/mL、0.031 25 g/mL 的腐解液在腐解 10 d、90 d、240 d 时能够促进病原菌菌丝的生长。

（二）玉米秸秆还田对玉米大斑病和玉米纹枯病流行的影响

初步田间小区试验证明，玉米秸秆还田量与玉米大斑病和玉米纹枯病的病情指数呈正相关。这是由于秸秆还田直接增加了田间初侵染源的数量，直接表现为 7 月初病害发生时初始病情即呈现出秸秆还田量越大、玉米大斑病和玉米纹枯病发生越严重的现象，且差异显著。秸秆还田量与病害严重程度是否呈直线关系尚不清楚，秸秆腐解过程中产生的物质及对土壤微生态的影响有待明确（图 5－6、图 5－7）。

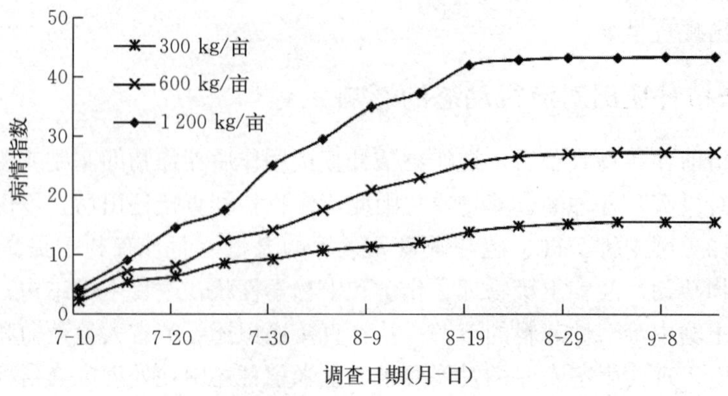

图 5-6　不同秸秆还田量对玉米大斑病病情指数的影响

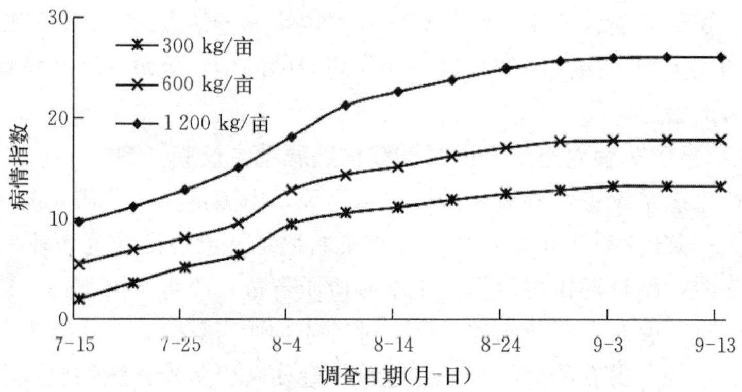

图 5-7　不同秸秆还田量对玉米纹枯病病情指数的影响

第三节　玉米主要叶部病害研究

一、玉米大斑病

玉米大斑病是玉米生产中众多病害中危害最为严重的一种。玉米大斑病广泛分布于世界各大玉米产区，目前已经成为世界范围内危害较重的流行性病害，于 1876 年在意大利首次报道，20 世纪初期已经遍及全世界各大玉米产区。20 世纪 70 年代后期，该病在我国东北、华北北部和南方冷凉山区曾几度流行。一般年份，大斑病造成 5%的减产，在病害严重发生年份，感病品种的损失可高达 20%以上。有时玉米大斑病的发生还会致使玉米茎腐、根腐等病害的发生，还可能加重其他病害的危害程度，严重影响玉米的产量和玉米的品质。在我国，抗病杂交种的推广及应用曾经发挥了极其重要的作用，但自 2002 年开始，大斑病发生及流行趋势明显加大，危害程度呈明显上升趋势，特别是在东北春玉米产区已经成灾，一些常见玉米种植品种严重发病，很大程度上降低了玉米的产量及品质。

（一）症状识别

玉米大斑病病原菌主要危害玉米的叶片（下部叶片先发病），严重发生时可危害叶鞘、苞叶和籽粒部位。玉米在整个生育期都可以染病，显著症状多见于生长中后期，尤其是抽穗以后表现严重。感病初期叶片有水渍状青灰色斑点出现，然后沿叶脉向两端扩展，形成边缘暗褐色、中央淡褐色或青灰色的梭形大斑，病斑大小一般长 5～10 cm，宽 1～2 cm。在严重发病的情况下，两个或多个病斑融合成片，导致植株叶片大面积为病斑所覆盖，甚至引起整株植物过早枯死。叶片病斑类型因玉米品种本身所带抗病基因的不同而分为褪绿斑和萎蔫斑两种类型。在带有 *Ht* 单基因的抗病品种上，病斑初期为褐色窄条形的坏死斑或黄绿色水浸状条斑，后成为边缘有黄色晕圈并且中间呈褐色的病斑，该病斑出现早，枯死慢，不产生或很少产生孢子，病斑表现为褪绿斑；在感病品种上，感染初期病斑为灰绿色水浸状，之后扩大，成为中间明显坏死且呈灰褐色的梭形大斑，该病斑出现晚，枯死快，周围有明显的萎蔫中毒区，条件适宜时产生大量褐色霉层病斑，表现为萎蔫斑。

（二）病菌及其生理分化

玉米大斑病菌无性态：大斑凸脐蠕孢菌 *Exserohilum turcicum*（Pass.）Leonard et Suggs，有性态：大斑刚毛球腔菌 *Setospnaeria turcica*（Luttrell）Leonard et Suggs。病菌分生孢子梗单生或 2～3 根束生，青褐色，不分枝，直立或上部稍弯，2～8 个隔膜；分生孢子呈榄褐色、梭形，顶细胞呈钝圆或长椭圆形，基细胞尖呈锥形，有 2～7 个隔膜，脐点明显突出于基细胞之外。

大斑病菌具有明显的生理分化现象，根据玉米大斑病菌对含有显性单基因（*Ht1*、*Ht2*、*Ht3*、*HtN*）的玉米有无毒力这一标准，美国相继发现并报道了 0 号、1 号、23 号、2 号、3 号、N 号、1N 号、2N 号、3N 号、12N 号、23N 号和 123N 号多个生理小种的存在。我国自 20 世纪 80 年代以来，含 *Ht* 基因的抗病品种推广后，生理分化日益明显且组成趋于复杂化。2012—2015 年，对辽宁、吉林和黑龙江的大斑病菌生理小种进行了系统监测，共鉴定出 0 号、1 号、2 号、12 号、1N 号、23 号、2N 号、3N 号、12N 号、123N 号、3 号、N 号、13N 号 14 个生理小种，其中 0 号、1 号生理小种出现数量最多，为优势小种。辽宁省的生理小种较为丰富为 14 个（表 5－2）。

表 5－2　2013 年度东北地区玉米大斑病菌生理小种及出现频率

鉴别寄主					生理小种	出现频率（%）
B37	B37*Ht*1	B37*Ht*2	B37*Ht*3	B37*HtN*		
S	R	R	R	R	0	25.0
S	S	R	R	R	1	19.7
S	R	R	R	S	N	11.6
S	S	R	R	S	1N	14.3
S	S	S	R	S	12N	10.0
S	R	S	R	S	2N	3.6
S	S	S	S	R	13N	2.7
S	R	S	R	R	2	2.7
S	S	S	R	R	12	2.3
S	R	S	S	S	23N	3.6
S	S	R	S	R	13	2.7
S	S	S	S	S	123N	1.8

注：B37 为玉米自交系，其近等基因作为大斑病鉴别寄主。

（三）发生规律

玉米大斑病偏爱气候冷凉、湿润地区，病原菌以菌丝体或分生孢子附着在病残体中越冬，成为次年初侵染源。种子也可携带少量病原菌。越冬之后产生分生孢子，凭借气流和风雨传播侵染。病菌可在玉米的整个生长期中可发生多次再侵染。玉米大斑病的流行除了与玉米品种的抗病性有关外，还与种植地的气候、栽培条件和耕作制度等有密切关系。当气温为 20～25 ℃并出现持续阴雨天时有利于该病害的发生。气温高于或低于 25 ℃，相对湿度小于 60%，该病害的发生就会受到抑制。在春玉米产区，从拔节到出穗期间，气温适宜，如遭遇连续阴雨天，病害便会迅速发展，易发生大流行。玉米在孕穗、出穗期氮肥不足会引发该病严重发生。此外，低洼地、栽培密度过大易发病。玉米连作、单作、晚播会导致病情加重，轮作、间套作、早播则会病情减轻。

（四）防控方法

玉米大斑病的防治应坚持“预防为主、综合防治”的总原则，以推广和利用抗病品种为主要措施，同时应加强栽培管理、清除田间菌源，及时辅以药剂治疗的综合治理方法加以防治。

1. 合理种植抗病品种 推广使用抗病品种是控制玉米大斑病发生和流行的最经济有效的防病措施。较抗病的品种有丹玉 39、铁 120、铁 330、铁 332、丹玉 336、良玉 99、丹玉 402、辽单 481、和育 187、良玉 718、铁 390、辽单 145、登海 185、沈禾 207。同时，生产中应该在明确当地病菌生理小种的种群动态变化的前提下，根据当地优势小种选择种植合适的抗病品种，尽量避免长期种植单一遗传背景相似的品种。

2. 加强田间卫生管理，及时清理菌源 病菌在病残体中越冬并成为病害转年的初侵染源。玉米收获后，应及时清理田园，将秸秆集中处理，清除底叶等。

3. 加强田间栽培管理，适期播种 加强玉米田间管理，通过各种栽培措施提高植株抗性。玉米大斑病菌是弱寄生菌，以菌丝体或分生孢子附着在病残体中越冬，成为翌年的初侵染源。适当施粪肥可提高寄主的抗病能力，深翻可加快田间病残体的腐烂速度减少初侵染源的菌量。加强田间栽培管理，适时追肥，及时消灭菌源，可以有效控制该病害的传播。选择适合的时机早播，尽量避开发病高峰，减少病菌的侵染概率。

4. 适当调整耕作制度，轮作倒茬 适当合理的轮作、间作、套种能有效避免病原菌新小种连续不断出现。通过合理密植可以减轻病害的发生。

5. 药剂防治 适时和适量使用药剂在减轻因病害造成的损失上有着积极的作用。在发病早期可采用 10%苯醚甲环唑 1 000 倍液、25%丙环唑乳油 2 000 倍液、80%代森锰锌可湿性粉剂 500 倍液或 50%多菌灵可湿性粉剂 500 倍液喷雾，每 10 d 喷药 1 次。

二、玉米灰斑病

玉米灰斑病是一种危害严重的玉米叶部病害，在世界各地的玉米产区普遍发生，被称为玉米生产上的一种全球性的重大病害。1925 年，Tehon 和 Daniels 首次报道玉米灰斑病在美国发生，目前在北美洲、中美洲、欧洲、非洲和东南亚等国家和地区普遍发生。近年来，随着免耕、秸秆还田等耕作栽培技术的推广，该病渐趋严重，在美国田纳西州病重时可减产 20%。在我国，1991 年该病在辽宁省丹东地区突然大发生，在很多杂交种上危害严重，致使玉米植株上部叶片枯死。随后，灰斑病在我国许多地区都有发生，特别是在山东、辽宁、吉林、云南、四川等省份的局部地区持续严重发生。该病已向北扩展到黑龙江和内蒙古地区，对北方夏玉米、春玉米区和西南玉米区具有潜在的威胁性。灰斑病发生严重时，叶片布满病斑，影响光合作用，减产可达5%～10%。

（一）症状特点

该病主要危害叶片，也侵染叶鞘和苞叶。病菌最初先侵染下部叶片引起发病，翌病初期病斑为淡褐色，渐扩展为灰褐色、灰色至黄褐色的长条斑，与叶脉平行延伸，并受到叶脉限制。病斑中间灰色，边缘有褐色线，（0.5～50）mm×（0.5～3）mm，严重时病斑汇合连片，使叶片枯死。湿度大时可在叶片两面产生灰色霉层，即分生孢子梗和分生孢子，以叶背面产生最多。气候条件适宜时，病斑可扩展到整个植株叶片，造成叶片枯死，最终导致籽粒灌浆不足，影响产量和品质。

玉米灰斑病在不同的玉米品种上，特别是在抗性、感性不同的品种上，表现出病斑大小、形状等特征差异较大，且容易与玉米小斑病相混淆，故对其诊断应予注意。

（二）病原

1. 病原菌的形态特征　玉米灰斑病致病菌为 *Cercospora zeae-maydis* Tehon&Daniels 和 *Cercospora zeina* Crous & U. Braun，属半知菌亚门尾孢属真菌。

病菌子实体在叶片两面着生。无子座或仅有少数褐色细胞。分生孢子梗3～10多根丛生，暗褐色，上下色泽均匀，宽度一致，有1～4个隔膜，正直或稍弯，无分枝。分生孢子纺锤形，直或稍弯曲，无色，具1～8个隔膜，基部倒圆锥形，脐点明显，顶端较细稍钝，大小为（30～135）μm×（6.0～9.9）μm。

C. zeina 和 *C. zeae-maydis* 的分生孢子大小相似，从孢子大小上很难区分二者。二者在形态上最为明显的区别是：*C. zeina* 的分生孢子为宽纺锤形，而且其分生孢子梗短，一般不超过100 μm；而 *C. zeae-maydis* 的分生孢子为倒棍棒状至近圆柱形，而且其分生孢子梗长，可达180 μm。二者在培养性状上的区别是：在培养基上 *C. zeina* 的菌落长得比 *C. zeae-maydis* 慢，并且不像 *C. zeae-maydis* 那样产生红色素。

2. 病原菌的分子生物学鉴定　*C. zeina* 与 *C. zeae-maydis* rDNA 内转录间隔区（ITS）序列同源性很高，达98.4%，但他们之间有固定的8个碱基的差异，可以将他们明显地分辨开。Crous 等设计了一种基于 PCR 的快速检测方法，他们从组蛋白 *H3* 基因中设计了种特异性引物 CzeaeHIST（鉴定 *C. zeae-maydis*）和 CzeinaHIST（鉴定 *C. zeina*），可以高效地检测两种病原菌。

3. 病原菌在我国的分布　*C. zeina* 是2006年由 Crous 等报道的玉米灰斑病病原菌的一个新种，在我国，于2013年首次发现在我国云南等西南地区发生，并造成严重的产量损失。近两年的研究发现，云南地区的玉米灰斑病病原均为 *C. zeina*，四川、贵州、湖南和湖北等地区 *C. zeina* 与 *C. zeae-maydis* 同时发生，其他地区的病原均为 *C. zeae-maydis*，因此，*C. zeina* 呈现出以云南为中心向北方扩展的趋势。目前，*C. zeina* 在云南省的危害很严重，据在大理的调查，其发病率可达77%，产量损失为35%～50%。因此，对 *C. zeina* 的发病规律及流行因素有必要进一步研究，对 *C. zeina* 将来能否扩散到我国的其他玉米产区应进行严密监测。同时，为了防止此病流行与危害，应未雨绸缪，加强抗病育种研究，选育多抗、高产的杂交种。

（三）发病规律

玉米灰斑病菌以子座组织在玉米病株残体上越冬，病菌可存活 7 个月之久。翌年在条件适宜时，干燥条件下存留的植株病残体的子座上产生大量分生孢子，通过风雨传播进行侵染；但埋在土壤内的病株残体中的病菌则很快丧失生命力。灰斑病主要发生在玉米生长中后期，在温湿度适宜的条件下，植株病残体上产生的病菌分生孢子被传至玉米叶片上并萌发，通过叶片上的气孔侵入组织内部，扩展形成病斑。病斑在少耕地上发病严重，这与田间遗留病株残体多、越冬菌源数量大、为翌年提供接种源等因素密切相关。

灰斑病发生轻重取决于接种源、植株年龄和适宜的小气候环境。此病多在温暖湿润条件下发生。此外，玉米生长后期遇到高温干旱的气候，不利于植株的生长发育，植株的抗病性降低，会导致灰斑病大发生。

（四）防控方法

1. 种植抗病品种 玉米品种对灰斑病抗性差异显著，种植抗病或耐病品种是当前控制病害的有效措施。

2. 减少菌源 秋收后及时清除田间的植株病残体，深翻土地，促使遗留病残体腐烂。

3. 农业防治措施 合理施肥和浇灌，避免田间积水，提高植株抗病性并通过降低田间湿度而创造不利于病菌侵染的环境条件。

三、玉米弯孢菌叶斑病

玉米弯孢菌叶斑病，俗称黄斑病或拟眼斑病，已在我国普遍发生。作为一种主要在亚热带玉米区发生的病害，目前已扩展至我国北部的黑龙江省，而在辽宁的沿江、沿海等局部地区已成为主要病害，曾造成过严重的生产损失。1994 年，北京玉米播种总面积 16.2 万 hm^2，其中约 12.1 万 hm^2 发病，占玉米生产面积的 74%。1995 年，秦皇岛、京津地区、廊坊、唐山、保定普遍发生此病害。1996 年，河北省中部、东部夏玉米产区该病大暴发，发病面积在 20 万 hm^2 以上。1995 年前后，辽宁的绥中、瓦房店、丹东、昌图及沈阳等地都不同程度发生该病。1996 年，辽宁葫芦岛地区玉米弯孢菌叶斑病大流行，绥中县 1.8 万 hm^2 玉米受害，损失玉米 800 万 kg。弯孢菌叶斑病主要发生在玉米生长中后期，发病迅速时叶片上病斑相连导致叶片枯死，引起严重产量损失，重病田减产 30%以上。

（一）症状识别

玉米弯孢菌叶斑病主要发生在叶片上，也侵染叶鞘和苞叶。发病初期叶片上出现点状褪绿斑，病斑逐渐扩展，呈圆形或椭圆形，中央黄白色，边缘褐色或有褪绿晕圈，有些品种仅表现为褪绿斑。病斑一般直径大小为 1～2 mm，在一些品种上病斑直径可达 4～7 mm。在感病品种上，病斑密布全叶，每个叶片上的病斑可达几百至上千个，严重时病斑相连成片，导致叶片枯死。

由于弯孢菌叶斑病在不同品种，特别是在抗病及感病品种上，表现的病斑大小、形状、外围晕圈宽窄等特征差异较大，且容易与其他叶斑病相混淆，故对其诊断应予注意。

赵来顺通过观察接种的16个自交系和28个杂交种的病症表现，依据病斑的大小、形状、颜色等特征，将病斑类型分为抗病型、中间型和感病型。感病型病斑：病斑较大，中央苍白色，边缘有较宽的褐色环带，最外围有半透明的淡黄色晕圈，数个病斑相连可形成叶片坏死区。抗病型病斑：病斑小，中央苍白色，边缘无褐色环带或有较细的褐色环带，最外围有狭细的半透明晕圈。

玉米不同生育期对弯孢菌叶斑病表现出不同的抗性反应，从幼苗至成株抽丝期，抗性逐渐降低，感病性增加，这种抗性的逐渐改变，与植株自身各生长阶段的营养代谢、叶片细胞发育程度均有关联。戴法超等研究发现以13叶期感病性最强，而林红等研究发现以抽雄期和吐丝期感病性最强。这可能与试验的接种环境有关，如遇温湿条件适合的气候，短期内可严重发病。由此得知，弯孢菌叶斑病的发生和流行主要在玉米成株期，在玉米抽雄散粉时若严重发生，会导致叶片的光合作用减少，直接影响玉米灌浆期对籽粒营养的运送，使粒重减轻，产量降低。

（二）病菌种群及发病规律

玉米弯孢菌叶斑病的致病菌为新月弯孢霉 *Curvularia lunata*（Wakker）Boed.，属半知菌亚门弯孢霉属真菌。

病菌分生孢子梗分化明显，直或弯，上部多呈屈膝状弯曲，褐色；分生孢子较粗壮，多数具4个细胞，两端细胞淡褐色，中间细胞深褐色，有的稍弯，显现出一侧突起、另一侧较平的背腹形状。大小（18～34）μm×（7～16）μm。

此病菌除玉米外，还可侵染高粱、水稻、番茄、辣椒等多种植物。

玉米弯孢菌叶斑病菌主要以菌丝体的形式在植株病残体上在干燥条件下越冬，也可以以分生孢子或菌丝的形态通过种子而成为初侵染源，但后者对病害流行的作用较小。越冬阶段，病残体被翻入土壤后腐烂，则在其上的病菌一般不能存活。翌年，在适宜的条件下，从未腐烂的玉米病残体上的病斑中产生大量的分生孢子，通过风雨传播至田间，侵染玉米叶片。经过5～10 d，叶片上产生褪绿小点，逐渐发展成圆形或椭圆形病斑。病斑正、反两面均可产生分生孢子梗和分生孢子，分生孢子又随气流传播，进行多次再侵染。病害主要发生在玉米生长后期，下部叶片首先发病并向上部叶片扩展，在叶片上产生大量小而圆的病斑，病斑多时造成叶片干枯，严重影响植株光合作用，籽粒灌浆不足，产量降低。当田间温度高、湿度大、夜间叶片上结露时，弯孢菌叶斑病发生重。

玉米弯孢菌叶斑病发生轻重与气象条件、品种抗性及栽培措施关系密切。降水多、湿度大、温度高的年份发病重。品种间抗病性差异明显。重茬地或邻近玉米秸垛的地块发病重。平地发病重，山地发病轻。不同发育阶段抗病性不同，苗期比较抗病。

（三）防控方法

1. 种植抗病品种　玉米品种间对玉米弯孢菌叶斑病抗病性存在明显差异，但表现高抗的品种极少。在病害发生严重地区，可选择具中抗水平或耐病性较好的品种，以减少病害造成的损失。具有一定抗病水平的品种有：农大108、鲁单981、鲁单50、吉单209、新铁单10、东单13、辽单565、郑单19、农大84、强盛1号、浚单18、金海5号等。

2. 减少菌源　玉米收获后，及时清理病株和落叶，集中处理或结合秋耕埋入深土层中，以减少初侵染源。收获后及时清洁田园中的植株病残体；通过深翻，促使病残体腐烂；将收获的玉米秸秆粉碎并充分腐熟以使秸秆上的病菌分解死亡。

3. 农业防治措施 通过合理施肥、改善田间通风条件等措施，提高植株抗病性。加强水肥管理，播种时施足底肥，生长中期及时追肥，施肥时增施有机肥，培肥地力，创造有利于玉米生长发育的田间生态环境，提高植株抗病力。弯孢叶斑病菌喜适温、高湿环境，因此，适当降低植株密度，可以增加植株间的空气流通，降低湿度，减少病菌对植株的侵染，抑制病菌在植株内的扩展速度，可有效减轻田间的病害严重程度。

4. 药剂防治 由于药剂防治成本较高，所以一般性生产田块不必采用药剂防治技术。在制种田若发生病害，可以在发病初期，喷施70%甲基硫菌灵可湿性粉剂500倍液、75%百菌清可湿性粉剂500倍液或70%代森锰锌可湿性粉剂500倍液，控制病害扩展。

四、玉米粗缩病

玉米粗缩病（maize rough dwarf disease，MRDD）是全球玉米种植区广泛发生的病毒性病害，玉米感病后呈现系统侵染，生长发育受阻。玉米粗缩病最早于1929年在俄罗斯东部发现，1949年首次在意大利被发现（Biraghi，1949）。随后除俄罗斯外，美国、意大利、以色列等国都有发生的报道。1954年，在我国新疆南部、甘肃西部首次报道了玉米粗缩病。我国在20世纪70年代以后，由于耕作制度的改变和种植感病品种，玉米粗缩病有逐年加重的趋势。近年来，山东、河北、河南、江苏、辽宁、甘肃、新疆等地都有不同程度发生，我国部分夏玉米区发生日益加重，田间植株发病率达3%～15%，而且在局部地区受害很重。1975年，石家庄地区发病面积达3.3万hm^2，栾城县发病0.83万hm^2，占玉米播种面积的71.2%，因病毁种46.7 hm^2。现在该病也已成为玉米生产上的重要病害。在山东、河北等地已成为玉米生产的主要病害。在江苏等南方玉米种植区，由于与水稻或小麦轮作，传毒介体昆虫在水稻和小麦上繁殖数量大，因此，在玉米苗期大量带毒介体迁入玉米田，已连续多年导致严重的粗缩病发生。1996年，我国玉米粗缩病发病面积233万hm^2，绝收4万hm^2（陈建军等，2009）。近年来，玉米粗缩病蔓延趋势不断扩大，已成为我国黄淮海玉米产区的主要病害之一。

（一）症状特点

玉米整个生长期都可感染发病，在苗期发病危害严重。玉米出苗后即可感病，一般在5～6叶期开始表现症状。

病株先在心叶中脉两侧的细脉间出现透明的褪绿虚线小点，以后透明线点增多，叶背主脉上产生长短不等的蜡泪状突起，即脉突。病株叶片浓绿，叶片宽厚，节间变粗、短缩而造成植株显著矮化。轻病株尚可抽穗，但雄花发育不良，散粉少，雌穗短，花丝少，籽粒不多。重病株雄穗不能抽出，即使抽出也全无花粉，雌穗畸形不实或籽粒极少。病株根系少而短，不足健株的1/2。病株症状的轻重因感染时期不同而异，一般感染越早、发病越重，后期感染的植株发病较轻。

（二）病原种群及发病规律

目前已报道的造成玉米粗缩病的病原有4种，分别是玉米粗缩病毒（maize rough dwarf virus，MRDV），马德里约柯托病毒（Mal de Rio Cuarto virus，MRCV）、水稻黑条矮缩病毒（rice black - streaked dwarf virus，RBSDV）和南方水稻黑条矮缩病毒

(southern rice black - streaked dwarf virus，SRBSDV)，四种病毒都属于呼肠孤病毒科(Reoviridae) 斐济病毒属 (*Fijivirus*)，在形态学、血清学、寄主、传播介体、诱发寄主的病症、蛋白和片段的电泳图谱等方面相同或相似，但基因组 RNA 序列方面有所不同，从而进行区分。

在玉米粗缩病的病原报道上，以色列、意大利等国外学者报道玉米粗缩病病原为 MRDV (Harpaz，1972)，而我国学者始初也认为我国的玉米粗缩病病原是玉米粗缩病毒，但随着近年来的研究，证实我国玉米粗缩病的病原是 RBSDV (方守国等，2000；张恒木等，2001；孙丽英等，2004)。2001 年，周国辉等人发现一种类似黑条矮缩病的水稻新病害，当时认为该病的病原是水稻黑条矮缩病的一个变种，但随后对病害症状、发生地域生态特征及病毒基因组片段序列进行研究，2008 年周国辉等人报道 SRBSDV 是水稻的新病原 (周国辉等，2008)，在 2010 年该病毒又在玉米粗缩病株上被发现 (周国辉等，2010)。

目前对水稻黑条矮缩病毒的研究发现，水稻黑条矮缩病毒基因组由 10 条双链 RNA (ds RNA) 组成，按其大小依次称为 S1～S10 (Chen et al.，2005)，依靠灰飞虱 (Laodelphax striatellus) 介体传播。病毒粒子为 20 面体对称球状结构，直径 65～70 nm。在完整的 RBSDV 病毒粒体中，至少含有 6 种结构蛋白，其中 RBSDV S10 编码的一个由 588 个氨基酸组成的分子量为 63k Da 的 P10 是主要结构蛋白 (Ouyang et al.，2010)。RBSDV S7 与 MRDV S6、RBSDV S8 与 MRDV S7、RBSDV S10 与 MRDV S10 具有较高的一致性和相似的结构 (Wang et al.，2003)。迄今为止，中国已经报道 2 个 RBSDV 分离物的全基因组序列 (Wang et al.，2003)。

水稻黑条矮缩病毒是一种结构比较复杂的双链 RNA，病毒粒体极不稳定，在分离纯体过程中蛋白质衣壳极易脱落。由于病毒粒体的钝化温度为 80 ℃。在半提纯情况下，20 ℃时可以存活 37 d。水稻黑条矮缩病毒可以侵染 50 余种禾本科植物，包括许多重要的农作物如小麦、大麦、燕麦、高粱、谷子等。

1981 年，采用电镜观察分析病原病毒粒子的形态和数量，发现 RBSDV 是河北省保定市玉米粗缩病的病原 (龚祖埙等，1981)。2001 年，分析病毒基因组片段 S1～S10 的序列同源性，表明我国玉米粗缩病的病原是 RBSDV (张恒木等，2001)。2003 年，通过病毒基因组全序列测定和功能分析，确定了我国玉米粗缩病和水稻黑条矮缩病的病原为 RBSDV (Wang et al.，2003)。2015 年，基于 S9 序列变异及分群的方法，进一步确认了我国玉米粗缩病和水稻黑条矮缩病的病原为 RBSDV (Zhou et al.，2015)。2001 年，首次发现 SRBSDV 在华南主要稻区普遍存在 (周国辉等，2008)。2013 年，确定湖北省长阳的玉米粗缩病病原是 SRBSDV (章松柏等，2013)。

粗缩病属于昆虫传播病害，主要传毒介体灰飞虱通过刺吸带毒的小麦及其他禾本科杂草，获毒后迁飞至玉米上取食，从而传播病害。在我国种植冬小麦的地区，病毒在小麦上及一些禾本科杂草上越冬。次年春季，小麦进入开花灌浆期后，第一代灰飞虱成虫开始从麦田或杂草中向春播玉米田中的幼苗上迁飞，将小麦和其他杂草上的病毒带至玉米上，引起粗缩病。第二代灰飞虱成虫又可将病毒传至夏播玉米的幼苗上。如果春播玉米与小麦套种，由于两种作物重叠生长期长，作物紧邻，病毒被介体传入玉米田的阶段长，因此，玉米发病严重。

在我国北方玉米产区，粗缩病可在冬小麦上越冬，也可在多年生禾本科杂草及传毒介体中越冬。玉米4～5叶期最易感病，10叶期后抗病性逐渐增强，即使受侵染，发病也轻。该病的发生发展与灰飞虱关系密切，因此，与灰飞虱消长有关的各种栽培措施均与该病发生有关。

（三）防控方法

根据玉米粗缩病的发生和流行，应该采取积极的态度去应对，防治病害应坚持“避、除、抗、防”四字原则（谢联辉等，1996）。玉米生产上采取以农业“避”害为主，充分利用抗病品种，辅以化学防治灰飞虱等综合防治策略，确保玉米安全生产。

目前，实施的积极“避”病主要办法就是调整播种期和种植田块。玉米的播种期是影响玉米粗缩病发生的主要因子（苗洪芹等，2001；成长庚等，2001）。调整播种期，使灰飞虱的迁飞高峰期避开玉米对病害最为敏感的生长期，如此能够减少或者减轻病害程度。北方春玉米区应适当的早播种，使玉米幼苗5叶期前避开5月底至6月初灰飞虱的迁飞高峰期。

“除”就是消灭毒源，防治蔓延。植保部门应经常关注其他地区的病害发生情况并及时播报，为防治玉米粗缩病发生做准备。在病害常发地区定点、定期的调查玉米粗缩病的病株率和病害严重程度，同时进行灰飞虱密度和带毒率的调查，总结出病害发病时间及规律，为以后玉米粗缩病害的防治提供参考。同时应加强田间管理，尽可能清除田间及路边的杂草，及时消灭传播介体的栖息场所。田间结合定植拔除病苗，并带出田间进行填埋或烧毁处理，防止毒源扩散，减少病害发生。

“抗”是指种植抗病品种，但目前我国对玉米粗缩病高抗或免疫的玉米品种很少。在玉米粗缩病害严重的种植区，由于不能错开传播介体的迁飞高峰期，可选择种植耐病的玉米品种，如在田间耐病性表现较好的东单60、农大108、先玉335、西玉3号、鲁单6018，能够降低玉米粗缩病的危害程度。同时根据当地种植结构，加强田间管理，进行合理施肥和灌溉，增强玉米的抗病性。

“防”就是治虫防病，统防统治。在玉米粗缩病害还不是特别严重的时候，喷施化学药剂防治灰飞虱，可以有效控制病害的发生。通常在玉米播种时，对玉米种子包衣或拌农药可以预防病害。用含内吸性杀虫剂的种衣剂进行玉米种子包衣，以保障出苗后减轻飞虱的危害。玉米3～6片叶时，用10%吡虫啉可湿性粉剂1 000倍液喷雾，或用30%乙酰甲胺磷乳油80～150 mL兑水60～75 kg喷雾，隔7 d再喷1次，连续用药2～3次可以控制发病。或每亩用80%敌敌畏乳油150～250 mL加水5～10倍，分次倒入13～15 kg细沙（或细土）中，拌匀不结块，随拌随用，均匀撒施田中。在病害重发区，于玉米播种前或出苗前在相邻的麦田和田边杂草地喷施杀虫剂，及时防治灰飞虱，压低毒源和虫源数量。

由于玉米粗缩病危害很大，暴发性强，传播介体具有迁飞性，“统防统治”对于病害的控制很重要。在病害经常发生的地区，最好能够进行统一的管理和预防，统一协调、因地制宜进行专业化应急防治措施，从而进行空间上，大面积控制虫源，大大降低玉米粗缩病的危害。

第四节　玉米主要土种传病害研究

一、玉米丝黑穗病

玉米丝黑穗病是广泛分布于世界各大玉米产区的重要病害之一，自 1876 年意大利首次报道以来已有 130 余年的历史。该病自 1919 年在我国东北发现至今，在全国各玉米栽培区均有不同程度发生，以北方春玉米区、西南丘陵山地玉米区和西北玉米区等发病普遍、危害严重。一般年份发病率 2%～8%，个别重病地块可达 60%～80%，主要在玉米生长的中后期显症，田间一旦发生即无法防治，严重威胁玉米生产。20 世纪 80 年代，因抗病品种的广泛应用，该病害曾一度得到控制，但 2001—2003 年在东北、华北地区连续暴发，对玉米生产造成严重损害。

（一）症状识别

玉米丝黑穗病主要危害雌穗和雄穗，使发病植株颗粒无收。一般在成株期表现典型症状——菌瘿，幼苗时期症状主要表现有分蘖增多而簇生状，植株明显矮化，节间缩短，叶色暗绿挺直；有的品种叶鞘破裂，黄条形；有的品种叶片上出现与叶脉平行的黄白色条斑，呈圆形或长方形，直径 1～2 mm，三四个至数百个；有的品种则幼苗心叶紧紧卷在一起弯曲，呈鞭状。成株期病果穗上的症状可分为黑穗型和变态畸穗型两种类型。前者病穗除苞叶外，受害果穗较短，基部粗顶端尖，近似球形，不吐花丝，整个果穗变成一黑粉包，其内混有丝状寄主维管束组织，故名丝黑穗病。而变态畸形穗是由于雄穗花器变形而不形成雄蕊，其颖片因受病菌刺激而呈多叶状；雌穗颖片也可因病菌刺激而过度生长成管状长刺，呈刺猬状，长刺的基部略粗，顶端稍细，中央空松，长短不一，自穗基部向上丛生，整个果穗畸形。在生育后期，有些苞叶破裂散出黑粉孢子，黑粉聚结成块，不易飞散，内部夹杂丝状寄主组织。雌穗的发病率高于雄穗。近年来调查发现，病株症状差异明显，雌、雄穗呈黑粉包状，雌穗分化为多个小穗；雄穗畸形，小花为变态小叶，呈刺猬状等。姜钰等（2014）采用真菌 rDNA - ITS 序列分析技术，对来源于我国不同地区、不同症状表现的玉米丝黑穗病菌进行鉴定。结果表明，虽然不同地区、不同品种上玉米丝黑穗病症状表现差异很大，但供测玉米丝黑穗病菌均为丝孢堆黑粉菌，并非属于其他黑粉菌种类。玉米丝黑穗病症状差异可能与品种基因型有关。不同玉米品种感病后，症状明显不同。

（二）病原种群及发病规律

玉米丝黑穗病的致病菌为丝孢堆黑粉菌 *Sporisorium reilianum*（Kühn）Landon and Fullerton，异名为［*Sphacelotheca reiliana*（Kühn）Clinton］，属真菌担子菌门孢堆黑粉菌属。

病菌的冬孢子黄褐色、暗紫色或赤褐色，球形或近球形，壁表面具明显细刺，大小 9～12 μm。冬孢子间有时混有无色、球形或近球形的不育细胞。冬孢子未成熟前集合成孢子球，成熟后分散。成熟的冬孢子在适宜条件下萌发，产生具 3 个分隔的先菌丝，侧生担孢子，担孢子又可芽生次生担孢子。担孢子无色，单胞，椭圆形。病菌发育温度范围为 13～36 ℃，以 28 ℃为最适宜。冬孢子萌发的最适温度为 27～31 ℃。冬孢子萌发需要氧气，在水滴中萌发率低。萌发液中加入一定量糖类可明显提高萌发率。

玉米丝黑穗病菌以冬孢子散落在土壤中、混入粪肥里或黏附在种子表面越冬。冬孢子在土壤中能存活2～3年，甚至7～8年。种子表面带菌虽然数量不高，但仍是病害远距离传播的重要途径，尤其对于新的玉米种植区带菌的种子则是重要的第一次传播来源。带菌的粪肥也是重要的侵染来源，用病株残体或病土沤粪未经腐熟，冬孢子通过牲畜消化道后均不能完全死亡，仍能引起田间发病。总之，土壤带菌是最重要的初侵染来源，其次是粪肥，再次是种子。

玉米丝黑穗病为幼苗系统侵染病害。冬孢子萌发后在土壤中直接侵入幼芽的分生组织，病菌侵染玉米幼苗的最适时期是从种子破口露出白尖到幼芽生长至1～1.5 cm时，可见幼芽出土前是病菌侵染的主要阶段。幼芽出土期间土壤温湿度、播种深度、出苗快慢、土壤中病菌含量等均与玉米丝黑穗病的发生程度关系密切。玉米丝黑穗病发生适温为20～28℃，适宜含水量为15%～25%，土壤冷凉、干燥有利于病菌侵染；促进幼芽快速出苗、减少病菌侵染概率，可降低发病率。播种时覆土厚度直接影响幼苗出土速度，故覆土过厚、保墒不好的地块，发病率显著高于覆土浅和保墒好的地块。玉米不同品种间的抗病性差异明显。

丝黑穗病菌存在异宗配合现象，有两个致病性不同的生理小种群，分别侵染高粱和玉米。Halisky（1963）曾报道丝黑穗病菌存在两个专化型，即玉米专化型［*Sphacelotheca reiliana*（Kühn）Clinton var. zeae］和高粱专化型［*Sphacelotheca reiliana*（Kühn）Clinton var. sorghum］。同时，研究认为两个专化型相互间对两种作物致病性存在明显差异。但国内外对丝黑穗病菌能否交互侵染的结论不尽一致。白金铠等（1964）认为玉米专化型不能侵染高粱，而高粱专化型虽能侵染玉米，但发病率很低。马宜生（1984）认为玉米丝黑穗病菌经人工接种也能侵染高粱，但发病率低；吴新兰等（1982）认为高粱丝黑穗病菌能否侵染玉米既取决于病菌生理小种，也取决于供试品种。郑铁军等（2006）采用土壤接种方法，对采自黑龙江省不同玉米生产区的3个菌株进行了致病力分化测定结果表明，来自不同地区的菌株对同一玉米自交系（品种）的致病力无明显差异。

高粱上的病菌偶尔可侵染玉米引起发病。国内多数学者研究认为，侵染玉米的丝黑穗病菌不能侵染高粱，侵染高粱的丝黑穗病虽能侵染玉米，但侵染能力很低。我国玉米丝黑穗病菌有生理分化现象，存在不同生理小种。姜钰等（2007）对来自9省份不同地理来源和不同品种的丝孢堆黑粉菌（*S. reilianum*）22个菌株进行RAPD扩增及聚类分析。结果表明，22个菌株聚类分为5组，菌株间具有明显的遗传多样性差异。对该病菌株的ITS序列分析结果表明，各菌株之间的ITS序列具有的差异，也证明菌株间存在遗传多样性。

（三）防控方法

玉米丝黑穗病的防治以采用抗病品种为主，结合种子药剂处理以及加强栽培管理的综合防治措施。

1. 种植抗病品种　选用抗病品种是解决该病的关键性措施。

2. 种子药剂处理　药剂处理可因地制宜采用拌种、浸种、闷种和药土覆盖等方法进行，尤以拌种法简便易行，更适于广泛应用。选用三唑类杀菌剂拌种防治玉米丝黑穗病效果好，大面积防效可稳定在60%～70%。主要药剂有15%三唑酮可湿性粉剂，按种子重量0.5%拌种；12.5%烯唑醇可湿性粉剂，以种子重量0.3%拌种；也可选用含有三唑类杀菌剂的种衣剂处理种子，均可获得良好的防病效果。玉米自交系抗药性较差，药剂拌种时应予注意。

3. 改善栽培管理　①合理轮作：根据各地块多年病情以及当地品种条件合理安排轮作。②适期播种：根据地势、土质、墒情、品种生育期和抗病性，结合茬口和地块发病轻重，因地制宜灵活掌握播种期，播种深浅一致，覆土厚薄适宜，促使幼苗快速出土，减少侵染概率。③及时清除田间病株：苗期以及生长期病株症状明显时，结合农事操作及时拔除病苗、病株，及时割除未开花菌瘿，携出田外深埋或烧毁，减少病菌在田间的扩散以及在土壤中的残留和积累。

二、玉米茎腐病

玉米茎腐病又称青枯病，是世界玉米产区普遍发生的一种系统侵染的土传病害，在我国各玉米种植区均有发生。随着玉米耕作方式的改变和品种的更替，玉米茎腐病近年来在我国呈现加重趋势。东北春玉米区在籽粒灌浆和乳熟期如遇到较强的降雨，雨后暴晴极易诱发茎腐病的发生。玉米灌浆期遇到大雨，田间积水，茎腐病则发生严重。一般年份田间发病率为5%，条件适宜发病年份，田间病株率可达20%以上，重病田块的病株率甚至高达50%以上。

（一）症状识别

玉米茎腐病在玉米灌浆期开始根系发病，乳熟后期至蜡熟期为发病高峰期。田间症状主要表现为玉米叶片青灰色干枯或黄枯。从始见青枯病叶到全株枯萎，一般5～7 d。发病快的仅需1～3 d，长的可持续15 d以上。玉米茎腐病在乳熟后期，常突然成片萎蔫死亡，因枯死植株呈青绿色，故称青枯病。先从根部受害，最初病菌在毛根上产生水渍状淡褐色病变，逐渐扩大至次生根，直到整个根系呈褐色腐烂，最后粗细根变成空心。根的皮层易剥离，松脱，须根和根毛减少，整个根部易拔出。逐渐向茎基部扩展蔓延，茎基部1～2节处开始出现水渍状梭形或长椭圆形病斑，随后很快变软下陷，内部空松，一掐即瘪，手感明显。黄枯型整株叶片自下端开始依次黄枯，有时也呈现水烫状青黄枯，茎基部初呈褐色水渍状斑，表皮失水轻微皱缩，进而变软呈条纹凹陷，严重者叶片全部黄枯。节间变淡褐色，果穗苞叶青干，穗柄柔韧，果穗下垂，不易掰离，穗轴柔软，籽粒干瘪，脱粒困难。

（二）病菌种群及发病规律

玉米茎腐病是由多种病原菌侵染所致，多数情况下是2～3种病原菌复合侵染，其致病菌包括镰孢菌和腐霉菌，而在东北地区镰孢菌是玉米茎腐病的主要致病菌。腐霉菌主要包括肿囊腐霉 *Pythium inflatum* Matthews、禾生腐霉 *Pythium graminicola* Subramaniam 和瓜果腐霉 *Pythium aphanidermatum*（Edson）Fitzpatrick。主要致病镰孢菌包括禾谷镰孢菌 *Fusarium graminearum* Schwabe 和轮枝镰孢菌 *Fusarium verticillioides*（Sacc.）Nirenberg。禾谷镰孢菌的有性态为玉蜀黍赤霉 *Gibberella zeae*（Schweinitz）Petch，轮枝镰孢菌的有性态为藤仓赤霉 *Gibberella fujikuroi*（Sawada）Wollenweber。

通过对东北春玉米种植区茎腐病菌的分离鉴定，共鉴定出禾谷镰孢菌、轮枝镰孢菌、胶孢镰孢菌、层出镰孢菌和木贼镰孢菌 5 种镰孢菌，其中禾谷镰孢菌和轮枝镰孢菌为玉米茎腐病的优势菌群。禾谷镰孢菌复合种共划分为 2 个种，分别为禾谷镰孢 *Fusarium graminearum* 和布氏镰孢 *Fusarium boothii*，布氏镰孢菌的分离频率极低，地理分布仅位于辽宁省西北部地区（表 5-3）。

表 5-3　4 省份玉米茎腐病和穗腐病的病菌分离频率（%）

类　别	辽宁	内蒙古	吉林	黑龙江
禾谷镰孢菌	47.6	50.0	74.1	65.7
轮枝镰孢菌	29.8	27.8	3.7	5.3
胶孢镰孢菌	8.9	11.1	22.2	13.2
层出镰孢菌	5.1	11.1		15.8
木贼镰孢菌	8.6			

（三）发生条件和规律

玉米茎腐病的侵染源为土壤、种子或病残体中的病原菌，全生育期菌可从根、茎基部、近地茎节处通过伤口或直接侵入，并在以上各处形成病斑，病原菌在组织内部蔓延，最后到达茎基部，堵塞维管束，地上部得不到水分和营养而干枯死亡。镰孢菌茎腐病在前期干旱，灌浆期遇到降雨的气候条件极易大面积发生，发病迅速，常在 1～2 d 内全株叶片迅速失水青枯，果穗下垂，其症状全部呈现急性青枯型。由于镰孢菌是小麦、玉米的共同病原菌，同时也是秸秆田间腐烂的主要菌群，因此，小麦-玉米连作地区、连续多年秸秆还田或免耕的田块发病较重。品种间抗性存在显著差异，一般晚熟品种较抗病，东北春玉米区感病品种发病从散粉后期开始，而抗病品种则从灌浆期开始发病。

（四）防控方法

目前，在尚未培育鉴定出高度抗病品种的情况下，加强栽培防病可减轻病害。如及时中耕及摘除下部叶片，使土壤湿度低，通风透光好。合理密植，不宜高度密植，造成植株郁闭。前期增施磷、钾肥，以提高植株抗性。在条件许可下，提倡轮作，以减少土壤中的病原菌，如玉米与棉花的轮作或套种等，都能减轻病害。

1. 选用抗病品种　种植抗病品种是一项最经济有效的防治措施。根据玉米生态区气候特点合理选择郑单 958、农大 108、辽单 565、丹玉 39、丹玉 405、良玉 88、沈玉 21 等品种。

2. 加强栽培管理　合理轮作，重病地块与大豆、甘薯、花生等作物轮作，减少重茬。合理密植，降低土壤湿度等措施可以使植株健壮，减少茎腐病。深翻土地，清除病残和不施用未腐熟的有机肥，可以减少田间菌源。合理施肥，施用优质农家肥，每亩增施硫酸钾 8～10 kg，加强营养以提高植株的抗病力。玉米生长后期结合中耕、培土，增强根系吸收能力和通透性，及时排出田间积水。重病田避免秸秆还田。

3. 化学防治　采用咯菌腈种衣剂包衣可降低发病率。预防可用嘧菌酯（阿米西达）1 000倍液，30%苯甲丙环唑（爱苗）1 500 倍液喷雾。或用 58%瑞毒锰锌粉剂 600 倍液喇叭口期喷雾预防。发现零星病株可用甲霜灵 400 倍液或多菌灵 500 倍液灌根。

三、玉米穗腐病

玉米穗粒腐病属于世界性玉米病害，是玉米植株生长后期发生的重要病害之一，国外早有报道，在我国发生十分普遍，特别是在玉米灌浆成熟阶段遇到连续阴雨天气，一般发病率为 5%～10%，一些感病品种的发病率可达 50%以上，不仅直接严重影响玉米产量和质量，同时可引起种子带菌导致发芽率降低或田间大量死苗，进一步加重损失，而且许多病原菌可分泌有害的真菌毒素，对人畜健康造成严重威胁。

（一）症状特点及发病规律

玉米穗腐病是由多种病原真菌单独或复合侵染引起玉米果穗或籽粒腐烂霉变的总称，病原菌田间侵染危害从玉米果穗授粉后花丝萎蔫开始直至收获均可发生，在果穗或籽粒收获后储藏期间该病害仍可延续侵染和发展。患病果穗或籽粒的症状表现因病原菌种类不同而各有差异，最终引起果穗或籽粒霉变、腐烂、干瘪、爆裂、破碎等霉烂症状。主要病原菌危害症状如下：

1. 串珠镰孢菌穗腐病症状　果穗表面被粉白色的病原菌分生孢子或灰白色的菌丝所覆盖，严重时籽粒腐烂。

2. 禾谷镰孢菌穗腐病症状　被侵染籽粒变为紫红色，表面为紫红色的病原菌菌丝所覆盖，籽粒发生腐烂。

3. 青霉菌穗腐病症状　籽粒之间遍布青灰色的病原菌孢子，籽粒与穗轴之间也布满病菌；掰断果穗，可见穗轴外周呈一灰绿色环带，籽粒基部组织已为病菌严重侵染。

4. 曲霉菌穗腐病症状　在发病部位的籽粒之间或着生籽粒的穗轴上，可见黄绿色或黑色的病原菌；在潮湿条件下，病原菌产生较多的突出球状物——分生孢子梗和分生孢子。籽粒基部因被侵染而呈现黑褐色。

5. 木霉菌穗腐病症状　在潮湿条件下，果穗苞叶外部有大片的深绿色霉层，是病菌的分生孢子；果穗籽粒上也遍布绿色的病菌分生孢子，穗轴表面和内部也可以看见大量的绿色的病菌孢子，籽粒发生霉烂。

镰孢菌穗腐病的侵染发生在玉米授粉后，萎蔫的花丝是病菌进入果穗的重要桥梁。如果果穗被害虫取食危害，则所造成的伤口成为病菌侵染的入侵位点。镰孢菌以厚垣孢子、菌丝、分生孢子的形式存在于土壤或植株病残体中越冬，也可以通过种子传带。在玉米生长后期，空气中已存在大量的病菌分生孢子，一旦条件合适即可发生侵染。

木霉菌以厚垣孢子、分生孢子的形式存在于土壤或植株病残体中越冬。木霉菌能够在许多基质上生长，在适宜的条件下，产生大量分生孢子。其对玉米果穗的侵染发生在灌浆阶段。

青霉菌、曲霉菌也是可以腐生在不同基质上的真菌，能够在土壤和植株病残体上越冬。在玉米生长后期，田间的空气中已存在大量的病菌分生孢子。当果穗受到害虫等损伤后，很易被青霉菌、曲霉菌等侵染。

在多雨高湿的条件下，玉米穗腐病发生严重。雨水将空气中的病原菌孢子带入玉米果穗中，果穗苞叶松散、穗尖外露的品种易发生穗腐病。

（二）病原菌种群

引起穗粒腐病的真菌有 30 多种，大致可分为 3 类：①根霉、青霉和曲霉等腐生菌；②粉红聚端孢霉、非洲串棒霉、穗黑孢霉、纤细链格孢霉等；③串珠镰孢菌和禾谷镰孢菌等镰孢菌类。国内外对主要致病菌研究的结果基本一致，主要以镰孢菌（*Fusarium* spp.）为优势种。国外研究认为串珠镰孢菌的分离频率最大；而在我国常见的最主要的穗腐病有串珠镰孢菌穗腐病、禾谷镰孢菌穗腐病、青霉菌穗腐病、曲霉菌穗腐病和木霉菌穗腐病等。徐秀德等对我国吉林、辽宁、河北、河南、四川、广西 6 个省份收集玉米籽粒进行分离检测，分离鉴定出镰孢菌 *Fusarium* spp.、青霉菌 *Penicillium* spp.、曲霉菌 *Aspergillus* spp.、木霉菌 *Trichoderma* spp.、链格孢菌 *Alternaria* spp.、枝顶孢菌 *Acremonium* spp.、双极蠕孢菌 *Bipolaris* spp.、小核菌 *Sclerotium* spp.、黑孢霉菌 *Nigrospora* spp.、丝核菌 *Rhizoctonia* spp.、附球菌 *Epicoccum* spp.、侧孢霉 *Sporotricum*12 个属 29 个种类的致病真菌。不同地区分离获得的真菌种类、分离频率有很大差异，引起玉米穗粒腐病的优势病原菌亦有差异，镰孢菌是玉米穗粒腐病的优势菌群，6 个省份玉米籽粒串珠镰孢菌带菌率平均为 18.40%，禾谷镰孢菌带菌率平均为 11.11%；不同省份玉米穗腐病病原镰孢菌的种类数量不同，串珠镰孢菌的比率总体明显高于禾谷镰孢菌。分离频率较高的还有青霉菌、曲霉菌、黑孢菌、木霉菌等。而辽宁省不同生态区玉米穗腐病原菌种类较多，主要以镰孢菌为主，占分离菌株的 70%以上，其次为青霉菌、木霉菌、曲霉菌等。

（三）病原镰孢菌种群分化及其毒素基因

1. 辽宁省玉米穗腐病病原镰孢菌种群组成 应用核酸序列分析技术，对采集自铁岭、朝阳、抚顺、阜新、大连、盘锦等不同生态区玉米穗腐病病穗分离获得的部分玉米穗腐病致病镰孢菌进行种类鉴定，结果表明：辽宁玉米穗腐病病原镰孢菌以轮枝镰孢菌和禾谷镰孢菌为主，其次为层出镰孢菌、亚黏团镰孢菌、半裸镰孢菌及尖孢镰孢菌等（表 5-4）。

表 5-4 辽宁玉米穗腐病病原镰孢菌种类和分离频率（沈阳，2012）

镰孢菌种类	分离频率（%）	镰孢菌种类	分离频率（%）
轮枝镰孢菌（*F. verticillioides*）	49.72	半裸镰孢菌（*F. semitectum*）	1.69
禾谷镰孢菌（*F. graminearum*）	38.79	尖孢镰孢菌（*F. oxysporum*）	0.51
层出镰孢菌（*F. proliferatum*）	4.25	未知种类（*Fusarium* sp.）	0.02
亚黏团镰孢镰（*F. subgiutinans*）	2.05		

随着对镰孢菌研究的深入，一些致病镰孢菌已被确认是由形态上非常相似，但在分子亲缘关系方面区分明显的复合种（species complex）所组成，如串珠镰孢菌复合种（*Fusarium moniliforma* species complex）、禾谷镰孢菌复合种（*F. graminearum* species complex）、尖孢镰孢菌复合种（*F. oxysporum* speciescomplex）等。徐秀德等对我国 6 个省

份玉米穗腐病病原串珠镰孢菌复合种群种 300 个菌株的 ITS 序列与 GenBank 中的该复合组相关序列进行聚类分析表明，我国玉米穗腐病病原串珠镰孢菌复合种包括拟轮枝镰孢菌（*F. verticillioides*，291 株，占 97%）、层出镰孢菌（*F. proliferatum*，25 株，占 8.3%）、半裸镰孢菌（*F. incarnatum*，10 株，占 3.3%）和亚黏团镰孢菌（*F. subglutinans*，6 株，占 2.0%）。而董怀玉等（2015）利用禾谷镰孢菌特异性引物 Fg16F/R，对分离自北方春玉米区玉米穗腐病籽粒病原禾谷镰孢菌复合种的 45 株菌株进行测定，通过基因序列测定表明，北方春玉米区玉米穗腐病病原禾谷镰孢菌复合种存在禾谷镰孢菌（*F. graminearum*）和亚洲镰孢菌（*F. asiaticum*）2 种，分别占供试菌株的 80%和 20%，以禾谷镰孢菌为优势致病种类。辽宁 28 个菌株中包含 23 株禾谷镰孢菌和 5 株亚洲镰孢菌，吉林 10 个菌株和河北 3 个菌株均为禾谷镰孢菌，而黑龙江 4 个菌株则均为亚洲镰孢菌；其结果不同于麦类赤霉病禾谷镰孢菌生态地理类型的分布，呈现出亚洲镰孢菌分布于冷凉地区而禾谷镰孢菌分布于温暖地区的格局。

2. 镰孢菌产毒素化学型检测分析 董怀玉等（2014）利用镰孢菌产毒素基因特异性引物（Tri7 和 Tri13），对分离自我国北方春玉米区玉米穗腐病的禾谷镰孢菌复合种的 43 个菌株（包括 34 株禾谷镰孢菌和 9 株亚洲镰孢菌）进行产毒素化学型检测，结果表明我国北方玉米穗腐病禾谷镰孢菌可以产生脱氧雪腐镰孢烯醇（Deoxynivalenol，DON）和雪腐镰孢烯醇（Nivalenol，NIV）2 种毒素化学型。其中禾谷镰孢菌只产生脱氧雪腐镰孢烯醇，而亚洲镰孢菌以产生脱氧雪腐镰孢烯醇为主、个别菌株产生雪腐镰孢烯醇。采用 VERPRO2 专化引物，对分离自我国 6 省份玉米穗腐病的串珠镰孢菌复合种的 300 个菌株进行了付马毒素（fumonisins）测定：其中，产生付马毒素专化性引物呈阳性的为 296 个，占供试菌株总数的 98.7%；对付马素专化性引物不呈现阳性的有 4 个菌株，占供试菌株总数的 1.3%。

（四）病原镰孢菌侵染循环规律

分别选取分离纯化获得的玉米穗腐病主要病原镰孢菌菌株，采用细胞质融合技术，成功地将由荷兰瓦赫宁根大学引进的绿色荧光蛋白基因（GFP）转入轮枝镰孢菌、层出镰孢菌和亚黏团镰孢菌菌株中，获得高通量荧光表达菌株（图 5－8）。

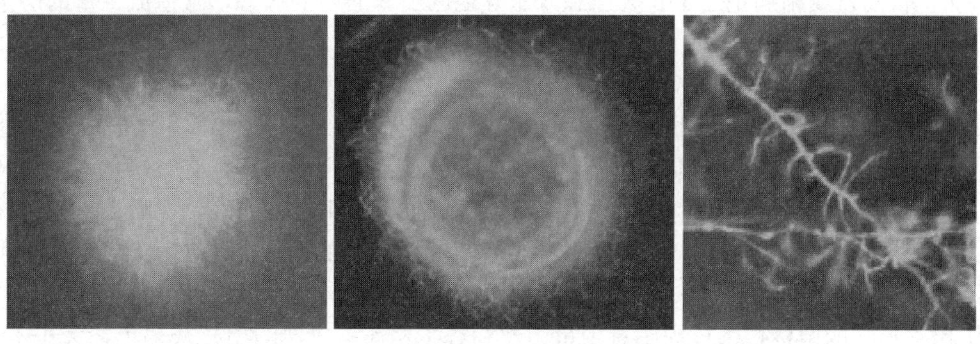

图 5－8 转化获得的高通量 GFP 菌株

1. 病原镰孢菌土壤存活时间研究 采用 GFP 标记轮枝镰孢菌株，以玉米穗轴为载体，在锦州、清原、沈阳 3 地设立定点试验，将带菌玉米穗轴分别埋置 10 cm、20 cm、

30 cm 3 个不同土壤深度，测定病菌在不同土壤中存活时间。自 2011 年 5 月埋置，至 2013 年 5 月最后取样经分离培养证实病原菌基本已不存活。结果表明，在自然条件下，病残体携带的玉米穗腐病原镰孢菌在田间不同土壤层中可存活至少 1 年半或更长，但基本不超过两年。而玉米种子带菌可存活 2 以上。

2. 病原镰孢菌侵染循环规律研究 利用 GFP 标记镰孢菌株，采用花粉管通道导入、针刺种子胚尖、茎秆注射等接种方法对玉米穗腐病病原镰孢菌在寄主体内的侵染循环进行荧光显微镜跟踪检测，结果表明：①玉米穗腐病病原镰孢菌均能侵染玉米种子，种子带菌率为 25％～75％，不同玉米品种种子的带菌率差异明显，杂交种种子带菌率总体要比自交系种子带菌率低；带菌种子次年田间播种后，感病植株体内 GFP 菌株可随着植株生长发育由根向上扩展至植株顶端、果穗和籽粒；②针刺种子胚尖接种的病原菌可侵染幼苗胚根，并随植株生长发育由底部向上扩展至植株顶部、果穗和籽粒；③采用茎节注射法接种的病原菌不仅也能向上扩展至植株顶端、果穗和籽粒，且可以向下扩展至根部组织。

综合分析试验结果证明，玉米穗腐病病原镰孢菌与寄主可形成一个类似于“系统侵染”的、完整的侵染循环，带菌种子可成为下一年植株发病的初侵来源。

（五）防控方法

1. 种植抗病品种 不同品种对穗腐病抗性差异显著，在发病严重地区，应选抗性强、果穗苞叶包裹紧的品种。

2. 农业防治措施 合理密植、适时追肥、及时收获、控制玉米螟等害虫对穗部的危害等措施都可以减轻穗腐病的发生。

四、玉米纹枯病

玉米纹枯病于 1966 年在我国吉林省首次报道，20 世纪 70 年代中后期逐渐成为我国玉米主产区的一种重要病害。20 世纪 80～90 年代，玉米纹枯病在湖北、湖南、广西、江苏、辽宁等地均有发生危害的相关报道，产量损失率均在 10％以上，严重地区玉米减产高达 30％，并且有逐年加重的趋势。玉米纹枯病现在已成为制约我国玉米持续增产的主要病害。目前，纹枯病是辽宁省大连和丹东等地区玉米的主要病害，常造成严重的产量损失，减产达 15％以上。

（一）症状识别

玉米纹枯病在玉米苗期很少发生，主要发生在玉米生长后期，即籽粒形成期至灌浆期，该病菌主要危害叶鞘、叶片及苞叶，形成云纹状不规则形病斑，有时还危害果穗及果穗以上部位，产生云纹状斑，并导致内部籽粒、穗轴等组织变褐腐烂，发病严重的病株提早枯死。茎秆被害病斑褐色，呈不规则形，后期破裂，严重时露出纤维。天气潮湿时，病斑上可见到稀疏的白色蛛丝状菌丝体，病部组织内或叶鞘与茎秆间常产生褐色颗粒状、直径为 1～2 mm 的菌核，菌核周围有少量菌丝和寄主相连。成熟的菌核灰褐色，大小不等，形状各异，多为扁圆形，易脱离落入土壤中。

（二）病菌种群

玉米纹枯病致病菌包括 3 个种，茄丝核菌 *Rhizoctonia solani* Kühn、玉蜀黍丝核菌

Rhizoctonia zeae Voorhees 和禾谷丝核菌 *Rhizoctonia cerealis* Van der Hoeven。茄丝核菌是我国玉米纹枯病最主要的致病菌，分布广、致病力强的是 AG-1-IA 融合群。目前，*Rhizoctonia solani* 种内菌丝融合群（anastomosis groups，AGs）18 个（AG-1-IA～AG-11，AG-BI）。20 世纪 90 年代以来，国内已对四川、湖北、安徽等地的玉米纹枯病菌菌丝融合群进行了鉴定，不同地区间的菌群构成存在一定的差异。通过对东北春玉米主产区玉米纹枯病菌融合群鉴定，明确划分为 3 个多核丝核菌类群（AG1-IA、AG5、AG4-HGII）和双核菌群。其中 AG-1-IA 出现频率最高，达 73.41%；AG-5 主要分布在黑龙江省和吉林和辽宁的部分地区，所占比例为 22.54%（表 5-5）。

表 5-5　东北地区玉米纹枯病菌融合群的出现频率

融合群	测定菌株数（株）	出现频率（%）
AG-1-IA	127	73.41
AG-5	39	22.54
AG-4-HGII	1	0.58
双核菌株	4	2.31
未知多核菌株	2	1.16

（三）发生条件和规律

病菌主要以遗落在田间的菌核越冬，成为病害的初侵染源和再侵染源。当翌年或下季的温度、湿度条件适宜时，越冬菌核萌发，长出菌丝。玉米种子萌发以后，菌丝在玉米基部叶鞘上延伸并侵入叶鞘缝隙里，从叶鞘内侧表皮的气孔或直接穿破表皮侵入，经 5～7 d 后便出现病斑。病、健叶片和叶鞘相互搭接及雨水反溅是造成田间再侵染的重要途径。温度 26～32 ℃、相对湿度 96%以上，利于该病害流行。种植密度大，株间通风不良发病重。

（四）防控方法

1. 种植抗病品种　尽管很难筛选到高抗品种，但品种间抗性差异存在差异，部分品种具有一定抗性，如品种良玉 99、沈玉 21、铁研 124、铁研 366、良玉 88、辽单 565、宁玉 309、铁研 358、吉单 27、丹玉 606 和铁研 120 等具有中等以上抗性。

2. 减少菌源　收获后及时清除田间植株病残体，深松土壤，减少表层土壤中的菌核数量；丹东和大连地区重病田严禁秸秆还田，以减少田间的病菌积累。

3. 农业措施　低洼地应有排水沟，避免雨后积水诱发病害。合理施肥，不偏施氮肥，适量增施锌钾肥。调整播期，合理密植，降低田间湿度，减轻病情，促进植株健康生长。

4. 化学防治　病害重发区，于玉米生长中期喷施茎秆下部叶鞘，具有一定防治效果。50%井冈霉素可湿性粉剂 1 000 倍，喷施 2 次，间隔 7～10 d；或用 50%多菌灵可湿性粉剂 500 倍液、70%甲基托布津可湿性粉剂 500 倍液喷雾。

五、玉米黑束病

玉米黑束病是玉米上的一种重要的病害，玉米黑束病分布于美国、意大利、荷兰、澳大利亚、坦桑尼亚、加纳、埃及、印度等国。我国于1972年在山东省北镇种植的桂农277-1品种上，首次发现玉米黑束病（维管束黑化病）（唐文华，1982）。1984年，甘肃省从原南斯拉夫引进的自交系773，在乳熟期发生大面积枯死，危害严重，发病率达66.2%～98.9%。1985年，调查773自交系发病率仍高达90%，而当地的中单2号和中单1号均表现抗病。当前发生普遍，成为生产上的严重问题，应引起注意。辽宁省于1997年在辽宁省阜蒙县首见该病。1999—2000年在东北普查发现，该病发生普遍，个别地块发病率达30%～40%。此病目前在我国各玉米产区均有不同程度发生。由于玉米黑束病发病症状表现多样，且易与一些生理病害症状混淆，尚未引起高度重视，但已成为生产上的严重问题。

（一）症状特点

玉米生长前期无明显症状，于抽穗前开始发病。植株受害后，先在下部叶片叶脉的叶肉组织褪绿，继而整个叶片黄枯，自下而上乃至整株叶片全部提早枯死。在较高的茎节上长出气生根，茎部多呈干腐状，严重时病株早枯，茎秆稍粗，不能正常抽穗。雌穗不育或结实不饱满。有的品种上，病株叶片、叶鞘和茎秆由上向下变成紫红色至褐色，称为“空秆红叶”。叶片上通常沿主脉先变色，再扩展至叶片其余部分。潮湿时叶鞘患病部位产生一层粉红色的霉状物（即病菌的分生孢子梗和分生孢子）。此外，病株还有分蘖增多、复穗等症状。剖茎检查，维管束变黑褐色至黑色，故有黑束病之称。

（二）病原菌种群及发病规律

玉米黑束病的致病菌为点枝顶孢霉菌（*Acremonium strictum* Gams），属半知菌亚门顶孢霉属真菌。病菌菌丝纤细，无色，具隔膜，可数根至数十根联合成菌索。分生孢子梗直立，单生，基部稍粗，一般具1个分隔，上部渐细，有时可见二叉状偶见三叉状分枝。分生孢子无色，单胞，椭圆形至长椭圆形，大小（2.9～8.7）μm×（1.5～2.9）μm。分生孢子在分生孢子梗顶端粘合成头状。

病菌生长的适宜温度25～35 ℃，以30 ℃为最适；孢子萌发的适宜温度为22～30 ℃；菌丝生长的pH为5～9，最适为7～8。病菌能利用多种碳源和氮源作为营养。

病菌的菌丝体可由种子上和土壤中越冬而传播。采自玉米患病植株种子，再用1.0%次氯酸钠表面消毒液浸泡10 min种子，仍有3%带菌率。可见，种子带菌是黑束病远距离传播的主要途径。该病菌除可侵染玉米外，尚能侵染高粱、小麦、燕麦和大豆等作物。因此在防治上应兼顾多种作物的病害。

玉米品种间对病害的抗性存在差异，一些生产用玉米杂交种较抗病，如中单2号和中单1号均表现抗病。该病害的发生流行条件目前尚不完全清楚，有待于深入研究。但根据对病菌的生物学特性的研究以及田间病害的发生特点，认为病害在高温条件下发生严重，生产上土质黏重、低洼易涝、排水不良的地块病害易于发生。

（三）防控方法

1. 选种抗病品种 各地可选择种植对玉米黑束病抗性良好的品种。

2. 种子处理 播种前种子要用常规拌种药剂进行种子处理。播种前可用25%三唑酮可湿性剂按种子重量0.2%拌种；10%腈菌唑可湿性粉剂150～180 g拌种100 kg，均具有一定防病效果。

3. 改进栽培管理　实行合理轮作，增施钾肥，提高土壤墒情；收获后清除病残体，减少菌源；兼顾防治其他禾谷类作物上该病的侵染危害，减缓病害的发生。

六、玉米鞘腐病

玉米鞘腐病，是近年来我国玉米各主产区普遍发生的一种新病害。该病主要危害玉米叶鞘部位，在玉米生育中后期至籽粒成熟期发生，病斑初期为黄色、褐色或黑色小点，后形成不规则的圆形斑，受害叶鞘呈灰褐色至黑褐色腐烂症状，根据其发生部位和症状，故称之为玉米鞘腐病。目前该病在我国各玉米产区均有发生，并且有逐年加重的趋势，对玉米产量造成了不同程度的损失。White 等 2005 年在美国在玉米上发现紫叶鞘病发生，此病在玉米抽丝阶段开始发生，只危害叶鞘而不侵染叶片和茎秆，认为可能由镰孢菌（*Fusarium* spp.）或细菌侵染引起，但尚未确定其病原菌种类。徐秀德等 2008 年在辽宁、吉林和黑龙江省春玉米上发现了玉米鞘腐病，并报道由层出镰孢菌（*Fusarium proliferatum*）侵染所致。在辽宁省田间调查发现，东部山区发病严重，中、北部发病偏重，辽西地区发病较轻，这可能与当地的气候条件、特别是田间温、湿度有关。玉米鞘腐病已在我国多个省份的春玉米、夏玉米产区普遍发生，且病情逐年加重，给玉米生产造成了严重威胁。

（一）症状识别

玉米鞘腐病病主要发生在叶鞘上，在田间自然条件下，发病初期叶鞘上出现黄色、褐色或黑色小点，后逐渐扩展为圆形斑，多个病斑汇合形成黄色或黑褐色不规则形斑块，受害叶鞘呈灰褐色至黑褐色腐烂症状，致叶鞘干腐。田间湿度大时，病斑中心部位产生粉白色霉层。根据不同品种、不同环境等因素，病斑分为以下 4 种类型：病斑中央黄褐色，有明显的黑褐色边缘，形状不规则；病斑大，黑褐色，形状不规则；病斑红褐色，初为椭圆形或圆形红褐色斑点，后多个病斑汇合成红褐色的不规则、边缘不清晰病斑和水渍状病斑。

（二）病菌种群及发病规律

玉米鞘腐病的致病菌为层出镰孢菌（*F. proliferatum*），属半知菌亚门镰孢菌属真菌。病菌在 PDA 培养基上产生白色、丛卷毛状菌丝，菌丝颜色随培养时间渐变成灰紫色。培养基内色素由无色、灰黄色到灰紫色、深紫色和黑色。PDA 培养基上 25 ℃3 d 菌落直径 30～40 mm。气生菌丝发达。小型分生孢子棒形，0～1 隔，顶端略膨大，基部平截，可形成较长的分生孢子链。大型分生孢子产生在橘黄色的分生孢子座上，镰刀形，细长，微弯曲，3～5 隔，但多数菌株很少形成大型分生孢子。厚垣孢子缺乏。产孢梗为单瓶梗或复瓶梗，分枝较多，可形成 Z 形层生的复瓶梗，为典型的层出复瓶梗。

此病菌除侵染玉米外，还可侵染高粱、谷子等多种作物。

层出镰孢菌在土壤或病残体上越冬，翌年靠气流传播到玉米植株上。玉米不同生育期对玉米鞘腐病表现出不同的抗性反应，研究发现，田间接种层出镰孢菌，在开花初期的发病率和病情指数均高于喇叭口期、抽雄期、灌浆期和乳熟期，说明开花初期是玉米鞘腐病的发病高峰期。玉米鞘腐病发生轻重与气象条件、品种抗性及栽培措施关系密切。降水多、湿度大、温度高的年份发病重。品种间抗病性差异明显。重茬地或邻近玉米秸垛的地块发病重。山地发病重，平地发病轻。玉米不同品种间对鞘腐病的抗性也存在着明显差异，玉米自交系发病重于杂交种，大面积推广和种植感病品种是导致病害大发生和流行的主要原因。

(三) 防控方法

1. 种植抗病品种　玉米品种间对玉米鞘腐病抗病性存在明显差异，但表现高抗的品种很少。在病害发生严重地区，可选择具中抗水平或耐病性较好的品种，以减少病害造成的损失。

2. 农业防治措施　玉米收获后，及时清理病株和落叶，以减少菌源。通过合理施肥、改善田间通风条件等措施，提高植株抗病性。加强水肥管理，播种时施足底肥，生长中期及时追肥，施肥时增施有机肥，培肥地力，创造有利于玉米生长发育的田间生态环境，提高植株抗病力。适当降低植株密度，可以增加植株间的空气流通，降低湿度，减少病菌对植株的侵染，抑制病菌在植株内的扩展速度，可有效减轻田间的病害严重程度。

3. 药剂防治　玉米鞘腐病的防治应坚持农业防治为主、药剂防治为辅的综合防治策略，高效内吸性杀菌剂如多菌灵、戊唑醇等均可有效防治玉米鞘腐病，控制病害扩展。

第五节　玉米主要虫害研究

一、玉米螟

玉米螟（asiatic corn borer），又称钻心虫、箭杆虫，属鳞翅目螟蛾科，主要危害玉米、高粱、谷子、棉、麻、豆类等200多种作物，是世界性害虫，严重影响玉米的产量和质量，近年来有逐年加重危害的趋势。玉米螟主要分为亚洲玉米螟（*Ostrinia furnacalis* Guenee）和欧洲玉米螟（*O. nubilalis*）两种，亚洲玉米螟是危害我国玉米的主要种类。一般发生年份可使玉米减产10%左右，大发生年份所造成的产量损失在30%以上，严重时甚至绝收。玉米螟广泛分布于我国各个玉米产区，主要发生地区为东北地区的黑龙江省、辽宁省、吉林省，华北地区的北京市、河北省、河南省及西南地区的四川省、广西壮族自治区等省份。在辽宁省各地玉米螟均有不同程度发生危害，其中平原地区发生较重，而山地、坡地、水田区或水田附近的地块较轻；辽北地区较重，而辽西地区较轻。在辽宁省常年因玉米螟危害损失可减产10%左右，严重发生年减产20%～30%。

(一) 形态特征

亚洲玉米螟幼虫共5龄，体长20～30 mm，圆筒形，头和前胸背板深褐色，身体背部颜色为灰褐色、浅红色、淡黄色等，中央有1条明显的背线，腹部1～8节背面各有2列横排的毛瘤，圆形，前4个较大。

1. 蛹　纺锤形，黄褐色到红褐色，长14～18 mm，腹部末端有5～8根刺钩，黑褐色。

2. 成虫　黄褐色，体长10～14 mm，翅展24～35 mm，雌蛾前翅为鲜黄色，内横线呈波状纹，外横线锯齿褐色，前缘有两个深褐色斑。后翅略浅，也有两条波状纹。雄蛾体形略小，颜色较雌蛾深，身体除胸部为淡黄褐色外均为黄褐色。

3. 卵　椭圆形，黄白色扁平，长约1 mm，宽约0.8 mm，略有光泽。一般20～60粒粘在一起排列成不规则的鱼鳞状卵块。初产的卵块乳白色，后变黄白色，半透明。孵化前卵粒中心呈现黑点，为幼虫的头壳，边缘仍为乳白色。这一时期的卵称为“黑头卵”，在常温下一般数小时即可孵化为幼虫。

（二）发生规律

1. 危害状　玉米螟以幼虫危害，除根部很少受害外，其他各部分均可钻蛀。初龄幼虫蛀食嫩叶，取食玉米鲜嫩的心叶叶肉，不取食心叶表皮，形成排孔花叶。3 龄以后，幼虫爬入心叶内潜藏危害，心叶展开后，展开的玉米叶出现整齐的一排排小孔，这是玉米螟造成的典型症状。一般 3 龄以下幼虫“潜藏”危害，4～5 龄幼虫钻蛀危害。3 龄后幼虫蛀入茎秆，向上危害雄穗，当幼虫蛀入雄穗时，雄穗遇风常易折断，影响作物授粉；向下危害主茎和雌穗，幼虫取食苞叶、花丝，就会造成籽粒干瘪和青枯早熟现象；作物茎秆、穗柄、穗轴被幼虫蛀食后，形成空隧道，影响水分、养分在作物体内的输送，长势衰弱、茎秆易折，雌穗发育不良，影响结实。在蛀孔口外可以看到堆有大量的排泄物；老熟幼虫在接近蛀孔处的蛀道内化蛹。少量孵化初期的幼虫还可以转株危害，通过吐丝，下垂，随风漂移，扩散到附近的作物上继续危害。

2. 生活史　玉米螟发生世代，随纬度变化而异，低纬度低海拔地区发生的世代数多。据报道，我国自北向南一年可发生 1～7 代，东北及西北地区一年 1～2 代，华北地区一般一年发生 3 代，南方地区一年可发生 5～7 代。在各个地区玉米螟的越冬方式均以老熟幼虫在寄主秸秆、穗轴或根茬里越冬，部分幼虫在苍耳、苋菜等杂草的茎秆中越冬。越冬幼虫第二年春天随温度的升高化蛹羽化，在北方越冬幼虫 5 月中下旬进入化蛹盛期，5 月下旬至 6 月上旬越冬代成虫盛发，在春玉米或高粱上产卵。一代幼虫 6 月中下旬盛发危害，此时春玉米正处于心叶期，危害很重。二代幼虫 7 月中下旬危害夏玉米（心叶期）和春玉米（穗期）。三代幼虫 8 月中下旬进入盛发期，危害夏玉米穗及茎部。幼虫老熟后于 9 月中下旬越冬。

3. 生活习性　成虫飞翔能力强，白天躲藏于作物或杂草丛中，夜间活动，有趋光性。成虫羽化后当天交尾，翌日开始产卵，卵多产在玉米叶背中脉附近，卵经 3～5 d 孵化为幼虫。幼虫一般经历 5 个龄期，历期 20～30 d。在 20～26 ℃范围内，5 个龄期的幼虫平均历期分别是为 3.6 d、3.2 d、3.4 d、3.3 d 和 7.8 d。通常在不超过 30 ℃的情况下，温度越高，发育越快，龄期越短。幼虫有趋糖、趋触、趋湿、背光等习性，所以多选择寄主植物比较隐蔽、潮湿、含糖量较高的部位定居取食危害。老熟幼虫一般在被害部位化蛹，蛹期 6～10 d。

在玉米螟多发世代区，不论春播或夏播玉米，在其整个生长发育过程中，最多只有 2 代螟虫危害。这两代玉米螟发生在玉米生长发育的不同阶段，其危害对玉米的生长发育、产量及品质的影响有很大差异。在北方春玉米地区，玉米播期一般比较集中，所以玉米螟发生期与玉米生育期的关系也较为稳定。第一代卵（即越冬代成虫所产）盛期在玉米生长发育的心叶中期，所以也叫心叶期世代；第二代卵（第一代成虫所产）盛期在花丝盛期，也叫穗期世代。心叶期世代的卵多产于叶片背面中脉附近，以植株中上部完全展开的叶片为多。一般说来，叶片轻微受害对玉米生长无明显影响。若种植感虫品种，且螟虫发生较重，叶片严重受害时，雄穗不能正常抽出，植株高度会显著降低。

4. 发生条件 玉米螟的发生消长虽然受多种自然因素和人为因素的影响，但在一般情况下，主要是受气候条件、自然天敌、寄主作物等因素影响。其中以温度、湿度和雨量的影响最大，光照周期的作用也比较明显。各虫态的适宜温度为15～30 ℃，最适温度为17～22 ℃，在此温度范围内，湿度是重要的影响因素，越冬幼虫寻求与水分接触并直接饮水，以做化蛹前的准备，饮水后促进虫体重量增加、死亡率降低和提高化蛹率，若不能满足饮水的需要是不能化蛹的，这一生理要求在发生期和发生量预测中至关重要。玉米螟的天敌种类很多，包括寄生卵的赤眼蜂类和黑卵蜂，取食卵的瓢虫和草蛉，寄生幼虫的长距茧蜂、寄蝇类，还有螨类、蜘蛛、线虫等捕食性天敌和白僵菌、细菌、病毒等病原微生物。其中，作用最明显的是卵期赤眼蜂。在我国许多地区，赤眼蜂在玉米螟发生后期（进入雨季后）对卵块的自然寄生率往往可达90%～100%，对夏玉米穗期第三代螟虫有很大抑制作用。赤眼蜂发生越早，数量越大，对玉米螟的抑制作用越显著。

（三）防控方法

1. 农业防治措施 ①消灭越冬虫源。在越冬幼虫羽化以前，处理玉米、高粱、棉花等越冬寄主的茎秆是消灭越冬幼虫、压低越冬虫源基数的有效措施。各地常用的方法有：高温沤肥、秸秆还田、白僵菌封垛等。②设置诱集田。在春玉米正常播种前1个月左右选择邻近越冬场所的地块种植小面积的诱集带、诱集田，或对少数早播春玉米田加强肥水管理，促其早发，诱集成虫产卵，然后施用药剂进行集中歼灭，防治效果可达90%以上。③选用抗螟品种。种植抗螟品种是一种经济、有效、安全的治螟措施。近年来，国内有些单位已鉴定筛选出一批抗螟材料，选出一些有利用价值的抗虫自交系，并推广种植了丹玉13等抗虫杂交种，各地可根据当地的具体情况尽量选用抗螟品种。

2. 物化防治措施 利用玉米螟趋化性质，制成性诱剂，在玉米螟成虫产卵前进行诱杀，可有效降低产卵量，减轻玉米螟危害。利用玉米螟趋光性各地可推广使用高压诱虫汞灯防治玉米螟。

3. 生物防治措施 白僵菌和苏云金杆菌是经多年生产应用证明对玉米螟有明显防治效果的微生物杀虫剂，既可用于防治越冬幼虫，又可制成颗粒剂在心叶中期杀螟。用松毛虫赤眼蜂防治玉米螟，是目前实际应用面积最大、效果最好的天敌防治技术。

4. 药剂防治 ①玉米心叶末期颗粒剂防治。无论春、夏玉米，心叶期防治都是保产的重要环节，其中以心叶末期为防治的有利时期。用0.2%辛硫磷颗粒剂，使用时拌10倍煤渣或细沙颗粒，玉米每株施颗粒剂1～2 g。②玉米心叶末期或抽穗前后喷雾防治。可用25%灭幼脲悬浮剂600 g/hm^2、2.5%溴氰菊酯乳油300～600 g/hm^{2}喷雾防治玉米螟。③玉米穗期药剂保护。包括防治危害春玉米穗期的第二代螟虫和危害夏玉米穗期的第三代螟虫，一般以后者为重。

二、玉米黏虫

黏虫，学名*Mythimna separata*（Walker），又称粟夜盗虫、剃枝虫，俗名五彩虫、麦蚕、行军虫等，属鳞翅目夜蛾科，主要危害麦、稻、粟、玉米等禾谷类粮食作物及棉、麻、豆类、果树和蔬菜等多种农作物，是一种具有远距离迁飞性、突发性、暴食性的世界性害虫，具有隐蔽性强、突发危害的特点，严重影响玉米的产量和质量，近年来有逐年加重的趋势。在辽宁，黏虫以2龄、3龄幼虫危害为主。2012年，辽宁全省各地普遍暴发3代黏虫危害，其中沈阳、阜新、铁岭、锦州、朝阳等玉米产区最为严重，部分地方甚至出现绝收现象，此次暴发的玉米黏虫影响范围广、生长繁殖快、成灾面积大，危害程度为近十年罕见。2013年，2代黏虫在辽宁省大部地区偏重发生，发生面积达到58.3万hm^2，见虫面积稍低于2012年，比2001—2011年平均值高80%，三代黏虫发生面积42万hm^2，是继2012年以来第二个重发生年，造成了严重的产量损失。

（一）形态特征

黏虫幼虫共6龄，老熟幼虫体长36～38 mm，体色多变有浅黄绿、灰绿及深绿色，发生量大时体色较深。头部黄褐色，中央有1黑褐色“八”字纹；腹背线白色、较细，两侧有细黑线；亚背线蓝色或红褐色，其上下有灰白色细线；气门黑色，气门线黄色。腹足基部外侧有黑褐色斑，趾钩单序中带。

1. 蛹　长19～23 mm，红褐色，腹背5～7节各有一排小点刻。腹末有尾刺3对，中间1对粗大且直，侧面2对细而弯曲。

2. 成虫　体长约20 mm，翅展35～45 mm，淡黄褐色或灰褐色，触角丝状，胸发达。前翅中央近前缘有2个淡黄色圆斑，外侧圆斑较大，下方有1个小白点，两侧各有1个小黑点。翅顶角有1向内伸的暗色斜纹。

3. 卵　半球形、馒头状，表面有六角形的网状纹，直径0.5 mm，稍带光泽，初产时乳白色，渐变为黄褐色至褐色，孵化前变为黑灰色。每个卵块由数十粒至数百粒卵组成，由于成虫产卵时泌胶质将卵粒黏结在植物叶片上，每个卵块多为2～4行排列成长条状。

（二）发生规律

1. 危害状　黏虫以幼虫危害，危害症状主要以幼虫咬食叶片，严重发生时，可将玉米叶片吃光，只剩叶脉，造成严重减产，甚至绝收。当一块玉米田被吃光，幼虫常成群迁到另一块田块危害，故又称“行军虫”。1～2龄幼虫只食叶肉取食叶片造成孔洞，有群居习性、怕光，受惊吓后迅速蜷缩成一团坠地，晴天白昼一般潜伏在麦糠下或者土壤当中，到了傍晚后或阴天就爬到植株上危害。3龄以上幼虫，沿叶缘咬食叶片后造成缺口，危害严重时可吃光叶片。一般地势低、玉米植株高矮不齐、杂草丛生的田块受害重。5～6龄幼虫进入暴食期，可以将玉米吃成光秆或者将玉米幼苗整个吃光，且有明显的群集性和杂食性，所到之处，基本会把所有可食叶片都蚕食一空，然后会集体大面积迁移，造成较大损失。

2. 生活史　我国黏虫发生世代数和发生时期随纬度而异，纬度越高世代越少。其越冬区域在北纬33°以南，33°以北地区几种虫态基本上均不能越冬生存。黏虫无滞育现象，只要条件适合可以终年繁殖危害，无越冬现象。我国从北到南黏虫一年可发生2～8代，其中东北、西北2～3代，华北3～4代，华东和华中4～6代，华南7～8代。玉米黏虫以幼虫和蛹在稻桩、杂草、麦田表土等处越冬。在辽宁地区，迁入的1代成虫始见于5月下旬，6月上中旬为盛发期；2代幼虫发生期在6月下旬至7月上中旬，到达危害盛期，7月下旬至8月上旬2代成虫羽化后一部分迁出，一部分在当地谷子、糜子、荞麦等秋作物上产卵繁殖；8月下旬至9月初3代幼虫发生，9月下旬3代成虫迁出。

3. 生活习性　黏虫属远距离迁飞性害虫，成虫昼伏夜出，黎明时寻找隐蔽场所，傍晚开始活动，黄昏时觅食、交配、产卵，成虫有趋光性，亦对糖醋液有较强的趋性，且取食花蜜补充营养。成虫喜欢在叶鞘、卷曲的叶梢等隐蔽处产卵，每头雌虫可产卵 1 000～3 000 粒，成虫产卵的适宜温度为 19～25 ℃，超过 30 ℃高温即不利于产卵，阴晴交错、多雨高湿的气候有利于产卵，空气相对湿度低于 50%时，产卵显著减少。在玉米苗期，卵大多产在叶片尖端；成株期，卵多产在穗部苞叶或雌穗的花丝等部位，形成卵虫。在自然情况下，第 1 代卵期 6～15 d，以后各代 3～6 d。

幼虫孵化后，集中在喇叭口内取食嫩叶叶肉。初孵幼虫有群集性，2 龄幼虫多在嫩叶背光处危害，3 龄后的幼虫有假死性，受惊吓后会迅速卷缩坠地，有畏光性，晴天白昼潜伏在根部或土缝中，阴天或傍晚后爬到植株上啃食危害。3 龄后幼虫食量大增，5～6 龄进入暴食阶段，其食量占整个幼虫期的 90%左右。老熟幼虫在植株根部 3～5 cm 处入土化蛹。幼虫 6 个龄期 14～28 d，蛹期 9～14 d。

4. 发生条件 黏虫的发生受多种自然因素和人为因素的影响，其中影响黏虫消长的环境因子很多，主要受气候、食料营养、天敌和农业生产活动等因素的影响。大发生时因食物缺乏或环境不适有成群结队迁移危害的习性。黏虫喜潮湿而闷热的天气，黏虫在 19～22 ℃，相对湿度 50%～80%时最适宜生存，如果气温低于 15 ℃或高于 25 ℃，则一般不会发生黏虫大规模爆发的情况。黏虫无滞育现象，只要农业气象条件适宜，可连续繁殖和生长发育。每年 3、4 月，玉米黏虫成虫开始由南至北迁飞，4、5 月开始危害农作物。降雨和温湿度变化是影响黏虫发生的重要因素。温暖高湿，禾本科植物丰富利于黏虫发生；水肥条件好、长势茂密的田块虫害重。

（三）防控方法

防治黏虫必须把幼虫控制在 3 龄以前，如果超过 4 龄则进入暴食期，防治效果降低。因此，防治黏虫首先要搞好预测预报，做到早期发现、及时防治，掌握好防治适期，切实控制黏虫危害。防治黏虫要做到捕蛾、采卵及杀灭幼虫相结合，把幼虫消灭在 3 龄之前。

1. 农业防治措施 一是做好中耕除草，减少黏虫的越冬虫源；二是在作物收后翻耕整地；三是进行合理的轮作，调整作物布局。

2. 人工防治措施 在成虫产卵期用人工方法进行采卵、捕杀幼虫，降低田间虫口密度。在成虫发生期，可用田间插放杨树枝把或谷草把、放置糖醋盆等措施诱杀成虫。黏虫的成虫具有很强的趋光性，可在田头设置杀虫灯、黑光灯进行诱杀黏虫成虫。

3. 化学防治 在幼虫 3 龄以前进行防治，要注意药剂的选择，同时要注意用法和用量，尽可能减少污染。可以选用 48%毒死蜱乳油 1 000 倍液，4.5%高效氯氰菊酯乳油 2 000～3 000 倍液、2.5%溴氰菊酯乳油 3 000～4 000 倍液等进行喷雾防治。在喇叭口期机械喷雾 20%杜邦康宽浓乳剂 10 mL/亩＋50%扑海因可湿性粉剂 60～80 g/亩或 22.5%苯甲·嘧菌酯 20 mL/亩的混合药液，均可以达到较好的防控作用。

第六节　玉米主要病虫害综合防控技术

玉米是我国重要的粮食作物，目前全国种植面积超过 3 500 万 hm^2，已超越水稻、小麦成为我国第一大粮食作物，其产量增长对全国粮食增产的贡献率到达 77.6%，对我国粮食安全具有举足轻重的作用。而玉米病虫害是制约玉米丰收增产的重要因素之一，每年因病害造成的产量损失高达10%以上，其损失可能抵消或减少新品种或应用新技术创造的经济效益。近些年来，随着气候和耕作方式的变化，尤其是高密度种植技术的大面积推广与应用，导致玉米病虫害发生规律产生明显的变化，呈现多变性、突发性态势，严重威胁玉米安全生产。

在我国，针对玉米病虫害的防控主要以种植抗病品种为主，配套栽培措施保持和提高玉米植株自身的抗性、降低病虫害的发生水平而达到治理和增产的目的。近几年来，我国玉米植保工作者面对玉米全程机械化、免耕、秸秆还田以及高密度精量播种等新耕作制度下出现的玉米病虫害发生危害日益严重的新问题开展了许多积极的研究，在玉米生长后期发生的叶斑病早期防控、田间机械化施药、天敌释放等技术方面取得了很多重要进展。但玉米作为低产值作物，田间防控措施实施次数不宜过多、投入不宜过大，因此，简便易行的玉米病虫害综合防控技术成为亟须解决的生产实际问题。

一、玉米主要土传病虫害生物（化学）种衣剂的创制研究

近年来，我国玉米土传病害和地下害虫发生日益严重，病害包括玉米丝黑穗病、茎腐病、纹枯病等；虫害以蝼蛄、金针虫、小地老虎等为主。不仅如此，随着气候变化、栽培制度和品种的变更，土传病害发生的种类和规律亦随之发生了变化。另外，部分地区连作现象严重，品种单一，包衣药剂种类单一，虫害产生抗药性。种衣剂包衣是防治土传病害和地下害虫的最有效措施之一。目前，种衣剂产品多以高毒药剂为主成分，高毒农药的使用对粮食生产安全、环境安全带来相当大的威胁，对人身家畜的生命安全存在隐患。作者以三唑酮和噁霉灵杀菌剂、毒死蜱和甲维盐和溴氰菊酯杀虫剂作为种衣剂主要成分，通过自行研制成膜剂和助剂配比，结合我国玉米不同生态区病虫害发生特点，创制系列种衣剂，为实现玉米土传病害和地下害虫的可持续控制提供技术支撑。

（一）复合型种衣剂加工流程

通过对悬浮剂、成膜剂和分散剂等助剂的系统筛选，获得最佳组合配方。利用内生细菌、木霉菌和烯唑醇研制TB生物（复合）种衣剂，用三唑酮和噁霉灵杀菌剂、毒死蜱和甲维盐和溴氰菊酯杀虫剂研制化学复合种衣剂。利用正交试验方法，以三唑酮、噁霉灵、毒死蜱作为主要成分，按不同浓度配比制备种衣剂，简称酮·噁·蜱系列，分别标记为A、B、C、D、E、F、G；以三唑酮、甲氨基阿维菌素盐、溴氰菊酯作为主要成分，按不同浓度配比制备另一系列种衣剂，简称酮·甲·溴系列，分别标记为Ⅰ、Ⅱ、Ⅲ、Ⅳ、Ⅴ、Ⅵ、Ⅶ、Ⅷ。

（二）种衣剂防效试验

1. TB复合型种衣剂防效　TB复合型种衣剂处理的种子，玉米丝黑穗病和茎腐病的发病率明显低于空白对照，与黑穗净处理相当，3种湿度处理中，高、中湿度处理TB种衣剂处理未发生丝黑穗病，对照的发病率分别为65.4%和55.6%，低湿度TB处理丝黑穗发病率为10.3%，高于黑穗净处理5.5%，可见，TB种衣剂在湿润土壤中更易发挥其防病能力。高湿度黑穗净处理茎腐病发病率为25.3%，高于对照和TB复合型处理。在各个湿度，TB复合型处理对纹枯病的防效均较好，发病率分别为4.6%、5.2%和未发病，

优于黑穗净。

表5-6 TB复合型种衣剂处理丝黑穗病、茎腐病和纹枯病的发病率（%）

病害种类	高湿度			中湿度			低湿度		
	黑穗净	CK	复合型种衣剂	黑穗净	CK	复合型种衣剂	黑穗净	CK	复合型种衣剂
丝黑穗病	5.5	65.4	0	0	55.6	0	5.3	50.2	10.3
茎腐病	25.3	20.5	10.6	5.1	5.7	0	0	—	0
纹枯病	16.8	20.2	4.6	24.6	30.5	5.2	4.4	5.7	0

2. 酮·噁·蜱系列种衣剂防效 酮·噁·蜱系列种衣剂包衣对玉米丝黑穗病的防效试验结果表明，清水对照（CK）病株率最高，为11.24%；种衣剂B的发病率最低，为1.96%；其他各种衣剂的病株率均低于清水对照组（表5-7）。

表5-7 酮·噁·蜱系列种衣剂对玉米丝黑穗病防效（%）

种衣剂	病株率	防效
A	5.81	48.3
B	1.96	82.6
C	4.34	61.3
D	3.13	72.2
E	4.08	63.7
F	4.95	55.9
G	3.41	69.7
15.5%福·克种衣剂	3.12	72.2
清水对照（CK）	11.2	

3. 酮·甲·溴系列种衣剂防效 酮·甲·溴系列种衣剂包衣对玉米丝黑穗病的防效试验结果表明，清水对照（CK）的病株率最高达到11.24%，种衣剂Ⅳ的病株率仅为3.7%，发病率最低，防效达到67.04%，说明Ⅳ号浓度配比的种衣剂对玉米丝黑穗病防效最好。其他各种衣剂对丝黑穗病都有一定防治效果，种衣剂Ⅴ、Ⅵ、Ⅷ防效分别为56.37%、50.56%、55.05%，均高于对照组的防效（表5-8）。

表5-8 酮·甲·溴系列种衣剂丝黑穗病防效试验结果（%）

种衣剂	病株率	防效
Ⅰ	9.68	13.8
Ⅱ	8.33	25.83
Ⅲ	6.45	42.58
Ⅳ	3.70	67.04
Ⅴ	4.90	56.37

（续）

种衣剂	病株率	防效
Ⅵ	5.56	50.56
Ⅶ	7.05	37.18
Ⅷ	5.05	55.05
15.5%福·克种衣剂	6.32	43.79
CK	11.14	—

（三）种衣剂示范

1. TB种衣剂田间示范 种衣剂包衣对玉米丝黑穗病防效示范结果表明，东单60的接菌对照的发病率最高为29.16%，未接菌对照为19.04%，TB复合型种衣剂处理丝黑穗病的发病率为8.07%，显著低于两对照。在抗病品种新铁10上，TB处理与黑穗净处理相当为4.76%，低于接菌对照的9.52%的发病率近5个百分点。TB复合型种衣剂对丝黑穗病的防效较好，与黑穗净相当，在感病品种上的防效优于抗病品种（表5-9）。

表5-9 TB种衣剂处理丝黑穗病发病率（%）

品种	CK接菌	CK	TB	黑穗净
东单60	29.16	19.04	8.07	5.75
新铁10	9.52	5.68	4.76	4.36

2. 酮·嗯·蜱种衣剂B示范 2013年从酮·嗯·蜱系列种衣剂中选择B和F组合，从酮·甲·溴系列种衣剂中选择Ⅱ和Ⅴ组合进行了田间试验示范。在此基础上，2014年选择了酮·嗯·蜱系列种衣剂中B和F组合、酮·甲·溴系列种衣剂中的Ⅱ和Ⅴ组合进行了田间试验，防治对象为玉米茎腐病和丝黑穗病。

所有处理对丝黑穗病具有很高的防效，防效在82.31%～95.23%。处理Ⅱ和Ⅴ虽然对丝黑穗病的防效达到90%以上，但对茎基腐病没有防效。综合4种种衣剂对产量的影响结果，处理B可以需要做进一步大面积示范（表5-10）。

表5-10 系列种衣剂对丝黑穗病防效和产量影响

种衣剂处理	茎腐病		丝黑穗病		产量	
	发病率（%）	防效（%）	发病率（%）	防效（%）	单产（kg/亩）	增产率（%）
CK	4.34	—	15.94	—	584.9	—
酮·嗯·蜱F	2.55	41.24	1.91	91.10	589.2	0.74
酮·嗯·蜱B	3.52	18.89	2.82	82.31	645.9	10.43
酮·甲·溴Ⅱ	5.01	−15.43	0.76	95.23	635.3	8.62
酮·甲·溴Ⅴ	4.83	−11.29	1.33	91.66	585.4	0.09

2015年，酮·噁·蜱B种衣剂的大面积示范。处理1为CK；处理2为10%福美双+10%克百威悬浮种衣剂；处理3为7.0%克百威+0.3%戊唑醇悬浮种衣剂；处理4为2.5%三唑酮+1%噁霉灵+1.25%毒死蜱悬浮种衣剂；处理5为15%多菌灵+10%福美双+10%克百威悬浮种衣剂；处理6为1.25%三唑酮+1%噁霉灵+2.5%毒死蜱悬浮种衣剂（酮·噁·蜱B）。酮·噁·蜱B种衣剂对玉米茎腐病的防效为81.33%，增产24.92%（表5-11）。

表5-11　不同种衣剂对玉米茎腐病和产量的影响

处理	产量（kg/hm²）	增产率（%）	病株率（%）	防效（%）
CK	9 988.9	—	11.57	—
20%福·克	11 066.7	10.79	6.47	44.08
7.3%克·戊	11 322.2	13.35	4.12	64.39
酮·噁·蜱	11 255.3	12.68	5.10	55.92
35%多福克	11 005.4	10.18	3.53	69.49
酮·噁·蜱B	12 477.77	24.92	2.16	81.33

二、玉米主要病害抗性品种筛选及利用

研究实践证明，玉米品种间的抗病性差异明显，应用抗病品种是防治玉米主要病害的最经济有效的根本措施和途径，而筛选抗病资源则是成功选育抗、耐病玉米品种的基础和关键手段。尤其是具有暴发流行可能的气流传播性病害，如大斑病、灰斑病、弯孢叶斑病等叶部病害，因其发生与流行主要受当年气候条件影响明显，一旦监控、预警及防控不及时，则极易造成严重的产量损失，因此，应充分选用抗耐病品种、特别是广泛选用具有中等抗性水平的品种是抵御该类病害暴发危害的重要措施。以茎基腐病、穗腐病、纹枯病等为重点的土种传病害受玉米品种选育方向及周期较长的不可逆性限制，加之耕作和栽培方式的变化，使其发生危害日趋严重，而种衣剂只能解决幼苗期根系的阶段性保护问题，对该类病害的全生育期防控根本措施应立足于抗病品种的选育与鉴定。因此，应加强玉米种质资源的收集、鉴定与评价，发掘具有抗病基因的种质资源加以综合利用，并应对辽宁省当前玉米生产中主栽的品种进行抗病性鉴定与评价，合理指导抗性品种应用和布局。

董怀玉、王丽娟、陶烨等采用田间人工接种方法，同步完成300余份玉米自交系对玉米丝黑穗病、玉米大斑病、灰斑病和弯孢菌叶斑病抗性鉴定与评价，完成145份玉米种质对茎基腐病的抗性鉴定与评价，筛选出一批抗性自交系，丰富了玉米重要病害抗性遗传基础材料，并为玉米主要病害抗病育种和生产上有效进行抗性基因轮换提供基础材料和科学依据。

（一）玉米主要叶部病害抗性鉴定

玉米大斑病、灰斑病以及弯孢菌叶斑病等气传性叶斑病是玉米生产中重要的玉米病害种类，尤其对我国春玉米生产的危害更大，具有在气候条件适宜年份暴发流行的潜在威胁和流行趋势。广泛应用具有中等抗性水平的玉米品种并合理布局是防御气传性叶斑病暴发

流行、控制严重发生危害的重要措施和手段。同时，玉米品种的抗病性与双亲的抗性均有较密切的关系。因此，中等抗性种质可作为开展抗病育种和选育多抗性新品种的重要基础材料加以充分利用。

1. 玉米种质及品种对大斑病的抗性鉴定　针对当前玉米生产实践中存在的大斑病病菌生理小种种群组成复杂、遗传变异速度快的实际问题，采用田间人工接种大斑病［*Exserohilum turcicum*（Pass.）Leonard et Suggs］病菌混合菌种（0号、1号和123号）的抗病鉴定与评价方法，对283份国内外玉米种质和57份辽宁省当前生产中应用的主栽品种抗性鉴定与评价，旨在加大和拓宽对大斑病菌种群的抗性选择范围，以期获得对大斑病抗病能力强、抗性遗传基础广泛的种质材料和品种，为玉米大斑病抗病育种和生产上有效地进行抗性基因轮换提供基础材料和科学依据。

（1）抗性玉米种质的筛选：283份国内外玉米种质中鉴定筛选出以5级中抗以上的抗病种质116份，但表现抗病的种质相对较少，尤其是表现高抗的种质更少，主要以5级中抗种质为主（表5-12）。

表5-12　鉴定筛选的玉米大斑病抗性种质

病情级别	抗性等级	玉米种质
1	HR	H111、C103Ht1A、丹598、W08、9551
3	R	CG40、A679、Mo17wt1、H95 rhmrhm、FR303、FR3484 × FR4341、H110、L30、Mo17w、MP305、Va26Ht2；CAW2、CAW4、CAW4w、CAW4r-1、CAW4r-2、t98033、W240、W360、W382、R24、CA339、Mo17、中106、中106（红）、沈151、X6960、W98、S122、9010/87-1、齐319、9469、9522、9531、9534、9557、OL050297、OL080380、OL050263、OL190063
5	MR	TE351、N538、SD203、B37Ht1、B37Ht2、B37Ht3、B37HtN、B68Ht1、B68HtN、B73、B73Ht、B73Ht1、OH43Ht1、RC103Ht1、RN6Ht1B、CG108、A661、Pa8514、Pa8528、Pa8582、W1026GR、W1028GR、Mo17wt2、LB31、A619Ht2、Ay499、Ay560、De813、FR33、FR4C、H100、H103、McNair 11、Mo17Ht1、MP17 × B73、NC264、OH43Ht1B、OH43Ht2、OH43Ht3、Pa91Ht2、Pa91Ht3、RW64AHt1B、Va26Ht1、Va26Ht3；t9010、t0255、t0203、t98042、郑58/6CT、3024、沈152、M54、6CT1-1、178′3-311、78599选、D185、四144、沈1201、7922、4F014-5、丹599、9476、9556、9584、OL050262、OL050273、OL050275、OL050290、OL060277、OL080452、OL050238

玉米大斑病质量抗性基因主要有*Ht1*、*Ht2*、*Ht3*和*HtN*，分别对特定的病菌生理小种具有抗性。通过对含有不同*Ht*背景的玉米种质进行大斑病抗病性鉴定表明，具*Ht1*背景的玉米种质的抗性丧失较为严重，而具*Ht2*、*Ht3*和*HtN*背景的玉米种质的抗性相对较好。

对不同来源的玉米种质抗病鉴定数据分析可知，国内玉米种质对玉米大斑病的抗病能力强于新引进的国外玉米种质，这可能由于国内玉米种质中有一部分为近几年新选育的材料，在其选育过程中可能采取了针对性选育措施、利用了一些新的抗大斑病亲本，使其具有了携带多抗基因、基因组合或多位点的数量抗性基因背景。

（2）抗性玉米品种的筛选：目前辽宁玉米生产中应用的玉米品种多数具有一定的抗病能力，表现高度抗病的品种有辽单527、丹玉206、铁357/323及铁354/313 4个，抗病的品种有丹玉405、郑单958等9个，中抗的品种有沈玉28等16个，但表现高抗的玉米品种较少，主要以5级中抗品种为主，占抗病品种总数的55%以上；表现感病和高度感病的品种有27份，主要以7级感病品种为主，占感病品种总和的80%以上（表5-13）。这些抗病品种对于指导生产上利用品种抗病性制定综合控害措施、品种合理布局、轮换等具有重要的价值，尤其在玉米大斑病严重发生地区将发挥极大的抗病增产作用。

表5-13 玉米品种抗大斑病鉴定结果

病情级别	抗性等级	品种名称
1	HR	辽单527、丹玉206、铁357/323、铁354/313
3	R	郑单958、富友9号、丹玉401、丹玉602、丹玉405、铁研360、铁研56、铁研39、东单70
5	MR	沈玉28、沈玉33、辽单145、辽单31、丹玉402、丹玉103、丹玉69、丹玉27、丹玉22、丹玉603、丹玉606、丹玉39、东单60、东单80、华单208、铁355/307
7	S	先玉335、沈玉34、沈玉35、辽单120、丹玉605、丹玉88、丹玉86、丹玉301、丹玉98、丹玉406、丹玉58、丹玉99、丹科2151、新丹科2165、铁单15、铁研38、铁研58、铁研120、铁研358、铁研359、东单90、富友99
9	HS	沈单16、沈玉21、沈玉21、沈玉31、辽单565

2. 玉米种质对弯孢叶斑病的抗性鉴定 采用田间人工接种的鉴定技术，鉴定与评价了286份国内外玉米种质对弯孢叶斑病的抗性，筛选出57份抗性种质，其中国内常用玉米种质中表现抗病的材料只有20份，而新引进的国外玉米种质表现抗病的材料有37份（表5-14）。

表5-14 鉴定筛选的玉米弯孢叶斑病抗性种质

病情级别	抗性等级	种质名称
3	R	F742、A679、FR18SEL、OH43、W98、9554
5	MR	F52、F320、F325、F327、F431、F1802、TE317、TE347、TE350、CG27、CG41、CG55、A632、A664、K1888、W153R、Mo17wt2、A619、A634、Ay562、De813、H100、H111、MBS847、McNair 11、MP17×B73、OH43Ht1B、OH43Ht2、RC103Ht1、RN6Ht1B、RP8Ht1B、FR33、NE72165、郑58、K36、辽3162、M54、爆裂玉米（鲁）、5002、5003、09-78-255、9010/87-1、H9、丹598、多229、9539、9556、OL060277、OL030142、铁98042、四-287

玉米种质对弯孢叶斑病的抗性表现存在差异，但总体上玉米种质对玉米弯孢叶斑病的抗病能力相对较低，表现抗病的种质比较少，而且抗病种质以中等抗病为主。这些抗性种质对于丰富我国玉米弯孢叶斑病抗性基因的遗传基础具有重要的利用价值，可为指导抗性基因聚合等种质创新、抗病育种和生产上有效地进行抗性基因轮换、病害综合防治提供理

论依据。

林红（2005）等研究表明，国内常用玉米种质和较早引进的国外玉米种质由于多年的种植和应用，其对我国玉米弯孢叶斑病病菌的抗病能力有所减弱，表现抗病的种质较少，多数种质均表现感病和高度感病，而新引进的国外种质资源则具有相对较好的抗病能力表现。利用引进的国外抗性玉米种质资源改良国内玉米种质资源，可选育出具有较好抗性的新种质。

3. 玉米种质对灰斑病的抗性鉴定　采用田间人工注射接种的鉴定方法，从 348 份玉米自交系中筛选出对沈阳菌株表现 3 级抗病以上的抗性自交系共计 56 份，包括表现 1 级高抗的种质 78 599 选、178′3 - 311、6CT1 - 1、AW04、丹 3130、综 005 6 份，表现 3 级抗病的种质丹 598、R24、W08、DH826 - 3、AW02、K36、TE322 50 份；从 300 个国内外常用玉米种质中筛选出 149 份对云南菌株（*C. zeina*）表现 3 级以上的抗病种质。并筛选出兼抗两种灰斑病菌的种质 16 份，对抗病育种具有重要的利用价值，见表 5 - 15。

表 5 - 15　兼抗 *C. zeina* 和 *C. zeae - maydis* 的玉米自交系

自交系名称	对 CZ 和 CZM 的抗性		自交系名称	对 CZ 和 CZM 的抗性		自交系名称	对 CZ 和 CZM 的抗性	
	CZ	CZM		CZ	CZM		CZ	CZM
501	R	R	GS18® C2	R	R	XG - 4	R	R
178′3 - 311	R	HR	H9	R	R	昌 7 - 2	R	R
B68HtN	HR	R	K36	R	R	海 9 - 21	R	R
CAW2	HR	R	PN4CV	R	R	辽 5085	R	R
CAW4	HR	HR	W240	R	R	齐 319	R	R
De813	HR	R	W98	R	R	沈 137	HR	R
De815	R	R	X5058	R	R	中 106	R	R
DH826 - 3	R	R	X6960	R	R	中自 01	HR	R

注：CZ 为 *C. zeina*，CZM 为 *C. zeae - maydis*。HR 为高抗，R 为抗。

玉米灰斑病的病原菌 *C. zeina* 和 *C. zeae - maydis* 对多数玉米种质的致病力差别不大，整体看来 *C. zeina* 的致病力要比 *C. zeae - maydis* 弱。但 2 种病原菌对部分玉米种质的致病性仍存在差异，而且在有的种质材料上的症状表现也明显不同。

4. 外引玉米种质对 3 种玉米叶斑病的抗性鉴定　采用田间人工接种的鉴定技术，对引进的 165 份国外玉米种质同步进行了玉米大斑病、玉米灰斑病和玉米弯孢菌叶斑病 3 种主要叶斑病的抗病性鉴定与评价：国外玉米种质对 3 种玉米叶斑病的抗性表现均存在差异，但表现抗病的种质较少，大部分种质表现感病或高度感病；筛选出了一批单抗性种质和 36 份多抗性种质，但抗病种质均以中等抗性为主，表明了该批外引玉米种质对 3 种叶斑病的抗病能力较低。这些抗性种质对我国玉米抗病育种和丰富我国玉米叶斑病抗性基因的遗传基础具有重要的利用价值（表 5 - 16）。

表 5-16　兼抗 2 种或 3 种叶斑病的多抗性玉米种质

自交系	来源	抗性等级			自交系	来源	抗性等级		
		玉米大斑病	玉米灰斑病	弯孢叶斑病			玉米大斑病	玉米灰斑病	弯孢叶斑病
A679	USA	R	MR	R	Pa8514	USA	MR	R	HS
W153R	USA	MR	R	MR	W1028GR	USA	MR	MR	S
De813	USA	MR	R	MR	LB31	USA	MR	MR	S
FR33	USA	MR	MR	MR	FR4C	USA	MR	MR	S
H100	USA	MR	MR	MR	H103	USA	MR	MR	S
MP17 * B73	USA	MR	MR	MR	Mo17Ht1	USA	MR	MR	S
OH43Ht1B	USA	MR	MR	MR	OH43Ht3	USA	MR	MR	S
OH43Ht2	USA	MR	MR	MR	Pa91Ht2	USA	MR	MR	S
RN6Ht1B	USA	MR	R	MR	Va26Ht1	USA	MR	MR	S
RC103Ht1	USA	MR	MR	MR	B68HtN	USA	MR	R	S
Mo17wt2	USA	MR	MR	MR	SD203	USA	MR	MR	S
H111	USA	HR	S	MR	B68Ht1	USA	MR	MR	HS
H110	USA	R	MR	S	McNair11	USA	MR	S	MR
Mo17	USA	R	MR	S	W1026GR	USA	MR	R	S
Mo17wt1	USA	R	MR	HS	Ay562	USA	S	MR	MR
H95 rhmrhm	USA	R	MR	HS	OH43	USA	HS	MR	R
Pa8528	USA	MR	R	S	CG108	CAN	MR	MR	S
Pa8582	USA	MR	R	S	TE347	ROU	HS	MR	MR
GS18® C2	USA	MR	R	S					

注：MR 为中抗，R 为抗，S 为感病，HS 为高感。

（二）玉米主要土种传病害抗性鉴定

1. 玉米种质对丝黑穗病的抗性鉴定　利用抗病品种是防治玉米丝黑穗病最有效措施，育种家和病理学家应密切配合，加强玉米种质或品种的抗病性鉴定工作，监测品种抗病的全过程，特别应加强育种基础材料的鉴定。王丽娟等采用田间人工接种（菌土浓度 0.3%）方法，对国外引进和国内常用的 300 余份玉米种质）进行了田间抗病性鉴定与评价，筛选出 45 份高抗材料，9 份抗性材料，55 份中抗材料，其余 200 余份种质表现感病或高度感病（表 5-17）。

表 5-17　鉴定筛选的部分玉米丝黑穗病抗性种质

病情级别	抗性等级	种质名称
1	HR	F431、F1802、TE347、CG40、W64A、Pa8528、W1023GR、H95 rhmrhm、A634Ht1、B73、B73Ht、B73Ht1、FR303、FR33、FR3484×FR4341、H110、Mo17、MP17×B73、NC264、NC283、OH43Ht1A、Pa91Ht2、R805、T162、WF9

（续）

病情级别	抗性等级	种质名称
3	R	F661WX、N510、N540、A632、Ay560、FR4C
5	MR	F10、F327、F665、TD282、TE322、TE323、TE348、N192、N507、N542、N543、N544、CG23、A679、Oh7、GS18® C2、Mo17wt1、LB31、A634、A635Ht1、B14HtN、B68、H103、H111、R151Ht1A、R806、RN6Ht1B、RW22RHt1B、RW64AHt1A、RW64AHt1B、NET165

2. 玉米种质对茎基腐病的抗性鉴定　近些年来，由于气候和种植结构的变化，全程机械化、免耕、秸秆还田、高密度种植技术的推广，导致玉米茎基腐（青枯病）已成为目前玉米生产中的突出问题，也是治理和防控难点。采用埋土接菌法（播种期）和伤根接菌法（孕穗期）相结合的田间人工接种方法对145份玉米种质（包括"九五""十五"期间鉴定筛选的65份抗性种质进行病原镰孢菌（禾谷镰孢菌和拟轮生镰孢菌的混合菌种）的抗性鉴定，筛选出表现3级抗病以上的抗性种质113份。该批抗性种质可对指导抗性基因聚合等种质创新、抗病育种和生产上有效进行抗性基因轮换、病害综合防治提供科学依据（表5-18）。

表5-18　鉴定筛选的部分玉米茎腐病（禾谷镰孢菌、拟轮生镰孢菌）抗性种质

抗性种质名称
803、9046、200B、CAW4w、B73、CA339、CN1483、DH826-3、K22、K36、P138、R24、U8112、S7913、W08、WBM-C4、本M130、X178、丹3130、丹340、丹598、丹599、多黄29、合344、黄C、吉412、吉419、吉477、吉853、辽2201、辽4476、辽白371、鲁2548、鲁原92、齐319、中黄204、沈136、沈137、掖107、中自01、中自451、中综3号、综31、郑58、H21、Mo17、铁9010、W382、F326

三、玉米主要病虫害防控关键技术

辽宁玉米生产中主要发生的病虫害种类有苗期发生的玉米顶腐病、玉米丝黑穗病，生长期发生的黏虫、玉米螟等虫害以及玉米大斑病、玉米灰斑病、玉米弯孢叶斑病等叶部病害以及玉米茎腐病、玉米穗腐病等土种传病害。在适宜的条件下，可引起突发性的暴发流行与危害，尤其是生长后期发生的叶斑病，作为气传性病害，具有传播速度快、范围广的特性，加之玉米植株高大，且其产值较低，同时随着目前种植密度的快速提升，造成玉米大田后期田间管理很难操作实施。生产者田间防治意愿淡漠，病虫害一旦暴发，几乎无法防治，只能放弃田间有效治理，常常造成较大的产量损失。

针对辽宁省玉米病虫害防控措施田间实施存在的实际问题，结合主要病虫害发生危害情况及当地具体的耕作栽培措施，建议应用播种期和喇叭口期2个时期进行药剂防治。

1. 播种期　采用含有三唑类杀菌剂（如烯唑醇、三唑醇）和克百威（有效成分7%以上）或丙硫克百威（有效成分6%以上）的种衣剂包衣处理种子，并在播种时视当地地下害虫发生情况，加施3%辛硫磷颗粒剂1.5～2 kg/亩与复合肥混拌后一起施用，可有效防治玉米顶腐病等苗期病害、丝黑穗病及地下害虫。

2. 喇叭口期 结合当地生产力水平、玉米病虫害种类及发生危害情况，在喇叭口期（6月下旬至7月初）玉米田最后一次封垄作业前，喷雾施用杀虫剂20%氯虫苯甲酰胺浓乳剂10 mL/亩混配杀菌剂10%苯醚甲环唑20 g/亩或25%嘧菌酯20 mL/亩或18.7%丙环·嘧菌酯50 g/亩或22.5%苯甲·嘧菌酯20 mL/亩或50%扑海因100 g/亩的混合药液，或者喷施杀虫剂40%氯虫·噻虫嗪10 mL/亩混配杀菌剂10%苯醚甲环唑20 g/亩或25%嘧菌酯20 mL/亩的混合药液，对黏虫、玉米螟等害虫和玉米大斑病、灰斑病等玉米生长后期发生的叶部病害以及穗腐病、茎腐病等土种传病害，均可以达到较好的防治和预防作用（表5-19～表5-22）。

表5-19 7.5%黑虫双全种衣剂对玉米顶腐病的防治效果

地点	调查日期	平均发病率（%）		防效（%）
		包衣	裸种	
阜蒙	6月11日	0	20.54	100
黑山	6月6日	2.61	27.93	90.66

表5-20 喇叭口期喷施杀虫剂对玉米螟的防治效果（%）

处理	花叶株率	蛀孔株率	折断株率	防效
氯虫苯甲酰胺	4.53	2.31	1.15	87.28
CK	33.33	18.16	7.03	

表5-21 喇叭口期喷施杀菌剂对玉米灰斑病的防治效果

地点	处理	施药日期	调查日期	平均病级	病情指数	防效（%）
阜蒙	扑海因（+氯虫苯甲酰胺）	7月4日	9月5日	1.96	21.76	56.24
	CK			4.48	49.73	—
新民	丙环·嘧菌酯（+氯虫苯甲酰胺）	7月9日	8月27日	0.84	9.36	56.08
	苯甲·嘧菌酯（+氯虫苯甲酰胺）			1.02	11.31	46.79
	CK			1.92	21.31	—

表5-22 玉米生育中后期主要病虫害前期综合防控技术试验效果

基地	处理	玉米螟防效		叶斑病防效		
		蛀孔率（%）	防效（%）	平均病级	病情指数	防效（%）
凌海（玉米灰斑病、玉米玉米螟）	福戈+苯醚甲环唑	22.96	74.66	0.83	9.26	70.08
	CK	90.61		2.78	30.94	
铁岭（玉米灰斑病）	福戈+苯醚甲环唑			1.31	14.97	70.67
	福戈+嘧菌酯			1.96	21.57	57.74
	CK			4.59	51.04	

（续）

基地	处理	玉米螟防效		叶斑病防效		
		蛀孔率（%）	防效（%）	平均病级	病情指数	防效（%）
普兰店	福戈＋嘧菌酯			1.97	21.88	51.60
（玉米灰斑病）	CK			4.09	45.21	
台安	福戈＋苯醚甲环唑			2.06	22.88	51.28
（玉米大斑病）	CK			4.23	46.96	

该集成技术简便易行、省工、省力，不仅可减少田间病虫害防控措施实施次数，降低生产成本，而且稳产增产效果明显（挽回产量损失 3.91%～10.09%），可保障农民的收入增加。在具体实施过程中应充分考虑当地生产力水平、玉米病虫害种类及发生危害情况，结合具体的耕作管理措施，选择持效期长、内吸性好、植株内移动性优良的适宜药剂组合和药械，因地制宜调整具体防控措施实施方式，以充分发挥其防控效果。

第六章 辽宁玉米机械化栽培技术研究

第一节　玉米生产机械化概述

一、玉米机械化生产的意义

（一）农业机械化对农业可持续发展所起的作用

人类社会的不断进步，资源短缺、环境破坏、人口增长等问题日益突出，并已成为全球性问题。以往高能耗、破坏生态的掠夺式的农业生产方式，渐渐成为历史，发展绿色环保、低碳节能的健康农业，才是我国农业可持续发展的出路。农业的可持续发展离不开农业机械化，它是推动我国农业可持续发展的前提与基础。农业机械化是一种使用农业机械逐步代替人、畜力进行农业生产的技术改造和经济发展的过程，农业机械化在农业可持续发展中起着重要作用。

1. 农业机械是提高土地产出率与资源利用率的重要手段　农业发展靠科技，农业科技的实施靠农机。从20世纪中叶以来，农业科技取得一系列重大突破，这些新技术应用都离不开农业机械，如选种、育种领域的成套加工设备；化肥、农药的机械化施用设备；播种环节的机械化播种技术，可以实现开沟、播种、施肥、覆土、镇压等多工序一次完成，不仅出苗整齐而且省种、省肥；智能型喷雾机根据探测的目标进行喷雾，在空隙处停止作业，既可节约30%～40%的费用，又可减少对空气和环境的污染；联合收获机装有自动监控系统，根据地形、作物产量自动调节割茬角度和行驶速度，保证收获的质量、效率，并减少了损失。"精细农业"及智能化农业机械装备在20世纪90年代得到了应用与发展，高新技术与科学管理的有机结合，大大促进了环境资源节约，为实现高产、优质、高效、低耗、环保型可持续发展的农业提供了保障。

2. 农业机械能有效抵御自然灾害　我国有效灌溉耕地面积占全国耕地一半，生产了占总产量80%的粮食、90%的棉花和95%的蔬菜；机电排灌占有效灌溉面积70%，有效地抵御了自然灾害，使我国旱灾成灾率降低10%，水灾成灾率降低20%。我国有一半耕地属无灌溉条件的旱地，产量低而不稳。近年成功推广的机械深耕、深松、虚实耕作法、免耕（少耕）法、秸秆还田、沟播、重镇压、覆膜等综合配套的机械化旱作节水技术，能够改善土壤结构、增强土壤保墒能力，提高天然降雨利用效率。上述技术在旱区农业应用中增产效果显著、农民增收明显，成为广大无灌溉条件地区抵御干旱危害的希望。

3. 农业机械可提高水资源利用效率　我国农业自然可利用资源相对不足，无论耕地还是水资源平均到人后都不容乐观。我国是世界上公认的贫水国家之一，人均水资源占有量相当于世界人均水平 1/4。长期存在土渠输水、大水漫灌的现象，这些方式的水有效利用率只有 30%～40%，浪费的水量相当于全国总用水量 40%。通过采用节水机械化技术（喷灌、微灌），可大大节约水资源，与传统灌溉方式相比，节水、增产效果明显。因此，应积极促进先进节水机械的发展，以达到提高水资源利用率的目的。

4. 农业机械有助于防治农业环境污染　当前，我国化肥、农药的过量使用，造成土壤耕地质量下降，秸秆的大量焚烧造成环境污染等问题连年加剧。通过采用机械化深施化肥可提高化肥的利用率，减少化肥的挥发及施用量，大大降低了对环境的污染。植保机械方面，国外大量采用低量、控滴等技术，可达到 90%以上的有效沉积；国内的低量、防滴漏、弥雾、热烟雾机等技术也达到了国际 20 世纪 80 年代水平，降低农药用量近 20%。随着科技水平的提高，低毒高效农药、精密喷洒技术和生物防治技术等方面的研究会得到进一步的加强，以降低农药对生态环境的污染程度。机械化秸秆粉碎还田，具有肥田和防止污染的双重效果，秸秆还田能提高土壤养分、减少地表径流和水分蒸发、抑制杂草生长，目前我国秸秆还田已有 800 万 hm^2，其已成为许多地区农业技术重点推广项目。全国每年地膜用量 500 万 t，由于地膜自身特性，回收难度很大，造成白色污染，包括地上和地下。针对这一问题，有关单位正在研制地膜清理回收机械和可降解地膜，最大限度减少对环境的污染。

（二）农业机械的特性

作物及其生长的环境是农业机械的作业对象，如种子、作物、土壤、肥料、农药等。因其形状各异、品种繁多、物理性质多变且易损伤。因此，为上述满足作业的农业技术要求，农业机械必须具有良好的作业性能，保证农业的增产增收。

农业生产过程包括多种不同的作业环节，因地理条件、作物种类和耕作制度的不同而差异较大。鉴于此，农业机械具有多样性和适应性的特点。现在世界上已有不同种类和形式的农业机械近 2 万种，新型的机械还在不断出现。因此，农业机械的研制与推广必须因地制宜。

农业生产季节性强，农业机械的使用作业时间短。因此，既要求农业机械的工作性能可靠、生产效率高；又要求能够一机多用，实现综合利用以降低成本。

田间作业移动式农业机械受到地形、地表的制约，支撑机器移动的松软地面致使行走车轮易于打滑与下陷。因此，既要求农业机械能够实现工作部件的自动控制，又要求减轻机器重量以节约金属，同时降低运行过程中油料的耗费，从而降低成本与使用费用。

农业机械大多数在野外露天作业，工作环境条件恶劣，因此，农业机械应有较高的使用可靠性，耐磨、防腐、抗振，有良好的操纵性能及必要的安全防护设施。

（三）发展玉米机械化生产意义

玉米生产机械化是提高玉米产量的重要技术手段。调查研究得知：采用机械播种一般可比人工播种增加 5%左右的产量；采用机械化收获较人工收获减少损失 3%左右。采用田间的机械植保等管理措施，可有效改善玉米生长条件，促进个体生长发育，为玉米丰产增收打下基础。

玉米生产机械化是增加农民收入的重要措施。实践表明，机械化精量播种可提高工效 50 倍，节省间苗工 0.3 个。玉米机械收获和人工相比，生产效率可提高近 30 倍，大幅度提高功效；机械收获比人工收获平均节约成本 225 元/hm^2。大力推进玉米生产机械化可以实现增产增效，提高生产效率，减轻劳动强度，争抢农时，大大缓解了玉米生产劳动力短缺问题，确保玉米稳定生产。

推进玉米生产机械化的发展、有效加快玉米生产发展步伐的同时，可促进农村劳动力的转移，使农村更好地享受现代工业文明成果，使农民生产条件得到改善，有效提升农民生活品质。作为三大粮食作物之一的玉米生产机械化是农业机械化的重要组成部分，是实现农业生产机械化的重要标志。

因此，玉米机械化生产的发展，对发展现代农业、保证粮食安全、农民增效和促进农民增收，具有重要的战略意义。

二、玉米生产机械化技术内容

玉米机械化生产技术就是用机械完成玉米农艺生产过程的技术，主要包括苗床准备（耕整地或秸秆处理等）、播种（铺膜）、田间管理（中耕深松、追肥、深松、植保、灌溉）、收获（包括剥皮、脱粒）等机械化作业环节。

（一）玉米耕整地机械化技术

玉米耕整地机械化技术就是用玉米耕整机具创建玉米生长需要耕层深厚、结构良好、疏松透气、保水保肥的土壤条件。通过玉米耕整机械化作业，改善土壤理化性状，提高蓄水保肥能力，确保玉米苗全、苗齐、苗壮，夺取玉米稳产、丰产。

（二）玉米播种机械化技术

玉米播种机械化机技术就是用玉米播种机一次完成开沟、播种、施肥、覆土、镇压等工序的技术。有的地区为了确保墒情，采用铺膜播种提高地温，提早玉米的上市时间或者增产。还有的机具采用复式作业，一次作业即可实现整地、开沟、播种（施肥）、覆土、镇压等工序的技术，减少机具进地次数，具有省工高效的效果。

（三）玉米田间管理机械化技术

玉米田间管理机械化技术包括追肥、植保、灌溉等的机械作业技术。近年来根据耕作需求，很多地方开始应用行间深松整地机械作业技术等。

（四）玉米收获机械化技术

玉米机械化收获技术就是在玉米成熟时，用玉米联合收获机一次完成茎秆切割、摘穗、剥皮脱粒以及秸秆处理等工序或者分段机械收获作业的技术。

（五）其他玉米机械化作业技术

1. 玉米机械化保护性耕作技术　保护性耕作技术是对农田实行免耕、少耕的一项技术。该项技术的宗旨是尽可能减少对土壤的耕作，主要采用作物秸秆、残茬覆盖地表的方法，实现有效提高土壤肥力，提升耕地抗旱能力的目的。与传统耕作技术相比，可减少土壤风蚀、水蚀，减少土壤流失和抑制农田扬尘，提高土壤肥力和抗旱能力；有明显提高干旱地区粮食产量、降低农业生产成本、改善生态环境、促进农业可持续发展等特点。主要应用于干旱、半干旱地区农作物生产。

2. 玉米机械化药剂除草免中耕技术　玉米药剂灭草免中耕技术是在标准化整地的基础上实行机械精耕播种，同时采用深施肥技术，将玉米生长全年需要的化肥一次性施入土壤中，在播后苗前采用化学药剂封闭地表土层，以防止杂草生长，实现整个玉米生育期内不铲、不趟、不追肥（即免中耕）的一项先进农业技术。

3. 苗带重镇压技术　为保证播后种子与土壤紧实接触，减少失墒，播种后要适时进行镇压作业。玉米播种后进行适当的镇压，可改善土壤的坚实程度，在春季干旱多风时减少水分的蒸发，同时还可促进土壤毛细管的形成，调动下部水分不断向上运动，有利于提墒、供墒、保墒，促进作物早出苗、出齐苗、出壮苗。

在正常的播种条件下，镇压时机应选在播后 2～3 h（地表出现 1～1.5 cm 干土层）进行。如播后遇雨或土壤湿度过大，则要等地表出现干土时方能进行。若种子已发芽，只要芽长在 0.4 cm 以内，仍可作业。若播后干土层较厚（超过 3 cm），可重镇压 2 遍。通过重镇压，可使土壤中水、肥、气、热得到调节，促使种子的萌发。即使在较干旱的情况下，也能达到保全苗、拿壮苗的目的。

4. 化肥深施机械化技术　化肥深施机械化技术是指使用化肥深施机具，按照农艺要求的数量、品种、施肥部位和深度适时将化肥均匀地施于地表以下作物根系密集部位，既能保证被作物充分吸收，又显著减少肥料有效成分的挥发和流失，具有提高肥效和节肥增产双重效果的实用技术。它包括播种时的种肥深施技术，耕翻土地的犁底施肥技术和生长前期的化肥追施技术。这项技术可以同时完成开沟（或穴）、施肥、覆盖和镇压等多道工序，并确保合理的施肥数量、适宜的施肥深度和位置、严密的覆盖和有效的镇压。

三、玉米生产机械化发展概况

（一）耕整地

耕整地机械是对田间土壤进行有效处理，使其形成适宜农作物生长环境要求的一种作业机具。我国耕整地机械经过多年发展，产业链条不断扩展，区域适应性明显增强，市场得到快速发展，有效促进了我国农业机械化水平的提高。旋耕机、灭茬旋耕联合整地机、免耕联合整地机、深松机及液压翻转犁、圆盘耙等成为耕作机械的支撑产品。

近年来，除传统的铧式犁、圆盘耙等耕整地产品的品种增多，与拖拉机配套的范围增加，新技术水平有所提高外，适应我国农业生产技术的发展和农产品结构调整，一些新型的耕整地机械得到较快发展。如少耕深松机、复式整地作业机械等，这些产品日趋成熟，技术水平不断提高，能够满足我国农业生产持续增长的需要，在农业生产中发挥越来越重要的作用。耕整地机械将不断融合先进设计和制造技术，向大型化、功能化、智能化方向稳步推进。

（二）播种

中华人民共和国成立后，我国玉米播种引进和调整苏联的小麦播种机，率先在东北地区使用，开辟了机械作业代替人工的局面。玉米机械化的大步发展是从 20 世纪 60 年代新疆生产建设兵团引进国外玉米精密播种机开始的；进入 20 世纪 70 年代，东北地区开始推广应用玉米精播，同时技术示范也在华北地区进行；20 世纪 70 年代末，我国已研制出机械式玉米精量播种机；进入 21 世纪，玉米保护性耕作技术得到快速发展与应用。玉米机械化播种技术正以精量、免耕、智能、联合作业为目标，不断创新并向前发展。

（三）田间管理

早期玉米生产的辅助措施也相对落后。就灌溉而言，经历了人挑肩抬、蓄力水车、水泵、抽水机灌溉和喷灌技术出现；手动喷雾器、喷粉机、机动和电动喷雾器是化学植保的发展的一个历程。早期的施肥使用氨水耧追施氨水，随着化肥的出现，很快得到大面积推广应用。田间管理机械正朝着通过更换不同的工作部件，可实现中耕、植保和追肥等，达到一机多用；喷灌化和大型化是田间灌溉的发展趋势。

（四）玉米收获

玉米收获机是玉米全程机械化作业中的瓶颈问题。我国研究玉米收获机械开始于20世纪50年代。20世纪60年代和70年代，我国掀起2次发展缓慢的玉米收获机械化的高潮。20世纪90年代末，全国玉米收获机发展步入正常发展轨道，国内部分生产企业开始研制生产玉米收获机，发展迅速，目前以2行、3行悬挂式和3行、4行自走式为主，互换割台的玉米收获机因一机多用受到欢迎。玉米收获机械作为玉米全程机械化中的薄弱环节，将会继续坚持大、中、小型相结合，朝着大功率、自走式、一机多用方向发展。

四、玉米生产机械化现状

辽宁省的粮食作物以玉米为主，全省玉米种植面积220万 hm^2 以上，占粮食作物面积50%以上，产量240万t，产量占60%。目前，辽宁省玉米全程生产机械化技术体系基本构成，也已形成了较为完整的机械作业工艺流程，为辽宁省推广玉米生产全程机械化打下了良好的技术基础。截至2014年末，辽宁省农业机械总动力达到2 730万kW以上，农业机械净值超过194.5亿元，拖拉机保有量55万台以上，其中大中型拖拉机22万台，拖拉机配套农机具79万台（套）以上。玉米机耕水平95%，机播水平90%，机收水平40%，综合机械化水平77%，从总体上来看，辽宁省玉米机械化生产呈现出持续、快速、协调发展的良好势头，但还存在一些亟待解决的问题，主要表现在以下几个方面：

（一）农机消费市场结构不合理

辽宁省农机自主创新能力薄弱，质优、价廉又适用的配套农机新产品缺乏，导致农机消费市场结构不甚合理。主要表现为：动力机械多，配套农具少；小型机具多，大中型机具少；产前机具多，产后机械少；落后机具多，先进机具少。

（二）各地区发展不均衡

辽宁省农作物耕种收综合机械化水平达到75%，超出全国14个百分点，但地区之间发展却不平衡，平原地区机械化水平较高，东部丘陵山区、西部贫困地区农业机械化较低。沈阳、阜新、铁岭等地区机械化水平较高；丹东、抚顺、本溪等地区因受地理位置制约，机械化水平相对低一些。在玉米收获方面，近些年机械化水平虽然有所增加，但是先进的大型收获机械数量较少，而且当前也仅仅局限于玉米摘穗作业，多数收获机械的损失率较高，在一定程度上影响了机械化收获的发展速度。

（三）各环节发展不同步

辽宁省玉米生产机械化各环节发展不同步，机耕环节表现突出，省内各市机耕水平均能超过90%，机播环节也能超过80%，而机收环节确在30%左右，是导致辽宁省综合机械化水平不高的一个关键因素。

（四）土地分散经营制约机械化发展空间

辽宁省农村人口较多，人均占有土地面积少，土地分散经营，与大型农业机械作业要求之间存在矛盾，农业机械的效能得不到有效发挥。当前的玉米生产经营主体还是一家一户经营，生产规模小，效益低，农民对玉米生产的重视程度不高，还一直满足于当前的生产现状，直接影响了大型机械的引进和利用，尽管省内出现了很多专业性的合作社等农业组织，但在土地流转方面的进展速度不快，短期内对大型农机具的利用还存在限制因素。因此，拓宽机械化的发展空间，是辽宁省当前促进机械化快速发展的前提条件。

（五）自主创新能力不足

目前，辽宁省生产农业机械的企业较多，但在技术创新方面能力相对薄弱，且存在机艺融合差的问题，所生产的产品质量和作业性能相对不够稳定，有效供给不足，不能满足发展现代农业的迫切需求。大专院校、科研单位的农机科技成果转化水平低，不能形成以企业为主体、市场为导向、产学研推广有机结合的农机科技创新和投入体系，农机企业发展缺乏后劲，满足不了农业生产需求。尤其是农机及农机具的生产企业，对生产上的现行农艺不是很了解，没有针对性的技术改进，导致农户购买后，需要经一步改进才能满足生产需要，新产品在经过简单而粗放的改进后，出现质量上的问题；也有一些先进的技术措施没有配套的机械而得不到实施，所以在实际应用中问题频繁出现，导致新的农机产品被广大农民接受程度低，严重阻碍了机械化的快速发展。

五、玉米生产机械化发展趋势

随着科学技术的发展，辽宁省农业机械化整体水平得到不断的提升，玉米全程机械化生产正处于全面推进的新阶段，致使玉米生产机械化呈现出一些新的态势。

（一）机具多样化

由于辽宁省独特的地域特点，各地的经济和自然条件差别明显，种植制度也各有不同，加之保护性耕作技术的不断应用，免耕播种和精量化作业成为玉米播种机的新导向，由机械式为主的排种器转为以气吸式为主的排种器；玉米收获机械目前以悬挂式、自走式为主，由于现今的生产环境，玉米收获机械可谓 2 行、3 行和多行大中小型并举。由于生产需求在不断变化和拖拉机配套动力的不断加大，适应多种行距的 3 行以上玉米自走联合收获机将会逐步占领市场，成为主打机型和新一轮发展的重点。

（二）功能集成化

不论是整地机、播种机还是收获机，都在实现功能集成化。玉米播种机以播种施肥一体机居多，部分播种机将具备苗带旋耕、喷洒除草剂、铺地膜、铺滴灌带等功能，功能趋向多样化，一机多用，减少进地次数，省工高效；集旋耕、整地、深松、起垄、镇压等功能的联合整地机当下应用较为广泛，随着国家对深松作业推广力度的加大，为做好监督检查工作，配套作业质量智能监管设备应运而生，并发挥了很好的功效，为下一步大力推广深松作业打下了基础；机械摘穗＋秸秆粉碎还田的联合收获技术是玉米收获机现阶段的主要模式，穗茎兼收型玉米联合收获机也有部分地区尝试，也是今后玉米联合收获机研究开发的重点。在提高机具作业性能基础上增加机具使用功能，一机多用是农机研究的重点。

（三）动力大型化

动力大型化是当今世界的发展趋势，在辽宁省同样存在这一趋势。特别是在播种施肥机、植保机械、收获机械方面体现得非常明显，主要表现在大动力、高效率。随着农村劳动力转移、土地流转，今后大型收获的动力在 100 kW 以上，甚至更高，以便实现摘穗、剥皮、秸秆回收或还田等更多的复式作业。田间管理机械也将走向机架固定道作业，向宽幅（幅宽 20 m 以上）发展。

（四）发展区域化

在辽宁省各市存在以平原、山区、湿地等为主的不同地理地貌，玉米种植的区域性变化很大，因此，在不同区域内玉米生产机械化具有不同特征，导致使用的重点机型会有很大差异。相同的区域，由于玉米的品种和种植模式基本相同，机具配置具有相似性，非常有利于形成重点突破、区域发展的态势，形成区域特色的应用模式。

（五）服务社会化

辽宁省农机服务社会化已经显现，玉米机播、机收已经摆脱了过去自有自用的传统方式，直接购买社会化服务，并以增加收入为目的。农机大户、农机合作组织的迅速发展壮大，进一步加速了农机服务的社会化、市场化、产业化。

（六）智能设备普及化

2015 年，辽宁省农机主管部门积极引进、推广深松整地远程智能监管系统，辽宁省农业机械化研究所也开发出了适合玉米深松整地实际要求的“深松作业远程监管系统”及配套设备，并得以推广应用。在田间管理方面，阜新市引进了无人机进行植保作业，较之人工作业具有效率高、无药害等优点。

六、需解决的关键性问题

农机和农艺的有机结合，将会进一步促进辽宁省农业和农机的健康快速发展，有效推进农机化进程，更好地为农业、农村和农民服务。

（一）加快种植模式标准化

由于地理条等的差异，当前各地玉米种植行距范围很大，种植模式也存在多样化，为了更好发挥农业机械化的作用，亟待种植和收获实现标准化，制定相应的机械化作业技术规范，提出适于不同区域的全程机械化作业栽培技术模式。让农机和农艺深入融合，实现机械化高效作业。

（二）提高播种质量

播种质量对整个玉米生产过程至关重要，是确保苗齐苗全的一个重要指标。开展精量播种技术与机械研究，并培育适宜精量播种作业的玉米种，以实现提高播种质量，达到省种、省工的目标。

（三）改善田间管理

针对玉米生长中后期进行病虫害防治及中耕追肥作业的问题，研究适宜的种植模式，有利于机械化田间管理，为田间管理提供技术支持。

（四）推进秸秆综合利用

辽宁省当前秸秆焚烧现象依然普遍存在，已成为影响空气质量的因素之一。应加大秸秆还田、回收再利用等方面机械化技术的研究力度，提升玉米秸秆综合利用效率，减少因焚烧导致的环境污染。

第二节　玉米生产配套机具的选择

一、选择原则

在选择玉米配套机具应遵循以下原则：

1. 适应性　根据本地区玉米生产特点及相关自然条件，选择与之相适应的机型。

2. 目的性　选择前应明确购机目的，不能盲目从众选择。

3. 经济性　应将机具的购买成本和在使用过程的费用支出统筹考虑，根据自身经济状况选购相应机具，不应盲目跟风，实现少支出多盈利的目标。

4. 安全性　所选机具应取得鉴定、生产、推广等证件，切勿购买“三无”产品。

5. 性价比　应货比三家，慎重选择，尽量购买进入国家补贴目录产品，在享受国家补贴的同时质量也有保障。

二、注意事项

在选择玉米生产配套的农业机械时，应注意以下几点：

1. 注意适用范围　每一种配套农业机械的性能都有细微差别，这就决定了它的使用范围。在选择时一定要充分了解机具的区域适应性能，在选择农业机械前应充分考虑当地地理地貌、土壤性状、耕作习惯及道路状况等因素，如若考虑不周全，所选农业机械会出现“水土不服”现象，将给使用者带来一定的损失。例如，在购买大型农业机械时，单单考虑其工作效率高的优点而忽略了本地区地块分散、面积小的实际情况，将会导致机具不能充分发挥自身优势而影响购买者的经济效益。在选择玉米联合收获机时，收割行距是否与当地的种植形式对应上是选择时着重考虑的因素，否则将会不能正常作业，造成不可挽回的经济损失。

2. 产品信誉是基础　选择机具前应认真细致地向有经验者或农机部门咨询，要对市场上所销售的主流产品有初步了解，在产品的质量与口碑方面要认真考察。在购买大型农机产品时更要慎重，应对相关产品及其生产企业经营状况有一定了解，还可到当地农机部门举行的演示现场看机械实际作业情况。尽量选购具有一定生产规模的企业生产的产品，信誉度高的名牌产品更有保障。

3. 选择可靠的经销商　选择农机经销时，应了解其经营证件是否齐全，社会口碑是否良好，售后服务是否及时等。不要轻信经销商对产品的宣传，要对产品质量、产品价格、“三包”服务等方面综合考虑，更要货比三家。

4. 产品售后服务是关键　一个好的产品需要好的服务来为其提供保障。因此，在选购之前，一定要先了解生产厂家售后服务质量如何。例如，零配件供应情况和厂家的售后服务时效情况。

5. 验货要仔细　验货时切勿慌乱，要逐一查验产品的合格证书、使用说明书和“三包”凭证等文件是否齐全，检查产品关键部件是否存在制造缺陷；检查所购产品的随机工具、附件、备件是否与装箱单一致，并检查产品的外观质量，检查所购的农机具各零、部件是否可以正常工作；对动力机械要启动试车，查验运转是否正常、有无杂音等；对于具有机架编号、发动机编号和出厂日期的农机产品，要仔细核对，做到内容相统一，减少后期售后风险。

6. 牢记索要发票 发票作为商品售后服务的重要凭证，在够买农机产品时要向经销商开具税务部门统一印制的正规发票。要将产品名称、时间、数量、规格、型号、单价等重要信息填写在发票上，并加盖专用章后妥善保管。

7. 及时办理登记手续 在购买拖拉机、联合收割机后，到相关主管部门办理登记手续也尤为重要，比如牌照等，无手续使用是违反国家相应法律规定的。当然，使用者也应取得相应的驾驶资格，并对机具的安全使用常识具有一定的了解，最大限度减少因操作不当给自己带来的损失。

第三节　玉米机械化种植技术

一、耕整地机械作业技术

辽宁省目前机械化耕整地方面主要有翻地、深松、耙茬、旋耕、起垄、耙地、镇压等作业方式，以旋耕整地应用最为广泛。根据不同的作业方式，作业的质量要求也有所不同。

（一）翻地作业

秋翻地要结合收获作业及时进行，秋翻地在封冻前结束。春翻地要在返浆期内结合耙、耢、播、压连续作业；土壤含水率 18%～22%时作业为宜。此时应配合墒器；秋翻地耕深为 18～22 cm，春翻顶凌作业耕深 >14 cm。耕深一致；百米直线度±8 cm；幅宽一致，实际幅宽与设计幅宽误差为±4 cm；不漏耕，不重耕，重耕率≤0.2%；立垡和回垡率<5%，残株杂草覆盖率>90%；开闭垄距离>40 cm，开垄宽度≤30 cm，深度≤15 cm，闭垄高度≤10 cm。地头横耕整齐。

（二）深松作业

1. 深松种类 机械化深松按作业性质可分为全面深松和局部深松两种。全面深松是用深松犁全面松土，这种方式适用于配合农田基本建设，改造耕层浅的土壤。局部深松则是用杆齿、凿形铲或铧进行松土与不松土相间隔的局部松土。按作业机具结构原理可分为翼铲式深松、凿式深松、振动深松、鹅掌式深松等。当前，在生产中应用的深松机具以凿式深松机为主，多采用联合整地的形式，实现耕整地联合作业，大大提高了作业效率。

2. 深松深度 当前土壤中普遍存在犁底层，深松作业是以打破犁底层为目标，耕深一般在 25～30 cm 为宜，也有部分地区根据实际情况耕深≥30 cm，但误差应为±2 cm。

3. 行距要求 采取全面深松方式的，作业时行距为 30～50 cm 为宜。而在垄作地区，深松作业时应与原垄距相对应，行距误差应为±2 cm。

（三）耙茬作业

秋季作业建议在作物收获后上冻前进行，春季建议当土壤解冻深度达到作业要求后进行，并配后播、压等作业，减少因作业造成土壤中水分流失而对播种质量的影响。作业时，应根据当地实际情况确定深度，一般达到 14～18 cm 即可，误差控制在±1 cm；作业后的土壤应实现充分粉碎，碎茬以不影响后续播种为宜，沟台无明显区别，高低差≤5 cm。要求不漏耙、不拖堆。

（四）旋耕作业

应选择在有深耕基础和杂草少的地块上进行旋耕作业，春秋均可进行作业，以秋季为主春季为辅。秋季应在作物收获后上冻前及时进行，耕深控制在 12～15 cm。春季要注意保墒，耕深控制在 8～10 cm，建议采取旋耕—播种—镇压连续作业。作业后耕层中土壤应细碎，地表土壤应平整，不应有明显较大土块存在，高低差≤4 cm。不应有明显漏耕、拖堆现象发生。

（五）起垄作业

起垄作业在春秋两季均可进行，大多与旋耕、灭茬作业同时进行，实现耕整地的联合作业。沿垄向 50 m 直线度误差±3 cm，垄距误差为±2 cm，往复结合垄距误差为±3 cm。起垄作业幅宽误差为±5 cm，入土深度误差为±2 cm。作业时，垄要直，起垄高度、入土深度要一致，不应有垡块，垄台封闭好，地头要整齐。

（六）耙地作业

耙地的时机选择很重要，一般与翻地相结合，以随翻随耙连续作业为原则。秋翻地块应秋翻秋耙，达到播种状态，低洼易涝地块秋翻后进行粗耙，翌年春播前耙耢随耙随播，作业时掌握适耕水分；根据翻地质量和土壤墒情确定耙深，一般轻耙为 8～10 cm，重耙为 12～15 cm。耙深误差为±1 cm；垡片细碎，每平方米耕层内外形最大尺寸为 5～10 cm 的土块不得超过 7 个；沿播种垂直方向，在 4 m 宽地面上，高低差≤3 cm；不漏耙，不拖堆。相邻作业重幅耙量≤15 cm。

（七）镇压作业

春翻地、春耙茬及春起垄地块应连续作业，播种地块要随播随镇压或播后及时镇压。土壤过暄时应进行播前镇压；土壤水分过大、过黏时，镇压器不宜进行镇压。镇压后地面平整，土壤紧实。压后 10 cm 深土层内，土壤容重为 0.9～1.1 g/cm^3；不漏压，不拖堆。相邻工作幅重压宽度≤30 cm。

（八）联合整地作业

机械化耕整地联合作业技术，是将旋耕灭茬、深松、起垄、镇压等作业过程有机结合，实现联合作业的目的。该作业作业质量应满足旋耕灭茬、深松、起垄、镇压等作业的要求。

二、根茬粉碎还田机械作业技术

（一）作业地要求

作业地应符合 NY/T 985 规定的一般作业条件；清除作业地影响机械作业的石块、瓦砾。

（二）安全技术要求

根茬粉碎还田机械安全技术指标应满足 GB 10395.1 与 GB 10395.5 的要求；作业人员应经过技术培训，并取得拖拉机驾驶员职业资格证书。

（三）作业质量

一般作业条件下，根茬粉碎还田机械作业质量应符合表 6-1 的规定。

表 6-1 作业质量指标

序号	项　目	质量评定指标
1	灭茬深度（mm）	≥80
2	根茬粉碎率（%）	≥90

注：合格根茬的长度为≤50 mm，不包括须根长度。

三、玉米机械化播种技术

（一）机械化精量播种技术

1. 技术概述 玉米精量播种机械化技术是利用精量播种机将玉米种子按农艺要求的播量、行距、株距、深度精确播入土壤的技术。它可实现单粒点播的作业要求，具有出苗齐整，一致性好，不用人工间苗的特点，在土壤条件、种子纯度、发芽率、虫害防治等方面均能保证良好措施的前提下更能发挥其优势。通过采用精密播种机播种作业，可使株距合格率达到 85%以上，播种深度（覆土厚度）合格率达到 95%以上，精密播种作业可以保证单位有效株数的营养面积，入土后的种子能够更好地汲取营养成分，大大降低了因种量过多造成各自争肥夺水现象发生，更能保证出苗整齐一致（当然种子是要经过精选的）、均匀分布，充分发挥单体植株自身优势，进而促使群体效应得以充分发挥。运用该项技术既可实现标准化种植、保证播种质量，又能有效降低作业成本、提高生产效率。

2. 增产增收效果 可明显地节约用种量，同传统人工大播量相比，每亩一般可减少玉米种子用量 1～1.5 kg，并可节省间苗用工一半以上。由于苗齐苗壮，为玉米增产打下了基础。若后期田间管理措施跟得上或无大的灾害影响，一般每亩可增产 25 kg 以上。

3. 技术要点 实施过程中要把握好种子精选、适时播种与合理密植、化学除草等技术要点，并应根据耕翻地和免耕地不同的播种需求选择适宜的机具。

（1）种子要求：净度≥97%，纯度≥95%，芽率保证≥98%，含水量在 14%左右；达不到要求的种子应在播前作相应处理，如精选除杂和脱水处理等，使其满足作业要求。

（2）播种时机：要适时选择播作业时间，一般地温稳定在 8～12 ℃，0～10 cm 土层土壤含水率在 14%左右时便可进行，但也应参考当地耕作的实际条件。在种植密度方面，要充分考虑农艺要求，选择合适的种植品种，并适当调整精量播种机具以满足机械化精量播种的作业要求。作业时，单粒率≥90%，空穴率<5%，应保证播深一致，严实覆土，确保种子与土壤完整接触以保证出苗质量和出苗率。

（3）种肥分离：播种作业时要保证化肥深施且与玉米种子之间有>6 cm 的间隔，以避免烧种现象的发生。一次性深施肥的优势在于可免去中耕追肥作业，可显著提高肥效。应注意，在深施肥前应将化肥养分比例按农艺要求调配好，确保配比合理。

(4) 病虫害防治：防止田间虫害发生，是保证精播作业效果的关键。在播种前进行农药拌种（或浸种）处理或在播种时随种子播下拌药的毒种子或毒土是常用的方法，以达到诱杀害虫和防止病害产生的目的。

4. 注意事项　种子精选要求使种子纯度在95%以上，净度在97%以上，发芽率在98%以上；适时播种要求在地温8～12 ℃、土壤含水量14%左右时进行播种；精密播种的作业标准是：单粒率≥85%，空穴率<5%，伤种率≤1.5%。播深要一致，播深或覆土深度一般为4～5 cm，误差≤1 cm。株距要一致，株距合格率≥80%。苗带直线性好，种子左右偏差≤4 cm。播种后出苗前还要喷施化学药剂，封闭除草。

(二) 机械化免耕播种技术

玉米机械化免耕播种技术，是用玉米免耕播种机在原茬土地上直接播种，一次性完成开沟、播种、施肥、覆土、镇压等多项作业工序，大大降低农民的劳动强度，减少了作业环节，降低了能源消耗，提高了生产效率。该项技术具有可适当增加玉米种植密度的特点，种植模式也得到了进一步的优化，为增加玉米产量提供了有效保障，也很好地实现了农艺与农机的融合。

1. 玉米免耕播种机械化技术

(1) 免耕播种：采用免耕播种机在原茬土地上一次性完成破茬开沟、施肥、播种、覆土和镇压作业过程。这项技术重点提出4个作业环节，即免耕、覆盖、深施化肥和精密播种。

免耕是指省去耕整地作业；覆盖是指前茬作物收获后留在地表上的秸秆和茬子形成对地表的遮盖而免去清除作业；深施化肥是指播种玉米时将化肥足量施于土壤中适合位置，供作物生产发育过程利用；精密播种是指所播种的玉米可做到单粒准确播种到栽培要求的位置，同时节省种子，不必间苗。除了上面四个重点环节的作业，还要保证破茬开沟、分草防堵、播后覆土、镇压等作业一并完成。

(2) 少耕播种：经必要的地表作业，如耙地、浅松、苗带灭茬、浅旋四项中的一或两项，然后进行播种施肥作业。

播种作业应使地温在满足种子发芽和出苗的条件下进行，根据测量和以往的气象资料史记载，5～10 cm土层温度稳定通过13 ℃，采取适时早播，达到抢墒保农时的目的。如遇旱情严重的情况下，可以采用少、免耕坐水播种的方式，坐水量可以根据干旱的实际情况确定，水量过大容易造成地温降低引起种子发霉现象产生，水量过小容易引起种子芽干而影响作物全苗。一般施水量为：旱情较重或沙质土壤情况下施水60～90 m^3/hm^2，旱情较轻情况下施水30～60 m^3/hm^2。

2. 玉米免耕播种作业的要求

(1) 实施免耕播种作业能够保证在种子发芽的前提下，采用免耕、少耕、化学除草等技术，尽可能保持作物残茬覆盖地表，可以多蓄天上水、保存地下水和提高雨水利用率，增加土壤有机质。

(2) 春季播种前，应考察地表状况，若地表平整、秸秆量适中，则可不进行表土作业，直接使用免耕播种机具进行作业。一般正常播种在耕层5～10 cm处的地温稳定通过6～7 ℃时进行。

（3）播种量：春玉米一般播种量为22.5～30 kg/hm²；夏玉米一般播种量22.5～37.5 kg/hm²；在墒情好且种子发芽率达到95%以上时，可以采用精密播种，否则采用半精密播种，半精密播种单双籽率≥90%；其优点是在保证全苗的前提下，提高作物对有效的水、肥、光、热等资源的利用率，从而达到增产增收的目的。

（4）播种深度：播种深度应根据实际情况而定，一般控制在3～5 cm，沙土和干旱地区播种深度应适当增加1～2 cm，也就是说，最大播种深度不超过7 cm；过深导致出苗过程中种芽能量消耗大，造成苗弱不结穗而减产；过浅容易造成风干现象而影响出苗率，从而影响作物产量。

（5）施肥深度：一般为8～10 cm（种、肥分施），即肥在种子侧下方4～5 cm。侧深施肥的好处是：在避免烧种的同时提高了有限肥料的利用率，使作物增加产量，同时减少肥水流失而造成水质污染，有利于环保。

（6）选择优良品种：一般选择抗倒伏、高产、耐旱的品种，条件允许最好进行精选处理。要求种子的纯度≥97%，净度≥98%，发芽率达95%以上。为了保证种苗期不受病虫害的损伤而影响作物产量，在播前应适时进行药剂拌种、浸种或者包衣处理。

（三）机械化坐水播种技术

机械化坐水播种技术就是利用机具在播种同时实现施水作业。一次完成开沟、注水、播种、施肥、覆土等多道工序。在播种的同时，将适量水灌入种沟或种穴里，水不流动而自然渗入土壤，确保种子正常发芽、出苗。坐水种最大的特点是播种同时注水，一次注水后围绕种子形成一个湿润土团，在其上再覆盖一层干松浮土。这样湿土团能较长时间保持水分。

坐水播种技术拉近了灌溉和播种相距的时间，达到适时播种，有效利用有限的水资源进行补墒播种，保证苗前用水及出苗率，是农业工程节水灌溉技术中的一种有效形式，它既是一项操作简单、效果显著的节水型旱作农业生产技术，也是一项改善作物生长环境、保墒增产的栽培技术。受到旱区使用者的欢迎。

1. 施水的要求 施水采用在播种同时施水，用加装在播种机上的施水开沟器开沟、施水，施水深度一般为10～15 cm，随后再进行播种施肥作业。根据土壤墒情及满足种子出苗条件的土壤含水率来确定施水量。旱情较重或沙壤土施水量一般掌握在60～90 m³/hm²，旱情较轻施水量一般维持在40～60 m³/hm²，以保证种床土壤含水率在14%以上为原则。

2. 注意事项 由于播种作业时，土壤的墒情有所差异，一定要根据土壤需水情况进行适时适量坐水播种，达到按需施水，节约资源。

在进行坐水播种时，切忌施水同时镇压。这样会造成地面板结，影响出苗质量，直接影响秋后产量。

（四）膜下滴灌播种机械化技术

1. 玉米膜下滴灌节水技术 玉米膜下滴灌播种机械化技术是利用玉米膜下滴灌机械，把播种、施肥、覆膜、铺水带及喷施化学除草剂作业一次性完成的一种农机化作业技术。

玉米膜下滴灌节水技术将覆膜技术与滴灌技术相融合，即在地膜下铺设滴灌带或滴灌毛管。该项技术由可控管道系统提供水源，将过滤后并添加水性肥料的水经加压后进入输水干管—支管—毛管（铺设在地膜下方的滴灌带），再由毛管上的滴水器均匀滴落，实现定时、定量浸润作物根部区域，实现水分的定向供给，大大降低了水资源的浪费，达到了节水、保水、保温、改善土壤性状、改善光照条件、加速作物生长发育过程、提高粮食产量的目的。玉米膜下滴灌节水技术适用于干旱半干旱地区大力推广和发展。

2. 铺膜播种机的技术要求

（1）总体要求：保证整地质量，地表平坦无作物残茬；膜面贴紧压实，无漏膜、无皱膜、无断裂，采光面机械破损程度≤5 cm/m²，采光面宽度≥98%。保证膜边覆土的宽度和厚度，压膜覆土宽度 10 cm、厚度 5 cm，合格率≥95%，漏覆土面积<2%；对垄台位置准确，偏差<4 cm，一般垄光照宽度≥30 cm，玉米大垄双覆膜光照宽度≥45 cm，宽度合格率≥80%。

（2）垄型：一般将原来的两垄（垄距 50 cm）合成一条垄底宽 100 cm，垄顶宽 70 cm 的大垄，垄高一般 10～15 cm，在垄上覆膜（地膜宽 120 cm）种植两行玉米，垄上间距 40 cm（即窄行），在垄上两行玉米之间铺设一条滴灌带。采用膜下滴灌种植一般可增加积温 200～400 ℃，相对延长了无霜期，因此品种宜选择生育期偏长、株型较紧凑、不易早衰、抗逆抗病性强的品种。种植密度每亩 3 800～4 500 株为宜。

（3）播期：覆膜后地温稳定通过 5～6 ℃，出苗或破膜引苗后能躲过零下 3 ℃的冻害时，抢墒播种。积温 2 500 ℃以上的地区，4 月 15～25 日播种；积温 2 100～2 500 ℃的地区，4 月 25 日至 5 月 5 日播种。

3. 生态效益和社会效益

（1）玉米膜下滴灌节水技术具有根部定向灌溉的特点，且滴水过程较为缓慢，很难形成地表径流，避免了土壤板结现象的发生。由于有地膜的存在，使水分在地表与地膜之间形成微循环，大大降低了水分蒸发。据测试：膜下滴灌的平均用水量是传统灌溉方式的 12%，是喷灌的 50%，是一般滴灌的 70%。

（2）玉米膜下滴灌节水技术的应用，可使肥料利用率大大提高。易溶肥料施肥可利用滴灌随水滴到作物根系部位的土壤中，使肥料利用率得到大大提升。据测试：膜下滴灌可使肥料的利用率由 30%～40%提高到 50%～60%。

（3）玉米膜下滴灌节水技术节约劳动力，大大降低用工成本。由于作物行间因缺少水分致使杂草无法生存，因此除草用工成本大大降低。滴水灌溉，土壤不板结，可减少锄地次数。滴灌系统不需要平整土地和开沟打畦，可实行自动控制，大大降低田间灌水的劳动量和劳动强度。据调查比大水漫灌每亩省工 10 个左右。

（4）玉米膜下滴灌节水技术性价比较高。每亩造价仅 300 元左右，是国外同类产品造价的 1/8，设备使用期可达 5～8 年，用于末端的毛管（滴灌带）每米价格为 0.2 元，每亩土地滴灌带投资仅需 120 元，使用 2 年左右滴灌带还可以旧换新，每米只收 0.12 元加工费，每亩滴灌带投资可降低到 70 元左右。

（五）大垄双行机械化疏密种植技术

1. 大垄双行疏密种植概念　玉米大垄双行疏密种植是指在同一垄台上双行播种，同一行中植株呈疏距、密距交替规律分布的种植模式（图 6-1、图 6-2）。它是在大垄双行种植方式的基础上，结合精量播种技术，一方面不改变原有大垄格局，以原标准行距

60 cm 为例，进一步缩小大垄上的双行行距（40 cm），加宽大垄之间的行距（80 cm），使大垄之间通风更加良好；另一方面，在单行上调整株距，通过调整播种盘，使密距为 5～10 cm，疏距在确定单位种植株数后计算而得。该种植模式更方便提高种植密度，可减少大小苗现象，并不受品种限制。

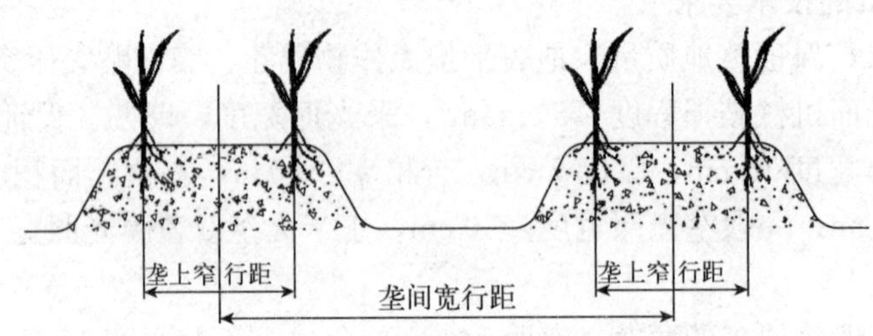

图 6-1　行间植株分布情况

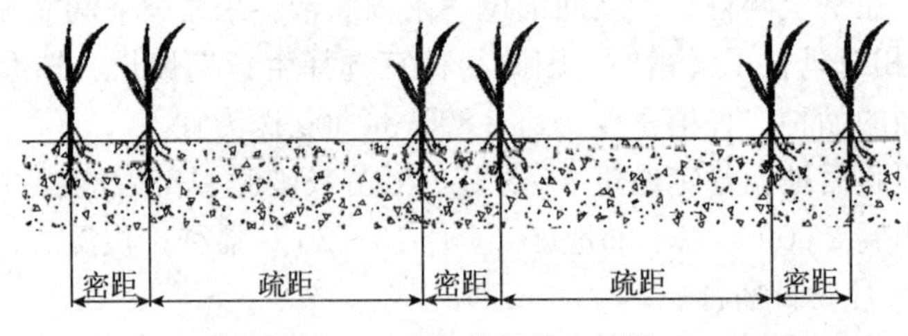

图 6-2　垄上植株分布情况

2. 作业要求

（1）选择地块：选择地势平坦，土壤耕层深厚、保肥保水性好的中上等肥力地；坡耕地、沙岗地和肥水条件差的地块不宜种植大垄双行。

（2）整地：整地时一定要精细，要用机械进行秋深翻，深施农家肥和化肥，翻后及时耙耢，耕深达到 18～25 cm。要求无漏耕、无垡块、无根茬、垄面细而平整。整地后起大垄，垄底宽 120～130 cm，垄面宽 90 cm。垄高 15～20 cm。起垄后及时镇压保墒。

（3）种子选择：选择纯度高、出芽率高（不低于 90%）的种子，并进行包衣处理。播种前进行晒种，以提高芽势。品种选用优质、低水分、耐密或半耐密品种，以中熟、中晚熟品种为主。

（4）适时播种：当耕层 5～10 cm 地温稳定在 8～10 ℃时，就可以播种作业了。采用大垄双行播种机进行机械化疏密种植作业，在播种过程中播后根据土壤墒情及时镇压，要压匀、压实，以保证苗全、苗齐。

（5）药剂除草：在播种后 7～10 d，晴朗无风天气。选用广谱低毒、低农残、短残效的除草剂，进行土壤药剂封闭除草。

（6）合理施肥：大垄双行植株局部密度大，要做到合理施肥。

（7）田间管理：要做到苗期查缺补漏，3 叶期间苗，5 叶期定苗。中耕除草，合理追肥，防涝防旱、及时防治病虫害。

3. 技术特点　大垄双行机械化疏密种植模式，将大垄双行与精量播种等优势技术相结合，因其具有良好的采光性和通风性，并且大垄在地表以下形成了一个微环境，能够很好保持养分，吸纳水分，为作物生长提供了较好的生长环境，同时作物根系极度发达，作物的抗旱、抗倒伏、防早衰等性能显著增强。

（1）比常规种植增产7%～10%，效果明显。

（2）可改善玉米群体结构，提高光合效率。

（3）适宜增加密度，为增产奠定基础。

（4）便于实现机械化操作。

四、玉米机械化中耕技术

（一）机械化中耕技术概念

中耕是在作物生长期间进行田间管理的重要作业项目。通过中耕作业，可以使土壤物理性状得到改善，蓄水保墒效果明显，且具有消灭杂草的作用，可以为作物生长发育创造良好的土壤条件。中耕作业包括除草、松土和培土3项作业过程。结合作物生育期的实际特点，开展用于除草、松土和培土的作业。并且可以根据作物生长的实际情况在中耕的同时进行追施肥料作业。

玉米机械化中耕技术就是利用中耕机械完成中耕各项作业要求的一项机械化技术。中耕机械作业是农作物生长过程中采取的一项促进植株生长发育、确保增产增收的机械化措施。中耕机械是指能够完成农作物生长期间用于除草、松土、表土破板结、培土起垄或完成上述作业同时进行施肥等作业的机械。

（二）中耕作业的作用

通过中耕作业，可改善土壤团粒结构，促使通气性增强，提高表层地温；切断土壤中毛细管，减少土壤下层水分的蒸发，有效调节土壤水分，实现保墒防旱的目的；土壤湿度过大时，还可促进表层土壤水分的蒸发，实现晾墒的目的；可增加好气性微生物活动，改善土壤物理性状，加速土壤营养物质的分解，提高土壤肥力，促进农作物根系养分吸收；消灭杂草、消灭虫害。

（三）中耕机械的要求

1. 土壤工作部件性能要求　中耕作业的农业技术要求主要是锄净杂草、松土并施化肥。因此，中耕机工作部件既要具备锄草性能好又不缠结杂草，耕后土表平整，以减少土壤水分蒸发。在选择土壤部件的型式时，须保证其松土而不粉碎、不乱土层的性能，开沟起垄后，垄形规整，沟底留有落土。

播前整地全幅中耕时，土壤底层平整均匀，确保播种时苗床土层深度一致。

2. 土壤工作部件的调整、安装　在农作物管理期间，每次松土深度不完全相同。为适应上述要求，中耕机的结构应根据行距和松土深度，对其工作部件进行调节，并能适应土表起伏，保证耕作时工作部件的稳定性。机架高度影响中耕机在作物行间的通过性。用于低秆作物中耕机的主梁高度一般不小于300～350 mm，高秆作物中耕机主梁高度不小于700 mm。

3. 中耕机操作要求　农作物苗期行间中耕时，为了避免损伤或土壤掩埋幼苗，中耕机工作部件距苗行应有一定宽度的护苗带。

护苗带的宽度取决于作物的种类及品种、生长程度、松土深度、播种质量（苗行的直线性）及中耕机作业时工作部件在垂直面上的水平偏斜度。因此，中耕机工作部件在水平面内运动越稳定，护苗带宽度则可随之减小。

4. 中耕机的技术要求 中耕机的结构应满足以下技术要求：

（1）结构简单，使用简便。

（2）作业时稳定性好，便于操纵。

（3）与拖拉机连接简单、便捷。

（4）稍加变换就可完成各项中耕施肥作业。

5. 作业技术要求

（1）根据土地水分、苗情及草情确定合适的中耕次数，一般为2～3次。有条件的地方应采用分层中耕方法。

（2）中耕深度应根据作物品种及工作部件情况确定，同时应符合农业要求。一般使用单翼、双翼除草铲作业，工作深度为4～6 cm；使用深松铲作业，工作深度为：浅松10～20 cm，深松20～30 cm。误差小于±2 cm。

（3）中耕作业后杀草率应大于70%。

（4）不埋苗、不压苗。伤苗率小于3%。

（5）不错行，不漏耕。

（6）不偏墒，地头整齐。

6. 作业方法

（1）机组进入田间，摆正位置后，检查拖拉机、中耕机轮子是否对正作物行间，锄铲位置是否合适，发现问题应及时调整。

（2）机组作业20～30 m后，停车检查中耕深度及松土、除草、培土质量，调试到符合作业技术要求后方可正式作业。

（3）作业时按照已确定的作业路线，保持正确的行走位置，防止串行、铲苗。

（4）农具手应正确操作，不应更换监视行，并随时注意各锄铲有无堵塞和异常。

（5）中耕深松作业，在起垄地块宜采用梭形耕法。若分层深松，应安装双层深松铲，作业中防止压苗。

（6）机组地头转弯时应正确掌握机具起落时机，防止过早或过迟，尽量不伤苗。

（7）机组转弯后，对准行后方能落铲。

（8）机组作业速度保持5 km/h左右。

（9）中耕追肥作业按照DB15/T 235—1996中3.4的规定执行。

（10）安全作业严格按DB15/T 40的规定执行。

五、玉米机械化药剂除草免中耕技术

（一）玉米药剂灭草免中耕技术概述

玉米药剂灭草免中耕技术是在标准化整地的基础上实行机械精少量播种，同时深施入玉米生长全年需要的化肥，在播后苗前采用化学药剂封闭地表层，防止杂草生长，实现整个玉米生育期内不铲、不蹚、不追肥（即免中耕）的一项先进农业技术。该技术的实施中应注意药剂、机具、时机3个方面的问题。

该项技术省工省力，有利于使大批农业劳动力从“三铲三蹚”等繁重的体力劳动中解放出来，投身于其他产业；省费用、效益高；抗倒伏、抗旱，保苗率高；有利于集约经营和发展机械化生产。

（二）玉米药剂除草免中耕机械化技术要点

1. 地块选择　重酸重碱、水土流失严重及春旱的地块施药后效果不好，不宜实行药剂除草。

2. 确定除草剂配方　在农艺及植保部门的指导下，在对地块杂草种类调查的基础上，根据除草剂说明用量及杀草谱要求，确定除草剂配方。原则是“因地制宜”“对症下药”、避免药害。

3. 机动喷药机　机动喷药机药泵应与拖拉机连接，简单方便，配套合理；药泵要满足正常作业压力 0.3～0.6 MPa；采用扇形喷雾面、具备防滴装置的狭缝式喷嘴的喷头；喷药机具有射流搅拌装置和 2 级以上过滤装置；药箱采用玻璃钢材制成，铁制药箱的内部要有防腐处理；药箱容积大于 300 L。

4. 作业前准备

（1）准确测量地块垄长及面积、划分喷幅，做好机组前进标志及开闭药机位置标志。

（2）确定作业路线。

（3）作业前模拟试验。目的是确定药液稀释倍数。

（4）配制药液。准确称量除草剂，分别盛入容器内，按 5～10 倍分别加入清水，经充分搅拌倒入药箱，再按事先确定的药液稀释倍数向药箱加足其余清水，最后开机搅拌 3～5 min，注意不能将原药液直接倒入药箱。

5. 喷施作业

（1）喷施时间：播种结束后，可立即进行喷施作业。喷施除草剂最晚应在 5 月 20 日前结束，在萌芽期实现防治。若防治效果不佳，应及时采取补救措施，可选用适合杂草茎叶吸收的除草剂，在玉米 2～3 片叶时补喷 1 次。

（2）注意事项：三级风以上，不能进行作业；作业时机组严格按事先确定的路线行走，不可随便停车和变速；尽量避免在地块中加水、加药；开闭药机动作要快，位置要准确，不得半开半闭；随时注意喷头是否堵塞，发现堵塞立即停车排除。

（3）喷施作业质量要求：无重喷、漏喷，除草率达到 90%以上。

（4）喷后镇压：喷施除草剂作业后要立即进行镇压作业，利于保墒及形成均匀封闭药层。平播地块采用 V 形镇压器进行斜压或横压；垄作地块尽可能采用环形镇压器作业，达到垄沟、垄台同时镇压。

六、玉米机械化植保技术

（一）机械化植保技术概念

植保机械化技术主要指农作物病虫草害的机械化防治技术。根据施用化学药剂的方法，植保机械的种类分为喷雾机、弥雾机、超低量喷雾机、喷粉机和喷烟机等。

植物保护是现代农业生产的重要环节之一。为了使植物在生长过程中免受病、虫、草害的影响以及促进或调节植物正常生长，日益广泛地使用植物保护机械（以下简称植保机械）进行下列各项工作：喷施杀虫剂用以防治植物虫害；喷施杀菌剂用以防治植物病害；

喷施化学除草剂用以防治杂草；喷施落叶剂或将作物进行适当处理以便于机械收获；喷施生长调节剂促进果实生长或防止果实脱落；喷施花果减疏剂；喷施液体肥料对作物进行叶面追肥；喷施防治病虫害用的病原体与细菌等生物制剂；投放人工培养的天敌昆虫进行植物病虫害的生物防治；对病、虫、草害施以射线、光波、电磁波、超声波以及火焰、声响等物理能量，达到控制或灭除的目的；驱赶或杀灭危害植物的鸟、鼠等。

（二）技术要求

要有安全装置和防护设备，以保护工作人员的生命安全。要求工作压力大于 0.6 MPa 的喷雾机具应配有安全阀及压力指示装置；与药液接触的零部件，要有良好的抗腐蚀性和耐磨性能。如液泵、喷头、喷枪、药液箱等；根据农业技术要求应能将液体、粉剂、颗粒等剂型的农药均匀地分布在施用作物对象所要求的部位上；对所施用的化学农药应有较高的附着率；有足够的搅拌作用，应保证整个喷洒时间内保持农药相同的浓度；机具应具有较好的通过性，能适应多种作业的需要。

七、玉米机械化深施肥技术

（一）深施肥技术特点

机械化深施肥技术是指使用深施机具，根据农艺的要求，将一定数量的肥料施用在所需部位上。通过深施肥作业，可以使作物充分吸收养分，减少肥料有效成分的挥发和流失，具有提高肥效和节肥增产双重效果的实用技术。它包括犁底施肥技术，种肥深施技术和生长前期的追施技术。机械化深施肥技术将开沟（或穴）、施肥、覆盖和镇压等多道工序融合在一起，在保证施肥数量的前提下，同时满足施肥深度的要求，并确保覆盖土层的紧实。通过采用机械化深施肥技术可有效提高肥效利用率，并具有均匀施肥、高效率的特点，节本增产效果显著。

1. 利用率高 与地表施肥相比较，地表施肥易于挥发而影响肥效，造成大部分浪费，导致利用率低，影响经济效益，并且容易发生烧种、烧苗的现象。试验表明，地表施肥时碳酸氢铵的利用率只有 28.6%，尿素只有 40.1%，而化肥深施于土壤中，相应的氮素化肥的利用率可提高 9.6%～17.9%。

2. 省工 深施肥技术可使用深施肥机具进行施肥作业，也可与深松作业相配合，实现联合作业，可实现省工省力、提高效率的目的。

3. 抗旱、增产 机械深施肥一般将化肥施在 6～10 cm 的土壤中，由于此处土壤含氧量相对较少，使硝化作用能力得到弱化，从降低了氮的损失。根据作物根系具有向肥性的特性，采用深施肥可使根系向下伸展，增强了根系的生长发育能力，作物吸收养分和水分的能力也有一定的提高。在干旱地区，作物根系具有可避干就湿的生长特点，因此可大大增强作物抗旱能力。

长效肥的一次性深施，打破了传统的耕作方式，再结合化学除草剂技术，可减少人工成本的投入，在提高肥料利用率的同时，也达到了粮食增产和农民增收的目的。

（二）作业要求

1. 底肥深施要求 在考虑当地农业生产的实际情况下，施肥深度建议在 6～10 cm，地表无可见的化肥颗粒。

2. 种肥深施要求

（1）侧位施肥：该种施肥方式是在种子侧下方施用化肥，化肥一般在种子侧下方5 cm处，肥带宽度以3 cm以上为宜，肥带应均匀连续。

（2）正位施肥：该种施肥方式是在种子正下方施用化肥，化肥与种子之间间隔大于3 cm，要求施肥深度和间隔深浅应保持一致，肥带应均匀连续，肥带宽度宜在3 cm以上。

3. 追肥深施　追肥深度一般为6～10 cm，追肥部位控制在植株两侧10～20 cm，肥带宽度大于3 cm。若采用条施方式，应做到无明显断条现象，覆土层应严密。

（三）注意事项

应做好机手培训工作，掌握机具结构特点，熟悉机械化深施肥作业要点，能够解决作业过程中出现的常见问题。作业前应检查机具各部件工作状况，对关键部件要着重检查，连接部件是否连接牢固可靠，转动部件是否转动灵活。深施肥机具作业时应符合当地作物种植农艺要求，并对肥量、深度和宽度进行相应调整。作业时不应有断条现象，断条率应<3%，施肥位置准确率应≥70%。

八、玉米机械化收获技术

（一）玉米机械化收获技术概念

玉米生产过程中玉米收获是十分重要的一个环节，它对玉米的最终产量和所收获玉米的质量有很大影响，并且季节性强、时间紧，易受雨、雪、风、霜等自然侵袭而造成损失。因此，若玉米收获实现机械化，对玉米生产过程意义重大。

玉米收获机械化技术是在玉米成熟时，根据农艺要求，在满足其种植方式前提下，用机械手段来实现切割茎秆，摘穗、剥皮、收集、秸秆处理等生产环节的作业技术。

辽宁省大部分地区玉米收获时的籽粒含水率在25%～35%，有的地区甚至会更高些，收获时不适宜直接脱粒，所以一般采取分段收获的方法即先摘穗后脱粒的方式。首先将玉米摘下后放入收集箱内运回，秸秆大多做还田处理，其次再将运回后的玉米经晾晒后进行脱粒储藏。

（二）玉米机械化收获方法

各地玉米种植品种和气候条件有所不同，收获时玉米的长势和物理机械特性不同，尤其是茎秆和籽粒的含水率存有较大的差异，所以收获的方法和使用的机械也不同。目前，国内外玉米机械化收获的方法大致分为分别收获法、联合收获法和两段收获法。

1. 联合收获　该种方法采用玉米联合收获机进行作业，可以将摘穗、剥皮、集穗（或摘穗、剥皮、脱粒，但此时籽粒湿度应为23%以下）等作业同步完成，并同时茎秆进行处理等项作业，然后将玉米运回，经一段时间晾晒后进行脱粒。

其工艺流程为：摘穗—剥皮—秸秆处理（3个连续的环节）。

2. 半机械化收获

（1）用割晒机将玉米割倒、放铺，经晾晒后，籽粒湿度达到20%～22%时，用机械或人工摘穗、剥皮，然后运回进行晾晒，当水分满足要求时进行脱粒，秸秆一般作还田处理。

（2）用摘穗机在玉米站秆状态下进行摘穗（称为站秆摘穗），运回后运用玉米剥皮机进行剥皮作业，经晾晒后脱粒，秸秆一般做还田处理。其工艺流程为：摘穗—剥皮—秸秆处理（3个环节分段进行）。

3. 其他

(1) 更换谷物联合收获割台，可一次完成谷物的摘穗、剥皮（脱粒、分离和清选）等项作业。

(2) 用割晒机将玉米割倒，并放成“人”字形条铺，装有拾禾器的谷物联合收获机拾禾脱粒，同时可秸秆还田。

（三）玉米机械化收获机械化技术要求

为了提高玉米的收获质量，减少果穗及籽粒破损率，实现增产增收；同时为提高秸秆还田质量和根茬的合格率，并满足部分地区秸秆切段青贮的要求，玉米收获应满足以下要求：

1. 适时收获 机械收获玉米果穗的最佳收获期应在玉米果穗下部籽粒乳线消失，出现黑层，籽粒反面基部凹陷变硬，果穗苞叶变枯白而松散时。这时玉米成熟，棒不下垂，秸秆不枯死，籽粒饱满，果穗的含水率低，有利于剥皮作业，是玉米机械化收获最佳期。在玉米最佳收获期进行机械收获，可以达到减少损失、增加产量的目的。实施秸秆青贮的玉米收获要尽量在玉米果稍籽粒刚成熟时，秸秆发干变黄前（此时秸秆的营养成分和水分利于青贮）进行收获作业。实施秸秆还田的玉米收获应在籽粒成熟后3～5 d进行收获作业，这时秸秆变黄，水分较低有利于秸秆粉碎，减少收获机械功耗。

2. 田间查定 玉米秸秆倒伏给玉米收获机械增加了作业难度。玉米植株倒伏率应＜5%、最低结穗高度＞35 cm的条件下较适合开展机械化收获作业。作业时，应以额定工作速度进行工作。主要技术性能指标满足如下要求：籽粒损失率＜2%、果穗损失率＜3%、籽粒破碎率＜1%、苞叶剥净率＞85%（此项适应于摘穗剥皮玉米收获机）。为保证收获作业质量，要求操作人员要事先了解作业情况。根据地块大小、种植行距和秸秆情况等按作业质量要求选择合适的机具并进行调整，作业前制定好具体的收获作业路线，根据机具的特点，做好准备工作。

3. 秸秆处理 对于秸秆还田或青贮的玉米收获机械，要求秸秆粉碎或切段长度：粉碎还田为8～10 cm，青贮为2～3 cm，留茬高度不大于10 cm，为下茬作物整地创造良好条件。

4. 主要技术指标 玉米收获机应该符合《玉米收获机械　技术条件》（GB/T 21962—2008）中的规定，作业应达到其主要技术指标要求（表6-2）。

表6-2　玉米收获机械主要性能指标

项　目	指　标
生产率（hm^2/h）	达到使用说明书最高值80%的规定
总损失率（%）	≤4（适用于果穗收获的玉米收获方式） ≤5（适用于直接脱粒的玉米收获方式）
粒籽破碎率（%）	≤1（适用于果穗收获的玉米收获方式） ≤5（适用于直接脱粒的玉米收获方式）

（续）

项　目			指　标
	果穗含杂率（%）		≤1.5（适用于果穗收获的玉米收获方式）
	籽粒含杂率（%）		≤3（适用于直接脱粒的玉米收获方式）
	苞叶含杂率（%）		≥85
		切段长度标准差（%）	≤2.0
秸秆粉碎回收型	秸秆切段质量	切段长度相对误差（%）	≤13
		割茬高度（mm）	≤100（地面平整）
	秸秆粉碎还田型		按 JB/T 6678—2001 中表 1 或表 2 的规定

5. 玉米收获机械化作业模式

（1）玉米果穗收获与秸秆粉碎还田联合作业技术模式：这种技术模式是指玉米收获机组一次作业完成玉米的摘穗、升运、（剥皮）、集箱、秸秆粉碎还田工序，与国外同类机型相比，它不具有脱粒功能。目前，该技术模式的玉米收获机主要有 4 行、2 行和 3 行。

这种玉米收获技术从工艺上说，符合果穗收获和秸秆还田联合作业的一般功能要求。辽宁省玉米收获时籽粒含水率较高，多为 25%～35%，不适合收获时直接脱粒。大部分农户是收获果穗，运出田间，经晾晒降低含水率后脱粒。剥皮是玉米收获过程中的一个环节，剥皮后的玉米果穗不会由于堆放造成籽粒霉变。从玉米秸秆应用来看，虽然秸秆本身用途广泛，但受秸秆本身特性和应用技术、应用规模的限制，秸秆粉碎直接还田仍然是目前应用玉米秸秆的主要方式。该技术模式从技术性能来看，作业机组主要工作质量如果穗损失率、籽粒破碎率、秸秆粉碎等都能够达到技术要求。从实际使用来看，这种技术模式，特别是采用悬挂式玉米收获机的技术已经基本成熟。

（2）玉米穗茎兼收技术模式：该技术模式是指在作业时，收获机将果穗摘下，输送至果穗箱，秸秆按要求收集到秸秆箱内。从机型看，多为悬挂式收获机组，也有自走式穗茎兼收机型。从工作来看，有立式割台，完成摘穗、（剥皮）、输送集穗；秸秆不粉碎，完整保留。有卧式割台，完成摘穗、（剥皮）、输送集穗；秸秆切碎输送至秸秆运输车。碎秸秆主要用于青贮饲料。

（3）玉米青贮收获技术模式：玉米青贮收获技术模式是指采用专用玉米青贮收获机将玉米果穗和秸秆同时粉碎加工后收集作为营养价值更高的青贮饲料。辽宁省目前该类机具有两种：一种是能够将玉米果穗和秸秆同时粉碎的青贮收获机，一般为自走式机组，专用性强，可实现不对行作业，价格偏高；另一种机型为悬挂式玉米秸秆青贮机，它价格便宜，适用于人工收获果穗后对生长状态的玉米秸秆进行粉碎加工、收集。

在实际生产中，还存在两种技术模式，即人工摘穗和秸秆机械化还田模式、玉米割晒模式。但其在收获环节上还需要大量劳力，机械化程度相对较低。从劳动力转移和改善农民劳动条件来看，明显不是发展方向。

第四节　玉米机械化种植技术模式研究与技术规程

一、玉米机械化密植增产种植模式

玉米是辽宁省的主要粮食作物，其生产水平对全省乃至全国的粮食生产、畜牧业发展和粮食安全等问题都有着至关重要的影响。近年来，辽宁省玉米产量一直稳中有增，但受气候、环境、品种、种植模式、机械化程度等因素的影响，使得玉米增产潜能受到一定程度的制约。为解决这一问题，作者对玉米机械化密植增产种植模式进行试验研究，探索提高辽宁省玉米产量、挖掘玉米增产潜能的有效方法。

2012 年 4～10 月，在辽宁省彰武县开展玉米机械化种植模式田间试验。采用大区方式，对比三比空、四比空、大垄双行垄疏密、常规播种这 4 种种植模式下玉米的生长发育与产量情况。每种模式播种面积为 0.67 hm^2，均采用精量播种形式进行播种作业，种植密度为 4 300 株/亩。后期田间管理与收获作业均采用相同方法进行。

1. 生育期　由表 6 - 3 可以看出，三比空、四比空、大垄双行疏密模式由于采用了较先进的种植技术，通风条件好、日照充足，从而在拔节期以后的生育期中展现出其优势，在每个生长阶段都能够充分吸收营养，减缓发育进程，较常规播种晚 1～2 d 进入下一个阶段。

表 6 - 3　不同模式下玉米生育期调查结果（月-日）

种植模式	播种期	出苗期	拔节期	小喇叭口期	大口期	抽雄期	吐丝期
三比空	5 - 11	5 - 21	6 - 13	6 - 18	6 - 25	7 - 22	7 - 26
四比空	5 - 11	5 - 21	6 - 12	6 - 18	6 - 24	7 - 21	7 - 25
大垄双行疏密	5 - 11	5 - 21	6 - 12	6 - 18	6 - 25	7 - 21	7 - 26
常规播种	5 - 11	5 - 21	6 - 11	6 - 17	6 - 23	7 - 20	7 - 24

2. 土壤水分　水分对于农作物生长发育和产量形成具有十分重要的意义。对不同种植模式下玉米各生育期土壤含水率进行测定，结果见表 6 - 4。

表 6 - 4　不同模式下玉米各生育期土壤含水率

种植模式	土壤深度（cm）	播种期（%）	出苗期（%）	拔节期（%）	小喇叭口期（%）	大喇叭口期（%）	抽雄期（%）	吐丝期（%）
三比空	0～10	10.2	11.2	13.2	13.5	14.2	13.7	11.8
	10～20	15.3	16.2	17.2	17.2	17.1	16.2	14.7
	20～40	14.5	15.1	15.8	16.2	15.8	13.8	13.5
	40～60	13.2	13.4	13.8	13.5	13.5	12.9	13.3
四比空	0～10	10.4	10.8	11.6	12.6	12.6	12.8	12.2
	10～20	15.6	15.5	15.6	14.9	16.8	14.5	13.8
	20～40	14.8	15.2	16.2	16.8	14.5	13.9	12.7
	40～60	14.1	13.8	14.1	13.9	13.7	13.5	12.5

（续）

种植模式	土壤深度（cm）	播种期（%）	出苗期（%）	拔节期（%）	小喇叭口期（%）	大喇叭口期（%）	抽雄期（%）	吐丝期（%）
大垄双行疏密	0～10	11.0	11.4	13.2	13.5	14.1	13.6	12.6
	10～20	16.1	16.9	18.2	17.9	16.8	14.8	14.5
	20～40	13.3	14.2	15.3	16.1	15.6	14.6	14.1
	40～60	13.8	13.7	15.1	14.1	14.8	13.2	12.3
常规播种	0～10	10.8	11.1	13.1	12.8	12.6	13.1	12.4
	10～20	15.3	16.1	16.2	15.9	16.2	15.1	14.2
	20～40	14.2	13.8	14.1	14.2	13.1	14.7	14.1
	40～60	14.4	14.0	13.8	13.5	12.5	12.6	12.1

由表 6-4 可以看出，大垄双行疏密种植模式在 10～20 cm 处含水率略高于其他模式，其他 3 种模式之间土壤含水率无较大差异。这说明大垄双行疏密种植模式具有良好的蓄水保墒作用，其中大垄起到至关重要的作用。

3. 田间植株长势　在玉米生长周期内，对植株长势情况进行测定，结果如图 6-3 所示。

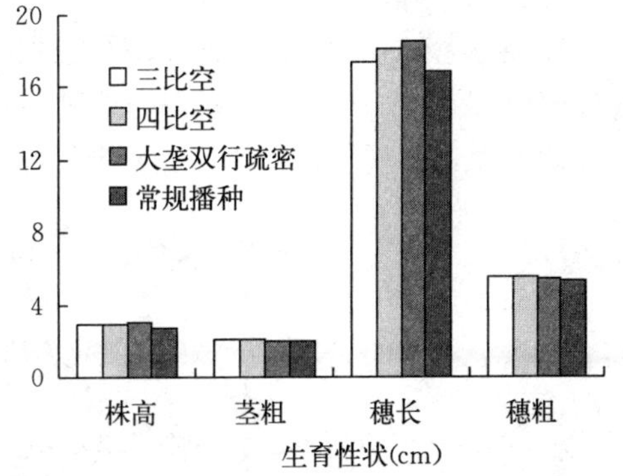

图 6-3　不同模式下玉米植株长势情况调查

由图 6-3 可见，从玉米植株长势情况来看，三比空、四比空、大垄双行疏密 3 种模式下玉米长势均优于常规播种模式。

4. 综合性状　2012 年秋季，对试验区内玉米进行综合性状数据的采集，结果见表 6-5。

表 6-5　不同模式下玉米综合性状调查

种植模式	每亩保苗数（株）	倒折率（%）	空秆率（%）	双穗率（%）	茎腐病级	大斑病级	穗长（cm）	秃尖长（cm）	百粒重（g）
三比空	4 353	0	0	0	1	4	19.1	1.9	38.4
大垄双行疏密	4 389	0	0	0	1	4	20.5	1.8	39.6
四比空	4 357	0	0	0	1	4	20.8	1.6	38.9
常规播种	4 315	1	1	0	1	4	18.4	2.1	37.8

（1）从影响产量角度来看，采取三比空、四比空、大垄双行疏密 3 种种植模式，在玉米植株综合表现和病虫害抗性方面均比常规播种优秀。由于 2012 年降雨较常年偏多，湿度偏大，造成大斑病现象严重，对玉米百粒质量影响较大，否则增产效果会更明显。

（2）从农业机械化可操作性来看，大垄双行疏密、四比空、常规播种 3 种模式的可操作性较强，使用当前较为普遍的两行精量播种机具即可实现播种作业；而三比空模式只有在使用三行精量播种机具的情况下，才能实现较高的工作效率。

二、玉米机械化全膜覆盖节水播种技术

辽宁省玉米生产中存在着自然降水利用率低、节水设施落后且覆盖面较小、灌溉设备少等问题，特别是辽西地区，常年降水偏少，减产减收现象频现。为了改变这一现状，研究提高玉米生产水分利用效率的技术措施，以充分利用自然降水，提高农田蓄水保墒能力，实现促进农业增产、农民增收的目的。玉米机械化全膜覆盖节水播种技术由传统的大水漫灌转向了浸润式灌溉，使土地不再板结；从浇地转向浇作物，极大地提高了水资源的利用率。该技术通过机械化作业，实现了施肥、铺膜、铺滴灌带、打药、播种的一体化和可控化，达到节水、增产、节能、节肥、节地、省工、高效等目标，促进辽宁省旱作农业的可持续健康发展。

（一）应用范围

玉米机械化全膜覆盖节水播种技术适宜在辽宁省干旱半干旱地区推广应用。

（二）实施措施

1. 种植模式 依据玉米全膜覆盖种植技术特点，该技术采用大垄宽窄行机械化沟播的种植模式（图 6－4），可根据当地种植特点适当增加植株密度，能够有效提高玉米抗旱抗倒伏能力，实现蓄水保墒、稳产高产的目的。

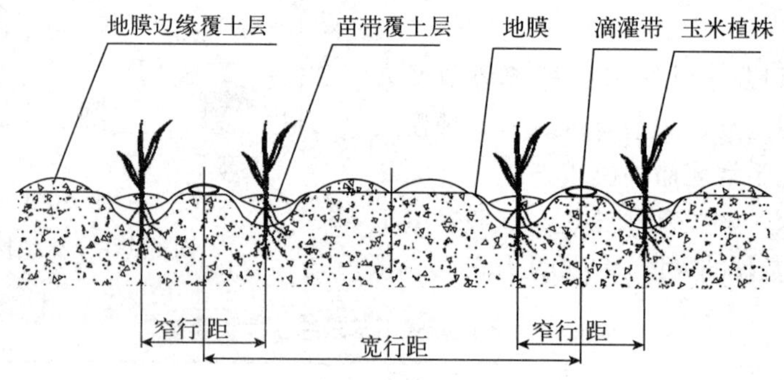

图 6－4 玉米全膜覆盖节水种植模式

2. 作业前准备

（1）地块选择：宜选择地势平坦、土壤肥沃、耕层较深、适宜排涝的壤土或沙壤地块进行作业。坡度在 15°以内的坡地也可，但沙石土、重盐碱地、易涝地等都不适宜机械化全膜覆盖作业。

（2）地膜选择：地膜质量应符合国家标准（GB/T 13735—1992）规定，无黏连和破损。宜选择厚度低于 0.008 mm 的农用地膜，膜宽应满足辽宁省当地的玉米种植行距要求。

（3）滴灌带选择：滴灌带质量应符合国家相关标准规定。滴灌带应按照农艺要求进行铺设，不应有折弯、漏洞、结扣等现象发生。滴灌带铺设后以不影响铺膜播种作业为宜。

3. 作业规范

（1）整地：整地作业是玉米生产中较为重要的环节，整地效果直接影响后续播种质

量，因此，应适时掌握整地时机，实现精细、平整作业。整地后土壤应疏松、上虚下实，杂草根茬处理得当，无明显土块，达到增温保墒效果。整地过程中可以结合深施肥技术，施足底肥，为高质量铺膜与种子生长创造一个良好的土壤环境。

(2) 播种时机：以当地地表下 5 cm 平均地温稳定通过 10 ℃ 为宜，土壤湿度不低于 10%。在达到上述条件时就可以安排机手操作全膜覆盖播种机进行机械化播种作业。

(3) 全膜覆盖播种机相关参数：全膜覆盖播种机的主要技术参数见表 6－6。

表 6－6　全膜覆盖播种机的参数

项　目	指　标
配套动力（kW）	≥17.6
适宜膜宽（mm）	900～1 200
播种深度（mm）	30～50
施肥深度（mm）	0～90
播种行数（行）	2
行距（mm）	400～450
穴距（mm）	280、333、350、400、450
施肥量（kg/hm^2）	0～1 050
喷药量（kg/hm^2）	30～50
作业效率（hm^2/h）	0.16～0.54

(4) 播种：采用集开沟、施肥、播种、喷除草剂、覆膜、铺滴灌带等技术于一体的全膜覆盖播种机进行机械化播种作业。覆膜时两膜之间不应留有空隙，两膜相接处应用土壤压实；将地膜与地面贴紧拉平，采光面应光洁；覆土层应均匀，以防止大风揭膜。

(5) 操作人员：进行玉米全膜覆盖机械化播种作业的相关操作人员，应经过专业的技术培训，在能够熟练掌握相关机具的构造、使用、保养、调整和排除故障的技能，以及有关安全知识后方可进行操作。

4. 其他要求　在该技术实施过程中，种子、化肥、除草剂的质量也很重要，均应符合国家相关标准的规定，并且种子应适宜当地农艺种植要求，化肥应无硬块，除草剂应按比例要求兑水后搅拌均匀。

(三) 作业质量

玉米机械化全膜覆盖节水播种技术的作业质量要求见表 6－7。

表 6－7　作业质量要求

指　标	要 求
机械化空穴率（%）	2
播幅内与规定行距偏差（mm）	≤10
播幅间连接行距偏差（mm）	≤50
穴粒数合格率（%）	≥85

（续）

指　标	要　求
空穴率（%）	≤4
播种深度合格率（%）	≥85
作业中种子破损率（%）	气力式：≤0.5 机械式：≤1.5
地膜采光面机械化破损程度（mm/m^2）	≤55
采光面合格率（%）	≥80
膜孔覆土率（%）	≥90
覆土厚度合格率（%）	≥95

实施玉米机械化全膜覆盖节水播种技术，可以提高自然降水利用效率，增强作物抗旱抗倒伏能力，促进了辽宁省干旱半干旱地区春旱保苗，是一项行之有效、便于推广应用的农机化作业技术。

三、辽西地区机械化中耕深松技术

辽宁省西部地区气候干旱，为典型的旱作农区。由于连年旋耕整地作业，使得土壤犁底层增厚、耕层变浅，造成地表水径流严重，雨水入渗困难，水分利用率低。机械化中耕深松作业可提高土壤通透性，促使水分高效渗透，提高土壤含水率，保障作物在生长关键时期所需的水分供应。为验证中耕深松技术应用效果，在辽西地区进行了机械化中耕深松作业试验。

（一）中耕深松对玉米生物学性状的影响

机械化中耕深松与对照地块的生物学性状对比情况如图 6-5 所示。

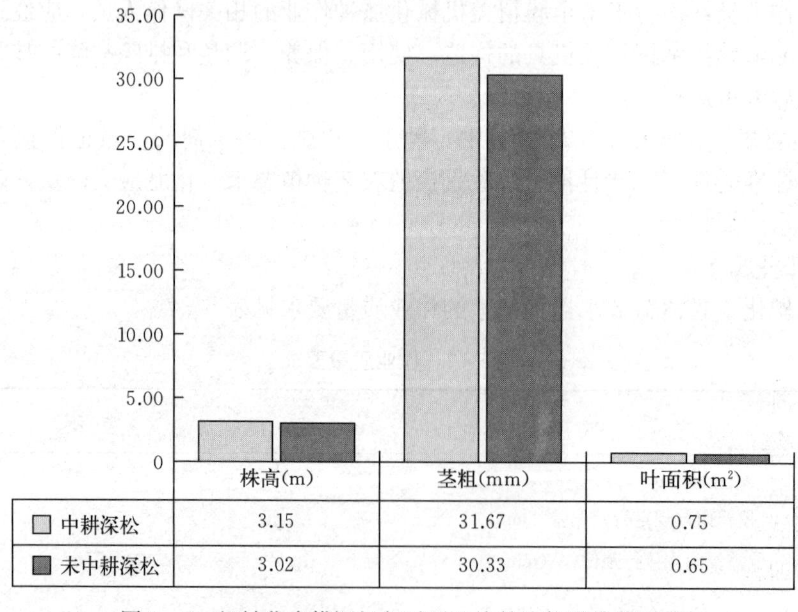

图 6-5　机械化中耕深松与对照地块的生物学性状对比

由图 6-5 可以看出：实施中耕深松地块玉米的株高、茎粗和叶面积比未进行中耕深松的分别高出 0.10 m、1.34 mm 和 0.10 m^2。可见，中耕深松对玉米生物学性状具有一定的改善作用，为获得理想产量创造了条件。

（二）中耕深松对土壤紧实度的影响

机械化中耕深松与对照地块的土壤紧实度对比情况如图 6-6 所示。

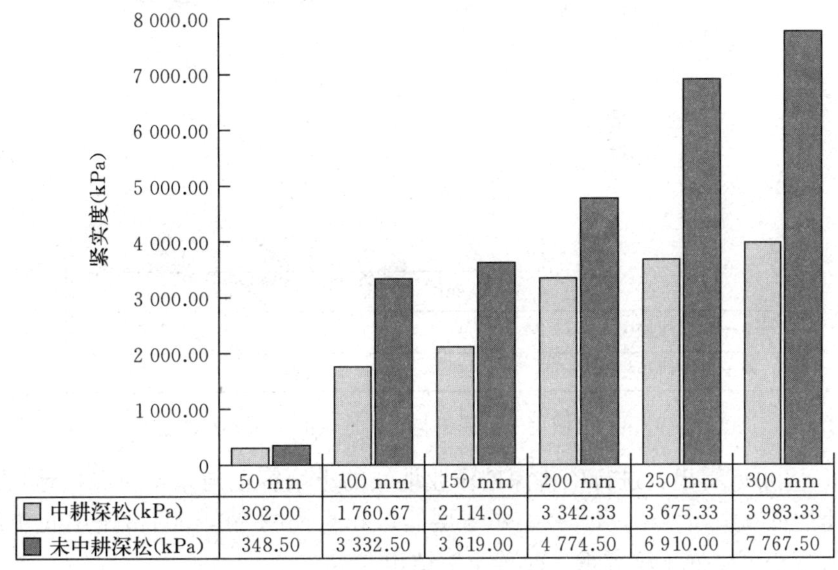

	50 mm	100 mm	150 mm	200 mm	250 mm	300 mm
中耕深松(kPa)	302.00	1 760.67	2 114.00	3 342.33	3 675.33	3 983.33
未中耕深松(kPa)	348.50	3 332.50	3 619.00	4 774.50	6 910.00	7 767.50

图 6-6　机械化中耕深松与对照地块的土壤紧实度对比

由图 6-6 可以看出：进行中耕深松作业地块的各土层的土壤紧实度均低于未进行中耕深松作业的地块。可见，中耕深松可以降低土壤紧实度，减小穿透阻力。

（三）中耕深松对土壤含水率的影响

机械化中耕深松与对照地块的土壤含水率对比情况如图 6-7 所示。

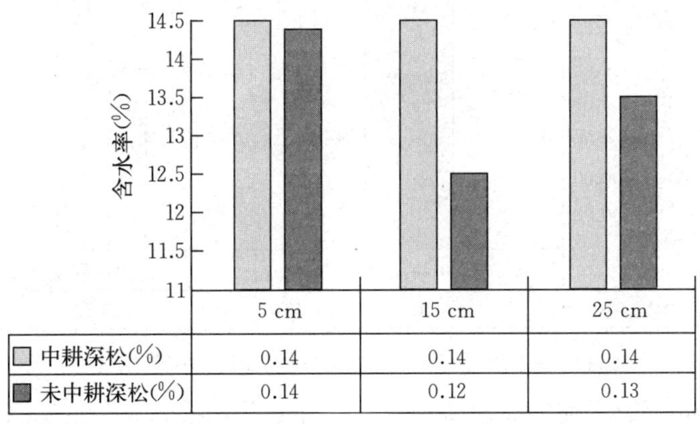

	5 cm	15 cm	25 cm
中耕深松(%)	0.14	0.14	0.14
未中耕深松(%)	0.14	0.12	0.13

图 6-7　机械化中耕深松与对照地块的土壤含水率对比

由图 6-7 可以看出：进行中耕深松作业地块 0～5 cm、5～15 cm 和 15～20 cm 土层的土壤含水率分别高于未中耕深松地块 0.15、1.97 和 0.93 个百分点。可见，中耕深松可改善土壤蓄水环境，提高降雨入渗能力。

（四）中耕深松对土壤容重的影响

机械化中耕深松与对照地块的土壤容重对比情况如图 6-8 所示。

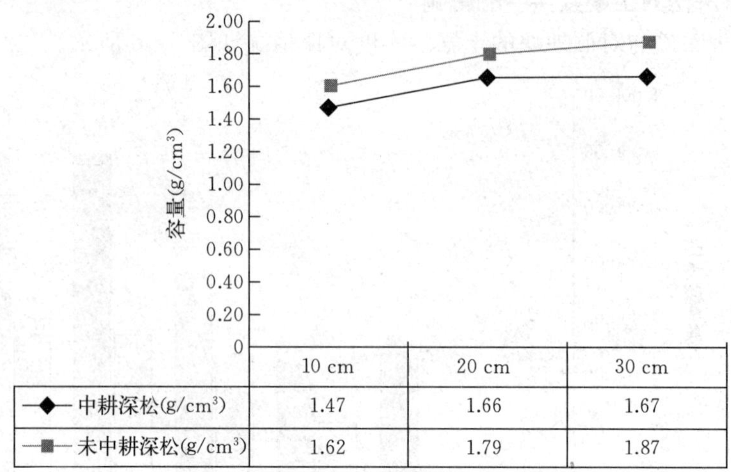

图 6-8　机械化中耕深松与对照地块的土壤容重对比

由图 6-8 可以看出：进行中耕深松作业地块的土壤容重与未中耕深松地块的相比，0～10 cm 土层低 0.15 g/cm³，10～20 cm 土层低 0.13 g/cm³，20～30 cm 土层低 0.20 g/cm³。可见，中耕深松可降低土壤容重，改善土壤结构。

（五）中耕深松对产量的影响

机械化中耕深松与对照地块的产量对比情况如图 6-9 所示。

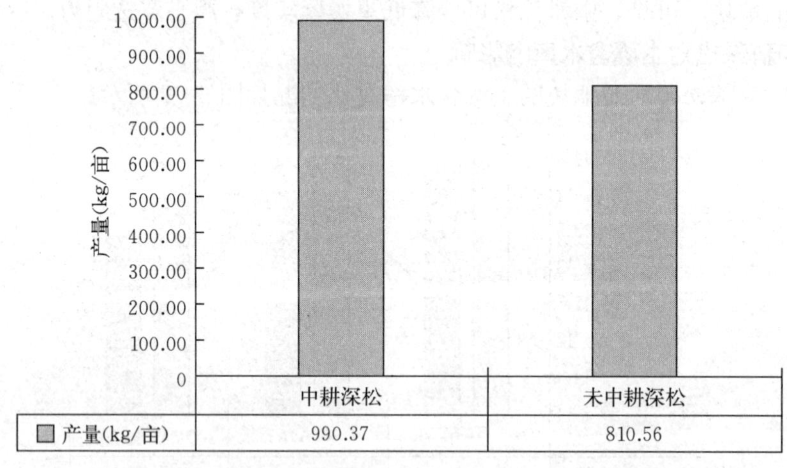

图 6-9　机械化中耕深松与对照地块的产量对比

由图 6-9 可以看出：进行中耕深松作业地块的玉米产量为 990.37 kg/亩，比未中耕深松地块增产 22.28%。

总之，进行机械化中耕深松作业地块的土壤容重、土壤紧实度、植株长势和产量均优于未中耕深松地块。可见，中耕深松可提高土壤蓄水保墒能力，对玉米生长环境有一定的改善作用，为玉米增产创造有利条件。建议在辽西干旱、半干旱地区大力推广应用玉米中耕深松作业技术，以促进玉米增产和农民增收。

四、玉米苗带深松技术模式

《2015 年政府工作报告》中明确要求“增加深松土地面积 2 亿亩”，同时，随着《全国农机深松整地作业实施规划（2016—2020 年）》的实施，深松整地技术受到国家的高度重视。辽宁省农业主管部门针对自身实际情况制定了深松整地作业的具体实施方案，为这项技术在全省范围内有效实施奠定了基础。

传统深松整地技术模式以全方位深松和局部深松为主。全方位深松动力消耗和土壤扰动过大，因此应用面积较小；局部深松对土壤进行间隔松土作业，动力消耗相对较小且可实现虚实并存的土壤结构，受到农户普遍欢迎。为了进一步降低深松作业动力消耗，优化间隔深松作业模式，在传统局部深松的基础上，变原垄沟和苗带均进行深松为只在苗带进行深松，以实现降低动力消耗与作业成本的目的。通过常规未深松、传统局部深松及苗带深松三种方式对比示范，深松效果明显。

（一）土壤含水率

土壤中水分含量的多少直接影响作物的生长情况。玉米拔节期和吐丝期的土壤含水率分别如图 6－10 和图 6－11 所示。

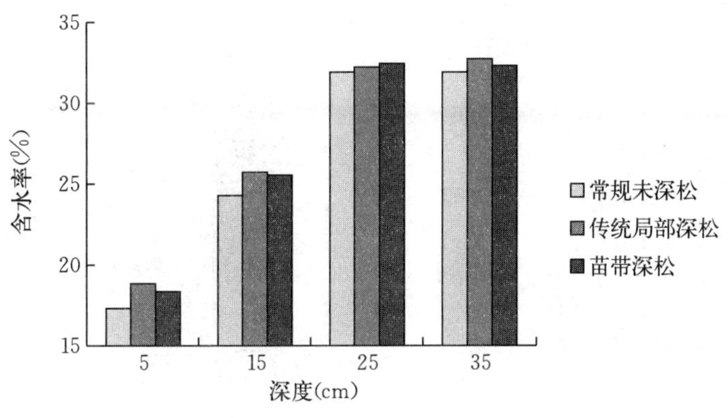

图 6－10　拔节期土壤含水率

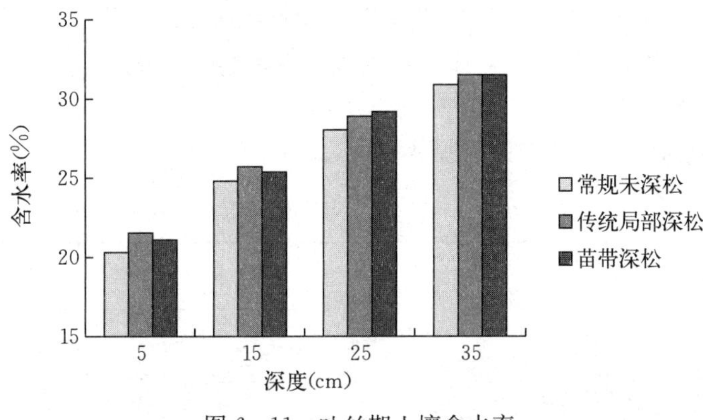

图 6－11　吐丝期土壤含水率

可以看出，进行深松处理的土壤含水率高于常规未深松处理，说明深松改善了土壤蓄水能力。同时还可以看出：传统局部深松处理含水率高于苗带深松处理，但优势不很明显，这是因为传统局部深松有效作业面积大于苗带深松，使得土壤含水率略高于苗带深松。

（二）土壤容重

容重是体现土壤透气、透水等能力的重要指标。玉米拔节期和吐丝期的土壤容重分别如图 6-12 和图 6-13 所示。

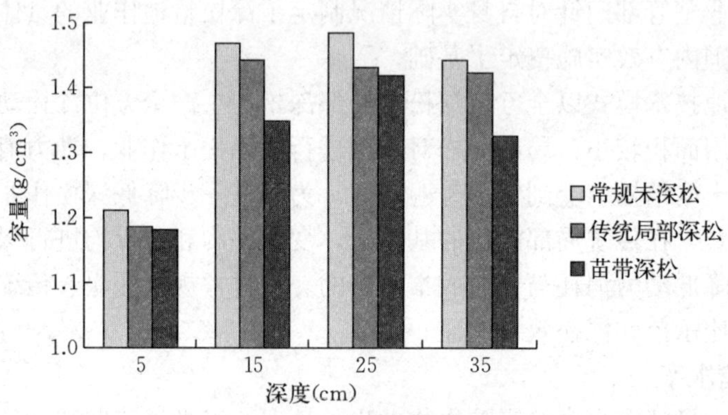

图 6-12　拔节期土壤容重

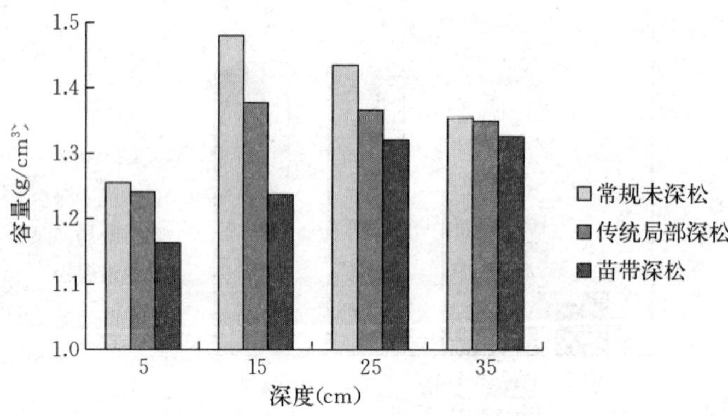

图 6-13　吐丝期土壤容重

可以看出，采用传统局部深松和苗带深松处理的土壤容重均低于未经处理的常规土壤，且苗带深松处理的土壤容重略优于传统深松处理，二者都可有效提高土壤透气、透水性能。

（三）产量与倒伏情况

玉米产量和倒伏情况的调查结果见表 6-8。

表 6-8　产量与倒伏情况

处　　理	产量（kg/亩）	根倒率（%）	倒伏率（%）
常规未深松	678.92	3.11	23.04
传统局部深松	726.79	2.27	19.65
苗带深松	720.32	2.87	18.10

可以看出，经过深松处理的玉米产量高于常规未深松处理；常规未深松处理的倒伏情况较为严重。

总之，经过深松处理的地块在土壤含水率、容重及玉米产量、倒伏情况等方面均好于常规未深松处理。苗带深松与传统局部深松二者效果相当，但苗带深松着重于苗带部位，使深松作业优势体现得更明显些。同时，苗带深松机作业部件为传统局部深松机的一半，相应减小了机具工作时的阻力，大大降低了动力消耗，实现了节本增效的目的。因此，玉米苗带深松技术模式具有一定的可行性，值得推广应用。

五、玉米大垄双行疏密种植机械化作业技术规程（DB21/T 2142—2013）

（一）范围

本标准规定了玉米大垄双行疏密种植机械化作业的术语和定义、作业条件、作业准备、操作规程、安全要求、作业质量要求和检验方法。

本标准适用于玉米大垄双行疏密种植的播种机械化作业。

（二）规范性引用文件

下列文件对于本文件的应用是必不可少的。凡是注日期的引用文件，仅所注日期的版本适用于本文件。凡是不注日期的引用文件，其最新版本（包括所有的修改单）适用于本文件。

GB 4404　粮食作物种子

GB/T 8321　农药合理使用准则

DB21/T 1221　农业机械田间作业质量

DB21/T 1514　玉米精量播种作业技术规程

（三）术语和定义

下列术语和定义适用于本规程。

1. 大垄双行疏密种植　在同一垄台上双行播种，同一行中植株呈疏距、密距交替规律分布的种植模式，如图 6-14、图 6-15 所示。

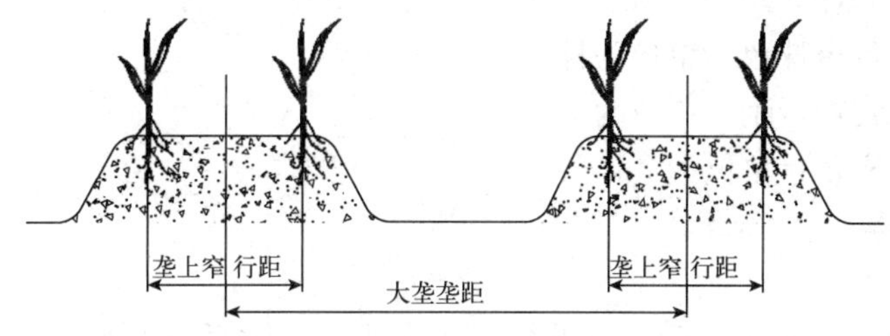

图 6-14　大垄横向截面

2. 疏距　疏距指同一行上相邻两植株间较大的株距，如图 6-15 所示。

3. 密距　密距指同一行上相邻两植株间相对较小的株距，如图 6-15 所示。

（四）作业条件

1. 种子　根据农艺要求，选择适合当地土壤、气候条件且耐密的优良品种。玉米种子质量应符合 GB 4404 的要求。并应采用包衣或防病虫害处理。

2. 机具选择　应选择具有产品质量合格证、农业机械推广鉴定证，且适合当地玉米

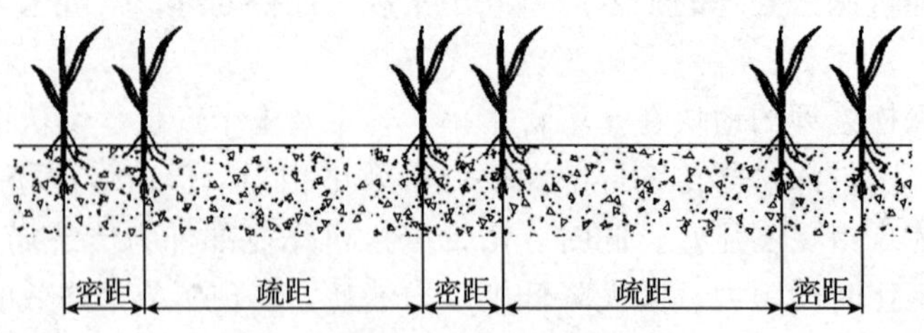

图 6-15　大垄纵向截面

种植农艺要求的大垄双行疏密种植播种机具。

3. 动力选择　按机具产品相关文件的规定选择配套动力。

4. 整地　按当地玉米种植的农艺要求，确定大垄垄距和垄上窄行距，然后按 DB21/T 1221 的要求进行播前整地。

5. 播种时机　当 5～10 cm 土层日平均地温稳定达到 8～10 ℃，且土壤墒情适宜时进行播种施肥作业。

（五）作业准备

1. 操作者　拖拉机驾驶员、操作者应具备上岗资格，如须持有驾驶证。

作业前，操作者须阅读播种机产品相关文件，了解机具的结构、技术参数，掌握安装调试方法、操作方法、维护要求和安全规定等内容。

2. 机具安装与调试　机具安装按照 DB21/T 1514 的要求进行操作。

机具调试时，按当地农艺要求确定每亩株数、大垄垄距和密距（每亩株数在 3 800 株以上），密距为 6～10 cm，疏距按下式计算，按照播种机使用说明书中的要求，设定排种器的排种量、密距、疏距、垄上窄行距和大垄垄距，按照 DB21/T 1514 中 4.3 的要求对机具进行调试。

$$L_s=\frac{667}{S\times L}\times 2-L_m$$

式中：L_s——疏距，单位为 m；

S——每亩株数，单位为株；

L——常规行距，单位为 m；

L_m——密距，单位为 m。

（六）操作规程

1. 播种作业

（1）试播：机具调试完毕后，应进行试播作业，试播距离不小于 20 m。当试播作业的播量、播深、密距、疏距、行距、施肥量及施肥位置和覆土镇压等各项性能指标全部符合农艺要求，方可投入正常播种作业。如有误差，应按本标准的规定重新调试，直到各项性能指标符作业质量要求为止。

（2）风机启动与运转：使用带有风机的气动式精量播种机进行播种作业时，先用手转动万向连接轴确认风机无卡死等异常现象后启动风机，当风机达到正常转速后方可进行播种作业。

（3）作业机组前进速度与油门：作业机组要以播种机使用说明书中规定的作业速度，

中档油门，稳定、匀速前进。

（4）机具提升与降落：播种作业期间，遇有调头、转弯及转移作业地块的情况，应缓慢提升机具，距离地面到安全高度。进入播种位置时应缓慢放下机具，不应发生撞击。

（5）液压悬挂装置提升高度：使用气动式播种机作业，在地头转弯不停风机的情况下，将机具提起离开地面，只要机具最低点不与地面发生刮碰即可，液压悬挂装置不宜提得过高。

（6）中途停车：播种作业中途不应随意停车。如中途发生故障停车，排出故障重新开始作业时，要提起播种机后退到断播处再重新开始播种，地头漏播处进行人工补种。

（7）补充种、肥：要适时补充种、肥。操作者应随时观察种箱、肥箱中种、肥的余量，当机组行驶到地头时及时补充种、肥。

2. 化学除草作业　化学除草以苗前土壤处理为主，苗后茎叶处理为辅，根据玉米田间杂草情况，按照GB/T 8321的规定选用合理药剂配方，进行喷施作业。

3. 镇压作业　镇压强度在0.06～0.07 MPa。墒情较差的，可适当增加强度；反之，则适当减轻镇压强度。要压匀、压实，以土壤不形成硬盖或板结现象为宜。

镇压时间一般在播种后次日进行，即当地表出现不少于1.5 cm厚干土层后再镇压。

4. 机具保养与维护　按照DB21/T 1514的规定对机具进行日常保养、维护和储存。

（七）安全要求

作业机组的操作人员除按相关规定操作外，还应注意以下安全事项：

机具升降起落时，人应与机具之间保持安全距离，以免发生危险。

对机具进行检修调试时，一定要切断动力，牵引拖拉机和播种机处于停转状态。

播种作业时，按规定配置播种机操作者人数，禁止超员。操作者必须站在踏板处，监视播种情况，严禁操作者站在精量播种机主梁上。操作者禁止穿着肥大衣裤，防止衣物卷入运转部件中，造成人身伤害。

当作业机组处于作业状态或在机具没有提升脱离地面的情况下，严禁倒车。

（八）作业质量要求

1. 播种准确性　单粒合格率≥90%，漏播率≤2%。

2. 疏距与密距　疏距和密距合格率不应低于85%。测点处实际疏距、密距在规定值±3 cm围内为合格。

3. 播深　播种深度3～5 cm，播深误差±1 cm，均以播后镇压的土层厚度计算。

4. 播行直线度　50 cm线度误差±5 cm。

5. 行距一致性　行距一致性合格率≥90%。

6. 施肥量　实际施肥量与计划施肥量误差为±3%，无漏施和断条。

7. 药剂除草　除草率≥85%。

8. 覆土镇压　镇压后10 cm深的土层，土壤容重为0.9～1.1 g/cm^3。不漏压，不拖堆。

9. 检验方法

（1）检验工具：100 m测绳，50 m钢板尺，20 m皮尺，2 m卷尺，弹簧秤，计算器。

（2）播种准确性的测定：每次随机采样3～5点，每点检查2行，距离为3 m。作业中将开沟器和覆土器抬起或输种管从开沟器中抽出，使种子直接落于地面。检查每米长度内种子粒数，与计划数值比较。每次随机检查 3～5 点，按下式计算：

$$C=\frac{Q\times M}{G}\times b$$

式中：C——计划每米粒数，单位为粒；

Q——计划播种量，单位为 kg/hm²；

M——行距，单位为 cm；

G——千粒重，单位为 g；

b——净度，单位为%。

（3）疏（密）距的测定：在测定的地块上，沿对角线随机取 5 个测区，每个测区宽度为 1 个工作幅宽，长度为 10 m，在每个测区内随机取 5 个点，检测点的位置应避开地边和地头随机选取，以理论数值为基准，用尺测量实际疏（密）距。按下式计算疏（密）距合格率。

$$H_j=\frac{N_1}{N_2}\times 100\%$$

式中：H_j——疏（密）距合格率，单位为%；

N_1——疏（密）距测点合格数量，单位为个；

N_2——疏（密）距测点总数量，单位为个。

（4）播深的测定：沿地块对角线取 3～5 点，每点 1 m 长，刮去覆盖土壤露出种子（肥料），以地表为基准测量种（肥料）至基准距离，求出平均播深及各行播深误差。

（5）播行直线度的测定：在地块内随机选取 2 点，每点沿播行测 100 m 长，从两端点垄台中心拉直测绳，作为测量标准，每隔 20 m 距离测量基准至垄台中心的距离，计算出平均直线度误差。

（6）行距一致性的测定：每个小区宽度为 2 个工作幅宽，长度为 10 m 均布 50 个点，测量播幅内的 1 个行距，按下式计算。

$$H_h=\frac{D}{Z}\times 100\%$$

式中：H_h——行距一致性合格率，单位为%；

D——合格行数点数，单位为个；

Z——测定总点数，单位为个。

（7）施肥量的测定：播完一个地块后，根据实际作业面积和实际施肥量按下式计算出与计划施肥量的误差。

$$P=\frac{Q-Q_1}{Q}\times 100\%$$

式中：P——施肥量误差，单位为%；

Q——计划施肥量，单位为 kg/hm²；

Q_1——实际施肥量，单位为 kg/hm²。

（8）药剂除草的测定：沿地块对角线随机取 3～5 点，每点测 1～2 m²。作业前在测点插好标记，并查出杂草数做好记录。根据药效，调查测点内杂草死亡数，按下式计算除草率。

$$H_c = \frac{C_s}{C_s + C_h} \times 100\%$$

式中：H_c——除草率，单位为%；

C_s——杂草死亡数，单位为棵；

C_h——活杂草数，单位为棵。

（9）镇压作业的测定：

① 土壤紧实度。在压后的地块内随机取 3 点，每点取距地表 7～10 cm 处的土样，测其土壤容重。

② 重、漏压。重压检查：在地块内随机取 3～5 点，测其相邻的重压宽度。

漏压检查：目测方法，按实际发现漏压面积进行测量。如是播后镇压，发现有漏压即为不合格。

六、玉米中耕深松机械化作业技术规程（DB21/T 2306—2014）

（一）范围

本标准规定了玉米中耕深松机械化作业技术的术语和定义、作业条件、作业准备、作业规程、作业质量、检测方法、安全要求及机具维护与保养。

本标准适用于玉米中耕深松机械化作业。

（二）规范性引用文件

下列文件对于本文件的应用是必不可少的。凡是注日期的引用文件，仅所注日期的版本适用于本文件。凡是不注日期的引用文件，其最新版本（包括所有的修改单）适用于本文件。

NY/T 741　深松、耙茬机械作业质量

NY/T 1418　深松机质量评价技术规范

（三）术语和定义

下列术语和定义适用于本文件。

1. 中耕深松　在作物生长期间对土壤进行不翻动地表土的深层松土作业。

2. 中耕深松机　用于作物中耕深松作业的机具。

（四）作业条件

1. 作业时间　宜在玉米拔节期前进行。

2. 作业地块　土壤平均含水率为 15%～25%的壤土或黏土。

耕作层（小于 25 cm）以下为沙层的地块或盐碱地块不宜进行中耕深松作业。

3. 作业机具　中耕深松机工作部件应具有松土而不扰乱土层的性能。

中耕深松机应具有行距和松土深度调节功能。

符合 NY/T 1418 的质量要求。

（五）作业准备

检查作业田作物生长情况，清除影响中耕深松作业的残茬、石块等障碍物。

1. 机具检查　检查深松作业配套使用的拖拉机的技术状态。

按《中耕深松机使用说明书》的要求连接机具。

检查各部位的连接是否可靠。

检查易损件的磨损情况。

2. 机具调整

（1）纵向调整：调整上拉杆长度，使深松铲有3°～5°的入土倾角，到达预定耕深后应使深松机械前后保持水平，保持松土深度一致。

（2）深度调整：调整限深轮高度为预定的深松作业深度，保证两侧限深轮高度一致。

（3）横向调整：调整拖拉机后悬挂左右拉杆，使深松机械左右两侧处于同一平面，调整好后锁紧左右拉杆。

（六）作业规程

中耕深松深度一般为20～30 cm。

正式作业前要进行试作业，调整好作业的间距和深度。

作业过程中，应按《中耕深松机使用说明书》中规定的作业速度匀速行驶，发现伤苗、压苗、机具堵塞及出现异常响声，应及时停止作业，调整机具。

机具入土与出土时应缓慢进行，以免损伤机具。

机组在地头转弯时，应将深松机提起，以免损伤作物及机具。

（七）作业质量

中耕深松机具的入土行程应不大于1 m。

中耕深松深度误差应在±10％之内。

中耕深松深度稳定性不小于80％。

伤苗率不大于3％。

（八）作业质量检测方法

1. 测量点和测量区的确定 按NY/T 741中5.2项的规定确定。

2. 各项作业质量指标检测方法

（1）入土行程：取往返2个行程，每行程测定一次。测定深松部件从入土到稳定松土深度时的水平前进距离。

（2）深松深度和深松深度稳定性：按NY/T 741中方法检测。

（3）伤苗率：作业地块内随机选5点，每点取3垄，垄长不小于20 m，并在测点的两端插上标记；查测点上的作物苗数并记录；作业后检查测点的伤苗数，按下式求出伤苗率。

$$P=\frac{h_s}{h_d}\times 100\%$$

式中：P——伤苗率，单位为％；

h_s——伤苗株数，单位为株；

h_d——原有株数，单位为株。

（九）安全要求

作业人员应具有相关作业资质，掌握作业安全操作规程。

对配套机具进行安全检查后方可作业。

深松机具未提升前，不应转弯和倒退。

作业时深松机具上严禁站人。

运输时，应将机具提升到运输状态。

机组穿越村庄时，应注意观察瞭望，遵守交通法规，减速慢行。

（十）机具维护与保养

每班作业前需向各转动部位加注润滑油。

每班作业期间应及时清理机具上的黏土、杂草等。

每班作业后及时检查各紧固件紧固情况，对磨损部件或损坏部件应及时更换或修理。

作业季节结束后，及时清理机具上的泥土、杂草等，在深松铲、铲尖、铲翼及各个紧固螺栓上刷涂机油（或黄油）进行防锈保护，更换磨损和损坏部件。

将机具存放于库棚内。

第七章 辽宁玉米持续高产高效集成技术应用

第一节 辽东湿润冷凉区玉米持续高产技术集成与示范

一、辽东垄作宽窄行机械化种植模式

(一) 主体模式

耐密品种、免耕播种、施肥播种机械一体化、玉米宽窄行轮回交替种植。

(二) 技术内容

1. 机械化综合整地 把普通耕法的均匀垄种植（60 cm、65 cm）改成宽行 80 cm、90 cm、窄行 40 cm 种植；精密播种耕作机械或小型半精量播种机，并将开沟器、播种器调成能够满足宽窄行播种技术条件。将每两个窄行扶土器内侧的扶土圆盘拆下，形成窄行内的两个苗带用一组扶土器扶土。

第一年使用大型拖拉机配套多功能综合整地机联合作业。灭茬、旋耕平整土地。灭茬要达到根茬细碎，根茬长度不超过 5 cm；旋耕要达到耕层土壤细碎，地表平整，深度不小于 16 cm。以后每年只需对宽行进行整地和深松。

2. 品种选择与种子处理 根据各地有效积温，选择国审或所在省份审定推广的耐密、高产、优质玉米新品种。播前做好发芽试验，发芽率不低于 98%，进行药剂拌种闷种，进行种子包衣，防止地下害虫。

3. 播种 播种深度：镇压后 3～5 cm，并应保证深开沟、窄开沟、浅覆土的原则，确保种子播在湿土上。播种株距：采用半株距加密播种（2 穴中间加 1 穴），每穴 1 粒。种植密度应在常规种植条件下增加 10%左右，以 6.0 万～7.5 万株/hm^2 为宜。在播种后表土出现 1 cm 左右干土层时进行镇压。第一年由于是平播，可使用中型拖拉机配套 V 形双列镇压器全面镇压。第二年播种后镇压，由于第一年高留茬的存在，使用改制的 V 形双列镇压器或苗带镇压器进行镇压。在干旱情况下，土壤压强一般要达到 63.7～122.5 kPa。若土壤墒情好时，可适当减少镇压强度。

4. 施肥 施肥原则为减磷、增氮、加钾、补微量元素。结合整地每公顷撒施农家肥 30 m^3，化肥采用底加追的施肥方式，根据测土配方施肥的需要量进行合理施肥，每公顷底肥最好选用 45% 含量的配方肥 250 kg 加磷酸二铵 100 kg，追肥每公顷使用尿素150 kg，并配有精制有机肥 500 kg。

5. 药剂除草 一般在播种后、出苗前喷除草剂进行药物封闭。注意：①使用拖拉机

配喷杆式喷药机作业，喷雾要均匀，喷水量要足。②根据杂草种类对症下药，确定除草剂配方和用量。③喷药时间选择在雨后、傍晚、无风或微风时进行。④拖拉机的行进速度，视土壤的湿度和当时喷洒的效果确定。

6. 追肥和灌水　①追肥。追肥可结合深松进行。作业时间一般在 6 月末至 7 月初，雨季到来前，采用深松追肥机在垄沟进行。②灌水。土壤墒情差时，可利用深松追肥后地表形成的浅沟，进行灌水。

7. 收获　秋收后用条带旋耕机对宽行进行旋耕，使其达到播种状态。目前收获以人工收割为主，有条件的可采用改进割台的玉米收获机作业。收获后高留茬，高度为 30～40 cm。

（三）技术要点

（1）机械化综合整地。

（2）选择耐密植品种。

（3）一次性完成施底肥、播种、覆土、镇压等多项作业。

（4）当年宽行为休耕带，窄行为种植带，宽行深松结合追肥。

（5）秋季宽行旋耕整地，完成隔年深松、苗带轮换、宽窄行轮回交替种植。

（四）应用效果

在凤城地区实施试验，对土壤含水量、水分利用效率、玉米产量及农艺性状的测定和分析，研究了玉米宽窄行种植技术对辽东地区土壤物理性状和产量的影响（赵成昊等，2014）。研究表明，宽窄行种植模式土壤含水量高于对照常规种植模式；玉米产量比对照增加 1.22%，玉米水分利用效率比对照高 0.22 kg/(hm^2 · mm)。

2014 年，凤城市宝山、边门镇种植良玉 99 连片“千亩方”，种植形式宽窄行，密度 4 500 株/亩，平均单产达 820.0 kg/亩以上。2015 年，在凤城市白旗镇、宝山镇、大堡乡，实施“百亩方”建设，种植品种良玉 99，宽窄行种植模式，产量最高达 812.8 kg。三点产量结果如表 7 - 1。

表 7 - 1　辽东垄作宽窄行种机械化种植模式示范产量

地点	密度（株/亩）	实测面积（m^2）	样点产量（kg）	水分（%）	出籽率（%）	单产（kg/亩）
白旗镇	4 142	6.6	9.3	28.2	79.5	782.0
宝山镇	4 074	6.6	9.5	26.9	84.4	812.8
大堡乡	3 973	6.6	8.9	26.7	75.7	769.1

二、四比空密疏疏密机械化种植模式

（一）主体模式

四比空密疏疏密机械化种植技术实施主体为稀植大穗玉米品种和密植型玉米品种，如丹玉 405 和良玉 99 等品种。技术实施以全程机械化作业为前提，所用播种机械为可变株距精量播种机械。

（二）技术内容

玉米四比空密疏疏密种植方法，是在全程机械化作业前提下催生出的一项技术，以 5

行为一个循环单位，连续种植 4 行空 1 行，把原来应该分布在 5 行上的玉米株数科学的分配到 4 行上面，种植的 4 行的植株的密度分布为：中间两行保持原有密度不变，两边行密度为中间行的 1.5 倍，即边行行距为中间行距的 2/3，这样，相对于普通垄作，仍然保持总密度不变。

相关株距计算公式为：中间两行株距＝20 000 000/(3×密度×行距)；两边行株距＝2×中间两行株距/3；其中密度单位为：株/亩；行距单位为 cm，所有计算结果四舍五入，单位为 cm。

播种方式为：机械播种，根据所选品种的种植密度，按照上述公式计算中间行和边行的株距后，选用两行、四行行间株距可单独调整的精量播种机播种；手动播种器亦按照上述计算所得数据进行。

（三）技术要点

1. 植株的密度布局 中间两行保持原有密度不变，两边行密度为中间行的 1.5 倍，即边行行距为中间行距的 2/3，这样，相对于普通垄作，仍然保持总密度不变。

2. 播种机械 该种植形式充分考虑到当下 2 行、4 行精量播种机，只是在播种环节对播种机行间株距单独调整提出要求，相信大部分精量播种机都能满足要求，而且行间株距单独调整精量播种机也是今后发展的趋势。

3. 耕作模式 本技术可用于多种耕作模式下，可以垄作，也可以平作垄管，又可以平作，即不起垄，中耕以垄间深松作业，或全程免耕作业。

（四）应用效果

在同等施肥量和管理技术条件下，四比空密疏疏密种植形式比清种、四比空和二比空均有所增产。2013 年以来，该技术在辽南选取瓦房店和海城、辽东凤城、辽北昌图、辽西锦州北镇等地选取丹玉 405、丹玉 336 和良玉 99 等品种进行大区试验、示范种植，具体实地测产数据见表 7－2，试验示范表明，该技术较为成熟稳定，比单株清种增产 100 kg/亩以上。

表 7－2 玉米机械化四比空密疏疏密种植技术大区试验测产结果

品种	地点	水分（%）	出籽率（%）	单产（kg/亩）
丹玉 405	海城	27.7	63.6	937.85
丹玉 405	瓦房店	26.9	65.2	894.62
丹玉 405	凤城	27.9	65.2	794.82
丹玉 405	北镇	27.1	66.2	969.93
丹玉 336	昌图	25.1	78.6	987.76
良玉 99	凤城	26.9	76.2	765.53

三、辽东冷凉区玉米缩距增密机械化种植模式

（一）主体模式

优质多抗高产玉米品种，合理密植，免间苗精量播种，播种、除草、灭虫、施肥、收

获等田间管理操作机械一体化。

（二）技术内容

1. 机械化综合整地　非免耕地块应采用翻耕、旋耕、深松的轮耕方式。秸秆还田应采用秸秆腐熟还田技术，秸秆腐熟剂用量为 2 kg/亩，每亩用 2 m^3 腐熟有机肥或者 2.5 kg 尿素，均匀撒施秸秆表面。翻耕每 3～4 年 1 次，深度为 25 cm，之后耙平。不翻耕的年份，需进行旋耕，深度为 15 cm。深松可在秋季进行，秸秆还田后，用深松机在垄沟深松 25～30 cm，之后旋耕覆盖秸秆；深松还可在苗期进行，6 叶期前，用深松机在垄沟深松。

2. 品种选择与种子处理　根据各地有效积温，选择国审或所在省份审定推广的耐密、高产、优质玉米新品种。播前做好发芽试验，发芽率不低于 98%，进行药剂拌种闷种，进行种子包衣，防止地下害虫。

3. 播种　半株距（缩距）精量播种，按玉米播种要求的株距一半或大于一半进行播种，提早防备因种子质量，土壤条件，虫咬等因素引起的出苗不全等问题，如有缺苗，可借用前后补全。

宜采用机械化作业，选择清种或比空种植，垄距在 55～60 cm。

合理密植，晚熟品种，推荐每亩保苗 2 500～3 000 株。中晚熟品种，如郑单 958 等，推荐每亩保苗 3 500～4 000 株。

4. 施肥　每亩施含有机质 8%以上的腐熟农肥 1 500～2 000 kg。在适合机械化作业的地区每亩采用机械侧施 40～50 kg 适合辽东种植区玉米专用配方肥。

5. 药剂除草、灭虫　一般在播种后、出苗前喷除草剂进行药物封闭。注意：①使用拖拉机配喷杆式喷药机作业，喷雾要均匀，喷水量要足。②根据杂草种类对症下药，确定除草剂配方和用量。③喷药时间选择在雨后、傍晚、无风或微风时进行。④拖拉机的行进速度视土壤的湿度和当时喷洒的效果确定。

6. 化学调控　乙烯利、玉米健壮素、缩节胺、矮壮素等单剂或其一两种混剂组成的植物生长调节剂，在玉米 6～12 片叶（大喇叭口期）合理喷施，进而适当降低玉米的株高、穗位高，实现植株“变矮变粗壮”目的，从而有效提高玉米群体茎秆纤维素、木质素等组分含量及改善作物茎秆的机械特性，增强玉米群体的抗倒伏能力，降低倒伏发生的风险。注意喷施时间，以 10:00 之前或者 16:00 以后，避免阳光充足暴晒时期喷施，喷施后遇到降雨可适当减量补喷。

7. 追肥和灌水　①追肥：每亩追施尿素 15～20 kg，追肥可结合深松进行。作业时间一般在 6 月末至 7 月初，雨季到来前，采用深松追肥机在垄沟进行。②灌水：土壤墒情差时，可利用深松追肥后地表形成的浅沟，进行灌水。

8. 收获　机械化收获，采收、脱粒、秸秆收获或直接在地里粉碎，机械化一体完成。

（三）技术要点

（1）机械化综合整地。

（2）选择耐密植品种。

（3）增密种植、化控抗倒，形成高光效群体结构。

（4）播种、耕作、施肥、收获等多项作业全程机械化。

(四) 应用效果

2012、2013 年连续两年，在凤城地区实施试验，对丹玉 405、丹玉 206 等品种适宜该地区种植密度进行的研究（姚永祥等，2014），研究表明，在凤城地区丹玉 405、丹玉 206 等稀植品种适宜种植密度在 2 500～3 000 株/亩，较比该品种大田生产种植时密度，可提高 10%左右，增密范围有限。

2013 年在凤城地区实施“百亩方”，采用稀植品种和密植品种，结果表明，缩距增密种植技术，明显提高了玉米的产量。2014 年将“百亩方”规模扩大，随机选取凤城 6 个乡（镇），每个乡（镇）选取 5 个村，全部采用密植品种缩距增密种植技术，各个乡（镇）平均产量均达到 800 kg 以上。具体结果见表 7 - 3。

表 7 - 3　辽东冷凉区玉米缩距增密机械化种植模式示范产量

年份	地点	品种	密度（株/亩）	产量（kg/亩）
2013 年	大堡乡三官村	丹玉 405	2 800	518.8
		丹玉 206	3 000	392.6
		丹玉 606	3 500	489.9
	白旗镇民主村	良玉 99	4 000	718.7
	边门镇边门村	良玉 99	4 000	759.0
2014 年	宝山镇	良玉 99	4 000～4 200	841.9
	边门镇	良玉 99	4 000～4 100	853.9
	白旗镇	良玉 99	4 000～4 100	830.6
	大堡乡	良玉 99	4 000～4 200	827.9
	凤山区	良玉 99	4 000～4 100	824.6
	鸡冠山镇	良玉 99	3 900～4 000	811.9

第二节　辽南半湿润区玉米持续高产技术集成与示范

一、一穴三株增密高产机械化种植模式

(一) 主体模式

玉米一穴三株栽培是一项玉米高产生产的综合技术，是玉米种植技术的又一创新。这种栽培技术核心是增加行距、改善田间通风透光条件，实现一穴保苗三株，从而将种植密度提高到 70 000～96 000 株/hm^2。与此同时配套合理施肥、种子精选包衣技术、机械化精量播种、化控等技术综合应用达到增产的效果。

(二) 技术内容

1. 技术背景　由于气候条件、育种水平和种植制度等原因，玉米生产上种植密度偏低已经成为限制辽宁省玉米产量进一步提高的重要因素。许多专家学者的研究表明，如果合理密植，产量至少可以提高 10%。辽南地区因受光照条件限制在辽宁省内适宜密度最低，以目前的育种水平来看，采用传统的种植方式，即使种植耐密品种，密度也不超过

67 500 株/hm²。如果采用一穴三株栽培技术，种植密度达到 82 500 株/hm² 甚至更高，这样可以有效的提高密度，进而大幅度提高玉米产量。

2. 增产机理

（1）采用一穴三株栽培模式可以改善群体结构，大幅提高种植密度，增加收获穗数。

（2）由于行距比传统种植增加了 30 cm 左右，增强了玉米田的通透性，使玉米光合效率及光能利用率显著提高，同时增强了边行效应。

（3）每穴种植三株能充分利用玉米生长时的竞争优势，通过严格控制种子的质量，在苗期、幼苗期比较健壮。

（4）后期植株呈三角形相互支撑，通过增肥化控技术使茎秆强度增强，次生根数量增加，根系盘根错节，增强了抗风、抗倒伏能力。

（5）水分利用阈值比等行常规种植的低，可以利用较少的水分产出更多的产量。总之，一穴三株种植协调了个体与群体、密植与通风的矛盾，优化行内穴间植株生存环境，使田间配置结构更合理。

3. 技术规程

（1）前茬收获后立即灭茬，秸秆还田，此时可施用农家肥后深翻。冬前深耕，既能使土壤有较长时间与肥料相融，提高土壤肥力，又能冻死病原菌，减少第二年病虫害发生。

（2）选用通风透光好、光能利用率高、叶面积指数大，具有群体增产优势的品种，这样的品种更适合一穴三株种植。

（3）针对所选用的品种设计行距、穴距，一般行距在 85～95 cm，穴距 35～45 cm，每穴 3 株，种植密度在 70 000～96 000 株/hm²，保证了超高的种植密度。

（4）使用专用机械高质量播种，提高群体整齐度。

（5）施肥上采取以肥保密的策略。底肥要坚持有机无机相结合，每公顷确保至少施用优质腐熟有机肥 60 000 kg，长效免追玉米控释肥 900 kg。或者底肥施用三元复合肥 750 kg/hm²，拔节期结合中耕追施尿素 300 kg/hm²。

（6）病虫草害管理：播种出苗前喷施乙草胺、莠去津等玉米田除草剂进行封地除草。苗期注意黏虫、地下害虫的危害，可用敌敌畏、辛硫磷等化学药剂进行防治。大喇叭口期向玉米心叶撒辛硫磷颗粒剂防治玉米螟。

（7）玉米拔节期，喷施矮壮素调节玉米植株的株高和穗位，增强植株的抗倒性。

（8）适时晚收，收获过早会对玉米产量和品质造成影响。苞叶发黄，籽粒发亮变硬，黑层出现，乳线消失时可进行收获。

（三）技术要点

一穴三株栽培方法，不能单纯提高种植密度，而忽略了栽培管理上的关键环节。否则不仅不能增产，反而加大了种植风险。采用一穴三株种植技术需要重点注意以下几点：

1. 品种选择与种子处理　采用一穴多株栽培技术品种选择很关键，最好选择耐密品种，要求根系发达，茎秆节间拉伸、有韧性，穗上叶夹角小，株高中等、穗位中等偏下，这样既保证了抗倒性，又保证了增密后玉米田空间分布更为合理，增产潜力更大。种子处理要求也比传统种植要求严格，一定要选包衣种子，种籽粒大小均匀，籽粒饱满，纯度大于 98%，芽率大于 95%，净度大于 99%，确保苗齐、苗壮。目前，辽南市场上丹玉 336、丹玉 801、良玉 99 等品种比较适宜一穴三株种植。

2. 科学施肥 优质的土壤条件是玉米获得高产的前提，因此采用一穴三株高产栽培模式需要增施有机肥培肥地力，施肥量应该在 60 000 kg/hm^2 以上。底肥要施含氮量大于 20%的三元复合肥 600～750 kg/hm^2。仅仅依靠底肥不能满足高密度玉米生长需要，在玉米大喇叭口期要进行追肥，追肥用尿素 300 kg/hm^2。或者底肥直接使用长效免追控释肥 900 kg/hm^2，这样可以避免追肥的麻烦。另外，玉米生长对钙、镁、硫、硼、锌、锰等元素也有一定需求，可以在底肥中添加微肥，施用量 30 kg/hm^2。有条件的地方可以开展测土配方施肥，做到缺啥补啥。避免玉米在生长过程中，因某种元素的缺少而影响产量。

3. 播种 一穴三株种植玉米要使用专用的多粒玉米精播机进行播种，这种精播机能满足行距、穴距的需要，每穴播 3 粒，且 3 粒种子呈三角形分布，深度一致。另外，使用这种精播机可以将播种、施用底肥一次性完成，提高工作效率。

4. 化学调控 玉米大喇叭口期喷施化控剂也是关键环节，化控能有效降低株高 30 cm 以上，穗位降低 20 cm 以上，增加气生根数量，大大增强玉米抗倒伏的能力。生育后期绿叶数增多，结实率和千粒重增加，提高产量。

（四）应用效果

2015 年，辽宁地区遭受玉米生长季干旱少雨的不利因素，海城市耿庄镇崔庄村农户李友才，采用一穴三株栽培模式种植丹玉 336，种植密度 82 500 株/hm^2，产量达到 15 714.15 kg/hm^2，比常规种植增产 5 278.7 kg/hm^2。10 月 20 日，由辽宁省粮食丰产科技工程辽东南项目组有关专家、成员对海城市耿庄镇的高产示范田进行了验收，基本情况汇总于表 7－4。

表 7－4　2015 年耿庄镇玉米一穴三株种植与常规种植对比情况

调查项目	常规种植	一穴三株种植
密度（株/hm^2）	60 000	82 500
株高（cm）	320	298
穗位（cm）	122	106
穗行数（行）	16	16
行粒数（粒）	42	41
含水量（%）	26.3	25.8
产量（kg/hm^2）	10 435.5	15 714.2

1. 示范田概况 海城市属于辽南暖温半湿润平原丘陵区，该地区春季日平均气温稳定通过 10 ℃日期常年出现在 4 月中下旬，活动积温 3 500 ℃左右，生育期降水量 400～650 mm，日照时数 1 100～1 300 h。试验地有机质含量 2.11%、速效氮 149 mg/kg、速效磷 26.8 mg/kg、速效钾 87.5 mg/kg。

2. 栽培管理关键技术

（1）采用一穴三株种植模式，行距 90 cm，穴距 40 cm，穴内株距 15 cm，种植密度达 82 500 株/hm^2。

（2）前茬玉米实行秸秆还田，冬季粉碎的秸秆深翻入土。增施有机肥 60 000 kg/hm^2 增加土壤有机质含量。选择玉米专业肥玉乐旺（N-P-K=23-10-22）长效免追玉米控释肥，一次施用量 900 kg/hm^2。

（3）选用紧凑型品种丹玉 336 精品种子，该品种不仅株型清秀，熟期适中，抗性好，不秃尖、不空秆，具有高产潜力。而且丹玉 336 精品种子质量好，大小均匀，并用种衣剂进行了包衣。

（4）使用一穴三株专用播种机进行精量播种，播撒种子深度一致，不漏播、不重播。

（5）玉米拔节期、大喇叭口期 2 次喷洒矮壮素控制株高、穗位。

（6）病虫害防治：底肥混合辛硫磷颗粒剂防治地下害虫。6 月初喷撒敌敌畏防治黏虫，大喇叭口期撒辛硫磷颗粒防治玉米螟。

（7）10 月 8 日采用玉米收割机直接收穗，比当地其他农户晚收获 1 周以上。

二、玉米双株疏密机械化种植模式

（一）主体模式

稀植大穗型晚熟品种，大垄双行双株疏密种植。

（二）技术内容

玉米是主要粮食作物之一，探索发展玉米生产机械化栽培技术模式，是提高玉米综合生产能力和保障粮食安全的迫切需要，2007 年以来，结合“粮丰工程”，在辽南海城耿庄地区进行了大垄双行双株疏密种植机械化栽培技术模式试验示范，其增产效果明显，平均增产 1 500～2 250 kg/hm^2。

疏密种植为一穴两株玉米紧靠，是玉米双株紧靠的种植形式，采用专用的玉米播种机播种，达到玉米间距远近间隔，使植株在田间配置趋向合理。

1. 整地　玉米根系比较发达，机械深耕整地是玉米机械化高产种植综合利用的基础。4 月初，以 29.4 kW 四轮拖拉机组进行整地作业，农机与农艺配套技术相结合，一次完成灭茬、旋耕、起垄等作业项目。垄宽 114 cm，采用垄内两个姊妹行小行距 40 cm，满足玉米大垄双行双株疏密种植播种作业的农艺要求。同时，行距增大、大垄双行内行株间错位种植，有利于提高玉米的光合速率。

2. 选种　选用稀植大穗型晚熟品种，生育期 135 d 左右，如丹玉 405、丹玉 402 等。播前要精选种子，去掉小粒、病粒、秕粒的种子，晒种 2～3 d，能增强种子的吸水能力，提早出苗，提高种子纯度，提高幼苗整齐度。用粉锈宁或三唑酮拌种，防治黑丝穗病和其他细菌病害。为了防治地下害虫，可加入辛硫磷等杀虫剂拌种。农民选购种子时要注意包装袋的标识齐全。

3. 播种施肥　4 月下旬，以 20.58 kW 四轮拖拉机机组进行播种、施肥作业，株距为 70 cm，大垄双行内行株间错位种植，每亩保苗 3 500 株；在播种作业时，同时完成口肥、底肥的施肥作业。口肥施复合肥 10 kg（含氮 10%、含钾 8%、含磷 23%），底肥施复合肥 40 kg/亩，玉米生育期间不再进行施肥。

4. 玉米大垄双行双株疏密种植机具　该机械化种植模式由辽宁省农业机械化研究所研制的 2BQM-2 型气吸式玉米精密分层施肥播种机完成，一次能够完成玉米双行双株疏密播种、分层施肥等作业功能。机具适应性强、作业效率高，是实施玉米大垄双行双株疏密种植机械化栽培技术的理想机具。

5. 病虫草害防治 用乙草胺 0.18 kg/亩、2,4－D丁酯 0.05 kg/亩、阿特拉津胶悬剂 0.35 kg/亩对水 25 kg 使用机械于 2.5 片叶时地面喷药。在玉米生长大喇叭口期，使用甲拌磷 5%、辛硫磷 10%、呋喃丹 80%粉剂混合，利用大型喷雾器喷药，防治玉米螟。

6. 适时机械收获 一般在 9 月下旬至 10 月收获，玉米苞叶完全枯黄并松开，籽粒基部与穗部连接处出现“黑层”后，使用专用玉米收获机进行收获，同时将秸秆粉碎还田。

（三）技术要点

（1）机械精细整地，深松 25 cm，垄宽 114 cm。

（2）选好良种：选用稀植大穗型晚熟品种，如丹玉 405。

（3）播种定苗，大垄双行，垄内双行行距 40 cm，行内每穴两粒种子间距 6～8 cm，每亩保苗 3 500 株。

（4）田间虫草防治，在适当玉米生育期进行药物除草及虫害防治。

（5）适时收获，在玉米充分成熟后进行机械收获。

（四）应用效果

丹玉 405 号玉米在中等肥力以上地块种植，适宜密度为 2 600～3 000 株/亩。2009 年，辽南海城耿庄地区采用该种栽培技术模式进行试验、示范 200 hm^2，种植密度为 48 600～51 000 株/hm^2，产量达 14 062.5 kg/hm^2。近年来，在辽南地区累计推广面积已达1 万 hm^2，已被广大农民应用。玉米大垄双行双株疏密种植机械化栽培技术，较好地解决密植与通风透光的矛盾，可使整个玉米群体通风透光良好，增加了玉米种植的有效生长株数。同时，能够充分提高光能及水肥利用率，有利于玉米根系发育及田间管理，充分发挥密植的增产作用。试验表明，在同样施肥水平下，在与传统栽培方式株数相同的情况下，大垄双行双株栽培玉米的秸秆粗壮，植株挺拔匀称，穗大，籽粒饱满，长势明显优于同地块的传统玉米栽培模式，而且无大小苗现象，取得了大幅度的增产节本效果，平均增产1 500～2 250 kg/hm^2，节约成本 450 元/hm^2以上，增加效益 2 250～3 150 元/hm^2。

三、控氮增钾秸秆还田机械化种植模式

（一）主体模式

优质多抗高产玉米品，合理密植，播种、除草、灭虫、施肥、收获等田间管理操作机械一体化。

（二）技术内容

1. 品种选择与种子处理 选择适合本地区气候条件，经国家或者省审定并在本地区推广的耐密高产品种。购买经过精选，包衣的种子，如购买未包衣的种子应该对所购买的种子进行选种及种子包衣处理。

2. 机械化联合整地 春季土壤解冻后，使用大型多功能联合整地机作业。先将秸秆粉碎或灭茬，粉碎秸秆（长度小于 10 cm）及根茬（长度小于 5 cm）；然后对土壤旋耕

（旋耕时秸秆或根茬与土壤充分混合，达到耕层细碎，地表平整）、深施底肥（深度达到10～15 cm）起垄、镇压，达到待播状态。

3. 播种　播种时间：播种时间应首先考虑地温和土壤墒情是否适宜，当5～10 cm耕层，地温稳定通过10 ℃，土壤含水量20%左右时可以播种，一般4月20～25 d，正是谷雨时节，也是返浆期，此期是播种的最好时期。播种深度：以镇压后计算，播种深度一般该控制在3～5 cm，干旱地区播种深度适当增加1～2 cm，最大播种深度不超过7 cm。播种量：采用机械精量播种，每穴1粒，避免后期机械作业损失及病虫害造成密度不足，需要在正常种植密度基础上增加5%～10%的播种量，以4 000～4 500株/亩为宜，播种后镇压好。

4. 施肥　在施肥上应采取稳氮、减磷、增钾、补中微的原则，施肥量要随种植密度增大而增加。氮肥分次施用，尽量不采用一次性施肥，高产田适当增加钾肥施用比例和次数，加大秸秆还田力度，增施有机肥，提高土壤有机质含量。推荐配方：17－17－12（$N-P_2O_5-K_2O$）或相近配方。施用基肥（底肥）：底肥以农家肥为主，化肥为辅，底肥在整地时一次性深施，深度10～15 cm，底肥施用量：推荐用量25～30 kg/亩。施用种肥（口肥）：用量5～10 kg/亩，种肥与播种同时完成，肥料则应施在种子的正下方、侧下方或侧面（取决于播种机的类型），种肥间距应保证在5～6 cm，以免烧苗。

5. 药剂除草　使用药剂除草应注意：①要因地制宜科学选择除草剂，一般土壤墒情好，整地精细的地块宜采取苗前封闭除草，干旱、整地差的可选苗后除草。②严格掌握好使用时机和剂量：严禁随意增加或减少用药量，喷药时间选择在雨后、傍晚、无风或微风时进行。③喷施除草剂时，应不重喷、不漏喷，以土壤表面湿润为原则。

6. 中耕追肥　追肥时间选在玉米大喇叭口期，追肥结合深松进行，采用深松追肥机在垄沟进行，每亩追施尿素15～20 kg。

7. 收获　机械化收获，采收、脱粒、机械化一体完成。

8. 秸秆还田　秸秆还田可采用秸秆还田旋耕机，一次可完成灭茬、秸秆还田、旋耕碎土、掩埋以及覆盖等作业，作业后地表平整，碎土率高。秸秆还田的地块可按照还田秸秆的量的0.5%～1%增施氮肥，调节有机质与氮比例，提高氮的利用率。

（三）技术要点

（1）机械化综合整地。

（2）选择耐密植品种。

（3）科学合理施肥。

（4）播种、耕作、施肥、收获、秸秆还田多项作业全程机械化。

（四）应用效果

2014年、2015年，连续两年在海城地区实施试验，选择3种元素不同比例的肥料，玉乐旺N－P－K＝23－10－22、长效免追玉米控释肥N－P－K＝28－15－12、三元素复合肥N－P－K＝15－15－15结合尿素追肥。试验结果表明，施用玉乐旺（N－P－K＝23－10－22）高钾肥，产量较比其他两种施肥方式的产量高，穗行数、行粒数等产量相关性状值较高，明显降低了植株的倒伏倒折率。

第三节　辽西半干旱区玉米持续高产技术集成与示范

一、机械化深松改土技术模式

（一）播前深松

1. 播前深松的方式　用全方位深松机对作业地块进行全面深松，在不改变土层结构的同时，对整个作业土层进行高效的松碎，增加耕地活土层厚度，使活土层厚度从15 cm增加到45 cm以上，由于深松深度可达到40～50 cm，松土系数达到62.8%，彻底打破了犁底层，降低了土壤容重，提高了渗水能力及容气空间，形成了“上虚下实、左右松紧相间、紧层深处有鼠道”的土体结构。

2. 全方位深松机的松土机理　在全方位深松部件松碎土壤的整个过程中，深松部件减少了对土壤的侧方挤压，不打乱土层，不形成大空隙，以最小扰动土层最省力的方式使土壤得到松碎。在全方位深松部件的工作过程中，刃的切割作用充分被利用，而对土壤的侧挤压作用被减至最小，不翻动土层，不形成大空隙，使深松的动能消耗降至最小，即以最少扰动土层和最省力方式使土壤得以松碎，因而这种工作方式使能耗量最低，并且具有松土范围大、碎土效果好的特征，结构合适时，还可同时在松土层底部形成鼠道，即深松机兼有鼠道犁的功能。

3. 播前深松时间　可在秋收后或第2年的播种前进行。

4. 全方位深松的作用　将深厚的松土层变成巨大的蓄水库，从而使深松后的土地兼有蓄水与排涝、透气与通气、氧气释放与储存、充分接纳天然降水等多方面的功能。雨水渗透能力较未深松田提高5～10倍，增加了对天然降水的接纳能力，在1 h内接纳60～100 mm的降雨而不形成地表径流。通过春播前对土壤的水分测定，深松耕作比翻耕土壤含水量高出3.1%，既可蓄存雨水，又可避免因地表径流导致的水土流失；干旱期测定深松地块土壤含水率较未松地块增加3%～5%，亩蓄水量较对照田增加11～22 m^3；深松地土壤中作物根系明显超过未松地块的根系长度，玉米苗期测定根深超过未松地2 cm以上，且根系发达，茎秆粗壮，遇强对流天气抗倒伏能力强。收获后测产，深松地玉米增产25.5%、小麦增产17.08%。全方位深松（未加灌水洗盐措施）后时隔半年，盐碱地的全盐量下降12.0%，在积盐期，HCO_3^- 与 Cl^- 含量较未松地分别减小13.0% 与52.0%，深松一次可保证三年的增产长效性，具有强大的技术优势，是改变传统农业的主要技术措施。

5. 选用倒V形全方位深松机根据不同的作物、不同土壤条件进行相应的深松作业

主要技术要求如下：

（1）适耕条件：在疏松的沙壤土、黏重的盐碱土和黑钙土的地块上，土壤含水量在15.0～22.0%。

（2）全方位深松技术适用于旱作区，灌溉区，缓坡地及盐碱地，黏重土壤等中、低产田改善，渍涝地排水，草原更新等。

（3）配套动力：东方红-75（或802）型拖拉机或铁牛-55，铁牛-650L，铁牛-654L

型拖拉机。

（4）作业要求：深松深度在30～40 cm，工作幅宽：1.44 m；作业中松深一致，并不得有重复或漏松现象；间隔深松作业中，要使深松间隔距离保持一致行距误差为±2 cm；深松作业应保持匀速直线行驶；作业时应保证不重松、不漏松、不拖堆；松土系数在0.63～0.77；全方位深松后土块尺寸大部分在10 cm以下，其土量占测点总土量的70%，其中小于3 cm的土块量占总土量的44%；全方位深松后土壤蓬松度在18%左右。作业深度（深松深度）≥要求深度，松深稳定性变异系数≤20%，深松作用宽度≥4/5深松深度（表7-5）。

表7-5　播前深松作业质量指标

项　　目		单　　位	指　　标
深松深度	平均值	cm	30～40
	标准差	cm	≤2.0
	变异系数	%	≤2.5
碎土率		%	≥90
耕层土壤坚实度		kPa	≤220

（5）作业周期：根据土壤条件和机具进地强度，一般2～4年在秋季深松1次。

（二）苗期深松

1. 中耕深松　在玉米苗期利用深松犁、鼠道式深松机、耘锄等对垄沟（玉米行间）进行土壤25 cm以上中耕深松，以打破犁底层，改善土壤结构，增加土壤通气性，蓄存雨季降水，同时对深松区进行地表填压农艺措施，用以提高土壤的蓄水保水能力，形成“地下水库”。试验证明，应用中耕深松机在玉米行间进行垄沟深松作业，在玉米苗期对土壤进行25～30 cm的行适时深松作业，每亩增产10%以上；同时可以提高雨水的入渗速度和减小地表径流，对减轻水土流失。间隔深松是根据不同作物的行距间隔进行，松土面积占行距的1/3～1/2。

2. 机械　一般以铲式深松机为主要形式，配套动力：18马力*及以上拖拉机。

3. 主要技术要求如下

（1）适耕条件：在疏松的沙壤土、黏重的盐碱土和黑钙土的地块上，土壤含水量在15%～22%。

（2）作业要求：深松时间：苗期进行，苗期作业应尽早进行，玉米不应晚于5叶期；玉米苗期深松间隔：40～80 cm，最好与当地玉米种植行距相同；深松深度：25～30 cm；深松作业应保持匀速直线行驶；作业时应保证不重松、不漏松、不拖堆。

（3）作业周期：每年苗间深松1次。

（4）苗期深松必须在雨季到来之前进行，如果过早，超过一个星期以上不下雨，容易造成土壤跑风失墒，影响作物生长（表7-6）。

---

* 马力为非法定计量单位，1马力≈735 W。

表 7-6 苗期深松作业质量指标

作业项目	质量标准
作业时期	定苗后进行
耕深与培土深度	耕深 25～30 cm，有过犁土，培土至玉米根茎部 8～10 cm。深度一致，其误差为±2 cm
灭草率与伤苗率	中耕（结合苗间除草）灭草率≥80%，作业不偏墒、不压苗、不埋苗，中耕伤苗率≤1%
行距一致	各垄行距一致，不偏墒、不漏耕，行距误差±1 cm，地头整齐

（三）玉米深松施肥起垄

1. 作用 在玉米拔节后的雨季到来之前，结合追肥进行深松，可以打破犁底层，加深耕层，改善耕层物理性状，减少径流，接纳和储存更多的降水，形成耕层土壤水库，可做到伏雨秋用和春用，最大限度地利用玉米生育期间有效降水，提高自然降水利用效率。深松作业只对玉米两侧的土壤进行疏松，玉米根系下部则保留未动，形成虚实并存的耕层结构，有利于蓄水和促使玉米根系向纵深方向发育，深松可使水分利用率至少提高 30%；在深松的同时，把原料施放于土层 10 cm 深处，既可防止肥效的挥发损失，又防止肥分随水分流失，提高了肥效。

2. 机械选择 一般以凿式深松机为主要形式，能与新型 130 马力、160 马力轮式拖拉机配套的中耕深松机，宜采用施肥镇压深松机进行玉米行间施肥，镇压和深松作业，深松厚度在 25～30 cm，施肥深度 10 cm，镇压强度在 350～450 kg/cm^2。

3. 主要技术要求如下

（1）适耕条件：在疏松的沙壤土、黏重的盐碱土和黑钙土的地块上，土壤含水量在 15%～22%。

（2）作业要求：深松深度：以破碎犁底层为原则，拔节期在 80 cm 宽行深松，深松宽度 40～50 cm，深度 30～35 cm，深度误差为±2 cm；如果均匀垄（60～65 cm）种植，在玉米拔节前逐垄深松，深松宽度为 15 cm，深松深度为 25～30 cm；深松沟上窄下宽，下部耕宽凿形铲宽为 6～8 cm。深松结合追肥，遇到干旱，深松期应适当延后，深松的深度不宜过深，控制在 30 cm 以内；作业时应保证不重松、不漏松、不拖堆。

（3）深松应赶在伏雨来临之前进行，第二年深松时要错开深松行。

（4）作业周期：每年苗间深松 1 次。

（四）应用效果

该项技术 2008—2015 年连续在建平县、黑山县和新民市进行大面积示范，玉米平均单产提高 6.0%以上，单产达到 12 000 kg/hm^2 以上，深松一次可 3 年持续增产，年效益可增加 1 300 元/hm^2 以上，提高化肥利用效率和水分利用效率，提高资源利用率，增产增收。

二、大垄双行地膜覆盖机械化种植模式

（一）技术模式

大垄双行地膜覆盖栽培形式就是把过去的清种小垄，两垄合为一条垄。以 55～60 cm

垄为例，把原来 55～60 cm 的小垄，改为 110～120 cm 宽的大垄，在大垄上种两行，大垄的垄距为 70～80 cm，而大垄上的玉米行距为 40 cm，这样就形成了一宽一窄的群体结构，利用机械进行施肥、播种、施药、覆膜一体化作业，通过大垄双行地膜覆盖的栽培形式，不但可以增加 10%～15%以上的密度，同时还形成良好的通风条件，人为造成边行优势，改善了群体环境，充分利用光、热资源，是玉米增产的有效途径。

（二）主要技术措施

1. 整地和起垄　实行秋翻、秋耙、秋起垄，如不能秋起垄，在早春起垄后及时镇压确保墒情，达到待播状态。垄宽 110～120 cm，垄高 15～20 cm。

2. 适时早播、合理密植

（1）种子处理实行种子包衣，避免苗期病虫危害，做到一次播种保全苗。

（2）适时早播适当早播，应因品种而宜，生育期 130 d 以上的晚熟品种在 4 月 25 日前抢墒播种，中熟品种可在 5 月 1 日以后播种。利用侧深施肥、施药、覆膜、播种一体化作业的机械进行播种；播种方式为每条大垄上种两行，行距 40 cm。形成垄距（大行距）70～80 cm 和小行距 40 cm，一宽一窄的群体结构。

（3）合理密植：稀植大穗高秆品种可比清种增加 10%～15%以上的密度，每亩保苗提高到 3 300～3 500 株，并在抽雄前 3～7 d 进行喷洒翠竹牌玉米专用型植物生长剂，实行矮化处理。中矮秆品种每亩保苗 3 800～4 500 株。

3. 合理施肥　大垄双行栽培密度大，要做到以肥保密，以密夺高产，为确保丰产打下良好基础。基肥：施优质农肥 3～5 m^3/亩，在秋整地前施。为了后期不施肥，可采用一次深施方法，即：每亩施 35 kg 以上尿素拌肥隆（50 kg 尿素拌 3 kg 肥隆），春天用机械深施，深度在 15～20 cm。种肥：施磷酸二氨 15 kg/亩，氯化钾 10 kg/亩。一般后期可以不追肥，生育后期如发现玉米脱肥，可因情况在玉米 13～15 片叶时追施 5～10 kg/亩尿素。

4. 田间管理

（1）药剂灭草免中耕采用药剂封闭土壤，每亩用阿特拉津 200～300 g 加乙草胺 150～250 g 兑水 20 kg，在播种后，出苗前，用打药机喷洒，要求喷洒均匀，不重、不漏，对周围敏感作物留出安全带。

（2）定苗在玉米三叶期间苗，五叶期定苗。

（3）防止虫害主要防治对象，防黏虫，每亩用 10～15 mL 30%的敌氯乳油加水喷雾。玉米螟，用高压汞灯或投放颗粒剂防治。

（三）大垄双行栽培增产机理

通过三年的多点试验和大面积示范，认为大垄双行增产的主要因素如下：

1. 增加了玉米有效穗数　玉米大垄双行栽培的密度比常规清种增加 10%～15%，有效穗数增加 400～500 穗/亩。

2. 增加玉米穗粒数　大垄双行栽培通风透光条件好，提高了花粉的活力，从而使受粉能力增强，据调查，玉米秃尖率可减少 1%左右。

3. 增加玉米叶面积指数　据调查大垄双行栽培比清种的最大叶面积指数增加了 5%，干物质积累比清种高出 10%。

4. 改善了田间群体生育环境 通过测试显示，大垄双行栽培田的风速和光合利用率均高于一般清种，据田间测试显示，大垄双行栽培田株高 2/3 处的自然透风率 24.4%，清种田则是 23.8%，高出 0.6%。大垄双行栽培田透光率高，有利于干物质积累，改善了群体生育环境，为正常生长发育和产量形成提供了良好的生态条件。

实践证明，玉米大垄双行栽培是一项投资少、增产幅度大、效益高、深受农民欢迎的栽培方法，推广大垄双行栽培是实现粮食生产再上新台阶的有效途径。

（四）应用效果

该项技术 2009—2015 年在建平县、阜蒙县和彰武县核心区进行示范应用，千亩核心区面积玉米单产达到 12 000 kg/hm^2 以上，可增加效益 2 800～3 200 元/hm^2。该项技术可提高化肥利用效率，提高水分利用效率，减少因过量施肥引起的农田环境污染，提高资源利用率，改善农田生态环境，增加农民收入。

三、三比空密疏密机械化种植模式

（一）技术概述

玉米是一种具有边行效应的作物，改善玉米群体中的单株通风透光环境，提高边际产量，从而达到提高总产的目的。

玉米三比空密疏密种植，可以有效地增加田间种植密度，提高单株的边行空间，使群体内每个单株的通风透光条件大大改善，达到株株是边行，棵棵有优势，在不增加生产成本、操作简便的前提下，提高玉米群体和单株的边行效应，从而达到群体增产目的。

（二）增产增效情况

该项技术玉米单产可达到 12 000 kg/hm^2 以上，可增加效益 5 000 元/hm^2 以上。提高化肥利用效率和水分利用效率，提高资源利用率，改善农田生态环境，增产增收。

（三）技术要点

1. 品种选择 选择耐密或中等耐密中穗和中大穗的紧凑型玉米品种。

2. 整地 整地应深松整地，做到上实下虚，无坷垃、土块，结合整地施足底肥，及时镇压，达到待播状态，为高质量播种创造一个良好的土壤环境。

3. 种子处理 种子必须进行包衣，选择复合型种衣剂，按药种比例拌种，预防和防治防治地下害虫、玉米丝黑穗病和玉米瘤黑粉病等病虫害。

4. 种植形式 保持常规垄作玉米的种植方式，在正常起垄的条件下，以 4 垄为一个循环，即种植 3 垄空 1 垄，依此循环；将空垄上的株数按比例分配到其他三条垄上，分配原则如下：相邻空垄的两条垄的每垄株数为四垄的总株数 2/5，中间垄的株数为总株数的 1/5，即两边行的玉米种植密度为中间行的 2 倍。

5. 播种方式 机械播种：根据所选的品种的种植密度，计算三比空栽培的两个靠边行的栽培株数，制作播种盘，中间垄的播盘株距增加一倍，或以同样的播种盘，在中间垄定苗时，隔株去除；人工播种则按照计算的两个边行株距播种边行，中间行株距加倍。

6. 施肥技术 平衡施肥，增施有机肥，一般亩投入优质农肥 1 000～2 000 kg、磷酸二铵 10～15 kg、硫酸钾 5～10 kg 作底肥施入，或者用复合肥（15－15－15）25～30 kg 作底肥使用。在玉米需肥关键期，集中追肥（即将 4 垄面积的肥料量集中施到 3 条垄上），在施足底肥的基础上，一般每亩施尿素 25～30 kg。

7. 病虫害综合防治　利用该项技术种植，可以有效减少病害和虫害，一般比常规种植形式病虫害较轻。但在生产中，建议在玉米拔节前喷施杀菌剂预防叶部病害的发生，在喇叭口时期用颗粒剂预防玉米螟虫的发生。

注意事项：品种选择方面，要求中矮秆、中秆的品种为好，中等或中大均匀穗型适合应用该项技术。

（四）应用效果

本项技术的优势在于不增加任何生产成本的前提下，增加玉米产量，提高玉米群体和单株的边行效应，有利于通风透光，提高玉米的免疫力和增产能力。

2010—2015 年连续 6 年在沈阳、铁岭、锦州、丹东等地区进行“百亩方”建设，种植密度提高 15%以上，平均单产比当地常规种植方式增产 9.2%～13.3%，提高效益 2 000～2 900 元/hm^2，大大提高了产量和肥料的利用效率。本技术适宜平原春玉米区和地势平缓的丘陵玉米区。

四、玉米全程机械化平作宽窄行种植模式

（一）技术概述

在机械化平作播种条件下，以两行玉米为一个组合，将等行距种植调整为宽行和窄行相间的种植模式。例如，将正常行距为 55～60 cm 的两行玉米调整为组内行距 40 cm，组间行距 70～80 cm、40 cm 交替种植。

（二）全程机械化技术要点

1. 选地　选择光、热、水资源丰富、土层深厚、土质疏松的地块，要求坡度≤15°，土壤有机质含量 1.0%以上，全氮量 0.1%以上，碱解氮 66 mg/kg 以上，速效磷 10 mg/kg 以上，速效钾 100 mg/kg 以上。土壤 pH 6～8。5～9 月降水≥370 mm，日照时数≥800 h，日均气温≥20 ℃，玉米生长有效活动积温 2 650～2 800 ℃。实行秋深松，深松深度≥30 cm，深松后进行轻耙或浅旋平整土地，也可春季旋耕或免耕。

2. 机械化深松整地

（1）整地：秋季利用大功率拖拉机配套深松机进行深松作业，机械深松深度≥30 cm，周期为 3 年深松一次。深松后应及时耙平，做到地面无坷垃、土块，结合深松整地施足底肥，达到待播状态，为春季高质量播种创造一个良好的土壤条件。

（2）配套机械：目前市场上深松机型号很多，可根据土质条件和配套动力选择机型。深松作业动力机械应留有足够的储备功率。根据当地播种面积选择适合的机具，机具的选择应漏播率低，播后保苗率≥85%，单粒率>97%，不伤种。

3. 品种选择

（1）宜机收品种选择指标：选择中早熟、中矮秆、耐密、抗倒伏、抗病性尤其是茎腐病和穗腐病抗性好的玉米品种，品种株高在 2.5～3.0 m，穗位整齐度好，穗位低（80～120 cm），品种叶片上冲，叶片夹角≤45°，茎基部三个节间长度平均≤3 cm，茎粗系数（茎粗/株高×100）在 0.9%～1.1%，穗位高系数（穗位高/株高×100）≤45%。

（2）品种与种子选择：根据当地自然条件，因地制宜选用通过国家和辽宁省审定的优

良玉米品种。要求种子籽粒饱满，大小均匀，质量达到《粮食作物种子　第1部分：禾谷类》（GB 4404.1）质量标准。

4. 播种

（1）播种时间：在4月20日至5月15日，土壤耕层5～10 cm，地温稳定在8 ℃以上，土壤含水量达到15%以上时即可播种。

（2）播种要求：在春季通过旋耕和耙平后，利用可调宽窄行的精量播种施肥机，进行平作条件下的精量播种及侧深施肥，播种深度4～5 cm，墒情不足应适当增加播深1～2 cm。

底肥施肥量为：侧深施三元复合肥（15-15-15）375～450 kg/hm²，施肥深度为12～16 cm，并同时随播种施入口肥磷酸二铵112.5～150 kg/hm²，注意种肥隔离。

（3）种植模式和密度：平作宽窄行种植模式（图7-1）。种植密度一般在6万～7.5万株/hm²，株距22.2～27.8 cm。

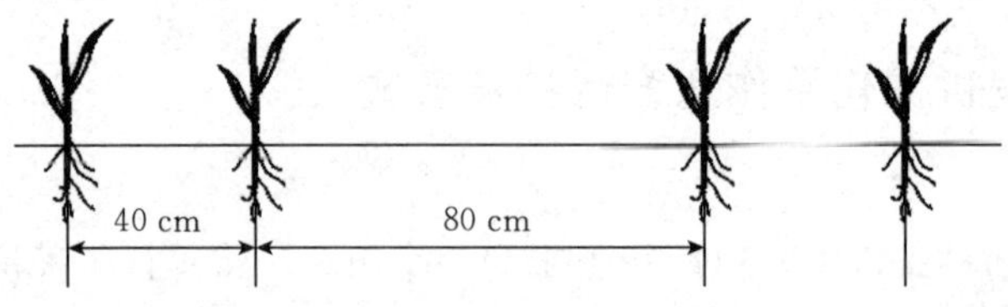

图7-1　玉米平作宽窄行种植

5. 机械化中耕深松追肥　在玉米9～11片叶（拔节前），利用中耕深松追肥机或其他适合宽窄行作业机械在宽行进行中耕深松和追肥作业，一次性完成深松和施肥，施肥量：尿素375～450 kg/hm²。肥料使用原则符合NY/T 496肥料合理使用准则 通则。应用优化配方施肥技术，坚持有机肥为主，化肥为辅，以保持或增加土壤肥力及土壤生物活性，提高土壤供肥能力为原则。

6. 机械化收获及秸秆还田

（1）机械化收获：收获时间在玉米籽粒含水量≤25%时，利用2行或4行玉米联合收获机直接收获玉米籽粒。若玉米已达完熟期，但籽粒水分难以降至25%以下时，用玉米收获机直接收获玉米果穗。

（2）机械化秸秆还田：收获机同时将秸秆粉碎直接撒扬到田间，利用秸秆地面粉碎机械切碎秸秆后，进行耙压，将秸秆耙压到耕层达到腐烂还田的目的。为了加速秸秆的腐烂速度，可增施尿素并加入秸秆腐化剂，加速秸秆腐化速度，提高还田效果。

（三）应用效果

本项技术的优势在于减少生产成本的前提下，提高玉米群体和单株的边行效应，有利于通风透光，提高玉米的免疫力和产量潜力。

2006—2015年连续6年在沈阳、朝阳、锦州、铁岭、阜新等地区进行“百亩方”建设，种植密度提高15%以上，平均单产比当地常规种植方式增产8%以上，提高效益3 000～3 600元/hm²，大大提高了产量和肥料的利用效率。本技术适宜平原春玉米区和地势平缓的丘陵玉米区。

第四节 辽北半湿润区玉米高产高效技术集成与示范

一、深松增密机械化种植模式

（一）技术模式

在辽北半湿润区玉米生产中，一般采用表层旋耕的耕作方式（10～15 cm），长期采用这种方式导致土壤耕层变浅，形成明显的犁底层，降低了土壤保墒、保肥能力，玉米根系下扎不深，影响根系生长发育，限制了产量潜力的挖掘。针对此问题，提出了深松增密机械化种植技术，以打破犁底层，增加土壤活土量、通透性和微生物数量，优化耕层结构，扩大根系生长空间，形成更大的“土壤水库”，高效利用天然降水和灌溉水资源，从而提高玉米产量。

（二）技术内容

秋季深松起垄＋早熟耐密品种＋等行密植＋适时追肥＋综合生物防治＋适时机械收获。

（三）技术要点

1. 深松整地

（1）深松时间：深松作业主要在秋季进行，秋季深松有利于蓄纳秋冬雨雪，周期一般为 2～3 年进行 1 次。秋季深松起垄的地块要注意起垄后应及时镇压，防止跑墒。

（2）深松深度：耕深的深度要因地制宜，既要打破犁底层又要节省成本，一般深度为 30～35 cm。对于多年来一直未打破犁底层的田块，犁底层较厚，可先旋耕再深松或进行先浅松、再深松的方法，分层打破犁底层。

（3）深松方式：分为全方位深松和间隔深松两种方式。全方位深松用于全面松动土壤，深松行距为 58～60 cm。采用玉米大小垄免耕技术的播种田，可用间隔深松方式对下年播种的小垄进行深松。深松后每亩施入有机肥 1 000～1 500 kg，及时旋耕、起垄、镇压，避免跑墒。

2. 播种

（1）品种选择：选择高产、优质、抗性强、生育期适宜的矮秆耐密型优良品种。选用包衣种子，要求种子纯度 98%以上，净度 99%以上，发芽率 95%以上，含水量不高于 14%。

（2）播种时间：当土壤耕层 5～10 cm 地温稳定通过 7～8 ℃、土壤含水量达到 15%以上时为适宜播期，一般在 4 月下旬至 5 月上旬播种为宜。

（3）播种要求：采用半精量机械播种可实施 2 粒播种规则，土壤墒情充足时播种深度 3～5 cm，土壤墒情较差时播种深度 5～6 cm，种肥隔离 5 cm 以上。

（4）播种密度：每亩耐密品种保苗 4 500～5 000 株，中等耐密品种保苗 3 800～4 500 株。

（5）施肥：采用玉米气吸式播种机播种，一次性完成施肥、播种等各项作业。

① 施肥原则。应用优化配方施肥技术，坚持有机肥、化肥相结合的原则。

② 施肥数量。根据土壤供肥能力和土壤养分的平衡状况及栽培等因素，进行测土配

方平衡施肥。具体的施肥量按下式计算：

$$M=(M_a-M_b)/(M_c\times\beta)$$

式中：M——施肥量，单位为 kg/hm²；

M_a——目标产量需养分量，单位为 kg/hm²；

M_b——土壤供养分量，单位为 kg/hm²；

M_c——肥料种类养分含量；单位为%；

β——肥料利用率，单位为%。

③ 施肥模式。按照土壤养分释放特性和作物养分动态吸收规律，选用基肥＋追肥的施肥模式。其中，100%磷钾肥＋20%氮肥作基肥，40%氮肥作拔节期追肥，40%氮肥作大喇叭口期追肥。

3. 田间管理

（1）定苗：重点是促进根系发育、培育壮根，实现苗早、苗全、苗齐、苗壮。播种后及时检查出苗情况，及时定苗。

（2）除草：播种后，采用拖拉机带喷药机，进行机械化药剂除草，这样保证整个生长季节没有杂草。

（3）浇水、追肥：根据天气变化、土壤水分、植株表现适时适量灌水。在玉米拔节期和大喇叭口期结合浇水，各追肥氮肥用量的40%。

（4）主要病虫害防治：

① 病害防治。

a. 玉米大斑病、玉米小斑病。选择抗病品种。每亩用50%多菌灵可湿性粉剂500倍液，或75%代森锰锌可湿性粉剂500～800倍液、80%甲基硫菌灵可湿性粉剂800～1 000倍液，兑水60～70 kg喷雾防治，隔7～10 d再喷1次。

b. 玉米纹枯病。每亩用5%井冈霉素水剂100～150 mL，对水50 kg喷施。

c. 玉米丝黑穗病、玉米瘤黑粉病。发病初期每亩用20%萎锈宁乳油0.15～0.2 kg，兑水50 kg喷施。

② 虫害防治。

a. 地下害虫。每亩用5%辛硫磷颗粒剂1～1.5 kg，或50%辛硫磷乳油50 mL，加细炉渣15 kg，撒施垡头耙入土中。用麦麸或碎豆饼10 kg炒香，用90%敌百虫原药0.1 kg或50%辛硫磷乳油0.05 kg，兑水2～3 kg喷雾拌入麦麸中，制成毒饵，每亩用毒饵1.5～2.5 kg，于傍晚撒入垄间。

b. 黏虫。6月下旬或7月上旬，每亩用90%敌百虫原药75～100 g热水化开后拌15～20 kg细沙扬撒。

c. 玉米螟。6月中下旬，用赤眼蜂防治第一代玉米螟，每亩分2次放蜂2万头。当大喇叭口期花叶率达10%时，每亩用5%辛硫磷颗粒剂2～2.5 kg灌心，防治玉米螟兼治粒期穗蚜。当抽穗期玉米螟达到30头/百株，可用80%敌敌畏乳油100倍液滴花丝，每穗2～3滴。7月下旬至8月上旬，防治第二代玉米螟。

（5）收获：玉米植株苞叶变黄松散，籽粒变硬有光泽，穗子中部灌浆籽粒乳线消失，籽粒尾部黑色层形成时即可采收。采收应选择晴天进行，利用玉米联合收割机收获。

（四）示范效果

1. 增产效果明显　该技术模式可提高玉米产量6.38%～10.19%。

2. 土壤蓄水能力提高　通过深松打破了犁底层，显著提高了对雨水的蓄积能力。5年的定位试验表明，与现行耕作方法相比，春播时0～30 cm深的土壤含水量增加1.1～2.8个百分点，全生育期土壤含水量增加0.8～1.9个百分点。

3. 土壤结构改善　目前玉米田的耕层深度为12～15 cm，通过深松打破了犁底层增加了耕层深度，0～20 cm的土壤三相比由常规耕作田的1∶0.46∶0.50变为深松田的1∶0.56∶0.56，其物理性状也明显改善。

二、秸秆覆盖保护性耕作高产栽培模式

（一）技术模式

多少年来，玉米种植都是采用翻耕、耙地、播种、中耕的种植模式，这样一年之内对土壤就翻动了好几次。对土地频繁的耕翻不仅浪费了大量的人力物力，而且由于土质松散，加剧了土壤风蚀和水蚀，导致土壤肥力下降，干旱连年不断，风卷沙尘起，风停垄沟平。针对此问题，提出了秸秆覆盖保护性耕作种植技术，不仅降低了风对土壤的侵蚀，提高了土壤接纳降雨的能力，还提高了土壤腐殖质层，改善土壤理化性状，增加土壤生物多样性和有机质，培肥地力，提高玉米产量。

（二）技术内容

秸秆覆盖保护性耕作＋早熟耐密品种＋免耕播种＋追施氮肥＋综合生物防治＋适时机械收获。

（三）技术要点

1. 秸秆覆盖保护性耕作

（1）第一年垄作改平作，收获留秸秆：采用深松灭茬旋耕联合作业机进行平旋，旋耕深度一般在14～18 cm；深松要打破犁底层，深度应达到25～30 cm。

整地后采用专用播种机进行平播。播种后的管理与普通种植方法相同。收获时可以采用普通玉米联合收割机，作业时不用秸秆粉碎装置，玉米收获后，秸秆完全留在田里覆盖地表。

（2）第二年的流程是免耕播种、机械化学除草、追肥、防治病虫害和收获留秸秆：采用秸秆覆盖种植技术第二年，在秸秆完全覆盖的情况下，直接用专用播种机作业，实行破茬、切碎秸秆、开沟、施肥、播种、覆土和镇压一次完成。以后每年均采用免耕播种、药剂除草、中耕追肥和收获机收获的方法，如此循环操作，无限循环下去。当腐殖质土层达到一定厚度，化肥的使用就可以减少，甚至完全可以不用化肥。

如果土地板结，耕层较浅，应进行深松。在玉米拔节期以前，用深松机结合追肥深松一次，以达到蓄水保墒的目的，同时可促进根系发育及下扎，扩大养分及水分吸收面积，利于增产增收。以后每隔3～5年深松1次。

2. 播种

（1）品种选择：选择高产、优质、抗性强、生育期适宜的矮秆耐密型优良品种。选用包衣种子，要求种子纯度98%以上，净度99%以上，发芽率95%以上，含水量不高

于14%。

（2）播种时间：当土壤耕层5～10 cm地温稳定通过7～8℃、土壤含水量达到15%以上时为适宜播期，一般在4月下旬至5月上旬播种为宜。

（3）播种要求：采用专用播种机作业，实行破茬、切碎秸秆、开沟、施肥、播种、覆土和镇压一次完成。土壤墒情充足时播种深度3～5 cm，土壤墒情较差时播种深度5～6 cm，种肥隔离5 cm以上。

（4）播种密度：行距60 cm，每亩耐密品种保苗4 500～5 000株，中等耐密品种保苗3 800～4 500株。

（5）施肥：

① 施肥原则。应用优化配方施肥技术，坚持有机肥、化肥相结合的原则。

② 施肥数量。根据土壤供肥能力和土壤养分的平衡状况，以及其后、栽培等因素，进行测土配方平衡施肥。

③ 施肥模式。按照土壤养分释放特性和作物养分动态吸收规律，选用基肥＋追肥的施肥模式。其中，100%磷钾肥＋50%～60%氮肥作基肥，40%～50%氮肥作拔节期中耕追肥。

3. 田间管理

（1）定苗：重点是促进根系发育、培育壮根，实现苗早、苗全、苗齐、苗壮。播种后及时检查出苗情况，及时定苗。

（2）除草：播种后，采用拖拉机带喷药机，进行机械化药剂除草，这样保证整个生长季节没有杂草。

（3）浇水、追肥：根据天气变化、土壤水分、植株表现适时适量灌水。

（4）主要病虫害防治：

① 病害防治。

a. 大斑病、小斑病。选择抗病品种。每亩用50%多菌灵可湿性粉剂500倍液，或75%代森锰锌可湿性粉剂500～800倍液、80%甲基硫菌灵可湿性粉剂800～1 000倍液，兑水60～70 kg喷雾防治，隔7～10 d再喷1次。

b. 纹枯病。每亩用5%井冈霉素水剂100～150 mL，对水50 kg喷施。

c. 丝黑穗病和瘤黑粉病。发病初期每亩用20%萎锈宁乳油0.15～0.20 kg，兑水50 kg喷施。

② 虫害防治。

a. 地下害虫。每亩用5%辛硫磷颗粒剂1～1.5 kg，或50%辛硫磷乳油50 mL，加细炉渣15 kg，撒施垡头耙入土中。用麦麸或碎豆饼10 kg炒香，用90%敌百虫原药0.1 kg或50%辛硫磷乳油0.05 kg，兑水2～3 kg喷雾拌入麦麸中，制成毒饵，每亩用毒饵1.5～2.5 kg，于傍晚撒入垄间。

b. 黏虫。6月下旬或7月上旬，每亩用90%敌百虫原药75～100 g热水化开后拌15～20 kg细沙扬撒。

c. 玉米螟。6月中下旬，用赤眼蜂防治第一代玉米螟，每亩分2次放蜂2万头。当大喇叭口期花叶率达10%时，每亩用5%辛硫磷颗粒剂2～2.5 kg灌心，防治玉米螟兼治粒期穗蚜。当抽穗期玉米螟达到30头/百株，可用80%敌敌畏乳油100倍液滴花丝，每穗

2～3 滴。7 月下旬至 8 月上旬，防治第二代玉米螟。

（5）收获：玉米植株苞叶变黄松散，籽粒变硬有光泽，穗子中部灌浆籽粒乳线消失，籽粒尾部黑色层形成时即可采收。采收应选择晴天进行。

（四）示范效果

1. 增产效果明显 该技术模式可提高玉米产量 3.89%～8.34%。

2. 土壤蓄水能力提高 通过秸秆覆盖，显著提高了对雨水的蓄积能力。5 年的定位试验表明，与现行耕作方法相比，春播时 0～30 cm 深的土壤含水量增加 1.9～2.6 个百分点，全生育期土壤含水量增加 1.3～2.1 个百分点。

3. 土壤肥力提升 通过秸秆覆盖，有效控制了风蚀和水蚀。通过 8 年的定位试验表明，秸秆覆盖保护性耕作种植后，土壤有机质提高了 9.31%～35.07%，碱解氮增加了 8.25%～11.22%，有效磷增加了 8.47%～23.41%，速效钾增加了 4.88%～22.52%。

三、旋耕垄作分层一次施肥机械化高产栽培模式

（一）技术模式

玉米产量水平的高低与土壤肥力状况密切相关。在传统耕作中，盲目施肥现象普遍，施肥方法不合理，施肥机具不配套，氮肥深施技术没有得到大面积推广；氮、磷、钾施用比例不合理，造成土壤养分失衡，地力下降；加上东北地区气候冷凉、无霜期短，作物生长前期土壤养分有效利用率低等造成粮食产量不高，经济效益低下等问题严重。为解决上述问题，达到平衡高效施肥的目的，提出了旋耕垄作分层一次性施肥种植技术，使土壤养分的释放特性与作物养分吸肥规律相匹配，实现养分的高效利用，同时使春玉米施肥更加简易、省工，避免追肥所带来的人力和财力浪费。

（二）技术内容

秋旋耕起垄＋早熟耐密品种＋适时早播＋双层一次深施肥＋综合生物防治＋适时机械收获。

（三）技术要点

1. 秋旋耕起垄 玉米收获后，将秸秆移出田块，每亩施入有机肥 1 000～1 500 kg。采用灭茬旋耕联合作业机进行旋耕起垄，旋耕深度一般在 14～18 cm，行距在 58～60 cm。秋季旋耕起垄的地块要注意起垄后应及时镇压，防止跑墒。

2. 播种

（1）品种选择：选择高产、优质、抗性强、生育期适宜的矮秆耐密型优良品种。选用包衣种子，要求种子纯度 98%以上，净度 99%以上，发芽率 95%以上，含水量不高于 14%。

（2）播种时间：当土壤耕层 5～10 cm 地温稳定通过 7～8 ℃、土壤含水量达到 15%以上时为适宜播期，一般在 4 月下旬至 5 月上旬播种为宜。

（3）播种要求：采用半精量机械播种可实施 2 粒播种规则，土壤墒情充足时播种深度 3～5 cm，土壤墒情较差时播种深度 5～6 cm。

（4）播种密度：每亩耐密品种保苗 4 500～5 000 株，中等耐密品种保苗 3 800～4 500 株。

（5）施肥：采用玉米气吸式播种机播种，一次性完成施肥、播种等各项作业。

① 施肥原则。应用优化配方施肥技术，坚持有机肥、化肥相结合的原则。

② 施肥数量。根据土壤供肥能力和土壤养分的平衡状况，以及其后、栽培等因素，进行测土配方平衡施肥。

③ 施肥模式。在春季玉米种植时，将肥料按比例分两层一次深施于土壤；不同土层肥料用量配比分别为：100％磷肥＋16％～19％氮肥施于垄台中间表层土壤下 5～7 cm 处，种肥隔离 5 cm 以上；100％钾肥＋81％～84％氮肥施于垄台侧面表层土壤下 14～15 cm 处。

3. 田间管理

（1）定苗：重点是促进根系发育、培育壮根，实现苗早、苗全、苗齐、苗壮。播种后及时检查出苗情况，及时定苗。

（2）除草：播种后，采用拖拉机带喷药机，进行机械化药剂除草，这样保证整个生长季节没有杂草。

（3）浇水、追肥：根据天气变化、土壤水分、植株表现适时适量灌水。

（4）主要病虫害防治：

① 病害防治。

a. 大斑病、小斑病。选择抗病品种。每亩用 50％多菌灵可湿性粉剂 500 倍液，或 75％代森锰锌可湿性粉剂 500～800 倍液、80％甲基硫菌灵可湿性粉剂 800～1 000 倍液，兑水 60～70 kg 喷雾防治，隔 7～10 d 再喷 1 次。

b. 纹枯病。每亩用 5％井冈霉素水剂 100～150 mL，兑水 50 kg 喷施。

c. 丝黑穗病和瘤黑粉病。发病初期每亩用 20％萎锈宁乳油 0.15～0.2 kg，兑水 50 kg 喷施。

② 虫害防治。

a. 地下害虫。每亩用 5％辛硫磷颗粒剂 1～1.5 kg，或 50％辛硫磷乳油 50 mL，加细炉渣 15 kg，撒施垡头耙入土中。用麦麸或碎豆饼 10 kg 炒香，用 90％敌百虫原药 0.1 kg 或 50％辛硫磷乳油 0.05 kg，兑水 2～3 kg 喷雾拌入麦麸中，制成毒饵，每亩用毒饵 1.5～2.5 kg，于傍晚撒入垄间。

b. 黏虫。6 月下旬或 7 月上旬，每亩用 90％敌百虫原药 75～100 g 热水化开后拌 15～20 kg 细沙扬撒。

c. 玉米螟。6 月中下旬，用赤眼蜂防治第一代玉米螟，每亩分 2 次放蜂 2 万头。当大喇叭口期花叶率达 10％时，每亩用 5％辛硫磷颗粒剂 2～2.5 kg 灌心，防治玉米螟兼治粒期穗蚜。当抽穗期玉米螟达到 30 头/百株，可用 80％敌敌畏乳油 100 倍液滴花丝，每穗 2～3 滴。7 月下旬至 8 月上旬，防治第二代玉米螟。

（5）收获：玉米植株苞叶变黄松散，籽粒变硬有光泽，穗子中部灌浆籽粒乳线消失，籽粒尾部黑色层形成时即可采收。采收应选择晴天进行，利用玉米联合收割机收获，留茬高度 35 cm。

（四）示范效果

1. 增产效果明显　该技术模式可提高玉米产量 5.28％～10.35％。

2. 氮肥利用率提高　通过双层一次深施肥，显著提高了氮肥的利用效率。3 年的定位试验表明，与常规施肥模式相比，氮肥利用率提高 9.66%～16.23%。

第五节　辽宁春玉米节水节肥技术集成与示范

一、大垄双行膜下滴灌高产栽培技术集成与示范

（一）技术概述

膜下滴灌技术是先进灌水技术和栽培技术的集成，它能在作物需水的任何时候和地点，将加压的水流经过滤设施滤"清"后，经过输水干管（常埋设在地下）、支管、毛管（铺设在地膜下方的滴灌管带），再由毛管上的灌水器将水分、养分均匀持续地运送到作物根部附近的土壤，供作物根系吸收。它既发挥了覆膜栽培提高地温、减少棵间蒸发的作用，又减少了深层渗漏，可降低土壤蒸发和节约用水，达到综合节水增产效果。

（二）增产增效情况

玉米单产可达到 12 000 kg/hm^2 以上，可增加效益 4 500 元/hm^2。该项技术可提高化肥利用效率，提高水分利用效率，减少因过量施肥引起的农田环境污染，提高资源利用率，改善农田生态环境，增加农民收入。

（三）技术要点

把滴水器铺于地表，农膜覆盖其上的滴灌技术和农膜覆盖技术有机结合的高效节水增产增效技术。其内容主要包括两个方面，一是和滴水器配套的首部设施、供水管网、管件等组成的滴灌系统；二是在膜下滴灌条件下的玉米增产增效栽培技术和管理运行方案。具体如下：

1. 精细整地，整平细耙　整地的质量是关键，直接影响到播种质量、覆膜质量和玉米生长发育。要做好根茬粉碎还田，必要时人工拣净搂除根茬残体。秋整地应深松整地，做到上实下虚，无坷垃、土块，结合整地施足底肥，及时镇压，达到待播状态，为高质量覆膜创造一个良好的土壤环境。

2. 膜下滴灌管道的铺设　根据水源位置和地块形状的不同，膜下滴灌主管道铺设方法主要有独立式和复合式两种。

（1）独立式主管道铺设：独立式主管道的铺设主要用于狭长地块，其主管只有一条并深埋在地下，其余主管毛管均分布在地面上。此种铺设方法具有省工、省料、操作简便等优点，缺点是不适合大面积作业。采用独立式主管道铺设主要是以中小型移动滴灌设备为主。有效灌溉面积一般为 20～25 hm^2，平均一次性投入每亩地成本 450 元左右。

（2）复合式主管道铺设：采用复合式主管道的铺设可进行大面积膜下滴灌作业，有效弥补了独立式主管道铺设存在的缺点。此种方法具有滴灌速度快、水压损失小、滴灌均匀等特点。适合于水源与地块较近，田间有可供配备使用动力电源的固定场所。一台机具一般可控制 200 hm^2 左右的条田。这种铺设方法适用于各种条田和不规则地块，适用范围较广。一次性投入每亩成本 500～600 元。

3. 平衡施肥，增施有机肥　与常规种植比，由于膜下滴灌是高投入、高产出栽培模式，一般选择的品种都是喜肥、喜水的高产品种，在膜下滴灌水分有保证的前提下，要求相应增加施肥量。一般每亩投入优质农肥 1 000～2 000 kg、磷酸二铵 15～20 kg、硫酸钾

5～10 kg 做底肥施入，或者用复合肥 30～40 kg 做底肥使用。在玉米需肥关键期，采取液体追肥，通过滴灌系统，随水施入，在施足底肥的基础上，一般每亩施尿素 20～25 kg。

4. 起大垄，垄上种双行　玉米地覆膜栽培采取大垄宽窄行栽培模式，可增加田间通风透光，充分发挥边际效应，一般窄行为 40～50 cm，宽行 80～90 cm。可选用耐密品种，每亩比常规栽培增加 500～800 株，靠群体增产。

5. 品种选择　选择耐密紧凑型、生育期比露地品种长 7～10 d、有效积温比露地品种多 150～200 ℃的品种。

6. 种子处理　选用已包衣的玉米种子，可不催芽，直接播种。选用没包衣的种子，可催小芽人工包衣，或直接包衣，选择复合型种衣剂，按药种比例拌种，主要防治地下害虫、玉米丝黑穗病和玉米瘤黑粉病等病虫害。

7. 足墒播种　玉米膜下滴灌采用先播种后覆膜的方式播种。出苗后及时人工放苗，并用土压严苗根部。覆膜可以提高地温，因此，可提前 5 d 播种，一般在 4 月下旬播种。采用垄上机械开沟滤大水精量点播，小行距 40～50 cm，播种应深浅一致，覆土均匀，播深 3 cm。根据品种特征特性决定种植密度，一般每亩保苗 4 500～5 000 株，株距 18 cm 左右。

8. 化学除草　采用播后苗前封闭除草，除草剂用量较直播田减少 1/2，方法与常规玉米除草方法相同。

9. 铺设滴灌管和覆膜　在大垄 2 小行玉米之间铺滴灌管带，穗铺滴灌管带随覆膜。选用 130 cm 的地膜，覆膜可以采用人工覆膜，也可采用机械覆膜，覆膜要求严、实、紧。

10. 及时放风、引苗、定苗　播种后及时检查出苗情况，发生缺苗及时补种或补栽。玉米出苗后应及时放苗，放出颜色正常、大小一致、没病虫害的苗，并及时定苗，留健苗、壮苗，防止捂苗、烧苗、烤苗。放苗后用湿土压严放苗口，并及时压严地膜两侧，防止被风刮起。

11. 加强田间管理　玉米覆膜栽培要经常检查地膜是否严实，发现有破损或土压不实的，要及时用土压严，防止被风吹开，做到保墒保温。并及时除去垄沟杂草，按照玉米作物需水规律及时滴灌。

12. 清除地膜　采取人工清膜，也可以采用机械清膜。

（四）注意事项

利用滴灌系统施肥，所有要注入的肥料必须是可溶的，同时还要注意不同肥料之间的反应，反应产生的沉淀物有可能堵塞滴灌系统。常用的多种氮肥和钾肥可溶性较好，很少引起堵塞；磷肥引起堵塞的可能性较大，应慎重选用。

（五）适宜区域

辽宁省中西部半干旱区。

二、玉米种植全程机械化技术

（一）技术概述

玉米种植全程机械化技术是一系统技术，包括深松、浅翻整地、机械深施肥、机械精量播种、机械重镇压保苗、机械中耕深松追肥、机械施药及机械收获籽粒和秸秆还田等技术，在玉米种植的全程中，科学运用该技术，不但能改良土壤耕层质量，提高保苗率和强健植株，有效预防病虫害，提高产量。对培肥地力也有着重要的作用，同时实现节本增效的目的。

（二）增产增效情况

该项技术玉米单产可达到 12 000 kg/hm^2 以上，可增加效益 5 000 元/hm^2 以上。提高化肥利用效率和水分利用效率，提高资源利用率，增产增收。

（三）技术要点

1. 适合机械收获的品种选择　品种要求植株高 250～300 cm、穗位高 110 cm 左右，耐密植、抗倒、抗病虫及综合抗逆性强和整齐度好、籽粒脱水快的品种，品种的种子要求籽粒饱满，大小均匀。

2. 机械化秋翻或深松整地　秋季利用大功率拖拉机配套联合整地机进行深翻或深松作业，机械翻地在 25 cm 以上，深松在 35 cm 以上；周期为：翻地 3 年 1 次，深松 2～3 年 1 次；深翻或深松后应及时耙压，做到上实下虚，无坷垃、土块，结合整地施足底肥，达到待播状态，为春季高质量播种创造一个良好的土壤环境。

3. 玉米机械化精量播种和长效肥料侧深施用　在春季通过旋耕和耙平后，待土壤温度稳定通过 8～10 ℃时开始播种，一般年份播种时期在 4 月 20 日至 5 月 15 日；利用吉林康达农机有限公司生产的 2BMZF 型播种施肥机，进行平作条件下的精量播种和侧深施肥，播种深度 4～5 cm，墒情不足应补水播种，每亩补水量 6～9 m^3。

（1）底肥施肥量为：施三元复合肥 N－P－K（15－15－15）375～450 kg/hm^2，施肥深度为 12～16 cm，并同时随播种施入口肥磷酸二铵 112.5～150.0 kg/hm^2。

（2）采用高光效的宽窄行和三比空密疏密种植模式：

① 宽窄行增密种植模式。要点：小行距为 40 cm，大行距 80 cm。

② 三比空密疏密交错增密种植模式。要点：在正常起垄和平作条件下，种植 3 行玉米，空垄 1 行，将所计划的 4 垄栽培株数有计划的分配到其余 3 垄上，靠空垄的两条垄株数为原计划 4 垄株数的 2/5（两垄就是 4/5），中间垄的株数为原计划 4 垄的总株数的 1/5。

4. 机械化化学除草　利用农机动力喷雾器在播种后出苗前，土壤墒情适宜时用 40% 乙阿合剂或 48% 丁草胺・莠去津、50% 乙草胺等除草剂，兑水后进行喷雾封闭除草。也可在玉米出苗后用 48% 丁草胺・莠去津或 4% 烟嘧磺隆等除草剂兑水后进行苗后行间除草。

5. 机械化中耕深松追肥　在玉米 9～11 片叶（拔节前），利用吉林公主岭隆泰农业机械有限公司生产的 2Z－2 型中耕深松追肥机进行中耕深松和追肥作业，该机械可以一次性完成的深松和施肥，施肥量为尿素 375～450 kg/hm^2。

6. 玉米微喷节水灌溉　利用压片式移动微喷带进行节水灌溉，在播种后的田块一侧铺设移动的主管道（消防带），在田间铺设压片式微喷带，10 行玉米铺设一条管带，可全部同时压片式微喷带，也可在完成 10 行玉米喷灌后移动到下 10 行玉米进行喷灌，特点是可移动性强，喷水均匀，不形成地面径流，水分随喷即时下渗，是简便而有效节水的灌溉设施，喷灌时间：苗期、拔节期、大喇叭口期、灌浆期，参照当地气象预报的降雨情况和干旱状态确定，降雨充足不采取灌溉。

7. 病虫草害综合防治 根据主要病虫发生规律进行总体规划开展规范化防治，播种时全部实行种衣剂包衣，苗期注意防治黏虫、蓟马、粗缩病等，大喇叭口期用辛硫磷颗粒剂灌心防治二代玉米螟等。

（1）苗期病虫害通过种子包衣解决。

（2）生育时期的虫害：

① 黏虫。根据虫情预报利用“敌百虫”药剂喷雾防治。

② 玉米螟。根据虫害发生规律，采用释放赤眼蜂、应用生物药剂，物理、化学方法相结合方式进行综合防治，减少病虫危害造成的产量损失。

玉米螟防治技术：a. 生物防治。应用赤眼蜂防治；利用 Bt 乳剂；利用白僵菌粉封垛。b. 物理防治。7 月中旬至 8 月中旬在玉米田四周悬挂频振灯，诱杀虫蛾。c. 化学防治。大喇叭口时期颗粒剂投心，药剂为 1.5%辛硫磷颗粒剂或 3%的呋喃丹颗粒剂。

8. 玉米机械化收获及秸秆还田技术

（1）收获时间（10 月 10 日以后）：在玉米籽粒含水量≤25%以下时，利用 4 行玉米联合收获机直接收获玉米籽粒。若玉米已达完熟期，但籽粒水分难以降至 25%以下时，用玉米收获机直接收获玉米果穗。

（2）秸秆还田：收获机同时将秸秆粉碎直接撒到田间，利用秸秆地面粉碎机械切碎秸秆后，进行耙压，将秸秆耙压到耕层进行腐烂还田。为了加速秸秆的腐烂速度，可增施 8～10 kg 氮肥或加入秸秆腐化剂，加速秸秆腐化速度，提高还田效果。

（四）注意事项

品种选择方面，要求中矮秆、中秆的品种为好，中等或中大均匀穗型适合应用该项技术。

（五）适宜区域

平原及地势平缓的丘陵玉米区。

三、伏前中耕深松聚水保墒高产栽培技术集成与示范

（一）技术概述

辽宁省属于水缺乏的省份，尤其是春、夏季干旱比较严重，水成为全省玉米生产的主要限制因素，利用好这个时期的有效降雨，是提高辽宁省玉米生产能力的有效手段。目前，辽宁省土壤的犁底层由于长期的旋耕作业而逐步上移，保水保墒能力减弱，导致春季保苗、前期生长都受到影响。通过研究，在玉米的伏前生长时期进行中耕深松，可有效利用天然降水，有效保证玉米前期的水分供应，既可改良土壤，提高土壤蓄水保墒能力，又可提高玉米增产效应。中耕深松具有以下优点：

1. 打破犁底层，提高蓄水能力 通过深松打破犁底层可以显著提高土壤对春夏季雨水的蓄积能力。与现行耕法比较 0～30 cm 的土壤含水率增加 1.52 个百分点，0～50 cm 的含水率增加 1.46 个百分点。全生育期平均增加 1.2～2.0 个百分点，大体上相当于生育期任一阶段都多蓄集 10～12 mm 的降水。

2. 加深耕层深度，改善物理性状 目前玉米田的耕层深度为 12～15 cm，通过深松可以使耕层加深到 20～25 cm，耕层土壤容重降低 0.049 g/cm^3，渗透系数提高 0.031 mm/min，

田间持水量提高 2.69%，耕层土壤物理性状得到明显改善。

3. 保墒增苗，提高产量　采用中耕深松是玉米的保苗提高了 8%～15.0%，单产提高 5%～14.9%。

（二）增产增效情况

由于中耕深松对土壤蓄水有很大的促进作用，保证了玉米前期生长的水分供应，使单产提高 5%～15%，亩提高产量 25～75 kg、提高效益 25～75 元。

（三）技术要点

1. 耕作及种植方式　中耕深松一般采用大垄双行的栽培形式，将现行匀垄（60 cm）改成 80 cm 和 40 cm 宽窄行种植，玉米拔节前期在 80 cm 宽行深松，深松宽度 15～20 cm，深度 30～35 cm，结合追肥，干旱时适当延后。如果均匀垄（60 cm）种植，在玉米拔节前逐垄深松，深松宽度为 8～10 cm，深松深度为 20～25 cm，结合施肥，干旱时适当延期。

2. 品种选择　根据当地的自然条件，因地制宜地选用审定通过的优良品种，水肥条件好的地块以耐密和半耐密型品种为主。在 5～9 月≥10 ℃的活动积温 2 800～3 200 ℃，降水量 500 mm 的地区，应以中晚熟品种为主；在 5～9 月≥10 ℃的活动积温 2 700～2 800 ℃，降水量 550～600 mm 的地区，应以中熟品种为主，搭配中晚熟品种。

3. 种子处理　播种前 15 天做发芽试验，播种前 3～5 d 选无风晴天将种子摊开在干燥向阳处晒 2～3 d，根据各地病虫害发生情况，针对不同防治对象，播种前选用通过国家审定登记的高效、低毒、低残留的种衣剂进行种子包衣，防治地下害虫及丝黑穗病菌。

4. 精量播种　当土壤 5 cm 处地温稳定通过 6～8 ℃、土壤耕层含水量在 20%左右，即可播种。当土壤含水量低于 18%时，可在地温稳定通过 5 ℃时抢墒播种或坐水播种。播种方法采用 2BJ 系列精密播种机、2BD-2 精密播种机；播深 3～4 cm，做到播种深浅一致，覆土均匀。采用机械化精量播种，即每穴播 1 粒种，播种穴数比留苗密度增加 1 倍，播后采用镇压器镇压。机械播种量 30～40 kg/hm^2。

5. 种植密度　高肥地块种耐密型品种，保苗为 6 万～6.75 万株/hm^2；平展型品种，保苗 4.5 万～5.0 万株/hm^2；中肥地块半耐密型品种，保苗为 5.0 万～5.5 万株/hm^2；平展型品种，保苗 4.0 万～4.5 万株/hm^2。

6. 肥料施用　高肥地块，施纯 N 120～165 kg/hm^2、P_2O_5 45～75 kg/hm^2、K_2O 45～70 kg/hm^2、$ZnSO_4$ 15 kg/hm^2（$ZnSO_4$ 也可拌种）。中肥地块，施纯 N 80～120 kg/hm^2、P_2O_5 60～90 kg/hm^2、K_2O 50～80 kg/hm^2、$ZnSO_4$ 15 kg/hm^2（$ZnSO_4$ 也可拌种）。施肥方法上要基肥（底、口肥）和追肥相结合，磷、钾、锌肥和 1/4 氮肥作基肥，其余 3/4 氮肥在玉米拔节前结合深松追施。

7. 间、定苗　在玉米 4～5 叶时定苗。定苗时隔一株、去一株，遇到缺苗时可留相邻株，还可多留一成苗，留作追肥前去掉弱、小、病、杂苗时备用，以保证群体整齐度。

8. 病虫草害防治　在播后苗前喷洒 40%乙·莠悬乳剂 380 mL/亩或苗后 4～5 叶期喷洒 40%福分 350～400 mL/亩，可一次性控制玉米田杂草危害。

防治玉米大小斑病的药剂有：多菌灵、甲基托布津、大生 M-45、代森锰锌等。苗期和拔节前期必须进行大小斑病的预防，即喷施药剂 2 次。

防治玉米螟使用的药剂：乐斯本、敌杀死等。在7月中旬和8月上旬喇叭口时期施用呋喃丹颗粒剂和放赤眼蜂防治玉米螟。也可用推荐药剂进行喷雾防治。

9. 收获 玉米成熟后进行收获。收获后玉米要及时扒皮，放入玉米囤或自由堆放晾晒脱水。

10. 配套机具

（1）2BJ系列精密播种机。

（2）2BD－2精密播种机。

（3）3ZSF－1.86T2中耕深松追肥机。

（四）注意事项

（1）本技术模式适宜在雨养农业区（年降水量350～550 mm）及同类生态区的玉米作物上推广应用。

（2）必须在农机械化程度相对较高的地区推广，保证机械动力和配套机具。

（3）在施肥上要基肥（底、口肥）和追肥相结合，平衡施肥。磷、钾肥和1/4氮肥作基肥，其余的3/4氮肥在玉米拔节前结合深松追施。

（4）如果追肥期遇到干旱，深松时间应适当延后，深松的深度不宜过深，控制在25～30 cm。

（五）适宜区域

辽宁省半干旱地区。

四、玉米早熟、矮秆、耐密品种增密增产技术

（一）技术概述

我国北方的辽宁省玉米生产应用的大多是高秆大穗型品种品质差，收获时含水量高。为了进一步提高单位面积产量，充分挖掘品种增产潜力，在合理配置现有优良品种的同时需引进和培育耐密玉米新品种并提出配套栽培技术；筛选各生态区适宜的优质玉米。

选择早熟、矮秆、耐密的品种种植，通过群体增产，打破辽宁省玉米高秆大穗型品种占据优势的格局，通过品种选择、种植密度研究、施肥技术研究等手段，适当加大玉米的种植密度，通过增加群体规模，提高玉米增产的潜力。降低收获时的水分含量，提高玉米品质，使农民真正做到增产增收。

该项技术在我国北方玉米生产区已经进行了大规模的推广应用，不同生态区都表现出品种和技术的增产潜力，改变了传统的种植习惯，是一项实用性强，具有推广价值的技术。

（二）增产增效情况

该项技术在辽宁、吉林、黑龙江、内蒙古和华北地区都有很大的推广应用，结合郑单958、辽单565等早熟耐密品种的推广，目前北方地区每年已经有66.7万 hm^2 以上的玉米区推广了早熟、耐密、矮秆的玉米品种，每亩增产50 kg以上，年增加经济效益5亿元以上。

（三）技术要点

1. 优质、高产、多抗、耐密、早熟玉米品种筛选和种子选择 通过技术推广部门和

研究单位进行品种比较和栽培试验，筛选合适的耐密品种和研究配套栽培技术，进行示范和推广。为了保证农民能够正确选择适宜的玉米品种和优异的种子。

2. 种子播种前的处理 包括前期晒种、播种前种子包衣、硫酸锌拌种等方面技术。

3. 适时确定播期 由于北方春季风大雨少，为了充分利用返浆水，应在土壤撤浆之前抢墒播种，在土壤耕层 5～10 cm 地温稳定通过 7～8 ℃，土壤含水量达到 15%以上时即可开犁播种。当地温稳定通过 8～10 ℃时为最佳播种期，播种应集中在这段时期，尽量缩短播种期。

4. 免耕坐水精量播种 引进免耕坐水精量播种机械，根据北方气候和土壤条件，在播种时，适当补充水分，可在春旱条件下，一次性保全苗，为农业生产的第一环节提供保证。

5. 精量施肥确保增产 根据目标产量合理平衡施肥，根据测土施肥的技术，结合早熟、耐密、矮秆玉米品种的需肥特点和规律，适当增加肥料的施用量，达到稳产、高产，重点推广长效肥料一次性侧深施用技术。

（四）适应地区

适合辽宁干旱和半干旱玉米生产区。

五、玉米膜下滴灌水肥一体化技术

膜下滴灌是灌溉的一种。膜下滴灌主要是将滴灌带铺设在膜下，利用地面给水管道（主管、副管）将灌溉水源送入滴管带，滴灌带上设有滴头，使水不断地滴入土壤中直至渗入作物根部，以减少土壤的田间蒸发，提高了水的利用率。该技术适用于干旱地区大力推广和发展。

玉米膜下滴灌耕作比露地玉米种植增产 30%～70%，有的地方产量成倍增加。玉米膜下滴灌具有保水、增温、改善土壤的物理性状、提高养分利用率、改善光照条件等作用，膜下滴灌，增产效果显著。

（一）膜下滴灌覆膜铺带技术

1. 播种前的准备

（1）优良品种的选用：膜下滴灌，可增加 150～200 ℃的有效积温，正常年份比露地玉米提前 7～10 d 播种，生育进程快，提早 7～15 d 成熟。

根据这一特点，所选用玉米种子质量必须达到国家良种标准，且具备抗逆性强，增产潜力大，株型收敛，适宜本地安全生长的高产品种。建议地膜滴灌田玉米选用生育期为 126～130 d、正常种植密度每亩为 4 200～4 500 株的品种。

（2）选地：选地势平坦肥沃，土层较深厚，排水方便，土壤以壤土或沙壤为宜，排水方便的轻盐碱地亦可。坡地坡度在 15°以内，必须具备保水保肥的能力，陡坡地、沙石土、易涝地、重盐碱地等都不适于覆膜滴灌种植。

（3）整地：时间 4 月 8～15 日，要求适时翻耕，地面要整细整平，清除根茬、坷垃，做到上虚下实，能增温保墒。精细整地后结合施用适量优质有机肥 1.5～2 m^3/亩，按测土配方施入适量化肥。没有采用测土的地块一般每亩施入磷酸二铵 20～25 kg、尿素 17～20 kg、硫酸钾 8～10 kg、硫酸锌 1～1.5 kg。保证有足够基肥施入。

（4）起垄：时间 4 月 15～25 日，膜下滴灌统一采用大垄双行种植，垄高 10～12 cm，垄底宽 110～120 cm，垄顶宽 80～85 cm，即将原来 55～60 cm 的两条垄合并成一条垄。

（5）施肥：

① 肥料用量。氮肥 15～16 kg/亩（折合尿素 32～35 kg），磷肥 5～5.5 kg/亩（折合磷酸二铵 11～12 kg），钾肥 4.5～5.0 kg/亩（折合氯化钾 7.5～8.5 kg），七水硫酸锌 1～2 kg/亩，硼砂 0.47～1 kg/亩。

② 施肥方式。磷、钾肥、锌肥、硼肥播前施入，氮肥采用总量控制，30%～40%的氮肥在播种前底施，60%～70%的氮肥在拔节或大口期追施。

起垄同时深施底肥，采取双行施肥或单行施肥，双行施肥暨每条大垄上施两行肥，两行施肥口的间距 40～50 cm，偏离播种行 8～10 cm，起垄后镇压。单行施肥是在大垄中间深开肥沟，集中条施在沟内，然后覆土，肥沟两侧种植玉米。

2. 覆膜与铺设滴灌带 时间 4 月 20 日至 5 月 5 日。

（1）覆膜与铺设滴灌带的方式：

① 机械覆膜和铺设滴灌带同时进行，滴灌带先置于膜下，也可用专门播种机覆膜、铺设滴灌带、播种同时进行。

② 人工覆膜、铺设滴灌带、播种同步进行。覆膜、铺设滴灌带是将带、膜拖展，紧贴地面铺平，将四周用土压平盖实，将滴灌带两端系扣封死。视风力大小，每 2～3 m 长距离压一道腰土以防风鼓膜。

（2）地膜规格及铺设技术要求：操作程序规格铺带、覆膜，拉紧埋实，一般膜宽为 115～120 cm，开沟间距比地膜窄 15～20 cm，以便压膜，覆盖要顺风，边覆边埋，拉紧埋实，同时压好腰土。

（3）病虫草害的防治及抗倒伏措施：为防春季低温烂种和地下害虫，可采用相应的种衣剂，选用的种衣剂需含有防治地下害虫（克百威、丁硫克百威、吡虫啉、高效氯氰菊酯、毒死蜱、氯氰菊酯、顺式氯氰菊酯、甲基异柳磷、辛硫磷）和苗期病害（福美双、克菌丹、多菌灵、咯菌腈、精甲霜灵、三唑酮）等混合药剂。对种子进行包衣处理；盖膜前要进行化学除草，选用广谱、低毒、残效期短、效果好的除草剂。一般用乙阿合剂，即每亩用 40%的阿特拉津胶悬剂 0.20～0.23 kg 加乙草胺 0.13 kg，兑水 60 kg 喷施，进行全封闭除草，边喷边覆膜。对特殊病虫害及倒伏应采取相应防止措施（玉米螟等）。

（4）足墒覆膜铺带：覆带时要保证土壤含水量占田间持水量 60%以上，不足时可覆带覆膜后立即进行灌溉，或者覆膜前进行灌溉，或待降雨 8～10 mm 以上时方可进行覆盖。

3. 播种

（1）时间：4 月 20 日至 5 月 5 日，在选用良种的基础上，适温播种，保证密度，要根据品种和密度要求确定株距，播种时地温要稳定通过 8 ℃。

（2）播种方法：

① 先播种后铺带、覆膜，用机械、畜力播种，开沟播种覆土后要保证苗眼处于膜下 3～4 cm 处，以防出苗后地膜烫苗。播种后及时在播种行窄行间各开一沟，同时铺带，带铺在垄中间，膜边放入宽行沟内压埋实。

② 先覆膜铺带后播种，机械一次性在起好的垄上盖膜铺带。在膜上按照株距要求打播种孔，孔深 5 cm，每孔下籽，用湿土盖严压实。用专门机械也可覆膜、铺带、播种、喷药等一次性完成。

(3) 苗期管理：对先播种后覆盖的要及时破膜引苗，时间在出苗 50%以上时第一次引苗，当出苗达到 90%以上第二次引苗定植，原则是留大压小，留强压弱。放苗孔要小，放苗后及时封严。第二次引苗定植后 3～5 d 要查苗，把后出苗的再次定植。此外还要看苗追肥，追肥方法可利用施肥罐边灌水边施肥，水肥同时滴入田间，也可膜面打孔穴施，或在膜侧开沟追肥，确保养分供给。

(二) 玉米膜下滴灌灌溉技术

玉米的灌溉随品种、自然条件及农业技术措施不同而变化。因此，制订灌溉次数和灌溉量视土壤的具体水分状况，参考不同生育时期的需水标准，遵循水量平衡原理进行制订。

1. 玉米生长长期的灌溉

(1) 底墒水：春季降水量少，气候干燥，风多风大，土壤失水较多，播种期耕层内土壤含水量低于种子发芽的水分要求，采用早春覆膜前灌溉保湿覆膜或盖膜后滴灌均可。确保在播种前有适宜的水分状况，灌溉水量以 25～30 m^3/亩为宜；如播后灌溉应该严格掌握灌水量，不要过多，以免造成土温过低影响出苗。

(2) 育苗水：玉米苗期土壤含水量占田间水量小于 60%必须进行苗期灌溉，灌水定额 15～20 m^3/亩。如果播种后底墒足，苗期可不灌水，通过控制灌水进行蹲苗。蹲苗于苗后开始，至拔节前结束，持续时间 1 个月左右，是否需水灌水，具体应根据品种类型、苗情、土壤墒情等灵活掌握。蹲苗期间中午打绺，傍晚又能展平的地块不急于灌水，如果傍晚叶子不能复原应灌一次保苗水。

(3) 拔节期孕穗水：玉米出苗 35 d 左右即开始拔节。拔节孕穗期植株生长迅猛，这个时期气温高、植株叶面蒸腾强，土壤水分供应要充分，如果缺水受旱植株发育不良，影响幼穗的正常分化，甚至雌穗不能形成果穗，造成空秆，雄穗则不能抽出，带来严重减产。这期间土壤水分在田间持水量的 65%以下时就应灌水，使植株根系生长良好、茎秆粗壮，有利于幼穗的分化发育，从而形成大穗，拔节初期灌溉时，灌水定额应控制在 20～30 m^3/亩为宜。

(4) 灌浆成熟水：抽穗开花期是作物生理需水高峰期，也是雨水较集中的时期，天然降雨与作物需水大致相当，这个时期应特别注意缺水现象。开花授粉后 7～10 d，增灌一次灌浆增产水，即使当时没有达到干旱，也要补充 20～30 m^3/亩的水量，如果干旱，增加补水量到 40～50 m^3/亩。

2. 灌水时间的确定原则　掌握灌水时间，使作物充分利用土壤的天然降水，是节水减能高产丰收的关键环节。为使作物不因缺水受旱而减产，在缺水之前补充灌水，及时灌溉。

(1) 根据季节、降雨、天气等情况确定灌水：春季雨少、风多、大气干燥、底墒不足需要灌溉。在炎热季节，气温高、大气干燥、田间水分蒸发快的时期，一般 15～20 d 不降透雨，就需要灌水。作物生育后期，有时从生理上看并不缺水，但是为了预防霜冻等灾害也应该及时灌水。

（2）看墒情灌水：在没有仪器设备的情况下，直观很难掌握不同类型土壤湿润程度。当耕层内（0～20 cm）的土壤攥后放开成团为湿润，攥后松开就散裂的，应视为干旱，应进行灌水。

（3）看苗情灌水：当玉米缺水时幼嫩的茎叶因水分供给不上先行枯萎，株体生长速度明显放缓时要及时灌水。主要看叶片变化，中午高温打绺，傍晚不能完全展开的应及时灌水。

（4）整个生育时期需灌水次数：根据不同水文年份而定（实际情况），一般中旱年份可灌 4 次，主要在拔节期、孕穗期、抽雄期、灌浆期灌水；大旱年应灌 6 次水，即在玉米播种前后、苗期、拔节期、孕穗期、抽雄期、灌浆期灌水。

六、辽北半湿润雨养区玉米丰产节水节肥技术

（一）技术模式

合理水、氮管理是实现产量提高协同资源高效利用的重要途径。水分耦合的核心强调最大程度地发挥水分和养分的正交互作用，利用两者间协同效应进行水肥综合管理。辽宁省农业水资源缺乏、肥水利用率低、粮食产量难以持续稳产增产等问题严重。针对以上问题，为了实现肥水资源的协同高效利用，提出了玉米节水节肥种植技术，力求实现水资源有效利用与粮食高产的完美契合，保障水资源与粮食产量双安全。

（二）技术内容

秋季深松起垄＋早熟耐密品种＋大垄双行种植＋双层一次深施肥＋综合生物防治＋适时机械收获。

（三）技术要点

1. 深松起垄

（1）深松时间：深松作业主要在秋季进行，秋季深松有利于蓄纳秋冬雨雪，周期一般为 2～3 年进行 1 次。秋季深松起垄的地块要注意起垄后应及时镇压，防止跑墒。

（2）深松深度：耕深的深度要因地制宜，既要打破犁底层又要节省成本，一般深度为 30～35 cm。对于多年来一直为打破犁底层的田块，犁底层较厚，可先旋耕再深松或进行先浅松、再深松的方法，分层打破犁底层。

（3）深松起垄：分为全方位深松和间隔深松两种方式。全方位深松用于全面松动土壤，间隔深松方式用于玉米大小垄免耕技术的播种田。深松后每亩施入有机肥 1 000～1 500 kg，及时旋耕、起垄、镇压，避免跑墒。大行距为 75～80 cm，小行距为 35～40 cm。

2. 播种

（1）品种选择：选择高产、优质、抗性强、生育期适宜的矮秆耐密型优良品种。选用包衣种子，要求种子纯度 98%以上，净度 99%以上，发芽率 95%以上，含水量不高于 14%。

（2）播种时间：当土壤耕层 5～10 cm 地温稳定通过 7～8 ℃、土壤含水量达到 15%以上时为适宜播期，一般在 4 月下旬至 5 月上旬播种为宜。

（3）播种要求：采用半精量机械播种可实施 2 粒播种规则，土壤墒情充足时播种深度 3～5 cm，土壤墒情较差时播种深度 5～6 cm。

（4）播种密度：每亩耐密品种保苗 4 500～5 500 株，中等耐密品种保苗 3 800～4 500 株。

（5）施肥：采用玉米气吸式播种机播种，一次性完成施肥、播种等各项作业。

① 施肥原则。应用优化配方施肥技术，坚持有机肥、化肥相结合的原则。

② 施肥数量。根据土壤供肥能力和土壤养分的平衡状况，以及其后、栽培等因素，进行测土配方平衡施肥。

③ 施肥模式。在春季玉米种植时，将肥料按比例分两层一次深施于土壤；不同土层肥料用量配比分别为：100％磷肥＋（16％～19％）氮肥施于垄台中间表层土壤下 5～7 cm 处，种肥隔离 5 cm 以上；100％钾肥＋（81％～84％）氮肥施于垄台侧面表层土壤下 14～15 cm 处。

3. 田间管理

（1）定苗：重点是促进根系发育、培育壮根，实现苗早、苗全、苗齐、苗壮。播种后及时检查出苗情况，及时定苗。

（2）除草：播种后，采用拖拉机带喷药机，进行机械化药剂除草，这样保证整个生长季节没有杂草。

（3）浇水、追肥：根据天气变化、土壤水分、植株表现适时适量灌水。

（4）主要病虫害防治：

① 大斑病、小斑病。选择抗病品种。每亩用 50％多菌灵可湿性粉剂 500 倍液，或 75％代森锰锌可湿性粉剂 500～800 倍液、80％甲基硫菌灵可湿性粉剂 800～1 000 倍液，兑水 60～70 kg 喷雾防治，隔 7～10 d 再喷 1 次。

② 纹枯病。每亩用 5％井冈霉素水剂 100～150 mL，兑水 50 kg 喷施。

③ 丝黑穗病和瘤黑粉病。发病初期每亩用 20％萎锈宁乳油 0.15～0.2 kg，兑水 50 kg 喷施。

④ 地下害虫。每亩用 5％辛硫磷颗粒剂 1～1.5 kg，或 50％辛硫磷乳油 50 mL，加细炉渣 15 kg，撒施垡头耙入土中。用麦麸或碎豆饼 10 kg 炒香，用 90％敌百虫原药 0.1 kg 或 50％辛硫磷乳油 0.05 kg，兑水 2～3 kg 喷雾拌入麦麸中，制成毒饵，每亩用毒饵 1.5～2.5 kg，于傍晚撒入垄间。

⑤ 黏虫。6 月下旬或 7 月上旬，每亩用 90％敌百虫原药 75～100 g 热水化开后拌 15～20 kg 细沙扬撒。

⑥ 玉米螟。6 月中下旬，用赤眼蜂防治第一代玉米螟，每亩分 2 次放蜂 2 万头。当大喇叭口期花叶率达 10％时，每亩用 5％辛硫磷颗粒剂 2～2.5 kg 灌心，防治玉米螟兼治粒期穗蚜。当抽穗期玉米螟达到 30 头/百株，可用 80％敌敌畏乳油 100 倍液滴花丝，每穗 2～3 滴。7 月下旬至 8 月上旬，防治第二代玉米螟。

（5）收获：玉米植株苞叶变黄松散，籽粒变硬有光泽，穗子中部灌浆籽粒乳线消失，籽粒尾部黑色层形成时即可采收。采收应选择晴天进行，利用玉米联合收割机收获，留茬高度 45～55 cm。

(四) 示范效果

1. 增产效果明显 该技术模式可提高玉米产量6.79%～16.86%。

2. 水肥利用率提高 通过双层一次深施肥，显著提高了氮肥的利用效率；通过深松打破了犁底层，显著提高了对雨水的蓄积能力。3年的定位试验表明，与常规种植模式相比，氮肥利用率提高7.85%～15.19%，春播时0～30 cm的土壤含水量增加1.5～3.3个百分点。

3. 土壤结构改善 常规玉米田的耕层深度为12～15 cm，通过深松打破了犁底层增加了耕层深度，同时其物理性状也明显改善。

第八章 辽宁玉米超高产创建及关键技术

第一节　玉米超高产创建概况

一、玉米超高产创建典例及发展历程

2005—2015年的"国家粮食丰产科技工程——辽西半干旱区玉米水分高效利用高产技术集成研究与示范"项目中，连续11年每年在辽西5县建设核心示范区667 hm^2、示范区2.7万 hm^2，辐射带动区34万 hm^2，推广和应用了研究和集成的7项技术，年增产粮食2亿kg以上，并在承担项目"超高产"攻关研究中，连续10年在辽西地区获得"吨产"，获得成熟的"超高产"攻关集成技术，"超高产田"建设发展速度和质量逐年提高。2005年最高产量达到953.7 kg/亩，面积为0.2 hm^2；2006年最高产量达到1 211.6 kg/亩，面积为0.3 hm^2，累计达到"吨产"的面积为1.9 hm^2；2007年最高产量1 209.34 kg/亩，累计达到"吨产"以上的面积为3.1 hm^2，最大面积达到1.2 hm^2；2008年最高产量1 092.39 kg/亩，累计达到"吨产"以上的面积为1.86 hm^2，其中1.1 hm^2 地块通过国家专家组的验收；2009年最高产量1 157.16 kg/亩，累计达到"吨产"以上的面积为6.1 hm^2，最大面积达到3.3 hm^2，通过国家专家组的验收；2010年6.7 hm^2 连片单产达到1 058.32 kg；2011年6.7 hm^2 连片单产达到1 017.6 kg；2013年6.8 hm^2 获得单产1 206.56 kg，创造了辽宁省玉米高产的纪录，并通过科技部专家组验收。在项目的"万亩方"创建工作中，2009年在建平县建设1个"万亩方"，产量达到921.5 kg/亩；2010年在建平、阜蒙、新民建设3个"万亩方"，产量达到927.0 kg/亩、824.7 kg/亩、816.7 kg/亩；2011年在建平、阜蒙、新民建设3个"万亩方"，单产达到930.3 kg/亩、832.3 kg/亩、807.7 kg/亩，积累了玉米高产创建的经验和技术，对辽宁省的玉米高产创建工作的进一步开展提供了技术支撑。

二、玉米超高产成功规律及区域分布特征

2006—2014年，在辽西项目区开展了玉米高产潜力探索及小面积超高产创建，有32块单产15 000 kg/hm^2以上的高产田分布在辽西的建平县、建昌县、阜蒙县、喀左县和新民市；68.8%高产田在建平县；从纬度看，高产田均出现在北纬40.82°～42.07°范围内；从海拔看，高产田出现在1 000 m以下；其中，最高的是建平县，为504 m，最低的是新民市，仅为30 m（表8－1）。

表 8-1　高产田块的分布地点

地　点	地块数（块）	所占比例（%）	纬度（°）	海拔（m）
建平县	22	68.8	41.98	504
建昌县	3	9.4	40.82	400
阜蒙县	4	12.5	42.07	168
喀左县	1	3.1	41.30	300
新民市	2	6.3	42.00	30
合　计	32	100.0		

第二节　玉米超高产田农艺及产量性状结构特征研究

一、高产田的密度和产量效应研究

从 32 块玉米高产田种植密度分析可以看出，密度范围集中在（5.25～9.75）×10^4 株/hm^2。从高产田地块数分析：（6.75～7.5）×10^4 株/hm^2 和（7.5～8.25）×10^4 株/hm^2，分别占总地块数的 34.4%和 25%，合计为 59.4%；低于 6.75×10^4 株/hm^2的高产田块占 25%，大于 8.25×10^4 株/hm^2的高产田块，占 15.65%；结果表明，75%以上高产田块的种植密度超过 6.75×10^4 株/hm^2。就高产田块的面积来说，种植密度低于 6.75×10^4 株/hm^2的面积仅为 2.42 hm^2，占总面积 4.24%，大于 6.75×10^4 株/hm^2的高产田块面积为 54.62 hm^2，占总面积 95.76%，说明绝大多数面积的高产田种植密度在 6.75×10^4 株/hm^2 以上。32 块玉米高产田的平均产量为 16 630.5 kg/hm^2，呈现随着收获穗数的增多产量增加的规律，当平均收获穗数超过 9×10^4 穗时，产量达到 18 000 kg/hm^2以上；可见，要想获得更高的产量，种植密度（保苗率）和收获穗数起了决定性的作用。

表 8-2　不同密度水平下玉米高产田的产量

设计密度（×10^4/hm^2）	地块数（块）	面积（hm^2）	平均收获穗数（×10^4/hm^2）	产量（kg/hm^2）
5.25～6.0	4	0.85	5.55	16 419.0～17 631.0
6.0～6.75	4	1.57	6.58	15 585.0～17 245.5
6.75～7.5	11	17.63	7.23	15 025.5～17 166.0
7.5～8.25	8	15.22	7.95	15 273.0～18 140.1
8.25～9.0	3	7.47	8.76	16 810.1～18 098.4
9.0～9.75	2	14.3	9.17	18 174.0～18 822.15
合计/平均	32	57.04	7.54	16 630.5

二、玉米超高产田的品种选择研究

从表 8-3 可以看出，32 块玉米高产田共选用了 10 个品种，其中，辽单 565 有 22 块，占总块数的68.75%；铁南1号有两块，占6.25%；其余品种均为1块，分别占3.13%。从品种的面积来看，辽单565占了94.32%，其他品种均不到1%。从品种类型来看，除了辽单526、丹玉96、铁单18为稀植大穗型品种外，其余品种均为密植型品种。由此可见，密植品种获得高产的机会多、可能性大。

表8-3　不同品种高产田的地块数和面积

品种	地块数（块）	面积（hm^2）	比例（%）
辽单565	22	53.80	94.31
辽单526	1	0.18	0.32
铁单18	1	0.27	0.47
铁旭1号	1	0.2	0.35
铁南1号	2	0.53	0.93
浚单795	1	0.33	0.58
丹玉78	1	0.5	0.88
郑单958	1	0.5	0.88
沈玉21	1	0.33	0.58
丹玉96	1	0.4	0.70
合　计	32	57.04	100.00

三、玉米超高产田的产量与产量结构研究

表8-4列出了2006—2014年辽单565玉米高产田的产量及产量结构。表8-5、表8-6对产量及产量构成因子相关性进行了分析。从表中可以看出，高产田的产量及其构成要素变幅较大，其中产量为15 025.5～18 822.2 kg/hm^2，穗数69 800～93 200穗/hm^2，穗粒数453～510粒，千粒重422.5～463.9 g，穗粒重190.3～233.6 g。无论地块面积大小，辽单565获得高产，每公顷田间收获穗数必须在7万穗以上，穗数越多，产量越高；每公顷收获穗数与产量相关性为0.712，从图8-1可以看出，大部分的产量变化（50.7%）是由穗数变化造成的（$R^2=0.507\ 0$）。每公顷粒数与产量相关性更高，为0.834，从图8-2可以看出，绝大部分的产量变化（69.6%）来自每公顷收获粒数变化（$R^2=0.696\ 2$）。由于每公顷收获穗数与每公顷粒数存在极显著相关性，尽管随着穗数的增加，穗粒数、粒重和穗粒重均有所降低，但产量却随之增加；当穗数达到9万穗以上时，产量也就突破了18 000 kg。从产量结构来看，穗粒数都在450粒以上，千粒重420 g以上，穗粒重大于等于200 g。例如，2014年，经专家测产，辽单565玉米品种在14 hm^2面积上，产量达到18 822.2 kg（14%标准水），通过了验收。其相应的产量结构为：收获穗数90 300穗，穗粒数482粒，千粒重432.8 g，穗粒重208.4 g，每公顷粒数3 908.2万粒。

表 8-4　不同年份辽单 565 玉米高产田的产量及产量结构

年度	地点	地块面积 (hm^2)	穗数 (穗/hm^2)	穗粒数 (粒)	千粒重 (g)	粒数 ($\times 10^4/hm^2$)	穗粒重 (g)	产量 (kg/hm^2)
2006	阜蒙县他本镇桃李村	0.22	77 900	453	433.4	3 374.0	196.2	15 273.0
	建平县黑水镇后山村	0.20	71 200	510	453.8	3 232.0	231.3	17 166.0
	建平县太平庄乡	0.33	93 200	458	425.7	3 965.4	195.1	18 174.0
2007	建平县太平庄乡	0.33	87 900	465	422.5	3 713.8	196.3	17 254.1
	建平县黑水镇	0.33	73 200	506	456.9	3 344.5	231.4	16 934.9
	建平县黑水镇	0.50	80 600	504	447.2	3 602.2	225.2	18 140.1
	阜蒙县他本镇	0.40	73 400	477	429.1	3 147.4	204.8	15 025.5
2008	新民市大民屯镇	0.17	69 800	488	449.7	3 136.7	219.6	15 316.8
	建平县太平庄乡	0.33	79 100	466	433.2	3 424.4	202.1	15 972.2
	建平县黑水镇	0.80	74 100	491	445.4	3 300.4	218.8	16 212.9
	建昌县	0.40	72 300	473	459.1	3 319.3	217.3	15 711.6
2009	建平县黑水镇	3.33	82 100	481	440.2	3 611.8	211.5	17 357.4
	阜蒙县他本镇	1.33	72 300	483	433.3	3 132.8	209.1	15 120.0
	新民市	1.00	71 000	503	463.9	3 291.4	233.6	16 572.0
2010	建平昌隆镇	4.67	73 200	492	440.8	3 226.7	216.9	15 879.0
2011	建平昌隆镇	4.67	70 400	478	453.6	3 191.1	217.0	15 264.0
2012	建平昌隆镇	4.00	80 000	502	436.5	3 489.8	219.0	17 506.5
	建平县太平庄乡	3.33	81 800	444	428.4	3 502.2	190.3	15 555.0
	喀左县水泉乡	3.67	74 600	470	433.8	3 234.0	203.7	15 187.5
2013	建平县昌隆镇昌隆村	6.80	85 100	486	437.7	3 722.6	212.8	18 098.4
	建平县昌隆镇东井村	3.00	78 600	485	446.9	3 512.6	216.5	17 019.0
2014	建平县昌隆镇昌隆村	14.00	90 300	482	432.8	3 908.2	208.4	18 822.2

表 8-5　高产玉米产量与产量构成因子的相关性分析

因子	x_1	x_2	x_3	x_4	x_5	x_6
x_1		0.062	0.001	0.000	0.007	0.000
x_2	−0.405		0.001	0.265	0.000	0.151
x_3	−0.658	0.650		0.043	0.000	0.791
x_4	0.964	−0.248	−0.435		0.101	0.000
x_5	−0.562	0.935	0.877	−0.359		0.442
x_6	0.712	0.317	−0.060	0.834	0.173	

注：1. 表中以矩阵对角线划分，左下侧是相关系数 r，右上侧是 P 值。2. x_1 为每公顷穗数，x_2 为每穗粒数，x_3 为千粒重，x_4 为每公顷粒数，x_5 为每穗粒重，x_6 为每公顷产量。

表 8-6　产量与产量构成因子相关系数置信区间分析

95%置信区间	x_1	x_2	x_3	x_4	x_5
x_2	−0.706 0～0.020 2				
x_3	−0.845 2～−0.327 1	0.314 3～0.841 0			
x_4	0.913 8～0.985 2	−0.606 6～0.193 4	−0.723 8～−0.016 3		
x_5	−0.795 1～−0.183 8	0.847 1～0.973 0	0.722 2～0.948 0	−0.678 1～0.073 6	
x_6	0.415 0～0.871 9	−0.121 0～0.651 4	−0.469 7～0.371 0	0.636 8～0.929 1	−0.268 3～0.554 1

注：x_1 为每公顷穗数，x_2 为每穗粒数，x_3 为千粒重，x_4 为每公顷粒数，x_5 为每穗粒重，x_6 为每公顷产量。

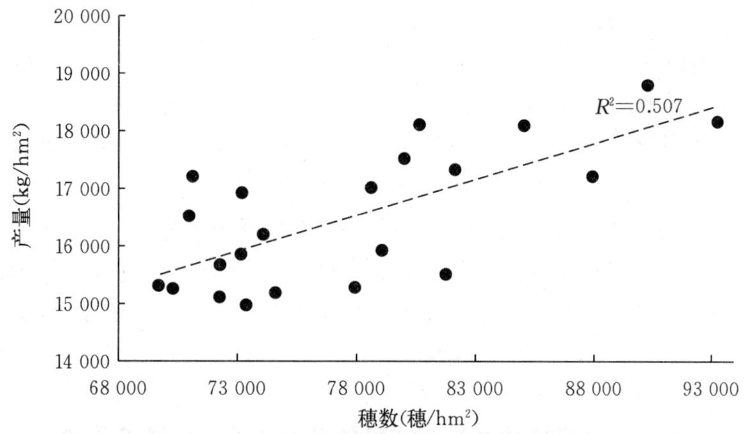

图 8-1　高产玉米单位面积穗数与产量的相关性

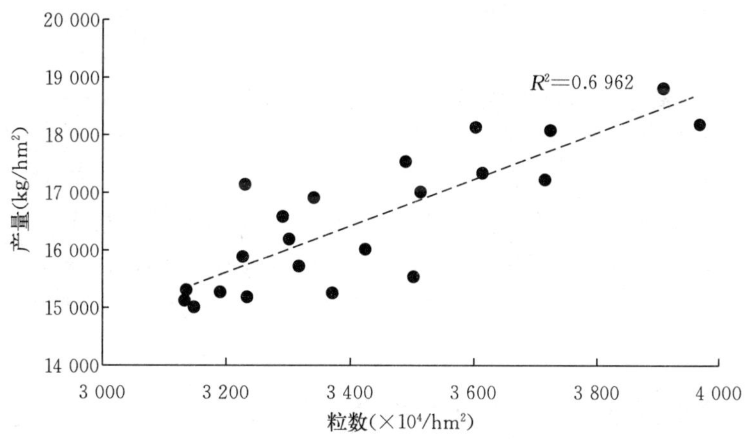

图 8-2　高产玉米单位面积粒数与产量的相关性

第三节　玉米实现超高产关键技术

一、超高产田的土壤基础保障及管理技术

土壤肥力是影响产量的重要因素。多年来，在高产田块的选择上，应非常重视土壤的

本底条件，原则上要求土壤有机质含量在2%以上，有效耕层深度25 cm以上，0～40 cm土层土壤容重小于1.3 g/cm^3。具备这样的土壤条件有利于玉米根系的生长，便于肥水高效吸收利用。据2014年的测定，建平县昌隆镇昌隆村高产田，土壤有效耕层深度26.5 cm，0～40 cm土层土壤容重1.23 g/cm^3，有机质含量2.05%，碱解氮88.6 mg/kg、有效磷22.2 mg/kg、速效钾289.9 mg/kg。在这样的土壤本底条件下，每公顷还施入优质农家肥（鸡粪肥）45 000 kg、玉米长效缓控释肥675 kg、磷酸二铵300 kg做口肥，同时在玉米大喇叭口期及灌浆期随滴灌每公顷各滴入尿素300 kg，以满足根系营养的需要。通过合理的肥水运筹，利用优良品种，合理密植、灌溉和地膜覆盖等措施，实现了18 822.2 kg/hm^{2}的产量水平。

玉米高产需要肥沃的地力条件，要想获得高产就需要满足玉米生长时期各种营养需要，为玉米生长提供一个相对优越的基础环境。地力的提高，一方面需要提供充足的养分补充；另一方面就是要改良土壤的理化性状，在肥、气、水等方面进行科学的管理和培育。从这些年的高产地块的培育和土壤监测的结果看，采取必要的措施可以有效提高土壤的质量，实现玉米的增产可以在以下几方面进行科学管理。

（一）增施有机肥和秸秆还田是保持和提高地力的有效措施

目前，辽宁省土壤有机质的含量处于很低的水平，据不完全统计，好的田块有机质在2%以上，占全省比例只有50%左右，这主要包括水田的66.7万hm^{2}和蔬菜田，旱田所占的比例只有20%左右，有机质的含量在1.5%～2%的比例占20%左右，1.0%～1.5%的占20%左右，低于1.0%的占10%左右。地力条件恶化是目前粮食生产的主要限制因素，因此提高土壤有机质是目前提高粮食产量的必要条件，也是亟须解决的问题。

土壤有机质的提高的途径只有一条，就是增补有机质的来源，因此，必须增施有机肥料和大力推广秸秆还田，只有保证地力有大幅度的提高，才能保证玉米的持续高产和再高产的能力。

（二）改变耕作措施以提高土壤的理化性状

多年来的旋耕整地，使得土壤的理化结构逐年恶化，土壤耕层逐步变浅、犁底层上移，活土量急剧减少，土壤养分和水分的供应能力受到限制，倒伏和早衰现象严重，极大限制了玉米产量的提高。改善土壤的理化性状的有效办法就是改良耕作制度，目前最经济有效的耕作就是进行土壤深松耕作，改过去的旋耕整地为深松整地或者深翻整地，不但改善土壤的理化性状，还可以提高土壤水分的蓄存和养分的供应，提高玉米的综合生产能力。

二、超高产田的肥水管理及调控技术

玉米产量在一定产量目标内，随施肥量增多而增产；而随着产量的提高，所需要的养分增加量也在减少，科学的肥料使用原则则是根据目标产量进行合理的氮磷钾配比施用，氮、磷、钾比例为3.06 ∶ 1.00 ∶ 3.26。即单产500～700 kg/亩，需施优质农家肥2 000 kg/亩、尿素20～30 kg/亩、过磷酸钙30～50 kg/亩、硫酸钾15～20 kg/亩。

中微量元素的补充也是玉米获得高产的必要条件，目前玉米生育过程中的中微量元素如硫、锌、硼等，很多地区的土壤中出现缺乏现象，成为限制玉米进一步高产的限制因子，应重视补给。

在施肥技术上，一要施足基肥，占总施肥量的50%～60%；二要合理追肥，占总施肥量的40%～50%。追肥施用要做到轻施苗肥，重施穗肥，酌施粒肥。肥料施用应以农家肥为主。对高产田应“前轻后重”即前期追肥量占总追肥量的20%～30%，后期追肥量占70%～80%。肥力不高的田块，追肥要“前重后轻”，第一次追肥量占总量的60%，第二次占40%。

基肥的作用是培肥地力，改善土壤物理性状，疏松土壤，发挥土壤蓄水、保水、供水的能力，提高玉米的抗旱能力，有利于微生物的活动，及时供应苗期的养分，促进根系发育，为培育壮苗创造良好的环境条件。可采取增施有机肥料，结合增施化肥，增加秸秆和根茬还田量，以无机促有机。

基肥应以迟效肥料与速效肥料配合，N与P、K配合，肥效时间长，为丰产打下坚实基础。基肥一般以条施效果较好，能使肥料靠近根系而易于吸收利用，一般亩施农家肥1 000～1 500 kg、氮肥（尿素）15～20 kg、磷肥25～30 kg、钾肥15～20 kg、锌肥1 kg。

追肥与中耕：定苗后根据幼苗的长势情况决定是否蹲苗，蹲苗遵循“蹲晚不蹲早、蹲黑不蹲黄、蹲肥不蹲瘦、蹲湿不蹲干”的原则，然后进行追肥中耕（地膜玉米除外）。追肥时期及数量：一是追拔节肥（攻秆肥），在6片展开叶时，亩追尿素15～20 kg；二是追攻穗肥（大喇叭口期），10～12片展开叶时，亩施尿素35～40 kg，并结合中耕松土、除草。中耕第一次在定苗时进行，以促根下扎，茎秆粗壮，起蹲苗作用。第二次在拔节前进行，第三次在拔节至小喇叭口期进行，结合培土防倒伏，雨后必锄，破除板结，清除杂草。

三、“超高产田”的关键栽培技术

1. 地力培肥及耕层改良 采用机械深松、精细整地、增施有机肥等方法，建立优良的耕种基础田块环境；深松深度达到35 cm，有效打破了犁底层。随深松整地每公顷施入优质农家肥（鸡粪肥）45 000 kg，提高了基础地力，确保目标产量的实现。

2. 选择耐密型多抗的玉米新品种 以增加玉米种植密度为前提，选择种植抗旱、耐密、高产优质玉米新品种。如辽单565、郑单958、先玉335等，公顷保苗达到75 000株以上。

3. 采用大垄双行高光效栽培模式进行机械精量播种及配套滴灌或膜下滴灌 在墒情适宜和地温保障的条件下，采用集开沟、施肥、播种、覆土、喷除草剂、铺滴灌带、全膜覆盖等一次性完成播种作业的一体机械进行半精量播种，全程实现膜下滴灌和水肥一体化种植，确保田间的保苗率。宽窄行模式为大行距70 cm，小行距40 cm，株距20 cm左右，总体形成宽窄档；随播种公顷施玉米长效缓控释肥675 kg，于两小垄中间开沟一次性施入，磷酸二铵300 kg做口肥施入。

4. 加强田间管理，确保田间有效株数和每株的质量 播种前3 d在地头钵育田间苗数10%左右的备用苗，播种后7 d开始及时查看出苗情况，并及时定苗，发现缺苗，借掩留苗或移栽备用苗，确保田间苗齐、苗全、苗壮。

5. 病虫草害以预防为主 定期、定时监测病情、虫情、实行病虫害统一预防和统一防治，避免危害的发生。根据气象部门的天气预报，有针对性地提出技术管理措施。种子全部实行包衣，同时根据病虫预测预报，在玉米大喇叭口期利用投放赤眼蜂蜂卡或诱蛾器进行绿色防控玉米螟；同时对玉米中后期病虫害进行化学药剂防控。

6. 建立有效地灌水和肥水一体化的肥水管理制度 在玉米苗期、拔节期、大喇叭口期、扬花吐丝期、灌浆期分别灌水 1 次，共计灌 5 次水。在玉米大喇叭口期及灌浆期随滴灌每公顷各滴入尿素 300 kg。

7. 采用叶面施肥和人工辅助授粉等措施，确保田间结实和充分成熟 在玉米苗期、拔节期、大喇叭口期喷施“喷施宝”叶面肥 3 次；在玉米扬花吐丝期，进行人工辅助授粉，防止秃尖和空秆；根据天气预报及土壤墒情，早霜来临前 1 周浇透水防早霜，待玉米完全生理成熟，机械收获。防早霜、适时晚收。

主要参考文献

白伟，孙占祥，郑家明，等，2014. 辽西地区不同种植模式对春玉米产量形成及其生长发育特性的影响［J］. 作物学报，40（1）：181－189.

白向历，齐华，刘明，等，2007. 玉米抗旱性与生理生化指标关系的研究［J］. 玉米科学，15（5）：79－83.

白向历，孙世贤，杨国航，等，2009. 不同生育时期水分胁迫对玉米产量及生长发育的影响［J］. 玉米科学，17（2）：60－63.

曹敏建，依莹，佟占昌，等，2000. 耐低氮胁迫玉米的筛选与评价［J］. 玉米科学，8（4）：64－69.

曹娜，于海秋，王绍斌，等，2006. 高产玉米群体的冠层及光合特性分析［J］. 玉米科学，14（5）：94－97.

陈范骏，春亮，鲍娟，等，2006. 不同氮效率玉米杂交种的营养生长及光合特征［J］. 玉米科学，14（6）：127－130.

陈璐，高增贵，庄敬华，等，2011. 玉米顶腐镰孢菌 rDNA－ITS 和 EF－1α 基因序列及 UP－PCR 遗传多样性分析［J］. 沈阳农业大学学报，42（1）：31－36.

陈楠，高增贵，潘晓静，等，2015. 东北地区玉米茎腐病镰孢菌 EF－1α 基因序列分析鉴定［J］. 玉米科学，23（4）：143－148.

春亮，陈范骏，米国华，等，2005. 玉米苗期根系对氮胁迫反应的配合力分析［J］. 植物营养与肥料学报，11（6）：750－756.

春亮，陈范骏，张福锁，等，2005. 不同氮效率玉米杂交种的根系生长、氮素吸收与产量形成［J］. 植物营养与肥料学报，11（5）：615－619.

丛雪，齐华，孟凡超，等，2010. 干旱胁迫对玉米叶绿素荧光参数及质膜透性的影响［J］. 华北农学报，25（5）：141－144.

崔超，高聚林，于晓芳，等，2013. 不同氮效率基因型高产春玉米花粒期干物质与氮素运移特性的研究［J］. 植物营养与肥料学报，19（6）：1337－1345.

戴明宏，赵久然，杨国航，等，2011. 不同生态区和不同品种玉米的源库关系及碳氮代谢［J］. 中国农业科学，44（8）：1585－1595.

董怀玉，姜钰，徐秀德，等，2007. 玉米丝黑穗病接种浓度与发病关系研究［J］. 玉米科学，15（5）：139－141.

董怀玉，王大为，董智，等，2015. 辽宁省玉米几种病虫害综合防控技术初探［J］. 辽宁农业科学（4）：43－46.

董怀玉，王大为，王丽娟，等，2015. 北方春玉米区玉米穗腐病禾谷镰孢菌复合种 SCAR 类型测定［J］. 东北农业大学学报，46（10）：23－28.

董怀玉，王丽娟，刘可杰，等，2014. 辽宁常用玉米品种对大斑病的抗性鉴定［J］. 辽宁农业科学（1）：25－27.

董怀玉，徐婧，王丽娟，等，2014. 我国北方玉米子粒禾谷镰孢菌群产毒素化学型检测分析［J］. 玉米科学，22（6）：126－130.

董怀玉，薛玉梅，王丽娟，等，2015. 外引玉米种质对 3 种玉米叶斑病的抗性鉴定与评价 [J]. 植物保护，41 (2)：167 - 170.

范秀玲，李凤海，史振声，等，2010. 玉米“偏垄宽窄行”种植方式的增产作用和生理特性研究 [J]. 玉米科学，18 (1)：108 - 111.

付凤玲，周树峰，潘光堂，等，2003. 玉米耐旱系数的多元回归分析 [J]. 作物学报，29 (3)：468 - 472.

傅俊范，白元俊，等，2000. 玉米弯孢菌叶斑病产量损失估计模型的研制 [J]. 沈阳农业大学学报，31 (5)：468 - 471.

傅俊范，李海春，2003. 玉米弯孢菌叶斑病传播梯度模型 [J]. 植物病理学报，33 (5)：456 - 461.

高金虎，孙占祥，冯良山，2011，等. 秸秆与氮肥配施对玉米生长及水分利用效率的影响 [J]. 东北农业大学学报，42 (11)：116 - 120.

高金欣，吕淑霞，高增贵，等，2011. 我国东北地区 2009 年玉米大斑病菌生理小种鉴定与动态分析 [J]. 玉米科学，85 (3)：120 - 124.

高立起，王占廷，梁秋华，等，2004. 玉米纹枯病对种子产量及质量性状的影响 [J]. 作物杂志 (4)：17 - 19.

高西宁，刘焕莉，2011. 辽宁省近 50 年来春旱评估分析 [J]. 江苏农业科学 (1)：380 - 383.

高肖贤，张华芳，马文奇，等，2014. 不同施氮量对夏玉米产量和氮素利用的影响 [J]. 玉米科学，22 (1)：121 - 126，131.

高玉华，郎艳辉，高丽辉，等，2003. 玉米抗旱品系的筛选及其种质资源的改良和创新的研究 [J]. 玉米科学，11 (z1)：20 - 21.

葛选良，史振声，李凤海，等，2013. 辽宁省不同生态区玉米产量及农艺性状差异研究 [J]. 玉米科学，21 (1)：75 - 78，84.

宫亮，孙文涛，包红静，等，2011. 不同耕作方式对土壤水分及玉米生长发育的影响 [J]. 玉米科学，19 (3)：118 - 120，125.

宫秀杰，钱春荣，于洋，等，2009. 深松免耕技术对土壤物理性状及玉米产量的影响 [J]. 玉米科学，134 - 137.

龚国淑，叶华智，王华，等，2005. 玉米种质资源对弯孢菌叶斑病的抗性评价 [J]. 西南农业大学学报 (自然科学版)，27 (6)：855 - 860.

韩希英，宋凤斌，2006. 干旱胁迫对玉米根系生长及根系养分的影响 [J]. 水土保持学报，20 (3)：170 - 172.

韩晓增，王凤仙，王凤菊，等，2010. 长期施用有机肥对黑土肥力及作物产量的影响 [J]. 干旱地区农业研究，28 (1)：67 - 71.

何进，李洪文，高焕文，2006. 中国北方保护性耕作条件下深松效应与经济效益研究 [J]. 农业工程学报，22 (10)：62 - 67.

何萍，金继运，林葆，等，1998. 氮肥用量对春玉米叶片衰老的影响及其机理研究 [J]. 中国农业科学，31 (3)：66 - 71.

赫福霞，李柱刚，阎秀峰，等，2014. 渗透胁迫条件下玉米萌芽期抗旱性研究 [J]. 作物杂志 (5)：144 - 147.

侯玉虹，尹光华，刘作新，等，2006. 土壤底墒与苗期灌溉量对玉米出苗和苗期生长发育的影响 [J]. 干旱地区农业研究，24 (4)：51 - 57.

胡诚，曹志平，罗艳蕊，等，2007. 长期施用生物有机肥对土壤肥力及微生物生物量碳的影响 [J]. 中国生态农业学报，15 (3)：48 - 51.

胡诚，曹志平，叶钟年，等，2006. 不同的土壤培肥措施对低肥力农田土壤微生物生物量碳的影响 [J]. 生态学报，26 (3)：808-814.

胡兰，姜钰，徐秀德，2013. 基于形态学和 EF-1α 序列特征的我国高粱子粒寄藏镰孢菌种群鉴定 [J]. 作物杂志，4：129-132.

胡兰，徐秀德，姜钰，等，2008. 玉米鞘腐病原菌生物学特性研究 [J]. 玉米科学，16 (5)：131-134.

胡守林，张改生，郑德明，等，2006. 不同耕作方式玉米地下部生长发育及土壤水分状况的研究 [J]. 水土保持研究，13 (4)：223-225.

黄高宝，张恩和，胡恒觉，2001. 不同玉米品种氮素营养效率差异的生态生理机制 [J]. 植物营养与肥料学报，7 (3)：293-297.

黄健，王爱文，张艳茹，等，2002. 玉米宽窄行轮换种植、条带深松、留高茬新耕作制对土壤性状的影响 [J]. 土壤通报，33 (3)：168-171.

黄智鸿，王思远，包岩，等，2007. 超高产玉米品种干物质积累与分配特点的研究 [J]. 玉米科学，15 (3)：95-98.

纪瑞鹏，车宇胜，朱永宁，等，2012. 干旱对东北春玉米生长发育和产量的影响 [J]. 应用生态学报，23 (11)：3012-3026.

贾洪雷，陈忠亮，马成林，等，2008. 北方旱作农业区耕作体系关键技术 [J]. 农业机械学报 (11)：59-63.

江立庚，曹卫星，甘秀芹，等，2004. 不同施氮水平对南方早稻氮素吸收利用及其产量和品质的影响 [J]. 中国农业科学，37 (4)：490-496.

姜钰，徐秀德，胡兰，等，2014. 不同症状的玉米丝黑穗病病原菌 rDNA-ITS 分析 [J]. 玉米科学，22 (2)：150-154.

姜钰，徐秀德，刘志恒，等，2007. 玉米丝黑穗病菌种群遗传多样性研究 [J]. 沈阳农业大学学报，38 (4)：522-526.

晋齐鸣，高月波，苏前富，等，2013. 玉米黏虫暴发流行对玉米产量和性状表征的影响 [J]. 玉米科学，21 (6)：131-134.

景殿玺，刘震，2013. 二比空栽培模式对玉米弯孢菌叶斑病流行动态影响 [J]. 玉米科学，21 (5)：136-139.

孔婷婷，高增贵，张硕，等，2014. 玉米纹枯病菌全长 cDNA 文库的构建 [J]. 植物病理学报，44 (6)：603-608.

孔婷婷，周晓锟，高增贵，等，2013. 东北地区玉米纹枯病菌菌丝融合群鉴定及其致病力研究 [J]. 玉米科学，21 (4)：132-137.

孔晓民，韩成卫，曾苏明，等，2014. 不同耕作方式对土壤物理性状及玉米产量的影响 [J]. 玉米科学，22 (1)：108-113.

黎裕，王天宇，刘成，等，2004. 玉米抗旱品种的筛选指标研究 [J]. 植物遗传资源学报，5 (3)：210-215.

李常保，宋建成，姜丽君，等，2002. 玉米抗粗缩病病毒基因的标记及其辅助选择效果研究 [J]. 作物学报，564-568.

李潮海，赵霞，王群，等，2007. 土壤质地对玉米生育后期叶片衰老的影响 [J]. 玉米科学，15 (1)：73-75.

李冬梅，赵奎华，王延波，等，2013. 不同耐密性玉米品种光合特性对弱光响应的差异 [J]. 玉米科学，21 (5)：52-56.

李凤海，史振声，张世煌，等，2010. 对辽宁省玉米种植密度偏稀问题的研究与思考 [J]. 玉米科学，18

(3)：113－116.

李海春，傅俊范，等，2005. 幂指数模型模拟玉米弯孢菌叶斑病传播梯度的试验［J］. 沈阳农业大学学报，36（3）：304－306.

李海春，傅俊范，等，2007. 玉米大斑病病斑扩展 LOGISTIC 模型对比研究［J］. 江苏农业科学，3：64－65.

李海春，傅俊范，等，2005. 玉米大斑病病情发展及病斑扩展时间动态模型的研究［J］. 南京农业大学学报，28（4）：50－54.

李海春，傅俊范，等，2007. 玉米灰斑病菌菌丝生长的最适温度和 pH［J］. 湖北农业科学，46（5）：751－753.

李海春，傅俊范，2004. 玉米弯孢菌叶斑病传播的时空模型研究［J］. 华中农业大学学报，23（4）：1－6.

李金堂，傅俊范，2013. 玉米三种叶斑病混发时的流行过程及产量损失研究［J］. 植物病理学报，43（3）：301－309.

李金堂，傅俊范，等，2006. 玉米弯孢菌叶斑病时间流行动态分析及产量损失测定［J］. 沈阳农业大学学报，37（6）：835－839.

李金堂，傅俊范，2009. 玉米弯孢菌叶斑病发病率与严重度的关系［J］. 植物保护学报，36（6）：569－570.

李金堂，默书霞，等，2008. 玉米叶斑病流行动态及管理综合模拟模型研究Ⅰ［J］. 湖北农业科学，47（10）：1162－1165.

李亮，孙宝成，刘成，等，2012. 水分胁迫后玉米茎节变化与产量和抗旱性的关系研究［J］. 新疆农业科学，49（1）：16－21.

李琪彬，阎发祥，陈映岚，等，2011. 玉米灰斑病两种施药防治方法的研究［J］. 云南农业大学学报，26（6）：735－739，748.

李强，罗延宏，谭杰，等，2014. 玉米杂交种苗期耐低氮指标的筛选与综合评价［J］. 中国生态农业学报，22（10）：1190－1199.

李强，罗延宏，余东海，等，2015. 低氮胁迫对耐低氮玉米品种苗期光合及叶绿素荧光特性的影响［J］. 植物营养与肥料学报，21（5）：1132－1141.

李强，马晓君，程秋博，等，2015. 氮肥对不同耐低氮性玉米品种干物质及氮素积累与分配的影响［J］. 浙江大学学报（农业与生命科学版），41（5）：527－536.

李爽，孙占祥，杨宁，等，2009. 垄膜沟种技术对辽西旱地春玉米土壤水分及产量的影响［J］. 玉米科学，17（5）：121－123.

李文娟，何萍，高强，等，2010. 不同氮效率玉米干物质形成及氮素营养特性差异研究［J］植物营养与肥料学报，16（1）：51－57.

李霞，汤明军，张东兴，等，2014. 深松对土壤特性及玉米产量的影响［J］. 农业工程学报，30（23）：65－69.

李小刚，崔志军，王玲英，2002. 施用秸秆对土壤有机碳组成和结构稳定性的影响［J］. 土壤学报，39（3）：421－428.

李秀英，赵秉强，李絮花，等，2005. 不同施肥制度对土壤微生物的影响及其与土壤肥力的关系［J］. 中国农业科学，38（8）：1591－1599.

李旭，闫洪奎，曹敏建，等，2009. 不同耕作方式对土壤水分及玉米生长发育的影响［J］. 玉米科学，17（6）：76－78，81.

李运朝，王元东，崔彦红，等，2004. 玉米抗旱性鉴定研究进展［J］. 玉米科学，12（1）：64－69.

李宗新，董树亭，胡昌浩，等，2004. 有机无机肥互作对玉米产量及耕层土壤特性的影响 [J]. 玉米科学，12 (3)：100 - 102.

梁金凤，齐庆振，贾小红，等，2010. 不同耕作方式对土壤性质与玉米生长的影响 [J]. 生态环境学报，19 (4)：945 - 950.

林红，潘丽艳，文景芝，2006. 吉林省部分玉米种质资源抗玉米弯孢菌叶斑病鉴定研究 [J]. 植物遗传资源学报，7 (3)：292 - 296.

刘建安，米国华，陈范骏，等，2002. 玉米杂交种氮效率基因型差异 [J]. 植物营养与肥料学报，8 (3)：276 - 281.

刘可杰，徐婧，徐秀德，2013. 一种新的玉米灰斑病在我国局部地区发生 [J]. 辽宁农业科学 (3)：55 - 56.

刘明，齐华，张振平，等，2010. 不同环境因子对玉米叶绿素荧光特性的影响 [J]. 华北农学报，25 (6)：198 - 204.

刘庆奎，秦子惠，张小利，等，2013. 中国玉米灰斑病病原菌的鉴定及其基本特征研究 [J]. 中国农业科学，46 (19)：4044 - 4057.

刘胜群，宋凤斌．玉米不同耐旱性品种根系构型和动态建成研究 [J]. 浙江大学学报：农业与生命科学版，2007，33 (4)：407 - 412.

刘永红，杨勤，杨文钰，等，2006. 花期干湿交替对玉米干物质积累与再分配的影响 [J]. 作物学报，32 (11)：1723 - 1727.

刘宇，韩林，王思远，等，2011. 低氮胁迫对超高产玉米叶片保护酶活性的影响 [J]. 吉林农业大学学报，33 (1)：5 - 8.

刘玉涛，王宇先，张树权，等，2012. 不同深松模式对玉米生长和土壤水分的影响 [J]. 黑龙江农业科学 (5)：20 - 24.

刘震，傅俊范，2014. 双株栽培模式对玉米大斑病流行时间动态影响 [J]. 玉米科学，22 (5)：141 - 145，152.

刘宗华，卫晓轶，胡彦民，等，2010. 低氮胁迫对不同基因型玉米生物产量和氮吸收率动态变化的影响 [J]. 玉米科学，18 (5)：53 - 59.

刘宗华，卫晓轶，汤继华，等，2008. 低氮胁迫对不同基因型玉米根部性状的影响 [J]. 玉米科学，16 (5)：50 - 53.

卢宗志，李艳君，2008. 玉米灰斑病对玉米产量及产量特性的影响研究 [J]. 玉米科学，16 (6)：126 - 129.

鲁新，刘丽娟，刘宏伟，等，2007. 玉米不同种植方式对玉米螟的控制作用研究 [J]. 玉米科学，15 (6)：114 - 117.

路贵和，戴景瑞，张书奎，等，2005. 不同干旱胁迫条件下我国玉米骨干自交系的抗旱性比较研究 [J]. 作物学报，31 (10)：1284 - 1288.

路海东，薛吉全，马国胜，等，2010. 低氮胁迫对不同基因型夏玉米库源性状和灌浆特性的影响 [J]. 应用生态学报，21 (5)：1277 - 1282.

吕丽华，赵明，赵久然，等，2008. 不同施氮量下夏玉米冠层结构及光合特性的变化 [J]. 中国农业科学，41 (9)：2624 - 2632.

马永良，师宏奎，张书奎，2003. 玉米秸秆整株全量还田土壤理化性状的变化及其对下茬小麦生长的影响 [J]. 中国农业大学学报，8 (S1)：42 - 46.

孟庆秋，谢佳贵，胡会军，等，2000. 土壤深松对玉米产量及其构成因素的影响 [J]. 吉林农业科学，25 (2)：25 - 28.

慕平，张恩和，王汉宁，等，2012. 不同年限全量玉米秸秆还田对玉米生长发育及土壤理化性状的影响 [J]. 中国生态农业学报，20 (3)：291-296.

裴泽莲，丛福滋，王洪平，等，2005. 机械化播种不同坐水量对玉米出苗率的影响 [J]. 沈阳农业大学学报，36 (4)：508-510.

彭娜，王开峰，谢小立，等，2009. 长期有机无机肥配施对稻田土壤基本理化性状的影响 [J]. 中国土壤与肥料 (2)：6-10.

齐华，刘明，张卫建，等，2012. 深松方式对土壤物理性状及玉米根系分布的影响 [J]. 华北农学报 (4)：191-196.

齐伟，王空军，张吉旺，等，2009. 干旱对不同耐旱性玉米品种干物质及氮素积累分配的影响 [J]. 山东农业科学，7：35-38.

秦子惠，任旭，江凯，等，2014. 我国玉米穗腐病致病镰孢种群及禾谷镰孢复合种的鉴定 [J]. 植物保护学报，14 (5)：589-596.

曲晓丽，徐秀德，董怀玉，等，2009. 玉米子粒携带真菌种群多样性分析 [J]. 玉米科学，17 (6)：115-117.

任军，边秀芝，郭金瑞，等. 黑土区高产土壤培肥与玉米高产田建设研究 [J]. 玉米科学，2008，16 (4)：147-151，157.

石勇，刘卫平，王相春，等，2010. 玉米高效施肥模式及高产栽培技术 [J]. 吉林农业 (1)：66-67.

史利玉，李新海，谢传晓，等，2011. 玉米抗粗缩病毒 SCAR 分子标记的开发 [J]. 中国农业科学 (9)：1763-1774.

史振声，付景昌，朱敏，2013. 耕层和土壤质量是玉米大幅度、可持续增产的首要限制因子 [J]. 辽宁农业科学 (3)：52-55.

史振声，王健，朱敏，等，2014. 辽宁玉米生产条件下增施肥料增产作用研究 [J]. 耕作与栽培 (5)：1-8.

史振声，张飞，2009. 高秆稀植型玉米的密植潜力研究 [J]. 玉米科学，17 (2)：116-119.

宋凤斌，戴俊英，2000. 干旱胁迫对玉米雌穗生长发育和产量的影响 [J]. 吉林农业大学学报，22 (1)：18-22.

宋凤斌，徐世昌，2004. 玉米抗旱性鉴定指标的研究 [J]. 中国生态农业学报，12 (1)：132-134.

宋日，吴春胜，牟金明，等，2000. 深松土对玉米根系生长发育的影响 [J]. 吉林农业大学学报，22 (4)：73-75，80.

孙汉印，姬强，王勇，等，2012. 不同秸秆还田模式下水稳性团聚体有机碳的分布及其氧化稳定性研究 [J]. 农业环境科学学报，31 (2)：369-376.

孙军伟，齐华，张振平，等，2008. 玉米萌芽期抗旱性研究 [J]. 玉米科学，16 (4)：115-118.

孙琦，张世煌，郝转芳，等，2012. 不同年代玉米品种苗期耐旱性的比较分析 [J]. 作物学报，38 (2)：315-321.

孙仕军，闫瀛，张旭东，等，2011. 东北地区自然降雨条件下种植密度对玉米田间水分的影响 [J]. 玉米科学，19 (2)：90-94.

孙文涛，孙占祥，王聪翔，等，2006. 滴灌施肥条件下玉米水肥耦合效应的研究 [J]. 中国农业科学，39 (3)：563-568.

孙雪芳，丁在松，侯海鹏，等. 不同春玉米品种花后光合物质生产特点及碳氮含量变化 [J]. 作物学报，2013，39 (7)：1284-1292.

谭静，刘帆，李自卫，等，2013. 玉米品种耐旱性鉴定及耐旱指标筛选 [J]. 西南农业学报，26 (1)：26-31.

汤继华，谢惠玲，黄绍敏，等，2005. 缺氮条件下玉米自交系叶绿素含量与光合效率的变化［J］. 华北农学报，20（5）：10－12.
唐怀君，刘成，孙宝成，等，2012. 干旱胁迫后玉米杂交种产量性状与抗旱性的关系研究［J］. 新疆农业科学，49（10）：1773－1778.
唐继伟，林治安，许建新，等，2006. 有机肥与无机肥在提高土壤肥力中的作用［J］. 中国土壤与肥料（3）：44－47.
陶烨，董怀玉，刘延军，等，2015. 玉米种质对玉米大斑病抗性鉴定与评价［J］. 中国植保导刊，35（4）：21－24.
王丹丹，周亮，黄胜奇，等，2013. 耕作方式与秸秆还田对表层土壤活性有机碳组分与产量的短期影响［J］. 农业环境科学学报，32（4）：735－740.
王福亮，2010. 玉米田不同深松方式的效果比较研究［J］. 黑龙江农业科学（9）：127－129.
王光华，齐晓宁，金剑，等，2007. 施肥对黑土农田土壤全碳、微生物量碳及土壤酶活性的影响［J］. 土壤通报，38（4）：661－666.
王鸿斌，赵兰坡，2005. 不同耕作制度对土壤渗透性和玉米生长的影响研究［J］. 水土保持学报，19（6）：197－200.
王敬锋，刘鹏，赵秉强，等，2011. 不同基因型玉米根系特性与氮素吸收利用的差异［J］. 中国农业科学，44（4）：699－707.
王丽娟，董怀玉，刘可杰，等，2014. 玉米种质资源对弯孢叶斑病抗性鉴定与评价［J］. 作物杂志（6）：72－75.
王丽娟，徐秀德，姜钰，等，2007. 玉米粗缩病在辽宁省阜新发生及防治建议［J］. 辽宁农业科学，4：38－40.
王丽娟，2011. 东北玉米苗枯病病原镰孢菌 rDNA＋ITS 鉴定［J］. 玉米科学（4）：131－133，137.
王玲敏，叶优良，陈范骏，等，2012. 施氮对不同品种玉米产量、氮效率的影响［J］. 中国生态农业学报，20（5）：529－535.
王萍，2015. 玉米螟的发生规律与防治方法［J］. 植物保护，11：14－15.
王小彬，蔡典雄，等，2000. 旱地玉米秸秆还田对土壤肥力的影响［J］. 中国农业科学，33（4）：54－61.
王晓东，史振声，等，2011. 北方玉米品种更替过程中穗部性状的演变与产量的关系［J］. 干旱地区农业研究（5）：13－18.
王晓鸣，晋齐鸣，石洁，等，2006. 玉米病害发生现状与推广品种抗性对未来病害发展的影响［J］. 植物病理学报，36（1）：1－11.
王延波，2015. 辽宁玉米［M］. 北京：中国农业出版社.
王艳，米国华，陈范骏，等，2002. 玉米自交系氮效率基因型差异的比较研究［J］. 应用与环境生物学报，8（4）：361－365.
王友华，许海涛，许波，等，2010. 施用氮肥对玉米产量构成因素及其根系生长的影响［J］. 中国土壤与肥料（3）：55－57.
王云奇，张英华，宋文品，等，2015. 一穴多株种植对夏玉米子粒灌浆和产量的影响［J］. 玉米科学，23（5）：117－123.
王振华，李新海，鄂文弟，等，2004. 玉米抗丝黑穗病种质鉴定及遗传研究［J］. 东北农业大学学报，35（3）：261－267.
翁定河，2007. 沿海旱地玉米施用有机肥对土壤肥力的影响［J］. 江西农业学报，19（5）：66－68.
吴成久，吴丽丽，李海侠，2012. 玉米黏虫的发生与防治［J］. 现代农业科技，19：121.

肖继兵，孙占祥，杨久廷，等，2011. 半干旱区中耕深松对土壤水分和作物产量的影响［J］. 土壤通报（3）：709－714.

肖继兵，杨久廷，辛宗绪，等，2009. 风沙半干旱区旱地玉米提高降水生产效率的栽培技术研究［J］. 玉米科学，17（5）：116－120.

谢孟林，李强，查丽，等，2015. 低氮胁迫对不同耐低氮性玉米品种幼苗根系形态和生理特征的影响［J］. 中国生态农业学报，23（8）：946－953.

谢志军，郭满库，刘永刚，等，2008. 玉米种质资源抗丝黑穗病鉴定与评价［J］. 植物保护，34（6）：92－95.

徐婧，胡兰，姜钰等，2013. 玉米顶腐病和鞘腐病致病镰孢菌生物学特性比较［J］. 辽宁农业科学（1）1－5.

徐明慧，关义新，马兴林，等，2003. 玉米萌芽期抗旱性研究［J］. 玉米科学，11（1）：53－56.

徐阳春，沈其荣，2000. 长期施用不同有机肥对土壤各粒级复合体中 C、N、P 含量与分配的影响［J］. 中国农业科学，33（5）：65－71.

薛林，张丹，徐亮，等 2012. 玉米抗粗缩病自交系种质的发掘和遗传多样性及其在育种中的应用［J］. 作物学报，37：2123－2129.

薛腾，傅俊范，2008. 辽宁省玉米纹枯病发生规律及防治技术［J］. 玉米科学，16（1）：126－128.

薛腾，李海春，2009. 玉米灰斑病空间流行动态模拟模型组建及传播距离研究［J］. 植物病理学报，39（2）：194－202.

闫海丽，张淑香，严凯兵，等，2006. 冷凉地区不同耕作措施对土壤环境和作物生长发育的影响［J］. 中国土壤与肥料（4）：16－19.

颜丽，宋杨，2004. 玉米秸秆还田时间和还田方式对土壤肥力和作物产量的影响［J］. 土壤通报，35（2）：143－148.

杨宏，裴泽莲，2006. 机械化抗旱保苗坐水播种技术要点［J］. 农业机械化与电气化（3）：38－39.

杨晓晨，明博，陶洪斌，等，2015. 中国东北春玉米区干旱时空分布特征及对产量影响［J］. 中国生态农业学报，23（6）：758－767.

杨彦炜，杨文，周涛，2005. 风沙土农田培肥地力措施研究［J］. 中国生态农业学报，13（2）：110－112.

姚启伦，陈秘，2010. 干旱胁迫对玉米地方品种苗期植株形态的影响［J］. 河南农业科学，39（2）：20－23，27.

姚永祥，刘晓馨，葛超，等，2014. 辽东南地区玉米品种种植密度研究［J］. 作物杂志（3）：92－95.

尹光华，刘作新，蔺海明，等，2000. 旱农区不同种植模式作物最佳补灌时期和适宜补灌量研究［J］. 干旱地区农业研究，18（1）：85－90.

尹光华，刘作新，张自坤，等，2007. 辽西半干旱区春玉米有限补灌制度研究［J］. 农业科技与装备（6）：36－38.

于舒怡，傅俊范，2011. 不同栽培模式对玉米大斑病发生和流行的影响［J］. 玉米科学，19（1）：132－135.

于舒怡，傅俊范，2011. 辽宁玉米大斑病流行监测及原因分析［J］. 湖北农业科学，50（7）：1375－1377.

于舒怡，傅俊范，2011. 玉米纹枯病周期性脉冲 Logistic 模型研究［J］. 玉米科学，19（3）：141－144.

战秀梅，彭靖，李秀龙，等，2014. 耕作及秸秆还田方式对春玉米产量及土壤理化性状的影响［J］. 华北农学报，29（3）：204－209.

张彬，何红波，赵晓霞，等，2010. 秸秆还田量对免耕黑土速效养分和玉米产量的影响［J］. 玉米科学，

18 (2): 81-84.

张电学，韩志卿，刘微，等，2005. 不同促腐条件下秸秆直接还田对土壤养分时空动态变化的影响 [J]. 土壤通报，36 (3): 360-364.

张飞，史振声，2009. 种植密度对丹玉 39 产量的影响 [J]. 种子，28 (7): 87-89.

张国福，刘景秀，郇志荣，2014. 春玉米大小垄深松增密高产栽培技术 [J]. 粮食作物，30 (4): 26-27.

张海燕，孙琦，张德贵，等，2013. 低氮胁迫下我国不同年代玉米品种产量及产量构成因子变化趋势研究 [J]. 玉米科学，21 (5): 13-17.

张健，池宝亮，黄学芳，等，2007. 玉米萌芽期水分胁迫的抗旱性分析 [J]. 山西农业科学，35 (2): 34-38.

张晋京，窦森，2000. 玉米秸秆分解期间土壤中有机碳数量的动态变化研究 [J]. 吉林农业大学学报，22 (3): 67-72.

张静，温晓霞，廖允成，等，2010. 不同玉米秸秆还田量对土壤肥力及冬小麦产量的影响 [J]. 植物营养与肥料学报，16 (3): 612-619.

张丽，张中东，郭正宇，等，2015. 深松耕作和秸秆还田对农田土壤物理特性的影响 [J]. 水土保持通报，31 (5): 102-106，117.

张丽华，赵洪祥，谭国波，等，2012. 不同玉米杂交种抗旱性比较研究 [J]. 玉米科学，20 (3): 29-33.

张鹏，贾志宽，路文涛，等，2011. 不同有机肥施用量对宁南旱区土壤养分、酶活性及作物生产力的影响 [J]. 植物营养与肥料学报，17 (5): 1122-1130.

张仁和，薛吉全，浦军，等，2011. 干旱胁迫对玉米苗期植株生长和光合特性的影响 [J]. 作物学报，37 (3): 521-528.

张仁和，郑友军，马国胜，等，2011. 干旱胁迫对玉米苗期叶片光合作用和保护酶的影响 [J]. 生态学报，31 (5): 1303-1311.

张士坤，2016. 农业机械化与可持续发展浅析 [J]. 农业开发与装备 (12): 114.

张卫星，赵致，柏光晓，等，2007. 不同玉米杂交种对水分和氮胁迫的响应及其抗逆性 [J]. 中国农业科学，40 (7): 1361-1370.

张兴华，薛吉全，刘万锋，等，2010. 不同玉米品种耐低氮能力鉴定与评价 [J]. 西北农业学报，19 (8): 65-68.

张秀霞，高增贵，王贺，等，2012. 玉米抗大斑病 *Ht* 单基因鉴别寄主 SSR 标记的筛选 [J]. 中国植保导刊，32 (2): 21-24.

张秀霞，高增贵，周晓锟，等，2012. 东北地区玉米大斑病菌生理分化研究 [J]. 华北农学报，27 (3): 227-230.

张玉玲，张玉龙，黄毅，等，2009. 辽西半干旱地区深松中耕对土壤养分及玉米产量的影响 [J]. 干旱地区农业研究，27 (4): 167-170.

赵成昊，景希强，王孝杰，等，2014. 辽南地区不同种植形式与密度对玉米产量的影响 [J]. 玉米科学，22 (5): 109-114.

赵洪祥，边少锋，孙宁，等，2012. 氮肥运筹对玉米氮素动态变化和氮肥利用的影响 [J]. 玉米科学，20 (3): 122-129.

赵辉，高增贵，张小飞，等，2008. 我国玉米大斑病菌生理小种种群动态分析 [J]. 沈阳农业大学学报，39 (5): 551-555.

赵久然，王荣焕，2012. 30 年来我国玉米主要栽培技术发展 [J]. 玉米科学，20 (1): 146-152.

赵伟，陈雅君，王宏燕，等，2012. 不同秸秆还田方式对黑土土壤氮素和物理性状的影响 [J]. 玉米科学，20（6）：98-102.

赵亚丽，薛志伟，郭海斌，等，2014. 耕作方式与秸秆还田对土壤呼吸的影响及机理［J］. 2014，农业工程学报，30（19）：155-165.

赵杨，陈靖，徐秀德，等，2011. 玉米杂交种抗镰孢菌穗腐病鉴定筛选［J］. 辽宁农业科学（4）：21-23.

赵颖，周桦，马强，等，2014. 深松对棕壤农田土壤和玉米产量的影响［J］. 土壤通报，45（4）：934-938.

赵芸晨，李建龙，孟有儒，2008. 制种玉米黑束病在不同土壤生态环境下发病规律的研究［J］. 土壤通报，39（31）：114-117.

郑洪兵，齐华，刘武仁，等，2013. 不同施氮水平下郑单958和先玉335产量特征比较研究［J］. 玉米科学，21（5）：117-119，126.

周怀平，杨治平，2005. 旱地玉米秸秆还田秋施肥生态效应研究［J］. 中国生态农业学报，13（1）：125-127.

朱金城，陶洪斌，盛耀辉，等，2015. 品种、空间布局及种植密度对春玉米冠层结构、物质生产及产量的影响［J］. 玉米科学，23（2）：99-104.

朱平，彭畅，高洪军，等，2009. 长期培肥对土壤肥力及玉米产量的影响［J］. 玉米科学，17（6）：105-108，111.

Chen Y，Xiao C，Wu D，et al，2015. Effects of nitrogen application rate on grain yield and grain nitrogen concentration in two maize hybrids with contrasting nitrogen remobilization efficiency［J］. European Journal of Agronomy，62：79-89.

Diaz Zorita M，2000. Effect of deep-tillage and nitrogen fertilization interactions on dry land corn（Zea-mays L.）productivity［J］. Soil & Tillage Research，54：11-19.

Hashemi A M，Herbert S J，Putnam D H，2005. Yield response of corn to crowding stress［J］. Agronomy Journal，97（3）：839-846.

Jiang W，Wang K，Wu Q，et al，2013. Effects of narrow plant spacing on root distribution and physiological nitrogen use efficiency in summer maize［J］. The Crop Journal，1（1）：77-83.

Kosgey J R，Moot D J，Fletcher A L，et al，2013. Dry matter accumulation and post-silking N economy of 'stay-green' maize（Zea mays L.）hybrids［J］. European Journal of Agronomy，51：43-52.

Mi G，Chen F，Zhang F，2007. Physiological and genetic mechanisms for nitrogen-use efficiency in maize［J］. Journal Crop Sci. Biote，10：57-63.

Mulumba，L. N.，Lal，R，2008. Mulching effects on selected soil physical properties［J］. Soil & Tillage Research，98，106-111.

Tollernaar M，Lee E A，2002. Yield potential，yield stability and stress tolerance in maize［J］. Field Crop Research，75：161-169.

Wang Zhiyu，Liu Zuoxin，2006. The optimization of synthesizing graft copolymer of starch with vinyl monomers［J］. Journal of Wuhan University of T echnology-Mater，21（2）：83-87.

Wu Y S，Liu W G，Li X H，et al，2011. Low-nitrogen stress tolerance and nitrogen agronomic efficiency among maize inbreds：Comparison of multiple indices and evaluation of genetic variation［J］. Euphytica，180（2）：281-290.